ISBN 978-3-86037-240-1

1. Auflage

Herausgeber:
©2009 Agrimedia GmbH
mail@agrimedia.com
www.agrimedia.com

Satz und Layout:
Nils Helge Putzier

Lektorat:
Ulrike Erling

Konzept und Projektleitung:
Dr. Anita Heidenfelder

Gedruckt in Deutschland.
Der Inhalt dieses Buches ist auf säurefreiem, alterungsbeständigem Papier gedruckt, hergestellt aus chlorfrei gebleichtem Zellstoff aus FSC-zertifiziertem Holz.

B. Matthäus/E. W. Münch (Hrsg.)

Warenkunde Ölpflanzen/Pflanzenöle

Inhaltsstoffe, Analytik, Reinigung
Trocknung, Lagerung, Vermarktung
Verarbeitung, Verwendung

AGRIMEDIA

Vorwort

Handel und Verarbeitung von Ölsaaten und Pflanzenölen erfordern heute neben solider Kenntnis des Rohstoffs, der Aufbereitung und Lagerung, der Verarbeitungstechnologie, der Märkte sowie der Wirtschaftlichkeit auch ein komplexes Qualitätsmanagement für die gesamte Wertschöpfungskette. Mit diesem Buches erscheint erstmals eine umfassende Gesamtübersicht über Ölpflanzen/ Pflanzenöle, die alle Aspekte der vielfältigen Verarbeitungs- und Verwendungsmöglichkeiten aufgreift und in einzelnen Kapiteln detailliert darstellt. Als Autoren hierfür konnten jeweils Fachleute mit umfangreicher Erfahrung und Berufspraxis gewonnen werden.

Das Augenmerk des Buches liegt zum einen auf den sogenannten zentralen, industriellen Ölmühlen (Extraktionsbetriebe) mit großen bis sehr großen Verarbeitungskapazitäten und zum anderen auf Kleinbetrieben, den sogenannten dezentralen Ölmühlen. Eine wichtige Rolle im Inhalt spielt der Raps, als die für den Anbau in Mitteleuropa geeignetste und damit bedeutendste Ölpflanze.

Das Buch wendet sich in erster Linie an Landhändler, Ölsaatenhändler, -einkäufer, -verarbeiter und Pflanzenölanwender. Aber auch für Landwirte, Tierernährer Züchter, Berater, Techniklieferanten und Mitarbeiter der Agrarverwaltung. Es eignet sich für den Lernenden ebenso, wie für den Profi mit jahrelanger Berufspraxis.

Die Herausgeber wünschen sich eine weite Verbreitung, einen großen Nutzen des Buches bei den Lesern und sind für kritische Hinweise und fachliche Anregungen im Sinne einer weiteren Qualifizierung des Titels dankbar.

Münster und Verden, November 2009
Bertrand Matthäus, Ernst Wilhelm Münch

1 Geschichte der Ölgewinnung

Bertrand Matthäus

1.1 Einleitung

Die Verwendung von Fetten und Ölen spielt schon seit alters her eine wichtige Rolle in der menschlichen Ernährung. Zum einen ist der Energiegehalt fast doppelt so hoch wie bei anderen Nahrungsbestandteilen und zum anderen werden Fette und Öle als Bestandteil der Zellen und als Reservestoff sowie zur Resorption der fettlöslichen Vitamine benötigt. Hinzu kommt, dass fetthaltige Lebensmittel im Mund ein angenehmes Gefühl hinterlassen und sie Träger erwünschter und unerwünschter Geschmacks- und Aromastoffe sind, wodurch das Lebensmittel schmackhafter wird.

Wichtige Hinweise auf die große Bedeutung von Ölen für die Menschheit ergeben sich aus der häufigen Nennung in der Bibel, z. B. beim Ölberg, beim Gleichnis vom barmherzigen Samariter oder der Geschichte vom ungerechten Hausverwalter, der dem Schuldner 50 Fässer Öl nachließ. Auch die Krankensalbung ist ein Zeichen für die Bedeutung von Öl. Dabei handelte es sich in der Regel um Olivenöl, dessen bedeutsame Rolle auch dadurch dokumentiert wird, dass das Wort Öl in seinem lateinischen Ursprung oleum oder olivum, das Öl der Frucht des Ölbaumes oder der Olivenbaumes bezeichnet. Über die Jahrhunderte ist die Schreibweise für Öl immer wieder geändert worden, so dass Öle, öl, ole, ol, oli, olci nur einige Beispiele für das Wort im Mittelhochdeutschen sind.

Zu Beginn der Menschheitsgeschichte erfolgte die Aufnahme von Fetten und Ölen zunächst ausschließlich über die Versorgung mit Nahrungsmitteln wie Wild oder Fisch sowie den Verzehr von Pflanzensamen. Die Nutzung von Fetten und Ölen wurde erst möglich, als der Mensch Techniken entwickelte, die es erlaubten, Fette und Öle aus den entsprechenden Rohstoffen abzutrennen und dann getrennt zu lagern. Somit stellten die Entdeckung, Feuer zu machen, sowie die Möglichkeit, entsprechende Lagergefäße wie Tonkrüge herzustellen, wichtige Meilensteine in der Geschichte der Ölgewinnung dar.

1.2 Anfänge der Ölgewinnung

Zunächst wurde das Fett erlegter Tiere über dem Feuer ausgeschmolzen und anschließend in entsprechenden Gefäßen gelagert. Später wurde auch Öl aus Pflanzensamen mit dieser Technik abgetrennt, indem die Fettaugen von der Oberfläche eines Aufgusses gekochter Samen abgeschöpft wurden. Die Ausbeute war dabei allerdings nur sehr gering und der Aufwand recht groß.

Lange bevor Öl in Mitteleuropa verwendet wurde, hatte es im Mittelmeerraum, aber auch in Asien, als Lebensmittel und als Grabbeigabe eine große Verbreitung, da die Gewinnung von Öl aus Oliven und den Früchten der Sesampflanze relativ leicht zu erreichen war. Auch die Nutzung von Fetten und Ölen als Brennstoff für Öllampen war üblich, worauf heute noch die für mindere Olivenölqualitäten gebräuchliche Bezeichnung „lampante" hinweist.

Funde von Geräten, die zur Ölgewinnung eingesetzt wurden, gehen bis in die Steinzeit 8000 v.Chr. zurück. In so genannten Jericho-Mühlen, Quetschmühlen mit einem schüsselartig vertieften Unterstein und einem kugelförmigen Stein zum Quetschen, konnten Ölsaaten wie Nüsse oder Mandeln zerdrückt und das Öl aufgefangen werden.

Ölfrüchte wie Oliven oder Palmfrüchte sondern ihr Öl schon während der Lagerung oder nach dem Erwärmen oder Kochen mit Wasser ab, so dass hier keine großen technischen Maßnahmen zur Ölgewinnung notwendig waren. So wurde Olivenöl z. B. gewonnen, indem die Oliven nach der Ernte in einen Korb gelegt und das mit der Zeit aus dem Korb heraustropfende Öl aufgefangen wurde (Abb. 1-1).

Abb. 1-1: Gewinnung von Olivenöl

Die ersten Hilfsmittel zur Verarbeitung von Ölsaaten kamen aus China. Die Technik des Ölpressens dürfte dann vor allem während der Römerzeit vorangetrieben worden sein, als für die Gewinnung von Olivenöl das System der Handmahlmühlen entwickelt wurde. Die Handmahlmühlen arbeiteten so, dass die Oliven in einem abgeflachten Bodenstein mit einer 10-12 cm breiten Rille mit Hilfe eines schweren, birnenförmigen Steines zerstoßen und anschließend durch eine passende Steinplatte unter Druck ausgepresst wurden. Für Oliven war dabei kein besonders großer Druck erforderlich, während die Technik für das Pressen anderer Saaten wie Lein oder Mohn nicht geeignet war, da die zur Entölung dieser Saaten notwendigen Drücke nicht erreicht wurden.

Erst mit der Erfindung des Schraubgewindes etwa 50 n.Chr. war es möglich, die für das Auspressen von Ölsaaten notwendigen hohen Drücke zu erzeugen, ohne das Material der Presse zu beschädigen. So waren die ersten Ölpressen aus Holz, da dieses Material wesentlich stabiler war als Stein. Pressvorrichtungen, die man mittels Seilen oder Riemen durch Hebebäume bewegte, wurden in dieser Zeit von dem Schriftsteller Plinius erwähnt. Beispielsweise wurden Pflanzensamen in einer einfachen mechanischen Spindelpresse entölt, indem sie abwechselnd mit Schichten aus Weidenruten oder Leinenfasern aufgeschichtet und dann ausgepresst wurden. Durch die schichtförmige Anordnung war es möglich, dass das Öl seitlich an den Schichten vorbeilief und die Pflanzensamen unter dem großen Druck nicht zu einem Klotz zusammengedrückt wurden.

Daneben gab es eine Vielzahl weiterer Ausführungen dieser Schraubenpressen für den Handbetrieb, die bis ins 18. Jahrhundert hinein zum Einsatz kamen und auf verschiedenste Arten mit Hilfe von Schrauben und Spindeln Druck auf das entsprechende Pressgut ausübten. Beispiele dafür sind Wandbohlenpressen, Baumpressen oder auch so genannte Ölkelter, wie in den Abbildungen 1-2 und 1-3 dargestellt.

Abb. 1-2: Handkeilpresse

Abb. 1-3: Schraubenpresse

Aus Wandmalereien des Vettier-Hauses in Pompeji, dem Wohnhaus einer reichen Kaufmannsfamilie von 70 n.Chr., ist bekannt, dass bereits zu dieser Zeit erste einfache Keilpressen zur Ölgewinnung verwendet wurden. Dabei wurden die Keile mit einem Hammer in einen Pressrahmen eingeschlagen, um dadurch den Druck auf das Pressgut aufzubauen. Bei Ausgrabungen im Mittelmeerraum wurden ganze Anlagen zur Ölverarbeitung mit Ölmühlen, Ölpressen, Ölläden und Lagerräumen entdeckt, die auf eine hochtechnisierte Industrie und die Bedeutung der Ölgewinnung zur damaligen Zeit hindeuten. Für den Transport des gewonnenen Öles wurden Bleigefäße oder auch Tankwagen, aus Karren mit eisenumreiften Rinderhäuten, verwendet, da Kupfergefäße durch die Fettsäuren angegriffen wurden.

1.3 Ölgewinnung in Deutschland

Nach Deutschland kam Öl lange Zeit nur als importierte Ware aus dem Mittelmeerraum in Form von Olivenöl. In der Ernährung wurden bis ins Mittelalter hinein vorwiegend tierische Fette, wie Schmalz, Talg und Speck verwendet, da das importierte Olivenöl für die normale Bevölkerung zu teuer war und andere Ölsaaten zumeist noch nicht bekannt oder verfügbar waren.

Der erste schriftliche Hinweis auf die Ölgewinnung aus Pflanzensamen und die Verwendung des gewonnenen Öles findet sich in der um 1100 n.Chr. von dem Mönch Theophilus verfassten lateinischen Schrift „Schedula diversarum artium", die verschiedene Kunsthandwerkstechniken des Mittelalters ausführlich darstellt. Hierin ist die Gewinnung von Leinöl aus Leinsamen im Zusammenhang mit der Herstellung von Firniss beschrieben. Damit ist Leinöl das älteste in Mitteleuropa bekannte Öl. Später wurde Lein im Anbau und in der Verarbeitung dann zunehmend durch Raps und Rübsen ersetzt. Lein- und auch Rapsöl wurden hauptsächlich als Speiseöl verwendet, wobei beide als Öl für das Gesinde und die armen Leute galten. Außerdem wurde Rapsöl als Brennstoff für Lampen, zum Einfetten von Wolle und Leder sowie wegen der hohen Viskosität als Schmiermittel eingesetzt, wohingegen Leinöl bei der Herstellung von Farben Verwendung fand. Zur Mitte des 19. Jahrhunderts wurden beide Öle auch zunehmend für die Herstellung von Seife benötigt. Daneben hatten aber auch Mohn, Senf, Leindotter, Bucheckern und verschiedene Nüsse Bedeutung als Ölfrüchte.

Im Mittelalter war der Beruf des Ölmüllers nur wenig verbreitet, auch wenn der Ölbedarf bzw. der Ölkonsum für die verschiedensten Zwecke in bestimmten gesellschaftlichen Schichten schon damals sehr hoch war. Ein Beispiel dafür ist das Schreiben des Abts und Konvents des Klosters Wadgassen, der sich beschwert, dass seiner Kirche von der Gemeinde noch 52 Pfund Öl als Ölzinsen zustehen. In dieser Zeit produzierten die meisten größeren Höfe ihr Öl selbst, wobei die Ölgewinnung zumeist mit Hilfe verschiedener Haus- oder Handpressen in Form von Handkeil- oder Schraubenpressen aus selbst angebauter Saat betrieben wurde. Lediglich in den Unterlagen größerer Gemeinden und Städte sind Hinweise auf die Ölmüllerei zu finden. So ist in den Akten der Stadt Frankfurt am Main aus dem Jahr 1291 ein Mann namens Johann Oleiere genannt, der als Ölschläger arbeitete, wobei er eine Schlag- oder Stampfvorrichtung zum Entölen von Feldfrüchten verwendete. Ebenfalls in Frankfurt wird 1396 ein Ölträger und 1472 ein Ölhändler, der auf dem Wochenmarkt tätig ist, in den Büchern geführt. In einem Dokument der Reichsstadt Speyer wird 1338 Hennel Oleyer erwähnt, der die Stadt für immer verlassen musste, weil er einen Mitbürger erschlagen hatte.

Auch wenn zeitgenössische Kupferstiche die Ölgewinnung als eine leichte Tätigkeit darstellen, dürfte es sich im ausgehenden Mittelalter um eine harte Arbeit gehandelt haben. Die Schraubenpressen zum Entölen der Saat wurden dabei zum Teil immer noch mit der Hand bedient, wobei der Bauer, dessen Saat gepresst wurde, selbst mithelfen musste. Mit der Mechanisierung des Ölgewinnungsprozesses durch die Einführung so genannter Göpelwerke wurde die Arbeit deutlich vereinfacht. Außerdem wurde auch die Kapazität der Ölmühlen im Vergleich zur Handarbeit gesteigert.

Bei einem Göpelwerk handelte es sich um eine Antriebsmaschine, an dessen Deichsel ein Zugtier angeschirrt war. Über einen Zahnkranz wurde die

Kreisbewegung des Tieres auf eine Kurbelwelle übertragen, die wiederum die Presse oder das Mahlwerk bewegte.

Eine weitere Mechanisierung der Ölgewinnung wurde erreicht, als es gelang, die Mahl- und Presseinrichtungen an die Wassertriebwerke anzuschließen. Dadurch konnte die Kapazität der Ölmühlen wesentlich erhöht werden. Diese Entwicklung begann bereits im 14. Jahrhundert und wurde dann im 15. Jahrhundert zunehmend, als der Bedarf an Ölen weiter zunahm. So wurden diese verstärkt für die Herstellung von Schießpulver und wasserdichten Geweben benötigt, aber auch der Bedarf an Leinöl für die Herstellung von Ölfarben führte dazu, dass die Nachfrage an heimischen Pflanzenölen stieg.

1.3.1 Entwicklung der Ölmüllerei

Durch diese veränderten ökonomischen Verhältnisse lohnte sich die Ölgewinnung, auch als Ölschlagen bezeichnet, als landwirtschaftlicher Nebenbetrieb für den einzelnen Bauern nicht mehr. Die größeren Ölmühlen konnten viel mehr Öl kostengünstiger produzieren, so dass sich aus der Hausmüllerei der Beruf des Ölmüllers entwickelte. In fast jedem größeren Dorf gab es eine oder mehrere Ölmühlen. Diese Ölmühlen verarbeiteten die angelieferten Ölsaaten, in der Hauptsache Raps und Lein im Lohnschlag. Dies bedeutete, dass der Ölmüller für seine Arbeit mit dem so genannten Schlaglohn entlohnt wurde, der entweder mit Geld oder aber in Naturalien wie Öl und Presskuchen abgerechnet wurde. In normalen Zeiten arbeitete eine Ölmühle von Oktober bis April. Dann war die Saison vorbei. In dieser Zeit konnte ein Ölmüller mit einem Helfer pro Tag, bei 15-stündiger Arbeitszeit, ca. sechs Zentner Raps pressen, was eine Ölmenge von 140 bis 150 Litern ergab. Die Ausbeuten bei den verschiedenen Ölsaaten waren dabei sehr unterschiedlich. So ergaben sieben Pfund Bucheckern einen Liter Öl, während für einen Liter Nussöl drei bis vier Pfund Nüsse benötigt wurden.

Die wachsende Bedeutung des Berufes Ölmüller im späten Mittelalter zeigte sich nicht nur an der häufigeren Nennung in den Büchern verschiedener Städte, sondern auch daran, dass die Berufsbezeichnung in den Familiennamen übernommen wurde oder auch Straßennamen wie z. B. Oleygäßlein eingeführt wurden. Die in dieser Zeit entstehenden Ölmüllereien waren zunftpflichtig und bedurften besonderer Konzessionen für den Betrieb. In ihrer Ordnung hieß es, sie hätten „Macht, zu machen und zu verkaufen teutschen Oli im Pfund und nach Pfennigwert". Es war ihnen also neben der Produktion auch die Vermarktung von Öl, das sie aus inländischen Ölsaaten und -früchten gewannen, erlaubt.

1.4 Prozess der Ölgewinnung

Der Ölgewinnungsprozess in den Ölmühlen war sehr zeitaufwendig und arbeitsintensiv, da er nicht kontinuierlich durchgeführt werden konnte. Für die Ölgewinnung wurde die Saat zerkleinert, dann oftmals erwärmt, anschließend der Samenbrei gepresst und dann das gewonnene Öl durch Sedimentation gereinigt. Die Zerkleinerung der Ölsaaten geschah entweder durch Stampfwerke oder so genannte Ölgänge. Diese Ölgänge, auch Kollergänge genannt, waren weit verbreitet, wohingegen die Stampfwerke nicht so häufig zur Anwendung kamen.

Stampfwerke

Bei den Stampfwerken handelte es sich um zwei oder mehrere schwere vierkantige Holzstempel, die durch Wasserantrieb über eine Welle bewegt wurden (Abb. 1-4). Aus einer Höhe von etwa 50 cm fielen die mit eisernen Schuhen beschlagenen Stempel auf die in Grubenlöcher geschüttete Saat und

Abb. 1-4: Stampfwerk zum Zerkleinern der Ölsaaten

Abb. 1-5: Wellbaum mit Höckern

zerquetschten diese dabei. Gehoben wurden die Stempel dadurch, dass in den Wellbaum Höcker eingearbeitet waren, die beim Umdrehen unter die entsprechenden Nasen der Stempel griffen und diese hochhoben. Nach einer kurzen Strecke rutschten die Stempel von den Höckern ab und sausten auf das Pressgut (Abb. 1-5). Angetrieben wurde der Wellbaum über große hölzerne Zahnräder. Ein großes Rad, der so genannte Königsstock, leitete die Kraft über Zähne an verschiedene Zahnwellen weiter, die je nach Bedarf mit einem Hebebalken ein- oder ausgekuppelt werden konnten. Der Name Königsstock kommt von der kronenförmigen Anordnung der Holzzähne. Nach dem Stampfen wurde der Samenbrei aus den Grubenlöchern genommen und weiterverarbeitet.

Kollergang

Der Kollergang bestand aus zwei sehr harten, zylindrisch aufrecht gehenden Läufersteinen, die an der geraden Oberfläche eines horizontalen Bodensteines herumgewälzt wurden und so die Ölsaaten zermahlten (Abb. 1-6). Das Gewicht der Läufersteine schwankte dabei zwischen 1,2 und 3,5 t, bei einem Durchmesser zwischen 185 und 215 cm. Um den Bodenstein herum lief ein etwa 30 cm breites Brett, das den oberen Steinrand 15 bis 20 cm überragte. So wurde verhindert, dass das Mahlgut während des Mahlvorgangs von dem Bodenstein geschoben wurde. Dieser Kragen aus Holz ist auch für den Namen Kollergang verantwortlich, da im mittelhochdeutschen der Halskragen eines Kleides als Koller bezeichnet wurde. Über ein Loch im Bodenstein, das während des Mahlvorgangs mit einem kleinen Holzbrett verschlossen war, wurde das Mahlgut bei Bedarf mit Hilfe des Auswerfers, einem nach außen gebogenen Stahlblechs, in einen darunter stehenden Holzkasten geschoben, um es dann weiterzuverarbeiten. Ein solcher Kollergang zerquetschte 7000 bis 8000 kg Leinsamen in 10 Stunden.

Abb. 1-6: Kollergang

Da die Saat schon beim Mahlvorgang gepresst wurde, konnte aus ölreichen Saaten bei diesem Schritt der Ölgewinnung Öl gewonnen werden, das man als Jungfernöl bezeichnete, da es besonders süß war.

Wärmeofen

Der beim Stampfen oder in den Ölgängen erhaltene Ölteig wurde anfangs noch erwärmt, weil dies das Auspressen erleichterte und die Ausbeute erhöhte. Das Öl sollte leichtflüssiger und der Schleim gebunden werden. Außerdem sollten sich die Zellen öffnen, um das Auslaufen des Öls zu erleichtern. Dazu wurde der Ölbrei in einen Wärmeofen oder auf eine Wärmeplatte gebracht (Abb. 1-7), wobei die Temperatur nicht über 100 °C steigen durften, um den Effekt nicht ins Gegenteil zu verkehren. Mit Hilfe von quirlartigen Rührstöcken wurde ein Anbrennen des Breis verhindert. Außerdem musste während des Erwärmens etwas Wasser zugesetzt werden, da der Ölteig sonst zu trocken wurde und zu Pulver zerfiel. Da das Erwärmen den Nachteil hatte, dass sich unangenehm schmeckende Substanzen aus der Saat lösen konnten, die das Öl für den menschlichen Verzehr ungeeignet machten, ging man nach und nach dazu über, in einem ersten Schritt kalt zu pressen und den Pressrückstand anschließend noch einmal zu erwärmen und dann erneut zu entölen.

Abb. 1-7: Wärmeofen zum Erwärmen der Ölsaaten

Keilpresse

In kleineren Betrieben wurde der Ölteig mittels Schraubenpressen ausgepresst, während größere Betriebe fast ausschließlich so genannte Keilpressen einsetzten. Bei der Verwendung von Keilpressen wurde der Samenbrei in so genannte Kuchensäckchen oder offene Tücher aus Wolle oder Rosshaar gefüllt, bis diese wie eine dicke Wurst aussahen. Dabei war das Material der Säckchen oder Tücher entscheidend für die Qualität der Öle: „der Oelmüller [muß] mit großem Fleiß fein zarte und dichte Haartücher [sic.] fertigen, [...] maßen das Öle, wenn die Haartücher zu grob fädenig und locker sind ganz dicke und trübe sich auspresst, [...] sodaß niemand das Oel gern kaufen [...] will [1-1].

Der so verpackte Samenbrei wurde dann entweder in einen viereckigen Kasten gelegt oder hochkant in die Pressmappe gestellt. Diese Pressmappe wiederum kam zwischen zwei Stahlplatten und anschließend wurde das Pressgeschirr bestehend aus Presskeil, Losschlagekeil und Füllselkeilen zusammengesetzt (Abb. 1-8). Während des eigentlichen Pressvorgangs wurde der Presskeil mit Hilfe eines Stempels, der über eine Welle mit Wasserkraft bewegt wurde, eingetrieben. Der Ausdruck Ölschlagen kommt von dem klopfenden Geräusch der Stempel, das diese beim Eintreiben des Presskeils erzeugten.

Der auf den Presskeil ausgeübte Druck wanderte über die Füllselkeile und die Stahlplatten auf die Pressmappen, wodurch das Öl aus dem Mahlgut gedrückt wurde und über einen Auslass im Boden in Kannen fließen konnte. Sollte der Pressvorgang beendet werden, wurde der Losschlagkeil nach unten geschlagen und dadurch der Druck gelöst. Die Keile konnten dann aus dem Pressgehäuse entnommen werden und der Ölkuchen wurde aus den Beuteln entfernt.

Es gab zwei Arten dieser Keilpressen: eine deutsche Keilpresse, auch Stempelpresse genannt, und eine holländische Keilpresse, die man Rammpresse nannte. Während die holländische Keilpresse eine Kombination aus Stampfwerk mit vier Stampfen und Keilpresse darstellte, arbeitete die

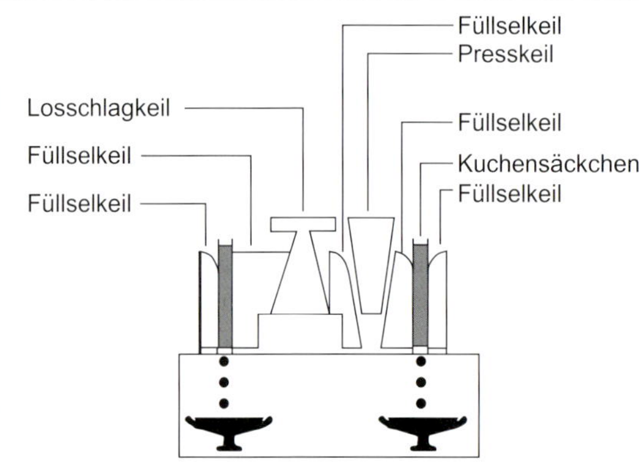

Abb. 1-8: Aufbau des Pressgeschirrs

deutsche Keilpresse zwar nach dem gleichen Prinzip, allerdings war sie mit einem großen Hammer ausgestattet, der die entsprechenden Keile bewegte. Der erzeugte Pressdruck war bei dieser Konstruktion so hoch, dass das gewonnene Öl eine schlechtere Qualität hatte und die deutsche Keilpresse bald von der holländischen Rammpresse abgelöst wurde.

Das gewonnene Öl wurde durch Sedimentation in großen Holzfässern von Trubstoffen, die während des Pressvorgangs aus dem Samen in das Öl übergingen, befreit. Dadurch sollte das Öl besser haltbar gemacht werden und Beimengungen, die die Verwendung als Brennstoff beeinflussten, wurden so entfernt. Dieses Öl wurde als Vor-, Kalt- oder Rauhschlag bezeichnet.

Da der Presskuchen immer noch einen beträchtlichen Anteil an Öl enthielt, wurden die aus den Pressmappen entnommenen Ölkuchen mit der Hand in Stücke gebrochen und nochmals im Kollergang gemahlen. Danach wurde das Mahlgut erwärmt und der Pressvorgang mit nicht mehr prall gefüllten Kuchensäckchen wiederholt. Dabei wurde durch Einsatz eines weiteren Füllselkeils ein noch größerer Druck aufgebaut. Das in einem zweiten Pressvorgang gewonnene Öl wurde auch Nach oder Ausschlag genannt.

Während das kalt geschlagene Öl heller und klarer im Aussehen und feiner im Geschmack war, schmeckte das Ausschlagöl strenger und hatte eine dunklere Farbe. In der Regel wurden beide Öle nicht getrennt gelagert, sondern miteinander vermischt.

Die Verwendung des Ölkuchens als Futtermittel wurde erstmals um 1700 erwähnt. Bis dahin dürfte der Pressrückstand zumeist weggeworfen oder als Brennstoff verwendet worden sein. Später gewann der Ölkuchen als eiweißreiches Futtermittel immer größere Bedeutung und stellt noch heute die wichtigste Eiweißquelle in der Tierernährung dar. Sojaprotein wird auch in der Humanernährung eingesetzt, und es gibt Bestrebungen, aus den Pressrückständen der Rapsölgewinnung das hochwertige Protein für die menschliche Ernährung zu isolieren und bei der Lebensmittelherstellung einzusetzen.

Der Prozess der Ölgewinnung war eine außerordentlich lärmintensive Tätigkeit, da die Stampfer mit einem Gewicht von etwa 60 kg mit etwa 60 Schlägen pro Minute auf das Pressgut niedersausten. Eine durchschnittliche Ölmühle hatte etwa sechs solcher Stampfer. So kam es dann auch zu Beschwerden aus der Bevölkerung, da die Ölmühlen z. T. nachts arbeiteten.

1.5 Ölmühlen im 19. Jahrhundert

Als Ölsaaten wurden zur damaligen Zeit vorwiegend Leindotter, sowie Raps und Rübsen verwendet. Hinzu kamen noch Mohn, Lein und auch Hanf. Damit die Ölmühlen rentabel arbeiten konnten, mussten die Ölsaaten einen hohen Ölgehalt aufweisen, weil die Presstechnik noch nicht sehr effizient war. Das Entölen von Ölsaaten mit niedrigen Ölgehalten brachte nur einen unbefriedigenden Ertrag, da der größte Teil des Öles im Presskuchen zurückblieb.

Bis zum Beginn des 19. Jahrhunderts waren die Ölmühlen zumeist im Besitz von Grundherren, die diese an die Inhaber entweder zeitlich begrenzt oder auf Erbpacht verpachteten. Bei einer Nutzung in Erbpacht war es möglich, das Haus und die Mühle, wenn diese vorher gekauft worden waren, in männlicher Linie weiterzuvererben. Sollte allerdings in weiblicher Linie weitervererbt werden, bedurfte dies der Genehmigung des Grundherrn, der in beiden Fällen mit Abgaben beteiligt war. Außerdem bekam der Grundherr für die Nutzung des Baches zum Antrieb der Mühle einen Wasserzins, als „Wasserfall" bezeichnet.

Im Rahmen von Erbpachtverträgen wurden einerseits die Abgaben des Pächters geregelt, aber andererseits auch sehr genaue Vorschriften über die Behandlung der Kunden definiert. Danach hatte der Ölmüller gutes und tüchtiges Öl zu liefern, die Ölsaaten beisammen zu halten, nichts davon zu entwenden oder stehlen zu lassen, mit dem üblichen Schlaglohn zufrieden zu sein und die Kunden nach der Beschaffenheit ihres Gesäms zu bedienen.

Mit Beginn des 19. Jahrhunderts, auch als eine Folge der französischen Revolution, wurden die Feudalherren vertrieben. Trotzdem versuchten einige Herrscher, ihre Macht durch weitreichende Zugeständnisse zu retten. So wurde 1810 in Preußen die Gewerbefreiheit eingeführt, die Zünfte abgeschafft und die Leibeigenschaft aufgehoben. Damit wurden die Binnenzölle aufgehoben und nur noch eine verhältnismäßig geringe Gewerbesteuer erhoben. Außerdem wurde der Mühlenbann beendet, der seit dem 10. Jahrhundert n.Chr. das alleinige Recht des Mahlens in einer bestimmten Mühle sowie die Verpflichtung der Bewohner, dort mahlen zu lassen, vorschrieb. Dies hatte auch zur Folge, dass das Handwerk gefördert wurde und die Steuereinnahmen stiegen. Es wurde den Müllern zudem ermöglicht, den gepachteten Besitz zu erwerben und als freie und selbstständige Handwerker weiterzuarbeiten. Durch diese Veränderungen wurde die Entwicklung von Handelsmühlen, die frei ein- und verkaufen konnten, begünstigt und die Verarbeitung der Saaten in den bis dahin üblichen Lohn- und Tauschmühlen wurde ineffektiv.

Insbesondere bei teuren, importierten Ölen wie Olivenöl, aber auch bei heimischen Pflanzenölen wie Mohnöl oder Nussölen, kam es vor, dass diese vor dem Verkauf mit minderwertigen, preiswerten Ölen verschnitten wurden, um den Gewinn zu vergrößern. Auch das Einmischen von Wasser wurde versucht. Im Betrugslexikon von Georg Paul Hönn, das 1721 erstmals in Coburg erschien, wurde anhand von mehr als 300 Artikeln erläutert, welchen Betrugsgefahren man bei welchen Berufen oder gesellschaftlichen Rollen ausgesetzt ist und wie man sich dagegen schützen kann. Hönn sah einen Betrug durch den Ölmüller vorliegen, wenn er „unter das Leinöl Rüb- oder Hanföl mengte und für pures Leinöl verkaufte oder unter das Öl Wasser mengte und für pures Öl verkaufte“ [1-2].

1.6 Industrialisierung und Entwicklung der kontinuierlichen Ölgewinnung

Mit Beginn der Industrialisierung zum Ende des 18. Jahrhunderts nahm der Bedarf an Fetten und Ölen sprunghaft zu. So verbrauchte ein mittlerer Bauernhof nach Berechnungen von Weber [1-3] im Jahr bis zu 200 l Rüböl als Speiseöl sowie als Brennöl. Zum einen wurden Fette und Öle im technischen Bereich als Schmiermittel für Eisenbahn und andere Maschinen benötigt, sowie bei der Herstellung von Farben oder als Rohstoff für verschiedene Produkte eingesetzt. Durch die Entwicklung des neuen Werkstoffes Linoleum 1860 kam ein weiterer Abnehmer für Leinöl dazu. Zum anderen stieg die Nachfrage auch im Ernährungssektor stark an, da die Bevölkerungszahlen drastisch zunahmen. Große Mengen von Speiseölen wurden dabei in der Margarineindustrie verarbeitet. Margarine war 1869 von dem Franzosen Hippolyte Mège-Mouriès

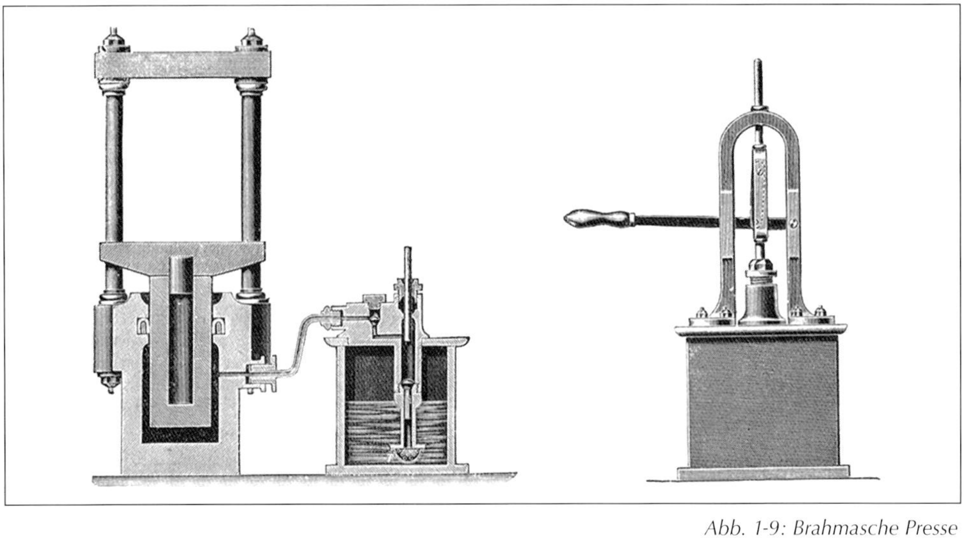

Abb. 1-9: Brahmasche Presse

für die Kriegsmarine von Napoleon III als billiges und haltbares Speisefett entwickelt worden. Zwar wurden pflanzliche und tierische Fette und Öle als Brennmaterial für Lampen durch Petroleum ersetzt, aber der Bedarf stieg dennoch weiter an.

Dieser enorme Bedarf an Fetten und Ölen war durch die bis dahin existierenden Pressverfahren nicht zu decken. Mit der Erfindung der Dampfmaschine 1712 durch Thomas Newcomen und der Weiterentwicklung durch James Watt 1769 wurde der Erfindung der hydraulischen Presse durch Josef Bramah im Jahre 1795 wurde ein neues industrielles Zeitalter eingeläutet, das auch in der Ölmüllerei Einzug hielt (Abb. 1-9, 1-10).

Durch diese Neuentwicklungen wurden die Voraussetzungen für eine kontinuierliche und damit großindustriell praktikable Betriebsform geschaffen. Der große Vorteil dieser technischen Neuerungen lag vor allem in der dadurch bedingten Vergrößerung der Verarbeitungskapazitäten und der Beendigung der Abhängigkeit der Mühlen von Wasser- oder Windkraft. Der Ölgewinnungsprozess wurde rentabler, da die Ölausbeute gesteigert,

Abb. 1-10: Hydraulische Presse

der Kraftaufwand minimiert und die Reparaturkosten reduziert wurden.

Auch wenn die hydraulischen Pressen im Laufe der Zeit immer weiterentwickelt wurden, so blieb das Grundprinzip des Aufbaus doch das Gleiche. Der Presszylinder steht auf einem gemauerten Fundament. Im Presszylinder bewegt sich der Presskolben, der am oberen Ende den Presstisch trägt. Die Tragplatten, auf denen die Pressbeutel mit dem Pressmaterial liegen, befinden sich zwischen Presstisch und Pressholm. Bei der Vorpressung werden drei Platten für vier Beutel verwendet, während für die Nachpressung sechs Platten für sieben Beutel zum Einsatz kommen.

Die erste hydraulische Presse wurde von der Bremer Ölmühle Plump 1821 installiert und 1839 baute die Neusser Ölmühle Thywissen eine hydraulische Presse in Verbindung mit einer Dampfmaschine. Diese Ölmühle verarbeitete die Rapssaat vom 1. Juli, nach der Rapsernte, bis zum 17. März des darauf folgenden Jahres. Die restliche Zeit des Jahres wurde für Reparaturarbeiten oder Veränderungen im Arbeitsablauf genutzt. Diese Ölmühle bestand aus sechs liegenden hydraulischen Pressen, zwei Topfpressen und den dazugehörigen Geräten, wie Kollergängen und Walzwerken.

Ein weiterer Meilenstein in der kontinuierlichen Gewinnung von Pflanzenöl wurde 1877 von Marticke bzw. 1903 von V. D. Anderson durch die Entwicklung der Schraubenpresse erreicht. Bei diesem Verfahren, dessen Prinzip auch heute noch in kaum veränderter Weise zur Ölgewinnung eingesetzt wird, transportiert eine nach vorn verjüngte Schnecke das Pressgut gegen einen Presskopf, wobei ein solcher Druck aufgebaut wird, dass die Zellen zerreißen und das Öl ausfließen kann.

Ein Nachteil dieser Pressverfahren war aber immer noch der verhältnismäßig geringe Wirkungsgrad, der dazu führt, dass lediglich ein Entölungsgrad von 4 bis 5 % Restölgehalt im Pressrückstand erreicht wurde. Bei Ölsaaten mit hohen Ölgehalten war dies kein Problem, aber das Auspressen von Ölsaaten mit Ölgehalten um 20 % war wenig rentabel.

1.6.1 Lösungsmittelextraktion

Erst die Entwicklung einer Extraktionsmethode mit Hilfe von Lösungsmitteln führte dazu, dass auch Ölsaaten mit niedrigeren Ölgehalten für die Ölgewinnung interessant wurden. So wurden die Voraussetzungen für die überragende Bedeutung von Soja geschaffen. Mit diesem Verfahren wurde es möglich, Restölgehalte von unter 1 % zu erreichen, so dass auch die Extraktion von Ölsaaten mit vergleichsweise niedrigen Ölgehalten ökonomisch sinnvoll wurde.

Erste Versuche zur Extraktion mit Lösungsmitteln wurden 1778 von Nehemia Spires bzw. 1843 von Jesse Fisher in Großbritannien mit Schwefelkohlenstoff gemacht. Ziel war es, die Fettkomponente in dem Lösungsmittel zu lösen und somit von den anderen Inhaltsstoffen abtrennen zu können. Die Erteilung von Patenten für Spires und Deiss führte dann in den 70er Jahren des 19. Jahrhunderts zur Verbreitung dieser Extraktionsmethode. Dabei bestand die Extraktionsanlage aus einem Extraktor, einem Destillator und einem Kondensator. Die zerkleinerte Ölsaat kam in den Extraktor und wurde dann so lange mit dem Lösemittel behandelt, bis das Öl nahezu vollständig aus den Zellen gelöst war. Im Destillator wurde dann das Lösemittel entfernt und anschließend das Öl so lange mit direktem oder indirektem Wasserdampf behandelt, bis es von den Lösemittelresten befreit war. Aus den Extraktionsrückständen wurden ebenfalls durch Einblasen von Wasserdampf Reste des Lösemittels entfernt. Da es große Schwierigkeiten gab, die Lösemittelreste aus dem Öl bzw. dem Extraktionsrückstand vollständig zu entfernen, ging die Verbreitung der Extraktionsmethode zu Anfang nur langsam voran. Gründe dafür waren die schlechte Verkäuflichkeit und die niedrigen Preise der Produkte sowie die hohen Verluste an Extraktionsmitteln, was das Verfahren sehr teuer machte. Während auch in den ersten großen Extraktionsanlagen zunächst Schwefelkohlenstoff als Extraktionsmittel verwendet wurde, wurde dieses Extraktionsmittel später durch leicht siedende Kohlenwasserstoffe (Hexan) ersetzt.

Bei dem Verfahren werden die Saaten nach Zerkleinerung und Erwärmung mit Hilfe einer Schneckenpresse auf Restölgehalte von 15 bis 20 % extrahiert und der Pressrückstand dann in eine Extraktionsanlage eingebracht, um das Öl mit dem Lösungsmittel im Gegenstromverfahren nahezu vollständig zu entziehen.

Da während der Extraktion mit Lösungsmitteln Bestandteile aus der Saat extrahiert werden, die das Öl für den menschlichen Verzehr ungeeignet machen und auch einer Verwendung im technischen Bereich entgegenstehen, ist es notwendig, das so gewonnene Öl vor der weiteren Verwendung einem umfassenden Reinigungsprozess, der so genannten Raffination, zu unterziehen. Dabei werden Farbstoffe, Oxidationsprodukte, Phospholipide, Geruchsstoffe und andere störende Substanzen durch Verfahren wie Entschleimen, Entsäuern, Bleichen und Desodorieren entfernt.

Durch die Desodorierung, bei der heißer Wasserdampf durch das Öl geleitet wird, werden flüchtige Geruchs- und Geschmacksstoffe aus dem Öl entfernt. Schon bald, nachdem die ersten Dämpfungsverfahren industriell eingeführt waren, wurde beobachtet, dass neben den flüchtigen Aromakomponenten auch freie Fettsäuren entfernt werden konnten, was dann zur Entwicklung der destillativen Entsäuerung führte.

Erstmals hatte im Jahr 1854 Cassgrand [1-4] auf die Wirkung von Wasserdampf auf Fette und Öle im Vakuum hingewiesen und ein Jahr später wurde ein Verfahren zur Entfernung von Fettsäuren mit Wasserdampf bei Temperaturen zwischen 150 und 200 °C patentiert [1-5]. Das Verfahren wurde allerdings wahrscheinlich nicht allgemein in der Öl- und Fettindustrie eingesetzt. Erst nach 1890, mit der verbreiteten Verwendung von Cocosöl als Rohstoff für die Margarineindustrie setzte sich die Dämpfung als Verfahren durch. Die ersten Anlagen bestanden dabei aus offenen Tanks, in denen das Öl direkt mit heißem Dampf behandelt wurde. Erst in der weiteren Entwicklung kam es zur Verwendung von Vakuum und überhitztem Dampf zur Vermeidung von Kondensat, zum Einbau von Prallblechen und zum Einsatz von korrosionsbeständigen Werkstoffen.

In Deutschland wurde dieses Verfahren erstmals 1888 von der Firma Connemann in Leer/Ostfriesland eingeführt. Das Extraktionsverfahren konnte sich aber auf Grund von Bedenken gegen die Verwendung unreiner Lösungsmittel und die ungenügende Ausdampfung der Öle von dem Lösungsmittel nur langsam durchsetzen.

Während die verarbeitete Saatmenge zum Ende des 19. Jahrhunderts zunahm, wurden immer weniger einheimische Ölsaaten angebaut, da die Ölmühlenindustrie immer mehr die Möglichkeiten und Angebote des Weltmarktes nutzte, so dass der größte Teil der benötigten Saaten durch Einfuhren abgedeckt wurde. Die kolonialen Eroberungen der europäischen Nationen führten dazu, dass neue Ölfrüchte mit höheren Ölgehalten, die bis dahin in Europa unbekannt waren, aus den Kolonien eingeführt wurden. Dies waren insbesondere Palmfrüchte, Erdnüsse und Kokosnüsse. Ein anderer Grund für die zunehmende Einfuhr von ausländischen Ölsaaten war aber auch die Einführung der preußischen Gewerbeordnung und die Abschaffung der Zünfte.

1.6.2 Mühlensterben

Da der Bedarf an Fetten und Ölen stetig stieg und kleinere und mittlere Ölmühlen dem Konkurrenzdruck der größeren Mühlen, die wesentlich effektiver arbeiteten, nicht standhalten konnten, kam es zum großen Mühlensterben in Deutschland. Die Großmühlen siedelten sich an verkehrsgünstigen Knotenpunkten, insbesondere den großen Wasserstraßen an, um die Logistik der aus Übersee angelieferten Ölsaaten besser handhaben zu können. Hier verschafften sie sich eine marktbeherrschende Stellung, die auch durch Ausschaltung des Zwischenhandels mit den Ölsaaten verstärkt wurde.

Gab es zu Beginn des 19. Jahrhunderts in Deutschland noch 2828 einfache, durch Hand und Fuß betriebene Ölstampfen und 522 Ross-, Wind- und Wasserölmühlen, von denen viele nur vorübergehend nach der Ernte gearbeitet haben dürften, so verfügten 1913 fünf Ölmühlen über eine Jahreskapazität von jeweils über 100000 t und vier Mühlen über eine Kapazität von jeweils über 50000 t, was insgesamt etwa 50% der Gesamtkapazität aller Ölmühlen entsprach.

Der erste Weltkrieg warf dann allerdings auch die großen deutschen Ölmühlen weit zurück, da zum einen während des Krieges die Einfuhr von Rohstoffen ausfiel und zum anderen nach dem Krieg infolge der Inflation und der daraus resultierenden wirtschaftlichen Lage die Einfuhr von Ölsaaten sehr erschwert wurde. Auch viele kleinere Ölmühlen mussten schließen und die übrig gebliebenen erholten sich nach Beendigung der Inflation 1924 nur sehr langsam.

Der nächste Rückschlag erfolgte für die großen Ölmühlen in den 30er und 40er Jahren, als zuerst durch Bestrebungen, eine Selbstversorgung und Unabhängigkeit von ausländischen Märkten zu erreichen, ein Einbruch der Verarbeitung zu verzeichnen war. Es sollten nur noch einheimische Ölsaaten verarbeitet werden. Während des Krieges und vor allem danach kam dann die Verarbeitung von Ölsaaten durch die Zerstörungen fast vollständig zum Erliegen.

Günstig waren die Autarkiebestrebungen hingegen für die Mittel-, Klein- und Kleinstmühlen, die jetzt wieder unabhängig von den Wasserwegen im eigenen Land angebaute Ölsaaten verarbeiten konnten. Es wurde sogar zur Errichtung von Ölmühlen aufgerufen, da die dezentrale Mühlenwirtschaft für die Kriegsplanungen günstiger erschien. So hieß es: „Eine unserer wichtigsten Aufgaben muss sein, möglichst viele ländliche Ölmühlen wieder zur Versorgung der Landbevölkerung zu errichten" [1-6]. Die Verarbeitung von Ölsaaten wurde in dieser Zeit über so genannte Ursprungs- und Verwertungsscheine für Ölsaaten inländischer Erzeugung geregelt. Außerdem wurden volkswirtschaftliche, gesundheitliche und betriebswirtschaftliche Vorteile für die Ernährung mit pflanzlichen Fetten angeführt, was zu einer weiteren Stärkung der kleinen Ölmühlen führte. Eine Berechnung aus der damaligen Zeit sollte zeigen, dass Ölfrüchte auf derselben Fläche viel mehr Fett liefern konnten als Viehzucht und Milcherzeugung. So sollte der Fettertrag durch Ölfruchtanbau 400 bis 800 kg/ha betragen, wohingegen Milchviehhaltung und Schweinemast nur 100 kg/ha ergaben. Den kleinen Ölmüllern waren solche Berechnungen nur recht und es kam zu einem Aufschwung dieses Industriezweiges, der sich allerdings bald als Bumerang erweisen sollte. Zuerst einmal waren aber durch die Planwirtschaft mit Mühlenkontingentierung, Neubau- und Erweiterungsverboten und Marktordnungen zu festen Preisen ihre Einkünfte gesichert.

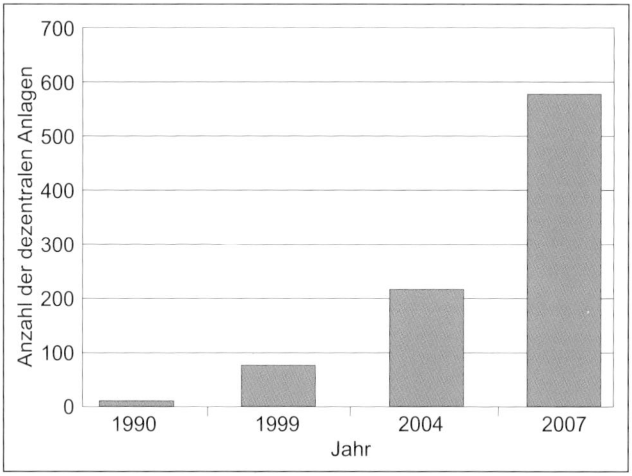

Abb. 1-11: Wachstum der dezentralen Ölmühlen

Nach dem Krieg wurden in Ermangelung anderer Ölsaaten vornehmlich einige heimische Saaten wie Bucheckern oder Mohn gepresst. Es war in den Nachkriegsjahren 1947 und 1948 sehr ungewöhnlich, dass die Bucheckern, die normalerweise nur alle acht bis zehn Jahre eine gute Ernte ergeben, zwei Jahre hintereinander gute Erträge lieferten. Erst nach der Währungsreform 1948 und mit Einführung der freien Marktwirtschaft kam es wieder zur Verarbeitung von Soja und Raps.

1949 wurden bereits wieder mehr als eine halbe Million Tonnen Saaten verarbeitet und sechs Jahre später erreichte die Verarbeitung bereits wieder fast die Millionengrenze. Die Anzahl der Ölmühlen nahm weiter ab und es kam zu einer Konzentrierung dieses Industriezweiges. Mitte der 50er Jahre gab es noch 18 Ölmühlen auf dem Gebiet der alten Bundesrepublik, die rund eine Million Tonnen Saat verarbeiteten, während es heute nur noch elf große Ölmühlen mit einer Kapazität von mehr als acht Millionen Tonnen gibt.

1.6.3 Entwicklung kleiner und mittlerer dezentraler Anlagen heute

Als ein Ergebnis der Suche nach Möglichkeiten, die Wertschöpfung landwirtschaftlicher Produkte in der Landwirtschaft zu belassen, erfolgt die Ölgewinnung seit etwa 15 Jahren verstärkt auch wieder in kleinen und mittleren dezentralen Anlagen, die vor allem im ländlichen Raum angesiedelt sind. Ihre Gesamtzahl liegt inzwischen bei über 550 (Abb. 1-11), mit Verarbeitungskapazitäten zwischen 0,5 und 25 t/d, die insbesondere für den technischen Bereich native, kaltgepresste Öle produzieren, aber zunehmend auch qualitativ hochwertiges natives, kaltgepresstes Speiseöl anbieten. Aufgrund der geografischen Gegebenheiten, wie des Fehlens von großen Wasserstraßen, produzieren diese Anlagen vor allem in Süddeutschland. In diesen Anlagen wird lediglich eine mechanische Extraktion der Saaten mit Schneckenpressen durchgeführt. Die Prozessführung zur Herstellung von kaltgepressten Pflanzenölen ist auf die notwendigen Schritte Vorbehandlung der Saat, Ölgewinnung, Ölreinigung sowie Lagerung des Öles beschränkt. Im Gegensatz zu den großen zentralen Anlagen haben dezentrale Anlagen geringere Transportwege und -kosten, wodurch das Wirtschaften in regionalen Stoffkreisläufen begünstigt wird.

1.7 Literatur

1-1 Krünitz, J. G.: Oekonomische Encyklopädie oder allgemeines System der Staats- Stadt- Haus u. Landwirthschaft, in alphabetischer Ordnung (1806) Bd. 76, S. 394

1-2 Hönn, G. P.: Betrugs-Lexicon, worinnen die meisten Betrügereyen in allen Ständen nebst denen darwider guten Theils dienenden Mitteln entdecket. 2. Auflage, 1721.

1-3 Weber, Fr. W.: Die Geschichte der pfälzischen Mühlen besonderer Art. Otterbach, Arbogast Verlag, 1981.

1-4 Cassgrand. Chemical Gazette 1854, No. 283, nach Dinglers polytechn. J. 134, 59.

1-5 FR-PS 15394 v. 17.12.1855 (Bardies, Moutie u. Mm. Docoudun)

1-6 Könemann, E.: Ölfruchtanbau – Anbau, Verwertung und Ölgewinnung, 3. Auflage, Lüneburg Metta Kinau Verlag, 1947 (I), S. 12/13

2 Einheimische Ölpflanzen

Alois Aigner

2.1 Entwicklung auf dem Weltmarkt

Die Verwendung von Ölsaaten als Rohstoff für die Produktion von pflanzlichen Ölen ist in den letzten Jahrzehnten ständig angestiegen. In den Schwellenländern Asiens ist die Steigerung des Pflanzenölverbrauchs vor allem auf die Zunahme für die menschliche Ernährung zurückzuführen. In den Industrieländern Europas und in Amerika trägt in jüngster Zeit neben der Speiseölerzeugung die Verwendung von Ölsaaten als Rohstoff zur Energie- und Treibstoffgewinnung wesentlich zu dieser Entwicklung bei. So hat sich der Verbrauch von Ölsaaten in den letzten 25 Jahren mehr als verdoppelt. Wurden im Zeitraum 1980/1982 weltweit 165 Mio. t Ölsaaten produziert, war im Wirtschaftsjahr 2007/08 die Gesamtölsaatenproduktion mit rund 392 Mio. t um das rund 2,4-fache höher. Nach Angaben des USDA teilt sich im laufenden Wirtschaftsjahr die Erzeugung von Ölsaaten, wie in Abbildung 2-1 dargestellt, im Wesentlichen auf fünf Ölsaaten auf. Mit 221 Mio. t oder 56 % an der Gesamtwelterzeugung dominieren die Sojabohnen weltweit eindeutig die Ölsaatenerzeugung. Raps und Baumwolle folgen mit 49 beziehungsweise 46 Mio. t mit deutlichem Abstand auf den Plätzen zwei und drei. Die Erdnuss- und Sonnenblumenkernproduktion hat mit etwa 30 Mio. t oder 7 bis 8 % ebenfalls eine größere Bedeutung an der Weltölsaatenerzeugung. Unter den sonstigen Ölsaaten sind im Wesentlichen die Palmkern-, Copra- und Leinsaatenproduktion zu nennen.

Die absolute Dominanz des Sojabohnenanbaus am Weltmarkt für Ölsaaten wird an der Steigerung der Sojabohnenerzeugung in diesem Jahrtausend sichtbar. Seit dem Wirtschaftsjahr 2000/2001 hat die Sojabohnenproduktion von 180 Mio. t auf 221 Mio. t im letzten Wirtschaftsjahr um 40 Mio. Tonnen zugenommen. Diese Steigerung entspricht somit mehr als der doppelten Menge an Raps (17,3 Mio. t), der derzeit in der gesamten EU 27 erzeugt wird (Tab. 2-1). Von ebenso großer Bedeutung ist die Tatsache, dass der gesamte Sojamarkt praktisch von nur drei Ländern dominiert wird. So vereinen die USA, Brasilien und Argentinien über 80 % der Produktions- und über 90 % der Exportmengen von Sojabohnen auf sich (Abb. 2-1). In den letzten Jahren hat dabei der Einfluss von Brasilien und Argentinien auf dem Weltmarkt deutlich stärker zugenommen als der Einfluss der USA.

2.1.1 Entwicklung des Ölsaatenanbaues in der EU

Obwohl die Weltrapsernte mit 49 Mio. t im Vergleich zu den Sojabohnen eher bescheiden ausfällt, war die prozentuale Zunahme von 34 % die stärkste Steigerung einer Ölsaat im neuen Jahrtausend. Den größten Anteil an dieser Entwicklung hat die Anbauausdehnung des Rapses in Europa. So wurde in den ehemals 15 Mitgliedern der EU seit dem Jahr 1990 die Produktion von Rapssaat mehr als

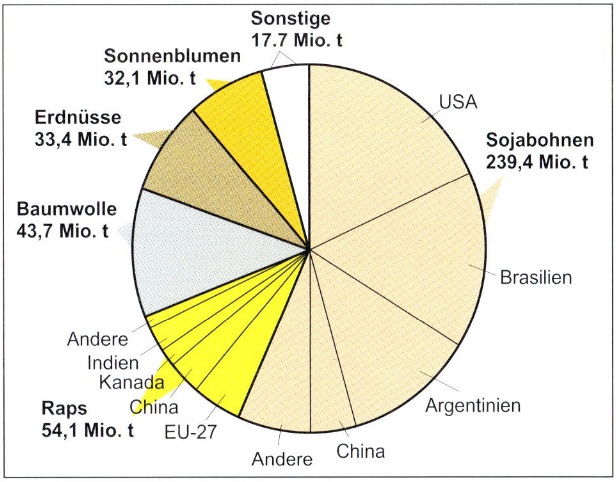

Abb. 2-1: Welt-Ölsaatenerzeugung 2007/2008

Tab. 2-1: Der Weltmarkt für Ölsaaten

	80/82	90/92	00/02	04/05	05/06	06/07	07/08 v	08/09 s	Zuwachs seit 00/02
				Produktion in Mio t					
Sojabohnen	87,1	109,6	185,8	215,7	220,4	235,8	221,0	239,4	53,6
% der Welternte	53	50	57	57	56	58	56	57	+ 29 %
· USA	54,2	55,4	76,2	85,0	834,0	86,8	72,8	81,2	
· Brasilien	14,2	19,2	45,0	53,0	57,0	59,0	61,0	62,5	
· Argentinien		11,4	31,1	39,0	40,5	47,2	46,5	50,5	
· China	8,8	10,3	15,8	17,4	16,4	16,2	13,5	16,5	
Rapssaat	12,7	26,2	35,4	46,2	48,7	46,7	48,2	54,1	18,7
% der Welternte	8	12	11	12	12	11	12	13	+ 53 %
· EU 27			11,0	15,3	15,5	16,0	17,7	18,9	
· EU 15	2,6	6,7	8,9	11,8	12,3	12,4	13,1	13,2	
· China	4,0	7,3	11,1	13,2	13,1	12,7	10,4	11,0	
· Kanada	2,2	3,8	5,5	7,7	9,7	9,0	9,5	10,9	
· Indien	2,2	5,3	4,1	6,5	7,0	5,8	5,5	5,8	
Sonnenblumen	14,8	21,9	23,1	25,4	30,0	30,1	27,2	32,1	9,0
% der Welternte	9	10	7	7	8	7	7	8	+ 38 %
· GUS	4,9	5,9	6,9	8,5	11,8	12,7	10,2	12,7	
· Argentinien	1,9	3,7	3,8	3,6	3,8	3,5	4,6	4,4	
· EU 27			3,8	4,2	6,0	6,4	4,9	6,6	
Gesamt	164,5	221,0	323,2	381,7	391,8	406,6	392,0	420,4	+ 97,2 Mio t

verdoppelt. Mit über 17 Mio. t Erzeugungsmenge dominiert in Europa der Rapsanbau die Ölsaatenerzeugung in ähnlicher Weise wie der amerikanische Sojabohnenanbau den Weltmarkt. Rund dreiviertel der Ölsaatenproduktion erfolgt in Europa auf der Basis von Raps. Sonnenblumen steuern etwa 20 % bei, und der Sojabohnenanbau trägt nur in wärmeren Regionen Südeuropas mit knapp 5 % zur Gesamtölsaatenmenge Europas bei.

In den letzten zwei Jahrzehnten wurde in mehreren Schritten die Zahl der EU-Mitgliedsstaaten von ehemals 12 auf mittlerweile 27 Staaten erweitert. Eine voll vergleichbare Statistik über die Ölsaatenentwicklung in diesem Zeitraum ist daher nur bedingt möglich. Insgesamt wurden im Jahr 2007 in den mittlerweile 27 Mitgliedsländern über 9 Millionen Hektar Ölfrüchte angebaut. Mit über 6,2 Mio. ha oder 55 % der Ölsaatenfläche nimmt der Winterraps die führende Stellung in Europa ein. Die größte Anbauverbreitung hatte der Winterraps in diesen letzten zwei Jahrzehnten in Deutschland und Frankreich (Tab. 2-2). Mit jeweils rund 1,5 Mio. ha stand im Anbaujahr 2007 etwa die Hälfte der europäischen Rapsfläche in diesen beiden Ländern. Auch in England und Dänemark hat der Rapsanbau in diesem Zeitraum eine bedeutende Rolle gespielt. Von den neuen, osteuropäischen Mitgliedsstaaten ist Polen das mit Abstand größte Rapsanbaugebiet, gefolgt von der Tschechischen Republik. Insgesamt brachte die Osterweiterung der EU über 1,5 Mio. ha Raps in die Gemeinschaft ein.

Weitaus stärker ist in den neuen südosteuropäischen Mitgliedsstaaten der Sonnenblumenanbau etabliert. Vor allem in Rumänien und Bulgarien übertrifft die Sonnenblume den Rapsanbau in seiner Bedeutung um ein Vielfaches. Während in diesen Ländern die Sonnenblumenfläche in den letzten Jahren gestiegen ist, haben Frankreich und Spanien in den letzten zwei Jahrzehnten die Sonnenblumenfläche fast halbiert (Tab. 2-3).

Tab. 2-2: Anbau von Raps und Rübsen in der EU in 1000 ha

Jahr	1991	1995	2000	2001	2002	2003	2004	2005	2006	2007 v	2008 s
Deutschland	950	990	1078	1138	1297	1266	1283	1344	1429	1546	1373
Frankreich	739	864	1225	1083	1041	1082	1126	1231	1406	1601	1497
Italien	14	44	36	30	22	4	2	2	4		
Niederlande	7	2	1	1	1	1	2	2	2		
Belgien/Luxemburg	10	9	8	8	9	8	10	10	14	18	
Großbritannien	440	439	402	451	432	460	550	593	500	593	590
Dänemark	[illegible]	[illegible]	[illegible]	[illegible]	84	107	[illegible]	112	112	170	171
Spanien	11	83	31	19	7	4	6	5	6		
Portugal		1		19	7	4	6	5	6		
Österreich		96	52	56	55	44	35	35	36	42	
Finnland		85	53	73	67	75	83	77	100	91	
Schweden		104	48	45	68	59	84	82	91	88	
EU-12/15	2456	2876	3039	2985	3085	3112	3313	3495	3716	4205	3887
Estland			29	28	33	46	50	47	38	48	
Lettland			7	8	19	26	55	72	83	78	
Litauen			56	51	60	67	101	109	150	115	
Polen			437	443	436	426	538	550	624	711	760
Slowak. Republik			92	107	120	53	92	107	116	147	
Tschech. Republik			324	343	312	251	259	267	292	335	352
Ungarn			116	110	129	71	105	122	142	223	251
EU-25			4098	4075	4194	4052	4513	4769	5201	5865	5734
Rumänien				82	55	13	48	84	175	330	386
Bulgarien				17	7	13	11	11	17	45	
EU-27				4174	4256	4078	4572	4864	5327	6240	6208

v = vorläufig; s = Schätzung

2.1.2 Entwicklung des Ölsaatenanbaues in Deutschland

Aus der Abbildung 2-2 ist ersichtlich, welch enormen Aufschwung der Ölsaatenanbau in Deutschland in den letzten 30 Jahren genommen hat. Hat sich in den alten Bundesländern die Ölsaatenfläche von 1980 bis 1990 von knapp 140 000 ha auf gut 600 000 ha mehr als vervierfacht, so ist ab 1991 durch den Ölsaatenanbau in den Neuen Bundesländern

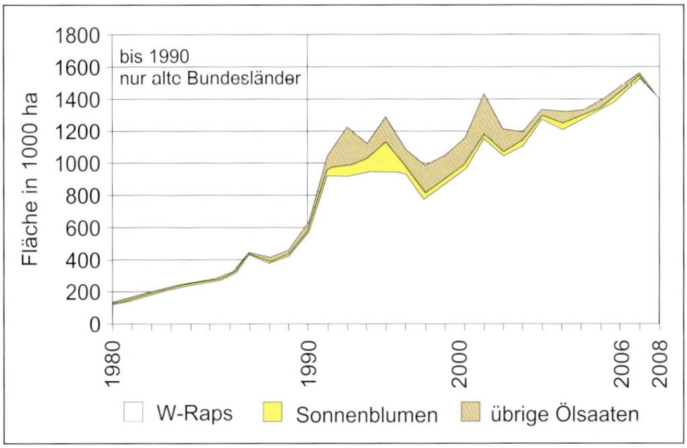

Abb. 2-2: Entwicklung des Ölsaatenanbaus in Deutschland

Tab. 2-3: Anbau von Sonnenblumen in der EU in 1000 ha

Jahr	1991	1995	2000	2001	2002	2003	2004	2005	2006	2007 v	2008 s
Deutschland	44	52	26	25	26	37	32	27	32	19	26
Frankreich	1071	963	720	706	616	694	616	644	645	525	587
Italien	132	243	218	208	166	151	124	130	145	130	121
Spanien	1070	1086	841	861	754	787	752	517	633	601	694
Griechenland	14	18	23	17	17	10	6	5	17	20	
Portugal	60	72	46	42	38	37	28	7	5		
Österreich		30	22	20	21	26	29	30	32	25	
EU-12/15	2391	2464	1896	1879	1638	1742	1587	1360	1508	1327	1476
Slowak. Republik			69	63	63	133	91	92	109	89	75
Tschech. Republik			31	29	24	49	39	40	47	38	
Ungarn			299	320	418	511	480	511	534	511	560
EU-25			2295	2291	2143	2435	2197	2003	2203	1955	2140
Rumänien				800	860	1153	926	957	991	700	850
Bulgarien				389	471	660	530	635	751	520	650
EU-27				3480	3474	4248	3653	3595	3945	3175	3640

v = vorläufig; s = Schätzung

die Fläche Deutschlands sprunghaft auf über 1 Mio. ha gestiegen. Mit knapp 1,6 Mio. ha hat die Ölsaatenfläche Deutschlands zur Ernte 2007 den bisherigen Höhepunkt erreicht. In dem gesamten Betrachtungszeitraum dominierte flächenmäßig eindeutig der Winterrapsanbau den Ölsaatenanbau. Zwischen 74 und 98 % der Ölsaatenfläche wurde in diesem Zeitraum mit Winterraps bestellt. In den meisten Jahren konnte der Ölsaatenanbau in Deutschland dem Winterrapsanbau gleichgestellt werden. Die stärkere Anbauverbreitung von Sonnenblumen und anderen Ölsaaten von 1992 bis zum Beginn des neuen Jahrtausends ist in erster Linie auf agrarpolitische Entscheidungen zurückzuführen. Die Einführung von sehr lukrativen Flächenprämien hat ab 1992 zu einem sprunghaften Anstieg des Sonnenblumen- und Ölleinanbaus geführt. Mit der flächenmäßigen Begrenzung der Ölsaatenprämie und dem Abschmelzen dieser Prämien haben diese Ölsaaten für die Landwirte wieder an Lukrativität verloren, und die Anbauflächen sind deutlich zurückgegangen. Die Entkoppelung der Flächenprämien von den angebauten Fruchtarten ab dem Anbau 2003 hat die Bedeutung dieser Ölsaaten wieder auf das Niveau vor diesen „Agrarreformen" zurückgeführt.

2.2 Raps, *Brassica napus* L. var. *napus*

2.2.1 Botanik

Raps, der wissenschaftliche Name lautet *Brassica napus* L. var. *napus*, gehört zur Familie der Kreuzblütler (*Brassicaceae*) und hier zur Gattung Brassica. Zu dieser Familie gehören zahlreiche bekannte Kulturarten (z. B. Rettich, Radieschen) und auch Wildpflanzen (Ackersenf, Hirtentäschelkraut). Von praktischer Bedeutung sind diese Verwandtschaftsbeziehungen, da zum einen eine Fremdbefruchtung mit den Wildpflanzen möglich ist, und zum anderen gleiche Krankheiten und Schädlinge diese Arten befallen können. Für den praktischen Anbau ist dies aus Fruchtfolgegründen von Bedeutung, da über Unkräuter Krankheiten und Schädlinge latent vermehrt werden. Durch Auskreuzungsmöglichkeiten auf Wildpflanzen wird in der Pflanzenzüchtung der Einsatz von gentechnischen Methoden äußerst kritisch gesehen.

Raps ist durch eine spontane Artkreuzung zwischen den Brassica-Arten Rübsen (*B. rapa*) und Kohl (*B. oleracea*) entstanden. Dabei wurden die jeweiligen Chromosomensätze von Rübsen (n=10)

Abb. 2-3: Raps in der Blütezeit

und Kohl (n=9) aufsummiert, so dass der Raps über n=19 unterschiedliche Chromosomensätze verfügt. Vermutlich ist diese Bastardierung im Mittelmeerraum erfolgt, da beide Eltern dort natürlich vorhanden sind. Da bisher noch keine Wildformen von *Brassica napus* gefunden wurden, handelt es sich um eine sehr junge Pflanzenart. Es wird zwischen einer Sommer- und Winterform unterschieden, wobei in Deutschland und großen Teilen Europas die Sommerform als Ölpflanze nur eine sehr untergeordnete Rolle einnimmt. Charakteristisch für Brassicaarten sind als sekundäre Pflanzeninhaltsstoffe die Glucosinolate. Es handelt sich dabei um S-haltige Aminosäureester mit unterschiedlicher Struktur in der Seitenkette, die im Rapsschrot bei der Verfütterung von Bedeutung sind.

Wann und wo Raps zuerst in Kultur genommen wurde, ist nicht sicher bekannt. Aus Literaturquellen ist bekannt, dass im Mittelalter in weiten Teilen Europas das aus Raps und Rübsen gewonnene „Rüböl" als Brennstoff für Öllampen gedient hat. Ärmere Bevölkerungsschichten nutzten jedoch auch schon früher Rüböl zu Speisezwecken. Im 19. Jahrhundert entwickelte sich ein steigender Bedarf an technisch verwertbaren Ölen im Bereich der Schmiermittel und der Waschmittelindustrie. Durch übergeordnete wirtschaftliche und politische Rahmenbedingungen unterlag der Rapsanbau in Deutschland in den letzten 100 Jahren immer wieder großen Schwankungen. Höhepunkte des Anbaus lagen jeweils in Krisenzeiten der Ernährung, vor allem im Zusammenhang mit den zwei Weltkriegen. Rapsöl aus heimischer Produktion war damals der einzig bedeutsame Fettgrundstoff pflanzlicher Art. In Zeiten des freien Außenhandels war die Wettbewerbskraft zu Konkurrenzprodukten des Weltmarktes nicht gegeben und der Anbau ging dementsprechend zurück. Erst mit der Einführung erucasäurefreier Sorten ist es gelungen, den Durchbruch für den dauerhaften Absatz im Nahrungsmittelbereich sicherzustellen.

2.2.2 Qualitätsumstellungen ebneten den Weg in der Vermarktung

Bereits in den 60er Jahren ist es den Züchtern gelungen, die Ölqualität des Rapses grundlegend zu verbessern. Bei den neuen, so genannten 0-Sorten wurde die Erucasäure, die in Tierversuchen den Stoffwechsel von Organen negativ beeinflusste, größtenteils durch Ölsäure ersetzt. Tabelle 2-4 zeigt die Unterschiede in der Fettsäurenzusammensetzung auf.

Mit der Aussaat im August 1974 wurde in Norddeutschland, nach einer von allen Wirtschaftskreisen getragenen Aktion, vollständig auf erucasäurefreie Sorten umgestellt. Wegen schwieriger Vegetationsbedingungen waren die Erträge der ersten zugelassenen Sorte Lesira im Umstellungsjahr oft niedrig und enttäuschend. Erst durch neue, verbesserte Sorten fanden die Landwirte Vertrauen in diese neue Sortengeneration. In Süddeutschland erfolgte die Umstellung auf 0-Sorten im Herbst 1976. Die großen Vorbehalte der Ernährungsindustrie in geschmacklicher und gesundheitlicher Hinsicht gegenüber dem alten erucasäurereichen „Rüböl" konnten nur sehr langsam abgebaut werden. Auch nach der Umstellung wurde im Lebensmittelhandel und der Nahrungsmittelindustrie wenn möglich der Begriff Rapsöl vermieden, und das neue Öl unter dem Oberbegriff „Pflanzenöl" nach und nach in den Handel eingeführt. Rapsöl ist zwischenzeitig für die menschliche Ernährung als vollwertig anerkannt und nimmt in der Verbrauchergunst ständig an Beliebtheit zu. Die ernährungsphysiologischen Vorteile des Rapsöls werden im Kapitel 8 ausführlich beschrieben.

Tab. 2-4: Fettsäuren- und Glucosinolatzusammensetzung von Raps und 00-Raps

Fettsäure [%]	Raps	00-Raps	Glucosinolate [mmol/kg]	Raps	00-Raps
Palmitinsäure (16:0)	3,8	6,2	Gluconapin	33,3	5,5
Stearinsäure (18:0)	1,1	1,7	napin	8,2	1,0
Ölsäure (18:1)	11,2	59,8	Progoitrin	109,4	8,3
Linolsäure (18:2)	13,7	19,4	Napoleiferin	5,2	0,4
Linolensäure (18:3)	8,1	11,2			
Eikosensäure (20:1)	9,6	0,2	Summe	156,2	15,3
Erucasäure (22:1)	52,3	0,3			

Die zweite Qualitätsumstellung auf 00-Sorten, die ein glucosinolatarmes Rapsschrot lieferten, vollzog sich schrittweise in den Jahren 1986 und 1987. Diese Umstellung war nötig, da ein hoher Glucosinolatgehalt im Rapsschrot die Futteraufnahme und Verträglichkeit in der Tierfütterung negativ beeinträchtigt. Die neuen 00-Rapssorten unterschieden sich von den früheren 0-Sorten nur durch die Verringerung des Glucosinolatgehaltes in der Saat von ca. 150 µmol/g auf rund 20 µmol/g Saat (Tab. 2-4). Neueste Sorten erreichen mittlerweile Gehalte von unter 10 µmol/g luftfeuchter Ware. Durch die Verringerung dieses Inhaltsstoffes konnten die Einsatzmengen von 00-Rapsschrot im Rinderbereich mehr als verdoppelt, im Schweinebereich sogar mehr als verdreifacht werden. Für die Wirtschaftlichkeit des Rapsanbaues spielt die Verwertung des bei der Ölpressung anfallenden Schrotes eine entscheidende Rolle.

2.2.3 Züchtung

Raps ist eine partiell fremd befruchtende Art, d. h., zur Bildung von Samen kann es sowohl durch Fremdbefruchtung wie auch durch Selbstbefruchtung kommen. Für die Pflanzenzüchter heißt das, dass die Weiterentwicklung von Sorten sowohl über Linienzüchtung (= Selbstbefruchtung) wie auch über die Hybridzüchtung (= Fremdbefruchtung) möglich ist. Bis zur Zulassung der ersten restaurierten Winterrapshybride im Dezember 1994 wurden im praktischen Anbau nur Liniensorten angebaut. Diese wurden über die klassische Kreuzungs- und Auslesezüchtung entwickelt. Eine Besonderheit der noch relativ jungen Kulturpflanze Winterraps ist, dass die Sortenzüchtung nur auf wenige bekannte Landsorten als Ursprungsformen zurückgeht. Durch die Einführung der Doppelnullqualität kam es zu einer starken genetischen Einengung des Zuchtmaterials, da diese Eigenschaften aus nur einzelnen Herkünften stammten. 1961 entdeckte man in der deutschen Sommerrapssorte „Liho" eine erucasäurearme Mutante, auf der die gesamte Weiterentwicklung der erucasäurefreien Sorten basiert. Die zweite Einengung des Genpools erfolgte durch die Umstellung auf glucosinolatarme Sorten, als Mitte der 1970er Jahre die polnische Sommerrapssorte „Bronowski" als Kreuzungselter diente. Die Erweiterung der genetischen Basis des vorhandenen Winterrapszuchtmaterials stellt für die Züchtungsforschung zurzeit eine große Herausforderung dar.

Die Züchtung von Winterraps ist stets Qualitätszüchtung. 00-Winterrapsorten sind genetisch erucasäurefrei, d. h., sie haben genetisch einen Erucasäuregehalt von weniger als 0,2 % in der Summe aller Fettsäuren und einen Glucosinolatgehalt von weniger als 18 µmol/g Saat bezogen auf 9 % Feuchtigkeit und 40 % Öl. Innerhalb dieser 00-Qualität ist das wichtigste Zuchtziel einen hohen

Abb. 2-4: Wachstumsstadien der Rapspflanze

Kornertrag mit einem hohen Ölgehalt zu kombinieren, da sich daraus die für den Landwirt entscheidende Größe Marktleistung errechnet. Nach Angaben des Statistischen Bundesamtes ist der Kornertrag in den letzten 25 Jahren in Deutschland linear um durchschnittlich 0,35 dt/ha gestiegen (Abb. 2-5). Ist in den 1980er Jahren noch eine jährliche Produktivitätssteigerung von 0,62 dt/ha zu verzeichnen gewesen, so ist Mitte der 1990er Jahre eine Ertragsstagnation erkennbar. Dies ist zu einem großen Teil auf die hohen Flächenprämienzahlungen ab 1992 zurückzuführen, wodurch wichtige produktionstechnische Maßnahmen minimiert worden sind. Nach Aussagen von Züchtern dürfte der in den letzten Jahrzehnten erzielte Produktivitätsfortschritt zu etwa 60 % auf dem Züchtungsfortschritt basieren und der Rest auf einer verbesserten Produktionstechnik.

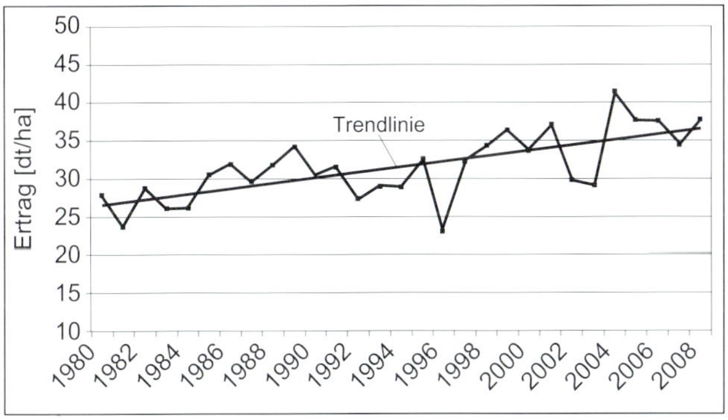

Abb. 2-5: Ertragsentwicklung von Winterraps in Deutschland seit 1980

2.2.3.1 Liniensorten

Liniensorten werden über das klassische Pedigree Verfahren mit Selbstungen über mehrere Generationen entwickelt. Durch die hohen Anforderungen an die Homogenität einer Sorte von Seiten der Zulassungsbehörden kommt es zu einer starken genetischen Einengung der Einzelpflanzen einer Sorte. Eine besondere Zuchtmethode stellt die Doppelhaploidentechnik dar, bei der aus den Pollenkörnern der F1-Kreuzungspflanzen über Embryonenkultur sehr schnell reinerbige Nachkommen erzeugt werden. Neben einem Zeitvorsprung führt diese Zuchtmethode aber zu einer noch stärkeren genetischen Einengung der Pflanzen einer Sorte.

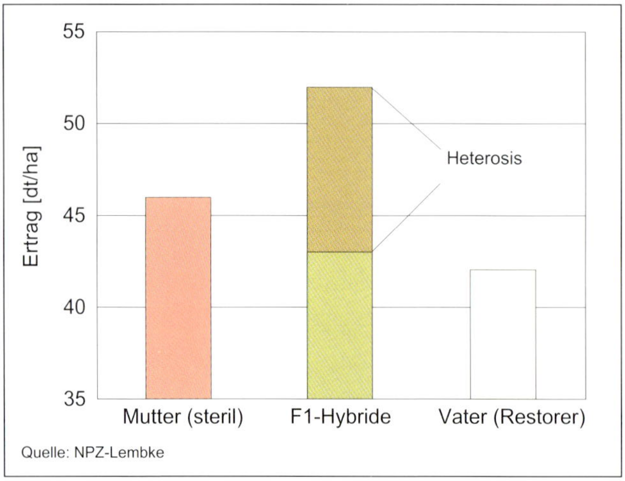

Abb. 2-6: Schematische Darstellung des Heterosiseffektes

2.2.3.2 Hybridsorten

Ein Hauptziel der Züchtung ist auch in Zukunft eine deutliche Steigerung des Ertragspotenzials neuer Sorten. Wie bei vielen eingeführten Kulturarten versprechen sich auch beim Raps die Züchter von der Hybridzüchtung einen deutlichen Ertragssprung. Spezielle Hybridkombinationen von Mutter- und Vaterlinien ergeben bei allgemeiner und spezieller Kombinationsfähigkeit F1-Hybriden, die infolge des so genannten Heterosiseffektes in der F1-Generation deutlich über der Leistung des besseren Eltern liegen (Abb. 2-6).

Den Durchbruch in Hybridzüchtung ermöglichte erst das Auffinden eines cytoplasmatisch männlichen Sterilitätssystems (CMS), das eine gezielte Bestäubungslenkung ermöglichte. Über mehrere Kreuzungsschritte müssen zuerst sterile Mutterlinien erzeugt und erhalten werden, die mit ausgewählten Vaterlinien, welche über so genannte Restorereigenschaften verfügen müssen, dann gekreuzt werden. Auf diese Weise entstehen restaurierte F1-Hybridsorten, bei denen die Sterilität der Mutterlinie wieder aufgehoben (= restauriert) ist.

Nicht nur die Züchtung von Hybridsorten ist sehr aufwändig, auch die Saatgutproduktion von Hybriden ist komplizierter und teurer. Die Elternkomponenten werden in weiträumigen Isolierlagen erzeugt. Im Streifenanbau von steriler Mutterlinie (z. B. 8 m) und fertilem Vater (z. B. 2 m) erfolgt dann über „Fremdbefruchtung" der Mutterlinie die eigentliche Saatgutproduktion. Je nach Befruchtungsverhältnissen während der Blüte und je nach Wasserversorgung zur Abreife kann daher das Samengewicht (TKG) der Kreuzungskörner großen Schwankungen von 4 bis 9 g unterliegen. Da die Produktion von Hybridsaatgut sehr aufwändig ist, ist das Saatgut von Hybridsorten für den Landwirt wesentlich teurer als von Liniensorten. Im Wettbewerb um den Kunden Landwirt müssen Hybridsorten diese Mehrkosten daher über höhere Kornerträge wieder egalisieren. Im ersten Jahrzehnt nach Einführung dieses neuen Sortentyps im Jahr 1995 war dies mit einem rund 10-prozentigen Ertragsvorsprung auch der Fall. In den letzten Jahren haben neuere Liniensorten diese Spanne deutlich verringern können und sind zum Teil sogar ebenbürtig. In amtlichen Sortenprüfungen wird dies laufend überprüft, so dass sich der Praktiker für seine speziellen betrieblichen Verhältnisse die neuesten Informationen einholen kann.

Da der Heterosiseffekt bei vielen Hybridsorten auch das Merkmal Pflanzenlänge verbessert hat und dadurch anfangs die Standfestigkeit geringer war, wird in jüngster Zeit versucht, dem über die Entwicklung von „Halbzwerghybriden" entgegenzusteuern. Zudem sollen diese wesentlich kürzeren Sorten auch Vorteile im Drusch haben, da zur Ernte weniger Stroh durch den Mähdrescher geführt werden muss und dadurch eine höhere Druschleistung möglich ist. Die derzeit verfügbaren Halbzwerghybriden haben in der Kornertragsleistung, im Ölgehalt und bei den Resistenzen noch nicht das Niveau der eingeführten Hybridsorten erreicht.

In der modernen Pflanzenzüchtung sind biotechnologische Techniken heute vielfach Standard, werden aber in der öffentlichen Diskussion häufig unter dem Begriff „Gentechnik" subsummiert. Dies sind insbesondere:

1. die Embryokultur für die Durchführung weiter Kreuzungen zwischen verschiedenen Arten,
2. die Haploidtechnik zur Erzeugung reinerbiger Linien über die Invitrokultur (siehe Linienzüchtung),
3. die genetische Transformation zur Schaffung von Pflanzen mit neuen Merkmalen; dies ist die zurzeit umstrittenste Technik und in Europa daher nicht vermittelbar,
4. molekulargenetische Techniken zur Identifikation und Charakterisierung von Zuchtmaterial. Genetische Marker sind Werkzeuge zur Lokalisierung von Genen für agronomische Eigenschaften im Rapsgenom. Solche Marker ermöglichen es dem Züchter, anhand des Genotyps auf ein bestimmtes Merkmal zu selektieren. Neben einem Zeitvorsprung ist diese Information nicht von Umweltbedingungen abhängig und daher in ihrer Aussage sicherer.

In der Züchtungsforschung und Züchtungspraxis tragen sie heute zu einem schnelleren und effektiveren Arbeiten bei und sind teilweise unentbehrlich.

2.2.4 Anbau von Winterraps

Der Winterraps stellt in Betrieben mit hohem Getreideanteil wegen seines günstigen Vorfruchtwertes eine wichtige Blattfrucht dar. Um bei steigenden Preisen der konkurrierenden Ackerkulturen in Europa wirtschaftlich Raps anbauen zu können, ist ein hohes und stabiles Ertragsniveau notwendig. Dies erfordert von der Optimierung der Saatbedingungen bis hin zum sinnvollen Einsatz aller möglichen Produktionshilfsmittel ein hohes produktionstechnisches Niveau.

2.2.4.1 Standort

Raps gedeiht am besten auf einem tief durchwurzelbaren Standort. Milde, tiefgründige Lehmböden sind für den Anbau besonders geeignet. Auch schwerere Böden, sowie humose Sandböden mit guter Nährstoffversorgung ermöglichen bei ausreichenden Niederschlägen sichere Erträge.

Nicht geeignet sind:

- Sehr tonige Böden mit starker Neigung zu Staunässe.
- Extrem leichte oder flachgründige Böden; da mangelnde Wasserversorgung den Anbau unsicher macht.
- Anbaulagen mit häufiger Spättfrostgefahr.

2.2.4.2 Klima

Der Herbst muss nach dem Räumen der Vorfrucht noch genügend Vegetationszeit bieten, damit die Pflanzen in einem kräftigen Rosettenstadium in den Winter gehen können. Für hohe Erträge sollte bis Vegetationsende eine Blattrosette mit mindestens sechs bis acht Blättern und eine 8 mm dicke Hauptwurzel mit 20 cm Tiefgang ausgebildet worden sein. Raps besitzt, nach einer langsamen Abhärtungsphase im November/Dezember, eine Frosthärte, die bis etwa -15 bis -20 °C bei schneefreiem Boden reichen kann. Bereits einsetzendes Längenwachstum vor Wintereintritt erhöht die Gefahr des Erfrierens enorm. Alle ackerbaulichen Maßnahmen müssen daher im Herbst darauf abgestimmt werden, dass die Pflanzen den Vegetationspunkt nicht vom Boden abheben.

2.2.4.3 Fruchtfolge

Raps ist nicht selbstverträglich. Als Höchstanteil von Raps gilt ein Richtwert von 25 %, da ansonsten der Druck mit Fruchtfolgeschädlingen stark zunimmt. Bei langjährigem Anbau von Kreuzblütlern als Zwischenfrüchten wird die Gefahr des Auftretens von Kohlhernie gefördert. Stehen Sonnenblumen in der Fruchtfolge, steigt die Gefahr des Krebsbefalles.

Unter den Getreidearten ist die Wintergerste die geeignetste Vorfrucht, da das Auflaufen des Ausfallgetreides und eine ausreichende Strohrotte am besten zu gewährleisten ist. Bei gutem Strohmanagement nach der Ernte eignen sich auch die übrigen Getreidearten.

Raps selbst zählt für viele Kulturpflanzen zu den besten Vorfrüchten. Er hinterlässt den Boden aufgrund intensiver Durchwurzelung und langfristiger, guter

Beschattung in hervorragendem Garezustand. In engen Getreidefruchtfolgen unterbricht er die Infektionskette zahlreicher Pilzkrankheiten. Gegenüber einer Weizen-Selbstfolge errechneten Betriebswirtschaftler nach Vorfrucht Raps für den nachfolgenden Winterweizen Kosten- und Erlösvorteile von rund 70 bis zu 250 Euro/ha, die dem Raps anzurechnen sind.

2.2.4.4 Bodenbearbeitung und Bestellung

Die Feinsämerei Raps ist zwar sehr keimfreudig, weist aber nur eine schwache Triebkraft auf. Daher ist eine flache Ablage des Saatgutes in ein ausreichend feuchtes, gut rückverfestigtes Saatbett notwendig und Grundvoraussetzung für einen erfolgreichen Rapsanbau. Eine flache Stoppelbearbeitung unmittelbar nach der Vorfruchternte fördert das Auflaufen des Ausfallgetreides. Je mehr Stroh die Vorfrucht hinterlässt, desto tiefer muss in mehreren Arbeitsschritten die Einarbeitung erfolgen. Faustregel: je 10 dt/ha Stroh 1,5 cm Bearbeitungstiefe.

Grundbodenbearbeitung mit Pflug: Zweckmäßig ist die Kombination von Pflug und Krumenpacker oder einem Gerät zur Oberflächenbearbeitung. Solche Kombinationen fördern das Auflaufen von altem Rapssamen und sind die beste Methode zur Durchwuchsbekämpfung.

Pfluglose (konservierende) Verfahren können dasselbe Ertragsniveau wie mit Pflugfurche erreichen, wenn:

- die Stroheinarbeitung in zwei Arbeitsgängen erfolgt, wobei im zweiten Arbeitsgang die Krumenlockerung zur Stroheinmischung tiefer erfolgt und ein Nachläufer für eine gute Krümelung und ausreichende Rückverfestigung sorgt
- die Saat mit mulchsaattauglichen modernen Schartechniken erfolgt.

Direktsaatverfahren haben in Versuchen eine geringe Verfahrenssicherheit gezeigt und stellen daher derzeit kein praxisübliches Verfahren dar.

Saattermin und -stärke: Entscheidend für den optimalen Saattermin ist eine ausreichende Vorwinterentwicklung. Je nach Bodengüte und langjährigen Klimaerfahrungen sollte der Raps vor Winter noch das 8- bis 10-Blatt-Stadium erreichen, da cirka 70 % des Ertragspotenzials bereits im Herbst festgelegt wird. In vielen Anbaulagen Europas ist daher eine Saat ab Mitte August bis Ende August am günstigsten. Bei Septembersaaten muss in der Regel mit Ertragsverlusten gerechnet werden. Aufgrund der besseren Wüchsigkeit werden im praktischen Anbau bei Hybridsorten häufig geringere Saatstärken empfohlen als bei Liniensorten. Bei guten Saatbedingungen und exakter Sätechnik können folgende Empfehlungswerte gegeben werden:

- Hybridsorten 35 bis 50 Körner/m²
- Liniensorten 40 bis 60 Körner/m²

Bei frühen Saatterminen sollte an die untere Grenze gegangen werden, bei verspäteter Saat im September sollten Zuschläge nach regionaler Erfahrung in Betracht gezogen werden.

2.2.4.5 Saat

Das kleine Rapskorn verlangt eine flache Saat mit einer Tiefenablage von 2 bis 3 cm. Nur ein ausreichend rückverfestigter Saatablagehorizont mit flacher, lockerer Oberfläche ermöglicht die Einhaltung der genannten Ablagetiefe.

Ein möglichst enger Reihenabstand (Getreideabstand) ist empfehlenswert, da im Vergleich zu weiten Reihen eine günstigere Standraumverteilung erreicht wird.

Die gleichmäßigere Verteilung bringt folgende Vorteile:

- einheitliche Pflanzenentwicklung,
- dadurch geringere Neigung zum Hochschieben

Abb. 2-7: Rapssaat

im Herbst und damit sicherere Überwinterung,
- einheitliche Stängeldicke; dadurch Verhinderung von Frühlager,
- einheitliche Blüte und Abreife,
- bessere Toleranz gegenüber Pilzkrankheiten.

2.2.4.6 Düngung

Hohe und stabile Erträge setzen eine ausgewogene Nährstoffversorgung voraus. Im Vergleich zu anderen Mähdruschfrüchten besitzt Winterraps einen hohen Nährstoffbedarf; vor allem an Stickstoff, Kalium, Schwefel und Bor.

Grundlage für die Düngung mit Nährstoffen stellen nach der aktuellen Düngeverordnung die Bodenuntersuchung und die Abfuhr dieser Nährstoffe über den Kornertrag dar. Langfristig ist entsprechend den Bodenuntersuchungsergebnissen die Gehaltsstufe C als optimal anzustreben. Dementsprechend sind auf der Basis der Nährstoffabfuhr über das Korn Zu- oder Abschläge bei der Düngung mit den Grundnährstoffen Phosphat, Kalium, Magnesium und Schwefel zu errechnen und zu düngen. Über organische Dünger ausgebrachte P- und K-Mengen sind voll anzurechnen. Eine gute Kalkversorgung des Bodens trägt zur Entwicklung gesunder Pflanzen bei.

Stickstoff
Stickstoff ist der Nährstoff mit den größten Ertrags- und Qualitätseinflüssen. Darüber hinaus belegen viele Versuche, dass Winterraps auf eine steigende N-Düngung stärker anspricht als konkurrierende Mähdruschfrüchte. Andererseits ist aus Umwelt- und Kostengründen aber eine Überdüngung zu vermeiden. Ziel einer ausgewogenen Stickstoffdüngung ist es, die für den wirtschaftlichen Optimalertrag notwendige N-Menge, unter Berücksichtigung des aktuellen N-Angebotes und der N-Nachlieferung aus verschiedenen Quellen, zur Verfügung zu stellen. Nach der aktuellen Düngeverordnung ist daher der Stickstoffdüngebedarf bei einer Ausbringung von mehr als 50 kg N/ha im Jahr schlagspezifisch zu ermitteln. Ausgehend von einem N-Sollwert, der von der erwarteten Ertragshöhe abhängt, wird der Nmin-Vorrat im Frühjahr abgezogen, sowie schlagspezifische Zu- und Abschläge berücksichtigt und die fehlende Stickstoffmenge errechnet. Neue Berechnungsmodelle, die mehrere Jahre in Frankreich getestet worden sind, berücksichtigen die Stickstoffmenge, die ein Bestand im Herbst bis Vegetationsende aufgenommen hat. Bei Über- bzw. Unterschreiten eines langjährigen Durchschnittswertes (50 kg N/ha) werden Abschläge bzw. Zuschläge im N-Sollwert angesetzt. Dies Modell wird zurzeit für deutsche Anbau- und Klimaverhältnisse überprüft.

Herbstdüngung
Bei ausreichender N-Verfügbarkeit im Boden ist in der Regel keine N-Herbstdüngung notwendig. Lediglich bei geringer N-Verfügbarkeit (flache, durchlässige Böden, Stroheinarbeitung) sowie bei verspäteter Saat ist eine N-Düngung bis zu 40 kg N/ha angebracht. Im Zweifelsfall kann die Erstentwicklung abgewartet und je nach Stand bis Mitte Oktober nachgedüngt werden.

Frühjahrsdüngung:
Unabhängig von der optimalen N-Düngungshöhe, die nach langjährigen Erfahrungen zwischen 160 und 200 kg N/ha liegt, wird diese N-Menge in der Regel in zwei Teilgaben verabreicht.

Die erste N Gabe erfolgt frühzeitig auf schneefreien, tragfähigen (auch flach gefrorenen) Böden. Je nach Vegetationsverlauf wird die zweite N-Gabe zwei bis vier Wochen später zu Beginn des Längenwachstums gegeben. Sie sollte nicht zu spät und zu hoch erfolgen, da sonst der Ölgehalt gedrückt wird und die Abreife unnötig verzögert werden kann. Als grober Anhaltspunkt kann eine Aufteilung in zwei gleich große Teilgaben angegeben werden.

Schwefel: Aufgrund des verringerten Schwefeleintrages aus der Atmosphäre ist eine Schwefeldüngung mittlerweile zum Standard geworden. Markantestes Symptom sind weißlich-blasse Blütenblätter. Die empfehlenswerte Düngemenge beträgt bis zu 40 kg S/ha. Eine arbeits- und kostengünstige Möglichkeit ist die Stickstoffandüngung im Frühjahr mit Bor-Ammonsulfatsalpeter oder Ammonsulfatsalpeter.

Organische Dünger: Gülle kann zur Abdeckung eines N-Bedarfes im Herbst auf die Stoppel der Vorfrucht (mit möglichst rascher Einarbeitung) oder nach der Saat bis Anfang Oktober ausgebracht werden. Wegen der Gefahr des zu hohen N-Angebotes und damit der Förderung unerwünschten Längenwachstums ist Gülle im Herbst nur in engen Grenzen einsetzbar. Nach einer Stroheinarbeitung und auf Böden mit geringer N-Verfügbarkeit sind Gaben bis zu 20 m³/ha Rindergülle und bis zu 10 m³/ha Schweinegülle sinnvoll. Diese Mengen entsprechen ca. 40 kg N/ha in schnell wirksamer Form. Mit diesen Mengen werden die Vorgaben der Düngeverordnung eingehalten.

Der Termin für den Gülleeinsatz im Frühjahr richtet sich nach der Befahrbarkeit des Bodens. Wechselfröste zu Ende des Winters können für die Ausbringung genutzt werden. Wegen der Dringlichkeit des sehr frühen N-Angebotes für Raps ist häufig die erste N-(Teil-)Gabe in mineralischer Form zu geben. Ätzschäden durch Gülle sind nicht zu befürchten.

Die Auflagen in Wasserschutzgebieten für den Einsatz organischer Düngung sind zu beachten. Vor fließenden Gewässern soll bei der Ausbringung ein Abstand von 5 m, bei Seen von 10 m einhalten wird.

2.2.4.7 Pflanzenschutz

Unkräuter, Ungräser und Ausfallgetreide
Eine sachgerechte Bodenbearbeitung vor der Saat mindert den Unkraut- und Ungräserbesatz. Voraussetzung hierfür ist eine möglichst lange Zeitspanne zwischen Vorfruchternte und Rapssaat. Zweckmäßig ist eine flache, intensive Bodenbearbeitung unmittelbar nach der Vorfruchternte und Warten auf den Auflauf von Unkräutern/Ungräsern sowie Ausfallgetreide.

Auf Standorten mit einer sicheren Etablierung der Kultur und einem mittleren bis hohen Unkrautbesatz hat sich der Einsatz von breit wirksamen Bodenherbiziden im Vorauflaufverfahren bewährt. Eine einfache Mischverunkrautung kann auch im frühen Nachauflauf mit boden- und blattaktiven Herbiziden behandelt werden. Im Frühjahr können dagegen nur noch wenige Sonderunkräuter (z. B. Disteln, Kamillen, Kompasslattich) und Ungräser erfolgreich bekämpft werden.

2.2.4.8 Krankheiten

Wurzelhals- und Stängelfäule – Phoma lingam
Raps kann während der gesamten Vegetationszeit von diesem Pilz befallen werden. Herbstinfektionen sind besonders gefährlich, da bis zur Blüte der Wurzelhals vollkommen „durchmorscht" sein kann, und dadurch die Pflanzen vorzeitig umfallen und hohe Ertragsverluste die Folge sind.

Vorbeugung: Zur Vorbeugung sind wenig anfällige Sorten zu wählen. Auch eine weite Fruchtfolge verringert den Krankheitsdruck.

Gezielte Bekämpfung: Eine Bekämpfung ist nur erfolgreich, wenn eine aktive Phase des Pilzes getroffen wird. In jüngster Zeit sind Prognosemodelle für mögliche Infektionszeiten entwickelt worden.

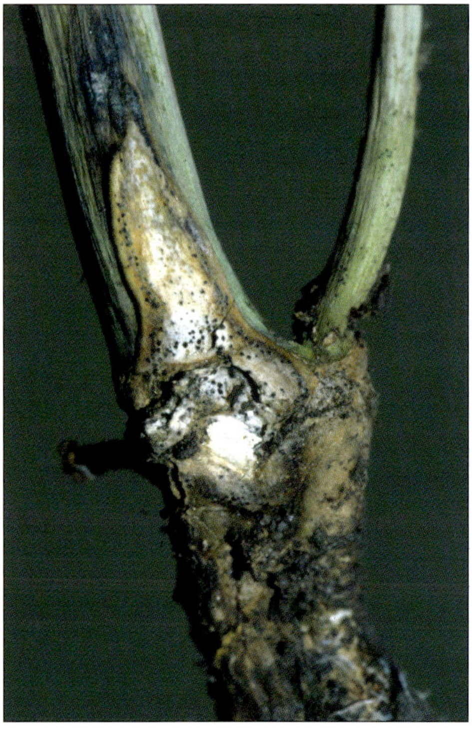

Abb. 2-8: Phoma lingam, Infektion am Wurzelhals

Weißstängeligkeit – Sclerotinia sclerotiorum

Befall geht von über mehrere Jahre lebensfähigen Sklerotien im Boden aus. Neben Erbsen und Sonnenblumen stellen viele Unkräuter Wirtspflanzen für den Pilz dar. Entscheidend für Schäden ist die Witterung bei Beginn des Blütenabfalls. Kurzfristiger Wechsel von Regenschauern und sonnigem Wetter lässt die Sporen optimal in den Blatt- und Seitentriebachseln keimen, besonders wenn dort abgefallene Blütenblätter als Nahrungsquelle haften.

Vorbeugung: Vorbeugend hilft eine weite Fruchtfolgestellung von Raps. Die Resistenzunterschiede der zugelassenen Sorten sind bisher gering.

Gezielte Bekämpfung: In den traditionellen Rapsanbaugebieten Norddeutschlands ist eine Fungizidanwendung im Stadium der Vollblüte Standardmaßnahme. Das EDV-gestützte Prognosemodell „SleroPro" unterstützt eine gezielte Bekämpfungsstrategie. Eine biologische Bekämpfung der im Boden vorhandenen Sklerotien durch Mykoparasiten ist möglich und kann nach der Rapsernte eingesetzt werden.

Rapsschwärze – Alternaria

Die Krankheit tritt normalerweise erst zwei bis drei Wochen vor der Ernte in feuchten Anbaulagen und regenreichen Jahren auf.

Abb. 2-9: Sclerotinia an der Seitentriebsachseln (links) und an der Schote (rechts)

Gezielte Bekämpfung: Zum Zeitpunkt des stärksten Befallsdruckes ist ein Befahren des Feldes ohne deutliche Verluste nicht mehr möglich. Bekämpfung der Weißstängeligkeit hat zumindest mildernde Wirkung gegen Rapsschwärze.

Verticillium longisporum

Der Erreger befällt vom Boden aus die Wurzeln, besiedelt die Leitgefäße und führt gegen Vegetationsende zu einer vorzeitigen Abreife. Durch enge Rapsfruchtfolgen wird diese Krankheit gefördert. Eine chemische Bekämpfung ist nicht möglich. Neben einer weit gestellten Fruchtfolge kann nur über resistente Sorten Abhilfe geschaffen werden.

Kohlhernie

Durch langjährigen Anbau von Kruziferen im Zwischenfruchtanbau und die starke Rapsanbauausdehnung in den letzten zwei Jahrzehnten kann es bei günstigen Infektionsbedingungen in Betrieben mit langjährigem Rapsanbau zu einem Kohlherniebefall mit enormen Ertragsausfällen kommen.

Vorbeugung: Zur Vorbeugung ist eine Fruchtfolgebegrenzung einzuhalten und im Zwischenfruchtanbau auf Kruziferen zu verzichten. Der pH-Wert sollte durch Kalkung auf einen standortgerechten optimalen Wert angehoben werden.

Bekämpfung: Auf bekannten Befallsflächen kann durch Anbau „resistenter Sorten" der Rapsanbau aufrechterhalten werden. Eine chemische Bekämpfung ist nicht möglich.

Schädlinge

Winterraps wird in Europa von zahlreichen tierischen Schaderregern befallen. Die Ausdehnung der Rapsanbaufläche und engere Rapsfruchtfolgen haben allgemein zu einer Vermehrung vieler Schädlinge geführt.

Nacktschnecken können bereits während der Auflaufphase die Keimlinge im Boden abfressen, und so die Aussaat vernichten. Häufig besitzen sie unter den Schädlingen die größte wirtschaftliche Bedeutung. Neben der ackerbaulichen Maßnahme, durch geeignete Bodenbearbeitungsmaßnahmen die Hohlräume im

Abb. 2-10: Rapsglanzkäfer

Boden zu minimieren, bleibt als wirksamste Maßnahme nur die Ausbringung von Molluskiziden bereits zur bzw. unmittelbar nach der Saat.

Die Larven der Erdflöhe, die im Hebst aus an den Wurzeln abgelegten Eiern schlüpfen, können durch Fraßschäden in den Blattstielen und Trieben zum Absterben der Jungpflanzen führen. Der insektizide Beizschutz des Saatgutes schützt bis zum 2- bis 4-Blatt-Stadium vor dem Fraß der Käfer. Bei Überschreiten einer Bekämpfungsschwelle für Käfer und Larven im Herbst sind Behandlungen mit Insektiziden (Pyrethroide) erforderlich.

Bei Bodentemperaturen über 5 °C fliegen aus den vorjährigen Rapsfeldern als erste Schädlinge der große Rapsstängelrüssler und der gefleckte Kohltriebrüssler ein. Zur Kontrolle des Zuflugbeginns und der Stärke des Zuflugs werden in der Praxis seit Jahren an den Rändern der Rapsfelder Gelbschalen aufgestellt. Nach Überschreiten der derzeitigen Schadschwelle von über zehn Tieren in drei Tagen wird zu Bekämpfungsmaßnahmen aufgerufen.

Mit den Gelbschalen kann häufig auch der Zuflugbeginn des Rapsglanzkäfers überwacht werden. Die große Gefahr dieses Schädlings besteht darin, dass er vor Öffnen der Rapsblüten an den Knospen frisst, dabei den Fruchtknoten beschädigt und dadurch die gesamte Schote abfällt. Überschreitet in den Knospenständen die Käferzahl bestimmte Schadschwellen, ist eine Insektizidmaßnahme notwendig. Seit 2005 wird in vielen Rapsanbaugebieten Deutschlands eine zunehmende Resistenz gegenüber den zugelassenen Pyrethroid-Wirkstoffen festgestellt. Durch eine schnelle „konzertierte Aktion" zwischen verschiedenen Behörden konnte in den letzten Jahren eine „Anti-Resistenzstrategie" entwickelt werden und so der Schaden im Großen und Ganzen beherrscht werden.

Ab Beginn der Blüte können schließlich noch der Kohlschotenrüssler und die Kohlschotenmücke bereits angelegte Körner durch Fraßschäden bzw. Aufplatzen der Schote vernichten. Der Kohlschotenrüssler ist vor allem ein wichtiger Wegbereiter für den Befall mit der Kohlschotenmücke, deren Weibchen bei älteren Schoten auf die Fraßwunden des Rüsslers angewiesen sind. Da gezielte Bekämpfungsmaßnahmen erst sehr spät bei hohen Beständen erfolgen können, ist für viele Betriebe nur eine Randbehandlung wirtschaftlich durchführbar.

Mitte der 1990er Jahre hat in den nördlichen und nordöstlichen Bundesländern Deutschlands der Larvenbefall der Kohlfliege an den auflaufenden Rapspflanzen zu großen Schäden und großer Aufregung geführt. Durch verbesserte insektizide Wirkstoffe bei der Beizung kann mittlerweile vor einem Starkbefall ausreichend geschützt werden.

Bei allen notwendigen Krankheits- und Schädlingsbekämpfungsmaßnahmen ist auf den besonderen Schutz der Bienen zu achten.

Umbruch

Bei starker Ausdünnung nach strengem Winter ist die Entscheidung über einen Umbruch oft recht schwierig. Neuere Versuche haben gezeigt, dass mit 20 gleichmäßig auf einen Quadratmeter verteilten Pflanzen noch Spitzenerträge möglich sind. Da Umbruch und Neuansaat Kosten verursachen, können Mindererträge bis etwa zehn Pflanzen pro Quadratmeter in Kauf genommen werden. Eine Ausdünnung ist selten gleichmäßig über das Feld verteilt. Ein Streifenweiser Umbruch oder Teilumbruch eines Schlages ist dann eventuell eine Lösung.

Abb. 2-11: Rapsernte

2.2.4.9 Ernte

Voraussetzung für verlustarme Ernte im Direktdrusch ist eine Schneidwerksverlängerung um cirka 60 cm gegenüber der Normausrüstung (für Getreide) und die Ausstattung mit Seitenmessern. Gedroschen wird, wenn die Körner restlos dunkel und die Schoten eingetrocknet sind. Zur Verhinderung von Bruchkorn wird der Druschkorb weiter gestellt und die Tourenzahl der Dreschtrommel verringert.

Sofortige Nachtrocknung ist häufig notwendig. Lagerfähigkeit ist ab etwa 9 % Wassergehalt des Druschgutes gegeben. Derzeit gilt als „Standardqualität" nach der EG-Marktordnung eine Ware mit 40 % Ölgehalt, 9 % Wassergehalt und 2 % Besatz. Für Über- bzw. Unterschreitung dieser Norm gibt es preisliche Zu- und Abschläge.

Ausfallraps

Bei der Rapsernte kommt es unweigerlich zu Ausfallverlusten, die ein Vielfaches der üblichen Aussaatmenge betragen. Damit es in einer Rapsfruchtfolge nicht zu einem unkontrollierbaren Auflaufen von „Altraps" kommt, der eine exakte „Bestandesführung" unmöglich macht, sind alle Maßnahmen zu ergreifen, die zu einem raschen und sicheren Keimen des Ausfallrapses führen. In Lagen mit ausreichenden Niederschlägen nach dem Drusch ist ein Liegenlassen des Rapsfeldes oftmals die beste Maßnahme zum Ankeimen der Ausfallkörner. In Trockenlagen kann durch eine frühzeitige flache Stoppelbearbeitung oder durch Walzen ein Auflaufen gefördert werden. In keinem Fall darf Ausfallraps durch Pflügen oder Tiefgrubbern unmittelbar nach der Ernte „vergraben" werden, da Rapssamen in größeren Bodentiefen 5 Jahre und länger ihre Keimfähigkeit behalten.

2.3 Sonnenblume, *Helianthus annuus* L.

Innerhalb der Familie der Compositae (Korbblütler) gehört die Sonnenblume (*Helianthus annuus*) zur Gattung *Helianthus*, die sich nach der von der FAO 1982 übernommenen Klassifizierung in drei Untergattungen aufspaltet:

Annui: vorwiegend im Südwesten Nordamerikas, meist einjährig; diploid (2xn=17 Chromosomen); alternierende Blattstellung der ovalen Blätter; lange Blütenblätter. Zu dieser Untergattung gehört die Ausgangsform unserer Kultursonnenblume *Helianthus annuus*.

Abb. 2-12: Sonnenblume

Tab. 2-5: Anbau von Sonnenblumen in der EU in 1000 ha

Jahr	1991	1995	2000	2001	2002	2003	2004	2005	2006	2007 v	2008 s
Deutschland	44	52	26	25	26	37	32	27	32	19	26
Frankreich	1071	963	720	706	616	694	616	644	645	525	587
Italien	132	243	218	208	166	151	124	130	145	130	121
Spanien	1070	1086	841	861	754	787	752	517	633	601	694
Griechenland	14	18	23	17	17	10	6	5	17	20	
Portugal	60	72	46	42	38	37	28	7	5		
Österreich		30	22	20	21	26	29	30	32	25	
EU-12/15	2391	2464	1896	1879	1638	1742	1587	1360	1508	1327	1476
Slowak. Republik			69	63	63	133	91	92	109	89	75
Tschech. Republik			31	29	24	49	39	40	47	38	
Ungarn			299	320	418	511	480	511	534	511	560
EU-25			2295	2291	2143	2435	2197	2003	2203	1955	2140
Rumänien				800	860	1153	926	957	991	700	850
Bulgarien				389	471	660	530	635	751	520	650
EU-27				3480	3474	4248	3653	3595	3945	3175	3640

v = vorläufig; s = Schätzung

Ciliares: vorwiegend in Mexiko und westlichem Nordamerika; kleinwüchsige und mehrjährige Formen. Gegenständige Blattstellung, Vermehrung über Samen und Wurzelausläufer.

Divaricati: vorwiegend im Zentrum und Osten der USA; mehrjährig; Wurzeln oft als Reserveorgane mit Brutknospen angelegt. Zu dieser Untergattung zählt die Art H. *tuberosus*, der *Topinambur*.

2.3.1 Historische Entwicklung des Anbaues

Die Urheimat der Sonnenblume liegt nach N. I. Vavilov und einigen amerikanischen Forschern im Raum von Nord-Mexiko bis zum südlichen Kanada. Archäologische Funde von Korbresten und Körnern werden auf die Zeit um 3000 v.Chr. datiert. Die Kultivierung und Nutzung, wahrscheinlich auch zu Nahrungszwecken, erfolgte durch die Indianer, die Ureinwohner Amerikas.

Nach Europa kam die Sonnenblume um 1510 durch die Spanier und wurde zuerst in einem Botanischen Garten in Madrid angebaut. Von Spanien aus breitete sich die Sonnenblume nach Osten und Norden aus. Bis ins 18. Jahrhundert hinein wurde die Sonnenblume wegen ihrer Blütengröße und Wuchshöhe fast ausschließlich als Gartenpflanze genutzt. 1716 konnte aus einer Patentschrift entnommen werden, dass das Öl aus der Sonnenblume als Rohstoff in der Weberei, Malerei und Lederverarbeitung Verwendung finden sollte. Die Möglichkeit der Ölgewinnung aus der Sonnenblume als anbauwürdiger Ölpflanze blieb in Europa jedoch weiterhin unbeachtet. Erst zu Beginn des 19. Jahrhunderts wird sie als anbauwürdige Ölpflanze genannt.

Durch Peter den Großen, der Saatgut aus Holland mitnahm, kam die Sonnenblume im 18. Jahrhundert erstmals nach Russland. Aber auch dort begann die kommerzielle Nutzung als Ölpflanze erst ab 1830; vorher wurde sie ebenfalls als Zierpflanze angebaut. 1880 wurden in Russland bereits 150000 ha Sonnenblumen angebaut. Ende des 19. Jahrhunderts dehnte sich der Sonnenblumenanbau zur Ölgewinnung auf die angrenzenden Balkanländer Bulgarien, Rumänien, Ungarn und Jugoslawien aus. Wie bei Raps wurde auch der Sonnenblumenanbau in den beiden Weltkriegen infolge der Lebensmittelknappheit ausgedehnt, um dann zwischen den beiden Kriegen wieder zurückzugehen.

Die Entwicklung des Sonnenblumenanbaues in Europa im Vergleich zu den übrigen Ölsaaten ist aus den Zahlen der Tab. 2-5 ersichtlich.

2.3.2 Züchtung

Bis zu Beginn des 20. Jahrhunderts wurde die Sonnenblume züchterisch nur gering bearbeitet. Durch Selektion waren in Ost- und Südosteuropa zwei Typen von Populationen entstanden. Einmal ölbetonte Typen mit kleineren Körnern und zum anderen Typen mit größeren Körnern und geringem Ölgehalt, die zum direkten Verzehr geeignet waren.

Durch zwei wesentliche Fortschritte in der Züchtung erhielt der Sonnenblumenanbau entscheidende Impulse für die Verbreitung in Europa:

1. Ab 1920 setzten in Russland intensive Arbeiten zur Erhöhung des Ölgehaltes ein. Im Institut von V. S. Pustovoit gelang es in Krasnodar in den 1950er Jahren, den Ölgehalt in den Körnern durch Senkung des Schalenanteils auf 48 bis 52 % zu steigern. Dies brachte bei den neuen russischen Sorten eine wesentlich höhere Ölausbeute und bessere Verwertung der Pressrückstände als Viehfutter. Der Kornertrag konnte durch diese Arbeiten aber nur in geringem Umfang gesteigert werden.
2. Der zweite große Züchtungsfortschritt war die Entdeckung eines cytoplasmatisch männlichen Sterilitätssystems durch P. Leclercq am INRA-Institut in Clermont-Ferrand. Hierdurch war es möglich, unter Nutzung des Heterosiseffektes Hybriden mit höherer Ertragsleistung zu erzeugen.

Dieses Sterilitätssystem umfasst

- den Aufbau cytoplasmatisch-männlich-steriler Linien,
- den Aufbau männlich fertiler Erhalterlinien für die männlich-sterilen Linien,
- das Auffinden von Restorerlinien zur Aufhebung der männlichen Sterilität.

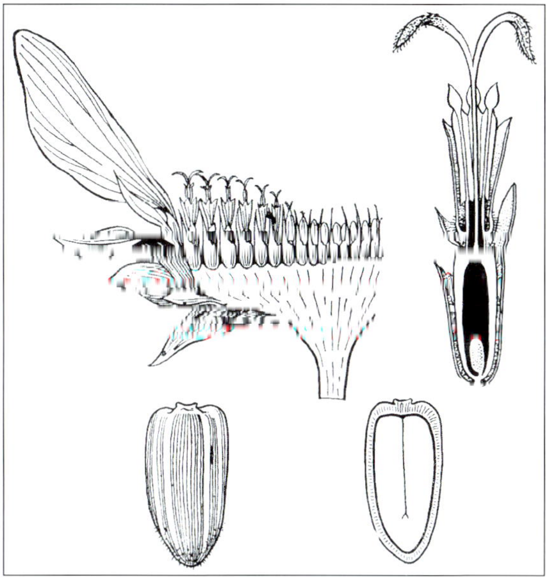

Abb. 2-13: Blüte und Samenentwicklung der Sonnenblume

Die in den letzten Jahrzehnten weltweit stattgefundene Anbauausdehnung ist auf die zunehmende Wertschätzung des Sonnenblumenöls in der menschlichen Ernährung zurückzuführen. Neben der direkten Speiseölverwendung ist das Sonnenblumenöl ein Grundrohstoff in der Margarineherstellung. Mit einem Anteil von 50 bis 70 % der mehrfach ungesättigten Linolsäure und 20 % Ölsäure gehört das Sonnenblumenöl aus ernährungsphysiologischer Sicht zu den wertvollsten Nahrungsfetten. Im letzten Jahrzehnt wurde regional ein Vertragsanbau mit Sorten mit hohem Ölsäureanteil (sog. High-oleic-Sorten) etabliert. Aufgrund der guten Hitzestabilität wurde dieses Öl bisher vorzugsweise im technischen Bereich verwendet. Wegen der positiven Wirkung auf den Lipidstoffwechsel und der Prävention von Herz- und Gefäßerkrankungen bietet sich auch ein Einsatz dieses Öls zum Frittieren und Backen an.

Besondere Zuchtziele

Frühreife: Gerade in den nördlicheren Anbaugebieten ist die Frühreife eine der wichtigsten ertragssichernden Faktoren, weil sie entscheidend zur Anbausicherheit beiträgt. Ein wichtiges Merkmal ist hierbei ein schnell abtrocknender Korbboden, um früh mit dem Drusch beginnen zu können.

Tab. 2-6: Schaderreger der Sonnenblume und ihre Verbreitung in Europa

Pathogen	Bulgarien	Deutschland	Frankreich	Italien	Portugal	Rumänien	Ungarn
Alternaria sp.	+++	+	+	–	+	++	++
Botritis cinerea	+	+++	++	++	+	+	+
Fusarium sp.	+	–	–	+	++	–	–
Phoma oleracea	++	+	–	–	–	+++	+
Phomopsi helianthi	++	+	+++	–	–	+++	+
Plasmopara helianthi	+	++	++(+)	++(+)	–	++(+)	+
Puccinia helianthi	+	+	–	–	+	+	+
Sclerotinia sp.	++	+++	++	++	+++	+++	++
Verticillium sp.	++	–	+	–	+	+	–

Vorkommen: + = gering ++ = mittel +++ = stark

Kältetoleranz: Bei früher Aussaat ist für unsere Anbaulagen eine ausreichende Toleranz gegen Spätfröste wichtig. Kurzfristig werden von allen Sorten Temperaturen bis -5 °C ohne Schädigung vertragen, was für die bekannten Anbaulagen ausreichend sein dürfte.

Standfestigkeit und Stängelbruch: Die Standfestigkeit hängt von der Stängellänge und -dicke, sowie der Wurzelentwicklung und der Schwere des Korbes ab. Unter guten Wachstumsbedingungen sollte zur Erzielung eines hohen Ertrages eine Pflanzenlänge von 160 bis 180 cm angestrebt werden. Für feuchtere Gebiete, wo es während und nach der Blüte zu starken Regenfällen kommen kann, ist eine starke Ausbildung der Hauptwurzel wichtig, damit die Pflanzen nicht „umgedrückt" werden.

2.3.3 Widerstandsfähigkeit gegen Pilzkrankheiten

Die Sonnenblume kann nach Zimmer und Hoes von mehr als 35 Mikroorganismen, meist Pilzen, befallen werden. Daher ist die Züchtung auf Resistenz bzw. Toleranz gegen die jeweils stark schädigenden Krankheiten eines der wichtigsten, aber auch schwierigsten Zuchtziele, da sich immer wieder neue Rassen bilden können, die die Resistenz überwinden.

Acimovic veröffentlichte 1988 eine Kartierung der in Europa vorkommenden Sonnenblumenkrankheiten und die Stärke der Schädigungen (Tab. 2-6).

2.3.4 Organe

Wurzel

Sonnenblumen bilden eine Pfahlwurzel, die bis zu 3 m tief in den Boden wächst. Aber schon geringe Hindernisse, z. B. eine leichte Pflugsohle, verhindern das Tiefenwachstum. Im Gegensatz zu anderen Pflanzenarten mit Pfahlwurzel entwickelt die Sonnenblume auch ein stark verzweigtes, oberflächennahes Feinwurzelwerk mit günstiger Wirkung auf die Bodenstruktur. Dieses kann 50 bis 70 % der gesamten Wurzelmasse betragen. Die Entwicklung des Wurzelsystems läuft der oberirdischen Entwicklung voraus. Im 4- bis 5-Blatt-Stadium kann die Pfahlwurzel bereits in 60 bis 70 cm vorgedrungen sein.

Stängel

Der Stängel ist mehr oder weniger behaart und soll bei unseren Kultursorten nicht verzweigen. Im oberen Drittel neigen sich zur Reife hin die Stängelabschnitte je nach Sorte unterschiedlich stark, was zu einer aufrechten bis stark überhängenden Korbstellung führen kann. Unter unseren Klimabedingungen ist ein Neigungswinkel von 115° bis 135° zur Stängelverlängerung erwünscht, damit der Korbboden nach Niederschlägen rasch abtrocknet. Die Stängeldicke ist weitgehend von der Wuchslänge abhängig, und kann zwischen 1 und 10 cm liegen. Das Stängelmark ist in der Jugend grün und wässrig und wird bei Reife weiß, trocken und „korkähnlich".

Blätter

Die ersten beiden Blattpaare stehen gegenständig, alle weiteren Blätter wechselständig. Wie beim Stängel sind die Blätter zum Verdunstungsschutz mehr oder weniger behaart. Sowohl auf der Blattoberseite wie -unterseite befinden sich zahlreiche große Spaltöffnungen, die eine hohe CO_2-Aufnahme und Nettophotosynthese ermöglichen. Allerdings ist dadurch auch eine hohe Wasserverdunstung gegeben. Im mittleren Stängelbereich finden sich die größten Blätter, die 60 bis 80 % der gesamten Photosyntheseleistung erbringen. Die Blätter, und bis zum Aufblühen auch der Blütenkorb, folgen der täglichen Sonnenbahn von Ost nach West. Durch diese Hinwendung zur stärksten Sonneneinstrahlung soll die Photosyntheseleistung um bis zu 9,5 % gesteigert werden.

Blüte

Der Blütenboden besteht aus stark markhaltigem Gewebe. Die Leitungsbahnen aus dem Stängel verästeln sich im Blütenboden, um die einzelnen Blüten mit Nährstoffen zu versorgen. Über dem Stängelansatz ist der Blütenboden hohl. Täglich blühen ein bis drei Kränze der Röhrchenblüten vom Rande nach der Mitte hin ab. Je nach Witterung blüht der Gesamtkorb innerhalb von fünf bis zwölf Tagen ab. Ein Feldbestand blüht etwa drei Wochen. Die Befruchtung erfolgt in aller Regel durch Fremdbestäubung. Wegen des schweren und klebrigen Pollens ist die Windbestäubung wenig erfolgreich. Die Sonnenblume ist daher zu 99 % auf Insektenbefruchtung angewiesen.

Abb. 2-14: Sonnenblumenfeld

2.3.5 Anbau

Klima

Der Sonnenblumenanbau stellt hohe Ansprüche an die klimatischen Verhältnisse des Standortes. Die Ansprüche lassen sich folgendermaßen umreißen:

- lange Vegetationszeit mit mindestens 150 frostfreien Tagen,
- hoher Wärmebedarf in der Vegetationszeit.

Die Anbauwürdigkeit ist bei Jahresdurchschnittstemperaturen ab 8 °C (entspricht 14 °C von April bis September), bei günstigen örtlichen Bedingungen (leicht erwärmbarer, dunkler Boden, Südlagen) ab 7,7 °C gegeben.

Wichtig sind:

- ausreichende Wasserversorgung während der Zeit der Blüte (Mitte bis Ende Juli),
- trockene Witterung bei beginnender Reife bis zur Ernte, d. h. von Anfang August bis Ende September.

Als weitere Eckdaten für den Sonnenblumenanbau sind zu nennen:

- Mindestbodentemperatur bei der Saat: 6 bis 8 °C,
- Spätfrostverträglichkeit der jungen Pflanzen: bis -5 °C (damit ist die Sonnenblume spätfrosttoleranter als Mais),
- keine erosionsgefährdeten Standorte, da der Bestandsschluss sehr spät erfolgt.

Wasserhaushalt

Gut entwickelte Sonnenblumenbestände können zwischen 500 und 600 mm Wasser während der Vegetation verbrauchen. Die Sonnenblume kann mit ihrem weit verzweigten Wurzelsystem die Wasserreserven des Bodens bis in große Tiefen erschließen und sich dadurch an Trockenheit anpassen, reagiert aber bei frühem Wassermangel mit Minderertrag. Eine geringere Blattfläche hat kleinere Blütenkörbe mit weniger Einzelblüten zur Folge. Später Wassermangel senkt vor allem den Ölgehalt, da die Ölsynthese erst nach der Blüte stattfindet.

Boden
Für den Sonnenblumenanbau eignet sich ein breiter Bereich von Bodenarten, nämlich vom lehmigen Sand bis zum tonigen Lehm. Von entscheidender Bedeutung ist eine gute Durchwurzelbarkeit des Bodens, also Tiefgründigkeit ohne Verdichtungen, wodurch eine stetige Wasser- und Nährstoffnachlieferung gegeben ist. Eine hohe nutzbare Wasserspeicherkapazität erhöht in trockenen Lagen die Ertragssicherheit.

Flachgründige Kiesstandorte sind wegen des hohen Wasserbedarfes der Sonnenblume keine geeigneten Standorte. Auf zu schweren und zu kalten Böden leidet die Jugendentwicklung deutlich. Dagegen sind leicht erwärmbare Böden besonders geeignet.

Fruchtfolge
Die Sonnenblume ist wenig selbstverträglich. Als wichtigste Fruchtfolgekrankheit ist die Sklerotinia-Krankheit (*Sclerotinia sclerotiorum*) zu nennen. Zu Sonnenblumen, wie zu anderen Wirtspflanzen des Sklerotinia-Erregers, z. B. Raps, sollte daher ein Anbauabstand von mindestens drei, besser vier Jahren eingehalten werden.

Günstige Vorfrüchte für Sonnenblumen sind Getreide, Mais oder Hackfrüchte. Vorfrüchte mit hoher N-Nachlieferung wie Leguminosen oder Grünlandumbruch sind wenig geeignet. Die Sonnenblume selbst gilt als gute Vorfrucht. Die intensive Durchwurzelung schafft für die Nachfrucht günstige Entwicklungsbedingungen, zudem ist die Humusbilanz in der Regel positiv. Allerdings sind die Bodenwasser- und vor allem die Bodenstickstoffvorräte nach Sonnenblumen stark erschöpft.

Abb. 2-15: Sonnenblumensaat, mit (links) und ohne (rechts) Schale

Bodenbearbeitung und Saatbettvorbereitung
Eine Winterfurche, eventuell Abschleppen im Frühjahr und nachfolgender Einsatz einer Saatbettkombination, sind die üblichen Schritte in der Bodenbearbeitung. Wegen der starken Empfindlichkeit der Sonnenblume gegen Verdichtungen, z. B. in Fahrspuren, ist im Frühjahr unbedingt eine ausreichende Abtrocknung des Feldes vor dem ersten Bearbeitungsgang abzuwarten. Das Saatbett sollte feinkrümelig sein, darf aber auf keinen Fall „zu fein" hergerichtet werden. Sonst droht Verschlämmung, die sich auf den Aufgang der Sonnenblume – die Keimblätter durchdringen zusammen mit den Samenschalen die Bodenoberfläche – besonders nachteilig auswirkt.

Das Saatgut wird meist gebeizt geliefert. Alle Ölsonnenblumensorten sind Hybridsorten; ein jährlicher Saatgutzukauf ist deshalb erforderlich.

Saattermin
Als Saatzeit ist Ende März bis Mitte April anzustreben. Sobald im Frühjahr der Boden ohne Strukturschäden bearbeitet werden kann und genügend erwärmt ist (6 bis 8 °C), soll gesät werden.

Saatstärke, Saattechnik
Als optimale Bestandesdichte gelten sieben Pflanzen pro Quadratmeter zur Ernte. Die gängigen Sorten werden im Handel in „Einheiten" – meistens mit 75 000 Körnern – angeboten.

Die Saattiefe liegt im Bereich 3 bis 5 cm. Auf leichteren Böden ist der tiefere, auf schwereren oder zur Verschlämmung neigenden Böden der flachere Bereich anzustreben. Pneumatische Einzelkorn-Sägeräte sind für die Saat am besten geeignet. Die Reihenentfernung soll im Bereich von 33 bis 60 cm liegen. Bei der engeren Reihenentfernung werden kürzere Pflanzen mit geringerer Lagergefahr erzielt.

2.3.6 Düngung

Der optimale pH-Bereich ist je nach Bodenart und Gehalt an organischer Substanz verschieden. Für Sonnenblumen ist ein Bereich zwischen pH 6,2 bis 7,0 günstig.

Die Düngung mit Phosphat und Kalium sollte sich am Entzug und der Nährstoffversorgung des Bodens orientieren, wobei der Entzug je 10 dt Korn bei 16 kg P_2O_5 und 90 kg K_2O liegt (einschließlich des Zuschlags für die Versorgung der hochkalihaltigen grünen Pflanze).

Sonnenblumen sind chloridempfindlich. Chloridhaltige Kalidünger werden auf mittleren bis schweren Böden am besten im Herbst ausgebracht, unmittelbar zur Saat (z. B. auf leichten Böden) sind Sulfatformen zu bevorzugen. Eine ausreichende Magnesiumversorgung kann auf unterversorgten Standorten mit magnesiumhaltigen Düngemitteln (40 bis 80 kg MgO/ha) sichergestellt werden. Auch auf eine ausreichende Versorgung mit Bor ist zu achten.

Stickstoff
Die Höhe der Stickstoffgabe beeinflusst in erheblichem Ausmaß die Abreife und das Krankheitsauftreten. Eine auf den Standort und den N-Entzug möglichst genau abgestimmte Stickstoffdüngung ist eine wichtige Maßnahme im Sonnenblumenanbau.

Der N-Sollwert (einschließlich Nmin) für die Bodentiefe bis 60 cm liegt bei 100 kg N/ha.

Die Dünger Höchstgabe beträgt für
- leichte Böden 80 kg N/ha,
- mittlere und schwere Böden 50 kg N/ha.

Die N-Düngung wird in der Regel zur Saat verabreicht, da eine gute Stickstoffversorgung im Jugendstadium
- die Ausbildung einer großen Blattfläche vor Blühbeginn,
- eine langsamere Blattalterung nach der Blüte,
- die Einlagerung eines Eiweißvorrates in den Blättern zur späteren Umlagerung in die Körner
- und die Anlage hoher Blütenzahlen pro Blütenstand fördert.

Bei Gaben über 50 kg N/ha ist auf leichten Böden eine Aufteilung vorzusehen, wobei 2/3 zur Saat und 1/3 bei etwa 15 cm Pflanzenhöhe ausgebracht werden.

Pflege
Mechanisch: Flaches Hacken wirkt sich günstig auf die Entwicklung der Pflanzen aus und kann bei schwacher bis mittlerer Verunkrautung (ohne Klettenlabkraut) eine chemische Unkrautbekämpfung erübrigen. Wegen der hohen Bruchempfindlichkeit der jungen Pflanzen ist die Verwendung von Hohlschutzscheiben am Hackgerät anzuraten.

Zweckmäßige Einsatztermine für die Hacke sind
- nach dem Auflaufen, sobald die Reihen deutlich sichtbar sind, gegen Unkräuter und Ungräser im frühen Entwicklungsstadium (vom Keimblatt bis zum Ein-Laubblatt Stadium),
- bei etwa 30 cm Wuchshöhe.

Chemische Unkrautbekämpfung
Bei mittlerem bis stärkerem Unkrautdruck und wenn Problemunkräuter wie z. B. Klettenlabkraut auftreten, ist ein Herbizideinsatz sinnvoll. Die Bekämpfung von Samenunkräutern ist nur im Vorauflaufverfahren zugelassen. Für eine optimale Wirkung der Bodenherbizide ist eine ausreichende Bodenfeuchtigkeit notwendig. Ungräser, Ausfallgetreide und Quecke können bei Bedarf im Nachauflauf mit speziellen Graminaeziden behandelt werden.

Krankheiten
Grauschimmel (*Botrytis cinerea*) kann die Pflanzen während der ganzen Vegetationszeit besiedeln. Der Befall von Einzelpflanzen an der Stängelbasis ist bei jungen Pflanzen genauso möglich wie bei 1,5 m hohen Pflanzen. An der bis zu 10 cm breiten Befallsstelle schrumpft am Stängel das Gewebe. Es überzieht sich mit einer üppigen Schicht grauer bis grüner Sporen und lässt die Pflanzenteile darüber absterben. An der Befallsstelle bricht der Stängel und solche Pflanzen liegen auf dem Boden oder hängen an den Nachbarpflanzen.

Wichtiger ist der Botrytisbefall am Korb. Diese Korbfäule kann am Blütenrand, auf dem Korbboden oder in den Blüten beginnen. Der Befall am Blütenrand und auf dem Korbboden zeigt sich als größer werdende braune Flecken, in denen das Gewebe weich wird. Der Erreger kann den Blüten-

Abb. 2-16: Botrytisbefall am Korb

boden durchdringen und die Ausreife der Körner verhindern. Beginnt der Befall in der Blüte, ausgehend von abgeblühten Röhrenblüten, wird meist das Zentrum des Korbes vom Pilz zerstört. An die Stelle der inneren Körner tritt verrottetes, weiches Gewebe, das von dichtem Sporenrasen überzogen ist. Die Korbfäule breitet sich bei nasser Witterung im Spätsommer schnell aus und kann zu deutlichen Ertragsverlusten führen. Der Erreger ist überall vorhanden, der Infektionsbeginn ist witterungsabhängig.

Bei *Sclerotinia sclerotiorum* (Weißfäule) können sich an der ausgewachsenen Pflanze Befallssymptome an allen Organen zeigen. Auffällig ist die zerfaserte Befallsstelle im Stängelbereich. Aus einem anfänglich weißen, flockigen Mycel entwickeln sich an den Befallsstellen im Gewebe zahlreiche auffällig große Sklerotien (Dauerkörper). Die Pflanzenteile über der Infektionsstelle welken und sterben ab.

Der Befall an der Stängelbasis und manchmal im Boden kann durch Mycelwachstum aus einem Sklerotium verursacht werden. Höher liegende Infektionsstellen an der Blattachsel, in der Knospe oder in der Blüte werden durch Sporenflug ausgelöst.

Ein von der Sklerotinia-Fäule befallener Korb ist daran zu erkennen, dass auf der Rückseite nur noch Leitungsbahnen und Fasern übrig sind, zwischen denen die mitunter sehr großen Sklerotien zu sehen sind. Der Blütenboden ist bereits aufgeweicht und die vorhandenen Körner sind herausgefallen. Bei der Bekämpfung sind folgende indirekte Maßnahmen am wichtigsten:

- In der Fruchtfolge sollen vier Jahre Anbaupause berücksichtigt werden. In diesem Zeitraum dürfen auch keine anderen für Sclerotinia anfälligen Pflanzen (z. B. Raps, Erbsen, Tabak, Kartoffeln) angebaut werden.
- Zwischen den Sorten bestehen deutliche Unterschiede in der Anfälligkeit gegenüber der Sclerotinia-Weißfäule.
- Frühe Sorten können zeitiger als späte geerntet werden; damit wirkt sich später Befall am Korb weniger stark aus.

Tierische Schädlinge

Während der Auflaufphase ist auf Schneckenfraß zu achten. Auch Tauben, Fasane, Hasen und Kaninchen können durch Abfressen zur Ausdünnung im Pflanzenbestand führen. Bei stärkerer Gefährdung durch diese Tiere kann eine Behandlung des Saatgutes mit Vergrämungsmitteln oder eine Ablenkungsfütterung erforderlich sein.

Blattläuse in der Triebspitze verursachen eine starke Kräuselung der Blätter. Mehrjährige Versuche haben gezeigt, dass eine chemische Bekämp-

Abb. 2-17: Sonnenblumenernte

fung zwar die Symptome mindert, ertraglich aber keinen Vorteil bringt. Deshalb erscheint eine Spritzung auch bei höherem Besatz unwirtschaftlich.

Erntezeitpunkt
Die Sonnenblumenreife tritt im Allgemeinen nach 130 bis 150 Vegetationstagen ein. Der zu erwartende Erntetermin liegt zwischen Ende August und Ende September.

Die Festlegung des optimalen Erntetermines ist nicht einfach, aber für die Wirtschaftlichkeit des Anbaues wichtig. Der Erntezeitpunkt ist erreicht, wenn die Laubblätter abgeworfen sind und sich die Korbrückseiten gelb verfärbt haben. Die Schale der Körner ist dann fest, es beginnen die ersten Körner auszufallen. Die Kornfeuchte liegt unter diesen Bedingungen zwischen 12 und 25 %.

Eine verspätete Ernte führt zu Samenausfall, Vogelfraß, Lager und Ausbreitung von Korbfäule (*Botrytis cinerea*). Darüber hinaus kann durch die Bildung freier Fettsäuren die Qualität des Erntegutes leiden und empfindliche Preisabschläge bewirken.

Freie Fettsäuren entstehen vor allem bei
- hohem Anteil mit Botrytis befallener Körbe,
- hohem Anteil geschälter oder verletzter Körner,
- hohem Anteil an feuchtem Fremdbesatz und
- längerer Lagerung feuchten Erntegutes.

Vorbeugemaßnahmen bestehen demnach im schonenden Drusch durch richtiges Einstellen der Dresch Organe und in der sorgfältigen Trocknung von feuchtem oder krankem Erntegut.

Erntetechnik
Zur Ernte ist das übliche Schneidwerk des Mähdreschers für die Sonnenblumenernte umzurüsten. Die Schneideinrichtung muss mit speziellen Abdeckblechen ausgestattet werden.

Trocknung
Eine Dauerlagerung ohne Qualitätsminderung des Erntegutes ist nur bei weniger als 9 % Feuchte möglich. Unter deutschen Klimabedingungen muss deshalb das Erntegut fast regelmäßig getrocknet werden.

2.4 Sojabohne, *Glycine max* (L) Merr.

2.4.1 Biologie

Die Sojabohne (*Glycine max* (L) Merr.) gehört zur Familie der Hülsenfrüchtler (*Fabales* oder *Leguminosae*), Unterfamilie Schmetterlingsblütler (*Fabaceae*) und ist eine einjährige Pflanze. Die Stängel der bis zu 100 cm lang werdenden Pflanzen sind eher dünn und mehr oder weniger verzweigt. An den Stängeln, Blattstielen und Blättern sind die meisten Sorten fein und dicht behaart. Aus den Blattachseln entspringen Büschel von kleinen, kurz gestielten lilafarbigen oder weißen Schmetterlingsblüten. Die Sojabohne ist ein Selbstbefruchter. Eine Bestäubung durch Pollen von Nachbarpflanzen ist weitgehend ausgeschlossen. Die Blüte erstreckt sich über einen Zeitraum von zwei bis drei Wochen, wobei nur 20 bis 80 % der Blüten Hülsen ansetzen. Diese sind 2 bis 10 cm lang und enthalten ein bis sechs runde, rundovale oder eiförmige Körner.

Wie andere Leguminosen besitzt die Sojabohne die Fähigkeit über eine Symbiose mit Knöllchen-

Abb. 2-18: Sojabohnenpflanze

Abb. 2-19: Sojabohnen

bakterien im Wurzelbereich Luftstickstoff zu binden. Soja ist auf die spezielle Art *Bradyrhizobium japonicum* angewiesen.

Die Sojabohne ist eine typische Kurztagspflanze. Trotz Züchtung neuer Sorten für verschiedene Klimazonen gedeiht sie am besten bei hohen Temperaturen. In den gemäßigten Breiten ist die Blütenbildung durch die langen Sommer verzögert, die Vegetationsperiode dadurch kurz, die Ausreife der Samen unsicher und der Ertrag gering.

Geschichte
Die Sojabohne stammt aus dem Nordosten Chinas (Mandschurei) und wurde schon 2800 v. Chr. als Nahrungspflanze beschrieben. Es wird angenommen, dass sie von Glycine soja SIEB. et ZUCC. abstammt, die heute noch als Wildform in Asien vorkommt. Sie hat wie die Kulturform 2n = 40 Chromosomen und lässt sich mit ihr kreuzen.

Die Verbreitung über China und Japan hinaus fand erst sehr spät statt. Für Europa wurde die Pflanze von Engelbert Kaempfer entdeckt, der sie nach einer Japan-Reise 1691/1692 erstmals beschrieb. Nach Europa kam die Sojabohne mit Missionaren (1740) zuerst in den botanischen Garten von Paris. Die späte Verbreitung nach Europa und Amerika beruhte wohl darauf, dass die in Symbiose mit der Sojabohne lebenden Knöllchenbakterien in den außerasiatischen Böden zunächst fehlten und die Sojabohne als Wärme liebende Kurztagspflanze in den gemäßigten Breiten nicht ausreifte. Ab 1840 gab es erste Anfänge, die Sojabohne als Ackerfrucht anzubauen. In den USA wurde sie ab Beginn des 20. Jahrhunderts großflächig angebaut.

Verbreitung
Als Kulturpflanze wird Soja mittlerweile weltweit angebaut, wobei subtropische Gebiete und Übergänge zu warmgemäßigten Zonen besonders geeignet sind. Die Hauptanbaugebiete liegen in Nord- und Südamerika, sowie in China und Indien.

In Europa hat die Sojabohne zuerst in Italien und Frankreich eine gewisse Anbaubedeutung erlangt. In den letzten Jahren ist dort ein Anbaurückgang zu verzeichnen. Neben Österreich und Ungarn weist vor allem das neue EU-Mitgliedsland Rumänien einen bedeutenden Sojabohnenanbau auf (Tab. 2-7).

Ausgelöst durch die Energiekrisen in den 1970er Jahren förderte die EU durch Anbauprämien den

Tab. 2-7: Anbau von Sojabohnen in der EU in 1000 ha

Jahr	1991	1995	2000	2001	2002	2003	2004	2005	2006	2007 v	2008 s
Frankreich	62	102	80	121	76	81	59	56	45	37	26
Italien	412	184	253	235	152	152	140	150	178	150	130
Österreich		19	16	16	14	15	25	21	25	20	20
EU-12/15	484	309	352	373	241	249	227	230	250	208	176
Slowak. Republik			6	6	10	12	13	11	11	10	
Ungarn			22	21	25	31	27	30	36	30	28
EU-25			382	403	279	298	272	284	308	251	217
Rumänien									191	110	100
EU-27									499	361	317

v = vorläufig; s = Schätzung

Eiweißpflanzenanbau. Dies war Ausgangspunkt für die ersten Sojaanbauten in Deutschland. Seit den 1990er Jahren bauen in Süddeutschland in der Region um Freiburg im Breisgau Landwirte im Vertragsanbau zur Tofuherstellung Sojabohnen im ökologischen Landbau an. Auch in Bayern hat sich eine kleine Anbauinsel im Zusammenhang mit dem Programm „Brucker Land" in den Landkreisen Aichach Friedberg und Fürstenfeldbruck gebildet.

Im Vergleich zu den eingeführten Ackerkulturen kann in Deutschland trotzdem nur von einer kleinen „Nischenproduktion" gesprochen werden, da die deutsche Anbaufläche die 1000 ha Schwelle nicht überschritten hat.

Auf den Weltmärkten wird die Sojabohne als Ölpflanze gehandelt. Dabei ist der Hauptwert der reifen Bohnen das ernährungsphysiologisch wertvolle Eiweiß.

Bei einem Großteil der Weltproduktion wird in einer Extraktionsanlage zuerst das Öl entzogen. Das verbliebene Sojaextraktionsschrot wird in einer Toastanlage mit 105 °C heißem Wasserdampf behandelt. Dieser als Toastprozess bezeichnete Vorgang bewirkt eine Zerstörung der Trypsin-Inhibitoren und anderer Enzymsysteme, wodurch die biologische Wertigkeit und Verdaulichkeit des Schrotes entscheidend verbessert werden. Dadurch ist eine Verfütterung des Schrotes in der Schweine- und Geflügelfütterung ohne Probleme möglich. Dampferhitztes Sojaextraktionsschrot weist von allen pflanzlichen Eiweißfuttermitteln die beste Proteinqualität auf.

2.4.2 Anbau

Klima und Standort
Soja hat einen hohen Wärme- und Wasserbedarf. Am besten gedeiht sie in warmen Körnermaisanbaulagen. Ideal sind lockere und leicht erwärmbare Böden mit guter Struktur und einer hohen Wasserkapazität. Der größte Wasserbedarf besteht im Juli und August kurz vor der Blühphase und zu Beginn der Hülsenbildung. Auf lange Trockenheit in diesem Stadium reagiert die Sojabohne mit empfindlichen Ertragseinbußen. Kaltluftsenken und Spätfrostlagen sollten gemieden werden. Steinige Böden sind ungeeignet, da bei der Ernte wegen des tiefen Hülsenansatzes der Mähtisch tief abgesenkt werden muss. Zur Verunkrautung neigende Standorte im Ökoanbau sollten unbedingt gemieden werden.

Fruchtfolge
Als Vorfrucht eignet sich Wintergetreide am besten. Sojabohnen sollten nicht zusammen mit Sonnenblumen, Kreuzblütlern oder anderen Leguminosen in einer Fruchtfolge angebaut werden, da sie von dem Pilz Sclerotinia sclerotiorum befallen werden können. Zu diesen Kulturen sollte mindestens ein vierjähriger Anbauabstand eingehalten werden. Die Sojabohne ist begrenzt selbstverträglich und kann daher zur Nutzung der im Boden etablierten Knöllchenbakterien nachgebaut werden, sofern keine Fruchtfolgekrankheiten wie Sclerotinia auftreten.

Abb. 2-20: Sojabohnenfeld

Aussaat
Die Sojabohne sollte nicht vor einer Bodentemperatur von mindestens 8 bis 10 °C gesät werden, da sonst starke Auflaufschäden bei nachfolgend feuchtkühler Witterung möglich sind. In der Regel ist die günstigste Saatzeit Ende April/Anfang Mai gegeben. Die Saatmenge sollte sich zwischen 60 und 70 Körner/m² bewegen. Eine flache Saattiefe von 2 bis 4 cm fördert einen schnelleren Auflauf.

Abb. 2-21: Reife Sojabohne in der Hülse

Da die natürliche Population der Knöllchenbakterien *Bradyrhizobium japonicum* in unseren Böden fehlt, ist beim Erstanbau eine Saatgutimpfung mit kommerziell angebotenen Bakterienpräparaten unbedingt notwendig.

Sortenwahl
Je nach Anbaulage eignen sich für die süddeutschen Anbaubedingungen Sorten der Reifegruppen „000" (sehr früh) und „00" (früh). Die Reifegruppe „000/00" nimmt eine Mittelstellung ein, und reift cirka acht bis zehn Tage früher ab als 00-Sorten. Allgemein gilt, dass sehr früh reifende Sorten ein geringeres Ertragsniveau aufweisen. Neben der Ertragsleistung ist auch der Proteingehalt ein wichtiges Auswahlkriterium bei der Sortenwahl; speziell im Vertragsanbau zur Tofuherstellung ist dies ein entscheidendes Kriterium.

Düngung
Grundsätzlich ist kein N-Mineraldünger erforderlich. Vor allem nicht zur Saat, da sonst die Knöllchenbildung verhindert wird. Kommt es allerdings nicht zu einer Knöllchenbildung und weist der Bestand Stickstoffmangelsymptome auf, kann eine gezielte N-Gabe vor der Blüte (50 bis 80 kg N/ha) zur besseren Verzweigung und Hülsenansatz beitragen. Dies birgt aber die Gefahr einer Verminderung des Rohproteingehaltes und verspäteter Reife in sich. Die Grunddüngung sollte auf der Basis des Nährstoffentzuges durch die Abfuhr über den Kornertrag erfolgen.

Unkrautbekämpfung
Die Sojabohne reagiert auf Unkrautkonkurrenz mit empfindlichen Ertragsverlusten und Qualitätseinbußen. Wegen der langsamen Jugendentwicklung und dem späten Reihenschluss können vor allem Wärme liebende Spätkeimer wie Melden, Knöterich, Hirse- und Amarant-Arten überhand nehmen und zu großen Ertragsausfällen führen. Auch können Probleme mit Spätverunkrautung entstehen, wenn mit beginnender Samenreife das Laub abgeworfen wird. Mit den derzeit verfügbaren Wirkstoffen ist eine ausreichende Kontrolle der gefährlichsten Unkräuter möglich.

Im Öko-Sojaanbau kommen daher nur Standorte mit geringer Verunkrautung in Frage. Ein mehrmaliges Striegeln oder Hacken zwischen den Reihen ist wegen der geringen Konkurrenzkraft der Sojabohne einzuplanen.

Angesichts der noch geringen Anbauverbreitung sind in Süddeutschland noch keine bekämpfungswürdigen Pilzkrankheiten bekannt geworden.

Große Probleme können in der Auflaufphase durch Tauben- oder Krähenfraß entstehen. Auch Hasen und Rehe fressen die Sojapflanzen gerne. Hier bleibt nur die Möglichkeit, Wildvergrämungsmittel anzuwenden.

2.4.3 Ernte

Die Reife beginnt mit Gelbverfärbung und Abfall der Blätter. Der Erntezeitpunkt ist wenige Tage nach dem vollständigen Blattabfall erreicht, wenn die Bohnen in den Hülsen frei liegen. Je nach Sorte und Jahr ist dies ab Mitte September bis in den Oktober hinein der Fall. Wegen des tiefen Ansatzes der untersten Hülsen muss das Mähwerk so tief wie möglich geführt werden. Bei verspäteter Ernte ab Mitte Oktober ist wegen erhöhter Luftfeuchte kaum mehr eine Kornfeuchte von unter 18 bis 20 % erreichbar. Eine schonende Nachtrocknung des Erntegutes auf 12 bis 14 % Wassergehalt ist dann unausweichlich.

2.5 Mais, *Zea mays* L.

Der Mais gehört zu den ältesten Kulturpflanzen der Erde. Er stammt aus den tropischen Klimagebieten Mittel- und Südamerikas und war die wichtigste Nutzpflanze der indianischen Hochkulturen. Als so genannte C4-Pflanze ist sie vor allem bei höheren Temperaturen und Lichtintensität zu höherer photosynthetischer Leistung in der Lage als unsere heimischen Kulturpflanzen.

Abb. 2-23: Maisfeld, Maiskörner und Maiskolben

In Mitteleuropa hat der Maisanbau erst in den letzten fünf Jahrzehnten einen rasanten Aufschwung erlebt. Beispielhaft sei dies an der Entwicklung in Deutschland aufgezeigt. 1960 hat Mais mit 56 000 ha weder als Körner- noch als Silomais eine größere Rolle gespielt. In vielen Bundesländern kannte man diese Pflanze praktisch nicht. Ende der 1960er Jahre setzte dann die stürmische Entwicklung des Silomaisanbaus ein, der 1991 bei der deutschen Wiedervereinigung bereits über 1 Mio. ha Verbreitung gefunden hatte (Abb. 2-22). Weitaus verhaltener war die Steigerung des reinen Körnermaisanbaus (ohne Corn cob mix). Die maximale Anbaufläche lag im Jahr 2004 bei rund 370 000 ha, wobei die günstigen Ackerbaulagen Bayerns und Niedersachsens seit jeher die Hauptanbaugebiete in Deutschland waren.

Für die Erzeugung von Maiskeimöl, das bei der Produktion von Maisstärke aus den Maiskeimlingen gewonnen wird, ist nur diese Anbaurichtung des Mais relevant. Das Maiskorn enthält cirka 6 % Fett, das sich ausschließlich im Keimling befindet. Zur Stärkegewinnung werden die Maiskörner mit Wasser versetzt. Wenn die Körner ausreichend aufgequollen sind, werden sie in speziellen Mühlen aufgebrochen, wodurch die Keimlinge freigesetzt werden. Die Mahlung muss schonend erfolgen, damit kein Öl aus den Keimen austritt. Das Öl würde sich an die Stärke anlagern und die Qualität dieser vermindern. In speziellen Zyklonen werden die Keimlinge abgetrennt, anschließend gewaschen, getrocknet und zur Maiskeimölgewinnung weiterverkauft. Da es sich hier um ein Nebenprodukt der Stärkeherstellung handelt, ist die produzierte Menge an Maiskeimöl vom Umfang der Stärkeherstellung abhängig. Nach einer Statistik des Ölmühlenverbandes wurden in ganz Europa in den letzten Jahren rund 50 000 bis 60 000 t Maiskeime verarbei-

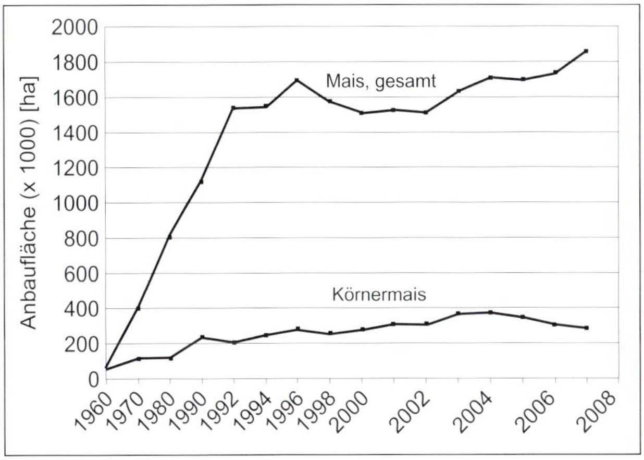

Abb. 2-22: Anbaufläche von Mais in Deutschland

tet; eine im Vergleich zu den übrigen Ölsaaten doch sehr bescheidene Menge.

Die Ölgewinnung erfolgt entweder durch Pressen (kalt und heiß) oder mittels chemischer Extraktion mit Lösungsmitteln. Extrahiertes Öl erkennt man durch die etwas rötliche Farbe. Die Ausbeute bei der Ölgewinnung ist sehr gering. Für 1 Liter Maiskeimöl werden etwa 100 kg Mais benötigt.

Kaltgepresstes Öl hat eine gelbliche Farbe und ist geschmacksneutral. Es enthält einen hohen Anteil ungesättigter Fettsäuren, wobei die zweifach ungesättigte Linolsäure mit über 50 % dominiert. Wegen seines Gehalts an Vitamin E ist auch unraffiniertes Öl lange haltbar, da Vitamin E antioxidativ wirkt und somit das Ranzigwerden verhindert. Maiskeimöl sollte nicht zum Kochen, Braten und dergleichen verwendet werden, da durch Erhitzen ein Großteil der wertvollen Inhaltstoffe zerstört wird. Maiskeimöl ist cholesterinfrei und eignet sich besonders für cholesterinarme Ernährung. Verwendet wird das Öl bei der Zubereitung von kalten Speisen und Salaten oder zur Erzeugung von Margarine.

2.6 Färberdistel oder Saflor, *Carthamus tinctorius* L.

Die Färberdistel oder Saflor ist eine Pflanzenart aus der Familie der Korbblütler (*Asteraceae*). Ihre natürliche Verbreitung reicht von Ägypten und Vorderasien bis Mitteleuropa. Heute gibt es Vorkommen in Europa, Nordamerika und Australien.

Es ist eine schnell wachsende, distelartige, krautige Pflanze, die 60 bis 130 cm hoch wird. Ihre stachelig gezahnten, länglichen Laubblätter laufen am Stängel herab. Sie bildet eine tiefgehende Pfahlwurzel aus, woraus sich eine gute Trockenresistenz ableitet. Die körbchenförmigen Blütenstände haben etwa 3 cm Durchmesser und enthalten 20 bis 150 orangefarbene Röhrenblüten. Die Samen der Färberdistel sind 6 bis 12 mm lang und ähneln den Sonnenblumenkernen, haben jedoch eine noch dickere Schale. Ein Schalenanteil von bis zu 45 % macht die Ölgewinnung aus dieser Pflanze ziemlich unattraktiv. Im Kern beträgt der Ölgehalt rund 32 %. Im Mittelalter wurde die Pflanze zur Gewinnung eines gelbroten Farbstoffes angebaut. Heute erfolgt der Anbau der Färberdistel fast ausschließlich zur Herstellung von Speiseöl. Wegen des hohen Gehalts an mehrfach ungesättigten Fettsäuren, 70 bis 80 % Linolsäure, sowie Linolen- und Ölsäure und einem hohen Vitamin-E-Gehalt wird das Öl als Speiseöl geschätzt.

Standortansprüche

Die Färberdistel bevorzugt sommerwarme Klimagebiete, die auch für Sonnenblumen geeignet sind.

Abb. 2-24: Färberdistelblüte

Abb. 2-25: Färberdistelfruchtstand

Abb. 2-26: Färberdistelsaat

Sie bevorzugt Temperaturen von 24 bis 32 °C, beginnt etwa 70 Tage nach der Saat zu blühen und ist nach cirka 120 Tagen erntereif. Am besten wächst sie auf fruchtbaren, durchlässigen Böden und kommt wegen ihrer Pfahlwurzel auch mit Trockenheit zurecht. Gebiete mit hohen Sommerniederschlägen sind wegen der Gefahr eines Botrytisbefalls an den Blüten weniger geeignet.

Anbauhinweise

Der Anbau kann Ende März bis Mitte April bei einer Saattiefe von 2 bis 3 cm erfolgen. Bei ausreichender Bodenversorgung reicht eine Grunddüngung von 40 bis 50 kg/ha Phosphor und 80 bis 100 kg/ha Kali aus. Die Stickstoffdüngung sollte sich an einem N-Sollwert von 90 kg/ha orientieren. Wegen der unkontrollierten N-Freisetzung aus organischen Düngern sollte auf diese verzichtet werden, da sonst die Abreife hinausgezögert wird.

Ernte

Wenn die Blätter braun und trocken sind – dies ist etwa 35 bis 40 Tage nach der Blüte der Fall – kann im September mit dem Mähdrescher gedroschen werden. Ertragsleistungen von 5 bis 20 dt/ha sind möglich. Das Erntegut muss sofort getrocknet und nachgereinigt werden.

2.7 Leindotter, *Camelina sativa* L.

Der Leindotter gehört zur Familie der Kreuzblütler und ist botanisch mit dem Raps verwandt. Die einjährige Pflanze bildet einen 50 bis 100 cm hohen Stängel aus, der sich im oberen Drittel je nach Standraum stark verzweigt. Ihre Wurzeln sind dünn und spindelförmig. Am Stängel wachsen wechselständige, ungeteilte und lanzettförmige Blätter mit gestreiftem bis gezähntem Rand. Die einzelnen Triebe enden in traubigen Blütenständen mit kleinen, hell- bis dunkelgelben Blüten. Aus diesen Blüten bilden sich birnenförmige Kapseln mit ovalen, gelb- bis rotbraunen Samen, die ein Tausendkorngewicht von nur etwa 1 g haben. Die Blütezeit liegt Anfang Juni, die Druschreife ist Ende Juli erreicht. Die Samenerträge des Leindotters liegen bei 20 bis 30 dt/ha. Der Ölgehalt der Samen liegt zwischen 38 bis 43 %.

Geschichtliches und Verwendung

Die Kulturform des Leindotters geht auf eine Wildform zurück, die als Unkraut im Leinanbau in ganz Europa und im nördlichen Asien gefürchtet war. Durch Jahrtausende währende Auslese der dem Lein in morphologischen und physiologischen Eigenschaften ähnlichsten Pflanzen wurde aus dem Unkraut eine Kulturpflanze. Eine größere landwirtschaftliche Nutzung des Leindotters fand bis in das 15. Jahrhundert statt; danach ist der Anbau zurückgegangen. In Osteuropa scheint der Leindotter noch eine gewisse Bedeutung zu haben. Als Versuchspflanze zu industriellen Verwendungszwecken und in Mischanbauten wurde die Pflanze in der jüngeren Vergangenheit wieder in geringem Umfang angebaut.

Abb. 2-27: Leindotterblüte

Abb. 2-28: Reife Fruchtstände

Abb. 2-30: Leindottersaat

Das Öl des Leindotters wird vor allem im Nonfood-Bereich, zur Verarbeitung von Farben und Lacken, sowie im kosmetischen Bereich eingesetzt. Seit jeher diente das Leindotteröl als Lampenöl. In jüngster Zeit wurde eine Verwendung des Öls als Kraftstoff für pflanzenöltaugliche Motoren erwogen. Die Verwendung im Ernährungsbereich ist eher selten. Aufgrund des mild erbsigen Geschmacks eignet sich das native Leindotteröl aber auch in der kalten Küche.

Anbau

Der Leindotter ist eine anspruchslose, robuste Pflanze, die auch auf leichteren Böden (Sandböden) angebaut werden kann, da sie relativ trockentolerant ist. Dagegen gedeiht sie auf schweren Tonböden oder in nassen Lagen weniger gut.

In der Fruchtfolge sollte er nicht mit anderen Kreuzblütlern stehen. Leindotter ist auch nicht mit sich selbst verträglich. Ansonsten stellt er an die Vorfrüchte keine besonderen Ansprüche, allerdings sollte die Vorfrucht keine hohen Stickstoffrückstände hinterlassen, da sonst Lagergefahr droht.

Da der Leindotter spätfrostverträglich ist, kann die Aussaat frühzeitig im März/April erfolgen. Das überaus kleine Saatkorn verlangt allerdings eine gleichmäßig flache Ablage in ein feinkrümeliges Saatbett. Die Aussaatstärke bewegt sich zwischen 400 bis 600 Körnern/m².

Eine gezielte Unkrautbekämpfung ist bei der gering bodenbedeckenden Art von großem Vorteil; allerdings ist die Zulassung geeigneter Herbizide nachzufragen.

Bei einem Kornertrag von 30 dt/ha sind N-Gaben von 30 bis 60 kg/ha ausreichend, da eine zu hohe N-Gabe den Ölgehalt drastisch senken kann.

Der Leindotter ist von Natur aus relativ gesund und robust. Als Kreuzblütler kann er allerdings von Krankheiten befallen werden, die zum großen Teil auch bei den übrigen Ölpflanzen vorkommen.

Ernte

Die Schoten des Leindotters reifen Anfang Juli ab, so dass Mitte bis Ende Juli gedroschen werden kann. Da die Schoten relativ platzfest sind, lässt er sich mit herkömmlichen Mähdreschern relativ gut ernten, und es kann auch abgewartet werden bis das Erntegut einen Wassergehalt von unter 9 % erreicht hat.

3 Exotische Ölpflanzen

Susanne Bickel

3.1 Kokospalme, *Cocos nucifera* L.

3.1.1 Botanik

Bei der sehr dekorativen Kokospalme handelt es sich um eine schlanke, häufig an der Basis verdickte Palme, die bis zu 30 m hoch werden kann. Die Pflanze verträgt auch Salzwasser gut, daher findet man sie häufig entlang der Strände und Küstenlinien der Tropen und Subtropen. Am Grunde der verbreiterten Stammbasis entstehen zahlreiche, etwa bleistiftdicke, sprossbürtige Wurzeln, die bis zu 3 m tief in den Boden wachsen und der Palme Halt geben. Der Schopf der Kokospalme besteht aus 30 bis 40 bis zu 6 m langen Fiederblättern mit holziger Mittelrippe und den Stamm weit umfassender Blattbasis. Jedes Blatt setzt sich aus etwa 200 schmalen, nach unten geneigten Fiederblättern zusammen. Pro Vegetationsperiode fallen etwa zwölf Blätter ab, wobei die Blattbasis am Stamm erhalten bleibt. Ein ausgewachsenes Blatt kann bis zu 15 kg wiegen! Aus der Terminalknospe („Palmenherz") entwickeln sich jedes Jahr etwa zwölf neue Blätter, in deren Blattachseln sich die rispenförmigen Blütenstände ausbilden (Abb. 3-1). Diese sind im jungen Stadium ganz von einer mächtigen, verholzenden kahnförmigen Spatha (= Hüllblatt) umgeben und sehen dann kolbenförmig aus. Erst wenn das Hüllblatt sich ablöst, können die Blüten sich vollständig entwickeln. Die Kokospalme ist einhäusig und ihre Blüten sind eingeschlechtlich. An der Basis tragen die Rispen jeweils einige weibliche und darüber bis zu 300 männliche Blüten. Schon aus Gewichtsgründen können sich nicht alle weiblichen Blüten zu Früchten entwickeln, etwa zwei Drittel der Fruchtansätze fallen vorher ab. Kokospalmen blühen und fruchten das ganze Jahr über, wobei jede Palme pro Jahr im Durchschnitt 60 Früchte erzeugt (Abb. 3-2).

Die weiblichen Blüten, deren Kronblätter fast ganz von den Kelchblättern bedeckt sind, besitzen einen verwachsenen Fruchtknoten aus drei Fruchtblättern mit drei Samenanlagen. Es reift aber nur eine der Anlagen innerhalb eines Jahres zur 1000 bis 2500 g schweren Frucht heran. Das grüne oder gelbe Exokarp der Früchte ist wasserundurchlässig, lederartig und mit Wachs überzogen, während das Mesokarp aus einer mehrere Zentimeter dicken

Abb. 3-1: Blütenstand (Rispe) einer Kokospalme

Abb. 3-2: Fruchtstand einer Kokospalme

Schicht von Fasern besteht, die lufthaltig sind und den Kern fest umschließen (Abb. 3-3). Aus diesen Gründen können Kokosnüsse weite Strecken im Meerwasser schwimmen und sind an fast allen wärmeren Küsten anzutreffen. Sie keimen noch aus, wenn sie 100 Tage im Meerwasser verbracht haben. Das Endokarp schließlich ist das, was wir gemeinhin als holzige, braune Schale der Kokosnuss kennen.

Die Kokosnuss ist im botanischen Sinne keine Nuss, sondern eine Steinfrucht; im Inneren des Steinkerns entwickelt sich ein festes, weißes Endospermgewebe, in das ein winziger Keimling eingebettet liegt. Dieser befindet sich unterhalb einer der drei Keimporen der Steinschale, die im Unterschied zu den beiden „unbesetzten" Poren nur mit einer weichen Schließhaut verschlossen bleibt.

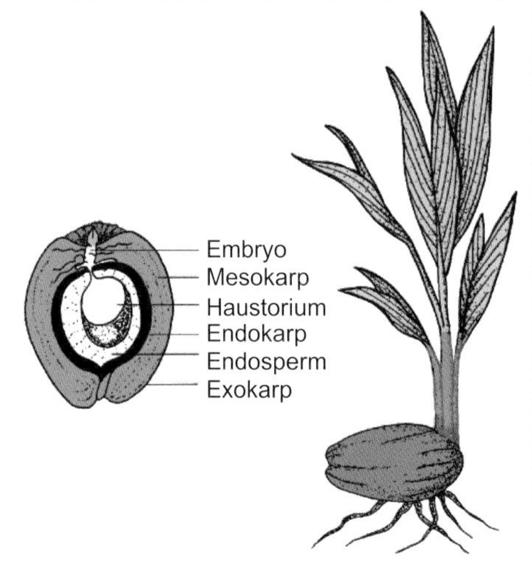

Abb. 3-3: Setzling der Kokospalme (rechts) und Längsschnitt durch eine Kokosnuss mit Keimling (links).

Das feste Endosperm (auch Kopra genannt) enthält etwa 37 % Fett (Tab. 3-1), es umschließt einen Hohlraum, der teilweise mit Kokoswasser gefüllt ist und als flüssiges Endosperm bezeichnet werden kann. Dieses ist sehr nahrhaft und schmeckt süßlich. Es wird aus noch nicht reifen Kokosnüssen („Trinknüsse") als Erfrischung getrunken. Das Keim- und Jugendstadium der Kokospflanze dauert mehrere Monate. In dieser Zeit bildet die Keimpflanze ihr einziges Keimblatt zu einem Haustorialorgan um, welches das Innere des Steinkerns nach und nach aussaugt. Das Haustorium füllt den gesamten Steinkern schließlich wie eine schwammige Masse aus.

3.1.2 Geschichte und Verbreitung

Bis heute weiß man noch nicht mit Sicherheit, woher die Kokospalme ursprünglich stammt. Grund dafür ist unter anderem die oben schon erwähnte gute Schwimmfähigkeit ihrer Früchte. Man nimmt an, dass die Palme aus dem indo-malayischen Raum stammt. Heutzutage findet man Kokospalmen an fast allen tropischen und subtropischen Küsten der Erde; Grenzen sind der nördliche und der südliche Wendekreis. Schon vor 4000 Jahren wurde die Kokosnuss in der Südsee und Südasien als wichtiges Nahrungsmittel genutzt.

Ab 1740 haben Holländer, Spanier und Portugiesen in ihren Kolonien Kokospalmen planmäßig angebaut. Die Produktion auf den Philippinen geht auf

Tab. 3-1: Zusammensetzung von Bestandteilen der Kokosnuss (in %) (nach G. Franke [3-11])

	Kokoswasser (unreife Früchte, „Trinkfrüchte")	Endosperm (reife Früchte)	Kopra (auf 5-7 % Wassergehalt getrocknetes Endosperm)	Presskuchen
Wasser	95,01	46,30	5,8	10,66
Protein	0,13	4,08	8,9	19,06
Fett	0,12	37,29	67,0	11,05
Kohlenhydrate	4,11	11,29	16,5	58,18
Rohfaser	–	3,39	4,1	14,10
Aschengehalt	0,63	1,03	1,80	4,05

eine Zwangsverordnung des Jahres 1768 zurück. Damals wurde jede Familie auf den Philippinen von den spanischen Autoritäten dazu verpflichtet, 200 Quadratfuß Land mit Cocos zu bepflanzen.

Indonesien spielt mit 16 Mio. t Kokosnüssen weltweit die größte Rolle in der Produktion, gefolgt von den Philippinen mit etwa 15 Mio. t und Indien mit etwa 11 Mio. t. Insgesamt wurden 2006 weltweit 55,3 Mio. t Kokosnüsse geerntet (Tab. 3-2). Daraus wurden 3,3 Mio. t Kokosöl gepresst und es fielen 5,2 Mio. t Kopra an.

3.1.3 Inhaltsstoffe und Verwendung

Frisches, ungetrocknetes Endosperm enthält etwa 46 % Wasser und 37 % Fett neben 11 % Kohlenhydraten, davon 5 % Zucker und 4 % Protein. Trockene Kopra besteht bis zu 70 % aus Fett (Tab. 3-1). Das bei Raumtemperatur feste Fett wird abgepresst und nach Raffinierung und Desodorierung (zur Beseitigung des unangenehmen Geruchs) auch als Speisefett verwendet („Palmin"). Rohfett sowie sekundär mit Hilfe von Lösungsmitteln (Hexan) aus dem verbleibenden Presskuchen gewonnenes Fett wird ausschließlich für technische Zwecke genutzt. Vor allem die Seifen- und Waschmittelherstellung profitiert vom Fett der Kokosnuss. Laurinsäure, der Hauptbestandteil der Fettsäuren im Kokosfett, wird für die Herstellung von Tensiden der FES-Klasse (FES = Fettalkoholsulfate) benötigt. Diese sind wichtig für die Waschmittelproduktion, als Weichmacher (Kunststoffindustrie) und als Bindemittel für Offsetdruck-Farben [3-1].

In den [illegible] pflanzlichen Fetten kommen solche [illegible] kurzkettigen Fettsäuren wie Buttersäu

Tab. 3-2: Weltweite Produktion von Kokosnüssen und Früchten der Ölpalme 2006 (in 1000 t, nach FAO 2008)

Länder	Kokosnüsse	Ölpalm-Früchte
Indonesien	16375	64255
Philippinen	14958	373
Indien	11000	–
Brasilien	2787	580
Sri Lanka	913	–
Afrika	1801	17086
Latein-Amerika und Karibik	3923	9607
Thailand	1871	6519
Mexiko	102	310
Vietnam	982	–
Malaysia	573	75650
Welt	55344	175603

Eine wertvolle Nutzpflanze, nicht nur für Öl

Von der Kokospalme können alle Teile genutzt werden, nicht nur die Früchte, auch das Holz und vor allem die Kokosfasern sind nützlich: Aus dem Holz entstehen Möbel, die durch die diffuse Verteilung der Leitbündel über den Stamm dunkel getupft wirken und einen sehr dekorativen Wert besitzen. Die Fasern des Mesokarps der Kokosfrüchte werden zu Seilen, Schnüren und Teppichwaren verarbeitet. Die Produkte besitzen eine hohe Lebensdauer, nehmen wenig Schmutz auf und sind widerstandsfähig gegen Nässe und Fäulnis. Kokosfasern besitzen bis zu 65 % Lufteinschlüsse und sind daher leichter als Wasser. Daher rührt die gute Schwimmfähigkeit der Kokosnüsse. Das Fasermaterial dient auch als Füllung für Matratzen, Polster und Sitze. Aus der Steinschale der Frucht werden regionale Gebrauchsgegenstände gefertigt, wie Gefäße aller Art, Schmuck und Musikinstrumente. Ein Beispiel eines Wassergefäßes von den Salomonen um die Jahrhundertwende ist in Abbildung 3-4 gezeigt.

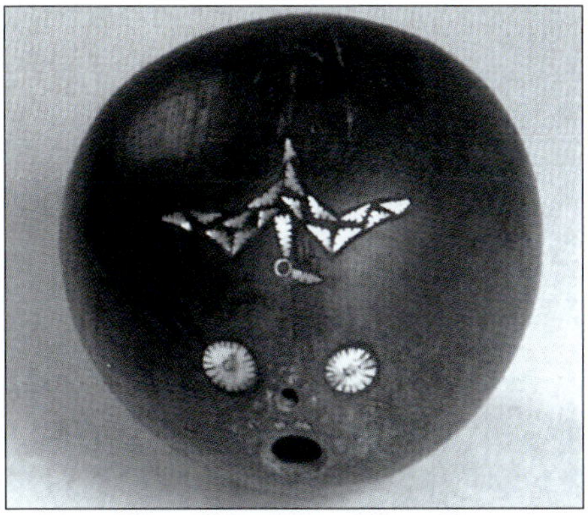

Abb. 3-4: Wassergefäß aus einer Kokosnuss mit Einlegearbeiten aus Nautilusschale (Salomonen, Melanesien um 1900)

Tab. 3-3: Fettsäurezusammensetzung der Glyceride diverser Fette und Öle (nach Souci et al. [3-12], Fettsäuren in Prozent)

Fettsäure		Kokosfett	Palmkernöl	Palmöl	Olivenöl
Arachinsäure	20:0	–	–	0,5	0,41
Capronsäure	6:0	0,2 – 1,0	0,1 – 0,2	–	–
Caprinsäure	10:0	5,7 – 6,9	3,8 – 5,7	–	–
Caprylsäure	8:0	5,7 – 10,5	2,9 – 5,7	–	–
Laurinsäure	12:0	40,3 – 49,0	42 – 51	–	–
Linolsäure	18:2(9,12)	1,0 – 1,9	0,7 – 5,8	4,8 – 12, 0	3,5 – 12,7
Linolensäure	18:3(9,12,15)	–	–	0,1 – 0,5	0,6 – 0,95
Myristinsäure	14:0	12,3 – 18,2	12,4 – 16,2	0,4 – 4,6	0,1 – 0,2
Ölsäure	18:1(9)	5,2 – 6,7	10,1 – 17,7	34,2 – 49,2	60,0 – 79,4
Palmitinsäure	16:0	6,7 – 10,5	7,6 – 8,6	30,5 – 48,8	6,5 – 14,9
Palmitoleinsäure	16:1(9)	–	–	–	0,96 – 3,2
Stearinsäure	18:0	0,8 – 5,7	1,0 – 2,9	1,4 – 7,6	1,3 – 3,1

re (C4), Capronsäure (C6) und Caprylsäure (C8) vor (Tab. 3-3), die sonst z. B. in Säugetiermilch auftreten. Kokosfett ist eine Nahrungsmittelgrundlage, die unter anderem zur Margarineherstellung dient. Da Kokosfett bei Raumtemperatur fest ist und im Mund mit einem leichten Kühleffekt schmilzt, wird es von der Süßwarenindustrie auch zur Herstellung von Glasuren und Überzügen verwendet. Geraspelte Kopra nutzt man weltweit zum Backen und Kochen. Kokosmilch ist, anders als Kokoswasser, kein natürliches Produkt: Sie entsteht durch Mixen von geraspelter Kopra mit Wasser und dem anschließenden Ausdrücken der Masse.

3.1.4 Anbau

3.1.4.1 Klima

Kokospalmen sind Tropengewächse, sie brauchen eine durchschnittliche Jahrestemperatur von 27 °C, 1200 bis 2000 mm Niederschlag und viel Sonne. Die Temperatur des kältesten Monats sollte nicht unter 20 °C liegen. In Anbaugebieten mit weniger als 1000 mm Niederschlag pro Jahr muss bewässert werden. Kokospalmen vertragen auch ausgedehnte Trockenperioden, allerdings auf Kosten des Ertrags. Sie sind absolute Sonnenpflanzen und vertragen keinen Halbschatten.

3.1.4.2 Anzucht

Neben den hochwüchsigen Kokospalmen gibt es auch zwergwüchsige Zuchtformen (dwarf-Varietäten), die nur 5-6 m hoch werden. Die Zwergform ist allerdings empfindlicher gegenüber Trockenheit und Schädlingen. Es gibt heute auch etliche Hybriden aus der Zwergform und der hochwüchsigen Palme, die zum Teil die guten Eigenschaften beider Spezies in sich vereinigen. Die hochwüchsigen Palmensorten sind heterozygot, während Zwergformen als weitgehend homozygot beschrieben werden. Der Unterschied ergibt sich aus der Fähigkeit letzterer, sich selbst zu befruchten. Bei den hochwüchsigen Palmen werden die männlichen Blüten früher reif als die weiblichen, was die Selbstbefruchtung ausschließt. Hochwertiges Saatgut kann man also nur durch eine Befruchtung von ausgewählten Mutterpflanzen per Hand erhalten. Der Zeitaufwand bei der Züchtung beträgt etwa 12 bis 15 Jahre pro Generation. Die Vermehrung mittels Gewebekultur ist nur im Labor und mit teurer Spezialausrüstung möglich. Heute analysiert man die Genome verschiedener Palmensorten, um gezielte Kreuzungen vornehmen zu können (funktionelle Genomanalyse).

3.1.4.3 Aussaat

Die Aussaat von Kokosfrüchten sollte mit einem Abstand von mindestens 25 x 30 cm vorgenommen werden. Es dauert etwa ein halbes Jahr, bis der Keimling aus dem Samen austritt. Die Saatfrüchte werden mit der schmalen Seite nach unten auf der Seite liegend ausgelegt, so dass das Keimloch oben zu liegen kommt. Man bedeckt die Früchte nicht, sondern umgibt sie nur mit etwas lockerer Erde. Zwischen dem sechsten und dem neunten Monat nach dem Auskeimen besitzen die Jungpflanzen drei bis fünf voll entfaltete Blätter. Dann können sie an ihren endgültigen Standort umgepflanzt werden. Dabei ist zu beachten, dass der Setzling (Abb. 3-3) noch wenig Wurzeln außerhalb seiner Nussschale besitzt und daher fest angetreten werden muss. Als Anbaumethode findet man außer der Gruppenpflanzung (Abb. 3-5) auch häufig Alleesysteme (Abb. 3-6), wobei der Abstand zwischen den Palmen etwa 7 x 7 m betragen sollte.

3.1.4.4 Düngung

Regelmäßige Düngung ist bei Kokospalmen nur auf nährstoffarmen Böden notwendig. Wichtig ist die Versorgung mit Kalium, vor allem auf kalkhaltigen Böden. Bei Kaliummangel werden die älteren Blätter gelb und sterben ab. Untersuchungen haben ergeben, dass Düngung von Jungpflanzen zu früherem Blühen und höheren Erträgen gegenüber ungedüngten Pflanzen führt [3-2]. Kokospalmen sind Salz liebend. Sie benötigen eine ausreichende Menge NaCl (Kochsalz), damit Chlorosen (Ausbleichen der Blätter durch Chlorophyllabbau) vermieden werden. An den Küsten und in Meeresnähe steht meistens ausreichend Chlorid zur Verfügung. Man kann beide Bedürfnisse der Pflanze gleichzeitig durch Düngung mit Kaliumchlorid (KCl) anstelle von Kochsalz befriedigen.

3.1.4.5 Krankheiten und Schädlinge

Palmen gehören zu den monokotylen (einkeimblättrigen) Pflanzen, die sich durch ein einziges apikales Meristem, das „Palmenherz" auszeichnen. Diese Wachstumszone im Vegetationskegel darf nicht durch ein Pathogen oder mechanisch verletzt werden, da die Pflanze dann abstirbt. Durch die fehlenden Kambien in den Leitbündeln, ein Merkmal aller Monokotylen, können Palmen einmal aufgetretene Schäden an ihren Stämmen nicht reparieren. Unter den wichtigsten Schaderregern älterer Palmen sind Pilze der Gattung *Phytophtora* zu finden; diese sind Erreger der so genannten

Abb. 3-5: Eine Gruppenpflanzung von Kokospalmen in der Nähe von Salvador da Bahia (Bahia, Brasilien)

Abb. 3-6: Allee aus Kokospalmen, häufig zu finden an Brasiliens Küsten (Bundesstaat Bahia)

Herzfäule. Kennzeichen für diese Krankheit ist das Absterben der jüngsten Blätter und das Abwerfen der unreifen Früchte, da der Pilz den Vegetationskegel befällt und das Meristem zerstört. Ein Pilz der Gattung *Ganoderma* verursacht die tödliche Stammfäule diverser Palmenarten. Diese wird als die gravierendste Palmenkrankheit in Südost-Asien beschrieben [3-3]. Weitere tödliche Schädlinge sind unter den Flagellaten zu finden, als Beispiel sei hier die Phytomonas-Welke erwähnt. Sie wird von *Phytomonas staheli* ausgelöst und hat in Surinam und Brasilien schon zu regelrechten Epidemien geführt. Diese Flagellaten werden in der Regel von Blatt- oder Erdwanzen übertragen, wobei sie entweder über die Wurzel in den Stamm gelangen oder über die Blätter.

Von den bakteriellen Infektionen ist das „Lethal Yellowing" (tödliche Welke- und Vergilbungskrankheit) besonders gefährlich. Nach dem Auftreten der ersten Symptome sterben die Palmen innerhalb von ein paar Monaten vollständig ab. Junge Blätter und unreife Kokosnüsse werden abgeworfen und Blütenstände färben sich schwarz. Das Verbreitungsgebiet der *Phytoplasmen*, die diese Krankheit verursachen, erstreckt sich bislang über Westindien, Honduras, Mexiko und Florida. *Phytoplasmen* gehören zu den kleinsten bisher gefundenen Bakterien. Sie leben in den Phloemzellen der Leitbündel, in denen sie sich sehr stark vermehren. Das Phloem der Pflanzensprosse besteht aus Leitbahnen, in denen Assimilate transportiert werden. Die *Phytoplasmen* vermehren sich darin so stark, dass die Gefäße verstopfen; es handelt sich also um eine Art pflanzlicher Arteriosklerose [3-4]. Der Erreger wird von einer Zikade (*Myndus crudus*) übertragen. Da es kein effektives Mittel gegen den Erreger gibt, versucht man mit Hilfe der Genomanalyse resistente Sorten zu finden. In diesem Zusammenhang wurde bereits festgestellt, dass sich die Genome der Palmen aus Regionen des Indischen Ozeans deutlich von denen des Pazifiks unterscheiden.

Zu den wichtigsten tierischen Schädlingen gehören Käfer der Gattungen *Oryctes* (Nashornkäfer) und *Rhynchophorus* (Palmbohrer), die die Stämme befressen und den Vegetationskegel somit nachhaltig schädigen können.

Wie wachsen Palmen?
Palmen sind monokotyle (einkeimblättrige) Pflanzen. Sie zeichnen sich durch eine besondere Wachstumsart aus. Anders als dikotyle Bäume, die zunächst in die Höhe schießen und sich dann sekundär verdicken (sekundäres Dickenwachstum), legen Palmen zunächst ihre komplette Breite an und schieben dann das Längenwachstum nach. Grund dafür ist das Fehlen von meristematischen Bereichen im Stamm, d. h. von Gewebeteilen, so genannten Kambien, die durch Zellteilung nach außen und innen weitere Zellen abgeben und dadurch für die Vergrößerung des Stammdurchmessers sorgen. Palmen besitzen nur ein einziges apikales Meristem, den Vegetationskegel an der Spitze des Sprosses, das sich kegelförmig um den Zentralzylinder schließt und für eine starke Ausweitung der primären Sprossachse sorgt. Hierdurch entsteht eine trichterförmige Mulde, in der die Spitze des Vegetationskegels liegt. Am Rande dieses Kraters steht der rosettenförmig angeordnete Blattschopf. Erst nachdem ungefähr die endgültige Stärke des Stammes erreicht ist, erfolgt das Streckungswachstum und hebt den Stamm mit dem Blattschopf als gleichmäßige Säule hoch.

3.1.5 Ernte

Eine Palme wird etwa 100 Jahre alt, in Kultur wird sie aber nur etwa 30 Jahre lang gehalten, da die Ernte sonst zu schwierig und gefährlich wird. Mit ersten Früchten kann man bei hochwüchsigen Palmen vom sechsten bis achten Jahr an rechnen. Eine Palme erbringt durchschnittlich 60 bis 80 Früchte pro Jahr. Die Ernte erfolgt durch Palmkletterer, oder bei niedrigeren Bäumen mit Hilfe von Messern an langen Stangen. In Malaysia werden auch Affen für diese Arbeit abgerichtet. Man kann alle zwei Monate zwei Fruchtstände von einer Palme abschneiden und ernten. Größere Abstände bringen größere Reifeunterschiede in den Früchten.

3.1.6 Nacherntebehandlung

Kokosnüsse können bis zu vier Wochen im Freien gelagert werden; dies ist von Vorteil, da Exo- und Mesokarp sich danach leichter entfernen lassen. Lagert man sie länger, kommt es durch beginnende Keimungsprozesse zur Veränderung des Endosperms. Zur Gewinnung der Kopra wird der Steinkern, nachdem das faserige Mesokarp entfernt ist, halbiert und zum Antrocknen ausgelegt. Das Kokoswasser bleibt bei ausgereiften Kokosfrüchten ungenutzt. Sobald sich das feste Endosperm („Kopra") von der Steinschale lösen lässt, wird es in Stücke zerkleinert und noch weiter getrocknet, bis der Wassergehalt auf [illegible] gesunken ist. Da eine Unterbrechung der Trocknung durch ungünstiges Wetter zu großen Verlusten führen würde (Bakterien- und Pilzbefall), wird die Trocknung weitgehend in beheizten Anlagen durchgeführt.

3.2 Ölpalme, *Elaeis guineensis* JACQ.

3.2.1 Botanik

Der Stamm der Ölpalme entwickelt sich aus dem in den Jugendjahren zunächst gestauchten Spross erst drei bis vier Jahre nach der Keimung. Das Wachstum der monokotylen Palmen zeichnet sich dadurch aus, dass der Spross zunächst durch primäres Dickenwachstum erstarkt, so dass die Form eines Kraters entsteht in dessen Zentrum der Vegetationskegel eingesenkt liegt. Erst später streckt sich der Stamm bis zu einer Höhe von 15 bis 30 m, wobei der jährliche Zuwachs zwischen 20 und 60 cm liegt. Im Alter von 15 Jahren entsteht die typische Schopfform durch Abfallen der unteren Blätter. Der Schopf der Ölpalme besteht aus mindestens 20 bis 30 gefiederten Blättern, die bis zu 7,5 m lang werden. Der Blattstiel trägt bis zu 4 cm lange, kräftige Dornen. Nach etwa zwei Jahren sterben die Blätter jeweils ab und brechen von den Blattbasen herunter, letztere bleiben aber am Stamm und bewirken dessen raues Aussehen (Abb. 3-7).

Die Ölpalme ist monözisch, d. h., ihre Blüten stehen getrenntgeschlechtlich in Ähren und reifen periodisch heran, so dass eine Palme zunächst acht bis zehn männliche und danach acht bis zehn weibliche Infloreszenzen trägt. Selbstbefruchtung wird dadurch ausgeschlossen. Der Blütenstand ist ein zusammengesetzter Kolben (Spadix), auf einer etwa 7 cm dicken Hauptachse; an einer Ähre befinden sich 700 bis 1200 Blüten. Im weiblichen Blütenstand sitzen die Ährchen auf dem Kolben in den Achseln von Deckblättern, die in einem [illegible] Dorn auslaufen. Diese findet man später noch aus dem Fruchtstand herausragend, ein charakteristisches Merkmal für die Bestimmung der Ölpalme (Abb. 3-8).

Die oberständigen Fruchtknoten bestehen aus drei Fruchtblättern mit je drei Samenanlagen, von denen wie bei der Kokospalme aber meistens nur eine windbestäubte (oder insektenbestäubte) Anlage entwickelt wird. Ein einziger Fruchtstand enthält 3000 bis 6000 etwa pflaumengroße Steinfrüchte und kann ein Gewicht von 50 kg erreichen. Eine Frucht besteht aus dem dünnen Exokarp (Schale), dem faserigen, im reifen Zustand orangefarbenen Mesokarp (Fruchtfleisch) das bis zu 70 % Öl enthält und dem Endokarp (Steinschale), das den ovalen Samen einschließt (Abb. 3-7). Dieser enthält ebenfalls bis zu 50 % nutzbares Öl. Es gibt

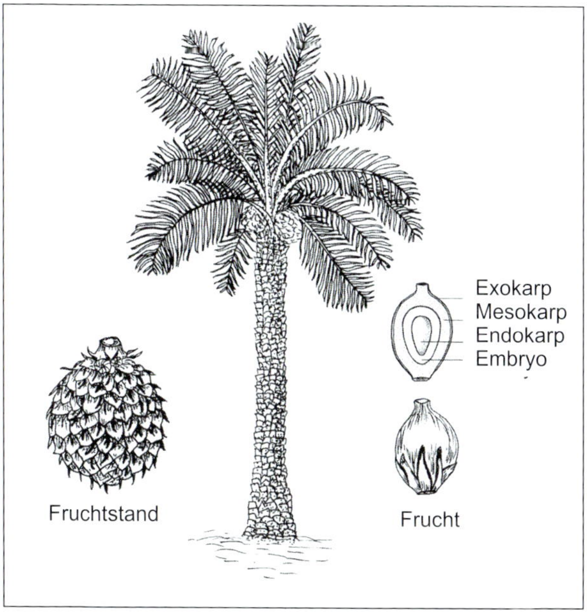

Abb. 3-7: Habitus der Ölpalme; (links) Fruchtbündel, (rechts) Aufbau einer Frucht

Abb. 3-8: Fruchtbündel der Ölpalme mit reifen Früchten

zwei Spezies der Ölpalme: *Elaeis guineenensis* ist in Westafrika heimisch und *E. oleifera* kommt aus dem tropischen Amerika. Die amerikanische Ölpalme (Abb. 3-9) wird kaum kultiviert, wohl aber zur Einkreuzung von Genen, d. h. zur Anzucht von resistenten Hybriden genutzt.

3.2.2 Geschichte und Verbreitung

Die Heimat der Ölpalme liegt im tropischen Regenwaldgürtel von Westafrika. Portugiesische Seefahrer berichteten im 15. Jahrhundert bereits über die Verwendung von Palmöl bei westafrikanischen Eingeborenen, die das Öl durch Kochen der Früchte, Stampfen und anschließendem Auspressen der Masse gewannen. Erst im 16. Jahrhundert wurde die Ölpalme durch den österreichischen Botaniker Nikolaus Joseph Freiherr von Jacquin ausführlich beschrieben. Von ihm erhielt die Palme ihren Namen Elaeis (griechisch elaion = Öl). Zusammen mit den afrikanischen Sklaven gelangten Palmfrüchte auch nach Südamerika, wo sie in den tropischen bis subtropischen Regionen entlang der brasilianischen Atlantikküste gut gedeihen konnten. In Asien wurde die Ölpalme seit der ersten Hälfte des 19. Jahrhunderts zunächst als Zierpflanze in verschiedenen Botanischen Gärten angepflanzt. Großplantagen zur Ölgewinnung gibt es erst seit dem 20. Jahrhundert, seit man die Früchte industriell aufarbeiten kann. In Westafrika begann der Anbau von Ölpalmen 1908, in Indonesien 1911 und in Malaysia 1919.

Abb. 3-9: Ausgewachsene Amerikanische Ölpalme (Elaeis oleifera) an der Küste von Oaxaca, Mexiko

Heute teilen sich Indonesien und Malaysia 80 % der Weltproduktion mit jährlich je 60 bis 70 Mio. t. Palmfrüchten. Afrika stand 2006 an dritter Stelle mit 17 Mio. t, hauptsächlich aus Nigeria. Thailand lieferte 2006 mit 6,5 Mio. t ebenfalls noch einen wesentlichen Beitrag zur Weltproduktion (Tab. 3-2).

Die weltweit stark anwachsende Anzahl an Ölpalmenplantagen (Abb. 3-10) ist ein sehr kontrovers diskutiertes Thema. Auf der einen Seite ist die Ölpalme eine wirtschaftlich wertvolle Nutzpflanze, die Öl als Nahrungsmittel und für technische Zwecke liefert. Ihr Anbau sorgt für wirtschaftlichen Aufschwung in Entwicklungsländern und die Anbindung von nicht erschlossenen Gebieten an die Zivilisation (Straßen, Schulen, Telekommunikation). Auf der anderen Seite trägt der vermehrte Anbau von Ölpalmen zur Abholzung der letzten Regenwälder bei, die wegen ihrer wichtigen Funktion als CO_2- und Wasserspeicher der Erde unbedingt erhalten bleiben müssen. Außerdem ist der mit dem Verschwinden der Wälder einhergehende Biodiversitätsverlust eines der größten Probleme unseres Zeitalters.

Abb. 3-10: Ölpalmenplantage

enthalten und im gepressten Öl noch etwa 65 % davon. Aus den gereinigten und aufgebrochenen Palmkernen gewinnt man Palmkernöl, das bis zu 18 % Ölsäure enthält und als Hauptanteil (40 bis 50 %) Laurinsäure (Tab. 3-3). Sein Schmelzpunkt liegt zwischen 25 und 30 °C. Bei Raumtemperatur liegt es als feste, weiße Masse vor, ähnlich dem Kokosfett. Es ähnelt diesem auch in der Zusammensetzung und ist daher, wie Kokosfett, zur Seifen- und Waschmittelherstellung geeignet. Weiteren technischen Nutzen bringt das Öl in der Eisenverzinnerei und als Gleitmittel in der Textil- und Gummiindustrie.

Plantagen sind keine Wälder!

Wegen des Treibstoffdursts der Industrieländer verschwinden in großem Stil Regenwälder, vor allem in Indonesien. Von 600 000 ha Plantagenfläche im Jahr 1985 ist die Anbaufläche für Ölpalmen im Jahr 2005 auf 5 Mio. ha angewachsen. „Mindestens 26 Millionen weitere Hektar sollen nach dem Willen der indonesischen Regierung in Ölpalm-Monokulturen umgewandelt werden. Diese Fläche entspricht ungefähr der Fläche der noch unberührten Regenwälder des Landes. Auf Sumatra etwa, der zweitgrößten Insel des Archipels, wird nach Angaben der Umweltorganisation Greenpeace pro Stunde eine Waldfläche größer als 300 Fußballfeldern abgeholzt“ (aus: focus.de vom 07.07.08). Die häufig angewendete illegale Brandrodung sorgt dabei für einen zusätzlichen Milliarden Tonnen schweren CO_2-Eintrag in die Atmosphäre.

Man nutzt das Öl aus den Palmfrüchten zur Margarineherstellung und als Speiseöl, im gebleichten Zustand auch zur Herstellung von Kerzen und Seifen. In den letzten Jahren ist der Bedarf an Palmöl für die Herstellung von Biodiesel stark angestiegen. Pressrückstände werden als Kraftfutter für das Vieh verwendet.

Neben den Früchten gewinnt man von der Ölpalme auch Blattfasern („vegetabiles Rosshaar“), die durch eine hohe Elastizität gekennzeichnet sind und daher als Polstermaterial für Möbel und Matratzen sowie in der Seilerei und Korbflechterei genutzt werden. Palmwein gewinnt man durch Vergären von Phloemsaft aus unreifen männlichen Blütenständen, die seitlich angeschnitten werden, damit der Saft austritt.

3.2.3 Inhaltsstoffe und Verwendung

Palmöl ist durch Carotinoide gelb bis orangerot gefärbt und liegt bei Raumtemperatur als festes, gelbliches Fett (Abb. 3-11) vor, da sein Schmelzpunkt zwischen 30 und 37 °C liegt. Die mit den Glyceriden veresterten Fettsäuren setzen sich bis zu 48 % aus Ölsäure und zwischen 30 und 40 % aus Palmitinsäure zusammen; der Rest ist Linolsäure, Stearinsäure und Myristinsäure (vgl. Tab. 3-3). Da das Palmfruchtöl sehr reich an β-Carotin ist, kann es zur Supplementierung von Vitamin A genutzt werden. In den reifen Früchten ist 42 μg β-Carotin pro 100 g Frucht

Abb. 3-11: Palmöl im flüssigen Zustand (links) und bei Raumtemperatur (rechts, fest)

Abb. 3-12: Ölpalmenanzucht

Abb. 3-13: Beregnung der jungen Ölpalmen

Abb. 3-14: Selangor, Malaysia – Plantage und Ölmühle

Abb. 3-15: Ausgedehnte Ölpalmenplantagen verdrängen den Regenwald und gefährden die Tier- und Pflanzenwelt.

Abb. 3-16: Fruchtstände der Ölpalme

Abb. 3-17: Ölpalmernte – die Früchte sind etwa 5,5 bis 9 Monate nach der Bestäubung reif.

Abb. 3-18: Der Ölgehalt ist dann am höchsten, wenn sich die ersten Früchte vom Fruchtverband ablösen. Dies ist auch der Erntezeitpunkt

Abb. 3-19: Die bis zu 30 Meter hohe Palme produziert Fruchtstände mit einem Gewicht von bis zu 50 Kilogramm, die mehrere Tausend Früchte enthalten.

Abb. 3-20: Die Früchte sind schnell verderblich und müssen daher sofort nach der Ernte verarbeitet werden.

Abb. 3-21: Anlage zu Herstellung von Biodiesel (Methylester) aus Palmöl.

Abb. 3-22: Querschnitt einer Palmfrucht (Steinfrucht) – das durch einen hohen Carotingehalt orangefarbige Fruchtfleisch liefert das Palmöl , der Samen das Palmkernöl.

Abb. 3-23: Export von Palmöl und -produkten mit dem Tankschiff in die ganze Welt.

3.2.4 Anbau

3.2.4.1 Klima

Die Ölpalme ist eine Tropenpflanze, die für ihr optimales Gedeihen eine mittlere Temperatur von 24 bis 28 °C braucht; unter 15 °C stagniert ihr Wachstum. Das Hauptanbaugebiet befindet sich in der Region des tropischen Regenwaldes beiderseits des Äquators. Der Wasserbedarf liegt bei etwa 100 mm pro Monat, wobei es maximal 4 trockene Monate geben darf. In Bezug auf den Boden und das Licht ist die Ölpalme anspruchsvoll: Sie benötigt tiefgründige, humus- und nährstoffreiche Böden und mindestens fünf Stunden Sonnenschein pro Tag. Der pH-Wert des Bodens ist dagegen nicht so wichtig, die Palme wächst bei niedrigem und hohem Boden-pH-Wert, auch gelegentliche Überflutung schadet ihr nicht.

3.2.4.2 Anzucht

Die Afrikanische Ölpalme ist monözisch und nicht selbstbestäubend, daher sind die entstehenden Jungpflanzen heterozygot und es ist nicht einfach, Palmen mit gleichbleibenden Eigenschaften zu gewinnen. Eine Gruppierung der Ölpalme wird häufig nach der Farbe und den Eigenschaften ihrer Früchte vorgenommen: es gibt orangefarbene Früchte mit kleinen Kernen und hohem Ölgehalt im Mesokarp und rote oder schwarze Früchte mit großen Kernen und weniger Fruchtfleisch (also gewinnt man aus diesen größere Mengen Palmkernöl). Duke [3-5] beschreibt drei Varietäten: Dura mit 2 bis 8 mm starker Schale (Endokarp), großen Kernen und 35 bis 55 % Fruchtfleischanteil, Tenera mit 0,5 bis 3 mm starker Schale, mittlerer Kerngröße und 60 bis 95 % Fruchtfleischanteil und Pisifera ohne Endokarp mit fast 100 % Fruchtfleischanteil und ganz kleinen Kernen. Tenera ist eine Hybride aus *Dura x Pisifera* und in Bezug auf die Dicke der Steinschale heterozygot. Am weitesten verbreitet sind die Dura-Palmen mit durch Anthocyane violett bis schwarz gefärbten Früchten (*Dura nigrescens* und *Tenera nigrescens*).

3.2.4.3 Aussaat

Die Samen müssen vor der Aussaat vom Exo- und Mesokarp befreit werden, weil die Keimrate unter natürlichen Bedingungen extrem gering und die Keimperiode unterschiedlich lang ist. Die Entfernung der äußeren Schichten geschieht entweder maschinell oder durch Verrotten in Wasserbecken. Das Keimpflanzenstadium umfasst einen Zeitraum von etwa zwei Monaten, erst dann werden die ausgekeimten Palmpflänzchen ins Feld gepflanzt. In diesem Stadium ist die erste primäre Wurzel erschienen und das sechste Blatt ausgebildet. Bis zum siebten Blatt sind die Laubblätter der Ölpalme lanzettlich geformt, danach wird eine Anzahl Blätter mit gespaltener Spitze produziert und erst die darauf folgenden sind gefiedert, dann ist die junge Palme 6 bis 8 Jahre alt.

3.2.4.4 Düngung

Die Palmsetzlinge sollen möglichst mit einem Ballen Erde verpflanzt werden. Auf die Baumscheiben der frisch gepflanzten, etwa 18 Monate alten Palmsetzlinge streut man ringförmig Dünger aus. Dieser kann je nach Bodenbeschaffenheit aus Ammoniumsulfat und Kaliumchlorid in bestimmten Anteilen bestehen. Duke [3-5] gibt die Gabe von 227 g pro Palme bei der Pflanzung an. Wenn der Boden magnesiumarm ist, muss auch ein Magnesiumsalz oder Kieserit zugegeben werden. In vielen Gebieten werden Ölpalmen in Mischkultur mit Nahrungspflanzen wie Mais, Yams, Bananen, Maniok oder Cocoyam angebaut. Die Gründüngung mit einer Mischung aus Stickstoff bindenden Leguminosen vor der Bepflanzung mit Ölpalm-Setzlingen verhindert die häufig zu beobachtende Chlorose junger Palmen. Wenn dieses nicht erfolgt ist, sollte man mineralischen Stickstoffdünger zugeben.

3.2.4.5 Krankheiten und Schädlinge

Wie bei den Kokospalmen, werden auch Ölpalmen von zahlreichen Pilzen befallen, die Blattwelke und/oder Stammfäule hervorrufen können. Genannt werden sollen hier *Phytium splendens* und *Rhizoctonia lamellifera*, die Mehltau hervorrufen, *Cercospora elaeidis*, der eine Blattfleckenkrankheit verursacht, die besonders für Jungpalmen schädlich ist. Eine ernsthafte Blattfleckenkrankheit, bei der zunächst kleine Flecken mit grauen Zentren entstehen, die später zusammenfließen und große, vertrocknete Blattstellen hinterlassen, wird Anthraknose genannt. Diese tritt in verschiedenen Formen auf und man kennt mindestens drei verschiedene Erreger (*Botryodiplodia palmarum*, *Melanconium elaeidis* und *Glomerella cingulata*).

Darüber hinaus sind Viroide (virusähnliche Einheiten mit kleinen, zirkulären RNS-Molekülen) bekannt geworden, die die Proteinbiosynthese stören. Sie sind hauptsächlich in wärmeren Gegenden verbreitet und machen sich als Erreger der Cadang-Cadang-Krankheit der Palmen (Kokospalme und Ölpalme) einen Namen.

Das Bakterium *Erwinia sp.* richtete im Kongo beträchtlichen wirtschaftlichen Schaden an; es verursacht Spross- und Knospenfäule und kann ganze Plantagen vernichten.

Auch zahlreiche tierische Schädlinge sind bekannt: Zu den häufigen Schädlingen in Lateinamerika zählen Nematoden (z. B. *Aphelenchus avenae*, *Helicotylenchus* spp., *Meloidogyne* spp.), die die Wurzeln und den Stamm schädigen, Nashornkäfer (*Oryctes* sp.), Palmbohrer (*Rhynchophorus ferrugineus* in Asien und *R. palmarum* in Lateinamerika) schädigen die Palmen durch ihre Larven, vor allem, wenn sie sich vom zarten Gewebe der Vegetationskegel ernähren.

3.2.4.6 Ernte

Schon im dritten bis vierten Jahr nach dem Auspflanzen bringen Ölpalmen die ersten Früchte; die Erträge steigern sich etwa bis zum zwölften Jahr, danach kann man zehn Jahre lang volle Erträge erwarten. Die Fruchtstände erntet man von Hand mit Hilfe eines speziellen Messers oder Beils, bei hohen Palmen von einer Ernteplattform aus. Man kann alle zwei bis drei Wochen ein Palmfruchtbündel ernten. Die Anzahl der Bündel pro Jahr variiert von 5 bis 15, die Anzahl der Früchte in einem Bündel ist abhängig vom Alter der Palme.

3.2.4.7 Nacherntebehandlung

Palmfrüchte kann man nicht lagern, da das im Fruchtfleisch vorhandene Enzym Lipase schon kurze Zeit nach der Ernte freie Fettsäuren von den Triglyceriden abspaltet. Daher werden die Früchte zunächst mit heißem Dampf sterilisiert, wobei die Lipase zerstört wird, und anschließend sofort verarbeitet. Mit zunehmender Konzentration an freien Fettsäuren nimmt die Qualität des Palmöls ab. Ab einem Anteil von 5 % an freien Fettsäuren ist das Öl nur noch für technische Zwecke verwendbar.

3.3 Ölbaum, Olivenbaum, *Olea europaea* L.

3.3.1 Botanik

Der immergrüne Olivenbaum charakterisiert die mediterranen Landschaften Europas seit dem Altertum. Unter optimalen Bedingungen wird er etwa 18 m hoch und erreicht einen Kronendurchmesser von 20 m, wird aber in Kultur auf einer Höhe von etwa 8 m gehalten, um Pflege und Ernte zu erleichtern. Olivenbäume werden mehrere hundert Jahre alt, wobei der Stamm beträchtliche Ausmaße annehmen kann (Abb. 3-24). Nur in jungen Jahren ist der Stamm rund und glatt, später erscheint er häufig knorrig mit Auswüchsen (Protuberanzen) oder gespalten. Die xeromorphen Blätter sind schmalelliptisch, 6 bis 8 cm lang und stehen gegenständig

Abb. 3-24: Alter Olivenbaum auf der griechischen Insel Zakinthos

Abb. 3-25: Blütenstände des Ölbaumes

an den Zweigen. Die Oberseite ist grün-grau, während die Unterseite durch Behaarung silbrig-weiß wirkt. Seiten- und Blütentriebe werden in Knospen in den Blattachseln angelegt. Die Differenzierung dieser Knospen erfolgt erst nach einem ausreichenden Kältereiz. Je nach Sorte und Standort erfahren die Pflanzen diesen Reiz zwischen 6 und 15 °C. Im nördlichen Mittelmeerraum öffnen sich die sehr kleinen, vierzähligen, gelblich-weißen Blüten Anfang Juni, in südlicheren Gebieten bereits im März. Die Blüten stehen an traubigen Blütenständen in den Blattachseln (Abb. 3-25) und enthalten zwei miteinander verwachsene Fruchtblätter, die einen oberständigen Fruchtknoten mit vier Samenanlagen bilden. Jede Blüte enthält zwei Staubblätter. In der Regel entwickelt sich nach der Bestäubung nur ein Same in einer Steinfrucht. Reife Oliven sind schwarz und von sehr unterschiedlicher Größe. Oliven werden auch im unreifen, grünen Zustand gepflückt und verarbeitet (Abb. 3-26).

Abb. 3-26: Fast reife, noch grüne Oliven

3.3.2 Geschichte und Verbreitung

Der Ölbaum wurde in Palästina und Griechenland schon 3000 Jahre vor Christi Geburt kultiviert. Bei den Griechen war er heilig, er galt als Symbol des Friedens. Bei den Olympischen Spielen des Altertums wurde dem Sieger ein Kranz aus Ölzweigen aufgesetzt. Plinius d. Ä. schrieb: „Zwei Flüssigkeiten gibt es, die dem menschlichen Körper angenehm sind, innerlich der Wein, äußerlich das Öl, beide von Bäumen kommend.“ Auch den Alten Ägyptern und Römern war der Ölbaum ein Begriff. In der Bibel gibt es zahlreiche Hinweise auf den Baum und seine Erzeugnisse, was vermuten lässt, dass der Ursprung des kultivierten Olivenbaumes in Syrien zu suchen ist. Im 6. Jahrhundert v. Chr. kam der Olivenbaum nach Italien. Der Ölzweig war das Symbol des Friedens, und Besiegte, die um Frieden baten, trugen Ölzweige in den Händen. Die Römer besaßen Ölpressen aus Stein, die aus einem Trog und zwei Mahlsteinen bestanden. Mit ihren gewölbten Außenflächen und den glatten Innenflächen passten die Mahlsteine exakt in die Höhlung des Troges. Mit Hilfe der Querstange konnten beide Mahlsteine um die Mittelachse eines Zapfens gedreht werden. In Abbildung 3-27 ist eine ähnliche antike Ölpresse aus Israel gezeigt.

Heute findet man den Ölbaum weltweit, auch in Australien und Südafrika. Spanien, Italien und Griechenland sind aber immer noch die Hauptanbauländer (Tab. 3-4). Insgesamt bringt Europa 65 % der Welternte an Oliven ein. Außerhalb Europas sind Syrien, die Türkei und Tunesien die größten Olivenöl- und Olivenproduzenten. Der Olivenanbau ist hier die wichtigste Lebensgrundlage vieler Menschen.

3.3.3 Inhaltsstoffe und Verwendung

Die Steinfrüchte des Ölbaumes enthalten in ihrem Mesokarp fettes Öl, das zu einem wertvollen Speiseöl verarbeitet wird. Das grünliche Olivenöl

Abb. 3-27: Antike Ölmühle (am See Genezareth, Israel)

erstarrt bei Temperaturen unter 10 °C. Der Hauptbestandteil der Fettsäuren ist Ölsäure (etwa 70 %), daneben sind bis zu 15 % Palmitinsäure und bis zu 12 % Linolsäure enthalten. Für die grüne Farbe des kalt gepressten Öls der ersten Pressung (etwa 75 %) ist das Chlorophyll verantwortlich. Diese Charge wird nach der Klärung als roh zu genießendes Speiseöl für Salate oder zum Einlegen von Gemüse und Käse genutzt. Der Rückstand wird ein zweites Mal gemahlen und ergibt unter stärkerem Druck und Anheben der Temperatur weitere 10 bis 15 % Öl, das ebenfalls noch als Speiseöl verwendet werden kann. Der Rest, der nur im heißen Zustand aus der Masse gepresst oder chemisch extrahiert wird, kann noch zu technischen Zwecken oder zur Seifenherstellung genutzt werden.

3.3.4 Anbau

3.3.4.1 Klima

Der Ölbaum bevorzugt ein ausgeglichenes Klima in Meeresnähe, er verträgt keinen Frost. Temperaturen unter 0 °C schaden ihm zunächst an den Blättern und abhängig von der Dauer dann auch an Ästen und Stamm. Der Jahresmittelwert sollte zwischen 15 und 20 °C liegen, wobei viel Sonne und geringe Luftfeuchtigkeit den Ölgehalt der Früchte fördern. Der Ölbaum stellt einen relativ geringen Anspruch an den Boden, das weitläufige Wurzelnetz kann sich allerdings in tiefgründigen, durchlässigen Böden am besten entwickeln. Der Wasserbedarf ist ebenfalls nicht hoch, durchschnittliche Niederschlagsmengen von 500 mm jährlich reichen aus, bei weniger Niederschlag muss man die Bäume regelmäßig bewässern.

3.3.4.2 Anzucht

Der Ölbaum ist selbststeril und daher ausgeprägt heterozygot. Die lange Kulturzeit hat zu zahlreichen Variationen geführt. Man vermehrt ertragreiche Sorten vegetativ, d. h. durch Stecklinge, Stammstücke oder Abrisse (Schösslinge, die sich am Boden in Stammnähe entwickeln). Die-

Tab. 3-4: Weltweite Produktion von Oliven von 1970 bis 2006 (in 1000 t, nach FAO 2007)

Land	1970	1980	1990	2000	2006
Spanien	2100	2255	3369	4944	5032
Italien	2121	3491	913	2821	3424
Griechenland	992	1746	1004	2502	2661
Türkei	681	1350	1100	1800	1600
Tunesien	455	725	825	550	1000
Marokko	160	267	396	400	750
Syrien	85	392	461	866	501
Algerien	138	103	178	217	365
Ägypten	7	4	42	282	310
Portugal	454	236	198	260	276
Libanon	44	80	62	189	90
West Bank	15	120	144	0	–
Europa				10616	11493
Welt	7553	11342	9172	15601	16926

se Vermehrung ist beim Ölbaum sehr leicht, weil die starke Tätigkeit der Kambien, die schon zu den Auswüchsen und Protuberanzen am Stamm führt (s. o.), dafür sorgt, dass fast jeder Pflanzenteil sprossbürtige Wurzeln und Triebe entwickelt. Man erstellt entweder Grünstecklinge aus jungen, halbverholzten Trieben oder Vertikal- und Horizontalstecklinge, die aus älteren Zweigen oder Holzauswüchsen der Mutterpflanze geschnitten werden. Grünstecklinge können nach sieben Monaten ausgepflanzt werden und Holzstecklinge nach etwa einem Jahr.

Ölbäume müssen regelmäßig nach der Ernte beschnitten werden, damit die Stammhöhe begrenzt wird und die Krone nicht mehr als drei bis vier Leitäste enthält.

3.3.4.3 Aussaat

Die zur Veredelung benötigten Sämlinge werden in Baumschulen angezogen. Dazu wird das Fruchtfleisch entfernt und der Same einige Tage in frisches Wasser gelegt. Trotzdem liegt die Keimfähigkeit nur bei etwa 20 %, da die Samen eine Keimruhe von bis zu drei Jahren haben.

3.3.4.4 Düngung

Da der Olivenbaum salztolerant ist, kann mineralischer Dünger verwendet werden. Angaben über die Mineralienzufuhr in der Literatur weisen große Unterschiede auf, ein Grund hierfür ist sicher die sehr verschiedene Standweite in den Plantagen. Sehr ertragreiche Sorten benötigen im Übrigen mehr Nährstoffe als schwächer tragende Sorten. Ölbäume benötigen viel Kalium, dem man durch die Gabe von 400 bis 800 g Kaliumsulfat pro Baum und Jahr Rechnung tragen kann. Außerdem wird häufig Ammoniumsulfat neben einem Phosphatdünger gegeben. Bormangel führt zu missgebildeten Früchten [3-6].

3.3.4.5 Krankheiten und Schädlinge

Es gibt zahlreiche Krankheiten und Schädlinge des Olivenbaumes. Im Vordergrund stehen tierische Schädlinge, z. B. die Olivenfliege und die Olivenmotte, die die fruchttragenden Bäume befallen. *Bactocera oleae*, die Olivenfliege, legt ihre Eier in das Mesokarp der Früchte. Die ausgeschlüpften Maden fressen sich durch das Mesokarp und machen die Früchte ungenießbar. Sofern die Früchte noch verwendbar sind, besitzen sie eine verminderte Ölqualität und Ölmenge. Ähnliches gilt für die Raupen der Olivenmotte (*Prays oleae*), die sich zusätzlich noch durch die Blätter fressen und so den Baum nachhaltiger schädigen. Weitere Schädlinge in älteren Plantagen sind der Ölbaumborkenkäfer (*Phloeotribus scarabaeoides*) und die Olivengallmücke (*Dasyneura oleae*), letztere führt unter anderem zu missgebildeten Früchten. Zu den Saft saugenden Insekten, die vor allem junge Pflanzen schädigen, gehören z. B. die Schwarze Olivenschildlaus (*Sassieta oleae*) und die Graue Olivenschildlaus (*Parlatoria oleae*).

Zahlreiche Pilze können Wurzeln und Blätter schädigen, so z. B. der die Augenfleckenkrankheit der Blätter hervorrufende Pilz *Cyclosporium oleaginum* oder der Wurzelfäule hervorrufende *Ascomycet Rosellina necatrix*.

Abb. 3-28: Olivenernte von Hand (Italien)

Abb. 3-29: Plantage mit ausgelegten Netzen (Italien)

Abb. 3-30: Moderne Ölpresse mit Filterscheiben (Fiscoli); der Olivenbrei wird auf die Scheiben aufgetragen, diese gestapelt und mit einem Druck von 400 bar langsam zusammengepresst.

Abb. 3-31: Moderne Ölmühle (Italien): die Oliven werden mit den Steinen vermahlen

3.3.4.6 Ernte

Olivenbäume tragen nicht gleichmäßig. Durchschnittlich bringt ein Baum 20 bis 30 kg Früchte, Spitzenerträge können aber viel höher ausfallen. Nach einem Jahr mit hohem Ertrag folgt meistens eines mit geringem Fruchtansatz. Man kann bereits im dritten bis fünften Jahr Oliven ernten, höchste Erträge gibt es allerdings erst nach etwa 20 Jahren. Die Ernte der Oliven für die Ölgewinnung erfolgt kurz vor der Vollreife, wenn der Ölgehalt am höchsten ist, d. h., bevor die Oliven gleichmäßig schwarz geworden sind. Die Ernte- [illegible] Oliven für gutes Olivenöl werden nach wie vor von Hand geerntet (Abb. 3-28). Daneben gibt es Baumrüttler, Vibratoren und Absauger, die die Olivenernte erleichtern. Manche Olivenbauern begnügen sich mit dem Auflesen der abgefallenen Früchte. Hierzu werden feinmaschige Netze unter den Bäumen aufgespannt oder ausgelegt, wodurch die Früchte nicht mit Erde verunreinigt werden (Abb. 3-29).

3.3.4.7 Nacherntebehandlung

Eingesammelte Früchte werden vor der Verarbeitung gewaschen. Lagerung ist nur für kurze Zeit und in dünnen Schichten möglich. Die Ölgewinnung sollte spätestens 12 Stunden nach der Ernte beginnen, da die Qualität des Öles durch enzymatische Prozesse in den Oliven sehr schnell abnimmt. Dem Auspressen in hydraulischen Pressen (Abb. 3-30) geht der Mahlvorgang (Abb. 3-31) voran. Etwa 10% der Welt- Olivenernte werden zu grünen oder schwarzen Tafeloliven verarbeitet. Grüne, unreife Oliven müssen von Bitterstoffen befreit werden. Dazu legt man sie in periodisch erneuerte Salzlösung ein.

3.4 Sesam, *Sesamum indicum*, L.

3.4.1 Botanik

Sesam ist eine einjährige krautige Pflanze mit vierkantigem Stängel, der bis zu 2 m hoch werden kann. Es gibt verzweigte und unverzweigte Pflanzen. Bei 30 Arten und zahlreiche Varietäten des Sesams variieren die morphologischen Angaben entsprechend. Die Pflanze ist im oberen Teil an Stängel, Blättern und Blüten behaart. Die Blätter können ganzrandig, gezähnt, gelappt oder einfach lanzettlich sein. Sie stehen am unteren Teil der

Stängel gegenständig und am oberen wechselständig angeordnet. Insgesamt wird die Pflanze in ihrer Wuchsform sehr stark von den Klimaverhältnissen beeinflusst und ist im Blatt- und Sprossaufbau sehr heteromorph. Sesam besitzt eine tiefgehende, kräftige Pfahlwurzel und ist deshalb relativ trockenresistent. Den oberen Blattachseln entspringen rötliche oder weiße, zygomorphe Blüten mit langer Kronröhre (Abb. 3-32) mit geteilter Oberlippe und einfacher Unterlippe. Diese bilden 2 bis 3 cm lange, bräunliche, zweifächrige Kapseln (Abb. 3-33) aus, in denen sich zahlreiche gelbliche, flache, 1,5 bis 4 mm lange Samen befinden.

3.4.2 Verbreitung

Bei den Alten Griechen hieß der Sesam Sesamon, Theophrast (371 bis 287 v.Chr.) und Dioscorides (ca. 40 bis 90 n.Chr.) berichten übereinstimmend, dass Sesam in Ägypten angebaut wird. In einem ägyptischen Text aus dem 15. Jahrhundert v.Chr. wurde der Name „semsem" gefunden, was die Meinung unterstützte, Sesam sei afrikanischen Ursprungs. Das wundert nicht weiter, denn von elf bekannten Arten sind neun afrikanisch und zwei indisch. Heute ist man der Auffassung, dass Sesam aus dem Sommerregengebiet des tropischen Afrika stammt. Aus Indien und China, wohin der Sesam schon sehr früh gelangte, kam er über Vorderasien nach Südeuropa und Nordafrika. Heute wird Sesam in den Tropen und Subtropen der ganzen Welt angebaut, auch in Mittelamerika, z. B. in Mexiko. Selbst in Europa gibt es Anbauflächen mit Sesam, hauptsächlich in Griechenland. Allerdings ist der Anbau stark rückläufig (2004 noch 297 ha, davon 100 ha in Griechenland). In Asien wurde 2004 eine Fläche von 4,4 Mio. ha mit Sesam abgeerntet, in Afrika waren es 2,7 Mio. ha und in Zentral- und Südamerika etwa 388 000 ha (vgl. Tab. 3-5). 2005 wurden weltweit 3,3 Mio. t Sesamsamen produziert.

Abb. 3-32: Sesampflanze mit Blüten und unreifen Kapseln im Gewächshaus

3.4.3 Inhaltsstoffe und Verwendung

Die Samen des Sesams enthalten bis zu 53 % fettes Öl, das durch Pressen gewonnen wird. Das Öl ist sehr haltbar, da es die antioxidativ wirkenden Lignane Sesamin und Sesamolin enthält. Das hellgelbe, nicht trocknende Öl wird in drei Stufen gewonnen: Die erste, kalte Pressung ergibt ein sehr schmackhaftes und wertvolles Speiseöl, das gerne als Salatöl verwendet wird. In der zweiten Pressung wird durch den erhöhten Druck auch die Temperatur des Pressgutes erhöht, wodurch man ein dunkleres Öl mit scharfem Geschmack erhält, das man vor der Verwendung als Speiseöl speziell aufbereiten muss. Das Öl aus der dritten und letzten Pressung wird ausschließlich für technische Zwecke genutzt. Sesamöl enthält einen großen Anteil an Linol- und Ölsäure (Tab. 3-6).

Abb. 3-33: Sesamkapseln

Häufiger als zur Ölgewinnung wird der Sesamsame direkt als Nahrungsmittel verwendet. In den traditionellen Anbaugebieten nutzt man den Samen zerstoßen zu Breien und Suppen oder mit Honig, Zucker und Gewürzen zu Süßigkeiten verarbeitet. In Europa wird Sesamsamen geschält oder ungeschält und manchmal geröstet angeboten und häufig als Backzutat verwendet (Abb. 3-34).

3.4.4 Anbau

3.4.4.1 Klima

Sesam braucht viel Wärme und einen nicht zu schweren Boden, am besten einen sandigen Lehmboden oder lehmigen Sandboden [3-7]. Die Pflanze ist relativ unempfindlich gegen Trockenheit aber sehr empfindlich gegenüber Kälte. Bei Temperaturen unter 18 °C keimen die Samen nicht aus. Niedrige Temperaturen zur Blütezeit bewirken den Abwurf von Blüten und die Sterilität der Pollen. In warmgemäßigten Gebieten können daher nur Sorten angebaut werden, die frühestens einen Monat [illegible] und schon vor den ersten Frösten geerntet werden.

3.4.4.2 Anzucht

Sesam entwickelt sich innerhalb von nur drei bis vier Monaten. Die weißen Varietäten werden in

Tab. 3-5: Weltweiter Anbau von Sesam von 1980 bis 2004 (abgeerntete Flächen) (in ha, nach FAO 2008)

Kontinent (Staat)	1980	1990	2000	2004
Afrika	1 464 741	1 153 705	2 984 686	2 762 271
Sudan	846 041	463 740	2 006 340	1 660 000
Nigeria	135 000	110 000	151 000	165 000
Äthiopien	63 000	59 000	49 190	125 250
Tansania	55 000	84 000	106 000	105 000
Tschad	32 000	35 852	102 237	95 000
Somalia	83 000	100 000	60 000	63 000
Uganda	45 000	84 819	50 900	43 000
Burkina Faso	38 469	19 600	24 587	24 913
Asien	4 329 924	4 639 622	4 047 221	4 406 834
Indien	2 471 900	2 515 500	1 720 000	1 850 000
Myanmar	630 724	924 546	964 000	1 370 000
China	776 763	669 388	785 433	650 787
Bangladesh	90 000	83 088	80 000	79 000
Pakistan	44 078	52 863	101 000	66 000
Thailand	39 200	58 400	62 720	63 680
Türkei	45 000	84 819	50 900	43 000
Südamerika und Karibik	449 891	338 656	245 859	257 533
Venezuela	90 149	98 177	48 704	43 150
Paraguay	0	0	8825	40 000
Brasilien	5000	20 000	24 000	24 000
Kolumbien	24 200	12 450	6398	4051
Zentralamerika	315 399	193 269	144 007	131 716
Guatemala	13 990	30 940	52 500	56 000
Mexiko	263 999	110 432	69 702	55 600
Nicaragua	20 283	27 090	11 295	16 281
El Salvador	13 077	22 378	8400	2170
Europa	5127	541	168	297
Griechenland	4700	378	141	100
Welt	6 250 183	6 132 624	7 277 934	7 426 935

Tab. 3-6: Fettsäurezusammensetzung der Glyceride von Sesam- und Erdnussöl (Fettsäuren in %, nach Souci et al. 1994 [3-12])

Fettsäure	Sesam	Erdnuss
Arachinsäure 20:0	0,50	1,4 – 4,7
Behensäure 22:0	–	2,9
Eicosensäure 20:1()	–	0,3 – 2,4
Lignocerinsäure 24:0	–	1,4
Linolensäure 18:3(9,12,15)	0,0 – 1,9	0,0 – 1,3
Linolsäure 18:2 (9,12)	32,0 – 56,0	11,7 – 45,9
Myristinsäure 14:0	–	0,0 – 0,47
Ölsäure 18:1 (9)	31,4 – 51,4	31,2 – 64,2
Palmitinsäure 16:0	6,7 – 14,3	5,7 – 16,4
Palmitoleinsäure 16:1 (9)	–	0,0 – 1,0
Stearinsäure 18:0	4,0 – 5,0	1,1 – 6,2

Vorderindien im Mai gesät und können gegen Ende August bereits geerntet werden. Einige Sesam-Kulturarten sind Kurztagssorten. Diese werden vor allem in Indien angebaut. Durch die zahlreichen Sorten in den verschiedenen Klimabereichen ist ein Probeanbau einer neuen Sorte empfehlenswert. Der Boden muss sehr sorgfältig bearbeitet werden. Für die Anzucht in trockenen Gebieten empfiehlt sich eine ausreichende Bewässerung des Bodens schon vor der Aussaat. Während der Blüte und kurz vorher ist der Wasserbedarf am höchsten. Heftiger Platzregen zur Blütezeit verringert allerdings den Ertrag deutlich.

3.4.4.3 Aussaat

In einigen Ländern im vorderen Orient wird Sesam noch beim Pflügen mit einem Holzpflug ausgesät, wie schon vor Urzeiten. Wichtig ist, dass 30 bis 60 cm Abstand zwischen den Reihen eingehalten wird und dass der Same auf möglichst feinkrümeligen Boden fällt und nicht zu tief unter die Erde gerät. Man rechnet mit einer Saatstärke von 2 bis 5 kg/ha, wenn in Reihen ausgesät wird. Der Boden muss zwar feucht sein zum Auskeimen, aber Zeiten mit heftigen Regenfällen sollen vermieden werden, da die winzigen Samen leicht fortgeschwemmt werden. Die jungen Pflänzchen werden später auf eine Standweite von etwa 10 cm pikiert.

Abb. 3-35: Sesamsamen

3.4.4.4 Düngung

Sesam braucht einen gut gedüngten und möglichst kalkhaltigen Boden. Stickstoffgaben werden erst verabreicht, wenn die Pflanzen etwa 20 cm hoch sind. Phosphat ist für einen hohen Ertrag wichtig; Weiss [3-8] empfiehlt 35 kg Phosphat pro Hektar.

3.4.4.5 Krankheiten und Schädlinge

Auch die Sesampflanze ist zahlreichen Schädlingen ausgesetzt. Schon der Keimling kann von Pilzen befallen werden, die bereits mit dem Saatgut eingeschleppt werden. Hierzu zählen verschiedene Aspergillus-Arten (*A. sesami, A. niger, A. flavus*) und *Macrophomina phaseolina*. Der Letztgenannte bewirkt Stängelfäule und Welke auch an bereits kräftigeren Pflanzen. Tierische Schädlinge sind Heuschrecken, die Kahlfraß verursachen können und saugende Insekten wie Blattläuse und diverse Blattwanzen, je nach Region. Ein weltweit verbreiteter Schädling ist der Sesamwickler *Antigastra catalaunalis*. Seine Raupen spinnen die Blätter der Gipfelregion zusammen und bohren sich in die Kapseln ein.

3.4.4.6 Ernte

Die Kapseln einer Sesampflanze reifen zu unterschiedlichen Zeiten, was die Ernte erschwert. Grundsätzlich erntet man die Pflanzen im unreifen Zustand, da die Kapseln bei der Reife aufspringen und ihren Samen verlieren, weshalb die Ernte meistens von Hand erfolgt. Zum Trocknen werden die Pflanzen dann in Bündeln auf dem Feld aufgestellt und an-

Abb. 3-35: Sesam dreschen

schließend über Tüchern ausgeschüttelt. Man kann sie auch gleich senkrecht über Tüchern aufhängen. Das Ausschütteln muss in zeitlichem Abstand mehrmals wiederholt werden, bis sich die letzten Kapseln geöffnet haben. Mittlerweile gibt es auch Sorten, die sich mit einem Mähdrescher ernten lassen (Schließsesam), diese sind aber nicht so ertragreich.

3.4.4.7 Nacherntebehandlung

Den Samen des Schließsesam kann man mit Hilfe von Dreschmaschinen aus seinen Kapseln befreien. Meistens wird aber von Hand gedroschen. Die getrockneten Pflanzenbündel werden mit den Kapseln nach unten über Decken oder Planen gehalten und mit Knüppeln geschlagen (Abb. 3-35). Anschließend wird das Erntegut mehrfach durch Siebe verschiedener Maschenweite gesiebt. Zur Gewinnung von Öl müssen die Samen frisch verarbeitet werden. Der Presskuchen wird wegen seines hohen Proteingehalts als Viehfutter verwendet. Für die menschliche Ernährung müssen die Samenschalen allerdings zuerst entfernt werden, denn sie enthalten einen hohen Anteil an Oxalsäure und Bitterstoffen. Anschließend kann man ein schmackhaftes Sesammehl aus dem ölfreien Presskuchen herstellen.

3.5 Erdnuss, *Arachis hypogaea* L.

3.5.1 Botanik

Es handelt sich bei der Erdnuss um eine zu den Leguminosen zählende einjährige, krautige Pflanze, die einen aufrecht stehenden Busch bildet oder am Boden niederliegend wächst (Abb. 3-36). Die Pflanze verzweigt sich [illegible] um und wird nur etwa 60 cm hoch. Entsprechend ihrer Verzweigungsart und Wuchsform unterscheidet man bei *Arachis hypogaea* diverse Subspecies (ssp. *fastigata* mit aufrechter Wuchsform und ssp. *hypogaea* mit kriechender Wuchsform) und davon wiederum verschiedene Variationen, die behaart oder unbehaart sein können [3-9]. Erdnussblätter bestehen aus zwei Fiederpaaren mit ovalen bis elliptischen Fiederblättchen und spitzen Nebenblättchen an den Blattbasen. Die Fiederblätter falten sich bei Dunkelheit zusammen (Schlafstellung). Die Blüten stehen einzeln oder auch an einem kurzen Ährchen zu zweit oder dritt in den Blattachseln. Es sind typische Schmetterlingsblüten in leuchtend gelber Farbe (Abb. 3-37), die bei Sonnenaufgang aufblühen und bereits nach wenigen Stunden wieder welken. Die Erdnuss gehört zu den Selbstbefruchtern; die Blüte ist schon vor der Öffnung befruchtet.

Eine Besonderheit auch unter den Fabaceen ist die geokarpe Fruchtentwicklung (= Bodenfrüchtigkeit). Kurz nach der Befruchtung streckt sich ein stielartiger Fruchtträger, der aus einem intercalaren Meristem am Grunde des Fruchtknotens aus-

Abb. 3-36: Erdnusspflanze

Abb. 3-37: Die typische Schmetterlingsblüte der Erdnuss

> *Leguminosen und Rhizobien – eine Wohngemeinschaft*
> Die Erdnuss ist eine Leguminose, die ihren Stickstoffhaushalt durch die Symbiose mit Knöllchenbakterien (Rhizobien) regelt. An der kräftigen Pfahlwurzel, die im oberen Bereich zahlreiche Verzweigungen ausbildet, findet man die typischen Wurzelknöllchen, deren Bildung durch Bakterien der Gattung *Rhizobium* ausgelöst wird. Ein bestimmter Bakterienstamm kann in der Regel mit mehreren Leguminosenarten ein symbiotisches Verhältnis eingehen, dennoch gibt es spezifische Untergruppen, wie z. B. *Bradyrhizobium japonicum*, die Gruppe der langsam wachsenden Symbionten der Sojabohne, die man zusammen mit der Sojabohne nach Europa importieren musste, damit diese Pflanze hier angebaut werden konnte.
> Erhält ein Bakterium Kontakt zum Wurzelhaar der richtigen Partnerleguminose, so wird es sofort erkannt und aufgenommen. In der Wurzelrinde bilden sich Knöllchen, in denen Rhizobien zu Bacterioiden mit dem 10-fachen Volumen einer normalen Bakterienzelle zusammenfließen. Diese binden den Stickstoff aus der Luft und machen ihn für die Pflanze zugänglich. Die Pflanze erhält ihn in Form von Ammoniumionen, die von den Bakterien ausgeschieden werden. Dafür erhalten die Bakterien während dieser Phase der N_2-Fixierung Nährstoffe in Form von Carbonsäuren. Alternde Knöllchen fallen schließlich ab und entlassen die Bakterien wieder in den Boden.

wächst, in einem Bogen zur Erde. Dieser Träger (Karpophor) trägt an der Spitze die Samenanlagen. Das Eindringen in den Boden, wo sich die Früchte entwickeln, wird durch dickwandige, verholzte Epidermiszellen des Fruchtträgers ermöglicht.

Die samentragenden Hülsen, die ein bis vier Samen tragen, öffnen sich bei der Samenreife nicht. Ihre Schalen sind verholzt, die Oberfläche überzieht ein netzartiges Muster. Die länglichen Samen mit großen Speicherkotyledonen sind von einem pergamentartigen, dunkelbraunen, roten oder violett gefärbten Häutchen, der Samenschale, umhüllt (Abb. 3-38).

3.5.2 Geschichte und Verbreitung

Die Heimat der uralten Kulturpflanze *Arachis* ist Südamerika, wahrscheinlich Brasilien, denn dort gibt es auch heute noch wild wachsende Arten. *Arachis hypogaea*, die Kulturart der Erdnuss, ist schon vor 3000 Jahren durch die Indianer entstanden. Man hat in verschiedenen Fürstengräbern Gefäße mit Erdnüssen und Töpfe in Erdnussform gefunden. Die Inka in Peru kannten bereits eine Art Erdnussbutter, sie vermischten gemahlene Erdnüsse mit Honig und Kakao.

Europäische Seefahrer brachten die Erdnuss in die spanischen und portugiesischen Kolonien, also auf die Philippinen und nach Indonesien. Später (im 18. Jahrhundert) gelangte die Pflanze nach Indien und China. Auf spanischen, portugiesischen und chinesischen Handelsschiffen gelangte die Erdnuss nach Europa, und von dort nach Afrika und Asien. Der Sklavenhandel war schließlich der Grund für die Verbreitung der Pflanze in Nordamerika.

3.5.3 Inhaltsstoffe und Verwendung

Erdnussöl ist ein wertvolles Speiseöl, da es einen hohen Anteil an essentiellen Fettsäuren, vor allem Linolsäure, enthält (Tab. 3-6). Warmgepresstes, gereinigtes Öl ist hellgelb und erstarrt zwischen 3 und 0 °C. Man verwendet es auch zur Margarineherstellung. Das aus der Mehrfachpressung mit Hilfe von Lösungsmittel (Hexan) extrahierte Öl wird zur Herstellung von Kerzen, Seife, Salben und in der Kosmetikindustrie verwendet.

Erdnussstroh sowie die Rückstände aus der Ölgewinnung werden als Viehfutter genutzt. Für Speiseerdnüsse gelten besondere Qualitätsanforderungen. Hierzu werden nur große, zwei- bis viersamige Sorten verwendet, die ungeschält in den Handel kommen. Die Samen werden geröstet und gesalzen, mit Zucker oder Schokolade ummantelt als Knabberkost gegessen oder frisch als [illegible] verarbeitet. Dass man Erdnüsse auch gekocht essen kann, ist den Europäern meistens nicht bekannt (Afrika, Brasilien). In den USA ist Erdnussbutter besonders beliebt. Sie wird durch Mahlen von gerösteten und ungerösteten Erdnüssen, unter Zusatz von Erdnussöl, Malz, Honig und anderen Zutaten hergestellt. Erdnussbutter enthält 50 % Fett, 30 % Protein und etwa 18 % Kohlenhydrate, sie ist also streng genommen ein Mastmittel.

3.5.4 Anbau

3.5.4.1 Klima

Erdnusspflanzen keimen bei 30 bis 34 °C und gedeihen optimal bei 25 bis 28 °C und 500 mm Jahresniederschlag. Bei Temperaturen über 35 °C treten Störungen in der Blütenbildung auf. Das begrenzt den Anbau auf ein Gebiet zwischen 45° nördlicher und 40° südlicher Breite, also auf die Tropen und Subtropen. Langtag beeinflusst das vegetative Wachstum, ansonsten ist die Erdnuss tagneutral. Ansprüche an den Boden sind nicht hoch, sandiglehmige, gut durchlüftete und lockere Böden sind optimal.

3.5.4.2 Anzucht

Zuchtziele, die durch Kreuzung unterschiedlicher Sorten und durch Polyploidie-Züchtung erreicht wurden und werden sollen, sind die Erhöhung des Ertragspotentials, Anpassung an Trockenstress und Temperatur, gleichmäßige Abreife, große Hülsen mit mehr Samen und ein höheres Tausendkorngewicht. Resistenz gegen Krankheiten und Schädlinge wird durch Einkreuzen von Wildarten erreicht. Resistenz gegen Pilze wie *Aspergillus flavus* wird durch interspezifische Kreuzungen und Selektion aus Zellkulturen angegangen.

3.5.4.3 Aussaat

Erdnüsse müssen immer in möglichst dreijähriger Fruchtfolge mit Mais oder Baumwolle angepflanzt werden, nie in mehreren Vegetationsperioden hintereinander im gleichen Stück Land. Als Saatgut werden die enthülsten Samen genutzt. Der Boden muss leicht und gut durchlüftet sein und darf nicht zum Verkrusten neigen, damit die Karpophore mit den Früchten eindringen können. Eine Impfung mit Rhizobien kann erfolgen, ist aber meistens nicht nötig, da die Cowpea-Rhizobien weit verbreitet sind [3-6]. Die Saatdichte ist von der Wuchsform abhängig, Buschformen werden enger gesät als kriechende. Im Durchschnitt rechnet man mit 30 bis 45 cm Abstand zwischen den Reihen und 7,5 bis 10 cm zwischen den einzelnen Pflanzen.

Abb. 3-38: geröstete Erdnüsse, Samenhäften (oben links), Samen in der geöffneten Hülse (mitte links), Die Früchte der Erdnusspflanze an den Blütenstielen (unten links), geschlossene Hülse (rechts)

Abb. 3-39: Großflächiger Feldbestand der Erdnuss (USA)

Abb. 3-40: Roden der erntereifen Erdnüsse aus dem Boden

Abb. 3-41: Ausdreschen der Erdnüsse aus dem vom Roder gelegten Schwad

3.5.4.4 Düngung

Bei Calciummangel werden keine Samen ausgebildet, d. h. man erhält leere Hülsen. Calcium muss vor allem auch in den oberen Bodenschichten vorhanden sein, damit es von den Karpophoren aufgenommen werden kann. Schon vor der Aussaat sollte auf calciumarmen Böden eine Grunddüngung vorgenommen werden. Zur Blütezeit wird dann noch eine Kopfdüngung mit Gips empfohlen (Calciumsulfat) oder alternativ bei Böden mit niedrigem pH-Wert mit Calciumcarbonat. Mit Stickstoffdüngung muss man vorsichtig sein. Einerseits fördert Stickstoff das Wachstum der jungen Pflanze, andererseits wird durch zu massives vegetatives Wachstum die Blütenbildung unterdrückt. Bei Mangel an Phosphat wird die Knöllchenbildung durch die Rhizobien unterdrückt und damit die Stickstofffixierung und folgerichtig das Wachstum der Pflanzen. Aufrecht wachsende Büsche müssen angehäufelt werden, damit die Karpophore den Boden erreichen. Blüten, die den Boden nicht erreichen, bleiben unentwickelt.

3.5.4.5 Krankheiten und Schädlinge

Es gibt sehr viele Schädlinge der Erdnuss, Verluste werden auf ca. 40 % geschätzt [3-10]. Zu den wichtigsten Krankheiten zählen die Blattfleckenkrankheit und die Wurzel- und Keimlingsfäule, die durch eine Reihe von Ascomyceten und Basidiomyceten hervorgerufen werden. Die Blattfleckenkrankheit wird z. B. durch den *Ascomyceten Cercospora* sp., hervorgerufen, die Wurzelfäule durch *Sclerotium rolfsii* und *Rhizoctonia* spp., beides Basidiomyceten aus der Ordnung der Agaricales. Ein durch Blattläuse übertragenes Virus, das „groundnut rosette virus" ist in Westafrika verbreitet. Befallene Pflanzen bleiben klein und tragen rosettenförmig angeordnete Blätter, ähnlich den Hexenbesen, an den Sprossspitzen. Die Krankheit kann nicht bekämpft werden, es gibt allerdings bereits resistente Sorten. Zu den tierischen Schädlingen auf dem Feld gehören außer den Blattläusen noch etliche Blasenfüßler (Thripse), Zikaden und Schildläuse.

3.5.4.6 Ernte

Die Fruchtreife kann sich entsprechend der Blütezeit über zwei Monate erstrecken. Der Erntetermin ist daher nicht exakt bestimmbar. Zur Ernte zieht man die Pflanzen mit den Wurzeln und Hülsen aus dem Boden, trennt sie von ihrer Pfahlwurzel und schüttelt die Erde von den Fruchtträgern ab. Anschließend hängt man die Pflanzen mitsamt den Früchten (Hülsen) zum Trocknen auf. Bei der mechanisierten Ernte wird häufig zuerst das Kraut gerodet, da es ein wertvolles Viehfutter ist und erst anschließend werden die Früchte mit einem Erdnussroder – ähnlich einem Kartoffelroder – aus der Erde geholt.

3.5.4.7 Nacherntebehandlung

Der Wassergehalt der Früchte wird beim Trocknen von 40% auf etwa die Hälfte gesenkt. Erst dann werden die Früchte gedroschen oder von den Pflanzen getrennt. Lagerfähig sind sie erst nach fortgeschrittener Trocknung, bei ca. 10% Wassergehalt. Unsachgemäße Lagerung und Trocknung führen zum Befall mit verschiedenen Pilzen, von denen *Aspergillus flavus* wegen der Produktion von Aflatoxin der gefährlichste ist. Bei der Ölgewinnung bleiben die Aflatoxine im Presskuchen, der dann allerdings auch nicht mehr verwertbar ist. Die Verwendung des Öles ist dagegen unbedenklich.

2006 betrug die Welternte an Erdnüssen 47,8 Mio. t. Hauptanbauländer waren bis 2004 China und Indien, die zusammen etwa 60% der Welternte produzierten (Tab. 3-7). Seit 2006 hat sich die Produktion von Erdnüssen in Indien wieder verringert (etwa 5 Mio. t.). Dafür wurde sie in Indonesien um das Zehnfache gesteigert (von 1,4 Mio. t auf 14,7 Mio. t.). Diese Ernten werden zu 90% zur Produktion von Erdnussöl verwendet, während die Hauptexportländer für Erdnüsse die USA, Argentinien, einige afrikanische Staaten und Brasilien sind.

Tab. 3-7: Weltweite Produktion von Erdnüssen (mit Hülse) von 1998 bis 2006 (in 1000 t, nach FAO 2008)

Land	1998	2000	2002	2004	2006
China	9650	14516	14895	14410	14722
Indonesien	988	1292	1259	1469	14700
Indien	8300	6480	4363	7000	4980
Nigeria	2531	2901	2690	2937	3825
USA	1783	1481	1506	1945	1479
Myanmar	[illegible]	638	[illegible]	715	710
Sudan	800	947	1267	1200	540
Argentinien	[illegible]	599	317	419	496
Senegal	506	1062	261	603	460
Tschad	471	359	450	450	450
Kongo	565	405	379	388	394
Welt	30972	34968	33114	36436	47768

Baumwolle – auch eine Ölpflanze?
Baumwollsaat und das hieraus gewonnene Öl sind nur ein Nebenerzeugnis einer anderen Hauptproduktionsrichtung, nämlich der Fasergewinnung. Wegen der besonders günstigen Eigenschaften ihrer Samenfasern ist Baumwolle, die schon im Alten Ägypten und bei den Indianern Mexikos angebaut wurde, heute eine Weltwirtschaftspflanze. Baumwollsamen enthalten 16 bis 25 % fettes Öl, das nach der Bleichung hellgelb ist. Es besteht zu 38 bis 55 % aus Linolsäure und ist daher ein ernährungsphysiologisch wertvolles Öl und dient hauptsächlich zur Margarineherstellung. Das Öl aus der dritten, heißen Pressung ist nur zu technischen Zwecken zu gebrauchen. Baumwollöl muss erhitzt oder mit Chloroform ausgeschüttelt werden, da es ein abgewandeltes Triterpen mit phenolischen Strukturen enthält, das Gossypol, das stark giftig ist. Daher kann auch der proteinreiche Presskuchen nicht ohne Behandlung zur Ernährung eingesetzt werden. Gossypol ist ein Farbstoff aus dem Baumwollsamen, der für die schwarzrote Färbung des Öles vor der Bleichung verantwortlich ist.

Abb. 3-42: Baumwollsaat (links), Baumwollfasern (rechts)

Literatur

3-1 Höfer, R.; Feustel, D.; Fies, M.: Derivate natürlicher Öle als Rohstoffe für Lacke und Druckfarben. Henkel-Referate (1986) 120-126

3-2 Louis, I. H.; Khishnaswamy, V.; Venkaateswaran, A. N.; Vijayam, K. P.: Effect of spacing and manuring in coconut palms of the east coast of Tamil Nadu. Indian Coconut Journal (1981)12: 8-10.

3-3 Elliott, M. L.; Uchida, J. Y.: Diseases and disorders of ornamental palms: APSnet Feature Story. Copyright 2004 by the American Phytopathological Society. http://www.apsnet.org/online/feature/palm

3-4 Moch, K.: Molekularbiologische Methoden unterstützen die Bekämpfung des „Lethal Yellowing". MPIZ aktuell 2001:1. http://www.mpiz-koeln.mpg.de/-pr/MPIZ-aktuell

3-5 Duke, J. A.: Elaeis guineensis Jacq. In: Handbook of energy crops. Unpublished. (1983) Published in the internet: http://www.hort.purdue.edu/newcrop/duke_energy/Elaeis_guineensis.html

3-6 Franke, G., (Hrsg.): Nutzpflanzen der Tropen und Subtropen, Bd. 3: Spezieller Pflanzenbau. Verlag Eugen Ulmer, Stuttgart (1994)

3-7 Köhler, F.E.: Köhler's Medizinal-Pflanzen in naturgetreuen Abbildungen mit kurz erläuterndem Texte. Atlas zur Pharmacopoea germanica, austriaca, belgica, danica, helvetica, hungarica, rossica, suecica, Neerlandica, British pharmacopoeia, zum Codex medicamentarius, sowie zur Pharmacopoeia of the United States of America. In: Pabst, G. und Vogtherr, M. (Hrsg.). Gera-Untermhaus, Fr. Eugen Köhler (1887)

3-8 Weiss, E.A.: Oilseed crops. Longman Publishers, London, New York (1983).

3-9 Rehm, S. und Espig, G.: Die Kulturpflanzen der Tropen und Subtropen. 3. Auflage, Verlag Eugen Ulmer, Stuttgart (1996)

3-10 Fröhlich, G.: Krankheitserreger und Schädlinge (Erdnuss). In: Franke G. (Hrsg.) Nutzpflanzen der Tropen und Subtropen, Bd. 3: Spezieller Pflanzenbau. Verlag Eugen Ulmer, Stuttgart (1994)

3-11 Woodroof, J.G.: Coconuts: Production, Processing, Products. Westport Connecticut (1979)

3-12 Souci, S.W., Fachmann, W., Kraut, H.: Die Zusammensetzung der Lebensmittel. Nährwert-Tabellen. Medpharm Scientific Publishers, Stuttgart. Ed. 5 (1994)

4 Markt und Vermarktung von Ölsaaten und Produkten

Karl-Josef Groß

Der Anbau und die Verarbeitung von Ölsaaten und Ölfrüchten sind seit Jahrtausenden bekannt, weil Öle und Fette als die energiereichsten Produkte für eine ausreichende energetische Versorgung der Menschen gefragt waren.

Neben der Ernährung war auch die technische Verwendung von Pflanzenölen z. B. als Lampenöle bereits in der Antike üblich. Bis Ende des 19. Jahrhunderts lag die Verarbeitung der Ölsaaten im Wesentlichen in handwerklichen Betrieben zur Deckung des Eigenbedarfs oder zur Versorgung eines räumlich eher begrenzten Umfeldes, sieht man von dem Fernhandel mit Olivenöl einmal ab.

Im 20. Jahrhundert trat dann ein starker Wandel in der Ölsaatenverarbeitung ein. Die ursprünglich auf die mechanische Abpressung beschränkte Verarbeitung, bei der im Presskuchen ein Restfettgehalt von 10 bis 20 % verbleibt, wurde durch eine chemische Extraktion erweitert, die eine weitergehende Ölausbeute (ca. 2 % Restfett im Extraktionsschrot) ermöglichte.

Somit entwickelte sich weltweit eine industrielle Ölsaatenverarbeitung, die in aller Regel an Wasserstandorten angesiedelt wurde, um den für Massengüter prädestinierten Schiffstransport – insbesondere für die Rohstoffe – zu nutzen.

Auch beim Anbau der Ölsaaten ergaben sich tiefgreifende weltweite Veränderungen. Am auffälligsten ist die enorme Steigerung der Ölsaatenproduktion insgesamt. In den vergangenen 20 Jahren (1985 bis 2005) ist die Ölsaatenproduktion permanent angestiegen. Die Anbaufläche hat sich von 160 Mio. ha auf 235 Mio. ha um rund 70 % erhöht, die Ölsaatenerträge sogar um rd. 100 % von 195 Mio. t auf 400 Mio. t, ein Beleg für eine deutliche Steigerung der Hektarerträge.

Zur wichtigsten Ölsaat hat sich die Sojabohne entwickelt, die – im chinesischen Raum bereits im 3. Jahrtausend vor Christus urkundlich erwähnt – zu Beginn des 20. Jahrhunderts verstärkt in den USA und seit Mitte des 20. Jahrhunderts auch in südamerikanischen Ländern vermehrt angebaut wurde. Inzwischen hat die Sojabohnenproduktion weltweit über 220 Mio. t erreicht und damit einen Anteil von fast 60 % der Gesamternte an Ölsaaten und Ölfrüchten.

Auch der weltweite Handel mit Ölsaaten, Pflanzenölen und Ölschroten ist ständig gewachsen. Dabei haben sich insbesondere in der jüngsten Vergangenheit drastische Verschiebungen in den Handelsströmen ergeben. Während über Jahrzehnte die EU der größte Importeur von Ölsaaten, Ölschroten und Pflanzenölen war, ist sie innerhalb weniger Jahre von China überholt worden.

Triebfeder für die steigende Ölsaatenproduktion war die Nachfrage nach Speiseöl für die menschliche Ernährung ebenso wie die Nachfrage nach Ölschroten als Eiweißfutter für die Tierproduktion. Mit einem Anstieg der Kaufkraft im asiatischen Raum verlagerten sich die Handelsströme immer stärker in diese Region.

Abb. 4-1: Die Sojabohne ist weltweit die wichtigste Ölsaat

Abb. 4-2: Verladung von Rapssaat in ein Seeschiff.

Während noch in den 1960er bis 1980er Jahren höhere Ernten in aller Regel zu einem mehr oder weniger starken Preisverfall führten, ist seit den 1990er Jahren die Situation eingetreten, dass trotz ständig steigender Weltproduktion das Preisniveau relativ stabil geblieben ist; Ausdruck für die bereits vorher erwähnte weltweit steigende Kaufkraft.

Seit etwa 2003/2004 hat sich infolge der Preissteigerungen bei Mineralöl eine neue Nachfragequelle für Pflanzenöle im energetischen Bereich (Biodiesel, Pflanzenöl als Treibstoff und in Blockheizkraftwerken) eröffnet, die zunächst in Deutschland und in der EU – aufgrund der hohen Treibstoffbesteuerung und der zusätzlichen Förderung der Biotreibstoffe – zu sprunghaft steigender Nachfrage nach Pflanzenölen, insbesondere nach Rapsöl, führte, inzwischen aber zu einer weltweit zu beobachtenden Entwicklung geworden ist.

Bei der Ölsaatenproduktion haben sich regionale Produktionszentren herausgebildet, so werden von den zehn wichtigsten Ölsaaten in den jeweils drei anbaustärksten Regionen zwischen 56 und 91 % der jeweiligen Gesamtweltproduktion erzeugt (Tab. 4-1).

Die EU ist inzwischen der größte Rapserzeuger und produziert nach Russland/Ukraine noch die meisten Sonnenblumen. In Nordamerika sind die USA größter Soja- und drittgrößte Baumwollsaatproduzent; Kanada ist bedeutendster Lein- und drittgrößter Rapsproduzent. In Asien zählen China und Indonesien bei Baumwollsaat, Erdnüssen, Sesam, Lein und Rizinus zu den weltgrößten Produzenten. Malaysia, Indonesien und die Philippinen sind die bedeutendsten Produktionsländer für Palmkerne und Kopra. Auf dem afrikanischen Kontinent hat nur Nigeria mit Erdnuss- und Palmkernproduktion eine weltweite Bedeutung im Ölsaatenanbau.

Bei der Ölsaatenverarbeitung haben sich neben den technologischen Veränderungen, bei der zusätzlich zur rein mechanischen Abpressung die chemische Extraktion weltweit eingeführt wurde, um die Ölausbeuten zu erhöhen, auch regionale Schwerpunkte der Verarbeitung herausgebildet. Zum einen ist die Verarbeitung von leicht verderblichen Ölfrüchten (Palmkerne, Kokos) oder Saaten, die

Tab. 4-1: Produktion der zehn weltweit wichtigsten Ölsaaten (Basis 2008/2009)

	Weltproduktion in Mio. t	die jeweils drei wichtigsten Anbauregionen	Anteil dieser Regionen an der Weltproduktion (%)
Sojabohnen	242	USA, Brasilien, Argentinien	83
Raps	58	EU, China, Kanada	74
Baumwollsaat	40	China, Indien, USA	62
Sonnenblumen	32	Russland/Ukraine, EU, Argentinien	69
Erdnuss	24	China, Indien, Nigeria	67
Palmkerne	12	Malaysia, Indonesien, Nigeria	87
Kopra	5	Philippinen, Indonesien, Indien	78
Sesam	3	China, Indien, Myanmar	56
Lein	2	Kanada, China, Indien	72
Rizinus	1	Indien, China, Brasilien	91
Gesamt	418		

Abb. 4-3: Für die größeren Ölmühlen ist ein Hafenanschluss für den Bezug der Ölsaaten und den Absatz der Extraktionsschrote von Vorteil.

klimatisch bedingt in ihren Anbaugebieten anfällig für gesundheitsschädigende Pilze (z. B. Aflatoxin bildende Pilze) sind, wie z. B. Erdnuss und Baumwollsaat, vollständig in die jeweiligen Erzeugerregionen verlegt worden. Auf der anderen Seite werden Ölsaaten verstärkt in den wichtigen Verbrauchszentren (USA, Europa, Asien) verarbeitet, die problemlos und ohne Qualitätseinbußen gelagert und transportiert werden können (z. B. Soja, Raps), während die daraus gewonnenen Produkte (Pflanzenöle und Ölschrote) bei längerer Lagerung bzw. längeren Transporten eher Qualitätseinbußen erleiden.

Die rein mechanische Abpressung erfolgt heute überwiegend in kleineren und mittelgroßen Anlagen mit Verarbeitungskapazitäten von ca. 100 bis etwa 100 000 t/Jahr, wobei in aller Regel sowohl der Bezug der Ölsaat als auch die Vermarktung von Ölkuchen und Pflanzenöl im engeren regionalen Umfeld erfolgt (Tab. 4-2).

Bei den Ölmühlen mit Extraktion wird in der Regel nach einer mechanischen Vorpressung der dabei anfallende Kuchen anschließend mit einem chemischen Fettlösemittel (Hexan) behandelt. Damit kann die Ölausbeute erhöht werden. Während der Presskuchen zwischen 10 und 20 % Restöl enthält, können die Extraktionsschrote bis zu einem Restölgehalt von etwa 1 bis 3 % entfettet werden. Die Ölausbeute kann damit von 50 bis 75 % bei der Pressung auf bis zu 97 % bei der Extraktion erhöht werden. Aufgrund des höheren technischen Aufwandes rechnet sich eine Extraktion erst ab einer Jahresverarbeitung von rund 500 000 t, die größten Ölmühlen verarbeiten mehr als 10 000 t Saaten pro Tag. Daher werden Ölmühlen mit Extraktion an schiffbaren Flüssen/Kanälen oder an Seehafenstandorten gebaut und sind im Bezug ihrer Rohstoffe und beim Absatz von Ölschroten und Pflanzenölen in aller Regel nicht nur auf regionale Märkte, sondern auch auf überregionale, internationale Märkte ausgerichtet.

Tab. 4-2: Vergleich der Ölsaatenverarbeitung in dezentralen Ölmühlen und Extraktionsbetrieben (Stand 2007)

	Dezentrale Ölmühlen	Extraktionsbetriebe
Anzahl Betriebe	>300	15
Verarbeitete Saaten	Raps	Raps, Sojabohnen
Saatbezug	Regional	Regional und weltweit
Saatverarbeitungskapazität einzelner Ölmühlen	< 100 t bis ca. 150 000 t/a	300 000 t bis > 1 Mio t/a
Gesamtverarbeitungskapazität pro Jahr aller Ölmühlen in Deutschland	> 500 000 t	> 11 000 000 t
Ölausbeute	65 % – 75 %	95 %
Öl	rohes Rapsöl	rohe Pflanzenöle, raffinierte Pflanzenöle, Fettsäuren
Koppelprodukt	Rapskuchen mit 12 – 22 % Restfettgehalt	Ölschrote mit ca. 1 – 4 % Restfettgehalt
Vermarktung der Verarbeitungsprodukte	Öl und Presskuchen regional	Öl regional und weltweit, Schrot überwiegend regional, z.T. EU

Tab. 4-3: Verarbeitung wichtiger Ölsaaten in Mio. t (Basis 2008)

	Verarbeitung	Anteil Import in % der Gesamtverarbeitung	Wichtige Importländer
Sojabohnen	197	39	China, EU, Japan
Raps	49	20	Japan, Mexiko, China
Baumwollsaat	33	3	Mexiko, Japan, EU
Sonnenblumen	27	6	EU, Türkei, Pakistan
Erdnuss	10	9	EU, Indonesien, Kanada
Palmkerne	10	2	Malaysia, Nigeria, Ghana
Kopra	5	3	EU, Malaysia, Philippinen
Sesam	2	50	China, Japan, EU
Lein	2	43	EU, USA, China
Rizinus	1	2	China, Brasilien, Thailand

Tab. 4-4: Verbrauch von Pflanzenölen und Importanteile sowie wichtige Importländer (Basis 2008)

	Verbrauch in Mio. t	Anteil Import % des Gesamtverbrauches	Wichtige Importländer
Soja	38	26	China, Indien, EU
Raps	19	11	USA, EU, China
Baumwolle	5	2	Russland, Türkei,Kanada
Sonnenblumen	11	40	EU, Türkei, Russland
Erdnuss	4	4	EU, USA, Hongkong
Palmkerne	42	80	China, EU, Indien
Kopra	3	67	EU, USA, China
Sesam	1	3	USA, Hongkong, Japan
Lein	1	14	EU, Japan, Südkorea
Rizinus	1	50	EU, China, USA

Tab. 4-5: Verbrauch an Ölschroten und Importanteile sowie wichtige Importländer (Basis 2008)

	Verbrauch in Mio. t	Anteil Import in % des Gesamtverbrauches	Wichtige Importländer
Sojaschrot	167	33	EU, Indonesien, Thailand
Raps	29	17	USA, Südkorea, China
Baumwolle	20	3	Mexiko, Iran, Südafrika
Sonnenblumen	12	30	EU, Türkei, Israel
Erdnuss	6	3	China, EU, Thailand
Palmkern	5	80	EU, Südkorea, Neuseeland
Kopra	2	50	Südkorea, Vietnam, Indien
Sesam	1	2	Thailand, Malaysia, Singapur
Lein	1	2	EU, USA, Kanada

4.1 Markt für Ölsaaten und Ölfrüchte

Die Ölsaatenmärkte sind weltweit weitgehend liberalisiert. Daher ist der Anteil der Exporte bzw. Importe an der Gesamtverarbeitung verglichen mit anderen landwirtschaftlichen Erzeugnissen relativ hoch (Tab. 4-3).

In besonders hohem Umfang werden Sesam, Lein und Sojabohnen weltweit gehandelt, wobei China und die EU jeweils zu den größten Importeuren zählen. Leicht verderbliche Ölsaaten wie Kopra, Baumwollsaat etc. werden dagegen nur in Anteilen von weniger als 10 % der Verarbeitungsmenge international gehandelt.

Raps nimmt mit 20 % Importmenge an der Verarbeitung eine Zwischenposition ein. Wichtigste Importländer sind Japan, Mexiko und China, wobei zu berücksichtigen ist, dass die EU seit den 1990er Jahren – aufgrund der GMO-Problematik – von kanadischen Lieferungen abgeschnitten ist, die in früheren Jahren auch in einer Größenordnung von mehreren 100 000 t nach Europa erfolgten.

Doch nicht nur die Ölsaaten, sondern auch die daraus gewonnenen Produkte, wie Pflanzenöle und Ölschrote bzw. Ölkuchen werden international gehandelt (Tab. 4-4 und 4-5).

Bei den Pflanzenölen werden Palmöl und Kokosfett in hohen Anteilen von den Produzentenländern nach China, Indien, EU und USA exportiert. Baumwollöl, Sesamöl und Erdnussöl werden nur im geringen Umfang international gehandelt, dies gilt bisher auch für Rapsöl. Dort zeichnet sich in den letzten Jahren jedoch ein verstärkter internationaler Handel ab.

Auch im Handel mit Ölschroten lässt sich am Umfang der Importe ein Grundprinzip erkennen. Länder wie Malaysia und Indonesien, die im großen Umfang z. B. Palm und Kopra verarbeiten, haben nur eine relativ geringe Tierproduktion, so dass sie den anfallenden Schrot in die EU bzw. benachbarte Länder/Regionen exportieren. Auf der anderen Seite tritt die EU mit einer intensiven Tierhaltung und begrenztem Rohstoffaufkommen als großer Nachfrager für Eiweißfuttermittel (Sojaschrot, Sonnenblumenschrot und Palmkernschrot) auf.

4.2 Marktentwicklung in der EU

Die Ölsaatenproduktion ist in der EU seit 1966 von rund 700 000 t auf rund 27 Mio. t 2008 gestiegen; wichtigste Ölsaat ist der Raps mit 18,9 Mio. t, gefolgt von Sonnenblumen (6,7 Mio. t.). Sojabohnen (0,8 Mio. t), Baumwolle (0,5 Mio. t) und Leinsaat (0,1 Mio. t) spielen im Vergleich dazu nur eine untergeordnete Rolle (Tab. 4-6).

Tab. 4-6: Ölsaatenanbau und Ölsaatenernte in Deutschland und der EU in Mio. ha (Stand 2008/2009)

	1000 ha		Mio. t	
	D	EU	D	EU
Raps	1471	6215	5,2	18,9
Sonnenblumen	26	3717	<0,1	6,7
Soja	1	287	<0,1	0,7
Baumwolle	–	306		0,5
Leinsaat	4	75	<0,1	0,1
Gesamt	1502	10600	5,1	26,9

Der Verbrauch an Pflanzenölen in der EU ist in den Jahren seit 2004 aufgrund des zunehmenden Einsatzes im Energiesektor von 17,7 Mio. t auf 25,2 Mio. t kräftig angestiegen. Etwa 60 % des Pflanzenöls (15,0 Mio. t) wird in den europäischen Ölmühlen erzeugt, während rund 40 % (10,0 Mio. t) importiert werden. Seit 2002 konnte die EU-Produktion mit der steigenden Nachfrage nicht mehr Schritt halten. Folglich sind die Importe stärker gestiegen.

In den Ölmühlen der EU werden vornehmlich Rapsöl (8,0 Mio. t), Sojaöl (2,6 Mio. t) und Sonnenblumenöl (1,9 Mio. t) produziert. Bei den Importen dominiert Palmöl (5,3 Mio. t), gefolgt von Sonnenblumenöl (1,1 Mio. t) und Palmkernöl sowie Kokosfett. 2008 ist auch der Import von Rapsöl von 0,1 Mio. t auf rund 0,4 Mio. t gestiegen (Tab. 4-7).

Die EU zählt derzeit mit 57,0 Mio. t noch zu den weltweit größten Verbrauchern von Ölschroten. Mehr als die Hälfte dieser Ölschrote werden importiert (30,0 Mio. t). Mit Abstand wichtigster Ölschrot ist Sojaschrot (35 Mio. t). Die Bedeutung von Rapsschrot ist in den vergangenen Jahren ständig gewachsen und liegt inzwischen bei 11,0 Mio. t. Sonnenblumenschrot mit 4,1 Mio. t und Palmkernschrot mit 2,5 Mio. t sind seit Jahren im Verbrauch relativ konstant (Tab. 4-7).

Tab. 4-7: Verbrauch, Herstellung und Import von Ölschroten und Pflanzenölen (in Mio. t) *in der EU*

	Pflanzenöle					Ölschrote				
	2000	2002	2004	2006	2008	2000	2002	2004	2006	2008
					Verbrauch					
Raps	4,0	4,1	4,8	6,8	8,1	6,3	6,0	6,7	8,8	11,0
Soja	1,9	2,4	2,1	3,2	3,4	28,4	34,4	33,4	33,8	35,2
Sonnenblumen	2,4	2,5	2,9	3,4	3,0	5,0	4,0	4,7	4,5	4,1
Palmkern	2,5	3,4	3,9	4,6	5,1	2,3	2,3	2,6	2,9	2,5
Gesamt	12,7	14,1	15,5	19,9	22,1	52,6	56,0	54,8	56,5	57,0
					Herstellung					
Raps	4,4	4,3	4,7	6,3	8,0	6,0	6,0	6,6	8,8	11,0
Soja	2,8	3,2	2,6	2,6	2,6	11,8	13,7	11,0	11,0	11,1
Sonnenblumen	2,4	2,0	2,5	2,3	1,9	3,0	2,6	3,1	2,8	2,4
Gesamt	10,1	10,2	10,3	11,6	13,5	24,6	26,6	24,3	26,3	28,2
					Import					
Raps	<0,1	<0,1	<0,1	<0,7	0,4	0,4	0,1	0,1	0,1	0,1
Soja	0,1	0,1	0,1	0,9	1,1	16,8	21,0	22,8	23,5	24,4
Sonnenblumen	0,2	0,7	0,6	1,3	1,1	2,0	1,4	1,7	1,9	1,7
Palmkern	2,5	3,4	4,0	4,7	5,3	2,3	2,3	2,6	2,9	2,4
Gesamt	4,2	6,3	6,9	10,0	10,1	28,4	30,5	31,4	31,4	29,6

4.3 Ölsaatenanbau in Deutschland

Im Ölsaatenanbau dominiert eindeutig der Raps mit inzwischen rund 1,5 Mio. ha und über 5 Mio. t Rapssaat. Sonnenblumen mit rund 60000 t und Lein mit rund 15000 t sind im Vergleich dazu nur von geringer regionaler Bedeutung, und der Sojabohnenanbau mit weniger als 1000 t spielt praktisch keine Rolle.

Der Rapsanbau hat seit Ende des Zweiten Weltkrieges eine stürmische Aufwärtsentwicklung erlebt, von rund 10000 ha in den 1950er Jahren stieg er bis zur Umstellung auf 0-Sorten Mitte der 1970er Jahre auf ca. 100000 ha an. Bedingt durch eine gezielte EU-Förderung stieg auch in Deutschland der Ölsaatenanbau in den 1980er Jahren auf rund 400000 ha an. Mit der Umstellung auf 00-Sorten um 1990 konnten neue Absatzmärkte für das glucosinolatarmen Rapsschrot erschlossen werden, wodurch sich auch die Preiswürdigkeit der Rapssaat erhöhte und der Anbau sich nochmals auf rund 800000 ha verdoppelte.

Das schlechte Image des erucasäurereichen Rapsöls konnte für die neuen ölsäurereichen Sorten erst überwunden werden, als durch umfangreiche Untersuchungen die ernährungsphysiologischen Vorteile von Rapsöl eindeutig belegt werden konnten. Damit wurde der Rapsöleinsatz in der Lebensmittelindustrie ausgeweitet und – zum Teil auch wegen der Gentechnikdiskussion – Sojaöl durch Rapsöl ersetzt. Die steigende Nachfrage stimulierte über höhere Preise den Rapsanbau weiter, so dass bereits vor der Jahrtausendwende die 1 Mio. ha Rapsanbau überschritten wurde. Seit etwa 2003 löste die Nachfrage nach Rapsöl für energetische Zwecke (Rapsöltreibstoff, Biodiesel, Rapsöl für Blockheizkraftwerke) einen weiteren starken Nachfragesog aus und die Anbaufläche stieg bis 2006/2007 auf 1,5 Mio. ha (Tab. 4-6).

Durch die inzwischen weltweit steigende Nachfrage nach landwirtschaftlichen Rohstoffen (Getreide, Mais, Ölsaaten, Zuckerrohr, Zuckerrüben) zur Ernährung einer stetig wachsenden

Weltbevölkerung mit immer höherer Kaufkraft und für den Energiesektor wurde nach langen Phasen sinkender EU- und Weltmarktpreise eine deutliche Preisbefestigung eingeleitet. Damit gewinnen auch für deutsche Landwirte Raps, Getreide und Mais wieder an Attraktivität. Ob in naher Zukunft der Rapsanbau in Deutschland noch weiter steigen und bis zu einer Größenordnung von 1,8 Mio. ha ausgedehnt wird, die von Fachleuten aus Fruchtfolgegründen als längerfristig sinnvoll erachtet wird, bleibt abzuwarten.

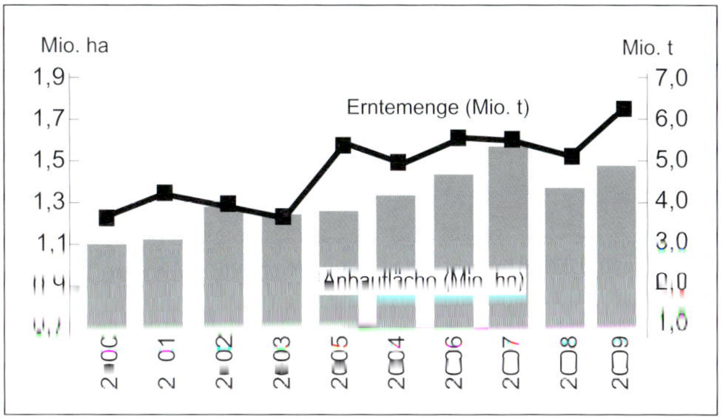

Abb. 4-4: Rapsanbau und Erntemenge in Deutschland

4.4 Ölsaatenverarbeitung in Deutschland

Die Ölsaatenverarbeitung hat im 20. Jahrhundert in Deutschland grundlegende Veränderungen erfahren. Um das Jahr 1900 gab es in Deutschland noch schätzungsweise 3000 Pressen, die vornehmlich örtlich erzeugte Ölsaaten wie Raps, Lein, aber auch Bucheckern verarbeiteten.

In dieser Zeit wurde auch die erste Ölmühle mit Pressung und anschließender Extraktion gebaut. In den Folgejahren entstanden an Seehäfen und anderen verkehrsgünstig gelegenen Wasserplätzen immer neue Extraktionsbetriebe und bis 1950 stieg ihre Zahl auf ca. 25, während die Zahl der reinen Pressenbetreiber auf weniger als 100 schrumpfte. Als wesentlicher Grund für diesen „Strukturwandel" ist die höhere Ölausbeute bei der Extraktion zu nennen.

Abb. 4-5: Die ADM Ölmühle Hamburg AG, eine der großen zentralen Ölmühlen (Extraktionsbetriebe) in Deutschland

In den folgenden Jahrzehnten bis Ende der 1990er Jahre hat sich die Zahl der Extraktionsbetriebe auf die Hälfte (zwölf Betriebe) vermindert. Durch eine Ausweitung der Verarbeitungskapazitäten der verbliebenen Ölmühlenstandorte konnte die Gesamtverarbeitungsmenge jedoch auf rund 8 Mio. t erhöht werden.

Neben dem in immer größeren Mengen erzeugten heimischen Raps wurden importierte Sojabohnen sowie Sonnenblumen, Lein und Kopra verarbeitet.

Nach 2000 setzte wegen der steigenden Rohölpreise ein Nachfragesog nach Pflanzenölen ein, vornehmlich nach Rapsöl als Rohstoff für die Biodieselproduktion, aber auch als Rapsöltreibstoff und als Energieträger von Blockheizkraftwerken. Durch politisch-fiskalische Programme wurde diese Entwicklung zusätzlich gefördert. Dies führte zu einer Installation neuer Pressen an mehreren 100 Standorten in Deutschland, und auch die bestehenden Extraktionsbetriebe erweiterten ihre Verarbeitungskapazitäten. Außerdem wurden drei neue Extraktionsbetriebe mit je 500 000 t Jahresverarbeitungskapazität errichtet.

Bis zum Jahr 2007 stieg damit in Deutschland die Verarbeitungskapazität der Extraktionsbetriebe auf über 11 Mio. t, davon ca. 8 Mio. t für Raps, an.

Tab. 4-8: Verbrauch, Herstellung und Import von Ölschroten und Pflanzenölen in Deutschland (in Mio. t)

	Pflanzenöle					Ölschrote				
	2000	2002	2004	2006	2008	2000	2002	2004	2006	2008
	Verbrauch									
Raps	1,2	1,3	1,8	3,5	3,2	1,7	1,7	2,0	2,4	2,8
Soja	0,3	0,4	0,3	0,7	0,6	3,6	4,1	4,0	4,5	4,7
Sonnenblumen	0,2	0,2	0,3	0,3	0,3	0,3	0,1	0,2	0,1	0,1
Palm	0,4	0,6	0,6	0,8	0,9	0,6	0,5	0,4	0,5	0,4
Gesamt	2,8	3,2	3,3	6,0	5,4	7,8	7,6	7,5	8,0	8,3
	Herstellung									
Raps	1,8	1,3	2,1	2,7	3,2	2,5	2,6	2,9	3,8	4,5
Soja	0,7	0,8	0,6	0,7	0,7	3,0	3,2	2,7	2,7	2,6
Sonnenblumen	0,2	0,1	0,1	0,1	0,1	0,2	0,1	0,1	0,1	0,1
Gesamt	2,8	2,8	2,9	3,5	3,9	6,0	6,2	6,0	6,9	7,6
	Import									
Raps	0,1	0,1	0,2	1,3	0,5	0,3	0,3	0,3	0,4	0,4
Soja	0,1	0,1	0,1	0,3	0,2	1,9	2,4	2,8	3,1	3,4
Sonnenblumen	0,1	0,2	0,2	0,3	0,3	0,2	0,1	0,2	0,1	0,1
Palm	0,5	0,7	0,8	0,9	1,1	0,6	0,5	0,4	0,5	0,4
Gesamt	1,4	1,8	2,2	3,6	2,8	4,5	4,5	4,4	4,7	4,6

Für die so genannten dezentralen Ölmühlen, das sind die reinen Pressenbetreiber, gibt es derzeit weder genaue Angaben über die Zahl der Betriebe noch zur Verarbeitungskapazität. Schätzungen gehen inzwischen von mehr als 300 Betrieben aus, mit Verarbeitungskapazitäten von wenigen hundert Tonnen bis zu rund 100 000 t pro Jahr (Tab. 4-2).

4.5 Ölsaatenverbrauch in Deutschland

Pflanzenöle in Deutschland
Der Verbrauch an Pflanzenölen in Deutschland ist kontinuierlich angestiegen, seit 2004 geradezu sprunghaft. Ursache ist die verstärkte energetische Nutzung als Rohstoff für Biodiesel oder direkt als Treibstoff oder Energieträger für Blockheizkraftwerke.

Besonders stark gestiegen ist der Verbrauch von Rapsöl. Allein im Zeitraum 2000 bis 2006 hat sich der Verbrauch von Rapsöl nahezu verdreifacht. Das zusätzliche Rapsöl wurde einerseits durch eine Erhöhung der heimischen Produktion, andererseits aber auch durch verstärkte Importe beschafft. Schließlich sind die Rapsölexporte, die in früheren Jahren bis zu 800 000 t erreichten, auf etwa die Hälfte zurückgegangen. Neben Rapsöl sind auch die Importe an Sojaöl, Sonnenblumenöl und Palmöl leicht gestiegen, um den Bedarf für die Lebensmittel- und Futtermittelindustrie einerseits, für den Non-Food-Bereich andererseits zu decken (Tab. 4-8).

Verbrauch Ölschrote in Deutschland
Ölschrote sind seit Jahrzehnten die wichtigsten Eiweißträger in der Nutztierfütterung. Sojaschrot nimmt hier weltweit aufgrund der Menge, aber auch aufgrund seines hohen Proteingehaltes und der günstigen Aminosäurezusammensetzung eine Spitzenposition ein. Sojaschrot ist quasi die „Leitwährung" bei Eiweißfuttermitteln.

Auch in Deutschland werden über 50 % des Verbrauches an Ölschroten über Sojaschrot abgedeckt. Rapsschrot hat seinen Anteil immer weiter erhöhen können. Voraussetzung dafür war die Umstellung im Rapsanbau auf so genannten 00-Sorten, das sind erucasäure- und glucosinolatarme Sorten. Während bei den früheren glucosinolatreichen Sorten der Einsatz praktisch nur auf den Rinderbereich beschränkt war, können die 00-Sorten auch in höheren Mengen in der Schweinefütterung eingesetzt werden (Tab. 4-8).

Umfangreiche Fütterungsversuche, aber auch positive Erfahrungen aus der Praxis machen eine weitere Erhöhung des Rapsschroteinsatzes möglich. Bei der Umstellung auf 0-Sorten wurden in Deutschland rund 1 Mio. t Rapsschrot verfüttert und angesichts der begrenzten Verwendungsmöglichkeiten aufgrund des hohen Glucosinolatgehaltes war damit die Grenze der Einsatzmöglichkeiten erreicht. Seit der Umstellung auf 00-Sorten ist der Rapsschrotabsatz auf inzwischen rund 2,8 Mio. t gestiegen. Eine weitere Steigerung auf rund 3 Mio. t Rapsschrot erscheint bereits kurzfristig als realistisch. Die Ölschroteproduktion der heimischen Ölmühlen reicht insbesondere bei Sojaschrot nicht für eine komplette Deckung des Bedarfs aus, daher werden noch erhebliche Mengen (ca. 3 Mio. t) an Sojaschrot – vornehmlich aus Südamerika – importiert. Andererseits werden aus deutschen Ölmühlen jeweils mehr als 1 Mio. t Sojaschrot und Rapsschrot in die benachbarten EU-Länder, zum Teil auch nach Osteuropa exportiert.

4.6 Gentechnisch veränderte Ölsaaten

Die gentechnisch veränderte „Roundup Ready"-Sojabohne, die mit Hilfe der Gentechnik gegen das Herbizid Roundup Ready resistent gemacht wurde, wird seit 1996 großflächig angebaut, zunächst in den USA, später auch in Argentinien, Brasilien und vielen anderen Ländern.

Die Anbaufläche hat sich bis 2008 auf über 66 Mio. ha ausgeweitet, das bedeutet, dass über 60 % der Gesamtsojafläche bereits mit gentechnisch veränderten Sorten bestellt werden. Auch bei weiteren Ölsaaten wie Raps und Baumwolle werden heute bereits kommerziell gentechnisch veränderte Sorten angebaut. In Deutschland und der EU sind bisher jedoch keine gentechnisch veränderten Ölsaaten angebaut worden. Andererseits ist die Roundup-Ready-Sojabohne seit 1996 zum Import, zur Verarbeitung und Vermarktung der Verarbeitungsprodukte zugelassen. Weltweit sind heute gentechnisch veränderte Sojabohnen die „Standardbohne". Konventionelle Sojabohnen können nur noch über getrennte Logistikwege beschafft werden, mit entsprechend höherem analytischen und logistischen Aufwand, der letztendlich zu höheren Preisen führt.

Die deutschen Ölmühlen haben aufgrund dieser Situation Systeme entwickelt, die es ihnen ermöglichen, phasenweise abwechselnd gentechnisch veränderte und konventionelle Sojabohnen zu verarbeiten. Diese Systeme haben sich als praktikabel erwiesen und sind zum Teil auch zertifiziert worden. Daher haben sich die Märkte für Sojaschrot und Sojaöl in GMO (Gentechnisch modifizierte Organismen) und Non-GMO differenziert.

Bei Raps wurden bis 2009 in Deutschland und der EU ausschließlich konventionelle Saaten verarbeitet, was durch ein EU-weites Monitoring der Ölmühlen überwacht und bestätigt wurde.

Nachdem inzwischen auch in der EU die wichtigsten gentechnisch veränderten Merkmale (traits) der in Kanada angebauten Rapssorten zugelassen sind, ist in Zukunft auch mit der Vermarktung von gentechnisch veränderten Rapsprodukten in der EU zu rechnen. Diese unterliegen dann – wie auch die Sojaprodukte – der entsprechenden Kennzeichnung, so dass die Verbraucherinformation in jedem Fall sichergestellt ist.

Mit einem Anbau von gentechnisch verändertem Raps ist aufgrund der langwierigen Genehmigungsphase in der EU in den nächsten acht bis zehn Jahren nicht zu rechnen.

Abb. 4-6: Ölschrote (Extraktionsschrote) sind eine wertvolle Eiweißquelle in der Ernährung landwirtschaftlicher Nutztiere

5 Nacherntebehandlung

Bertrand Matthäus

5.1 Einleitung

Betrachtet man den gesamten Prozess der Ölsaatenverarbeitung, so müssen unter dem Aspekt der Produktion von qualitativ hochwertigem Öl neben der eigentlichen Ölgewinnung auch die Nacherntebehandlung der Saat sowie mögliche Einflüsse der Saat, die sich aus der Sorte, dem Anbau und der Ernte ergeben, als Einflussfaktoren berücksichtigt werden.

Dabei ist es von entscheidender Bedeutung, ob die entsprechende Ölsaat in einer großen Ölmühle mit anschließender Raffination entölt werden soll oder ob dies in kleinen und mittelgroßen dezentralen Anlagen geschieht, die nach dem Ölgewinnungsprozess keine Möglichkeit mehr haben, die Qualität der Öle zu verbessern. Zwar ist die Berücksichtigung der oben genannten Aspekte auch für die Produktion in großen Ölmühlen wichtig, da schlechte Saatqualität mit Verlusten bei der Ölproduktion einhergeht, aber für die Produktion in kleinen und mittelgroßen Ölmühlen ist es essentiell, da die verwendete Saatqualität unmittelbar auch die Qualität des gewonnenen Öles beeinflusst. Während auf dem Markt verfügbare raffinierte Öle in ihrer Qualität sehr homogen sind und keine Probleme haben, die vorgegebenen Qualitätskriterien einzuhalten, zeigen sich bei Ölen aus kleinen und mittelgroßen Ölmühlen zum Teil sehr große Unterschiede. Dabei ist die Herstellung für den Speiseölbereich und den Bereich der technischen Verwendung grundsätzlich zu unterscheiden. Während für den Speiseölbereich neben der Lagerstabilität und der Abwesenheit von Kontaminanten vor allem die sensorische Beurteilung der Öle eine große Rolle spielt, sind für die Verwendung der Öle im technischen Bereich, z. B. als Kraftstoff, vor allem die Gesamtverschmutzung, der Gehalt an Phosphor, Calcium und Magnesium sowie die Oxidationsstabilität wichtig. Insbesondere bei der Herstellung von Speiseölen zeigt sich, dass die Behandlung der Saat nach der Ernte unmittelbare Auswirkungen auf die Qualität des gewonnenen Öles hat, vor allem hinsichtlich der sensorischen Beurteilung, und somit für die Herstellung eines hochwertigen Speiseöls überaus wichtig ist.

5.2 Warum ist die Handhabung der Ölsaaten so schwierig?

Ein Grund dafür, dass die Handhabung von Ölsaaten ohne Qualitätsverluste so schwierig ist, ist der hohe Ölgehalt, der je nach Ölsaat mehr als 40 % der Trockenmasse ausmachen kann, sowie der niedrige Gehalt an Kohlenhydraten (5 %) im Vergleich zum Getreide. Auf der einen Seite ist der Ölanteil sehr empfindlich gegenüber oxidativen Veränderungen und entsprechendem Abbau und auf der anderen Seite ist Öl ein hervorragender Aromaträger, der Aromastoffe festhält und konzentriert. Dies führt dazu, dass der Ölanteil der Ölsaat zum sensorischen Gedächtnis des Rohstoffes wird. Alles, was nach der Ernte bis zur Verarbeitung zu einer Veränderung oder Verschlechterung der Ölsaat führt, wird durch den Ölanteil festgehalten und macht sich nach der Verarbeitung im Endprodukt bemerkbar. Wird beispielsweise die Rohware nach der Ernte neben einer Güllegrube gelagert, so wird sich der Geruch dieser Güllegrube nach dem Pressen im Öl wieder finden.

Der Ölanteil der Ölsaat ist das sensorische Gedächtnis der Ölsaat.

Ein anderer wichtiger Punkt ist der geringe Gehalt an Kohlenhydraten im Vergleich zu Getreide. Dies führt dazu, dass Getreide in der Lage ist, eine deutlich höhere Feuchtigkeit ohne Qualitätsverluste zu tolerieren als die meisten Ölsaaten. Der Grund dafür ist, dass Kohlenhydrate einen bestimmten Anteil der Feuchtigkeit binden und dadurch den Gehalt an frei verfügbarem Wasser reduzieren. Dieser Anteil an frei verfügbarem Wasser, auch als Wasseraktivität (a_w-Wert) des Produktes bezeichnet, bestimmt die funktionellen Eigenschaften und die Qualität der

Saat, weil dieses Wasser entweder als Reaktionspartner direkt oder als Reaktionsmedium indirekt an Prozessen in der Saat teilnimmt. Folglich ist eine hohe Wasseraktivität mit verantwortlich für zunehmende Stoffwechselprozesse und das Ansteigen der Population von Mikroorganismen [5-1, 5-2].

Aus der Empfindlichkeit der meisten Ölsaaten gegenüber Feuchtigkeit ergibt sich, dass die Ölherstellung nicht erst mit der Extraktion der Saaten, sondern bereits mit der Ernte und vor allem mit der Lagerung der Saaten beginnt. Dies gilt insbesondere für die Herstellung von nativen Speiseölen in kleinen und mittleren dezentralen Anlagen, sollte aber auch für große Ölgewinnungsanlagen ein wichtiger Punkt bei der Erstellung eines Qualitätsmanagementsystems sein. Um die gute Qualität der Saat auf dem Feld über die Ernte und die Lagerung bis zur Verarbeitung zu erhalten, sind verschiedene Stellschrauben im Prozess möglich, die bedacht werden müssen. Die kritischen Punkte dabei sind Ernte und Nacherntebehandlung sowie Lagerung der Rohware.

Neben den Verlusten, die eine nicht sachgerechte Nacherntebehandlung der Ölsaaten nach sich zieht und die für den Besitzer der Saat nicht unerhebliche finanzielle Einbußen darstellen können, sollte auch nicht außer Acht gelassen werden, dass bei der Lagerung von Ölsaaten im Anschluss an die Urproduktion, die für das gewerbsmäßige Herstellen von Lebensmitteln gedacht sind, die EU-Hygieneverordnung 852/2004 in Verbindung mit der Lebensmittelhygiene-Verordnung (LMHV) greift. Die sich daraus ergebenden Anforderungen an die Lagerungsstätte sollten bedacht sein, da das Produkthaftungsgesetz den Verantwortlichen für eventuell auftretende Schädigungen haftbar macht.

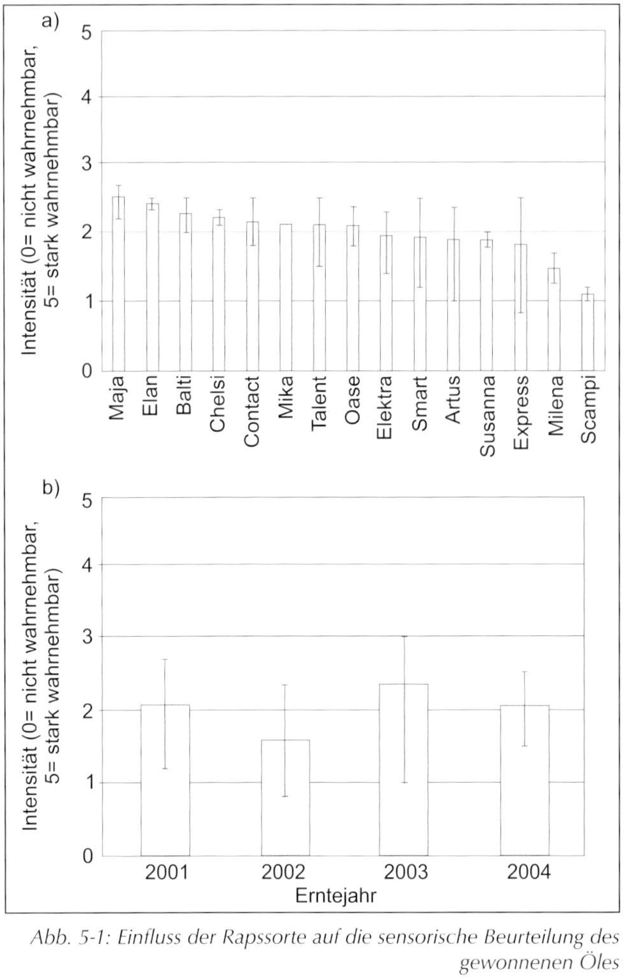

Abb. 5-1: Einfluss der Rapssorte auf die sensorische Beurteilung des gewonnenen Öles

5.3 Einfluss der Sorte

Ausgangspunkt für eine erfolgreiche Ölsaatenverarbeitung ist der Anbau. Bereits hier werden die Grundlagen für ein qualitativ hochwertiges Produkt gelegt. Die Sortenauswahl spielt dabei eine wichtige Rolle im Hinblick auf sortenspezifische Parameter wie Ölgehalt, Ertrag, Erntezeitpunkt oder Standorteignung, da unterschiedliche Sorten je nach Bodenbeschaffenheit, klimatischen Bedingungen oder Wasser- und Wärmebedarf signifikante Unterschiede zeigen. Hier ist es ratsam, die Auswahl der entsprechenden Sorten den vorliegenden Gegebenheiten anzupassen, um den Anbau hinsichtlich des Ertrages zu optimieren. Allerdings spielen Parameter wie Ölgehalt und Ertrag nur in Hinblick auf einen ökonomischen Anbau eine Rolle und beeinflussen nicht die Qualität des gewonnenen Öles.

Diese wird eher durch Parameter wie die Fettsäure- und die Tocopherolzusammensetzung, die Oxidationsstabilität, den Gehalt an Phosphor, Calcium, Magnesium oder auch durch die sensorische Beschaffenheit der gewonnenen Öle beschrieben. Sowohl die Fettsäure- als auch die Tocopherolzusammensetzung werden in bestimmten Grenzen neben den klimatischen Bedingungen und den Bedingungen am Standort auch durch die Sorte vorgegeben. So werden heute beispielsweise neben den traditionellen 00-Rapssorten auch spezielle Rapssorten angebaut, deren Öl sich durch einen niedrigeren Gehalt an α-Linolensäure und einen höheren Gehalt an Ölsäure auszeichnet. Diese Öle weisen dann hinsichtlich der Oxidationsstabilität deutliche Vorteile auf, so dass auch ihr Verwendungsbereich verändert ist. Sie werden bevorzugt dort eingesetzt, wo Fette und Öle höheren Temperaturen ausgesetzt sind und ein Produkt mit einer hohen Oxidations- bzw. Lagerungsstabilität benötigt wird.

Betrachtet man den Einfluss unterschiedlicher 00-Rapssorten auf die Qualität des gewonnenen Öles im Hinblick auf Parameter, die die Verwendung des Öles bestimmen können, so zeigen Untersuchungen des Max-Rubner-Institutes in Zusammenarbeit mit der Thüringer Landesanstalt für Landwirtschaft, dass die Auswahl der Rapssorte weder einen Einfluss auf die sensorische Beurteilung des Öles hat, noch Parameter wie Oxidationsstabilität, Chlorophyllgehalt, Rauchpunkt oder Gehalt an freien Fettsäuren durch die Rapssorte signifikant bestimmt werden (Abb. 5-1a). Im Rahmen dieser Untersuchungen wurden im Zeitraum von 2001 bis 2004 25 Rapssorten aus Landessortenversuchen unter standardisierten Bedingungen gepresst und das gewonnene Öl hinsichtlich der verschiedenen Parameter untersucht (Abb. 5-1b). Es zeigten sich zwar bei den verschiedenen Parametern Unterschiede zwischen den Sorten, die aber unter Einbeziehung der erntejahrbedingten Schwankungen nicht signifikant waren. Zwischen den verschiedenen Erntejahren kam es innerhalb einer Sorte zu deutlichen Schwankungen bei den untersuchten Parametern (Abb. 5-2a und 5-2b). Daraus lässt sich schließen:

> *Einfluss auf Ölqualität*
> Die Bedingungen des Erntejahres können einen sehr starken Einfluss auf die Qualität des gewonnenen Öles haben, wohingegen der Einfluss der Sorte, wenn überhaupt, nur gering vorhanden ist.

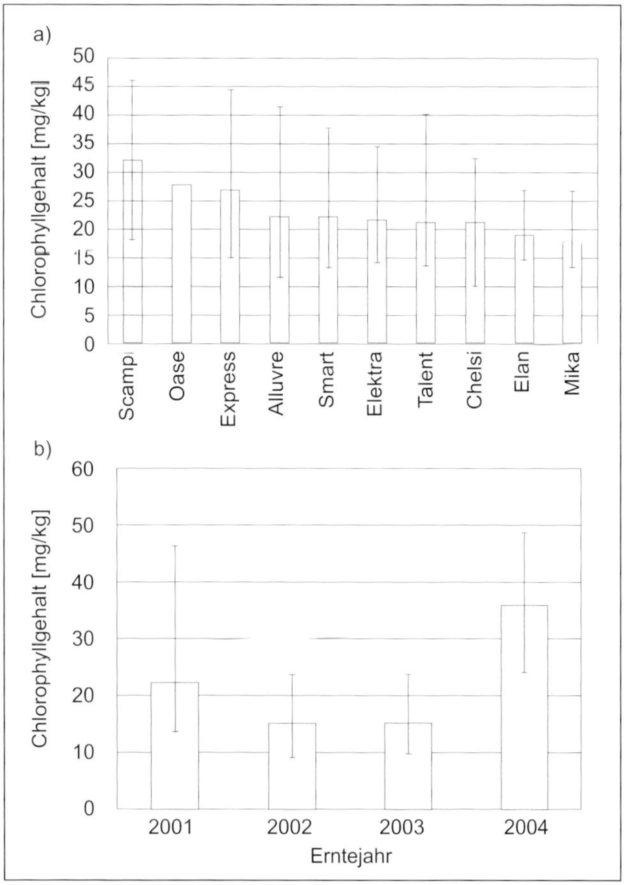

Abb. 5-2: Einfluss der Rapssorte auf den Chlorophyllgehalt des gewonnenen Öles

Allerdings zeigt sich durchaus ein agronomischer Einfluss auf Parameter wie Oxidationsstabilität oder Gehalt an freien Fettsäuren [5-3, 5-4]. So nimmt die Oxidationsstabilität von Sommerrapssorten mit zunehmender Stickstoffdüngung ab, während sich bei Winterrapssorten die Tendenz zeigte, dass eine zusätzliche Blattdüngung positive Auswirkungen auf die Ausreifung und damit auf den Gehalt an freien Fettsäuren hat [5-3, 5-4]. Auch eine Saatdichte für Winterraps von 60 Körner/m² hatte in den Untersuchungen einen positiven Effekt auf die Säurezahl im Vergleich zu einer Saatdichte von 100 Körner/m².

Für den Landwirt bedeutet dies, dass er bei der Auswahl der Sorte vor allem anbautechnische und ökonomische Aspekte, wie Ertrag, Standfestigkeit, Krankheitsresistenz oder Ernteverluste im Auge haben muss, da die Qualität des Öles nur bedingt durch die Sorten beeinflusst werden kann. Hier sind die Bedingungen des Erntejahres deutlich entscheidender.

Es gibt allerdings Hinweise darauf, dass Rapsspeiseöl aus in Deutschland gezüchteten Sorten in Jahren mit extremen klimatischen Bedingungen, großer Trockenheit oder aber auch hoher Feuchtigkeit, bei einigen Qualitätsparametern, insbesondere der sensorischen Beurteilung besser abschneidet als Öle, die aus im Ausland gezüchteten Sorten gewonnen wurden.

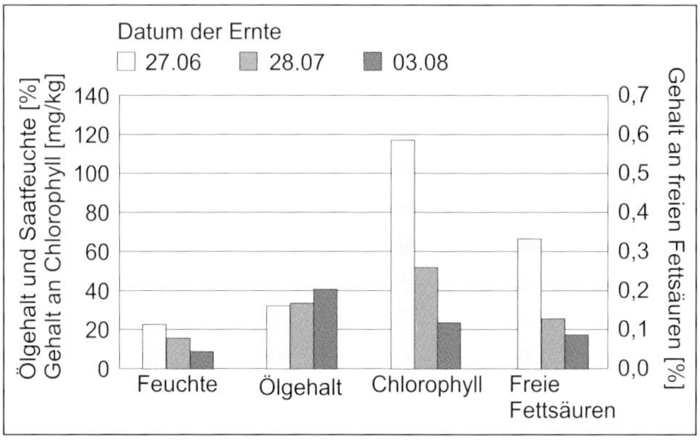

Abb. 5-3: Einfluss des Erntezeitpunktes auf verschiedene Parameter des gewonnenen Öles

5.4 Ernte

Einen wichtigen Einfluss auf den Ertrag, aber auch auf die Qualität der gewonnenen Öle haben der Zeitpunkt der Ernte sowie die Erntebedingungen. So werden die Verluste während der Ernte, abhängig vom Land und der Ölsaat in der Studie, „Postharvest Food Losses in Developing Countries" der National Academy of Sciences von 1978 zwischen 10 % und 70 % geschätzt. Gründe für diese hohen Verluste sind einerseits der falsche Erntezeitpunkt und andererseits falsche oder falsch eingestellte Erntemaschinen. Rapssaat sollte zum Zeitpunkt der vollständigen Ausreife (Vollreife BBCH 89 [5-5]) geerntet werden.

Während zum Ende der Ausreife die Feuchtigkeit der Saaten drastisch zurückgeht, kommt es gleichzeitig zu einem Anstieg des Ölgehaltes. So führt ein Erntetermin acht Tage vor der Vollreife zu Ertragseinbußen von ca. 2 bis 5 dt/ha und Öleinbußen von 3 bis 4 % [5-6]. Auch die chemischen und sensorischen Parameter des gewonnenen Öles werden durch den Erntezeitpunkt sehr stark beeinflusst. Beim Raps weisen unreife kleine Körner mit einem Durchmesser von unter 1,5 mm in der Regel niedrigere Ölgehalte und erhöhte Chlorophyllgehalte auf [5-7].

Mit zunehmender Ausreife der Saat sinkt bei Raps der Gehalt an freien Fettsäuren sowie Chlorophyll im gewonnenen Öl, was drastische Auswirkungen auf die Oxidationsstabilität der rohen Öle während der Lagerung hat (Abb. 5-3). Abbildung 5-4 zeigt, dass der Gehalt an freien Fettsäuren im Rapsöl mit zunehmendem Anteil an reifer Saat bei der Verarbeitung abnimmt [5-8]. Auch der Gehalt an Phosphor sowie Magnesium und Calcium im Rapsöl sinkt mit zunehmendem Anteil an reifer Saat. So zeigen Untersuchungen des Technologie- und Förderzentrums, Straubing, dass erst Ölproben aus 100 % reifer Saat einen Phosphorgehalt deutlich unter dem Grenzwert der DIN V 51605 [5-9] haben (Abb. 5-5). Für die Ernte 2004 vergingen zwischen

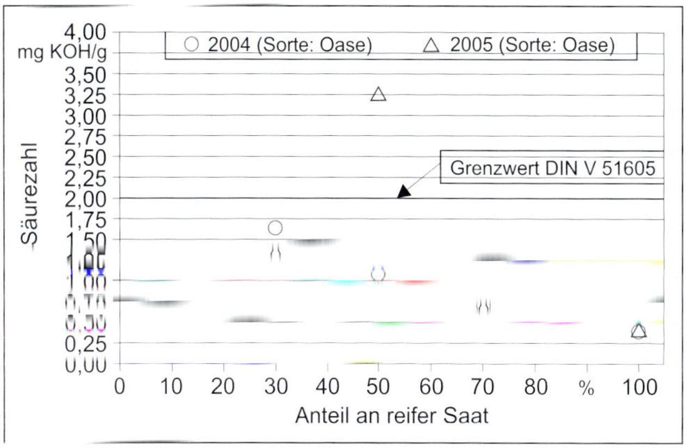

Abb. 5-4: Abhängigkeit des Gehaltes an freien Fettsäuren vom Anteil reifer Saat in der Rohware [5-8]

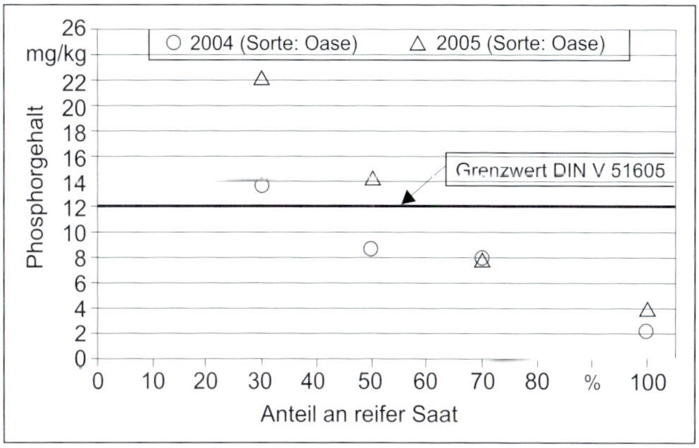

Abb. 5-5: Abhängigkeit des Phosphorgehaltes vom Anteil reifer Saat in der Rohware [5-8]

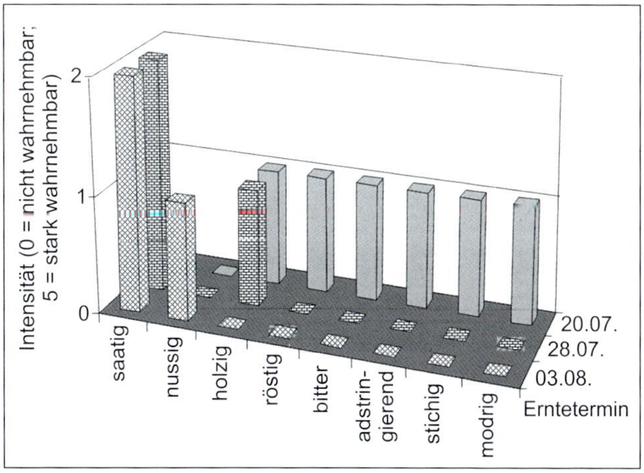

Abb. 5-6: Einfluss des Erntezeitpunkts auf die sensorische Beurteilung des gewonnenen Öles

den Erntestadien 30 % reife Saat mit Phosphorgehalten deutlich über dem Grenzwert und 100 % reife Saat mit Phosphorgehalten deutlich unter dem Grenzwert nur elf Tage. Das bedeutet, dass innerhalb eines sehr kurzen Zeitraums über die Verwendung der Rapssaat in [illegible] entschieden wird. Ähnliches gilt auch für die Gehalte an Calcium und Magnesium, für die die Vornorm DIN V 51605 [5-9] einen Grenzwert für den Summengehalt von 20 mg/kg vorsieht. Auch hier wird erst ab einem Anteil von 70 % reifer Saat der Grenzwert unterschritten, wobei bei 100 % ausgereifter Saat sehr niedrige Gehalte an Calcium und Magnesium im Öl erzielt werden können [5-8].

Neben den chemischen Parametern wird auch der Geschmack und der Geruch von Rapsöl mit zunehmender Ausreife der Saat positiv beeinflusst. So werden der Geruch und der Geschmack der Öle saatiger und nussiger, während negative Geschmacks- und Geruchsattribute nicht mehr wahrnehmbar sind (Abb. 5-6). In ähnlicher Weise gilt dies auch für andere Ölsaaten.

Generell gilt bei Ölsaaten für den optimalen Erntezeitpunkt, dass die Blätter vergilbt sind oder abgefallen, die Samen tragenden Schoten oder Fruchtstände braun und die Samen hart seien sollten. Bei Raps lässt sich der Grad der Ausreife beispielsweise an Hand der Kornfärbung überprüfen, da mit zunehmender Ausreifung die Anzahl der schwarz gefärbten Körner steigt und der Anteil brauner beziehungsweise grauer Körner abnimmt [5-10]. Die Samen sollten in den Schoten rascheln und sich nur noch schwer mit den Fingern zerdrücken lassen [5-6].

Da die Pflanzen in der Regel nicht gleichmäßig abreifen, steigt die Angst des Landwirts vor Ausfallverlusten, wenn die ersten Samen ausfallen, obwohl möglicherweise ein Teil der verbleibenden Samen noch nicht richtig ausgereift ist. Generell aber gilt, dass sich Wind und Hagelschlag deutlich negativer auf das Ernteergebnis auswirken als ein leichtes Überschreiten des Erntetermins [5-6]. In der Praxis zeigt sich z. B. beim Raps, dass dieser im Durchschnitt zwei Wochen vor dem optimalen Erntezeitpunkt geerntet wird, was drastische Auswirkungen auf die Saatqualität haben kann. Somit bedeutet die Auswahl des Erntetermins für den Landwirt einen Balanceakt zwischen der optimalen Reife seines Ernteguts und der damit einhergehenden Qualität seines Produktes sowie dem Ausfall von Samen und daraus resultierenden Verlusten. Eine gute Hilfe bei der Entscheidung ist die Verwendung von 0,25 m² großen Schalen, die in den Bestand geschoben werden, um den Verlustanstieg der Ausfallkörner zu verfolgen. Dabei bedeuten ca. 75 Körner in der Schale bei 40 dt/ha Ertrag einen Verlust von 0,5 % [5-6].

Eine zu frühe Ernte mit nicht ausgereiften Samen, die eine hohe Feuchtigkeit haben und deren Ölgehalt deutlich niedriger ist, führt aber zu massiven Qualitätsverlusten bei der Ölerzeugung. Außerdem ist der Drusch von ausgereiften und trockenen Beständen einer Ölsaat einfacher und resultiert in weniger Reinigungsverlusten und niedrigeren Trocknungskosten [5-11, 5-12].

5.4.1 Auswuchs

Ein weiterer wichtiger Aspekt, der schon bei der Ernte berücksichtigt werden sollte, ist das Auftreten von Auswuchs. Von Auswuchs gekennzeichneter Raps ist dabei an der geplatzten Samenschale und den sich daraus entwickelnden Keimlingen zu erkennen.

Gründe für Auswuchs sind längere Regenperioden oder auch starke Bodenfeuchte im Lager, so dass die erntereife Rapssaat vermehrt Feuchtigkeit aufnehmen kann, wodurch entsprechende Stoffwechselprozesse in Gang kommen. Dabei werden unter anderem die Speicherlipide als Energielieferant abgebaut und die abgespaltenen Fettsäuren dienen der Pflanze bei der Energiegewinnung, die in der Bildung von Kohlendioxid und Wasser endet.

Die Folge ist, dass Saat mit Auswuchs einen geringeren Ölgehalt und einen höheren Gehalt an freien Fettsäuren aufweist. Auch die Elementgehalte sind in Rapssaat mit Auswuchs deutlich höher und dieser Effekt wird während der Lagerung noch weiter verstärkt [5-8, 5-13].

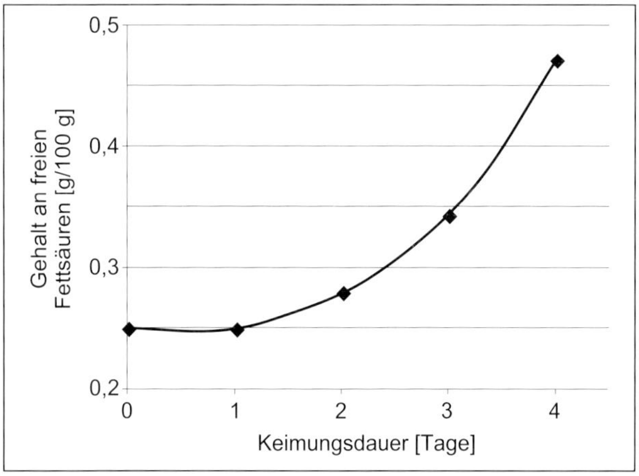

Abb. 5-7: Zunahme des Gehaltes an freien Fettsäuren in gekeimter Saat in Abhängigkeit von der Keimungsdauer

Abbildung 5-7 zeigt den Anstieg der freien Fettsäuren in teilweise gekeimter Saat von 0,25 g/100 g auf 0,47 g/100 g. Bereits nach einer Lagerdauer von vier Tagen kommt es dabei zu einer exponentiellen Zunahme des Gehaltes an freien Fettsäuren im gewonnenen Öl. Für die Praxis bedeutet dies, dass Auswuchs bei der Ernte während der anschließenden Lagerung zu sehr hohen Gehalten an freien Fettsäuren führt.

Außerdem hat die Verarbeitung von Rapssaat mit Auswuchs in kleinen und mittleren dezentralen Anlagen auch einen starken Einfluss auf die sensorische Beurteilung des gewonnenen Öles. Die Öle weisen einen unangenehmen Geruch und Geschmack auf, die durch Attribute wie „kalter Zigarettenrauch" und „kalter Aschenbecher", aber auch modrig, stichig, röstig und verbrannt charakterisiert werden. Die für Rapsöl typische saatige Note wird dadurch völlig überdeckt und die Öle sind für den menschlichen Verzehr völlig ungeeignet. Bereits nach einer Keimung von einem Tag sind die aus dieser Saat gewonnenen Öle nicht mehr verzehrfähig (Abb. 5-8) [5-14].

5.4.2 Einfluss des Mähdreschers

Schon bei der Ernte ist durch entsprechende Einstellungen des Mähdreschers (Siebe, Windmenge, Schnitthöhe) darauf zu achten, dass der Anteil unerwünschter Verunreinigungen, wie Fremdsaaten, Staub, Schotenteile etc., möglichst niedrig gehalten wird. Dies ist bei Ölsaaten wie Raps oder Lein deutlich schwieriger zu realisieren als bei der Ernte von Sonnenblumen, deren Körbe weit über den üblicherweise wachsenden Unkräutern abgeschnitten und geerntet werden. Des Weiteren sollten die intakten Saaten während der Ernte nicht durch falsche Einstellungen des Mähdreschers beschädigt werden, um den Anteil an Bruchkorn nicht zu erhöhen.

Einerseits schützt die intakte Samenschale die Saat vor dem Eindringen von Mikroorganismen und Luftsauerstoff, und zum anderen ist in beschädigter Saat die Trennung der Enzyme von den entsprechenden Substraten teilweise aufgehoben. Dadurch kann es zu einem schnellen Abbau der Saatinhaltsstoffe kommen, sowohl durch enzymatische Prozesse innerhalb der Saat als auch durch mikrobielle Stoffwechselprozesse. Beides beeinflusst die Qualität des später gewonnenen Öles nachteilig. Im Rahmen dieser Abbauprozesse kommt es zur Bildung von leichter flüchtigen, zum Teil sehr aromaaktiven Substanzen, aber auch zur Bildung von freien Fettsäuren und Peroxiden.

Ein weiterer wichtiger Faktor ist, dass das Dreschwerk während der Ernte so eingestellt werden sollte, dass noch feuchte Stängel nicht ausgequetscht werden und dadurch das Erntegut befeuchtet wird. Die Wiederbefeuchtung bei der Ernte von Raps kann bis zu 4 % betragen [5-6]. Da durch höhere Feuchtigkeitsgehalte sowohl enzymatische Prozesse innerhalb der Saat beschleunigt als auch die Lebensbedingungen für Mikroorganismen auf der Saat verbessert werden, ist ein optimaler Feuchtigkeitsgehalt der Saat bei der Ernte, spätestens aber während der Lagerung anzustreben. Wird die Saat während der Ernte durch falsche Einstellungen des Mähdreschers wieder befeuchtet, führt dies gegebenenfalls zu Qualitätsabzügen bei der Abrechnung oder aber die Saat muss rückgetrocknet werden, was ebenfalls Geld kostet und vermieden werden sollte. Gute Hinweise über die Einstellungen des Mähdreschers bei der Rapsernte finden sich in „Hinweise zur Rapsernte" [5-6].

Da die optimale Einstellung des Dreschwerks bei der Ernte zu weniger Fremdbestandteilen in der Saat führt, erleichtert dies eine spätere, vor der Lagerung unumgängliche Reinigung der Ölsaat.

5.4.3 Zwischenlagerung von Rapssaat

Die Ernte sollte möglichst rasch durchgeführt und lange Standzeiten der geernteten Ölsaat auf einem

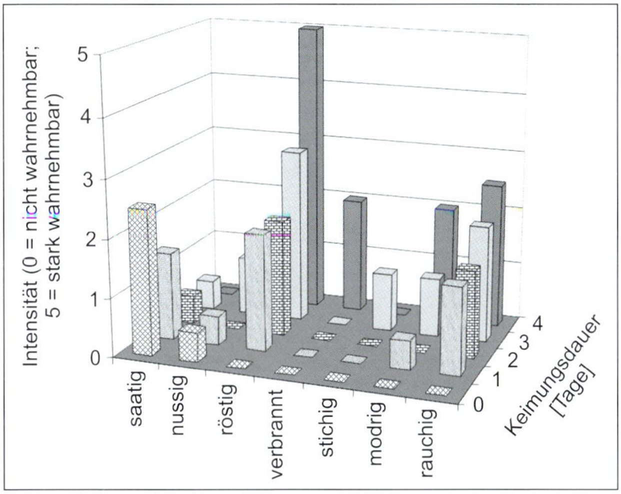

Abb. 5-8: Einfluss der Keimungsdauer auf die sensorische Bewertung des gewonnenen Öles

Transportfahrzeug vermieden werden. Es ist dringend anzuraten, die Saat direkt nach der Ernte entsprechend zu reinigen und gegebenenfalls zu trocknen, um sie dann einzulagern. Wird beispielsweise Rapssaat nach der Ernte auf einem Transportfahrzeug zwischengelagert und hier während der Lagerung durch Regen oder Tau befeuchtet, so führt dies innerhalb kürzester Zeit zu einem hydrolytischen bzw. enzymatischen Abbau der Glucosinolate. Bei Feuchtigkeitsgehalten von über 10 % werden die Glucosinolate durch das saateigene Enzym Myrosinase gespalten. Während die ölunlöslichen Glucosinolate im Presskuchen verbleiben, gehen die öllöslichen Abbauprodukte, Isothiocyanate und Nitrile in das Öl über. Neben einem Anstieg des Schwefelgehaltes im Öl, der sich negativ auf die Verwendung als Kraftstoff auswirkt, führt der Abbau der Glucosinolate auch zu einer starken, negativen sensorischen Beeinflussung des gewonnenen Öles.

Abbildung 5-9 zeigt die Auswirkungen einer kurzfristigen Lagerung von Rapssaat mit einem Wassergehalt von 10 % auf die sensorische Bewertung des gewonnenen Rapsöls. Während Rapsöl aus einer Saat mit 7 % Feuchtigkeit einen typischen saatigen und nussigen Geschmack und Geruch aufweist, führt eine Befeuchtung der Rapssaat auf 10 % Wasser innerhalb von einer Stunde zur Ausbildung von modrigen und stichigen Aromakomponenten sowie eines Geruchs und Geschmacks nach Meerrettich. Dieser ist typisch ist für Glucosinolat-Abbauprodukte. Die für native Rapsöle typischen sensorischen Eindrücke saatig und nussig sind in dem Öl nicht mehr feststellbar. Auch eine schonende Rücktrocknung der befeuchteten Saat bei 40 °C führt nicht dazu, dass die typischen Attribute zurückkommen. Es ist lediglich möglich, die Intensität der negativen Attribute modrig und stichig etwas zu reduzieren. Da es sich bei den Isothiocyanaten um leichtflüchtige Verbindungen handelt, ist der Geruch und Geschmack nach Meerrettich nach der Trocknung nicht mehr feststellbar. Dennoch ist das gewonnene Öl für den Einsatz als Speiseöl nicht mehr verwendbar. Dies zeigt, dass bereits sehr kurze Verweilzeiten mit erhöhten Feuchtigkeitsgehalten zu drastischen Qualitätseinbußen führen und daher nach der Ernte unbedingt zu vermeiden sind.

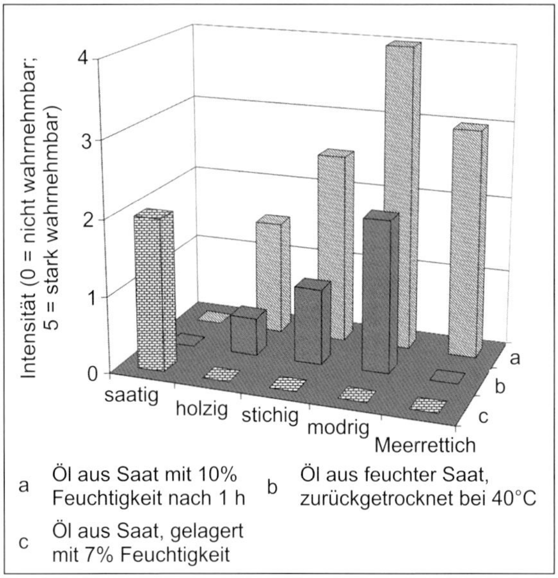

Abb. 5-9: Einfluss einer kurzfristigen Lagerung von Rapssaat mit einem Wassergehalt von 10 % auf die sensorische Beurteilung des gewonnenen Öles

Bereits nach der Ernte sollte die Qualität des Erntegutes kritisch beurteilt werden, da sich aus dem Ergebnis dieser Beurteilung entsprechende Maßnahmen für die Werterhaltung des Produktes ergeben. Schon aus eigenem Interesse an seinem Erntegut sollte der Landwirt nach der Ernte neben der Kontrolle des Verunreinigungsgrades mit Besatz und des Feuchtigkeitsgehaltes der Saat eine sensorische Beurteilung der Qualität der Saat durchführen. Insbesondere ein Befall mit Schimmelpilzen lässt sich so möglicherweise schon im Vorfeld anhand des charakteristischen muffigen und erdigen Geruchs erkennen, der durch flüchtige und sehr aromaaktive Stoffwechselprodukte entsteht. Eine Lagerung der kontaminierten Saat mit nicht kontaminierter Saat lässt sich so leicht vermeiden.

5.4.4 Nachreife

Ein wichtiger Faktor, der bei der Ernte nicht außer Acht gelassen werden sollte, sind nachreifebedingte Veränderungen der Rohware. Während die Pflanzen noch vor 50 Jahren geschnitten und dann auf dem Feld belassen wurden, werden die Früchte heute mit dem Mähdrescher schnell und mit unterschiedlichen Wassergehalten vom Feld geholt. So kommt es, dass die Saaten nach der Ernte in der Schüttung nachreifen, wohingegen dieser Prozess früher auf dem Feld stattfand, und die dann ausgereifte und trockene Frucht eingelagert wurde.

Das Problem der Nachreifung ist, dass es innerhalb der Frucht zu einer Umverteilung von Wasser kommt, die letztlich zu Schwitzprozessen führt. Dies wiederum hat zur Folge, dass sich die Feuchtigkeit in der Schüttung drastisch verändert, wodurch sich die Lebensbedingungen für Mikroorganismen und auch Insekten verbessern. Zusätzlich kommt es durch die erhöhte Feuchtigkeit zu einer verstärkten Atmung der Saat, was wiederum zur Entwicklung von Wärme und Feuchtigkeit führt. Die Temperatur in der Schüttung steigt an, so dass die Lebensbedingungen für Mikroorganismen, Pilze und Insekten besser werden.

Dieser Prozess der Nachreifung kann bis zu acht Wochen dauern. Daraus folgt, dass diese Phase nach der Ernte als besonders kritisch angesehen werden muss. Auch wenn die Saat „trocken" vom Feld geholt wird, ist es wichtig, direkt nach der Ernte mit den qualitätserhaltenden Maßnahmen zu beginnen. Durch stoffwechselbedingte Wasserverlagerungen innerhalb der Saat kann Wasser freigesetzt werden, dass dann für weitere Prozesse zur Verfügung steht. Diese Maßnahmen beinhalten daher zum einen die Kühlung der Saat. Zum anderen ist es notwendig, das während der Schwitzprozesse frei werdende Wasser durch Belüftung abzuführen.

5.5 Beurteilung der Saatqualität

Die Beurteilung der Saatqualität ist eine wichtige Voraussetzung für die Herstellung einwandfreier nativer Pflanzenöle. Aber auch für die Vermeidung von Verlusten bei der Herstellung raffinierter Öle sollte dies Teil eines Qualitätsmanagementsystems sein. Dabei sollte die Qualität der Rohware bei jedem Schritt in der Produktionskette geprüft und dokumentiert werden. Dies bedeutet, dass die Qualität der Ölsaat nicht erst bei der Verarbeitung eine Rolle spielen sollte. Vielmehr muss der Qualitätsgedanke bereits bei der Annahme der Saat zur Lagerung eine wichtige Triebfeder für das Handeln sein.

Über die Beschreibung der Saatqualität als „gesund und handelsüblich" hinaus sollte die sensorische Beurteilung der Saat als saatig bei gleichzeitiger Abwesenheit von modrigen, stichigen oder muffigen Aromaeindrücken in entsprechenden Kontrakten festgeschrieben werden. Dies ist allerdings in Zeiten hoher Saatpreise in der Praxis nur schwer durchzusetzen.

Im Prinzip stehen für die Beurteilung der Saatqualität zwei einfache Verfahren zur Verfügung, die ohne allzu großen apparativen Aufwand durchgeführt werden können. Dies ist einerseits die visuelle und auf der anderen Seite die sensorische Beurteilung der Saat. Die Aussagekraft der sensorischen Beurteilung ist dabei allerdings deutlich höher zu bewerten als die der visuellen Begutachtung der Rohware.

Hohe Anteile an Fremdsaaten, gebrochener Saat, gekeimter Saat oder auch von Schmutzbestandteilen geben erste Hinweise auf eine schlechte Saatqualität. Bei Rapssaat besteht darüber hinaus noch die Möglichkeit, die Farbe der gebrochenen Saat zu beurteilen. Dies kann entweder dadurch geschehen, dass die Saat durch einen harten Gegenstand geschrotet wird oder aber durch die Verwendung eines Canola Counting Paddle, der von der kanadischen Grain Commission zur Beurteilung der Saatqualität herangezogen wird. Mit Hilfe dieses Stabes, der 100 Vertiefungen für die Rapssaat aufweist, wird die Saat auf einem Klebestreifen fixiert und anschließend mit einem Roller gebrochen. Die gebrochene Saat wird dann hinsichtlich der Anteile an grüner Saat (Chlorophyll) und brauner Saat (hitzegeschädigt) beurteilt (Abb. 5-10). Allgemein lässt sich sagen, dass das Endosperm einwandfreier Saat einheitlich gelb gefärbt ist, während geschädigte Saat eine deutliche Färbung des Endosperms von gelbbraun über braun bis dunkelbraun aufweist (Abb. 5-11).

Das System der Canadian Grain Commission zur Bewertung aller kanadischen Rapssaaten sieht eine Einteilung in drei Qualitätsstufen vor. Dabei dürfen Saaten der besten Qualität lediglich 2,0 % grüne Saaten und nur 0,1 % verbrannte Saaten aufweisen, während die Qualitätsstufe 3 maximal 20 % grüne Saaten und 2,0 % verbrannte Saaten enthalten darf. Grüne Saaten sind im gemäßigten Klima Nordeuropas kein Problem, da die hier angebauten Winterrapssorten aufgrund der längeren Vegetationsperiode in der Regel im ausgereiften Zustand geerntet werden und daher vergleichsweise niedrige Chlorophyllgehalte aufweisen. Hingegen sind verbrannte Saaten keine Seltenheit und treten insbesondere im Zusammenhang mit Fehlern bei der Lagerung auf. Kommt es während der Lagerung von feuchter Saat zu lokalen Überhitzungen, so resultiert daraus die Bildung von verbrannter Saat. Die Verfärbungen sind dabei auch auf nicht enzymatische Bräunungsreaktionen (Maillard-Reaktion) zurückzuführen. Diese findet zwischen freien Aminosäuren und reduzierenden Zuckern – aber auch Carbonylgruppen, die beim Abbau von Fettsäuren gebildet werden – statt. Schon bei niedrigen Temperaturen und niedrigen Wassergehalten kann die Maillard-Reaktion ablaufen, allerdings deutlich langsamer als bei höheren Temperaturen.

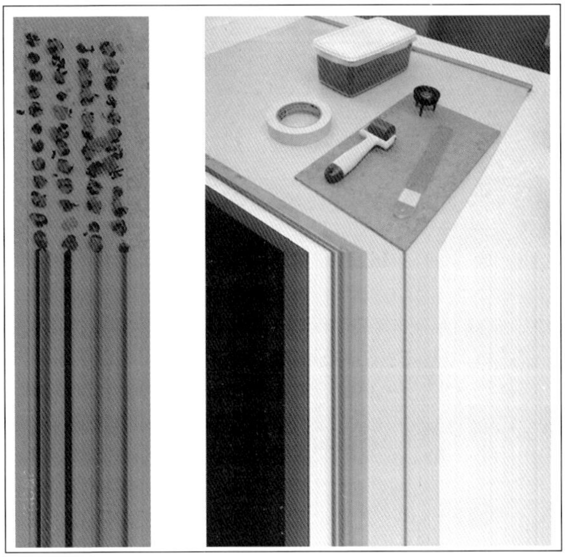

Abb. 5-10: Canola Counting Paddle zur visuellen Bewertung von Rapssaat

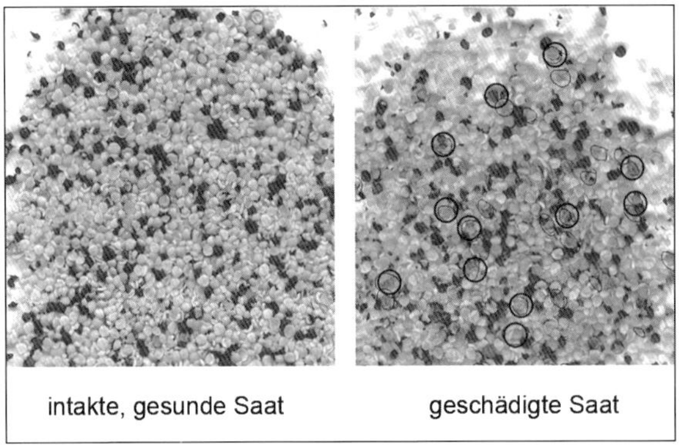

Abb. 5-11: Endosperm gesunder Rapssaat im Vergleich zum Endosperm hitzegeschädigter Rapssaat

Sehr gute Hinweise auf den Zustand der Rohware gibt auch die sensorische Beurteilung der geschroteten Saat mit der Nase. Während die Aromakomponenten durch die intakte Samenschale nur unzureichend freigesetzt werden und somit auch nur eine schlechte Korrelation mit der Ölqualität zeigen, werden die Aromastoffe durch das Schroten freigesetzt und können somit zur Beurteilung der Saatqualität herangezogen werden. Hier zeigt sich eine sehr gute Übereinstimmung der sensorischen Beurteilung der geschroteten Saat mit der Qualität des gewonnenen Öles (Abb. 5-12a und 5-12b). Wird nur an der intakten Rohware gerochen, ist eine eindeutige Identifizierung der dumpf modrigen oder erdigen Geruchseindrücke nur möglich, wenn der Verderb schon sehr weit fortgeschritten ist (Abb. 5-12c). Durch das Schroten der Rohware vor dem Riechen lassen sich die relevanten Aromakomponenten sicherer und einfacher wahrnehmen. Für ein erstes Screening der Qualität der Rohware ist dieser Test sehr gut geeignet.

Noch besser geeignet, allerdings auch deutlich zeitaufwändiger, ist eine Probepressung der angelieferten Saat mit Hilfe einer kleinen Schneckenpresse und eine anschließende Beurteilung des gewonnenen Öles.

Durch diese einfachen Verfahren lässt sich vermeiden, dass geschädigte Saat mit intakter Saat zusammen gelagert wird oder aber in den Verarbeitungspro-

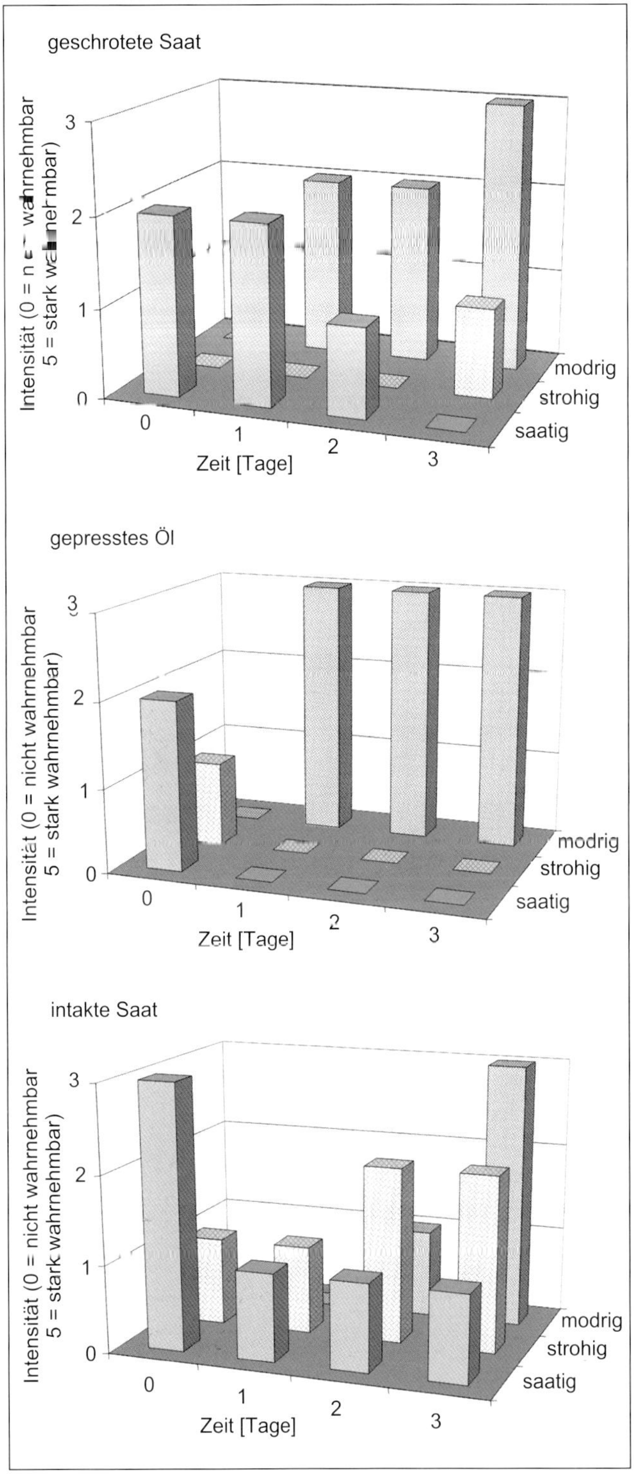

Abb. 5-12: Vergleich der sensorischen Beurteilung von intakter und geschroteter Rapssaat und entsprechendem Rapsöl

zess kommt, wenn anschließend keine Möglichkeit mehr besteht, die Ölqualität zu verbessern. Für Betriebe, die nicht nur ihre eigene Saat verarbeiten, sind diese einfachen Tests zur Beurteilung der Saatqualität im Rahmen eines Qualitätssicherungssystems zu empfehlen.

5.6 Saatmanagement

Ein wichtiger Aspekt bei der Herstellung von qualitativ hochwertigen Pflanzenölen ist das Saatmanagement vor dem eigentlichen Ölgewinnungsprozess. Dabei sind unter Saatmanagement sowohl die Reinigung und die Trocknung, aber vor allem die XX der Saat vor der Pressung zu verstehen. Während dieser Aspekt für die Herstellung von Pflanzenölen in großen zentralen Ölmühlen auch eine gewisse Rolle spielt, da mindere Saatqualität immer mit Verlusten bei der Ölgewinnung verbunden ist, ist die Saatqualität für die Herstellung nativer, kaltgepresster Pflanzenöle absolut entscheidend für die Qualität des gewonnenen Öles. Fehler, die im Zeitraum von der Ernte bis zur Pressung gemacht worden sind, können nicht mehr korrigiert werden.

Ölsaaten wie Raps oder Sonnenblumen, aber auch andere Früchte wie Mohn oder Traubenkerne, werden nicht direkt nach der Ernte, sondern abhängig von der Auslastung der Ölmühle mehr oder weniger kontinuierlich über das ganze Jahr bis zur nächsten Ernte verarbeitet. Daher ist es für die Herstellung von qualitativ hochwertigen Pflanzenölen absolut notwendig, die Saaten unter Bedingungen zu lagern, die es erlauben, die gute Qualität der Saat nach der Ernte bis zur Verarbeitung ohne Verluste zu erhalten.

Die Qualität der geernteten Saat kann durch die Lagerung nur erhalten, nicht aber verbessert werden!

5.6.1 Besonderheiten bei der Verarbeitung von Traubenkernen, Weizenkeimen etc.

Einen besonderen Fall stellen hierbei Produkte dar, die zur Ölgewinnung verwendet werden, aber keine Ölsaat im eigentlichen Sinne darstellen, wie z. B. Traubenkerne, Weizenkeime oder auch Maiskeime. Diese Fruchtbestandteile oder Samen stellen Nebenprodukte aus der Herstellung anderer Produkte dar und können aufgrund ihrer Zusammensetzung selbst noch zu qualitativ hochwertigen Lebensmitteln verarbeitet werden. Das Problem ist, dass sie aus dem stabilen Gefüge der Frucht herausgelöst wurden und deshalb gegenüber enzymatischen und mikrobiellen Prozessen besonders anfällig sind. Beispielsweise steigt in Weizenkeimen der Gehalt an freien Fettsäuren durch die enzymatische Spaltung der Triglyceride während der Lagerung sehr rasch an, so dass Weizenkeimöl in der Regel den Grenzwert für freie Fettsäuren von 2 g/100 g aus den Leitsätzen für Speisefette und Speiseöle der Deutschen Lebensmittelbuch-Kommission nicht einhalten kann. Traubenkerne, die bei der Gewinnung von Wein in großen Mengen anfallen, müssen direkt nach der Kelterung schonend getrocknet werden, weil es ansonsten durch den hohen Feuchtigkeitsgehalt der anhaftenden Fruchtschalen sehr rasch zu einem mikrobiellen Abbau kommt, der sich in der Bildung von Essigester (Klebstoff), Essigsäure und Ethanol sensorisch bemerkbar macht. Diese Aromakomponenten sind in nativen, kaltgepressten Traubenkernölen zu finden [5-15].

Aus diesen Gründen müssen die Nebenprodukte der Lebensmittelherstellung, die für die Gewinnung von Pflanzenölen weiter verwendet werden sollen, mit einer besonderen Sorgfalt behandelt werden, um daraus hochwertige Pflanzenöle herstellen zu können. Dies heißt für Weizen- und Maiskeime, dass diese sehr rasch nach der Gewinnung zu Öl weiter verarbeitet werden müssen, um hohe Gehalte an freien Fettsäuren in den Ölen zu vermeiden. Dies geschieht oftmals nicht, da die Keime vor der Pressung erst gesammelt werden, um größere Mengen für die Pressung zur Verfügung zu haben. Traubenkerne dürfen nach der Kelterung nicht erst noch zwischengelagert werden. Vielmehr ist die unmittelbar an die Kelterung anschließende, schonende Trocknung für die Herstellung qualitativ hochwertiger Traubenkernöle unabdingbar. Bei Preisen von bis zu 80 Euro/l kann der Verbraucher eine schonende und sachgerechte Verarbeitung der Traubenkerne erwarten.

5.6.2 Wichtige Aspekte des Saatmanagements

Ein Grund für die Schwierigkeiten bei der Lagerung ist, dass es sich bei Ölsaaten bzw. -früchten um lebende Organismen handelt, die das Ziel haben, eine neue Pflanze entstehen zu lassen, sobald es die Umweltbedingungen zulassen, und dass die Lagerung so durchgeführt werden muss, dass Qualitätsverluste weitestgehend vermieden werden. Dies führt dazu, dass die Saat, wenn entsprechende Bedingungen vorliegen, mit dem Abbau der Speicherstoffe wie Lipide, Kohlenhydrate oder Proteine zu kurzkettigen Verbindungen wie Fettsäuren, Zuckern oder Aminosäuren beginnt und damit den Stoffwechsel in Gang setzt. In Abhängigkeit von Temperatur und Feuchtigkeit kommt es in der Saat zum Abbau der Inhaltsstoffe und dadurch zur Bildung von Energie. Dieser Prozess wird auch als Atmung bezeichnet.

180 g Glucose + 192 g Sauerstoff $\rightarrow$
108 g Wasser + 264 g Kohlendioxid + 2886 kJ Energie

Neben der chemischen Energie, die exotherm gebildet wird, entsteht auch Wärmeenergie, die die Ölsaat aufheizt und sich als so genannte Selbsterhitzung bemerkbar macht. Ist der Sauerstoffgehalt in der Schüttung zu gering, kann der Abbau der Korninhaltstoffe auch über einen anderen Stoffwechselweg gehen. Dabei entstehen dann neben Kohlendioxid Gärungsprodukte wie Milchsäure oder Alkohol.

Hinzu kommt, dass die Speicherstoffe der Saat als Nahrungsquelle für Mikroorganismen, Insekten oder auch andere Tiere dienen können. Insbesondere Mikroorganismen wie Hefen und Schimmelpilze tragen entscheidend zu Gewichtsverlusten durch Veratmung von Inhaltsstoffen bei. Bei günstigen Feuchtigkeitsgehalten und Temperaturen in der Schüttung bauen sie die Saatinhaltsstoffe auf und unter der schützenden Samenschale über die gleichen Energiegewinnungswege wie die Saat selbst ab.

Auf der anderen Seite muss bedacht werden, dass die Saat nur dann optimal gelagert werden kann, wenn sie lebens- und keimfähig bleibt. Dies bedeutet, dass die Stoffwechselprozesse in der Saat während der Lagerung nicht auf Null heruntergefahren werden dürfen, weil dies zu einem Absterben der Saat führen würde. Somit sollten die Bedingungen während der Lagerung so gewählt werden, dass einerseits der Stoffwechsel der Saat auf ein Minimum reduziert wird, um Atmungsverluste, die durch den Stoffwechsel entstehen, zu minimieren, und andererseits darauf geachtet wird, dass der Stoffwechsel nicht vollständig zum Erliegen kommt, um die Saat in einem lebensfähigen Zustand zu erhalten.

Erreicht werden kann dies, indem die Haupteinflussfaktoren für die Saatatmung, Temperatur und Feuchtigkeit, während der Lagerung kontrolliert werden. Daneben sind aber auch Faktoren wie Art und Reifezustand der Saat, Verunreinigungen mit Fremdbestandteilen, anhaftende Bakterien, Pilze und Hefen sowie Beschädigungen der Saat wichtige Kriterien, die die maximale Lagerdauer nachteilig beeinflussen können und während der Lagerung nicht außer Acht gelassen werden dürfen. Unter Berücksichtigung der genannten Faktoren kann der dritte Haupteinflussfaktor für die Saatatmung, die Zeit, entsprechend verlängert werden.

5.6.3 Reinigung der Ölsaat

Trotz entsprechender Einstellungen des Mähdreschers wird während der Ernte nicht nur die Saat vom Feld geholt, sondern auch Fremdbestandteile. Dabei ist zu unterscheiden in Besatz, der nach den DGF-Einheitsmethoden [5-16] als organische und anorganische fremde Bestandteile sowie fremde Saat definiert ist, und beschädigten, gequetschten oder geschimmelten Samen, die nach dieser Definition nicht zum Besatz gehören. Der Anteil an unerwünschten Bestandteilen kann in Extremfällen bis zu 10 % der Erntemenge ausmachen. In der Regel liegen die Gehalte aber zwischen 3 und 5 %. Abbildung 5-13 zeigt verschiedene Besatzfraktionen, die mit unterschiedlichen Sieben von einer Rapssaat abgetrennt wurden.

5.6.3.1 Fremdsaaten

Ein Problem stellen insbesondere Fremdsaaten dar, die bei Ölsaaten wie Raps, Lein oder auch Leindotter zusammen mit der Saat geerntet werden. Dies sind zunehmend Samen von Kamille, Klettenlabkraut, Vogelmiere, Stiefmütterchen, Hirtentäschelkraut, Klatschmohn, Kornblume, verschiedenen Rauke-Arten, Storchschnabel und Trespen [5-17].

Der Ölgehalt dieser Fremdsaaten ist in der Regel deutlich niedriger als der der Ölsaat, die züchterisch für einen höheren Ölgehalt bearbeitet worden

Abb. 5-13: Verschiedene Besatzfraktionen aus geernteter Rapssaat

ist. Des Weiteren weicht die Fettsäurezusammensetzung der Fremdsaaten deutlich von der der Ölsaat ab, so dass es hier zu einer Veränderung der Ölqualität kommt, wenn der Anteil an Fremdsaat zu groß wird.

Fremdsaaten enthalten auch deutlich höhere Gehalte an Chlorophyll, was die Raffination des Öles erschwert und bei nativen, kaltgepressten Ölen zu einer geringeren Lagerstabilität führt, vor allem dann, wenn die Öle in Klarglasflaschen dem Licht ausgesetzt sind. Chlorophyll wirkt hier als Photosensibilisator, der die Energie des Lichtes auf den Sauerstoff überträgt, der wiederum in seiner radikalischen Form mit den Fettsäuren reagieren kann. Dies führt dann zur Bildung von aromaaktiven Abbauprodukten, die sich sehr schnell bemerkbar machen. Abbildung 5-14 zeigt den Einfluss von Chlorophyll auf die Lagerstabilität von Pflanzenölen, wenn diese dem Licht ausgesetzt sind. Während die Anwesenheit von Chlorophyll im Öl unter dem Einfluss von Licht zu einem schnellen Anstieg der Peroxidzahl als Maß für den Oxidationszustand des Öles führt, hat Chlorophyll bei Abwesenheit von Licht keinen Einfluss auf die Lagerstabilität von Ölen.

Auch die Elementgehalte im Rapsölkraftstoff werden durch Fremdbestandteile in der Rapssaat negativ beeinflusst. Der Einfluss ist zwar nur gering, kann aber unter Umständen bei der Verarbeitung von vorgeschädigter Saat zu Grenzwertüberschreitungen führen [5-8].

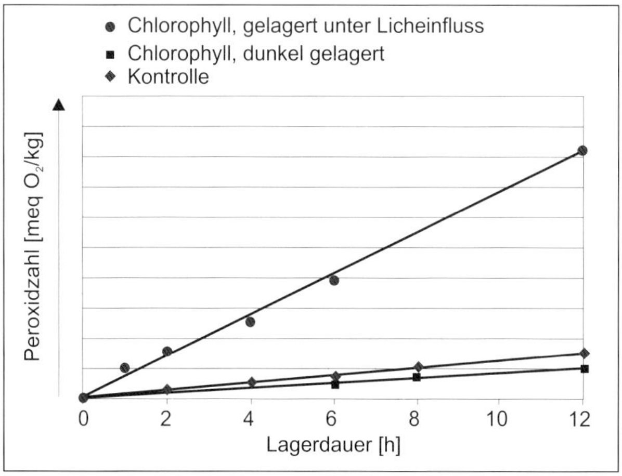

Abb. 5-14: Einfluss von Chlorophyll auf die Lagerstabilität von Pflanzenölen

Bei der Herstellung kaltgepresster, nativer Pflanzenöle zur Verwendung als Speiseöl kommt es zu einer drastischen Veränderung des Geruchs und des Geschmacks, wenn der Anteil an mitgepressten Fremdsaaten in der Ölsaat zu hoch ist. Da sich die Fremdsaaten oftmals durch einen stark kräuterartigen Geruch und Geschmack auszeichnen, führt dies zu einer deutlichen Veränderung des ursprünglichen sensorischen Eindrucks des nativen Pflanzenöls. Für die Herstellung raffinierter Pflanzenöle stellt dies kein Problem dar, da während der Raffination entsprechende Aromakomponenten aus dem Öl entfernt werden.

Ein weiterer wichtiger Aspekt, der noch kritischer gesehen werden muss, ist, dass Fremdbestandteile, die während der Ernte mit der Saat gemeinsam geerntet werden, in der Regel 10- bis 100-mal mehr mit Mikroorganismen besetzt sind als die geerntete Ölsaat [5-10]. Dies führt dazu, dass auch die Ölsaat während der Lagerung durch diese Fremdbestandteile mit Mikroorganismen kontaminiert werden kann und es während der Lagerung zu einer deutlich schnelleren Zunahme der Population mit den entsprechend nachteiligen Folgen für die Ölqualität kommt. Ein Befall mit Schimmelpilzen hat einerseits einen Trockenmasseverlust durch Veratmung zur Folge und führt andererseits durch die Bildung von aromaaktiven Verbindungen, die als dumpfer, modriger oder auch erdiger Geruch sehr rasch sensorisch wahrnehmbar sind, zu einer Verschlechterung der Ölqualität.

Hinzu kommt, dass Fremdsaaten oftmals einen höheren Feuchtigkeitsgehalt aufweisen, da zwar die Ölsaat, nicht aber die Fremdsaaten, zu einem optimalen Zeitpunkt geerntet worden sind. Während der Lagerung kommt es dann zu einem Ausgleich zwischen der Feuchtigkeit der Ölsaat und der der Fremdsaat im Lager, wodurch die Saatfeuchte der Ölsaat ansteigen kann. Dies bedeutet, dass das

Klima in der Schüttung sehr stark auch von dem in der Schüttung vorhandenen Besatz bestimmt wird. Wird der Anteil an Fremdbestandteilen nicht vor der Trocknung reduziert, muss gegebenenfalls ein deutlich höherer Aufwand bei der Trocknung der Rohware betrieben werden, da wertlose Verunreinigungen mit getrocknet werden mussen. Unter dem Gesichtspunkt der Optimierung der Prozessbedingungen und -schritte ist dies ein wichtiger Aspekt und sollte berücksichtigt werden.

5.6.3.2 Bruchkorn

Wichtig für die Qualität des gewonnenen Öles ist auch der Anteil an Bruchkorn in der Saat während der Lagerung. Da im Bruchkorn die Trennung der Enzyme von ihren Substraten nicht mehr gegeben ist, laufen enzymatische Reaktionen ab, die zu einer Spaltung der Triglyceride und zur Bildung von freien Fettsäuren führen, die wiederum zu geruchs- und geschmacksaktiven Stoffen abgebaut werden. Außerdem sind die Sameninhaltstoffe auch dem direkten Zugriff von Mikroorganismen und anderen Schädlingen zugänglich. Daher sollte der Anteil an Bruchkorn in der Saat während der Lagerung möglichst gering gehalten werden.

Abbildung 5-15 zeigt die Zunahme des Gehaltes an freien Fettsäuren in Abhängigkeit vom Anteil Bruchkorn in der Saat und von der Lagerdauer. Dabei steigt der Gehalt an freien Fettsäuren im gewonnenen Öl mit dem Bruchkornanteil in der Rapssaat und der Lagerungsdauer an. Hinzu kommt, dass auch die Lagerungstemperatur einen wichtigen Einfluss hat und es bei höheren Temperaturen zu einer Beschleunigung der Abbaureaktionen kommt. So werden bei Lagerung der Rapssaat bei 40 °C deutlich höhere Gehalte an freien Fettsäuren gefunden als bei einer Lagerung bei Raumtemperatur.

Auch die Elementgehalte im Rapsöl steigen mit zunehmendem Anteil an Bruchkorn in der Saat an, was in Verbindung mit anderen Einflussfaktoren dazu führen kann, dass der Grenzwert der Vornorm DIN V 51605 überschritten wird [5-13].

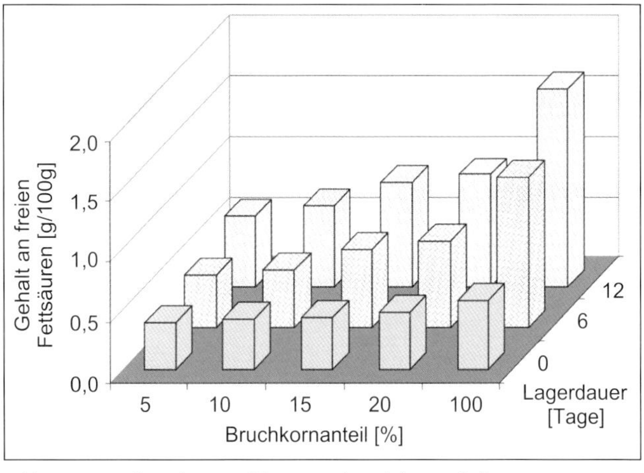

Abb. 5-15: Einfluss des Bruchkornanteils auf den Gehalt an freien Fettsäuren

Abbildung 5-16 zeigt das Ergebnis der sensorischen Bewertung von Rapsöl, das aus Rapssaat gewonnen wurde, die mit 5 % Bruchkornanteil bei 40 °C über einen Zeitraum von sechs Tagen gelagert wurde. Die Intensität der positiven Attribute saatig und nussig nimmt mit fortschreitender Lagerdauer schnell ab, während es gleichzeitig zur Ausbildung der negativen Attribute modrig und stichig kommt. Entsprechende Ergebnisse erhält man auch, wenn die Lagerung bei Raumtemperatur durchgeführt wird, allerdings verläuft die Entwicklung der negativen Attribute langsamer. Untersuchungen zeigen, dass auch die Lagerung von Rapssaat mit Bruchkornanteilen bei 8 °C die Ausbildung von stark stichigen Fehlaromen nicht verhindern kann [5-14].

5.6.3.3 Milben

Der Besatz enthält neben Mikroorganismen oftmals auch eine große Anzahl Milben, bei denen es sich in der Regel um weniger als 0,5 mm lange und fast durchsichtige Mehlmilben handelt. Die Mehlmilbe ist einer der bedeutendsten Vorratsschädlinge in Getreide- und Futtermittellagern, Silos, Mühlen und Bäckereien. Diese Milben sind mit dem bloßen Auge nur schlecht zu sehen und

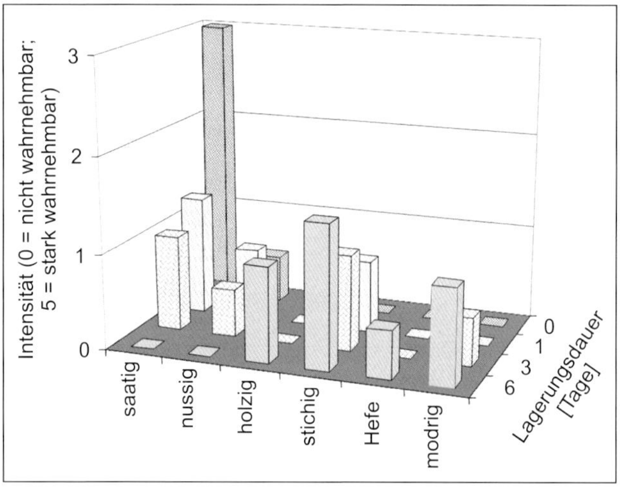

Abb. 5-16: Einfluss eines Bruchkornanteils von 5 % auf die sensorische Bewertung des gewonnen Rapsöls bei 40 °C Lagerungstemperatur

erst bei einsetzender Belüftung setzen sie sich als blauviolette Körper an der Oberfläche der Saat ab. Durch die Anwesenheit von Schimmelpilzen wird die Entwicklung der Milben gefördert, da sie sich bevorzugt von Schimmelpilzrasen ernähren. Da Schimmelpilze und Milben sich gegenseitig begünstigen, kann beim Auftreten von größeren Milbenkolonien davon ausgegangen werden, dass im Lager Schimmelpilze vorhanden sind.

> *Milben im Lager*
> Beim Auftreten von größeren Milbenkolonien kann davon ausgegangen werden, dass im Lager auch Schimmelpilze vorhanden sind!

Die Untersuchung der Saat auf Milben kann erfolgen, indem eine große Plastiktüte oder ein Glas mit der Saat gefüllt und dann auf 25 bis 30 °C erwärmt wird. Die Milben bewegen sich dann an der Oberfläche und sind daher gut zu sehen. Eine Feuchtigkeit von 8 bis 11 % in der Schüttung stellt optimale Bedingungen für das Wachstum und die Vermehrung von Milben dar, deren Zahl dann sehr rasch zunimmt. Erst bei einer relativen Luftfeuchtigkeit von unter 65 % oder Temperaturen von unter 3,5 °C kommt die Aktivität der Milben zum Erliegen.

Die Ölsaat dient als Lebensgrundlage für Milben, die in der Lage sind, die Samenschale bei Raps, Sonnenblumen oder auch Lein zu öffnen und somit den intakten Samen nachhaltig zu schädigen. Durch die Verletzung der Samenschale können Mikroorganismen in den Samen eindringen und auch innerhalb des Samens kommen enzymatische Prozesse in Gang, die zum verstärkten Abbau von Sameninhaltsstoffen durch Veratmung führen. Dies hat zum einen die Verminderung der Masse der vorhandenen Saat durch Stoffwechselprozesse zur Folge. Zum anderen bilden sich aromaaktive Verbindungen, die zu einer Verschlechterung der Saatqualität führen. Bei einem Massenbefall mit Milben, insbesondere in der wärmeren Jahreszeit, kommt es zur Entwicklung eines beißenden süßlichen Geruchs, der das Lagergut vollständig unbrauchbar macht.

Mehlmilben sollen auch schädliche Mikroorganismen übertragen. Außerdem können Milben, die sich in Massen zwischen Papiersäcken mit Raps entwickeln, das Zusammenstürzen ganzer Stapel verursachen, da Millionen von Milben wie ein Gleitmittel wirken und den Säcken den mechanischen Halt nehmen [5-18]. Waren, die mit lebenden oder auch abgestorbenen Milben kontaminiert sind, sind nicht mehr handelsfähig.

Als vorbeugende Maßnahmen zur Vermeidung eines Milbenbefalls dienen eine gründliche Reinigung der Lagerstellen vor der Neueinlagerung sowie der einzulagernden Rohware, aber auch die Trocknung der Rohware und das Absenken der Temperatur während der Lagerung. Ist es nicht möglich, den Befall mit konventionellen Mitteln einzudämmen, besteht auch noch die Möglichkeit der Begasung mit Kohlenmonoxid. Ebenfalls denkbar sind biologische Maßnahmen unter Einsatz von Nützlingen (z. B der Raubmilbe *Cheyletus eruditus*).

Fremdbestandteile sollten möglichst rasch nach der Ernte von der Saat abgetrennt werden, da sie für die Qualität des gewonnenen Öles die oben beschriebenen Nachteile bringen. Ziel einer sorgfältigen Reinigung sollte es sein, den Anteil an Fremdbestandteilen in der Saat auf unter 1 % zu reduzieren. Dies ist bei Saaten wie Raps, Lein und auch Leindotter durch entsprechende Siebbespannungen zu erreichen, so dass intakte Reinigungsmaschinen in einem Arbeitsgang zwei Drittel der vorhandenen Fremdbestandteile entfernen können. Zu empfehlen ist die Kombination aus Sieb- und Luftreinigungsanlagen, da hierdurch sowohl grobe als auch feine Fremdbestandteile effektiv entfernt werden können. Auch hier ist bereits bei der Saatannahme eine entsprechende Prüfung der Saatqualität durch eine Geruchsprobe der geschroteten Saat dringend zu empfehlen.

5.6.4 Trocknung

Ein wichtiger Parameter für die Abrechnung von Ölsaaten im Handel ist der Wassergehalt in der Frucht, der durch Trocknung und Differenzbestimmung zur feuchten Saat bestimmt werden kann. Als Abrechnungsgrundlage dient bei Rapssaat ein Wassergehalt von 9 %. Für die Erklärung von Phänomenen in der Saat während der Lagerung reicht der Wassergehalt nicht aus, da hierfür das tatsächlich für bestimmte Reaktionen zur Verfügung stehende Wasser von Bedeutung ist.

5.6.4.1 Wasseraktivität und relative Luftfeuchtigkeit

Die Aktivität der Stoffwechselprozesse in und auf der Saat wird insbesondere durch das Gleichgewicht zwischen Luftfeuchtigkeit und Saatfeuchte beeinflusst. Dabei werden die funktionellen Eigenschaften der Saatfeuchte vor allem durch den locker gebundenen Anteil des Wassers in der Saat bestimmt, der für verschiedene Prozesse tatsächlich zur Verfügung steht und als Wasseraktivität bezeichnet wird (a_w-Wert des Produktes). Die Wasseraktivität von Produkten errechnet sich als:

$$a_w = \frac{\text{Wasserdampfpartialdruck des Produktes bei (T)}}{\text{Wasserdampfpartialdruck von reinem Wasser bei (T)}}$$

Da viele Prozesse in und auf der Ölsaat einen bestimmenden Anteil an frei verfügbarem Wasser benötigen, entweder als Reaktionspartner oder indirekt als Reaktionsmedium, ist der a_w-Wert geeignet die Qualität des Produktes mit zu beschreiben.

Betrachtet man die verschiedenen Prozesse, die in der Saat ablaufen können, so finden Oxidationsvorgänge oder aber auch die Maillard-Reaktion schon bei sehr niedrigen a_w Werten statt, während für Enzymreaktionen und für die Aktivität von Mikroorganismen deutlich größere Mengen an frei verfügbarem Wasser, also höhere Wasseraktivitäten notwendig sind. So benötigen Mikroorganismen a_w-Werte von über 0,7, um aktiv zu werden (Abb. 5-17).

Ein Maß für die Luftfeuchtigkeit ist die relative Luftfeuchtigkeit, die in Prozent angegeben wird. Durch sie wird das Verhältnis zwischen dem Wasserdampfgehalt der Luft und dem maximal möglichen Wasserdampfgehalt bei gegebener Temperatur beschrieben. Die Saatfeuchte einer Ackerfrucht während der Lagerung ist sehr stark von der Luftfeuchtigkeit abhängig. Dabei ist das Gleichgewicht zwischen Luftfeuchtigkeit und Saatfeuchte bei verschiedenen Ackerfrüchten sehr unterschiedlich und auch zwi-

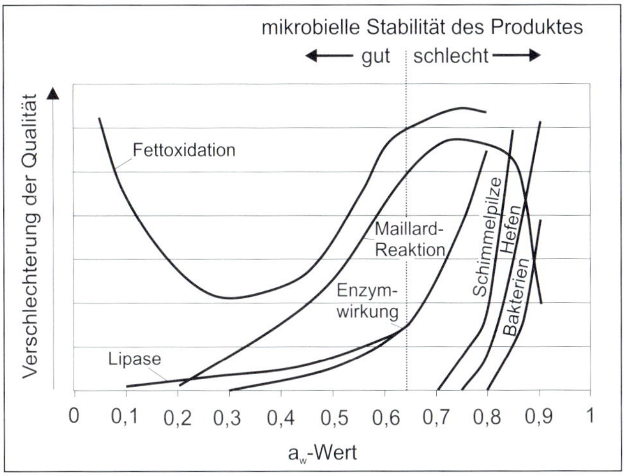

Abb. 5-17: Qualitätsmindernde Faktoren in Abhängigkeit von der Wasseraktivität (nach [5-23])

schen verschiedenen Ölsaaten gibt es große Unterschiede (Abb. 5-18). So entspricht eine relative Luftfeuchtigkeit von 62,2 % einer Saatfeuchte von 7,8 % für Sonnenblumensaat und von 8,4 % für Rapssaat, während eine relative Luftfeuchtigkeit von 88 % einer Saatfeuchte von 14,7 % für Rapssaat und 15,0 % für Sonnenblumensaat entspricht. Im Vergleich zu Weizen sind die Unterschiede noch deutlicher. Während Weizen bei einer Saatfeuchte von 14 % mit der relativen Luftfeuchtigkeit von 63 % im Gleichgewicht liegt, beträgt die Saatfeuchte von Raps bei gleicher relativer Luftfeuchtigkeit nur 8,2 %. Dies bedeutet, dass Raps während der Lagerung seine Feuchtigkeit viel schneller mit der Luft austauschen kann.

Die Luftfeuchtigkeit steht in direktem Zusammenhang mit der Wasseraktivität und der Saatfeuchte, d.h., in Produkten mit einer niedrigen Wasseraktivität steigt der Gehalt an frei verfügbarem Wasser bei höherer Luftfeuchtigkeit an, da das Produkt Wasser aus der Luft aufnimmt. Dadurch verbessern sich die Lebensbedingungen für Mikroorganismen und die Produktqualität verschlechtert sich. Durch entsprechende Kontrolle der Saatfeuchte in der Schüttung ist es möglich, die Wachstumsbedingungen von Mikroorganismen so zu beeinflussen, dass ihre Vermehrung weitestgehend unterbunden wird. Dabei sind es insbesondere Hefen und Pilze, die die Qualität der Rohware und die Länge der Lagerdauer beeinflussen, während Bakterien und Viren in unseren Breiten eher keine Rolle spielen.

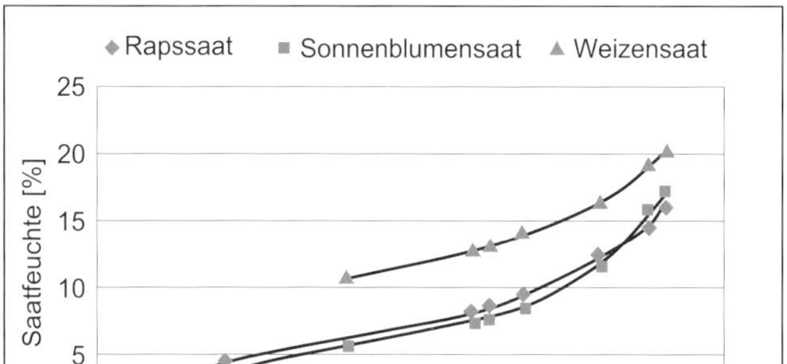

Abb. 5-18: Zusammenhang zwischen Feuchtegehalt der Saat und relativer Luftfeuchtigkeit (Sorptionsisothermen) von Weizen, Sonnenblumen und Raps (geändert nach [5-24] und [5-25]).

5.6.4.2 Einfluss der Saatfeuchte auf die Saatqualität

Auch die Atmungsvorgänge der Ölsaat sind sehr stark durch die Saatfeuchte bestimmt. Mit steigender Saatfeuchte nimmt die Rate der CO_2-Freisetzung, die ein Maß für die Stoffwechselvorgänge in der Saat ist, zu (Abb. 5-19). Während der Anstieg der CO_2-Freisetzung bis zu einer Saatfeuchte von 8 % noch langsam vonstatten geht, kommt es bei größeren Feuchtigkeitsgehalten zu einem drastischen Anstieg der CO_2-Freisetzung und einer damit verbundenen Qualitätsminderung. Ist die Saat außerdem noch mit einer hohen Besiedlung an Mikroorganismen belastet, so kann die Umsatzrate der CO_2-Freisetzung mit steigender Feuchtigkeit noch schneller ansteigen.

Außerdem verliert die Saat während der Lagerung durch die Atmung je nach Umfang dieser Stoffwechselvorgänge erheblich an Masse. Die verstärkte Veratmung von Stärke zu Kohlendioxid und Wasser führt zu einer Erhöhung der Temperatur und das bei der Veratmung frei werdende Wasser erhöht die relative Luftfeuchtigkeit in der Schüttung. Dies wiederum begünstigt das Wachstum von Schimmelpilzen und die Bildung von Mykotoxinen (Pilzgiften), wenn nicht durch entsprechende Maßnahmen wie Luftaustausch dagegen gearbeitet wird. Ein Beispiel für die Dimension dieses Masseverlustes durch Stoffwechselvorgänge ist für Roggen bekannt. So verlieren 500 t Roggen mit 20 % Feuchte bei einer Temperatur von 20 °C in 15 Tagen 4 t an Masse. Da das Produkt auch nach Gewicht abgerechnet wird, entspricht dies immerhin einem Wertverlust von 0,8 % innerhalb von etwa zwei Wochen. Für Ölsaaten liegen die Verhältnisse ähnlich. Dies macht klar, welche erheblichen Wertverluste durch eine unsachgemäße Lagerung entstehen können, wenn die Saatfeuchte vor der Lagerung nicht durch Trocknung entsprechend reduziert worden ist und auch während der Lagerung nicht durch entsprechende Maßnahmen kontrolliert wird.

> Wird feuchte Saat nach der Ernte kühl gelagert und mit kühler Luft belüftet, ist es möglich, die Trocknung um einige Tage zu verzögern, ohne Einbußen der Qualität in Kauf nehmen zu müssen.

Neben einem auftretenden Masseverlust kann die Temperatur in feuchter Saat sehr rasch ansteigen. So kommt es aufgrund erhöhter Feuchtegehalte einerseits zu einem deutlichen Anstieg der Atmungsaktivität der Saat und andererseits zu einer explosionsartigen Vermehrung von Mikroorganismen, wie Pilzen und Hefen. Die Stoffwechselprozesse wiederum führen zu einer Erwärmung des Schüttgutes, die unter ungünstigen Bedingungen eine Selbstentzündung der Saat auslösen kann (Abb. 5-20).

So wurde von Christensen [5-19] die Erwärmung von nicht durchlüfteter Sojasaat, die in einem Behälter mit einem Wassergehalt von 13,2 % gelagert wurde, auf 93 °C nach einem Jahr beschrieben. In Abhängigkeit von dem Feuchtegehalt der Saat kann es daher notwendig sein, in schwierigen Erntejahren unmittelbar nach der Ernte eine schonende Trocknung der Saat durchzuführen, um einen drastischen Anstieg der Temperatur in der Schüttung während der Lagerung zu vermeiden. Die maximalen Wassergehalte für eine optimale Lagerung verschiedener Ölsaaten werden in Kapitel 6, Tabelle 6-1, angegeben.

Um eine Selbsterhitzung während der Lagerung zu vermeiden, ist es daher vor der Einlagerung wichtig, den Wassergehalt der Saat so zu verringern, dass die Atmungsaktivität der Saat auf ein Minimum reduziert wird und somit die Bedingungen für enzymatische Reaktionen und das Wachstum von Mikroorganismen entsprechend verschlechtert werden.

5.6.4.3 Einfluss der Trocknungstemperatur

Da es für eine optimale Lagerung der Ölsaat notwendig ist, die Saat als lebenden Organismus zu erhalten, ist bei der Trocknung darauf zu achten.

> Trocknungstemperatur und Trocknungsdauer sind so zu wählen, dass eine Schädigung der Saat durch Überhitzung ausgeschlossen werden kann.

Durch den Trocknungsprozess dürfen die Keimfähigkeit der Saat sowie die vorhandenen Nährstoffe, wie z. B. Proteine, nicht negativ beeinflusst werden. Bei höheren Temperaturen oder zu langen Einwirkzeiten kann es zu Veränderungen

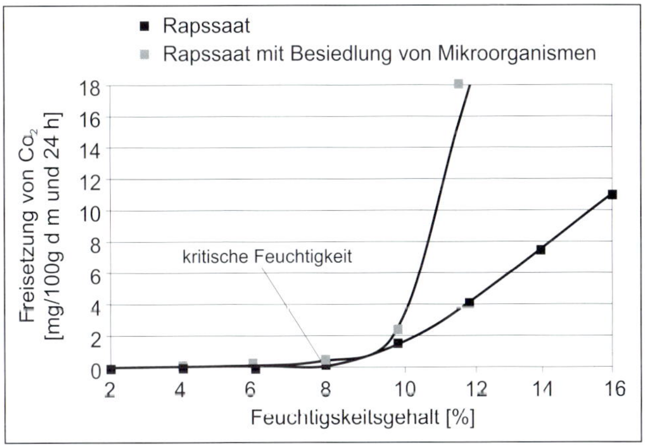

Abb. 5-19: Einfluss der Saatfeuchte auf die Rate der CO_2-Freisetzung von Rapssaat während der Lagerung

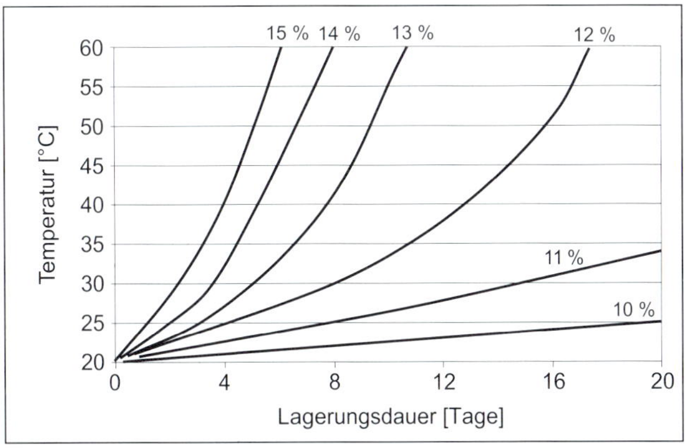

Abb. 5-20: Zusammenhang zwischen Temperatur, Feuchtegehalt der Saat und Lagerungsdauer (geändert nach [5-21])

von Farbe, Geruch und Geschmack der Ölsaat kommen, die sich dann auch im Öl bemerkbar machen. Es ist daher wichtig, dass die Wärme während des Trocknungsprozesses gleichmäßig im Trocknungsgut verteilt wird, um lokale Überhitzungen, die die Saat schädigen können, zu vermeiden.

Die maximal mögliche Trocknungstemperatur und -dauer, die nicht zu einer raschen Abnahme der Keimfähigkeit der Saat führt, hängt dabei sehr stark von der Saatfeuchte ab. So führt die Trocknung von Rapssaat mit einer Feuchtigkeit von 14,6 % bereits bei einer Trocknungstemperatur von 55 °C zu einer deutlichen Abnahme der Keimfähigkeit, während es bei Saaten mit einer Feuchtigkeit von 9,5 % erst bei 75 °C zu einer Abnahme der Keimfähigkeit kommt [5-20].

> Die zu trocknende Saat wird umso empfindlicher gegenüber der Trocknungstemperatur, je größer die Saatfeuchte ist.

Die Trocknungstemperatur wird also durch die Saatfeuchte begrenzt, wenn die Keimfähigkeit der Saat erhalten werden soll.

Gravierende Auswirkungen hat die Trocknung insbesondere auf die sensorische Beschaffenheit kaltgepresster Pflanzenöle. Versucht man hier durch die Anwendung höherer Trocknungstemperaturen einen höheren Durchsatz des zu trocknenden Materials zu erreichen, so führt dies zur Ausbildung von modrigen und stichigen Aromakomponenten, die das Öl ungenießbar machen (Abb. 5-21). Auch andere Parameter, die die Qualität des gewonnenen Öls beschreiben, wie Gehalt an freien Fettsäuren oder Peroxidzahl, steigen bei höheren Temperaturen an, während der Gehalt an Tocopherolen (Vitamin E) oder der Rauchpunkt abnehmen.

5.6.4.4 Durchführung der Trocknung

Der Umfang der durchgeführten Trocknung ist stark abhängig von der weiteren Verwendung der Ölsaat. Hier muss abgewogen werden zwischen den Kosten für die Trocknung und dem Nutzen, den eine höhere Qualität der Ölsaat bringt. Werden die Saaten nur über einen kurzen Zeitraum zwischengelagert und dann schnell weiter verarbeitet, so ist die Trocknung weniger wichtig, als wenn die Saat über einen langen Zeitraum ohne Qualitätseinbußen eingelagert werden muss. Außerdem ist es ein Unterschied, ob die Saat für die Herstellung raffinierter Pflanzenöle verwendet werden soll oder ob natives, kaltgepresstes Öl hergestellt wird, bei dem der Produzent keine Möglichkeit hat, Qualitätseinbußen wieder auszugleichen. Dennoch ist es wichtig, die Trocknung so durchzuführen, dass eine Schädigung der Saat vermieden wird.

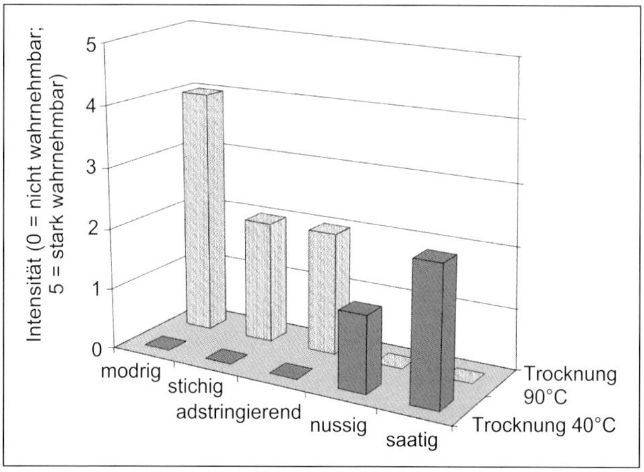

Abb. 5-21: Einfluss der Trocknung von Rapssaat bei hohen Temperaturen auf die sensorische Qualität des gewonnenen Öles

Die Trocknung der Ölsaat geschieht in verschiedenen Phasen. Zuerst wird die äußere Feuchtigkeit, die sich auf der Saat befindet, entfernt. Dies ist relativ leicht auch schon durch ausreichende Belüftung der Saat zu erreichen. Durch den so entstandenen Feuchtigkeitsgradienten, mit zunehmender Feuchtigkeit zum Inneren der Saat hin, kommt es zu einem Ausgleich der Feuchtigkeit aus dem Inneren der Saat mit den äußeren Schichten. Dabei muss die Kapillarfeuchte, die stark an die Ölsaat gebunden ist, aus dem Inneren der Saat nach außen transportiert werden. Dies wird mit abnehmender Restfeuchte der Saat immer schwieriger, da die Bindungskräfte im Trockengut ansteigen. In Abhängigkeit von der Umgebungstemperatur und der relativen Luftfeuchtigkeit der Umgebung stellt sich dann ein Gleichgewicht zwischen der Feuchtigkeit der Saat und der Atmosphäre ein. Da die relative Luftfeuchtigkeit der Atmosphäre abhängig von der Temperatur ist, lässt sich durch geeignete Trocknungseinrichtungen das Gleichgewicht zwischen der Feuchtigkeit der Saat und der Atmosphäre in die jeweils gewünschte Richtung verschieben. Durch die Anwendung von Wärme und dem permanenten Abtransport der Feuchtigkeit durch Luftbewegung kann der Prozess der Trocknung beschleunigt und optimiert werden.

5.6.4.5 Möglichkeiten der Trocknung

Die Trocknung der Saat kann entweder an der Luft ohne weitere Hilfsmittel durchgeführt werden oder aber unter Einsatz von Trocknern. Die Trocknung an der Luft macht nur in warmen Gegenden mit entsprechend trockener Luft Sinn, da hier der Austausch von Feuchtigkeit der Saat an die Umgebung stattfinden kann. Auch bei dieser Art der Trocknung ist darauf zu achten, dass die optimale Saatfeuchte möglichst schnell erreicht wird, ohne dabei durch zu hohe Temperaturen die Saat zu schädigen. Zu lange Trocknungszeiten führen zu einer zu langen Verweilzeit der Saat unter ungünstigen Bedingungen, die letztlich Einbußen bei der Qualität nach sich ziehen.

Bei der Trocknung der Saat mit Hilfe von Trocknern hat der Trocknertyp einen großen Einfluss auf die Qualität der getrockneten Ölsaat. Das heißt, der Trockner muss auf das zu trocknende Gut abgestimmt sein. In der Regel wird das zu trocknende Gut der heißen Luft entweder in vertikalen oder in rotierenden, horizontalen Trocknern entgegengeführt. Dadurch wird erreicht, dass die Saat ihre Feuchtigkeit in dem unteren bzw. vorderen Teil des Trockners an die trockene Umgebungsluft abgeben kann und die feuchte Luft dann, nachdem sie nur noch wenig Feuchtigkeit aufnehmen kann, im oberen bzw. hinteren Teil des Trockners nach außen abgeführt wird.

Für den Trocknungsvorgang ist nicht nur die Trocknungstemperatur, sondern auch die Schichtdicke, in der die Saat getrocknet werden soll, wichtig. Hier ist zu beachten, dass verschiedene Trocknungsgüter eine unterschiedliche Packungsdichte haben. Diese hat Einfluss auf die Strömungsgeschwindigkeit der Luft, die zum Trocknen eingesetzt wird. Deshalb sind Trockner, die zur Trocknung von Getreide eingesetzt werden, in der Regel nur begrenzt für die Trocknung von Rapssaat oder auch von anderen Ölsaaten geeignet, da diese Ölsaaten aufgrund ihrer Form eine viel höhere Packungsdichte haben können.

Für Saaten mit geringen Tausendkorngewichten, wie Lein-, Leindotter- oder Rapssaat eignen sich insbesondere Trommeltrockner, bei denen der große Luftwiderstand der Ölsaat den Trocknungsprozess nicht beeinflusst. Im Vergleich zum Durchlauftrockner, der oftmals als umgebauter Getreidetrockner auch für Ölsaaten verwendet wird, ist der spezifische Energieverbrauch niedriger.

5.6.4.6 Übertrocknen der Ölsaat

Kritisch zu sehen ist ebenfalls ein Übertrocknen der Ölsaat, da die Saat unterhalb von 5 % Feuchtigkeit deutlich zerbrechlicher wird. Aufgrund von enzymatischen Prozessen liegt der Gehalt an freien Fettsäuren in gebrochener Saat höher als in intakter Saat. Auch ist auf gebrochener Saat eine größere Kontamination mit Mikroorganismen zu finden, die ebenfalls zur Bildung freier Fettsäuren führt.

Es sollte daher für den Trocknungsprozess ein Kompromiss zwischen einem für die Lagerung optimalen Feuchtigkeitsgehalt und der mechanischen Stabilität der Saat gefunden werden.

5.6.5 Lagerung

Ziel der Lagerung ist es, die Qualität der Ölsaat, die durch Reinigung und Trocknung stabilisiert worden ist, über einen bestimmten Zeitraum bis zur Verarbeitung auf einem möglichst hohen Niveau zu erhalten. Dies bedeutet, dass Substanzverluste sowie Verluste bei der Keimfähigkeit und bei den

Inhaltsstoffen bei möglichst niedrigem Arbeitseinsatz vermieden werden sollten. Da für die meisten Ölsaaten die Ernte einmal im Jahr erfolgt, bedeutet dies, dass nach der Ernte zumindest ein Zeitraum von einem Jahr überbrückt werden muss.

Die Gegenspieler, die während der Lagerung kontrolliert werden müssen, sind vor allem Feuchtigkeit und Temperatur, aber auch Fremdbestandteile in der Saat sowie die Vorgeschichte der Saat spielen eine wichtige Rolle und müssen berücksichtigt werden.

Faktoren, die bei der Saatlagerung kontrolliert werden müssen:
- Fremdbestandteile
- Feuchtigkeit der Saat
- Temperatur im Lager
- Dauer der Lagerung

Durch Reinigen und Trocknen der Saat sind zwar die Voraussetzungen für eine optimale Lagerung geschaffen worden, aber es muss bedacht werden, dass die Zahl der Mikroorganismen durch die Reinigung nur reduziert worden ist und dass es sich bei der Saat um ein hygroskopisches Produkt handelt, das während der Lagerung auch wieder Feuchtigkeit aufnehmen kann. Es kommt zu einem Feuchtigkeitsaustausch mit der Umgebungsluft, so dass der Feuchtigkeitsgehalt in der Saat unter bestimmten Bedingungen mit der Lagerdauer wieder ansteigt.

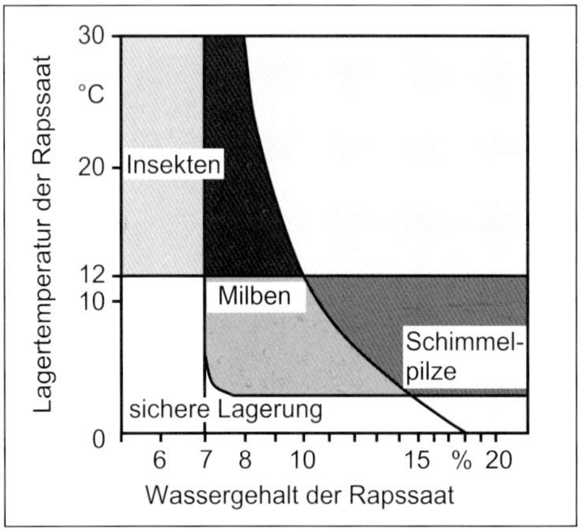

Abb. 5-22: Einfluss von Wassergehalt einer Rapssaat und Lagerungstemperatur auf den Befall eines Rapslagers mit Insekten, Milben und Schimmelpilzen (verändert nach [5-21], mit freundlicher Erlaubnis von Dr. E. Remmele)

Des Weiteren ist zu beachten, dass auch unter optimalen Bedingungen die Stoffwechselprozesse, die zu einem Abbau von Inhaltsstoffen der Saat und zur Bildung von Abbauprodukten führen, – wenn auch langsamer – weiterlaufen und somit die Saatqualität während der Lagerung verschlechtern. Dies bedeutet, dass während der Lagerung der Gehalt an freien Fettsäuren, Peroxiden und daraus gebildeten aromaaktiven Abbauprodukten zunimmt und auch sensorische Einbußen mit Hinblick auf Geruch und Geschmack des Öles wahrnehmbar werden.

Ein weiterer wichtiger Faktor ist, dass durch die Veratmung der Saatinhaltsstoffe Wasser freigesetzt wird. Dies führt dazu, dass sich der Anteil des frei verfügbaren Wassers in der Schüttung erhöht, wodurch sowohl enzymatische Prozesse begünstigt werden, aber auch die Lebensgrundlage für Mikroorganismen, Hefen und Pilze verbessert wird. Dieser Prozess läuft auch unter günstigen Lagerbedingungen stetig ab, so dass es wichtig ist, das während der Atmung gebildete Wasser durch Belüftung aus der Schüttung abzuführen.

Wenn es während der Lagerung gelingt, die Parameter Feuchtigkeit und Temperatur zu kontrollieren, so führt dies dazu, dass die Atmungsverluste reduziert werden, der Insektenbefall auf einem niedrigen, unschädlichen Niveau verbleibt und auch der Befall mit Mikroorganismen in erträglichen Grenzen gehalten wird.

Um während der Lagerung eine Schädigung der Saat durch Mikroorganismen, Milben und Insekten ausschließen zu können, muss die Ölsaat entweder trocken oder aber kalt gelagert werden. Abb. 5-22 zeigt am Beispiel von Raps, dass eine sichere Lagerung der Saat nur bei Temperaturen unter 12 °C und unter einer Feuchtigkeit von maximal 7 % über einen längeren Zeitraum möglich ist. Steigt die Temperatur in der Schüttung an, so führt dies zu einer vermehrten Aktivität von Insekten, wohingegen bei steigender Feuchtigkeit die Population von Milben und Schimmelpilzen zunimmt. Außerdem sollte die Saat während der Lagerung gut durchlüftet werden.

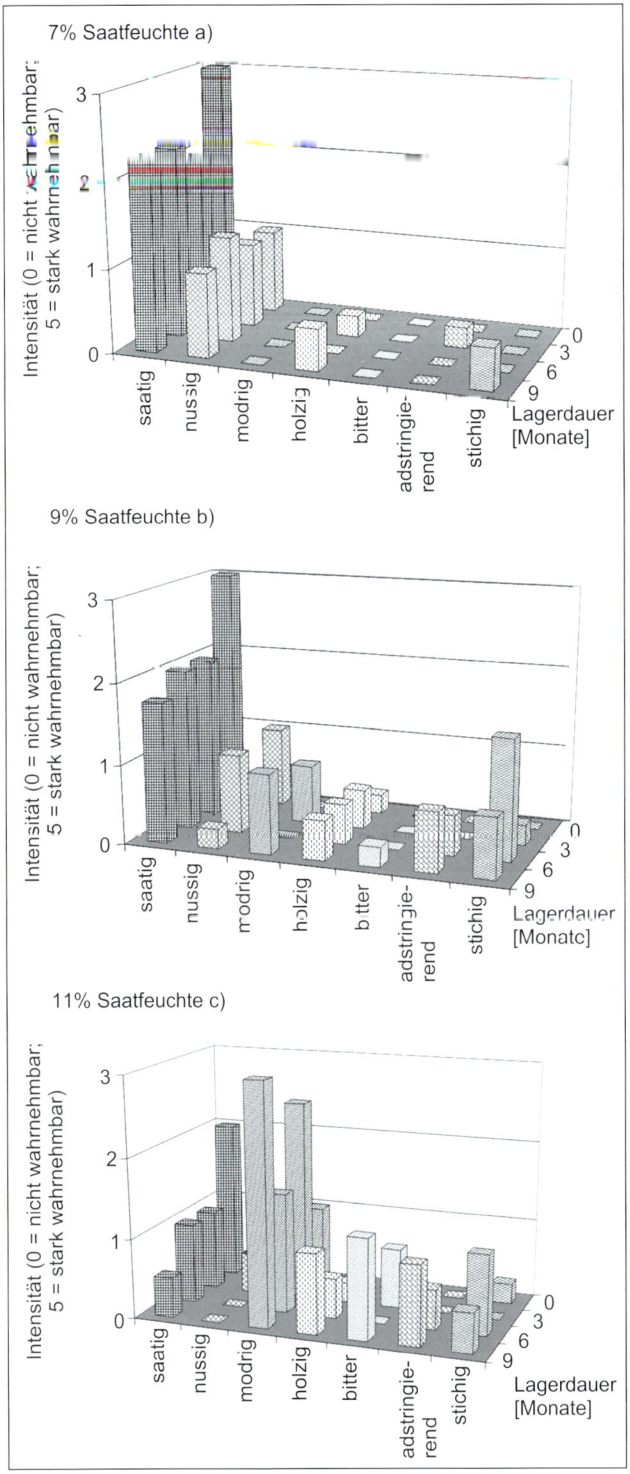

Abb. 5-23: Einfluss verschiedener Saatfeuchten von Rapssaat während der Lagerung auf die sensorische Qualität der gewonnenen Öle

Den Einfluss der Saatfeuchte auf die sensorische Qualität der gewonnenen Rapsöle ist in Abbildung 5-23 dargestellt. Während die Rapssaat mit einer Lagerfeuchte von 7 % über einen Zeitraum von neun Monaten ohne Einbußen bei der sensorischen Qualität der gewonnenen Öle lagerfähig ist (Abb. 5-23a), kommt es bei einer Lagerfeuchte von 9 % bereits nach zwei Monaten zur Entwicklung von modrigen und stichigen Aromakomponenten (Abb. 5-23b). Wird die Saat mit einer noch höheren Feuchte eingelagert, treten die entsprechenden sensorischen Fehler noch früher auf (Abb. 5-23c). Auch bei den chemischen Parametern kommt es in Abhängigkeit von der Lagerfeuchte mit fortschreitender Lagerdauer zu Qualitätseinbußen. So steigen die Peroxidzahl und der Gehalt an freien Fettsäuren bei einer höheren Lagerfeuchte deutlich schneller an, während bei einer Lagerfeuchte von 7 % keine Veränderungen feststellbar sind [5-14].

Um die beschriebenen Prozesse während der Lagerung zu vermeiden, besteht die Mindestforderung, dass die während der Lagerung gebildete Wärme und Feuchtigkeit durch Belüftung aus der Schüttung entfernt wird. Wenn die in der Schüttung vorhandene und die Schüttung umgebende Luft nicht bewegt wird, werden der Feuchtigkeitsgehalt und die Temperatur in der Schüttung durch die Saat bestimmt. Eine Beeinflussung von Temperatur und Feuchtigkeitsgehalt in der Schüttung ist nur zu erreichen, wenn eine permanente Belüftung der Saat erfolgt, so dass beide Parameter durch die durchströmende Luft bestimmt werden.

Vor der Einlagerung sollte die Ölsaat durch Sicht- und Geruchsprüfung, aber auch durch Bestimmung des Wassergehaltes hinsichtlich der Qualität geprüft werden, um sich ein Bild über die eingelagerte Qualität der Saaten zu verschaffen. Außerdem sollte darauf geachtet werden, dass unterschiedliche Qualitäten der Ölsaaten nicht zusammen gelagert werden, da die Vermischung sehr schnell dazu führt, dass bessere Qualitäten durch schlechtere negativ beeinflusst werden. Durch getrennte Lagerung unterschiedlicher Saatqualitäten ist es zum einen möglich, die Anforderungen an die Lagerung entsprechend zu steuern, aber auch über die Rohstoffauswahl die Ölqualität zu beeinflussen.

5.6.5.1 Kühllagerung

Nach der Trocknung ist es wichtig, die Saat möglichst schnell herunterzukühlen, um Stoffwechselprozesse, die in der noch warmen Saat ablaufen können, zu unterdrücken. Außerdem ist die Lagerung von Ölsaaten bei niedrigen Temperaturen die einzige Möglichkeit, Schadinsekten ohne Einsatz von entsprechenden Giftstoffen zu vermeiden.

Dazu sollte das Lager über eine gute Belüftungsanlage verfügen, die in der Lage ist, eine für die Saatmenge und Lagergröße entsprechende Luftmenge bereitzustellen. Zu empfehlen sind hier etwa 20 m^3 Luft pro Tonne Saat, wodurch auch die oberen Schichten im Lager innerhalb von 24 Stunden abgekühlt werden können [5-21].

Die Kühlung und Belüftung der Saat ist dabei mit kühler Umgebungsluft möglich. Dies ist im Gegensatz zur Verwendung von Kühlaggregaten bei der Anschaffung vergleichsweise preiswert, aber aus mehrfacher Hinsicht nur selten wirklich sinnvoll.

In der Regel reichen die verfügbaren Belüftungsstunden je Monat in Deutschland nicht aus, um eine sachgerechte Lagerung von Saaten mit Hilfe der Belüftung durch Umgebungsluft ausreichend sicherzustellen [5-22], da die Außenluft zur Kühlung mindestens eine um 7 °C niedrigere Temperatur aufweisen sollte. Um die Kondensation von Feuchtigkeit aus der Luft auf der Saat zu vermeiden, sollte nie wärmere Luft auf kälteres Lagergut geblasen werden.

Reine Kühllagerung ist problematisch

Nachteile der Kühlung durch Umgebungsluft sind:

- Abhängigkeit von der Witterung führt immer wieder zu Unterbrechungen der Belüftung (Atmungsvorgänge in der Saat laufen weiter; es kommt zur Bildung warmer und feuchter Schichten in der Schüttung mit massiven Nachernteverlusten).
- Feuchte und warme Schichten verhärten sich (der Lufttransport durch die Schüttung ist nicht mehr gewährleistet).
- Eine gleich bleibende Temperatur kann beim Belüften mit der Umgebungstemperatur nicht gewährleistet werden (Kondensatbildung an der Saat, wodurch die Feuchtigkeit in der Schüttung punktuell erhöht wird und die Bedingungen für Stoffwechselvorgänge in der Saat und die Vermehrung von Mikroorganismen auf der Saat verbessert werden).
- Befeuchtung der Saat durch das Einblasen der Umgebungsluft ist möglich (Luft kann keine Feuchtigkeit aus der Schüttung aufnehmen, wenn die Feuchtigkeit der eingeblasenen Luft über der der Saatfeuchte liegt)

Zu empfehlen ist, statt der Belüftung und Kühlung mit Umgebungsluft eine Kühllagerung mit Hilfe von Kühlaggregaten, die in der Lage sind, die Temperatur in der Schüttung tatsächlich zu erniedrigen, ohne durch Kondensation die Feuchtigkeit zu erhöhen. Nur so ist es möglich, die gute Qualität der Saat nach der Ernte über einen längeren Zeitraum zu erhalten. Durch die niedrige Temperatur werden sowohl die Atmungsprozesse der Saat um bis zu 90 % reduziert, als auch die Vermehrung und die Aktivitäten von Insekten und Mikroorganismen zum Erliegen gebracht. Wird die Saat trocken eingelagert, ohne die Temperatur in der Schüttung abzusenken, so kann dies den Befall durch Insekten nicht verhindern. Zwar sind die Lebensbedingungen für die Insekten in trockener Saat etwas schwieriger, aber letztlich kann nur eine Kühllagerung mit Temperaturen unter 12 °C einen Insektenbefall einschränken.

Insbesondere bei der Lagerung in Stahltanks ist die Verwendung von Kühlaggregaten zu empfehlen, weil es sonst durch Kondensation am Silodach zu Feuchtigkeitsnestern in der Schüttung kommt. Aus der warmen Saat entweicht Feuchtigkeit in Form von Wasserdampf, der sich am kalten Dach des Silos abkühlt und dann in Form von Wasser wieder in die Schüttung tropfen kann. Wird die Saat durch Kühlaggregate gekühlt, so hat sie ungefähr die Temperatur des Daches, so dass dieses Problem nicht auftreten kann.

Wird keine Kühllagerung durchgeführt, so kann es nötig sein, die Saat während der Lagerungsperiode mehrfach umzulagern, um so eine ausreichende Belüftung zu erreichen. Dies führt, bedingt durch Bruch und Abrieb, in der Regel neben den Lohn- und Maschinenkosten auch zu Qualitätseinbußen bei der Saat, was dann enzymatische Prozesse in der Saat und die Besiedlung mit Mikroorganismen erleichtert.

5.6.5.2 Kontrolle der Lagerungstemperatur

Die Lagerungstemperatur der Saat und die Luftfeuchtigkeit im Lagerraum sollten ständig erfasst und kontrolliert werden, da sie sich mit den außerhalb des Lagers vorherrschenden Bedingungen in einem dynamischen Gleichgewicht befinden und fortlaufend verändern. Während die äußeren Schichten der Schüttung im Frühling und Sommer durch die Außentemperaturen langsam aufgewärmt werden und es zu einem Temperaturgradienten zu den mittleren und unteren Schichten des Lagers kommt, tritt in den Herbst- und Wintermonaten eine Abkühlung dieser Schichten ein. Bei hohen Temperaturunterschieden in der Schüttung kommt es zur Kondensation von Wasserdampf der Luft an den kühleren Schichten und somit zur lokalen Erhöhung der Feuchtigkeit auf der Saat, die dann wiederum die Atmungsvorgänge und Selbsterhitzung fördert. Durch die Kontrolle der beiden Parameter ist ein frühzeitiges Eingreifen möglich, um Qualitätsveränderungen in der Schüttung vorzubeugen. Dazu müssen über die Fläche des Lagers verteilt, vor allem auch in den unteren Schichten, Thermometer platziert sein, mit denen es möglich ist, über den gesamten Zeitraum der Lagerung das Temperaturgeschehen in der Schüttung zu verfolgen und zu dokumentieren.

5.7 Zusammenfassung

Für die Herstellung von qualitativ hochwertigen Ölen ist es absolut notwendig, dass die verantwortlich handelnden Personen in der gesamten Produktionskette zusammenarbeiten. Für die Qualität der hergestellten Pflanzenöle ist zwar letztlich rechtlich gesehen der Hersteller oder Inverkehrbringer verantwortlich, aber die Verantwortung für das Produkt trifft auch den Landwirt, der die Ölsaat gewinnt oder die Lagerstätte, wo die Ölsaat bis zur Weiterverarbeitung eingelagert wird.

Betrachtet man den jeweiligen Einfluss der an der Prozesskette Beteiligten, so ist festzustellen, dass der Einfluss des Ölherstellers nur gering ist im Vergleich zum Einfluss, den der Landwirt oder die Lagerstätte hat (Abb. 5-24). Wenn der Ölhersteller keine geeignete Rohware erhält, ist es nur mit Aufwand oder Einbußen möglich, daraus ein entsprechendes Öl herzustellen. Kleine und mittelgroße dezentrale Anlagen habe gar keine Möglichkeit, die Qualität der Öle zu verbessern. Daher müssen sowohl bei der Ernte und insbesondere auch bei der Lagerung eine ganze Reihe von Aspekten beachtet werden, um die gute Qualität der Ölsaat auf dem Feld nach der Ernte bis zur Verarbeitung zu erhalten.

Wichtig ist in diesem Zusammenhang auch, dass die Qualität des Produktes in der gesamten Produktionskette vor der Übergabe immer wieder geprüft und dokumentiert wird. Dabei reichen die üblicherweise definierten Qualitätskriterien wie „gesund und handelsüblich" oftmals nicht aus, um die tatsächliche Qualität der Ölsaat zu beschreiben. Bereits eine einfache sensorische und visuelle Begutachtung der Ölsaat gibt Aufschlüsse über den Zustand und die Geschichte der Rohware. Dies sollte in entsprechenden Kontrakten festgeschrieben werden, um Streitigkeiten zu vermeiden.

Die gemachten Darstellungen zeigen auch, dass insbesondere die in den Lagereinrichtungen arbeitenden Personen sich ihrer großen Verantwortung

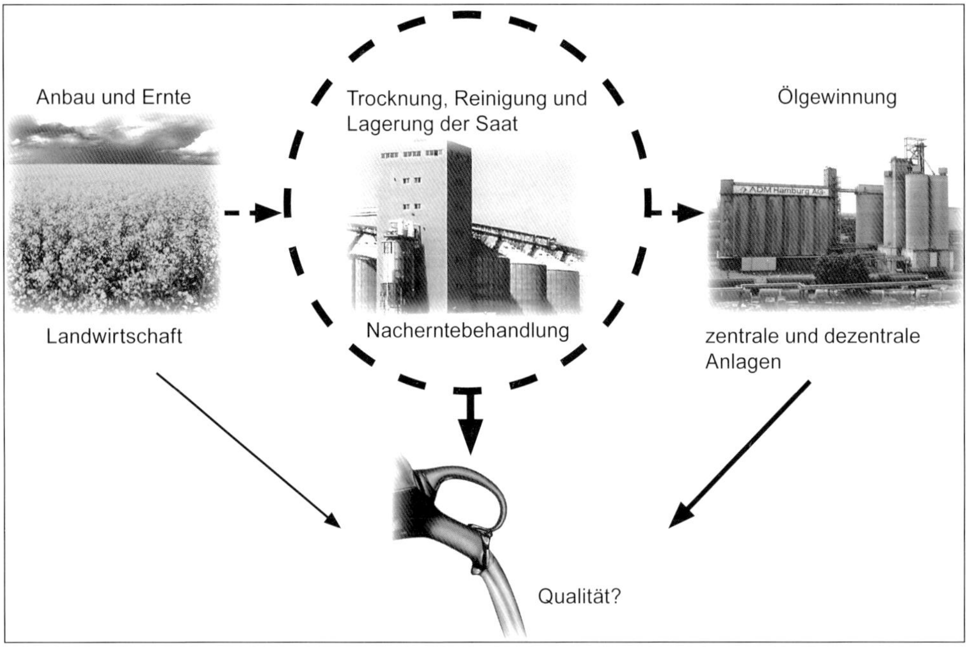

Abb. 5-24: Verantwortlichkeiten für die Produktqualität innerhalb der Prozesskette für Pflanzenöle

für die Qualität der Pflanzenöle bewusst sein müssen. Nur aus einer Rohware, die optimal gelagert worden ist, lässt sich auch nach einer längeren Lagerdauer noch ein einwandfreies Produkt herstellen.

Beachtet werden sollte aber auch, dass es sich bei der Lagerung von Ölsaaten um etwas anderes handelt als bei der Lagerung von Getreide. Dies ergibt sich insbesondere aus der unterschiedlichen Zusammensetzung der Rohstoffe. Die sich daraus ergebenden Unterschiede werden aber bei der Lagerung oftmals nicht berücksichtigt.

Werden allerdings die beschriebenen Grundsätze bei der Lagerung von Ölsaaten beachtet, so ist es durchaus möglich, die Saat über einen längeren Zeitraum einzulagern, ohne große Qualitätseinbußen hinnehmen zu müssen.

5.8 Literatur

5-1 Niewiadomski, H.: Rapeseed Chemistry and Technology. Developments in Food Science 23, Elsevier, Amsterdam (1990) p. 138.

5-2 Schumann, W. und Graf, T.: Anforderungen an die Rapssaat im Hinblick auf Qualitätsoptimierung, In: Dezentrale Ölsaatenverarbeitung, KTBL-Schrift 427, Landwirtschaftsverlag GmbH, Münster. (2005) p. 22.

5-3 Remmele, E., Thuneke, K., Widmann, B. A., Wilharm, T., Schön; H.: Begleitforschung zur Standardisierung von Rapsöl als Kraftstoff für pflanzenöltaugliche Dieselmotoren in Fahrzeugen und BHKW. München: Bayerisches Staatsministerium für Landwirtschaft und Forsten, Heft 69 (2000).

5-4 Remmele, E.: Standardisierung von Rapsöl als Kraftstoff – Untersuchungen zu Kenngrößen, Prüfverfahren und Grenzwerten. Dissertation, Technische Universität München, Arbeitskreis Forschung und Lehre der Max-Eyth-Gesellschaft Agrartechnik im VDI Nr. 400, Freising: TU München, Lehrstuhl für Landtechnik (2002).

5-5 Meier, U.: Entwicklungsstadien mono- und dikotyler Pflanzen – BBCH Monografie. 2. Auflage. Berlin und Braunschweig: Biologische Bundesanstalt für Land- und Forstwirtschaft (Hrsg.) (2001).

5-6 Feiffer, A.: Hinweise zur Rapsernte. In: Alpmann, L. et al: Raps – Anbau und Verwertung einer Kultur mit Perspektive. Ertrag und Qualität sichern. Münster-Hiltrup, Landwirtschaftsverlag (2006) 246 - 253.

5-7 Matthäus, B., Fiebig H.-J., Vosmann, K., Brühl, L.: Kaltgepresstes Rapsöl. Raps (2002) 20: 198 – 200.

5-8 Remmele, E., Stotz, K., Witzelsperger, J.,. Gassner, T.: Qualitätssicherung bei der dezentralen Pflanzenölerzeugung für den Nicht-Nahrungsbereich – Technologische Untersuchungen und Erarbeitung von Qualitätssicherungsmaßnahmen. Berichte aus dem TFZ 12, Abschlussbericht für Fachagentur Nachwachsende Rohstoffe e.V., FKZ 22012903 (2007).

5-9 Deutsches Institut für Normung e.V.: (Vornorm) DIN V 51605, Kraftstoffe für pflanzenöltaugliche Motoren – Rapsölkraftstoff – Anforderungen und Prüfverfahren. Beuth Verlag GmbH, Berlin (2006).

5-10 Humpisch, G.: Maßnahmen zur Gesunderhaltung und Lagerung von Raps. In: Alpmann, L. et al.: Raps – Anbau und Verwertung einer Kultur mit Perspektive. Ertrag und Qualität sichern. Münster-Hiltrup: Landwirtschaftsverlag (2006) pp. 254-260

5-11 Feiffer, A.: Raps erst nach dem Weizen dreschen? Raps. (2007) 25: 86 – 88.

5-12 Graf, T.: Anforderungen an die Rohstoffqualität mit Schwerpunkt auf Rapssaat. In: Nova Institut GmbH (Hrsg.): Tagungsband Erster Internationaler Kongress zu Pflanzenöl-Kraftstoffen, 6.-7. September 2007 in Erfurt. Nova Institut, Hürth (2007) pp. 97 – 110.

5-13 Dietl, G.: Einfluss der Rapssorte und der Rapssaatqualität auf Eigenschaften von Rapsölkraftstoff. Diplomarbeit, Technische Universität München, Lehrstuhl für Landtechnik, Freising (2004).

5-14 Attenberger, A., Matthäus, B., Brühl, L., Remmele, E.: Untersuchungen von Einflussfaktoren auf die Qualität von kaltgepresstem Rapsöl als Speiseöl und Festlegung eines Qualitätsstandards. Berichte aus dem TFZ 5, Abschlussbericht für den Forschungskreis der Ernährungsindustrie e.V. (FEI) AiF-Projekt Nummer 13430 N (2005).

5-15 Matthäus, B.: Untersuchungen zur Zusammensetzung von Traubenkernöl und Traubenkernmehl. Öl- und Proteinpflanzen OIL 2005, UFOP-Schriften (2006) 29: 167-171.

5-16 Deutsche Gesellschaft für Fettwissenschaft e.V.: Deutsche Einheitsmethoden zur Untersuchung von Fetten, Fettprodukten, Tensiden und verwandten Stoffen, Band 1, 2. Auflage. Stuttgart. Wissenschaftliche Verlagsgesellschaft mbH (2004).

5-17 Rudolph, W.: Unkräuter und Ungräser im Raps früh bekämpfen. Raps (2007) 25: 108-115.

5-18 Ökolandbau.de - Das Informationsportal: http://www.oekolandbau.de/erzeuger/pflanzenbau/pflanzenschutz/vorratsschutz/vorratsschaedlinge/mehlmilbe-acarus-siro, Geschäftsstelle Bundesprogramm Ökologischer Landbau in der Bundesanstalt für Landwirtschaft und Ernährung (BLE), Juli 2009.

5-19 Christensen, C. M.: Sunflower Seed Storage: A progress report. 3rd. Int. Sunflower Conf., Crookston MN (1968) pp. 84-96.

5-20 Mc Knight, K und Moysey, E.: The effect of temperature and airflow rate on the quality of dried rapeseed, Trans. ASAE (1973)16: 814.

5-21 *Jacobsen E.: Trocknen und Lagern von Rapssaat. Die Mühle und Mischfuttertechnik. (1995) 132: 821-822.*

5-22 *Skriegan, E.: Aufbereitung und Lagerung von Körnerfrüchten. Die Mühle + Mischfuttertechnik (1995) 132: 391-396.*

5-23 *Heiss, R. und Eichner, K.: Haltbarmachen von Lebensmitteln. Springer Verlag, Berlin (1984).*

5-24 *Münzing, K.: Wasser, ein wichtiger physikalischer Qualitätsfaktor bei Getreide. Getreide, Mehl und Brot (1987) 12:362-372.*

5-25 *Baudet, J. : La ventilation des graines. Biull. CETIOM (1976) 63:3.*

6 Ölgewinnung und -veredelung in zentralen Ölmühlen

Ernst W. Münch

6.1 Annahme und Lagerung von Ölsaaten in der Ölmühle

6.1.1 Allgemeines

Ölsaaten benötigen zur Ausreifung auf dem Feld normalerweise eine ganze Vegetationsperiode. Die für Europa wichtigste Ölsaat Winterraps benötigt fast elf Monate von der Aussaat bis zur Ernte.

Die Saatannahme stellt eine wichtige Schnittstelle zwischen Ernte und Verarbeitung dar. Sie umfasst die Feststellung der Qualität und damit des Wertes der Saat sowie die Festlegung der Notwendigkeiten von Reinigung und Trocknung, die durchgeführt werden müssen, um eine erfolgreiche Lagerung ohne Qualitätseinbußen sicherstellen zu können. Besondere Bedeutung kommt der Lagerung zu, da in den zentralen Ölmühlen je nach Standort und Ölsaat bis zu 15 000 t Ölsaaten täglich verarbeitet werden und die Annahme nur an fünf Tagen in der Woche geöffnet ist, während die Produktion an allen sieben Tagen in Betrieb ist. Auch in Deutschland sind die Leistungen der zentralen Ölmühlen weit gefächert. So gibt es eine Anlage, die knapp 500 t Ölsaat pro Tag und eine andere die über 6000 t Ölsaat täglich verarbeitet.

6.1.2 Annahme

Zum Transport der Ölsaaten werden die für den Massentransport gebräuchlichen Fahrzeuge verwendet. Die Ölsaatenannahme muss diesen Bedürfnissen Rechnung tragen. Die Annahmeleistung ist auf die folgenden Arbeitsschritte wie Förder-, Reinigungs- und Trocknungsleistung und auf die Lagerkapazität abzustimmen. Die Leistungsfähigkeit und die Betriebssicherheit werden insbesondere während der Erntezeit, aufgrund der vielen Anlieferungen mit unterschiedlichen Fahrzeugtypen, leicht an ihre Grenzen stoßen. Während dieser Wochen kann sich die gut durchdachte Konzeption bewähren. Die Saatannahme muss ohne zeitlichen Verzug die unterschiedlichen Fahrzeugtypen abfertigen können.

6.1.2.1 Annahme für Straßenfahrzeuge

Als Straßenfahrzeuge werden zum Transport von Ölsaaten verschiedene Fahrzeugtypen eingesetzt:

- Landwirtschaftliche Fahrzeuge, Anhänger von Zugmaschinen (diese sind mit oder ohne Selbstkippvorrichtung ausgerüstet)
- Lkw als Seitenkipper
- Lkw ohne Selbstkippvorrichtung
- Lkw mit Auslaufvorrichtung

Die Entladung erfolgt normalerweise an einer überdachten, etwas erhöhten Schüttgosse. Die Erhöhung ist notwendig, um den Eintritt von Regenwasser in die Gosse zu verhindern. Die Schüttgosse sollte etwa 2 m länger sein als das längste zu entladende Fahrzeug und mindestens das größtmögliche Fahrzeugvolumen aufnehmen können. Sie besteht aus einer befahrbaren Gitterrostabdeckung und einer hydraulischen Hubvorrichtung für Fahrzeuge ohne Selbstkippvorrichtung (Abb. 6-1). Die Gitterrostabdeckung (Abb. 6-2) besteht aus Flacheisen, die einen Ab-

Abb. 6-1: Schüttgosse mit Gitterrostabdeckung und Absaugung

Abb. 6-2: Annahmegosse mit Gitterrost abgedeckt

stand von 2 cm haben. Dadurch werden grobe Verunreinigungen zurückgehalten.

Zur Annahme gehören auch zwei Fahrzeugwaagen: eine für das beladene und eine für das entleerte Fahrzeug. Je nach Leistungsfähigkeit der Saatannahme kann man auch mit einer Fahrzeugwaage arbeiten. Jedes Fahrzeug muss diese Waage dann zweimal befahren. Sie ist damit der Engpass der Annahme. Die Waagen müssen auf dem Betriebesgelände installiert sein, da die gewogene Menge abgerechnet wird. Da die Fahrzeuge auf dem Betriebsgelände unter Kontrolle stehen, sind Fehler bei der Mengenermittlung nicht zu erwarten.

6.1.2.2 Bahnannahme

Für den Bahntransport von Ölsaaten stehen Silowaggons unterschiedlicher Größe (25 bis 70 t) mit selbsttätiger Entleerung zur Verfügung. Die Annahme sollte, ähnlich wie die Lkw-Annahme, so gestaltet sein, dass die Entladung unterschiedlicher Waggontypen und -größen möglich ist. Die Annahmegosse ist ebenso mit einem Gitterrost abgedeckt und sollte in Länge und Aufnahmevolumen den Waggons entsprechen.

6.1.2.3 Schiffsannahme

Die Ölsaaten gehören zu den Massenprodukten, die mit dem Schiff kostengünstig befördert werden können. Der größte Teil der in Europa zur Verarbeitung kommenden Ölsaaten wird auf dem Seeweg nach Europa gebracht und in einem Seehafen gelöscht. Dort werden sie direkt in Umschlagsilos eingelagert oder auf Binnenschiffe verteilt.

Große Ölsaatenumschlags- oder -verarbeitungsbetriebe in den Seehäfen haben vorwiegend ihren Standort an Wasserstraßen mit eigenen Schiffsentladungen und hohen Leistungen von 100 bis 500 t/h. Die großen Schiffsentladeanlagen sind meist verfahrbar, da die Seeschiffe sich nur mit großem Aufwand verholen lassen (Abb. 6-3). Das Verholen eines Binnenschiffes ist eher durchführbar. Daher kann in diesem Fall auch eine nicht verfahrbare Einrichtung verwendet werden.

Die Schiffsentladeanlagen sind heute entweder pneumatischer oder mechanischer Bauart. Mechanische Einheiten haben in den Seehäfen die pneumatischen weitgehend verdrängt, da sie mit mehr als 1500 t/h leistungsfähiger, Energie sparender und wartungsärmer sind. Greifer z. B. sind leistungsfähig, flexibel und kostengünstig. Die Saat wird mit dem Greifer zu einer Aufnahmestelle gebracht, von dort mit Trogkettenförderern und Elevatoren zu einer Waage und schließlich zu den Silos gefördert. Pneumatische Anlagen sind ebenso leistungsstark, nicht personalaufwändig und passen sich den örtlichen Gegebenheiten vorzüglich an. Sie sind kostengünstig zu installieren, benötigen aber einen erheblich höheren Energieaufwand und sind wartungsintensiver.

Abb. 6-3: Schiffsentladung und Siloanlage

Die von den Lkws und der Bahn angelieferte Saat wird in der Regel aus der Annahmegosse mit einem Trogkettenförderer abgezogen und an einen Elevator übergeben. Dabei wird die Saat über eine [illegible] geführt und von groben Fremdteilen befreit, bevor sie ins Silo gefördert wird. Wenn eine Trocknung notwendig ist, wird die Saat in ein Silo gefördert, das als Vorlage für die Trocknung dient.

6.1.2.4 Probennahme für Qualitätsuntersuchungen

Von jeder Lieferung, d. h. von jedem Fahrzeug, wird eine Probe gezogen und diese direkt analysiert, um die Qualitätsparameter für die nachfolgende Behandlung und Bewertung zu kennen. Dadurch können Qualitätsmängel, die die Verarbeitung belasten könnten, eingegrenzt werden. Die Probeentnahme ist so zu gestalten, dass bei der Materialentnahme ein Durchschnittswert erzielt werden kann. Sehr gut sind automatische Probennehmer, die das Fahrzeug während der Wägung beproben, oder die z. B. bei der Schiffsentladung Proben aus dem Materialstrom entnehmen (Abb. 6-4).

Das Labor bestimmt mit Schnellmethoden den Wassergehalt, den Ölgehalt und den Zustand der Saat. So kann entschieden werden, ob die Ware aufgenommen wird und in welches Silo sie gelagert werden soll, um eine eventuell nötige weitere Behandlung vornehmen bzw. in der Saatverarbeitung die richtigen Maßnahmen ergreifen zu können.

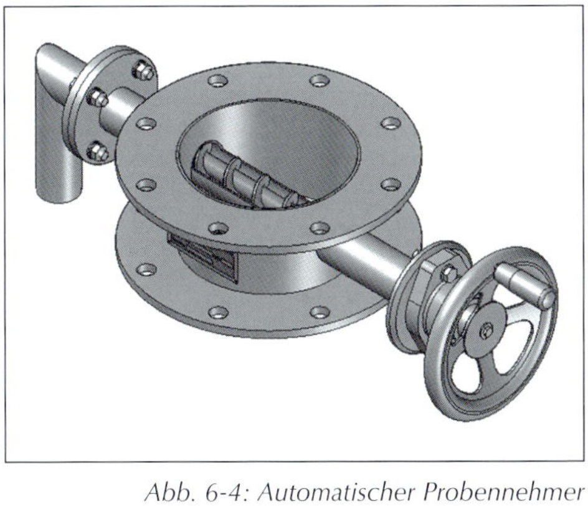

Abb. 6-4: Automatischer Probennehmer

6.1.2.5 Reinigung der Ölsaaten

Eine Ölsaatenannahme ist ohne eine Vorreinigungsanlage kaum noch denkbar. Eine Feinreinigung befindet sich normalerweise bei Eintritt in den Verarbeitungsprozess. In den Ölsaaten werden die verschiedensten unerwünschten Fremdstoffe gefunden. Steine, Sand, Metallteile, Unkrautsamen und Teile der Ölpflanze, aber auch größere Teile wie Schuhe, Besen oder Ähnliches sind schon aufgegriffen worden. Sie können bei der Ernte oder beim Umladen in die Saat gelangen. Der genannte Besatz hat einen nachhaltigen negativen Einfluss auf die weitere Behandlung, die Lagerung und die Verarbeitung. Die Reinigung trägt dazu bei, die Haltbarkeit während der Lagerung zu stabilisieren. Außerdem können Sand, Steine und Metallteile zu erhöhtem Verschleiß führen und für den Ausfall von Anlagenteilen verantwortlich sein. Mit der Vorreinigung wird sichergestellt, dass sich die Ware lagern lässt und die Waagen, Trockner und Förderer störungsfrei passieren kann.

Die Hauptreinigung geschieht im Rahmen der Saatverarbeitung. Die angewandten Trennmethoden bei der Vor- und Hauptreinigung der Saat beruhen auf einfachen mechanisch-physikalischen Prinzipien.

1. Trennung nach der Dichte: Es werden Teile ausgesondert, die leichter oder schwerer als die Ölsaat sind. (z. B. Steine, Staub, Metalle, Pflanzenteile)
2. Trennung nach Größe durch schwingende Sortiersiebe: Hierbei werden grobe und feine Beimengungen abgetrennt (z. B. Sand, Unkräuter, Pflanzenteile)

Trommelsiebe (Abb. 6-5) eignen sich insbesondere zur Vorreinigung. Sie haben hohe Durchsatzraten und können auch größere Mengen an Besatz ausscheiden. Die Trommelsiebe sind einfach und robust und haben einen geringen Energie- und Platzbedarf. Sie sind besonders für grobe Beimengungen geeignet.

Siebmaschinen (Abb. 6-6) sind die in der Hauptreinigung vorwiegend eingesetzten Trennsysteme, die

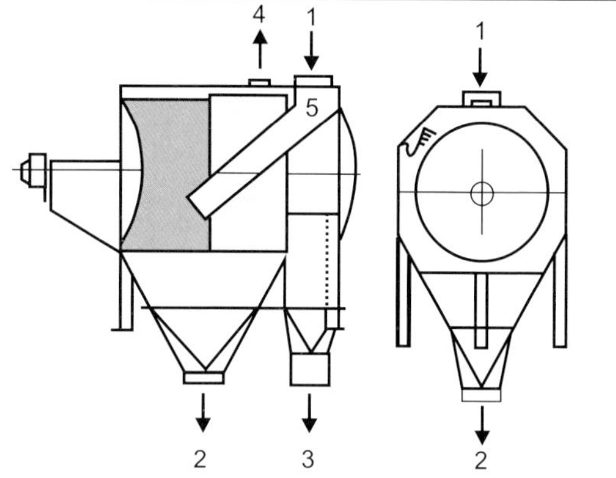

1 Einlauf ungereinigte Ölsaat, 2 gereinigte Ölsaat, 3 grobe Beimengungen, 4 Aspiration, 5 Einlaufrinne

Abb. 6-5: Trommelsiebmaschine

als Besatz – Fremdteile in der Saat – nur die Teile abtrennen, die kleiner oder größer als die Saat sind. Sie werden oft mit einem selbst reinigenden Trommelmagneten gepaart, der für eine automatische Entfernung der Eisenteile sorgt. Auch Rohrmagnete und Allmetallabscheider sind häufig installiert und sorgen für die Separierung der Eisenteile bzw. von metallischen Stoffen. Die Magnete müssen von Hand gereinigt werden, während die Allmetallabscheider das Metall mit den sie umgebenden Saatmengen kontinuierlich ausscheiden.

An die Vorreinigung schließt sich normalerweise eine Wägung an, wenn es sich um eine Schiffsentladung handelt. Die Waagen müssen sich dem kontinuierlichen Fluss und der Leistung anpassen können. Sie dienen vorwiegend der Kontrolle. Wenn nach dem angezeigten Gewicht abgerechnet werden soll, muss die Waage geeicht sein.

6.1.2.6 Trocknung der Ölsaaten

In nassen Jahren kann es notwendig werden, dass die geerntete Ölsaat einem Trocknungsprozess unterworfen wird. Für eine längere Lagerung – mehr als fünf Tage – sind die in Tabelle 6-1 angegebenen maximalen Wassergehalte einzuhalten.

In den Handelskontrakten liegen die Grenzen für den Wassergehalt in der Regel noch 1 % darüber. Dann ist bei der Lagerung für eine regelmäßige Lüftung zu sorgen und bei längerer Lagerung das Material umzuschichten. Wenn die Saat unterhalb des maximalen Wassergehaltes eingelagert wird, ist ein Risiko für Qualitätseinbußen nicht gegeben.

Der Wassergehalt der Ölsaaten ist möglichst direkt nach der Ernte mindestens auf die in Tabelle 6-1 aufgeführten Werte zu reduzieren. Es ist wichtig, dass die biologische Aktivität der Saat und der darin enthaltenen Enzyme fast vollständig zum Erliegen kommen. Bei höheren Wassergehalten kann es sehr schnell zu erhöhten freien Fettsäuren oder erheblichen Schädigungen

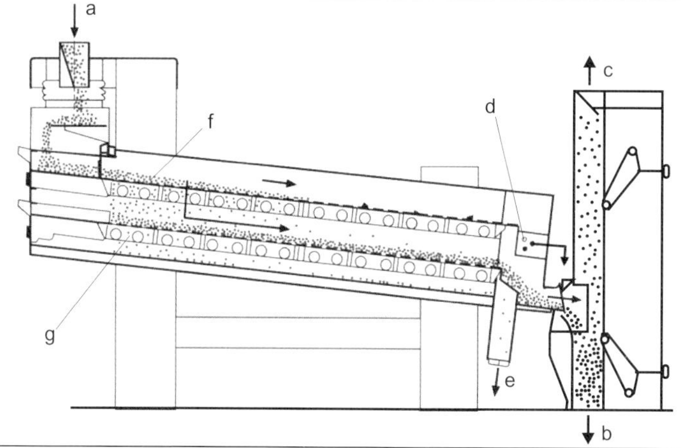

a Produkteinlauf
b Produktauslauf
c Aspirationsanschluss
d seitlicher Austritt der groben Beimengen (große Körner, Schnüre, Strohteile usw.)
e Austritt der feinen Abfälle (Bruch, Sand usw.)
f Schrollensieb
g Sandsieb

Abb. 6-6: Schema einer Siebmaschine

Tab. 6-1: Maximale Wassergehalte der Ölsaaten zur qualitätserhaltenden Lagerung

Ölsaat	max. Wassergehalt (%)
Soja	13
Rapssaat	8
Sonnenblumensaat	10
Baumwollsaat	10
Leinsaat	10
Palmkerne	8

der Saat durch Pilzinfektionen kommen. Diese können zu Temperaturanstiegen und schließlich zur Selbstentzündung führen.

Zur Trocknung wird erwärmte Luft genutzt. Folgende Merkmale kennzeichnen diesen Prozess:
- schnelles und gezieltes Absenken der Feuchte,
- hoher thermischer und elektrischer Energieeintrag,
- hohe Leistungsfähigkeit,
- hoher Investitionsbedarf.

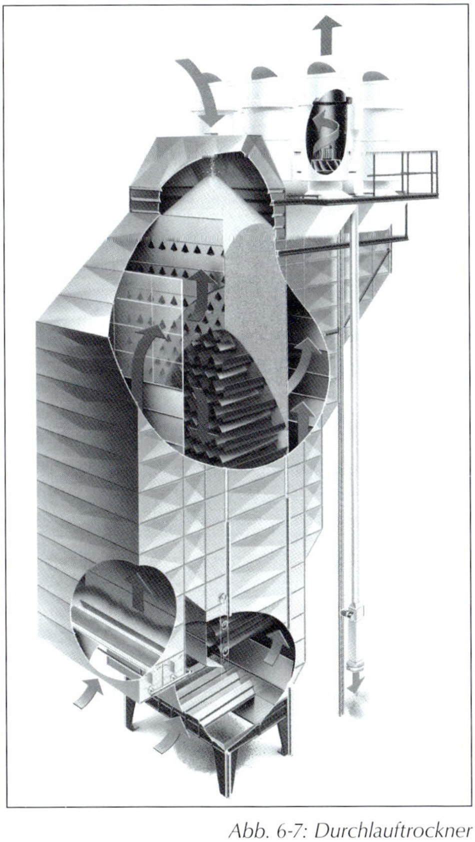

Abb. 6-7: Durchlauftrockner

Für größere Leistungen haben sich die Durchlauftrockner (Abb. 6-7) bewährt. Die Trockner sind so ausgerüstet, dass die Saat getrocknet und gekühlt wird. Deshalb ist die Saat direkt nach der Behandlung wieder lagerfähig.

6.1.3 Lagerung der Ölsaaten und Lagerungstechnik

Ölsaaten müssen, da sie saisonal anfallen, qualitätserhaltend eingelagert werden, um den Ölmühlen für die Zeit bis zur nächsten Ernte zur Verfügung zu stehen.

Das Lager sollte nach folgenden Kriterien ausgelegt sein, um den Anforderungen an Wirtschaftlichkeit und Qualitätserhaltung zu genügen:
- kostengünstige, stabile Bauweise,
- geringer Arbeitsaufwand bei der Einlagerung und der Entleerung,
- ausreichende Annahmeleistung,
- hoher Hygienestatus,
- Schutz vor Witterungseinflüssen,
- Schutz vor Einflüssen von Außen (Emissionen, Vorratsschädlingen wie z. B. Vögeln, Nagetieren, Insekten, Milben).

Zur Auslegung der Größe des Lagers ist das Schüttgewicht der Saat wichtig (Tab. 6-2). Für die Lagerung der Saat ist jedoch nicht allein das Schüttgewicht maßgebend, sondern auch die mechanische Stabilität der Saat bedeutsam. Der Druck, unter dem die Saat bei der Lagerung steht, ist abhängig von der Höhe der Schüttung und vom Schüttgewicht. Die mechanische Stabilität der einzelnen Ölsaaten ist unterschiedlich, aber sie ist auch vom Feuchtigkeitsgehalt abhängig. So sind Sojabohnen und Rapssaat sehr stabil, wenn sie die angeführte maximale Feuchtigkeit unterschreiten. Eine Lagerungshöhe von 50 m ist ohne Probleme möglich.

Tab. 6-2: Schüttgewichte von Ölsaaten

Saat	Schüttgewicht [kg/m³]
Soja	750 – 780
Raps	670 – 730
Sonnenblumensaat	410 – 450
Leinsaat	680 – 720
Baumwollsaat	280 – 320

Hier stellt allerdings die Fallhöhe ein Problem dar. Bei einer Fallhöhe von 50 m zerbrechen ca. 10 % der Sojabohnen und bei 30 m Höhe sind es noch 3,2 %. Bei Rapssaat ist der Bruch geringer. Er liegt etwa bei 40 % der Werte von Sojabohnen. Zur Lagerung von Ölsaaten haben sich je nach örtlichen Gegebenheiten und Anforderungen zwei technisch-organisatorische Systeme durchgesetzt: das Außensilo und die Flachlagerung. Außensilos sind die bei der Ölsaatenlagerung am häufigsten angewandte Lagerungsart. Möglichkeiten der Mechanisierung sind gegeben. Die kompakte, geschlossene Bauart auf kleiner Grundfläche z. B. gewährleistet eine wirtschaftliche Lagerung, eine einfache Handhabung und einen guten Schutz gegen Außeneinflüsse. Als Material dienen vor allem Stahlbeton oder profiliertes Stahlblech. Die Stahlbetonsilos (Abb. 6-8) erreichen eine Höhe von 50 m, beim Stahlblech (Abb. 6-9) sind aufgrund der Kräfte nur wenig mehr als 30 m möglich.

Abb. 6-8: Außensilos in Betonausführung in einer Ölmühle

Abb. 6-9: Außensilos in Stahlausführung in einer Ölmühle

Die Ölsaaten gehören nicht zu den schwer fließenden Gütern. Sie sind mit leicht bis normal fließend klassifiziert. Der Auslauf ist als Konus mit einer Schräge von 20 bis 40° ausgeführt. Häufig wird ein Flachboden verwendet und eine Fegeschnecke zur Restentleerung eingesetzt. Dadurch kann das Volumen des Silos besser ausgenutzt werden. Das Material fällt aus dem Silo direkt in eine Schnecke oder einen Trogkettenförderer.

Abb. 6-10: Flachlager zur Aufnahme von Ölsaaten oder Getreide

Die Flachlagerung (Abb. 6-10) als lose Schüttung, eventuell unterteilt in einige wenige Zellen, ist ebenso üblich und eine investitionskostengünstige Lagerung für Ölsaaten. Sie erfordert eine größere Grundfläche, da im Flachlager nur 5 bis 7 m hoch gelagert werden kann. Wenn ein häufiger Umschlag erfolgt, sollte eine weitgehend mechanisierte Ausführung gewählt werden. Häufig kommen bei solchen Lagerstätten zum Ein- und Auslagern aber nur Frontlader zum Einsatz. Bei der Hallenlagerung (Abb. 6-11) muss besonders darauf geachtet werden, dass Vögel, Nager und andere Schädlinge nicht von außen eindringen können.

Abb. 6-11: Flachlager für Ölsaaten und Extraktionsschrote

Zum Transport der Ölsaaten innerhalb der Lagereinheiten, der Saatannahme und der Verarbeitung verwendet man:

Abb. 6-12: Bandförderer

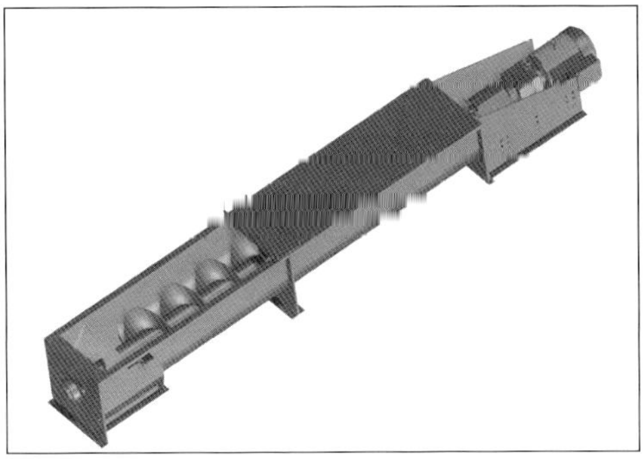

Abb. 6-13: Schneckenförderer

- Band- oder Gurtförderer
- Schneckenförderer
- Trogförderer
- Trogkettenförderer
- pneumatische Förderer

Band- und Gurtförderer (Abb. 6-12) fördern große Mengen schnell, schonend und mit geringem Energieaufwand. Sie sind das leistungsfähigste Fördermittel und zudem flexibel einsetzbar. Steigungen bis 20° können überwunden werden. Um Staubentwicklung zu vermeiden, werden sie auch geschlossen geliefert.

Schneckenförderer (Abb. 6-13) sind durch die enorme Bandbreite der möglichen Einsatzbereiche immer interessant. Sie eignen sich sowohl zur senkrechten als auch zur waagerechten Förderung. Insbesondere bei kurzen Förderwegen unter 6 m werden sie geschätzt. Schneckenförderer haben gegenüber Bandförderern den Vorteil, dass die Saat geschlossen in einem Trog oder Rohr gefördert wird. Allerdings sind für den Transport mit Schneckenförderern höhere Energie- und Investitionskosten anzusetzen.

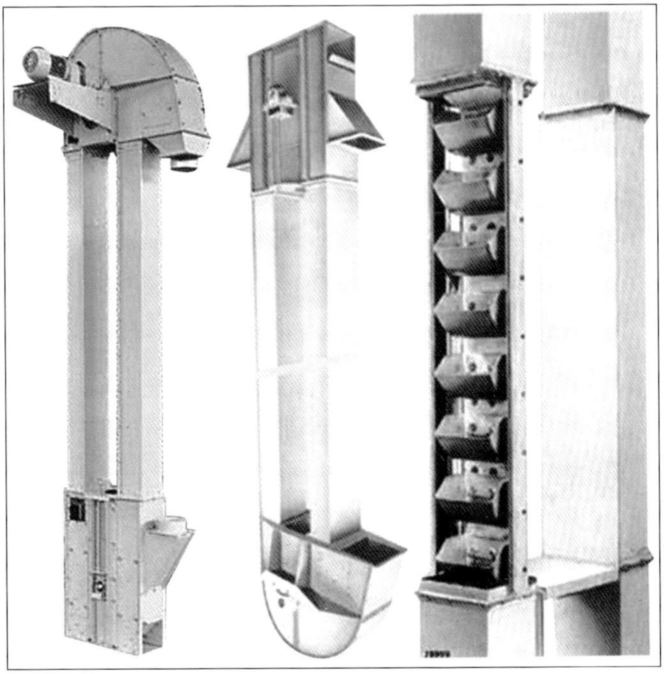

Abb. 6-14: Elevatoren

Trogförderer oder Becherförderer werden als Elevatoren (Abb. 6-14) für den vertikalen Transport eingesetzt. Sie bewegen die Saat in Behältern und fördern große Mengen unproblematisch in die Höhe. Mit einem Elevator lassen sich bis zu 50 m überwinden. Sie sind leistungsfähig, verschleißarm, zuverlässig und der Energieverbrauch ist gering. Diese Förderer werden heute mit den verschiedensten Schutzvorrichtungen, wie Drehzahlwächter, Schieflaufwächter, Spannvorrichtung mit Endschaltern, Temperaturwächter etc., ausgerüstet, um einen sicheren kontinuierlichen Betrieb zu gewährleisten.

Trogkettenförderer (Abb. 6-15) oder Redler bestehen aus offenen rechteckigen oder quadratischen Kästen und aus einer Kette mit Stegen, die das Fördergut mitschleifen. Deshalb handelt es sich auch hier im Normalfall um ein geschlossenes System. Sie sind in der Lage, auch Steigungen zu bewältigen und große Mengen zu fördern. Da Reibungskräfte zu überwinden sind, muss mit relativ hohen Energiekosten gerechnet werden. Wegen der Reibungskräfte und des Verschleißes sollte die Geschwindigkeit von 0,5 m/s nicht überschritten werden.

Mit pneumatischen Förderern kann das Gut in jede gewünschte Richtung transportiert werden. Diese Flexibilität wird mit einem vier- bis fünffach höheren Energieverbrauch erkauft. Deshalb ist diese Transporteinrichtung nicht sehr verbreitet.

6.1.4 Vorratsschutz und Hygiene

Ölsaaten stellen für einige Schädlinge wie z. B. Nager eine ausgezeichnete Nahrungsquelle dar. Somit muss mit ihrem Vorkommen und starker Vermehrung gerechnet werden. Bei den Ölsaaten sind besonders die Nager ein Problem, aber auch Tauben und andere Vögel müssen intensiv bekämpft werden. Um materielle Verluste und Gesundheitsrisiken vermeiden zu können, müssen diese Schädlinge im Lagerbereich und in den Verarbeitungsbetrieben beseitigt, mindestens jedoch stark reduziert werden. Der Vorratsschutz erfordert deshalb zwei wesentliche Tätigkeiten: zum einen die Vermeidung bzw. Minimierung der Risiken des Vorkommens von Schädlingen durch konsequente Einhaltung von Hygiene und Sauberkeit

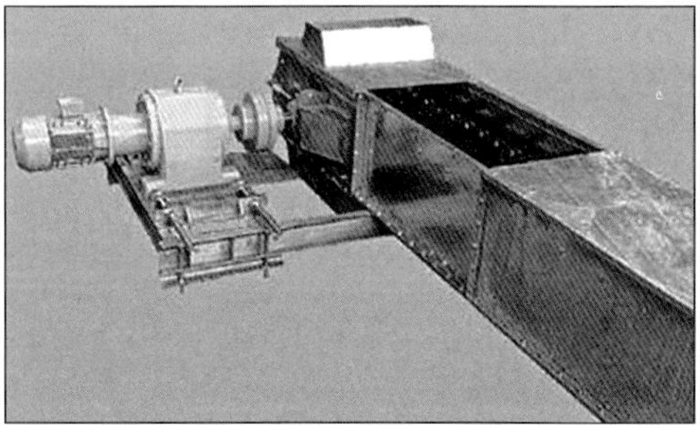

Abb. 6-15: Trogkettenförderer

und zum anderen die Früherkennung und rechtzeitige Bekämpfung, wenn tatsächlich Schädlingsbefall eingetreten ist. Für beide Tätigkeitsbereiche sind geeignete Maßnahmen entwickelt worden. Sie sind systematisch anzuwenden und zu kontrollieren.

Als wichtigste Präventionsmaßnahme ist die bauliche Seite zu sehen. Alle Öffnungen sind so zu gestalten, dass die Schädlinge nicht hineingelangen können. Zusätzlich sind regelmäßige Kontrollen notwendig. Bei konsequenter Einhaltung der Hygiene ist ein Befall nur von kurzer Dauer und wenig wahrscheinlich. Aufmerksamkeit ist hier immer geboten.

6.2 Saatverarbeitung

6.2.1 Saataufbereitung

Ölsaaten werden vorwiegend zur Gewinnung von:
- Pflanzenölen,
- Futtermitteln,
- Nebenprodukten,

verarbeitet.

Bei den Ölsaaten unterscheiden sich sowohl die Öle als auch die Feststoffe sehr wesentlich in ihrer Zusammensetzung und besonders in den vielfältigen Fettbegleitstoffen voneinander. Diese Vielfalt spiegelt sich auch in der Verarbeitung wieder. Die Verarbeitungstechnologien müssen auf diese unterschiedliche Zusammensetzung Rücksicht nehmen und haben sich entsprechend entwickelt.

6.2.1.1 Aufbereitung für die Kaltverarbeitung

Die Kaltverarbeitung der Ölsaaten hat in den letzten Jahren eine besondere Bedeutung erlangt, so dass diese Technologie separat behandelt werden sollte. Sie wird angewandt, um Pflanzenöle besonderer Qualität zu gewinnen, damit sie ohne Nachbehandlung verwendet werden können, sei es als Lebensmittel, als Energieträger oder als Rohstoff für die Industrie. Besonders Raps wird hierzu verwendet, in geringerem Maße auch Sonnenblumensaat. Alle anderen kaltgepressten Öle sind Nischen in der Nische.

Die Saataufbereitung umfasst das Abtrennen der Fremdstoffe von der Saat, eventuell eine Schälung und sinnvollerweise eine Flockierung, um die Ölqualität und die Ausbeute zu steigern. Die Verarbeitung muss schonend verlaufen, damit keine unnötigen und unerwünschten Temperaturerhöhungen stattfinden, die zu erhöhten Phosphorgehalten im Öl führen. Das Material muss auf dem schnellsten Wege von einem Verarbeitungsschritt zum nächsten befördert werden. Da keine Temperaturerhöhung durchgeführt wird, sind die Enzyme der Saat noch aktiv. Daher ist der Trennprozess umgehend nach der Flockierung oder der Schälung durchzuführen. Auf ein Zwischenlager für die vorbehandelte Saat muss verzichtet werden, wenn Qualitätsprodukte erzielt werden sollen.

6.2.1.2 Konventionelle Verarbeitung

Die konventionelle Saataufbereitung ist darauf ausgerichtet, das Material so zu behandeln, dass bei den folgenden Trennprozessen eine möglichst hohe Ölausbeute erreicht wird. Dabei müssen die entstehenden Produkte, die Öle und Schrote, die vereinbarten Spezifikationen erfüllen. Die konventionelle Saataufbereitung besteht aus den folgenden Schritten:

- Reinigung
- Riffeln
  eventuell Schälen
- Flockieren
- Konditionieren

6.2.1.2.1 Reinigung

Im Kapitel 6.1.2.5 ist das Thema Vorreinigung schon behandelt worden. Die Saat aus den Silos hat nach der Vorreinigung noch Fremdbestandteile, die nach der Wägung vor der eigentlichen Verarbeitung normalerweise durch weit- und engmaschige Siebe abgetrennt werden. Die Siebapparate werden in der Regel mit Geweben in Spezialausführung unterschiedlicher Maschenweite bespannt. So ist es möglich, in einem Arbeitsgang sowohl die größeren als auch die kleineren Partikel von der Saat zu trennen. Um die Abfallmengen gering zu halten, wird der Abfallstrom noch über einen Allmetallabscheider geführt und nur die Metalle und Steine mit den unvermeidbar mit abgetrennten Saatanteilen letztendlich ausgeschieden und entsorgt, der Rest wird dem Materialstrom wieder zugegeben. Nach der Reinigung ist die Saat für die Zerkleinerung und Konditionierung vorbereitet.

6.2.1.2.2 Riffeln

Saaten, wie Sojabohnen, Sonnenblumensaat und Erdnüsse, werden nach der Reinigung zunächst geriffelt. Bei der Riffelung (Abb. 6-16), der Vorzerkleinerung, werden die Saaten nicht gequetscht, sondern geschnitten. Die Riffelstühle (Abb. 6-17) enthalten paarweise angeordnete, geriffelte Walzen, die die Ölsaat in die Walzenspalten leicht einzuziehen vermögen und dabei zerschneiden.

Die erste Zerkleinerungsstufe muss schneidend erfolgen, da sonst zu viele Feinstteile erzeugt werden. Der Anteile der Feinstteile sollte unter 3 Gew.-% liegen, um nach der Flockierung auch mit einer guten Entölung rechnen zu können. Eine gute Zerkleinerung ist ein wichtiger Vorgang für eine erfolgreiche Ölgewinnung und die Zerkleinerung beginnt an den Riffelstühlen.

Abb. 6-16: Geriffeltes Walzenpaar

Abb. 6-17: Riffelstuhl

6.2.1.2.3 Schälen

Eine Reihe von Ölsaaten, wie z. B. Sojabohnen, Sonnenblumen, Erdnüsse werden oft geschält, um die Qualität des Futtermittels zu erhöhen, aber auch die gewonnenen Rohöle werden dadurch qualitativ beeinflusst. Schrote aus der Ölsaatenverarbeitung werden insbesondere ihres Eiweißgehaltes wegen in der Tierernährung eingesetzt. Durch die Schälung wird der Eiweißgehalt erhöht und das Schrot wird wertvoller für den Einsatz bei Schweinen und Geflügel.

Am Beispiel des Fließschemas zur Schälung von Sojabohnen (Abb. 6-18) wird die Technologie anschaulich erklärt. Durch Wärmebehandlung und Riffelung werden die Schalen von der Ölsaat gelöst und durch Aspiration mit Zyklonen und Sieben abgetrennt. Die Schalen haben einen geringen Eiweiß- und Ölanteil, und das protein- und ölhaltige Kernfleisch hat durch den niedrigen Schalenanteil einen höheren Proteinanteil.

Bei der Sojabohne hat sich dieses Verfahren durchgesetzt, da auch das Schalenmaterial ein begehrtes Futtermittel für Wiederkäuer ist.

6.2.1.2.4 Flockieren

Die Flockierung der Saat ist wesentlich für eine gute Abtrennung des Öles. Die heutigen Flockierwalzenstühle bestehen aus zwei Glattwalzenpaaren, die durch eine Hydraulik oder Federkraft gegeneinander gepresst werden und durch die unterschiedlichen Drehzahlen, etwa 5 % Differenz, die Saat auswalzen. Die Flockenstärke soll je nach Saat zwischen 0,2 mm und 0,35 mm liegen. Je dünner die Flocke, je besser ist das Extraktionsergebnis. Der Feinanteil darf nicht zu groß werden, < 5 %, da dieser im weiteren Prozess sehr störend ist. Ein gutes Ergebnis liegt vor, wenn die Flocken dünn und stabil sind und die Größenverteilung bei den Flocken sehr eng ist.

Ein Flockierwalzenstuhl, manchmal auch Quetschwalzwerk genannt, ist in der Abbildung 6-19 dargestellt. Das Ständerwerk muss sehr stabil gebaut sein, da doch erhebliche Kräfte darauf wirken. Die Durchsatzleistungen sind in der Tabelle 6-3 aufgeführt. Dabei wurden der Durchmesser und die Länge der Walzen variiert, ebenso die Temperatur der Ölsaat und die Flockierstärke.

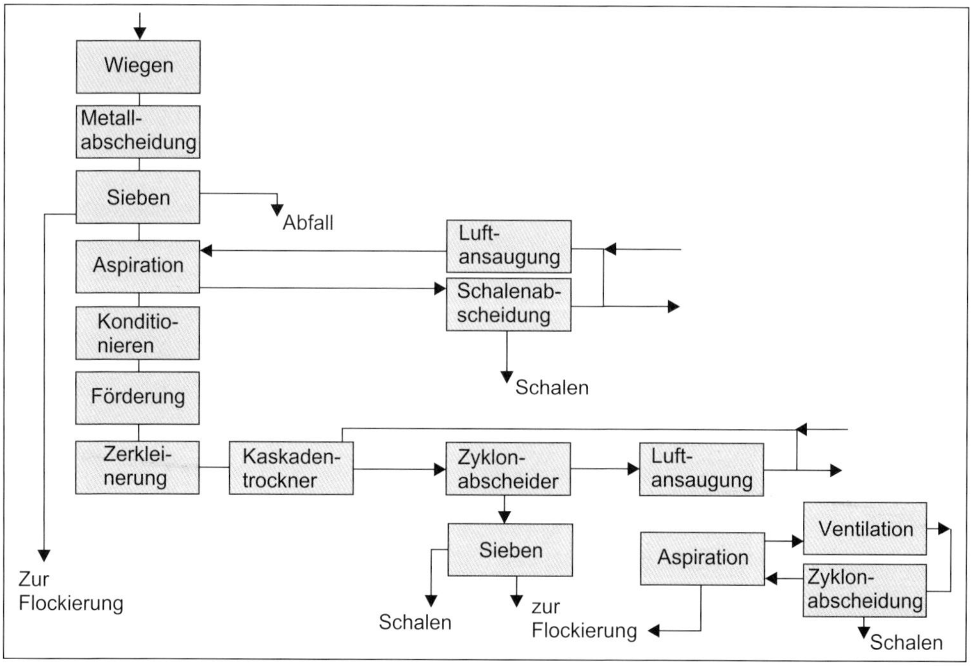

Abb. 6-18: Schema zur Schälung von Sojabohnen

Tab. 6-3: Durchsatzleistung von Flockierstühlen

	(mm) ± 10 %	(t/Tag)	(t/Tag)	(t/Tag)
Soja (60 °C)	0,25 mm	240	350	480
	0,27 mm	245	365	490
	0,30 mm	250	370	500
	0,35 mm	270	400	535
	0,40 mm	290	430	590
Soja (40 °C)	0,25 mm	180	300	360
Soja (20 °C)	0,25 mm	155	230	310
Raps (60 °C)	0,25 mm	235	390	470
	0,30 mm	270	450	540
	0,35 mm	285	475	570
Raps (20 °C)	0,25 mm	190	320	400
	0,30 mm	220	365	440
	0,35 mm	240	400	480
Sonnenblume (20 °C)	0,25 mm	220	365	440
Palmkerne (20 °C)	0,25 mm	100	160	200
Walze:		1250×600	1750×700	2100×800

Abb. 6-19: Flockierwalzenstuhl

Tab. 6-4: Reaktionen bei Zerstörung der Saatstruktur

Reaktionen, die bei der Zerstörung der Saat-Struktur hervorgerufen werden (40 °C < Temperatur < 75 °C)		
Lipasen	→	freie Fettsäuren
Phosholipase D	→	Phosphatid-Säuren
Lipoxigenase	→	Oxidation der Triglyceride Phosphatide mit oxid. Fettsäurenkette
Myrosinase	→	Isothiocyanate, etc.
Der Temperaturbereich ist schnell zu durchlaufen.		

5.2.1.2.5 Konditionieren

Der Konditionierprozess ist notwendig, um das Material für die Schneckenpresse vorzubereiten, damit ein gutes Pressergebnis erreicht werden kann. Aufgrund der Reaktionen durch die Lipasen in den Saaten muss der Temperaturbereich von 40 °C bis 75 °C schnell durchlaufen werden (Tab. 6-4). Anderenfalls kann das Öl Schaden nehmen und benötigt eine umfangreiche und kostenaufwändige Behandlung, um ein stabiles Raffinat produzieren zu können.

Die flockierte Ölsaat wird dem Konditionierer zugeführt, um sie auf die notwendige Feuchtigkeit einzustellen und um schnell eine Temperatur von > 85 °C zu erzielen. Die Saatkonditionierung hat, wie schon ausgeführt, einen großen Einfluss auf die Qualität der Rohöle. Wesentlich sind dafür die Arbeitsweisen der Konditionierer. In der Tabelle 6-5 ist ein Vergleich von drei unterschiedlichen Saatkonditionieranlagen aufgeführt.

Tab. 6-5: Vergleich der Ergebnisse von Konditionierkonzepten

	Anlage 1 Zentralkonditionierer	Anlage 2 HTST-Verfahren	Anlage 3 Wärmpfannen, liegende Konditonierer
Rohware ffa (%)	0,98	0,78	1,02
NHP (mg/kg)	31	21	19
Pressöl ffa (%)	0,85	0,56	1,16
NHP (mg/kg)	50	9	108
Extraktionsöl ffa (%)	1,37	1,17	1,50
NHP (mg/kg)	74	11	101
Mischöl ffa (%)	1,03	0,78	1,28
NHP (mg/kg)	58	10	105

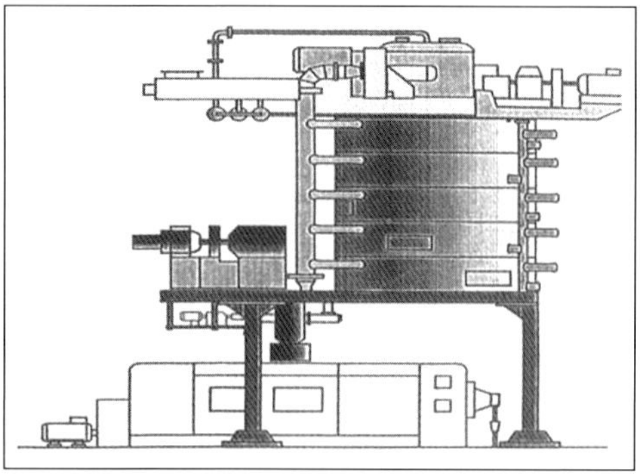

Abb. 6-20: Wärmpfanne

Abb. 6-22: Zentralkonditionierer

Anlage 3 ist mit Wärmpfannen (Abb. 6-20) und zu einem geringen Anteil mit liegenden Konditionierern (Abb. 6-21) ausgerüstet. Die Verweilzeit in diesen Konditionierern ist lang, da die Heizfläche zu gering ist. Der Gehalt an nicht hydratisierbaren Phospholipiden und auch an freien Fettsäuren steigt stark an. Die Konditionierung in der Anlage 1 wurde mit Zentralkonditionierern ausgeführt (Abb. 6-22). In der Anlage 2 wurde das HTST-Verfahren zur Konditionierung genutzt. Dabei wird das zu konditionierende Material kurzzeitig (< 20 Sekunden) mit erhitztem Dampf, der als Wärmeträger und Trägerstoff dient, beaufschlagt. Das Material wird in kürzester Zeit auf über 100 °C erwärmt und die Saataktivitäten werden umgehend eliminiert (Abb. 6-23). Anlagen dieser Bauart sind mit einer Durchsatzleistung von 2400 t Ölsaat pro Tag schon gebaut worden. Die Ergebnisse unterscheiden sich bei den unterschiedlichen Konditionieranlagen sehr stark. Allerdings sind auch die Investitionskosten für eine

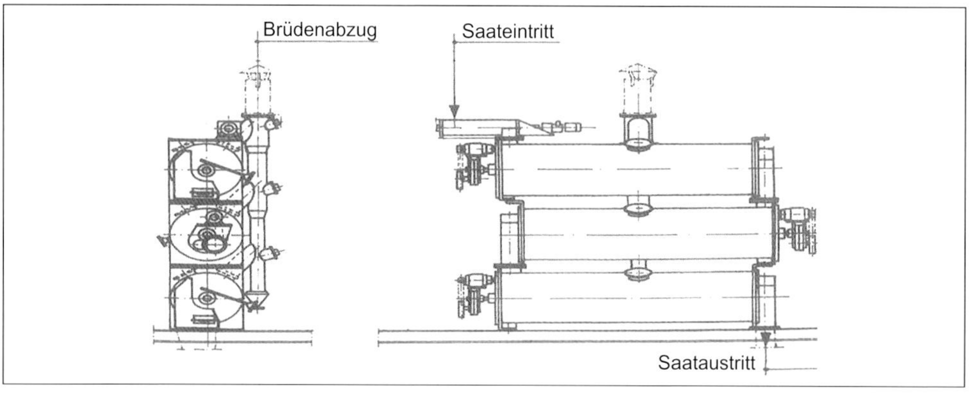

Abb. 6-21: Liegende Konditionierer

HTST-Anlage wesentlich höher. Von daher werden konventionelle Lösungen häufiger verwendet.

6.2.2 Aufbereitung wichtiger Ölsaaten und Ölfrüchte

6.2.2.1 Sojabohnen

Sojabohnen werden gewogen, gereinigt und heute fast ausschließlich geschält. Vor der Schälung wird die Saat geriffelt und danach erwärmt. Nach dem Schälvorgang wird die Saat flockiert. Das flockierte Material wird auf direktem Wege zur Extraktion gefördert, wo das Öl der Saat mit Hilfe von Hexan entzogen wird.

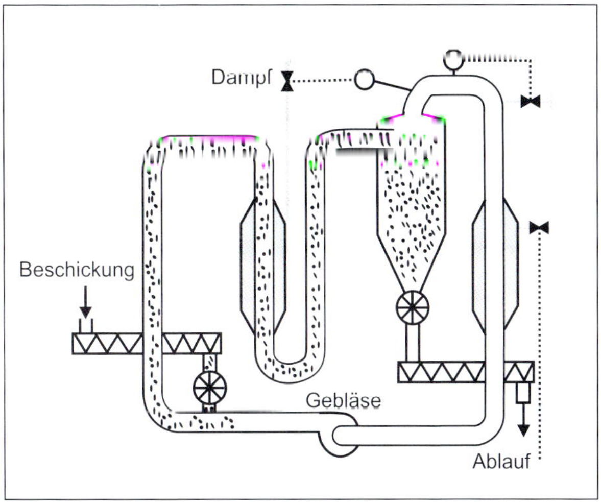

Abb. 6-23: Konditionierung der Saat – HTST-Verfahren

6.2.2.2 Raps

Raps wird gewogen, gereinigt, konditioniert und flockiert. Danach wird das flockierte Material zur Vorentölung in einer Schneckenpresse behandelt. Etwa 2/3 der Ölmenge werden dort gewonnen. Dem Presskuchen mit 20 % Ölgehalt wird danach mit Hexan das Öl weitgehend entzogen. Beim Austritt aus der Extraktion sollte das Schrot nur noch einen Ölgehalt von etwa 1 % haben.

6.2.2.3 Sonnenblumensaat

Sonnenblumensaat wird gewogen, gereinigt und geriffelt und eventuell geschält. Danach wird sie flockiert und konditioniert. Die Ölabtrennung geschieht in der Art und Weise, wie bei Raps beschrieben.

6.2.2.4 Baumwollsaat

Baumwollsaat wird nach entsprechender Vorbehandlung wie Sonnenblumensaat zu Öl und Schrot verarbeitet.

6.2.2.5 Palmfrucht

Die Palmfrucht wird direkt nach der Reifung durch eine Wärmebehandlung sterilisiert. Dabei werden die Enzyme inaktiviert und die Mikroorganismen abgetötet. Die leeren Fruchtstände bleiben zurück. Das Fruchtfleisch wird durch thermische Behandlung im Digestor aufgeschlossen. Anschließend wird das Öl mit Pressen abgetrennt. Aus dem Presskuchen werden die Palmkerne gewonnen, die wie Rapssaaten weiterverarbeitet werden.

6.2.2.6 Oliven

Die Oliven werden gewaschen, gebrochen und zerrieben, um die Ölzellen aufzubrechen. Der Olivenschlempe wird heißes Wasser zugesetzt und in einem Dreiphasendekanter in den entölten Trester, die Ölphase und die Wasserphase aufgetrennt. Die flüssigen Phasen werden in Separatoren gereinigt und das Öl direkt den Tanks zugeführt.

6.2.3 Pressentechnologie

Die Pressentechnologie ist die wichtigste Verarbeitungsstufe, um aus Ölsaaten Öl zu gewinnen. Bei den Technologien unterscheidet man die Kaltpressung, die Vorpressung und die Fertigpressung, als ein- oder mehrstufiges Verfahren. Bei der Pressung werden heute kontinuierlich arbeitende Schneckenpressen (Abb. 6-24) verwendet.

Die Schneckenpresse besteht aus der Schnecke, dem Seiher, dem Gehäuse mit der Ölablaufwanne, dem Antrieb, dem Füllschacht und der Dosier-

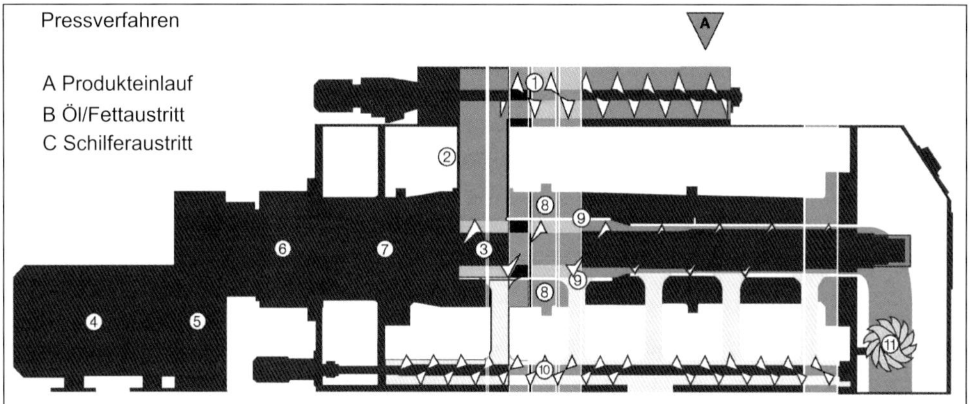

Abb. 6-24: Schematische Darstellung einer Schneckenpresse

schnecke mit Antrieb. Alle Schneckenpressen sind aus diesen Elementen aufgebaut.

Der Seiher besteht aus zwei Schalen (Abb. 6-25), in die Stäbe gelegt werden, die durch Abstandshalter voneinander getrennt sind. Durch die Schlitze fließt das Öl ab. Die freie Seiherfläche (Abb. 6-26) sollte so groß sein, dass das Öl gut abfließen kann, die Trubstoffe aber zurückgehalten werden können. Für die Presserfolge sind die Schnecken/Seiherkonfigurationen verantwortlich. Verschiedene Konzepte werden eingesetzt, und diese versuchen, die Aufgabe der Ölabtrennung entsprechend der Saataufbereitung, der Saatart und den Verfahrensbedingungen zu lösen.

Der Pressvorgang kann in drei Schritte aufgeteilt werden (Abb. 6-27):

1. Kompression ohne Flüssigkeitsabgabe, wobei lediglich die Luft aus den Hohlräumen entweicht,
2. Kompression mit Flüssigkeitsabgabe als ein instationäres Nicht-Gleichgewicht,
3. Gleichgewichtszustand des Pressgutes mit dem aufgezwungenen Pressdruck nach Beendigung der partiellen Flüssigkeitsabgabe, die Phase der Formgebung.

Beim zweiten Schritt wird durch die Kompression das Porenvolumen verringert und gleichzeitig Öl abgetrennt. Der Gesamtdruck verteilt sich dabei auf die Flüssigkeit und auf den elastisch sich zurückstellenden Feststoff. Da die Komprimierung in der Schneckenpresse entweder radial oder axial geschieht, kommt es zu Kriecheffekten und bei zu hohem Druck zum Abriss der Ölabtrennung. Ein gewisser Druck ist allerdings notwendig, um das Öl abzutrennen. Dieser wird durch die Schneckenausrüstung aufgebaut. Wenn die Feuchtigkeit in der

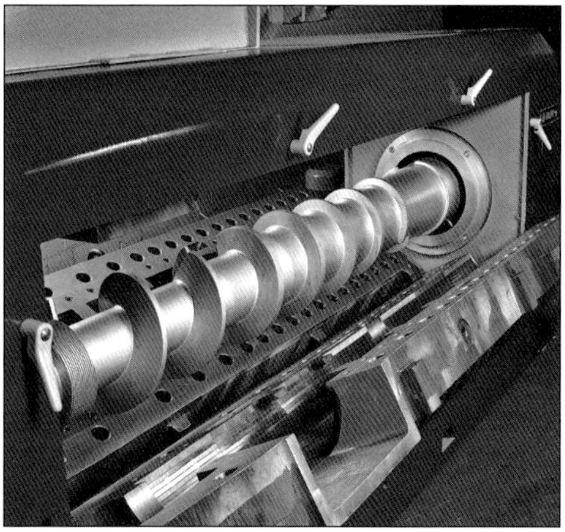

Abb. 6-25: Schneckenpresse mit aufgeklapptem Seiher

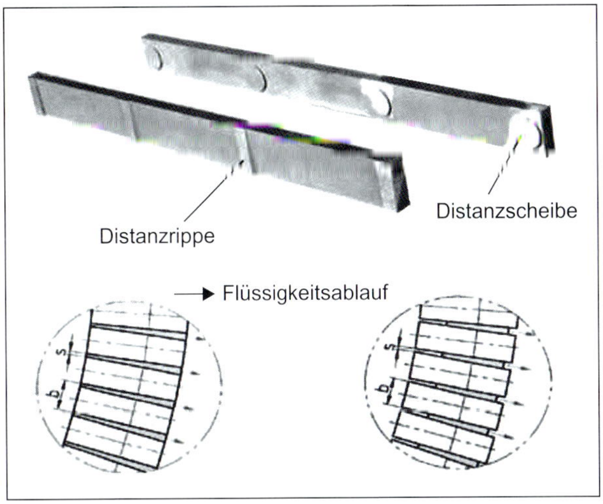

Abb. 6-26: Seiherstäbe mit Distanzrippe und Distanzscheibe

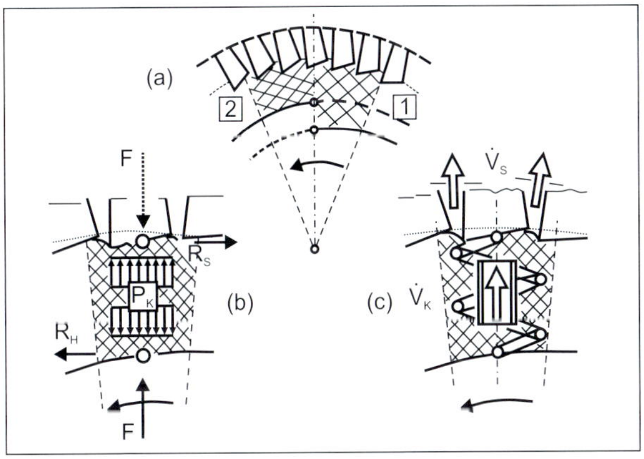

Abb. 6-27: Vorgänge im Seiher

Saat zu hoch ist, ist dies nicht möglich oder das Material entweicht durch die Seiherschlitze. Wenn das Material zu trocken ist, zerfällt der aus der Presse kommende Kuchen. Es liegen dann zu viele Feinstteile vor, die die Extraktion sehr beeinträchtigen. Die Aufbereitung der Saat muss daher der vorhandenen Schnecken-/Seiherkonfiguration angepasst werden.

6.2.3.1 Kaltpressung

Bei der Kaltpressung wird der Saat ohne vorherige Konditionierung das Öl in der Schneckenpresse entzogen. Teilweise ist die Saat nicht einmal vorzerkleinert. Die Schneckenpresse muss dann auch die Zerkleinerungsarbeit leisten. Bessere Ergebnisse sind zu erwarten, wenn eine Flockierung durchgeführt worden ist. Insbesondere das Öl ist von höherer Qualität, da die Gefahr einer örtlichen Temperaturerhöhung geringer ist. Bei der Kaltpressung ist sehr darauf zu achten, dass keine Sekundärströmungen im Seiher vorliegen. Diese können zu nicht gewünschten Überhitzungen führen. Die Anforderungen an die Schneckengeometrie sind höher als bei der Verarbeitung von konditionierter Saat. Um der Wirtschaftlichkeit genüge zu tun, sollten die Restölgehalte nach der Kaltpressung unter 12 % liegen.

6.2.3.2 Warmpressen

Beim Warmpressen (Abb. 6-28) wird die Ölsaat vor dem Pressvorgang erwärmt, flockiert und konditioniert. Dabei wird die Feuchte dem folgenden Pressvorgang angepasst.

Die Flockierung sollte so erfolgen, dass vor dem Presseneintritt ein optimaler Aufschluss vorliegt. Je nach der Schnecken-/Seiherkonfiguration und dem gewünschten Restölgehalt wird der Feuchtegehalt des abzupressenden Materials eingestellt. Die Restfeuchte spielt eine sehr große Bedeutung bei der Entölung. Durch das hydrokolloidal im Wand/Membran-System gebundene Wasser wird die Feststoffmatrix weicher, und infolge der Abnahme der Elastizität ist der Druck bei der Kompression auf einem niedrigen Niveau. Bei höheren Wassergehalten wird die Feststoffmatrix so deformiert, dass die kapillaren Wege so verengt werden, dass das Öl nicht mehr abfließen kann. Einen zusätzlichen Einfluss auf dieses Verhalten hat die in der Presse vorliegende Temperatur. Durch Veränderungen an der Seiher-/Schneckenkonfiguration kann der Trubanfall beeinflusst werden. Bei einem Trubanteil von über 8 % muss eingegriffen werden. Entweder muss die Schneckengeometrie verändert oder die Seiherschlitze müssen verringert und an anderer Stelle des Seihers erweitert werden. Oft ist auch die Veränderung sowohl der Schnecke als auch des Seihers notwendig.

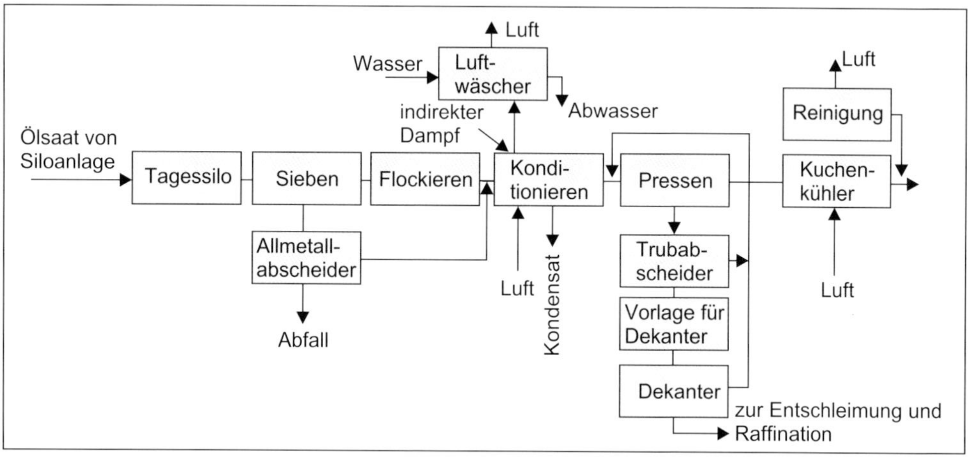

Abb. 6-28: Fließbild einer Pressanlage

6.2.3.2.1 Vorpressen

Bei der Vorpressung wird ein Ölgehalt im Presskuchen von unter 22 % angestrebt. Das Material wird anschließend im Extrakteur mit dem Lösungsmittel Hexan fast vollständig entölt. Ziel der Vorpressung ist es, den Restölgehalt, der für die Auslegung der Extraktion angenommen wurde, zu erreichen und einen hohen Aufschlussgrad im Presskuchen zu erreichen, damit im Extrakteur bei vorgegebener Verweilzeit eine gute Entölung möglich ist. Die Aufbereitung und Pressung hat für das Extraktionsergebnis eine herausragende Bedeutung. Die Güte der Vorbehandlung lässt sich durch die Größe VM (Mangel bei der Saatvorbereitung) ausdrücken. Der Wert sollte < 0,6 % sein, damit von einer guten Vorbehandlung gesprochen werden kann. Wenn W_0 die Einwaage des Presskuchens im getrockneten Zustand ist, W_1 die Ölmenge die man nach drei Stunden in der Soxhlet Extraktion erhält und W_2 die Ölmenge bei einer zweiten drei Stunden Soxhlet Extraktion, des gleichen aber nach der ersten Extraktion gemahlenen Presskuchens, erhält, ist näherungsweise .

$$VM = \frac{W_2}{W_0}$$

Wenn der Wert des Vorbehandlungsmangels nicht so niedrig wie gewünscht ist, wird auch der Presskuchen nicht stabil sein und damit kann ein gutes Extraktionsergebnis nicht sicher gewährleistet werden. In den meisten Fällen ist dann die Feuchtigkeit des Kuchens zu hoch. Die Konditionierung ist entsprechend neu einzustellen.

6.2.3.2.2 Fertigpressen

Das Fertigpressen ist die älteste Anwendung der Schneckenpresse und wird heute noch häufig angewandt. Bei Verarbeitungsleistungen unter 100 000 t/a ist der Einsatz von Fertigpressen eine gute Wahl, wenn die Ölsaaten im nahen Umfeld verfügbar sind.

Der erreichbare Ölgehalt im Presskuchen ist entscheidend für die Wirtschaftlichkeit der Anlage, von daher ist das einstufige Verfahren oft zu einem mehrstufigen Pressverfahren ausgebaut worden. Bei dem Fertigpressen wird die Ölsaat in gleicher Weise wie bei der Vorpressung aufbereitet, wobei die Feuchtigkeit niedriger gehalten wird, um höhere Drücke aufbauen zu können. Ein Restölgehalt unter 8 % ist anzustreben. Bei höheren Restölgehalten ist die Wirtschaftlichkeit in Frage zu stellen.

6.2.4 Lösungsmittelextraktion

Vorbehandelte Ölsaaten mit geringem Ölgehalt (< 25 %) und Presskuchen von Ölsaaten mit einem Restölgehalt < 22 % und > 10 % werden mit dem Lösungsmittel Hexan in einer Lösungsmittelextraktionsanlage (Abb. 6-29) fast vollständig entölt und die Produkte rohes Pflanzenöl und Ölsaatenschrote gewonnen.

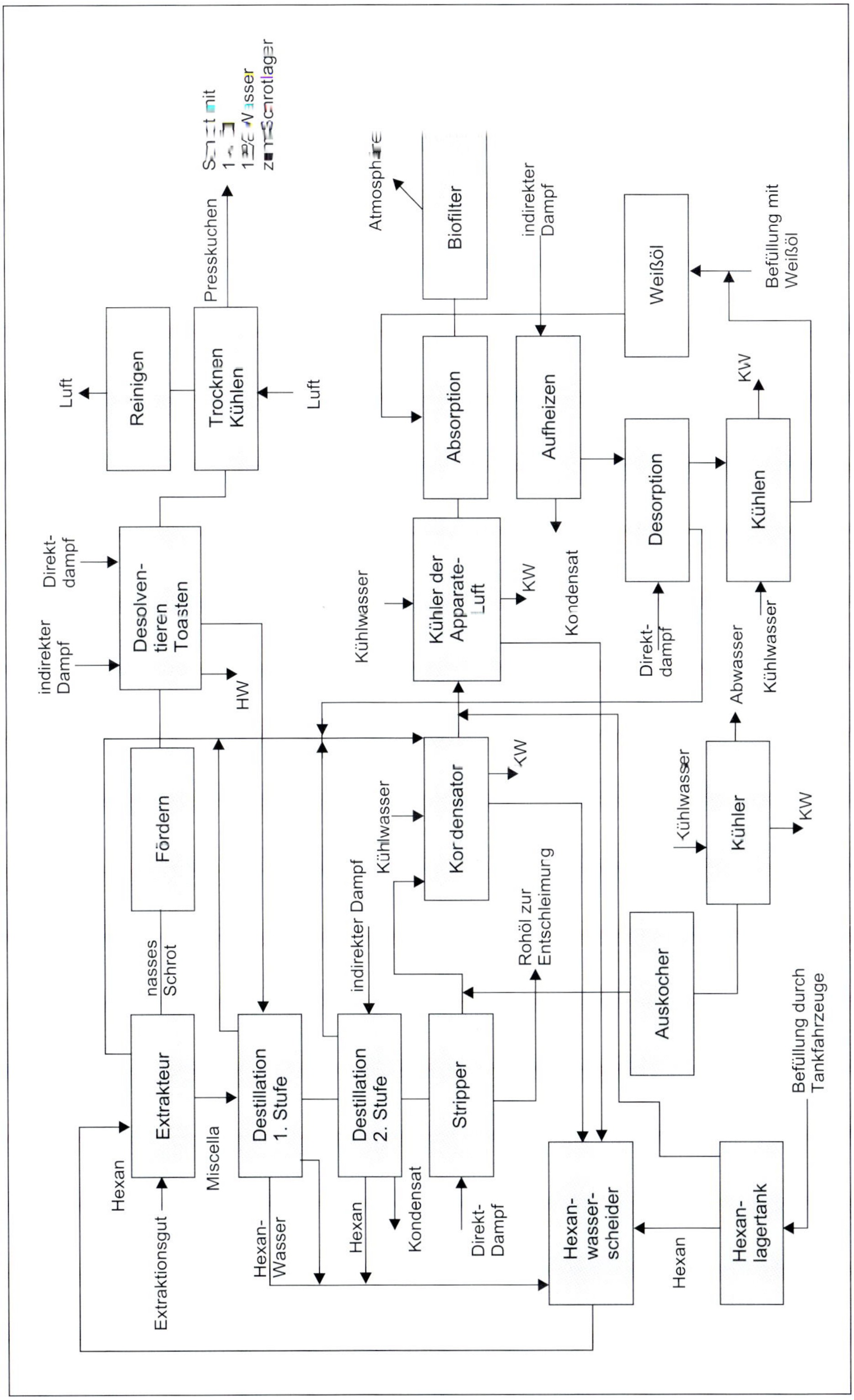

Abb. 6-29: Fließbild einer Extraktion

Die Extraktionsanlage besteht aus dem Extrakteur, der Destillation, dem Ölstripper, der Absorptionskolonne und dem Toaster. Bei der Lösungsmittelextraktion werden folgende Stoffe zur erfolgreichen Entölung benötigt:

- Wasserdampf als Heizmittel und Trägerdampf, ca. 110 kg/t Extraktionsgut
- Kühlwasser
- Extraktionsmittel (technisches Hexan), ca. 0,7 kg/t Extraktionsgut
- Luft für Trocknungs- und Kühlzwecke
- Weißöl (Paraffinöl) als Absorptionsmittel

6.2.4.1 Lösungsmittel

Bei der Gewinnung von pflanzlichen Ölen mit Hilfe einer Lösungsmittelextraktion wird als Lösungsmittel technisches Hexan verwendet. Gegenüber anderen Lösungsmitteln hat es viele Vorteile:

- Es hat ein gutes Lösungsvermögen für Fette und Öle.
- Es kann bei akzeptablen Temperaturen aus der Miscella und dem Schrot zurückgewonnen werden.
- Es ist chemisch sehr stabil und reagiert nicht mit den übrigen beteiligten Stoffen.
- Es hat eine geringe Verdampfungswärme.
- Es lässt sich durch Auskochen vollständig aus dem Prozesswasser entfernen.

Tab. 6-6: Stoffdaten technischen Hexans

Parameter	Wert
n-Hexan-Anteil	53 %
Siedebereich bei 1013 mbar	65 °C – 70 °C
Dampfdruck bei 20 °C	19,4 KPa
Explosionsgrenzen von Hexan-Luft-Gemisch bei 20 °C und 1013 mbar	
UEG	1,2 % V/V = 42 g/m³
OEG	8,3 % V/V = 297 g/m³
Zündtemperatur	> 200 °C
Rel. Gasdichte (Luft = 1)	2,79
Dichte bei 20 °C (Flüssigkeit)	0,679 g/cm³
Gefahrenklasse (VBF)	A1
MAK-Wert	50 cm³/m³, 180 g/m³ (bei 20 °C)
TA-Luft-Wert	180 mg/m³ (Normbedingungen)
Wassergefährdungsklasse	WGK 1
Löslichkeit in Wasser bei 20 °C	< 20 mg/l
Löslichkeit in Wasser bei 100 °C	< 1 mg/l

Die Nachteile von Hexan sind:

- seine Brennbarkeit,
- seine Fähigkeit, mit Luft explosionsfähige Gemische zu bilden,
- seine größere Dichte gegenüber Luft,
- seine Toxizität.

Die Stoffdaten des technischen Hexans (Tab. 6-6) können dem Sicherheitsdatenblatt gemäß 91/155/EWG entnommen werden.

6.2.4.2 Extraktion

Das Extraktionsgut, d. h. die vorbehandelte Ölsaat oder der Presskuchen, wird zweckmäßigerweise vor der Extraktion an die Temperatur im Extrakteur von zirka 58 °C angepasst. Eine Temperatur des Extraktionsgutes von 60 °C bis 75 °C ist akzeptabel. Wichtig ist zudem, dass nur eine geringe Oberflächenfeuchtigkeit vorhanden ist. Wenn die Anlage Presskuchen entölen soll, ist die Kühlung des Kuchens durch einen mit Umgebungsluft arbeitenden Kuchenkühler, der zwischen Presserei und Extraktion installiert werden sollte, sinnvoll.

Im Extrakteur (Abb. 6-30) wird das Öl durch das Lösemittel Hexan aus dem Presskuchen herausgewaschen. Dadurch entstehen zwei Zwischenprodukte, das mit Öl angereicherte Lösungsmittel, die so genannte Miscella mit einem Ölgehalt von 15 bis 30 %, und das mit Lösungsmittel benetzte, weitgehend ölfreie Extraktionsschrot mit 25 bis 30 % Hexangehalt. Beide Zwischenprodukte werden in der Extraktion weiterverarbeitet. Das Hexan wird aus den Zwischenprodukten entfernt und zurückgewonnen. Bei der Extraktion von Ölsaaten finden heute ausschließlich kontinuierliche Verfahren, die nach dem Gegenstromprinzip arbeiten, Verwendung. Folgende Grundbedingungen sollten erfüllt werden:

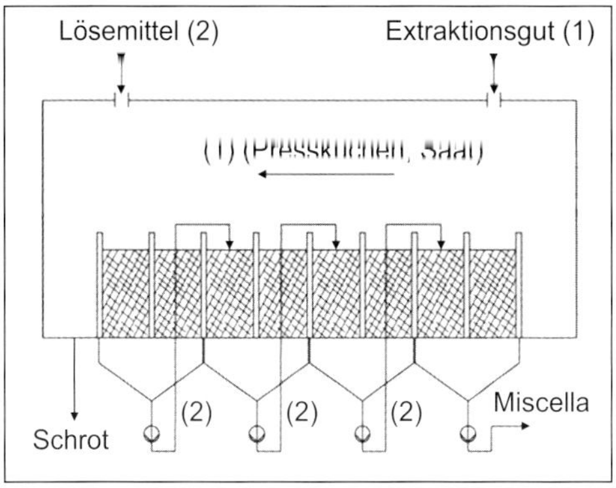

Abb. 6-30: Prinzip einer Extraktion

- Die Extraktion sollte bei Temperaturen von 5 °C unter der Verdampfungstemperatur von Hexan, d. h. bei 60 °C, durchgeführt werden.
- Die Kapillaren im Extraktionsgut sollten kurz sein, da sie durch Diffusion überwunden werden müssen. Bei Presskuchen aus flockiertem Material mit 0,25 bis 0,30 mm Flockenstärke ist das gegeben.
- Die Perkolation muss gegeben sein, damit die angereicherte Miscella von den jeweiligen Oberflächen abgeführt werden kann und die nachfolgende weniger angereicherte Miscella die Extraktion weiterführt.

Die Abbildung 6-31 zeigt einen Bandextrakteur, bei dem das Extraktionsgut im Gegenstrom mit Miscella und zum Schluss mit Hexan berieselt wird. Im Lösungsmittelkreislauf befinden sich etwa 2 bis 3 t Hexan pro t Extraktionsgut.

Das Extraktionsgut verlässt den Extrakteur mit etwa 1 % Restölgehalt und 25 bis 30 % Hexan. Es wird im Desolventizer/Toaster entfernt und wieder in den Prozess zurückgeführt. Die Miscella wird im Hydrozyklon oder im Filter von Feststoffen gereinigt und zur Destillation gepumpt.

6.2.4.3 Desolventierung, Toastung, Trocknung, Kühlung

Das Extraktionsschrot muss vom Hexan weitestgehend befreit werden, um es als Futtermittel nutzen zu können. Dieses geschieht im Desolventizer/Toaster durch Temperaturerhöhung auf bis zu 108 °C mittels indirekter Beheizung und Beaufschlagung des Schrotes mit Direktdampf als Trägermedium.

Schrote aus Ölsaaten dürfen maximal 300 mg/kg Hexan enthalten, damit es beim Transport oder in Lagerhäusern nicht zu explosionsfähigen Hexan-Luft-Gemischen kommen kann. In der Praxis werden heute Werte weit unterhalb 300 mg/kg erreicht.

Der Desolventizer/Toaster (Abb. 6-32) besteht aus mehreren übereinander liegenden beheizten Böden, die das Schrot von oben nach unten durchläuft. Im Gegenstrom wird Wasserdampf durch das Schrot geleitet, das zugleich Trägermedium für das Hexan ist. Das Schrot wird bei 104-108 °C und einer Feuchtigkeit > 15 % getoastet und vom Hexan befreit, d. h., neben der Desolventierung werden Enzymaktivitäten, verdauungshemmende oder unerwünschte Stoffe zerstört. Die Dauer des Toastungsprozesses beträgt je nach Saat zwischen 40 und 70 Minuten. Bei Rapsschrot wird eine Verweilzeit von über 60 Minuten benötigt.

Das Schrot wird danach mit Luft getrocknet und gekühlt. Die Feuchtigkeit sollte den Anforderungen an ein gutes Futtermittel entsprechen. Es ist heute auf 12 % festgelegt. Die Temperatur des Schrotes liegt je nach Jahreszeit zwischen 25 °C und 45 °C. Es kann in dieser Form nun in Silos gelagert werden.

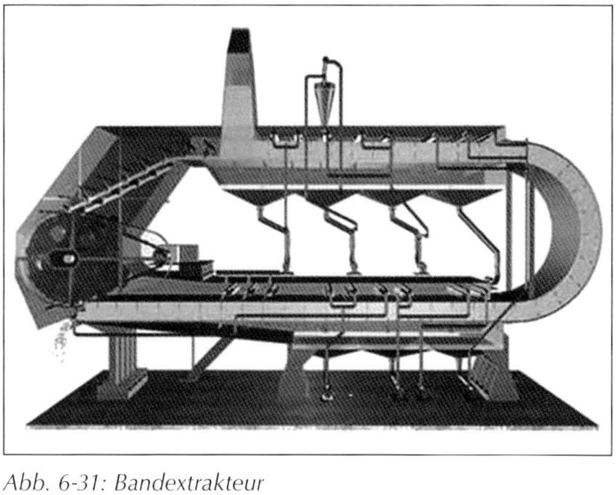

Abb. 6-31: Bandextrakteur

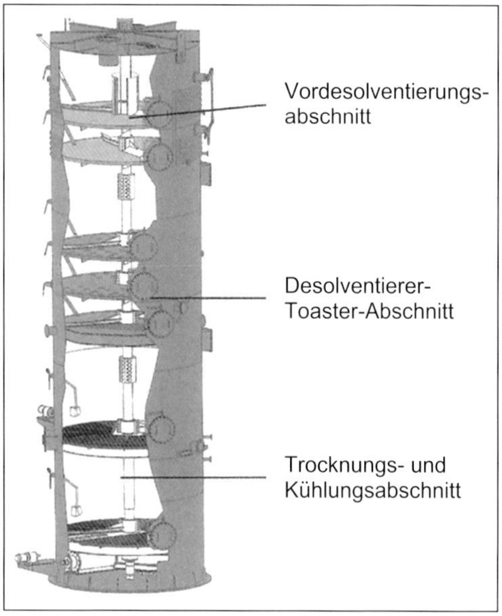

Abb. 6-32: Desolventiser/Toaster/Trockner/Kühler

Bei einigen Saaten ist vor dem Versand eine weitere Behandlung sinnvoll. So wird z. B. ungeschältes Sonnenblumenschrot normalerweise pelletiert, um das Schüttgewicht zu erhöhen. Andere Saaten benötigen vor der Lagerung eine Zerkleinerung, um ein störungsfreies Fördern sicherzustellen.

6.2.4.4 Destillation, Hexanmanagement

Die aus dem Desolventizer/Toaster austretenden heißen Brüden, Gemisch aus Hexan und Wasserdampf, werden mit Hexan oder Wasser gewaschen und werden als Energieträger in der ersten Stufe bei der Destillation der Miscella eingesetzt. Die zweite Stufe wird mit Wasserdampf beheizt. Das abdestillierte Hexan wird kondensiert und dem Hexan-Wasserscheider zugeführt. Nach der Destillation wird das Öl mit Direktdampf gestrippt und dadurch die Reste von Hexan entfernt. Nach der Kondensation dieser Brüden werden auch diese zum Hexanwasserscheider geführt.

Das Öl hat nach dem Strippen einen Hexangehalt von < 150 mg/kg. Alle Brüden, soweit sie Hexan enthalten können, werden nach der Kondensation zum Hexanwasserscheider geführt. Von dort wird der Extrakteur gespeist, und wenn ein Hexanmangel vorliegt, wird Hexan vom Hexantank hierher gepumpt.

Hexan wird nur in geschlossenen Systemen geführt, und es zirkuliert darin. Emissionen können nur durch Leckagen und die geringen aber hochbelasteten Abluftmengen entstehen, die durch die Atmung der Apparate entstehen. Emissionsquellen sind darüber hinaus durch die Trocknung und Kühlung, durch die Lagerung und Verladung von Schrot und Öl sowie durch diffuse Verluste gegeben. Die Hexanverluste hängen ab von:

- der zu extrahierenden Saat,
- der technischen Auslegung,
- der Dichtheit der hexanführenden Anlagenteile,
- der Absorptionsanlage,
- der Hexanfreiheit der Produkte.

In den heutigen Extraktionsanlagen beträgt der Gesamtverlust von Hexan < 1 kg/t Saat.

6.2.4.5 Absorption

Die Luft, die durch Undichtigkeiten bzw. beim Befüllen der Apparate entweicht, ist hexangesättigt. Diese Apparateluft wird gekühlt und in einer Absorptionskolonne mit Weißöl im Gegenstrom in Berührung gebracht. Dabei geht das Hexan ins Weißöl. Der Restgehalt an Hexan in der Abluft liegt bei 5 bis 8 g/m³. Da pro t Saat etwa 3 m³ Abluft entstehen, sind das ca. 15 bis 24 g Hexanverluste über die Apparateabluft.

Das Weißöl wird in einer Desorptionskolonne mit Direktdampf wieder vom Hexan befreit, und das Hexan geht zum Hexanwasserscheider.

6.2.4.6 Sicherheitsmaßnahmen

Die sicherheitstechnisch zulässigen Restgehalte an Hexan in den Endprodukten liegen beim Rohöl bei < 300 mg/kg, und damit ist ein Flammpunkt von > 120 °C gegeben. Beim Schrot liegt er bei < 500 mg/kg, um ein explosionsfähiges Gas-Luft-Gemisch zu vermeiden. Mit der heutigen Anlagentechnik werden diese Werte, insbesondere beim Öl, weit unterschritten.

In der Anlage sind Hexansensoren installiert, die Hexanansammlungen anzeigen. Wird ein Hexanwert von 50 % des UEG (UEG = unterer Explosionsgrenzwert) erreicht, wird die Anlage aus Sicherheitsgründen automatisch abgeschaltet. Darüber hinaus ist darauf zu achten, dass statische Aufladungen vermieden werden. Alle Anlagenteile müssen geerdet sein, und die verwendeten Materialien in der Anlage müssen diesen Forderungen genügen, d.h. antistatisch ausgerüstet sein. Grundsätzlich sind in solchen Anlagen funkenfreie Werkzeuge zu verwenden. Die Benutzung von Mobiltelefonen, elektronischen Geräten und die Benutzung und Erzeugung offenen Feuers ist verboten. Eine Sicherheitszone von 15 m um die Extraktion sollte eingehalten werden.

6.2.4.7 Behandlung der Abluft

Die Geruchsstoffe treten gas- oder aerosolförmig auf. Es handelt sich im Wesentlichen um komplexere Gemische leichtflüchtiger organischer Verbindungen in geringer Konzentration, die von den eingesetzten Ölsaaten geprägt werden. Vorwiegend sind es freie Fettsäuren, organische Stickstoffverbindungen und bei der Rapsverarbeitung handelt es sich zusätzlich um organische Schwefelverbindungen. Die Abluft wird heute vorwiegend in Wäschern und Biofiltern behandelt oder wird einer Verbrennung zugeführt.

6.2.5 Lagerung und Versand von Schroten und Ölen

Das Schrot aus dem Trockner/Kühler oder der Presskuchen aus der Presse wird direkt zum Schrotsilo gefördert, von dort wird es direkt zur Verladung geführt. Zur Lagerung werden Silozellen oder Flachsilos verwendet. Beim Schrot ist die Einhaltung der Hygienebedingungen von größter Wichtigkeit. Das dem Markt zugeführte Produkt muss frei von Schadstoffen insbesondere frei von Salmonellen sein. Das Abschotten gegenüber Schädlingen ist beim Schrotlager daher von größter Bedeutung. Da es sich bei den Schroten normalerweise um Massenprodukte handelt, werden sie mit dem Lkw, der Bahn und dem Schiff versandt. Zur Förderung dienen ebensolche Förderer, wie sie schon bei der Saatbehandlung beschrieben wurden. Von jeder Lieferung werden drei Proben genommen – eine für den Kunden, eine für den Lieferanten und eine, die bei Auseinandersetzungen über die Qualität heranzuziehen ist, die mindestens drei Monate aufzubewahren sind.

Die pflanzlichen Öle werden in Tanks aus Stahl oder Edelstahl gelagert und von dort über Pumpen und Rohrleitungen zum Schiff, zur Bahn oder zum Tankzug befördert, die es zum Kunden oder zu einem Zwischenlager bringen. Auch hier werden drei Rückstellmuster gezogen, die wie beim Schrot als ein Muster der Lieferung anzusehen sind.

6.2.6 Planung einer zentralen Ölmühle

Eine zentrale Ölmühle besteht aus:
- Saatannahme
- Saataufbereitung und Presserei
- Extraktion
- Schrot- und Öllagerung
- Schrot- und Ölverladung
- Dampfversorgung
- Kühlwasserversorgung
- Abführung des Abwassers
- Hexanlagerung
- Luftreinigung und Drucklufterzeugung
- Trafostation
- Schaltanlage
- Labor
- Gebäuden für die Anlagen, Lager, Werkstatt, Labor und Verwaltung
- Pforte

Die einzelnen Bereiche sind im vorherigen weitgehend beschrieben worden. Zur Planung einer solchen Anlage oder eines Anlagenteils sind die Vorschriften der örtlichen Genehmigungsbehörden umzusetzen. Wenn eine Anlage mit einer Produktionsleistung von 300 t Fertigerzeugnissen oder mehr pro Tag im Vierteljahresdurchschnittswert geplant wird, so ist das Bundesimmissionsschutzgesetz (BImSchG) anzuwenden. Ob entsprechend den Vorgaben des Gesetzes eine Umweltverträglichkeitsprüfung (UVP) durchzuführen ist, muss jeweils geprüft werden.

An dem Genehmigungsverfahren werden alle betroffenen Behörden beteiligt, ob es sich um die Wasserbehörden, den Immissionsschutz- und Umweltschutz, den Brand- und Explosionsschutz, die Arbeitssicherheit, die Verkehrs- und Bauämter handelt, alle müssen das Vorhaben bearbeiten und dem Vorhaben zustimmen. Mit der Antragsstellung bei der Genehmigungsbehörde, wird der Umfang der Antragsunterlagen geklärt und zugleich eine Beratung durch die Genehmigungsbehörde durchgeführt. Zur Prüfung der Genehmigungsvoraussetzungen ist es erforderlich, alle dazu notwendigen Unterlagen einzureichen. Die Behörde kann Sachverständige zur Prüfung hinzuziehen. Mit der Einreichung der vollständigen Unterlagen beginnt die Schlussprüfung. Zwischen der Einreichung der Unterlagen und der Genehmigungserteilung liegen die Bekanntmachung des Vorhabens, die Auslegung der Unterlagen und der Erörterungstermin. Basis für die Unterlagen sind z. B. für den Immissionsschutz die VDI-Richtlinie VDI 2592 und für die Sicherheit der FEDIOL Guide of good practice and safe operation of Hexane extraction units.

Nach der erteilten Genehmigung kann das Bauvorhaben in Angriff genommen werden. Wenn Abweichungen in der Ausführung von dem genehmigten Vorhaben notwendig werden, müssen diese der genehmigten Behörde angezeigt werden, eventuell ist eine neue Genehmigung erforderlich. Die erteilte Genehmigung gibt dem Investor eine große Sicherheit gegenüber Forderungen Dritter. Eine genehmigte Anlage hat also einen hohen Bestandsschutz.

6.3 Ölveredelung

Die größten Teile der auf dem Weltmarkt gehandelten Öle und Fette sind ohne weitere Veredelung insbesondere für Nahrungszwecke nicht verwendbar. Mehr als 75 % der pflanzlichen Öle und Fette werden veredelt. Diese Behandlung besteht aus einer Reihe von Verfahrensschritten:

- Entschleimung mit Wasser, Säuren oder Enzymen zur Abtrennung von Phospholipiden, anderen Kolloiden und Metallen,
- Bleichung mit aktivierten Erden zur Adsorption von Farbstoffen sowie Resten von Phospholipiden und Seifen,
- Entsäuerung, d. h. Abtrennung der Fettsäuren durch Destillation oder durch Alkalien, z. B. Natronlauge,
- Desodorisation, d. h. Entfernung flüchtiger Geruchs- und Geschmacksstoffe unter Vakuum (1 bis 3 mbar) und Direktdampf als Trägerstoff,
- Winterisierung zur Entfernung von Wachsen; findet nur bei wachshaltigen Ölen Verwendung, z. B. bei Sonnenblumenöl,
- Härtung, Veresterung, Umesterung, Fraktionierung und Mischung von Ölen und Fetten zur Produktion von Öl- und Fettprodukten in der Nahrungsmittelindustrie, in der Oleochemie und zur Energiegewinnung.

6.3.1 Entschleimung

Rohöle insbesondere die Saatöle enthalten Phospholipide, Kohlehydrate, Proteine, Metalle, Seifen etc., die entfernt werden müssen. Dazu werden speziell entwickelte Entschleimungsverfahren genutzt. Die abgetrennten Schleimstoffe werden entweder dem Schrot zugegeben oder zu Lezithinen weiterverarbeitet.

6.3.1.1 Wasserentschleimung

Der Wasserentschleimungsprozess wird zur Erzeugung von Rohölen mit einem Phosphorgehalt von < 200 mg/kg bei Sojaöl und von < 300 mg/kg bei Rapsöl und anderen Saatölen angewandt.

Das Pflanzenöl, das in einer Lösungsmittelextraktion gewonnen wird, enthält höhere Gehalte an Phospholipiden. Der Gehalt bei Pressöl liegt erheblich niedriger, dadurch ist die weite Spreizung bei den Saatölen zu erklären (Tab. 6-7). Bei Sojaöl liegt der Gehalt an Phosphor normalerweise bei 800 bis 1000 mg/kg und bei Raps bei 500 mg/kg. Die Verarbeitungstechnik spielt bei den Phosphorgehalten eine wesentliche Rolle. Durch die Abtrennung auf die genannten Phosphorgehalte wird das Öl stabil und lagerfähig. Beim Wasserentschleimungsprozess wird dem Öl 2-3 % heißes, entmineralisiertes Wasser zugegeben, gemischt und nach etwa 10 Minuten Einwirkungszeit werden die sich bildenden hydratisierbaren Schleimstoffe mit Separatoren abgetrennt.

Tab. 6-7: Phospholipid- und Phosphorgehalte in Pflanzenölen

Öl	Phospholipide (8%)	Phosphor (mg/kg)
Baumwollsaatöl	1,0 – 2,5	400 – 800
Erdnussöl	0,3 – 0,7	100 – 250
Maiskeimöl	0,7 – 2,5	250 – 700
Palmöl	0,04 – 0,1	15 – 30
Rapsöl	0,6 – 3,0	200 – 1000
Sojaöl	2,0 – 5,0	600 – 1500
Sonnenblumenöl	0,5 – 1,0	200 – 400

6.3.1.2 Säureentschleimung

Soll das Pflanzenöl einer physikalischen Raffination, d. h. einer destillativen Abtrennung der Fettsäuren, unterworfen werden, müssen die Phosphorwerte auf unter 15 mg/kg abgesenkt werden. Das am häufigsten angewandte Verfahren ist die Säureentschleimung (Abb. 6-33).

Das Rohöl wird auf knapp 70 °C erhitzt und pro t Rohöl mit 1 kg Phosphor- oder Zitronensäure intensiv vermischt. Nach einer Verweilzeit von 10 Minuten wird Natronlauge zur Neutralisation der Säure zugegeben und 2 % entmineralisiertes Wasser. Diese Stoffe werden ebenfalls intensiv vermischt und man lässt sie unter leichtem Rühren 60 Minuten reagieren. Dabei werden die Phospholipide hydratisierbar und lassen sich bei Temperaturen über 80 °C als Schleimstoffe im Separator abtrennen. Das Öl wird getrocknet und kann nun als vollentschleimtes Öl weiterbehandelt werden.

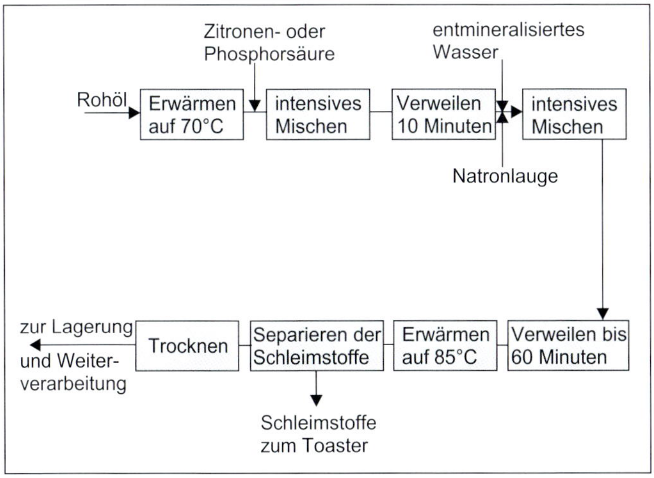

Abb. 6-33: Fließschema einer Säureentschleimung

6.3.1.3 Enzymatische Entschleimung

Bei der enzymatischen Entschleimung (Abb. 6-34) wird das Rohöl auf 70 bis 75 °C erwärmt und pro t Rohöl mit 0,5 bis 0,6 kg Säure versetzt. Nach einem intensiven Mischprozess verweilt das Material 15-20 Minuten im Verweilbehälter. Die Temperatur des Öles wird auf 55 °C eingestellt und mit einer Menge Natronlauge, 1,5 bis 2 Mol-Equivalenten im Verhältnis zur Säure, beaufschlagt. Etwa 10 kg entmineralisiertes Wasser und 30 bis 50 g Enzyme werden pro t Rohöl zugesetzt und intensiv vermischt. Danach reagiert die Mischung bei einer Verweilzeit von 4 bis 6 Stunden im Behälter. Die Schleimstoffe sind nun abtrennbar. Dazu wird die Mischung auf 80 °C erwärmt und dann in der Trennzentrifuge separiert. Das vollentschleimte Öl wird nun getrocknet und der weiteren Verwendung zugeführt.

6.3.2 Entsäuerung

Die pflanzlichen Öle enthalten mehr oder weniger freie Fettsäuren, die vor der weiteren Veredelung entfernt werden müssen. Zur Entsäuerung werden zwei verschiedene Verfahrenstechniken angewendet: die destillative Neutralisation und die Laugenentsäuerung. Abbildung 6-35 zeigt den Vergleich der beiden Verfahren.

6.3.2.1 Laugenentsäuerung

Zur Neutralisation der pflanzlichen Öle wird die Laugenentsäuerung (Abb. 6-36) seit über einem Jahrhundert genutzt. Sie wird vorwiegend für Saatöle mit einem Gehalt an freien Fettsäuren < 3 % angewandt. Bei diesem Schritt werden neben den freien Fettsäuren, Phospholipide Metallionen, Farbstoffe und Schmutzstoffe entfernt.

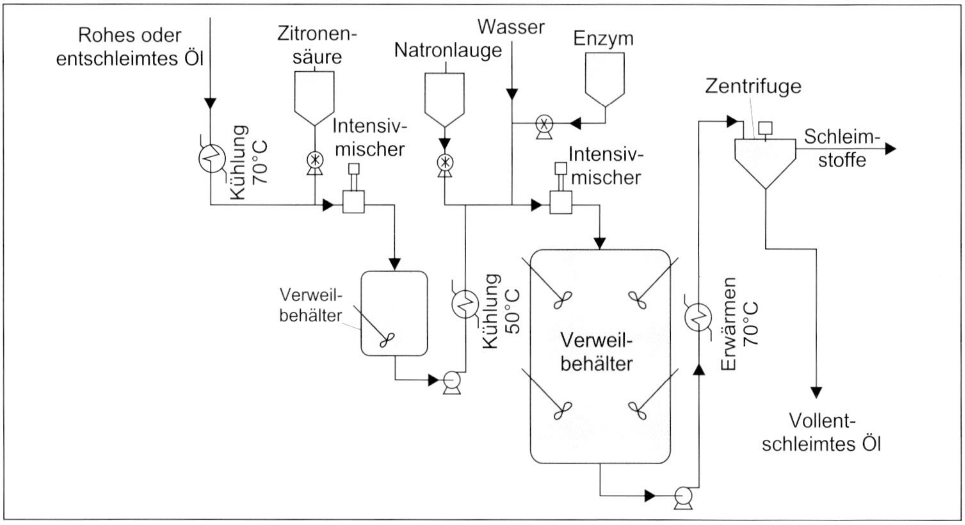

Abb. 6-34: Fließschema einer enzymatischen Entschleimung

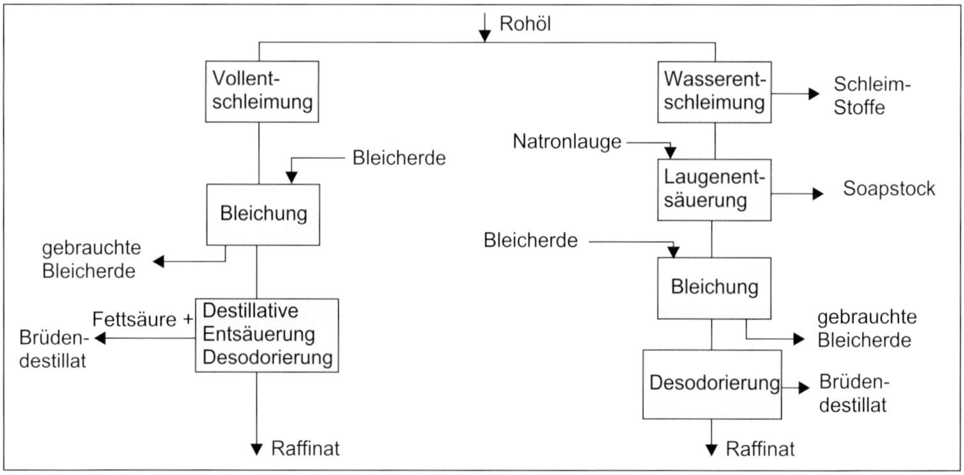

Abb. 6-35: Vergleich der Entsäuerungsverfahren (physikalisch versus alkalisch)

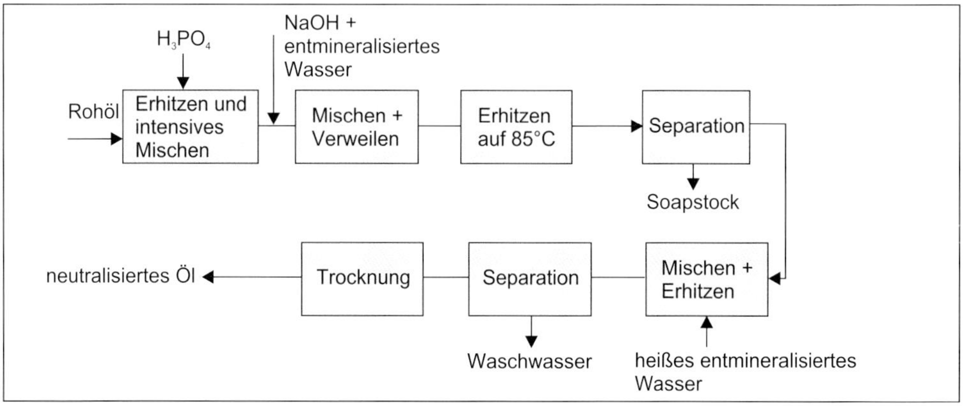

Abb. 6-36: Schema der Laugenentsäuerung

Das wasserentschleimte Rohöl wird mit Phosphorsäure versetzt, bei einer Temperatur von 60 °C intensiv gemischt, und anschließend wird Lauge je nach dem Gehalt an freien Fettsäuren zugesetzt und gemischt. Es muss immer ein Überschuss an Lauge vorliegen, damit die Lauge die freien Fettsäuren auf unter 0,1 % reduziert.

Eine Verweilzeit von 20 Minuten unter ständigem, langsamem Rühren sollte eingehalten werden, um zu einer kompletten Verseifung der freien Fettsäuren zu kommen. Im Anschluss wird das Gemisch auf 85 °C erhitzt und der Soapstock mit Separatoren abgetrennt. Um den Seifenrest im Öl auf 20 mg/kg zu reduzieren, wird das Öl mit Wasser gewaschen. Nach der Separierung des Waschwassers wird das neutralisierte Öl getrocknet und zur weiteren Veredelungsstufe befördert.

6.3.2.2 Destillative Entsäuerung

Bei entsprechender Vorbereitung wie vorher gezeigt, ist es möglich, das Öl destillativ zu neutralisieren. Bei Temperaturen von 235 °C, einem Vakuum < 3 mbar und der Nutzung von Direktdampf als Trägerdampf ist ein Abtrennen der freien Fettsäuren sichergestellt. Durch die destillative Entsäuerung werden höhere Ausbeuten erreicht und die Abwasserbelastung ist erheblich geringer.

6.3.3 Bleichung

Fast alle Pflanzenöle müssen, wenn sie im Lebensmittelbereich eingesetzt werden sollen, gebleicht werden. Nur bei nativen Ölen wird auf die Bleichung verzichtet.

Die Bleichung von pflanzlichen Ölen ist eine seit weit über 100 Jahren bekannte Technik und entfernt nicht nur Farbstoffe, sondern auch unerwünschte Begleitstoffe der Öle und Fette. Eine heute gebräuchliche Anwendung zeigt Abbildung 6-37.

Eine Bleichanlage (Abb. 6-37) besteht aus Bleicher, Filter, Bleicherdedosierung, Pumpen, Wärmetauscher und aus der Vorbehandlung. Gebleicht wird bei einer Temperatur von ca. 105 °C und einer Verweilzeit unter 20 Minuten. Ein Zutritt von Sauerstoff muss vermieden werden, und das Öl sollte getrocknet sein. Eine Zugabe von 2 bis 10 kg Bleicherde

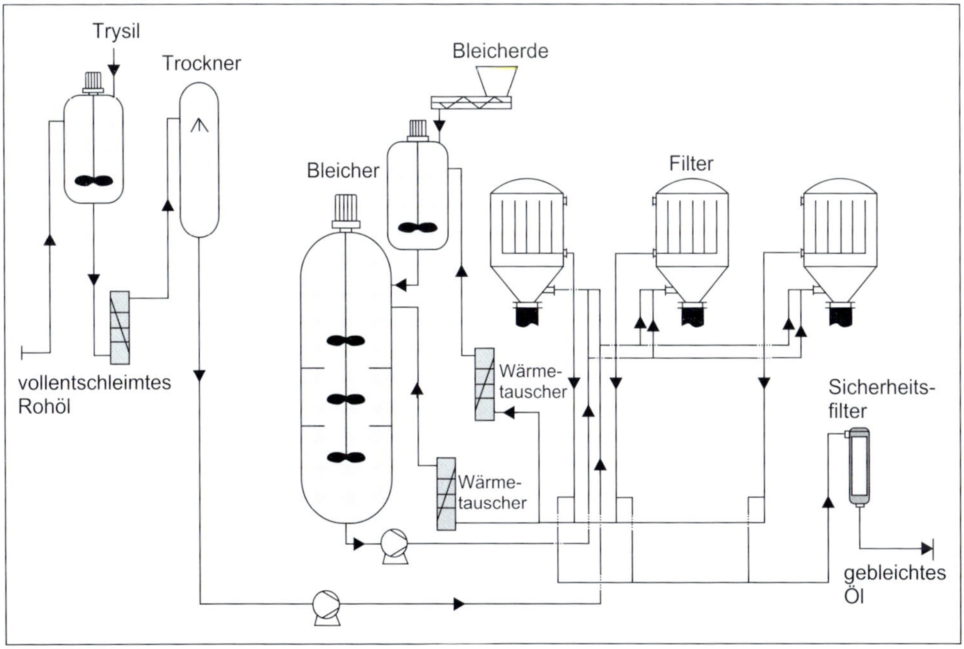

Abb. 6-37: Kontinuierliche Bleichung mit TriSyl-Zugabe

pro t Öl ist in Abhängigkeit vom Rohöl und vom Zustand des Öles notwendig, um eine gute Qualität des gebleichten Öls zu erreichen. Zur Abtrennung der Bleicherde werden heute fast ausschließlich Plattenfilter verwendet, die horizontal oder vertikal angeordnet sind. Das gebleichte Öl kann ohne weitere Behandlung anschließend deodoriert werden.

6.3.4 Winterisierung

Öle, die im größeren Umfang Wachse, > 30 mg/kg, enthalten und klar sein sollen, müssen winterisiert werden, d. h., die Wachse werden so weit entfernt, dass das Auge sie nicht mehr wahrnimmt. Die Wachse gehören zu den unverseifbaren Anteilen in den Pflanzenölen. Erst bei Gehalten von über 30 mg/kg werden sie bei niedrigen Temperaturen sichtbar.

Die Wachse werden nur aus marketingbedingten Gründen entfernt. Insbesondere bei Sonnenblumenöl wird die Winterisierung angewandt, während bei Olivenöl die Wachse nicht als störend empfunden werden.

Bei der Winterisierung wird das Öl auf 8 °C gekühlt und mindestens sechs Stunden bei dieser Temperatur gehalten. Die Wachse bilden Kristalle, die mit Filtern unter Zugabe von Filterhilfsmitteln abgetrennt werden.

6.3.5 Desodorisierung

Pflanzliche Öle enthalten eine Reihe flüchtiger Geruchs- und Geschmacksstoffe. Es sind Stoffe, die natürlich im Öl enthalten sind und ihm seinen charakteristischen Geruch und Geschmack verleihen und Stoffe, die durch oxidative und fermentative Veränderung der Öle entstehen. Die raffinierten Öle sollen neutral, d. h. frei von Geruchs- und Geschmacksstoffen, sein.

Einflussgrößen bei der Auslegung der Desodorisers (Abb. 6-38), des so genannten Dämpfers, sind: Direktdampfmenge, Temperatur, Druck und Verweilzeit. Der Wasserdampf wird als Schleppmittel benutzt. Da der effektive Verbrauch proportional zu seinem Molekulargewicht ist, erfüllt Wasserdampf in idealer Weise diese Bedingung. Der Direktdampf ist ein wesentlicher Kostenfaktor und daher sollte der Verbrauch niedrig angesetzt werden und zwar mit < 10 kg/t Öl. Eine Temperaturerhöhung bedeutet eine Verringerung der Dampfmenge. Sie kann aber wegen der Bildung von Transfettsäuren und von Artefakten nicht beliebig erhöht werden. Die heutige Grenze liegt bei 235 °C. Der Druck in der Apparatur hat einen proportionalen Einfluss auf die erforderliche Dampfmenge. Zum Dampfdruck muss in erster Näherung der Druck aus der Ölschichthöhe hinzugerechnet werden. Bei neueren Anlagen sollte der Druck in dem Desodorizer < 2 hPa sein. Eine weitere Verringerung ist technisch und ökonomisch nicht sinnvoll.

Die Dämpfzeiten werden wesentlich durch die Konstruktion des Apparates und dem erforderlichen Durchsatz bestimmt. Von Ölsorte zu Ölsorte können sie stark variieren. Die optimalen Dämpfzeiten können auch heute noch nur durch Experimente festgelegt werden. Die Apparate sollten so angelegt werden, dass eine Verweilzeit von mindestens einer Stunde gegeben ist.

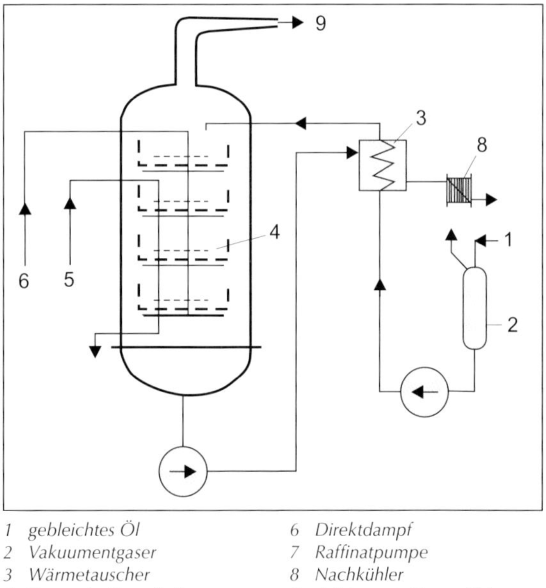

1 gebleichtes Öl
2 Vakuumentgaser
3 Wärmetauscher
4 Tassen im Desodoriser
5 Beheizung mit indirektem Dampf
6 Direktdampf
7 Raffinatpumpe
8 Nachkühler
9 Brüdenaustritt zum Vakuumsystem

Abb. 6-38: Kontinuierlicher Desodoriser

Man unterscheidet bei den Dämpfungsanlagen zwischen diskontinuierlichen, kontinuierlichen und semikontinuierlichen Desodorisern. Alle drei Verfahrensweisen lassen sich sowohl als reine Desodoriser als auch für die Kombination von Desodorierung und destillativer Entsäuerung einsetzen. In Abbildung 6-39 ist der allgemeine Prozess der Dämpfung in einem Fließbild dargestellt.

Die Anlage besteht somit aus:

- dem Desodoriser
- dem Hochdruckkessel
- dem Hochdruckvorwärmer
- dem Entgaser unter Vakuum
- dem Brüdenwäscher
- den Wärmetauschern
- den Pumpen
- der Vakuumerzeugung
- der Zitronensäuredosierung.

An diese Anlagenteile werden hohe Anforderungen gestellt. Da mit sehr niedrigem Vakuum, < 2 hPa, gearbeitet wird, ist die Dichtheit der unter Vakuum stehenden Apparate wichtig. Bei der Vakuumerzeugung finden eine Reihe von unterschiedlichen Systemen Verwendung. Die Anwendungen gehen vom mehrstufigen Dampfstrahlverdichter zum Eiskondensation Vakuumsystem. Aufgrund der geringen Energiekosten und der geringen Abwassermenge hat sich die Eiskondensation durchgesetzt. Ein Beispiel für ein solches System ist in Abbildung 6-40 zu sehen

Nachdem der Dämpfer durchlaufen wurde, sollte eine stabile Raffinationsqualität erreicht worden sein. Dieses Öl wird auf etwa 25 °C abgekühlt und zum Tanklager zur weiteren Verwendung gepumpt. Eine Stickstoffbeaufschlagung kann durchgeführt werden, aber sie ist nur dann sinnvoll, wenn dieser Stickstoff nicht direkt wieder entweichen kann.

Das Raffinat unterliegt immer einer strengen Qualitätskontrolle. Es wird auf Farbe und Brillanz geprüft. Die vorgegebenen Standards bzw. geforderten Werte müssen eingehalten werden. Das Oxidationsverhalten wird kontrolliert und insbesondere der Geschmack und die geschmackliche Haltbarkeit bewertet. Vermischungen von Ölen müssen vermieden werden. Eine regelmäßige Kontrolle und Überprüfung ist vorzusehen. Pestizide, wenn sie in der Saat vorkommen sollten, werden sicher in der Desodorierung abgeschieden, wenn Temperaturen von > 230 °C angewendet werden.

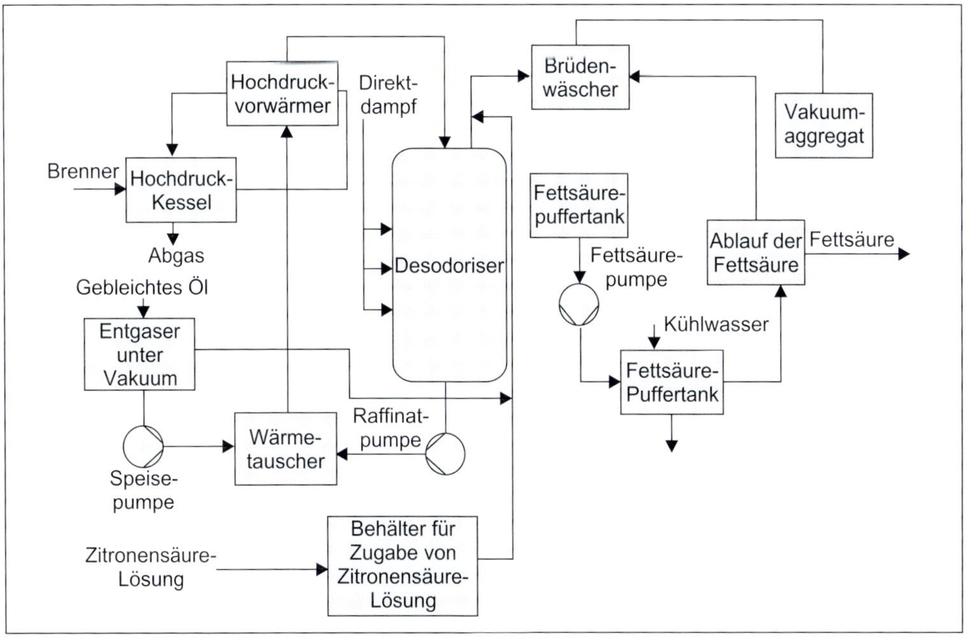

Abb. 6-39: Fließbild der Desodorisierung

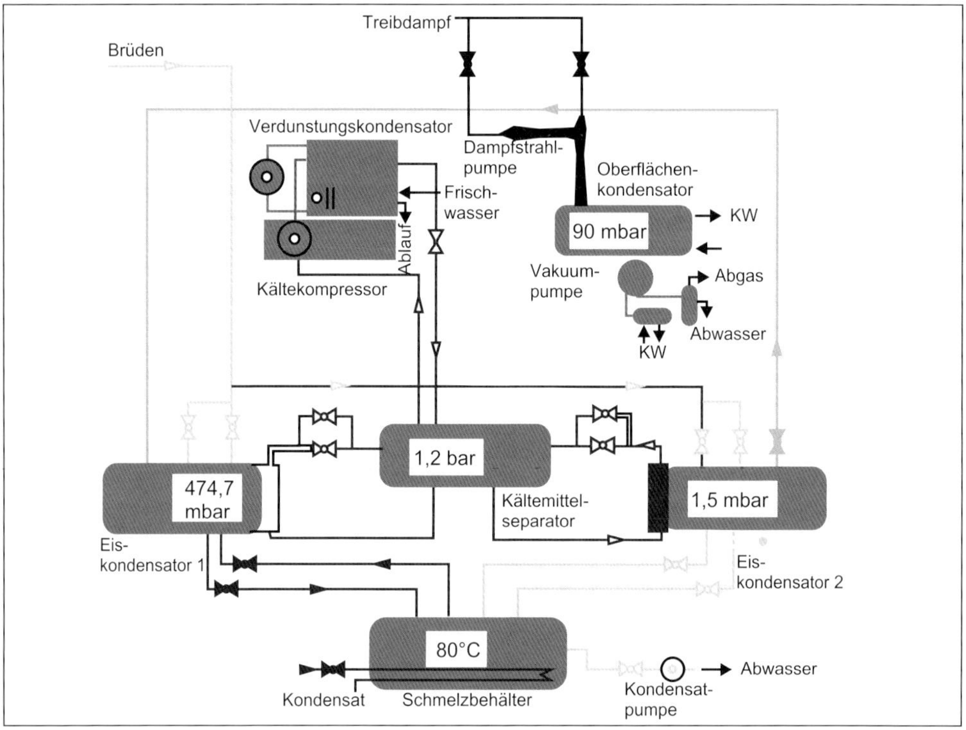

Abb. 6-40: Eiskondensation

Auch hier werden Kontrolluntersuchungen durchgeführt.

Wenn polyzyklische aromatische Kohlenwasserstoffe (PAK) vorliegen, muss der Bleicherde Aktivkohle zugesetzt werden, um die PAKs ausreichend zu reduzieren. Die schweren PAKs lassen sich im Prinzip nur auf diese Weise reduzieren. Selbst wenn die Rohware mit Kontaminanten belastet ist, wird das Raffinat, bei entsprechender Anwendung der Technologie, einen hohen Qualitätsstandard haben.

Schwermetalle werden in der Bleichung entfernt. Pestizide auf Phosphorbasis und Lösungsmittelreste werden bei der Entschleimung abgeschieden und spätestens im Desodorizer entfernt, wie auch die anderen Pestizide.

6.3.6 Lagern von raffinierten Ölen

Das Raffinat wird in Tanks verschiedener Größe gelagert. Als Werkstoff kann Stahl oder Edelstahl verwendet werden. Eine Befüllung des Tanks sollte von unten geschehen. Um den Zutritt von Luftsauerstoff zu verringern, haben sich gleitende Tankdächer bewährt. In einem solchen Tank kann das Raffinat ohne Qualitätseinbuße einige Wochen lagern. Zum zusätzlichen Schutz kann bei dieser Tankbauart dem Öl auch Stickstoff zugegeben werden.

Die Temperaturen im Tank sollten die 30 °C nicht überschreiten. Die untere Temperatur sollte der Pumpfähigkeit des Öles angepasst sein. Wenn Palmöl gelagert wird, müssen mindestens 50 °C als untere Grenze eingehalten werden. Die dafür vorgesehenen Tanks benötigen eine Beheizung und eine Isolierung.

Für die anderen Öle ist eine Beheizung nicht unbedingt erforderlich. Allerdings sollten sie vor Sonneneinstrahlung geschützt werden. Geeignete Außenanstriche sind also notwendig.

6.4 Weitere Veredelungsstufen

Sowohl für die Verwendung der Öle in der Ernährung als auch im industriellen Bereich müssen die Öle weiter verarbeitet werden, um für die verschiedensten Anwendungsfälle geeignete Produkte zu erhalten. Sie werden gehärtet, verestert, umgeestert, fraktioniert oder gemischt, um die wichtigsten Veredelungsstufen zu nennen. Diese Prozesse, einzeln oder in Kombinationen angewandt, sind ein wichtiges Werkzeug, die physikalischen und chemischen Eigenschaften der Öle zu ändern und damit neue Anwendungen zu schaffen.

Historisch betrachtet, wurden die verschiedenen Technologien entwickelt, um ein spezielles vorliegendes Problem zu lösen. Daraus wurde dann eine eigenständige Technologie der Veredelung der Öle. So werden bei der Produktion unserer heutigen Margarinen mehrere Verfahren angewandt. Es wird fraktioniert, gehärtet, gemischt und umgeestert.

Vielen Pflanzenölen fehlt es an den erforderlichen Eigenschaften, die von den Endprodukten gefordert werden. Andere Öle und Fette mögen hervorragend für die Anwendung sein, aber die Mengen fehlen und der Preis ist zu hoch. Die einzelnen Verfahren sind also notwendig, um die Marktbedürfnisse zu erfüllen.

6.4.1 Härtung

Die Härtung ist eine der am häufigsten verwendeten Technologien in der Veredelung. Sie wird seit über 100 Jahren verwendet. Das Ziel der Härtung bei der Modifikation der Öle und Fette ist:

a) die Veränderung der Schmelzcharakteristik des Produktes,
b) die Verbesserung der Stabilität der eingesetzten Öle und Fette.

Die Härtung ist eine chemische Reaktion zwischen Wasserstoff und der Doppelbindung in einer Fettsäurenkette von Triglyceriden. Sie ist ein katalytischer Prozess normalerweise mit Nickel als Katalysator. Nickel wird mittels Filtration wieder abgetrennt.

Bei der Härtung kann zwischen der partiellen Härtung, wobei die mehrfach ungesättigten Fettsäuren in eine einfach oder zweifach ungesättigte Form gebracht werden, und der vollständigen Härtung bei der alle ungesättigten Fettsäuren in gesättigte Form umgewandelt werden, unterschieden werden. Es gibt dabei eine Reihe von Zwischenformen, die verschiedenste Anwendungen zulassen. Die Härtung hat wegen der Bildung von Transfettsäuren an Bedeutung verloren. Sie ist aber immer noch eines der wichtigsten Veredelungsverfahren.

6.4.2 Veresterung

Viele Veresterungsmethoden beruhen auf der Tatsache, dass bei einer Temperatur von über 250 °C und einem Druck < 6 hPa Fettsäuren und Glycerin zu Fett und Wasser reagieren. Mit Katalysatoren kann die Temperatur abgesenkt werden. Für Speiseöle wird diese Technologie nicht verwendet. Sie ist verboten, aber im technischen Bereich hat sie eine weite Anwendung gefunden. Spezielle Produkte auf Basis der Öle und Fette und deren Ingredienzien für diätetische Anwendungen werden unter Verwendung dieser Technologien hergestellt.

6.4.3 Umesterung

Die in der Umesterung verwendeten Öle und Fette müssen frei sein von Komponenten, die die alkalischen Katalysatoren inaktivieren, d.h. frei von freien Fettsäuren < 0,1 %, Wasser 0,04 %, Peroxide < 1 meg O_2/kg, mineralischen Säuren < 250 mg, Alkoholen und Phospholipiden. Normalerweise sind die zur Verwendung kommenden Öle Vollraffinate, die diese Forderungen erfüllen.

Die am häufigsten verwendeten Katalysatoren sind Sodium-Methylat oder Sodium-Ethylat. Beide sind weiße Pulver. Je feiner das Pulver, desto höher ist die Reaktionsgeschwindigkeit. Für einige Anwendungen, z. B. für die Umesterung von Rapsöl zu Biodiesel, werden oft Natrium- oder Kaliumverbindungen als Katalysatoren verwendet. Sie erhöhen die Reaktionsgeschwindigkeit bei niedrigen Reaktionstemperaturen. Bei der Biodieselherstellung wird das Pflanzenöl zu Pflanzenölmethylester umgeestert. Bei dieser Umesterung wird das molekulare Triglycerid in drei niedrig-molekulare Verbindungen gespalten. Der dreiwertige Alkohol des Öles, das Glycerin, wird dabei durch drei einwertige Alkohole aus der Esterbindung verdrängt. Die ursprüngliche Bindungsform bleibt dabei erhalten. Als einwertiger Alkohol wird fast ausschließlich Methanol verwendet. Ohne Katalysator liefe die Umesterungsreaktion bei Umgebungstemperatur nur sehr langsam ab. Die Reaktion erfolgt daher immer unter Einsatz von Katalysatoren, Alkali-Metallen (z. B. Natrium, Kalium), Alkali-Hyroxide (z. B. NaOH, KOH) oder Alkali-Alkoholaten (z. B. Natrium-Methylat).

Für enzymatische Umesterungsprozesse werden Lipasen verwendet. Einige dieser Lipasen sind in der Lage, sehr spezifische Umesterungen oder selektive Umesterungen durchzuführen.

Nach einer sachgemäßen Umesterung von Ölen und Fetten in der Lebensmittelindustrie zeigt das Produkt in Bezug auf Geschmack, Geruch, freien Fettsäuren, Peroxidzahl, etc. keine Veränderung gegenüber dem nicht umgeesterten Produkt. Unterschiede sind bei den Sterinen und Tocopherolen sowie bei den Glycerinen festzustellen. Die größte Veränderung ist im physikalischen Verhalten gegeben. So ist der Schmelzpunkt bei den pflanzlichen Ölen und Fetten höher und bei tierischen Fetten niedriger. Das Kristallisationsverhalten der Öle und Fette hat sich verändert. Dieses ist der Grund für die heute breite Verwendung des Verfahrens bei der Margarineherstellung sowie bei der Herstellung von Kakaobutterersatz, Schokoladenüberzügen und Milchaustauschern.

6.4.4 Fraktionierung

Fraktionierung ist ein zweistufiger physikalischer Separierungsprozess. In der ersten Stufe wird durch eine gezielte Kristallisation eine Feststoffphase mit einer höheren Schmelztemperatur, genannt Stearin, und eine Phase mit einem niedrigeren Feststoffanteil, genannt Olein, erzeugt. In der folgenden zweiten Stufe werden die beiden Stufen voneinander getrennt. Die Fraktionierung verändert somit das Schmelzverhalten der Öle und Fette. Eine Reihe von Produkten benötigt während der Herstellung diesen Prozess, so z. B. Kakaobutterersatzstoffe mit dem scharf abgegrenzten Schmelzpunktverhalten, Margarine und Backfette, aber auch Speiseöle mit einer guten Kältestabilität. In der ersten Stufe werden Kristalle gebildet. Die notwendige Zeit für diesen Prozess ist abhängig von der Bildung der Kristallkerne und deren Wachstum.

Die Kristallkerne entstehen, wenn die Temperatur des Öles viel niedriger ist als das thermodynamische Gleichgewicht, d. h., wenn das Öl schnell abgekühlt wird. Das Wachstum der Kristalle ist direkt proportional zur Unterkühlung des Öles und umgekehrt proportional zur Viskosität. Um eine homogene Kristallbildung zu gewährleisten, muss das Öl homogenisiert d. h. gerührt werden. Das Rühren darf das Kristallwachstum aber nicht stören. Die Kristalle neigen zur Agglomerisation, was zu einer schlechteren Trennung im zweiten Schritt führen kann. Eine gute Homogenisierung verhindert eine zu starke Agglomerierung.

Für einen erfolgreichen zweiten Schritt sollen die Kristalle möglichst gleichmäßig in Form und Größe sein und genügend Widerstand gegen Scherkräfte haben. Für die Separierung stehen verschiedene Technologien zur Verfügung. Benutzt werden:

- die Vakuum Filtration,
- die Filtration durch Pressdrücke,
- die Zentrifugierung.

Die höchsten Ausbeuten an Olein hat die Pressfiltration, während die Vakuumfiltration die niedrigsten Betriebskosten, aber auch die niedrigste Ausbeute aufweist.

6.4.5 Mischen

Das Vermischen von Ölen ist die einfachste der verschiedenen Veredelungstechnologien. Vermischen ist sicher die letzte Stufe eines Produktionsprozesses. Dieser kann allerdings schon mehrere Vermischungsstufen durchlaufen haben.

Die Prozessstufe „Vermischen von Ölen“ befindet sich zwischen den Lagertanks für die zu vermischenden Komponenten und den Lagertanks für die Mischungen. Die Anlage besteht aus Tanks, Pumpen, Ventilen, Rohrleitungen, Mischelementen sowie der Dosier- und Messtechnik. Die Genauigkeit der Mischung hängt sehr stark vom Rohrleitungskonzept ab, stärker als von der Messtechnik. Ungewollte Vermischungen müssen vermieden werden. Die Anwendung des Mischens bei der Verarbeitung von Ölen und Fetten ist sehr verbreitet, da ein Endprodukt oft aus verschiedenen Ölen und Fetten besteht, und es ist anzunehmen, dass die Bedeutung weiter steigen wird.

6.5 Verwertung der Schleimstoffe

Bei der Entschleimung entstehen Schleimstoffe, die in erster Linie Phospholipide enthalten. In Tabelle 6-7 sind die Gehalte an Phospholipiden in den verschiedenen Ölen festgehalten. Die Unterschiede sind auf die einzelnen Saaten, aber besonders auf den Ölgewinnungsprozess zurückzuführen. Die große Spreizung bei den einzelnen Ölen ist dadurch zu erklären. Das bei der Wasserentschleimung abgetrennte Material setzt sich zu ca. 33 % aus Phospholipiden, 12 % Öl und 55 % Wasser zusammen. Die Phospholipide enthalten Glycolipide, Kohlenhydrate, freie Fettsäuren, Sterine, Farbstoffe und eine Reihe anderer Ölbegleitstoffe. Aus diesem Halbfabrikat kann Lezithin gewonnen werden, wenn es nicht einer anderen Verwendung zugeführt wird.

6.5.1 Lezithingewinnung

Die in der Wasserentschleimung abgeschiedenen Schleimstoffe enthalten größere Mengen an Wasser, die abgeschieden werden müssen. In einem Dünnschichtverdampfer, der unter Vakuum betrieben wird, wird das Wasser durch Verdampfung abgetrennt. Das entstandene Rohlezithin hat neben den Phospholipiden etwa 35 % Öl und < 1 % Wasser. Es kann in dieser Form vielfach angewendet werden. Das Rohlezithin lässt sich durch Entölung, Fraktionierung oder Modifikation weiter veredeln. Bei der Entölung werden dem Rohlezithin die Öle und freien Fettsäuren entzogen. Man erhält ein pulverförmiges Reinlezithin mit verbesserten Emulgiereigenschaften. Bei der Fraktionierung wird das Lezithin in einen alkohollöslichen und in einen alkoholunlöslichen Anteil mit spezifischen Eigenschaften gespalten. Bei der Modifizierung wird mit Hilfe von Lipasen oder durch die Acetylierung das Lysolezithin gewonnen. Es ist besonders hydrophil mit besten Emulgiereigenschaften.

Tab. 6-7: Phospholipid- und Phosphorgehalte in Pflanzenölen

Öl	Phospholipide (%)	Phosphor (mg/kg)
Baumwollsaatöl	1,0 – 2,5	400 – 800
Erdnussöl	0,3 – 0,7	100 – 250
Maiskeimöl	0,7 – 2,5	250 – 700
Palmöl	0,04 – 0,1	15 – 30
Rapsöl	0,6 – 3,0	200 – 1000
Sojaöl	2,0 – 5,0	600 – 1500
Sonnenblumenöl	0,5 – 1,0	200 – 400

Lezithine haben einen breiten Anwendungsbereich. Der größte Teil findet Verwendung in der Nahrungsmittelindustrie. Die Herstellung von Margarine, Schokolade, Backwaren und Instantprodukten sind die Haupteinsatzbereiche. Ebenso findet es in der Tierernährung Verwendung. In der technischen Industrie hat es ebenfalls einen breiten Anwendungsbereich gefunden.

6.5.2 Verwertung der Schleimstoffe im Schrot

Der größte Teil der Schleimstoffe wird dem Schrot direkt zugegeben. Um den Wassergehalt abtrennen zu können und eine gute Vermischung zu erreichen, wird der Schleimstoff im Toaster dem entölten Schrot zugeführt. Die Zuführung ist zugleich mit einem Anstieg des Restölgehaltes im Schrot verbunden. Bei der Verarbeitung von Rapssaat und einer Vollentschleimung des Öles muss man durch die vollständige Verwertung der Schleimstoffe mit einem Anstieg des Ölgehaltes im Schrot von ein bis zwei Prozent rechnen. Wenn die Säureentschleimung durchgeführt wurde, ist der Salzgehalt in den Schleimstoffen zu hoch, um es zu Lezithinen verarbeiten zu können. Es wird daher fast ausschließlich dem Schrot beigemischt. Von daher ist das Sojalezithin auch dominant, da Sojaöl immer einer Wasserentschleimung unterzogen wird und daraus qualitativ hochwertige Lezithine hergestellt werden können. Lezithine aus anderen Ölsaaten sind nur in geringeren Mengen auf dem Markt. Sie sind Teil des Schrotes geworden.

7 Ölgewinnung in dezentralen Ölmühlen

Edgar Remmele

Pflanzenöl aus Ölsaaten kann sowohl in industriellen Ölmühlen (zentrale Ölmühlen, Großanlagen) mit Verarbeitungskapazitäten bis zu 15000 t Ölsaat pro Tag als auch in dezentralen Kleinanlagen (dezentrale Ölmühlen) mit Verarbeitungskapazitäten zwischen 0,5 und 25 t Ölsaat pro Tag (in Einzelfällen auch bis zu 250 t Ölsaat pro Tag) produziert werden [7-1, 7-2]. Bei Erzeugnissen aus zentralen Ölmühlen handelt es sich in der Regel um heißgepresste, mit Lösungsmittel extrahierte und (voll-)raffinierte Pflanzenöle [7-3], während in dezentralen Anlagen durch schonende Ölsaatenverarbeitung sogenannte kaltgepresste Pflanzenöle hergestellt werden, die keine Raffinationsschritte durchlaufen.

Der Ablauf der Ölsaatenverarbeitung in dezentralen Kleinanlagen ist in Abbildung 7-1 dargestellt. Das Verfahren ist deutlich weniger komplex als die Ölsaatenverarbeitung durch Heißpressung mit Lösungsmittelextraktion und Raffination. Es bestehen vor allem Unterschiede im Aufwand an Lösungsmitteln, Chemikalien und Wasser sowie beim Anfall von Abwasser und Abfallstoffen. Und nicht zuletzt unterscheiden sich die beiden Verfahren in der Ölausbeute und damit auch im Restfettgehalt des Presskuchens beziehungsweise des Extraktionsschrots.

Eine Definition dezentraler Ölgewinnungsanlagen, beziehungsweise eine Abgrenzung zu zentralen Ölmühlen, wurde von der KTBL-Arbeitsgruppe „Dezentrale Ölsaatenverarbeitung" vorgenommen [7-1]. Tabelle 7-1 fasst die Unterscheidungsmerkmale zusammen.

7.1 Dezentrale Ölgewinnung in Deutschland

Dezentrale Ölmühlen werden hauptsächlich im landwirtschaftlichen Umfeld betrieben. Geringe Erlöse für Ölsaaten bei gleichzeitig steigenden Kraftstoffkosten und die im Jahr 2005 vollzogene

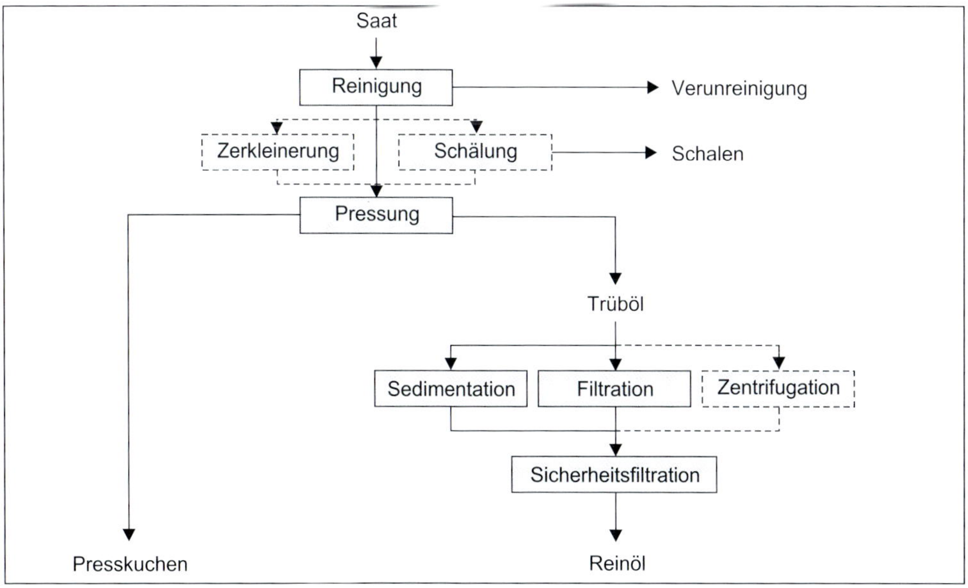

Abb. 7-1: Ölsaatenverarbeitung in (dezentralen) Kleinanlagen

Tab. 7-1: Ölsaatenverarbeitung in zentralen und dezentralen Anlagen – Definition und Abgrenzung (verändert und ergänzt nach Kuratorium für Technik und Bauwesen in der Landwirtschaft e.V. [7-1])

Kriterium	zentrale Ölsaatenverarbeitung	dezentrale Ölsaatenverarbeitung
Betriebsform	überwiegend Kapitalgesellschaften (GmbH, AG); größtenteils eingebunden in nationale, europäische und internationale Konzerne; Großunternehmen	überwiegend mittelständische, genossenschaftliche (GmbH, EZG, e.V.) oder private Unternehmen; größtenteils nicht eingebunden in Konzerne
Standort	an zentralen Verkehrswegen gelegen: Wasserstraßen, Bahn, Straße	unmittelbar im Einzugsbereich der landwirtschaftlichen Produktion gelegen; Verkehrswege überwiegend Straßen
Anlagenkonzept	Konditionierung der Saat, Pressen und Lösungsmittel-Extraktion; Raffination der Öle; Lösungsmittelabtrennung vom Extraktionsschrot; geringe Flexibilität bei Saatwechsel	Pressen ohne Lösungsmittel-Extraktion und Wärmebehandlung der Saat, Rohölreinigung; hohe Flexibilität bei Saatwechsel
organisatorische Einbindung in die landw. Produktion	in der Regel von landwirtschaftlicher Produktion getrennt (mit Zwischenhandel)	direkte oder indirekte Einbindung in die landwirtschaftliche Produktion (kein Zwischenhandel)
Verarbeitungskapazität	über 500 t Saat pro Tag	bis 25 t Saat pro Tag (in Ausnahmefällen auch darüber)
Einzugsbereich	international	regional; unmittelbarer Umkreis um den Verarbeitungsstandort (ca. 50 km)
Transportlogistik	großtonnagige Transporte und Lagerung mit mehreren Zwischenstationen für Ölsaaten und Endprodukte; Transporte weltweit mit Schiff, Bahn über größere Strecken	überwiegend kleintonnagige direkte Transporte innerhalb des Einzugsgebietes; Transporte regional mit Lkw, Bahn
Produktsortiment	Voll- und Teilraffinate, vor allem aus Raps, Soja, Sonnenblumen, Lein; Extraktionsschrot	überwiegend kaltgepresste Pflanzenöle, aus einer Vielzahl von Ölsaaten; Presskuchen
Produktkenndaten	größtenteils standardisierte Qualitäten der Endprodukte; Extraktionsschrot mit Restfettgehalt von < 1 %	bislang nur teilweise standardisierte Qualität der Endprodukte; Qualitätsmerkmale zum Teil verbesserungsfähig; Presskuchen mit Restfettgehalt von 10 bis 18 %
Umweltaspekte	hoher Aufwand für wirtschaftlichen Energieeinsatz und Umweltschutz; hohes Transportaufkommen	geringer Energiebedarf; kein Einsatz von Lösungsmitteln; keine produktionsbedingten Abwässer; geringes Transportaufkommen; Kreislaufwirtschaft
Vermarktung	weltweit große Partien; food/non-food	regional; Bedienung von Marktnischen; food/non-food
Steigerung der Wertschöpfung für die Landwirtschaft	keine (Weltmarktpreise)	möglich (höhere Preise erzielbar)
Wirtschaftlichkeit	gegeben; Maßstab für Wirtschaftlichkeitsbetrachtung dezentraler Anlagen	abhängig von regionalen Marktgegebenheiten
Markterschließung	gesichert	für Nischenprodukte und alternative Nutzungen erforderlich

Änderung der Agrardieselregelung waren für viele Landwirte in Deutschland Motivation, in die dezentrale Ölgewinnung zu investieren. Die Befreiung der Land- und Forstwirtschaft von der Energiesteuer auf Biokraftstoffe bietet zudem einen Anreiz, Rapsölkraftstoff auf dem eigenen Betrieb in land- und forstwirtschaftlichen Arbeitsmaschinen einzusetzen. Rapsöl als nicht wassergefährdender

Kraftstoff [7-5] ist für den Einsatz in umweltsensiblen Bereichen geradezu prädestiniert. Auch das bei der Ölgewinnung entstehende Koppelprodukt Rapspresskuchen kann als eiweißreiches Futtermittel in der Tierernährung verwendet werden. Somit sind beste Voraussetzungen für ein Wirtschaften in regionalen Stoffkreisläufen mit hoher Wertschöpfung gegeben.

Zwischen den Jahren 2005 und 2006 hat sich die Anzahl der Ölgewinnungsanlagen in Deutschland mehr als verdoppelt (2,5-fach). Mitte 2007 führte das Technologie- und Förderzentrum (TFZ) deutschlandweit eine schriftliche Befragung [7-6] bei Betreibern dezentraler Ölmühlen durch. Ziel der Befragung war es, aktuelle Daten zur dezentralen Ölgewinnung in Deutschland zu erfassen. Während 1999 noch 79 und 2004 bereits 219 Anlagen existierten [7-7], waren im August 2007 mindestens 585 dezentrale Ölmühlen in Betrieb. Die Standorte der Ölmühlen in Deutschland zeigt Abbildung 7-2. Die theoretische Saatverarbeitungskapazität, hochgerechnet auf das Jahr 2007, liegt bei 1,7 Mio. t Rapssaat (Betrieb bei Nennleistung, 330 Presstage, 585 Anlagen). Dies entspräche etwa 30 % der deutschen Rapsernte im Jahr 2007. Die meisten der befragten Ölmühlen wurden in den Jahren 2005 (24 %) und 2006 (35 %) errichtet. 42 % der Anlagen befinden sich in Bayern. Den relativ größten Zuwachs bei der Anzahl dezentraler Ölmühlen konnten Nordrhein-Westfalen und Niedersachsen verzeichnen, wo auch die höchsten durchschnittlichen Saatverarbeitungskapazitäten je Anlage installiert sind.

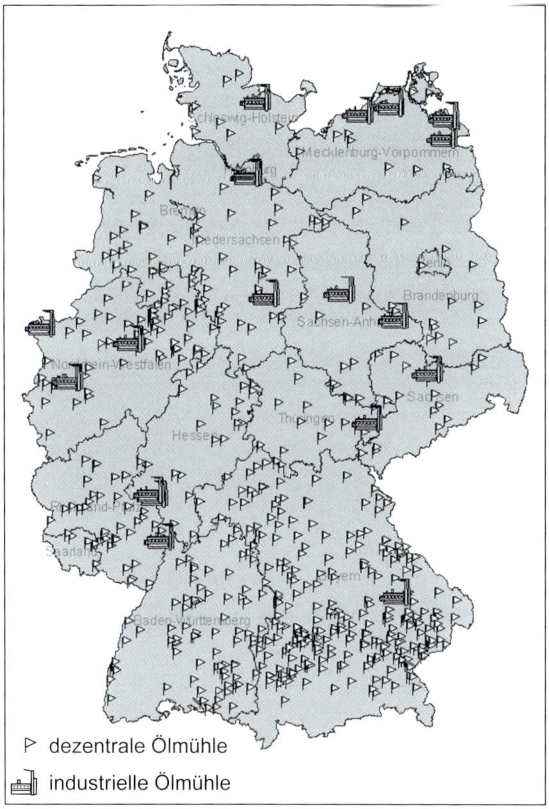

Abb. 7-2: Standorte der Ölmühlen in Deutschland – Stand September 2007

Der Produktionsschwerpunkt liegt bei 72 % der Betriebe in der Herstellung von Rapsölkraftstoff. Knapp drei Viertel der befragten Betriebe verarbeiteten weniger als 1000 t Rapssaat pro Jahr. Über 1000 t Raps pro Jahr wurde von 26 % der Ölmühlen gepresst. Bezogen auf die hochgerechnete Gesamtmenge des in dezentralen Ölmühlen im Jahr 2006 erzeugten Öles wurden etwa 176 000 t als Rapsölkraftstoff, 115 000 t als Grundöl für die Umesterung, 10 000 t als Futteröl, 800 t als Speiseöl und 2000 t als Öle für sonstige technische Zwecke vermarktet. Der Presskuchen wird zu nahezu 100 % als Futtermittel eingesetzt. Der größere Anteil mit 58 % wird an Mischfutterhersteller geliefert. Als Einzelfuttermittel hingegen werden 42 % der gesamten Presskuchenmenge abgesetzt. Im Durchschnitt sind pro Betrieb zwei Pressen installiert, die in Summe eine Saatverarbeitungskapazität von 375 kg/h ausmachen. Die Hälfte aller befragten Ölmühlen betreibt eine Presse. Ein Viertel hat zwei Ölpressen in die Anlage integriert. Die regionale Ausrichtung der dezentralen Ölsaatenverarbeitung spiegelt sich im Einkauf der Saat beziehungsweise im Vertrieb der Produkte wider. 8 % der Ölmühlenbetreiber verarbeiten ausschließlich Ölsaaten aus der eigenen Erzeugung und verbrauchen den anfallenden Presskuchen komplett im eigenen Betrieb. 11 % der Ölmühlen produzieren Öl ausschließlich für die Eigennutzung und

Tab. 7-2: Dezentrale Ölsaatenverarbeitungsanlagen in Deutschland – Stand Februar 1999, März 2004 und August 2007

Bundesland	Anzahl der Ölgewinnungsanlagen		
	Februar 1999	März 2004	August 2007
Baden-Württemberg	22	36	78
Bayern	35	93	246
Berlin	1	–	1
Brandenburg	–	8	15
Bremen	1	–	–
Hamburg	1	1	–
Hessen	6	11	22
Mecklenburg-Vorpommern	–	3	11
Niedersachsen	1	13	57
Nordrhein-Westfalen	–	16	63
Rheinland-Pfalz	2	12	38
Saarland	2	2	3
Sachsen	1	7	18
Sachsen-Anhalt	1	6	10
Schleswig-Holstein	1	4	8
Thüringen	5	7	15
Deutschland	79	219	585

bei 47 % der Befragten wird das Öl bis zu einem Umkreis von durchschnittlich 25 km vermarktet.

Hervorgerufen durch rückgängige Wettbewerbsfähigkeit von Rapsölkraftstoff gegenüber Diesekraftstoff ist seit Mitte 2008 eine Stilllegungswelle bei dezentralen Ölmühlen in Deutschland zu beobachten. Zum Stand Mitte 2009 waren davon rund 25 % der Ölmühlen betroffen.

Waren zunächst hauptsächlich Landwirte und landwirtschaftliche Genossenschaften Betreiber dezentraler Ölmühlen, so interessierten sich in den letzten Jahren immer mehr Spediteure sowie andere landwirtschaftsferne Branchen für die Herstellung von Rapsölkraftstoff in Kleinanlagen. Das Hauptziel vieler Landwirte, die Wertschöpfung zu erhöhen, lässt sich mit der Forderung der Umweltschonung, wie Tabelle 7-3 zeigt, in nahezu idealer Weise verknüpfen [7-8].

Grundvoraussetzungen für die Errichtung und den erfolgreichen Betrieb einer dezentralen Ölgewinnungsanlage sind verlässliche politische Rahmenbedingungen, eine vorhergehende Analyse der regionalen Märkte und eine detaillierte Anlagenplanung [7-9].

7.2 Planung einer dezentralen Ölmühle

Der künftige Betreiber einer dezentralen Ölgewinnungsanlage muss sich zuerst mit der Frage auseinandersetzen, welche Produkte in der Ölmühle erzeugt werden sollen beziehungsweise anfallen. Selbstverständlich ist es möglich, in einer Ölmühle sowohl Rapsölkraftstoff, Grundöle für Schmierstoffe oder für die Umesterung zu Biodiesel, Speiseöle oder auch gezielt Presskuchen als Futtermittel zu produzieren, jedoch stellt jedes Produkt an die Ausstattung und den Betrieb der Ölmühle, z. B. hinsichtlich der Hygiene, der Abfüllanlagen, der Lagerhaltung und der Qualitätssicherungsmaßnahmen, andere Anforderungen. Soll Öl für verschiedene Verwendungszwecke produziert werden, so sinkt zwar das unternehmerische Risiko aus betriebswirtschaftlicher Sicht, da unterschiedliche Märkte bedient werden können und Nachfrageschwankungen für einzelne Produkte sich nicht so stark auswirken, jedoch erfordert z. B. die Vermarktung zusätzliche Aktivitäten. Vor allem der Arbeitszeitaufwand für die Vermarktung von Spezialitäten, wie z. B. kaltgepresstes Speiseöl an lokale Abnehmer oder Distributoren darf

Tab. 7-3: Ziele und Merkmale der dezentralen Ölgewinnung (nach Widmann, B.)

	Erhöhung der Wertschöpfung	Schonung der Umwelt
Merkmale der dezentralen Ölgewinnung	· geringe Transportkosten	· kurze Transportwege
	· geringer technischer Aufwand	· geringer/kein Chemikalieneinsatz · geringer/kein Abwasseranfall · geringer Energieverbrauch
	· Wirtschaften in Stoffkreisläufen	· Wirtschaften in Stoffkreisläufen

nicht unterschätzt werden. Außerdem sollte vorab geklärt werden, ob unterschiedliche Ölsaaten oder nur eine Ölsaat verarbeitet werden und ob die erzeugten Produkte nur der Eigenversorgung dienen oder ob diese auch, vielleicht zu einem späteren Zeitpunkt, an Dritte verkauft werden. Bereits in die Planung einer Ölmühle sollte mit einfließen, welche Qualitätssicherungsmaßnahmen für die einzelnen Produkte erforderlich sind und welche Vorkehrungen hinsichtlich der Produkthaftungspflicht und Rückverfolgbarkeit getroffen werden müssen. Bei der Planung einer Ölmühle ist es empfehlenswert, professionelle Hilfe hinzuzuziehen. Unterstützung bei der Planung wird sowohl von Ingenieurbüros als auch von Ölpressen- oder Filteranlagenherstellern angeboten. Aber auch Berufskollegen oder Verbände können wertvolle Tipps bei der Errichtung einer dezentralen Ölmühle geben. Nicht zuletzt stehen auch die Landwirtschaftsämter und Kammern beratend zur Seite.

7.2.1 Analyse der regionalen Märkte

Ein wesentliches Merkmal der dezentralen Ölgewinnung ist der Bezug der Ölsaat aus der Region und die Vermarktung von Öl und Presskuchen in der Region mit dem Ziel Transportwege und somit -kosten einzusparen. Die Planung der Verarbeitungskapazität einer dezentralen Anlage richtet sich vor allem danach, ob ausschließlich eigene Saat verarbeitet werden soll, beziehungsweise wie viel Saat aus der Region zu günstigen Konditionen mit geringem Transportkostenaufschlag bezogen werden kann und welche Mengen der erzeugten Produkte wiederum regional vermarktet werden können. Außerdem sollte geklärt werden, ob die Saat auch in der erforderlichen Qualität zur Verfügung steht, denn in dezentralen Ölmühlen lässt sich ausschließlich ein sauberer, voll ausgereifter und hygienisch einwandfreier Rohstoff zu qualitativ hochwertigen Produkten weiter verarbeiten. Es ist durchaus bereits gängige Praxis, dass die Rohstoffversorgung auch für kleine Ölmühlen über Anbau- und Lagerungsverträge mit speziellen Vorgaben abgesichert wird. Sind bereits Ölmühlen in der Region in Produktion sollte auch zuvor geprüft werden, ob eine Beteiligung an den bestehenden Anlagen nicht der Errichtung einer Neuanlage vorzuziehen ist oder ob eine Lohnverarbeitung eine wirtschaftlichere Alternative darstellt. Das Nadelöhr einer dezentralen Ölmühle ist in der Praxis häufig die Vermarktung des Presskuchens als Futtermittel. Deshalb sollte bei der Planung unbedingt analysiert werden, welche Abnehmer für Presskuchen dauerhaft in Frage kommen und welche Erlöse durchschnittlich erzielt werden können. Diesbezüglich kann es auch ratsam sein vorab mit Unterstützung unabhängiger Fütterungsberater potenzielle Abnehmer über die Einsatzmöglichkeiten von Presskuchen zu informieren und somit den Markt vorzubereiten. Außerdem kann es hilfreich sein, vor dem geplanten Bau der Anlage mit dem Handel zugekauften Presskuchens zu beginnen, um auf diese Weise die Aufnahmefähigkeit des Markts zu testen. Landwirte treten dezentralen Ölmühlen gegenüber häufig als Rohstofflieferant und zugleich als Abnehmer von Rapsölkraftstoff und Presskuchen auf. Hier bieten sich dem Ölmühlenbetreiber sehr gute Möglichkeiten z. B. über kleine finanzielle Anreize (Aufschlag beim Saatpreis) den Landwirt sowohl als Vorlieferanten, als auch als Kunden langfristig zu binden. Schließlich ist zu prüfen, auf welche Weise die Rückstände der Ölreinigung, wie z. B. Filterkuchen oder Sediment, vermarktet oder anderweitig verwertet werden können.

7.2.2 Abschätzung der Stoffströme

Als Ergebnis der Marktanalyse kann eine Abschätzung vorgenommen werden, welche Mengen an Öl und Presskuchen in der Region absetzbar sind. Aus den Mengen an Öl, beziehungsweise Presskuchen, die vermarktet werden können, zuzüglich dem Eigenbedarf an Öl und Presskuchen, errechnet sich die Zielvorgabe für die jährliche Produktion der Ölmühle. Bei der Berechnung der notwendigen Verarbeitungskapazität der Ölmühle sollte mit mindestens 250 Produktionstagen pro Jahr kalkuliert werden. Als Faustformel gilt, dass in dezentralen Anlagen aus 1000 kg Rapssaat, mit einem durchschnittlichen Ölgehalt von 42 Gew.-% und bei einem durchschnittlichen Abpressgrad von 80 %, ca. 340 kg Öl und 660 kg Presskuchen erzeugt werden können.

7.2.3 Anlagenkomponenten einer dezentralen Ölmühle

Eine dezentrale Ölmühle besteht im Wesentlichen aus folgenden Anlagenkomponenten: Saatlager, Saatfördereinrichtung, Saatzwischenbehälter, falls erforderlich Saatvorwärmung, Schneckenpresse, Presskuchenlager, Truböltank, Apparate zur Hauptreinigung (Sedimentationsanlage oder Filter), Sicherheitsfilter, End- oder Feinfilter (Polizeifilter) und Reinöltank. Abbildung 7-3 zeigt die vereinfachte schematische Darstellung einer dezentralen Ölmühle.

7.2.3.1 Saatlager und Saatfördereinrichtungen

Das Saatlager muss so beschaffen sein, dass über Monate hinweg eine Qualitätsbeeinträchtigung der Ölsaat verhindert wird. Dabei müssen unerwünschte mikrobielle Vorgänge sowie die Atmung der Saat minimiert und der Eintrag von Fremdstoffen in das Lagergut ausgeschlossen werden. Zudem muss das Lager vor dem Eindringen von Schädlingen wie Vögel, Mäuse und Ratten geschützt werden. Voraussetzung hierzu ist die Einlagerung einer gesunden Saat, die frei von Besatz ist und eine geringe Saatfeuchte aufweist (siehe hierzu auch Kapitel 7.3.2 bis 7.3.6 sowie Kapitel 2). Als Lagerbehälter eignen sich Flach- und Hochlagerzellen in Hallen sowie abgedeckte Außensilos. Die Oberflächen und Böden der Lager müssen möglichst glatt und hygienisch einwandfrei sein, Ritzen sind zu vermeiden. Dadurch wird eine einfache effiziente Reinigung der Lagerbehälter ermöglicht. Der Boden von erdnahen Lagerbehältern muss, damit ein Feuchteübergang vermieden wird, isoliert sein. Außerdem sind Belüftungskanäle vorzusehen. Es ist zu beachten, dass bei großen Flachlagerzellen eine Chargentrennung oft nur schwer möglich ist. Auch hinsichtlich der Überwachung des Lagermanagements und der Hygiene sind Hochlagerzellen oft vorteilhafter. Silolagerzellen mit planebenem Boden werden in der Regel mit Schnecken entleert. Freie Trichterausläufe an Behältern ermöglichen eine sehr einfache Entnahme. Risikofaktoren bei der Lagerung von Raps, die zu Qualitätseinbußen führen können, sind in Tabelle 7-4 aufgeführt [7-10].

Die Kühlung der Ölsaat kann über die Lagerbelüftung mit kalter Nachtluft erfolgen, häufig ist dies jedoch nicht ausreichend, so dass ein Kühlaggregat zum Wärmeentzug eingesetzt werden

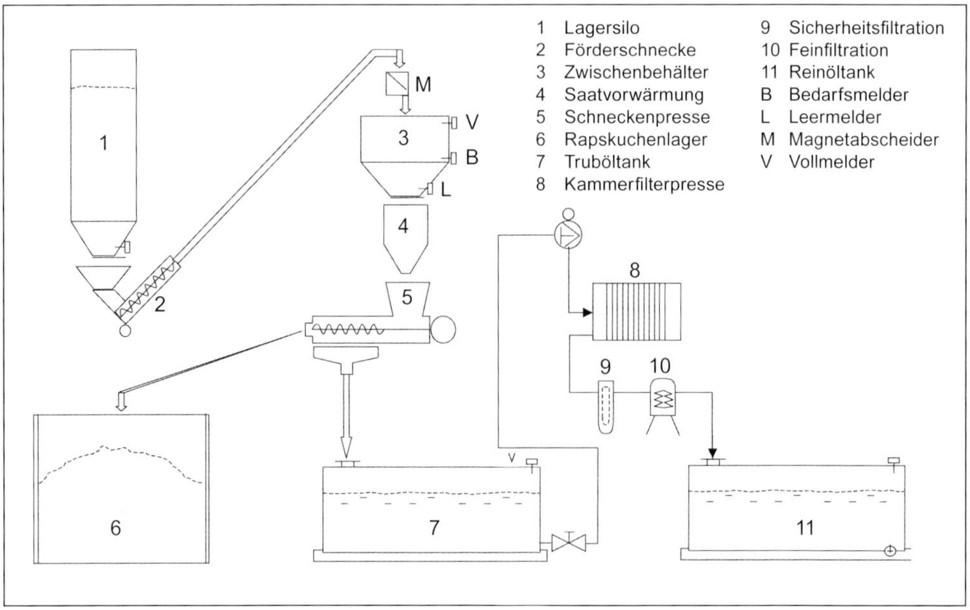

Abb. 7-3: Vereinfachte schematische Darstellung einer dezentralen Ölmühle (Meyer, M. und M. Stettler)

Tab. 7-4: Risikofaktoren bei der Lagerung von Raps, die zu Qualitätseinbußen führen können (verändert nach Bombien, M. [7-10]).

Ursache	Flachlager	Rundsilo außen	Rundsilo innen
Schmutz von Radladerreifen	✓		
Abgase Radlader	✓		
Ölverluste Radlader	✓		
Abrieb Fußboden	✓	(✓)	(✓)
Abrieb Fördergeräte	✓	✓	✓
Wirbeltiere im Lager (Mäuse, Vögel...)	✓	(✓)	(✓)
Kot von Wildtieren (Kaninchen...)	✓	✓	✓
Insekten im Lager (Käfer, Milben...)	✓	✓	✓
Mykotoxine	✓	✓	✓
Schnee, Nebel	✓	✓	✓
Regenwasser	(✓)	(✓)	(✓)
Kondenswasser an der Außenhaut	✓	✓	✓
Aufsteigendes Bodenwasser	✓	✓	✓
Staubablagerungen (Lüftungskanäle...)	✓	(✓)	✓
Baumaterial Abrieb	✓	(✓)	(✓)
Mitarbeitererkrankungen	✓	✓	✓

muss. Fest eingebaute Temperaturfühler mit entsprechender elektronischer Datenüberwachung erleichtern die Temperaturüberwachung im Lager [7-11, 7-12]. Bei den Saatfördereinrichtungen ist darauf zu achten, dass die Saat vor allem bei der Einlagerung nicht beschädigt wird. Für die exakte Mengenerfassung und Durchsatzbestimmung der Ölpresse ist es vorteilhaft, eine Durchlaufwaage einzubauen.

7.2.3.2 Saatzwischenbehälter und Saatvorwärmung

Der Saatzwischenbehälter sollte zumindest die Menge Rapssaat aufnehmen können, die pro Tag verarbeitet wird. Der Zwischenbehälter dient dazu, die kontinuierliche Versorgung der Ölpresse mit Ölsaat zu gewährleisten. Außerdem ermöglicht der Zwischenbehälter vor allem in den Wintermonaten eine Angleichung der Saattemperatur an die Pressenraumtemperatur. Dadurch lässt sich Kondensation der Luftfeuchte im warmen Pressenraum an der kalten Saat vermeiden. Eine Saatvorwärmung ist dann oftmals nicht mehr erforderlich. Die Nutzung der Abwärme der Ölpresse zur direkten Saatvorwärmung z. B. mit einem Gebläse ist nicht empfehlenswert, da bei der Ölpressung Wasserdampf an die Umgebungsluft abgegeben wird, und dieser an der (kalten) Saat kondensieren kann. Die Saatzuführung zur Ölpresse sollte mit einer entsprechenden Dosiereinrichtung ausgestattet sein, um die zugeführte Saatmenge regulieren zu können. Ein Quetschen oder Brechen der Rapssaat mit einem Walzenstuhl vor der Zuführung zur Ölpresse ist in der Regel nicht sinnvoll, da dadurch weder die Ausbeute erhöht, noch in der Summe Energie bei der Verarbeitung eingespart wird. Eine Saatschälung ist nur für in Einzelfällen die Erzeugung von Speiseölspezialitäten empfehlenswert.

Zum Schutz der Ölpresse vor unnötigem Verschleiß und größeren Schäden an den Presswerkzeugen, sollte die Saatzuführung mit einem Magnetabscheider ausgestattet werden. Mit diesem können zumindest ferromagnetische Störstoffe aus der Saat entfernt werden.

7.2.3.3 Schneckenpresse

Schneckenpressen für die Verarbeitung von Ölsaaten lassen sich nach verschiedenen Bauformen unterscheiden. Wesentliche Unterschiede liegen in der Gestaltung des Seihers, in dem sich die Schnecke dreht. Bei den Lochseiher-Schneckenpressen ist, wie in Abbildung 7-4 gezeigt, der Presszylinder durch kreisrunde Bohrungen perforiert. Am Presskopf befindet sich eine Pressdüse, die die zylindrische Form des Presskuchens (Pellets) bestimmt. Seiherstab-Schneckenpressen, wie in Abbildung 7-5 dargestellt, sowie Seiherscheiben-Schneckenpressen haben Seiherstäbe beziehungs-

Abb. 7-4: Ölaustritt an einer Lochseiher-Schneckenpresse

weise -scheiben, die in definierten Abständen parallel zueinander angeordnet sind. Der Ölaustritt erfolgt über die Spalten zwischen den Seiherstäben beziehungsweise -scheiben. Der Presskuchen wird am Ende der Pressschnecke in Form kleiner Plättchen oder, falls eine Pelletiereinrichtung vorhanden ist, als Pellet ausgetragen. Im kleineren Leistungsbereich mit einer Durchsatzleistung bis etwa 75 kg Rapssaat pro Stunde kommen überwiegend Lochseiher-Schneckenpressen zum Einsatz. Im größeren Leistungsbereich bis zu 3000 kg Rapssaat pro Stunde werden vor allem Seiherstab-Schneckenpressen verwendet.

Abb. 7-5: Ölaustritt an einer Seiherstab-Schneckenpresse

Abbildung 7-6 zeigt den Aufbau der Schneckenwelle einer Schneckenpresse [7-13]. Entscheidend für den Pressvorgang ist der Wechsel zwischen Kompression (Verdichtung) und Relaxation (Entspannung) des Komprimats (Pressgut). Dabei muss verhindert werden, dass sich das Pressgut mit der Schnecke mitdreht. Deshalb muss die Reibungskraft zwischen dem Pressgut und dem Seiher größer sein als zwischen dem Presskuchen und der Schnecke. Dies wird z. B. durch Abstreifer am Seiher, oder „auf Keil“ gestellte Seiherstäbe erreicht. Die Relaxation des Pressguts fördert den Ölabfluss aus dem Pressgut hin zum Seiher. Die Stoffflüsse bei der Ölpressung sind in Abbildung 7-7 dargestellt [7-13]. Über die Länge des Seiherkorbs erfolgt der Ölaustritt in unterschiedlicher Intensität. Ein Teil der in der Saat enthaltenen Feuchte entweicht bei der Ölpressung als Wasserdampf [7-13, 7-14, 7-15].

Schneckenpressen zur Ölgewinnung werden in Deutschland derzeit von 14 Firmen angeboten. Eine Übersicht über die angebotenen Pressentypen der verschiedenen Hersteller mit den jeweiligen Verarbeitungskapazitäten zeigt Tabelle 7-5.

Über die Qualität von Ölpressen verschiedener Hersteller, den erzielbaren Abpressgrad sowie deren besondere Eignung für die Herstellung von Rapsölkraftstoff wurden bisher keine vergleichenden Untersuchungen durchgeführt. Hierzu können deshalb keine Aussagen getroffen werden. Tendenziell lassen sich jedoch mit Ölpressen, die mit (kurzem) Lochseiher ausgestattet sind, geringere Phosphor-, Calcium- und Magnesiumgehalte erzielen als mit Pressen, die mit (langem) Seiherstabkorb ausgeführt sind. Die Ursache hierfür liegt möglicherweise in den unterschiedlichen Verweilzeiten des Pressgutes und des Öls an heißen Pressenbauteilen.

Bei der dezentralen Ölsaatenverarbeitung herrscht ein Zielkonflikt zwischen möglichst hohen Abpressgraden und der Minimierung des Übergangs unerwünschter

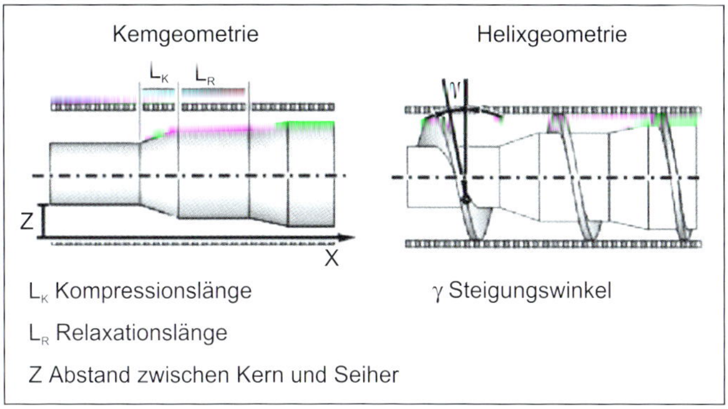

Abb. 7-6: Geometrie der Schneckenwelle einer Schneckenpresse – (links:) Geometrie des Kerns, (rechts:) Geometrie der Helix (nach Schein [7-13])

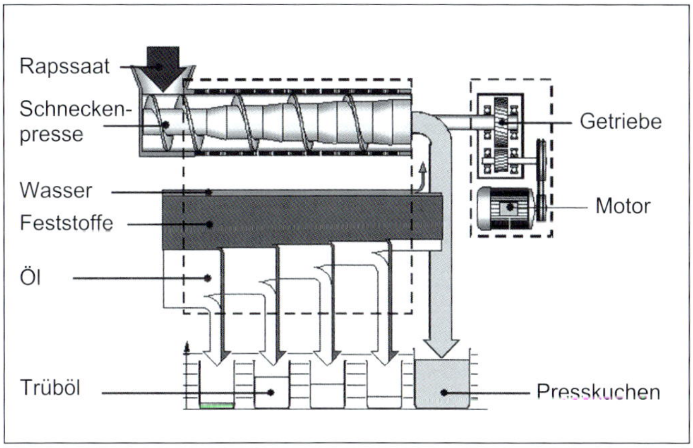

Abb. 7-7: Stoffflüsse bei der Ölpressung (verändert nach Schein [7-13])

Fettbegleitstoffe in das Öl (siehe hierzu auch Kapitel 7.3.9). Deshalb sollte bei der Auswahl der Ölpresse darauf geachtet werden, dass die Drehzahl der Schnecke reguliert und auf möglichst einfache Weise auf die Druckverhältnisse in der Presse Einfluss genommen werden kann. Sollen mit einer Ölpresse abwechselnd unterschiedliche Ölsaaten verarbeitet werden, sind Lochseiher-Schneckenpressen den Seiherstab-Schneckenpressen vorzuziehen, da durch den unkomplizierten Wechsel der Pressdüse die Ölpresse sehr schnell für die Verarbeitung unterschiedlicher Korngrößen angepasst werden kann. Von einigen Ölpressenherstellern wird eine nachgeschaltete Entölung des Presskuchens aus der ersten Pressung (Zweitpressung) empfohlen. Der Vorteil liegt darin, dass Presskuchen mit geringem Restfettgehalt in größeren Anteilen in der Futterration eingesetzt werden kann und insgesamt die Ölausbeute erhöht wird. Es ist jedoch zu beachten, dass die bei der zweiten Pressung anfallenden Ölqualitäten in der Regel nicht die Anforderungen für die Verwendung als Kraftstoff erfüllen.

Eine grundsätzliche Entscheidung bei der Planung der Ölmühle ist zu treffen, ob die geplante Verarbeitungskapazität der Ölmühle durch eine Ölpresse oder durch mehrere Ölpressen abgedeckt werden soll. Wird die Verarbeitungskapazität auf mehrere Ölpressen aufgeteilt, so kann flexibler auf Nachfrageschwankungen reagiert werden und bei durchzuführenden Wartungsarbeiten die Produktion wenigstens zum Teil aufrecht erhalten werden, so dass eine kontinuierliche Bedienung der Märkte gewährleistet ist. Nachteilig sind hingegen die zum Teil höheren Investitionskosten und Mehrkosten bei der Wartung und Instandhaltung.

7.2.3.4 Trubölbehälter

Das Öl, das aus der Ölpresse austritt und noch mit Partikeln verunreinigt ist, wird in einem Trubölbehälter gesammelt. Der Truböltank sollte als Richtwert das Volumen an Öl aufnehmen können, das in der Ölmühle in drei Tagen produziert wird. Dadurch wird genügend zeitlicher Puffer geschaffen, um an der Filtrationsanlage Wartungsarbeiten durchführen oder aber auch das Wochenende überbrücken zu können, ohne die Ölpresse abstellen zu müssen. Der Trubölbehälter muss mit einem Rührwerk ausgestattet sein, damit die Partikel im Öl für die nachfolgende Filtration in Schwebe gehalten werden können. Das Rührwerk sollte so gestaltet sein und betrieben

Tab. 7-5: Hersteller von Ölpressen, Verarbeitungskapazität und Bauform der Ölpressen

Verarbeitungskapazität	Firma	Typ	Bauform
bis 50 kg/h	Anton Fries Maschinenbau GmbH	500 R	Lochseiher
	Distler Metallbau GmbH	P50	Seiherstab
	Egon Keller GmbH & Co. KG	P0020	Seiherstab
	Farmet a. s.	UNO	Lochseiher
		DUO	Lochseiher
	IBG Monforts GmbH & Co. KG – Oekotec	CA59G	Lochseiher
		D851G	Lochseiher
		DD85G	Lochseiher
	Import – Erhard GmbH	k. A.	Lochseiher
	Mayerhofer Maschinenbau	R300F	Lochseiher
		R600F	Lochseiher
	Maschinenfabrik Reinartz GmbH & Co. KG	AP 08	Lochseiher
	Michael Mailler Ölpresstechnik	MLP 5	Lochseiher
	Karl Strähle GmbH + Co. KG	SK60/1	Seiherscheiben
		SK60/2	Seiherscheiben
	Screw-press GmbH Kernkraft – Moosbauer und Rieglsperger	KK 8	Lochseiher
		KK 20	Lochseiher
		KK 40	Lochseiher
51 – 100 kg/h	Egon Keller GmbH & Co. KG	P0101	Seiherstab
	IBG Monforts GmbH & Co. KG – Oekotec –	S120F	Lochseiher
	Maschinenfabrik Reinartz GmbH & Co. KG	AP 10/06	Seiherstab
101 – 500 kg/h	Cimbria Sket GmbH	KP 15	Seiherstab
	Egon Keller GmbH & Co. KG	P0500	Seiherstab
	Farmet a. s.	L 200	k. A.
	Import – Erhard GmbH	k. A.	Seiherscheiben
	Karl Strähle GmbH + Co. KG	SK130/3	Seiherstab
		SK190/1	Seiherstab
	Maschinenfabrik Reinartz GmbH & Co. KG	SK250/1	Seiherstab
		AP 14/22	Seiherstab
		AP 14/30	Seiherstab
	Screw-press GmbH Kernkraft – Moosbauer und Rieglsperger	KK 140 F	Seiherstab
		KK 500 F*	Seiherstab
über 500 kg/h	Cimbria Sket GmbH	KP 21	Seiherstab
		KP 26	Seiherstab
	Harburg-Freudenberger Maschinenbau GmbH	EP 08	Seiherstab
		EP 16	Seiherstab
	Farmet a. s.	S 1000	k. A.
		S 2000	k. A.
	Import – ERHARD GmbH	k. A.	Seiherstab
	Karl Strähle GmbH + Co. KG	SKH 300/1	Seiherstab
	Maschinenfabrik Reinartz GmbH & Co. KG	AP 15/45	Seiherstab
		AP 15/55	Seiherstab
		AP 25	Seiherstab
	Screw-press GmbH Kernkraft – Moosbauer und Rieglsperger	KK 1000 F*	Seiherstab

** in Entwicklung*
k. A.: keine Angaben

werden, dass das Öl mit möglichst wenig Luftsauerstoff (Oxidation) in Kontakt kommt. Der Truböltank sollte möglichst geschlossen sein, so dass eine Fremdverunreinigung vermieden wird. Es ist außerdem darauf zu achten, dass sich im Trubölbehälter kein Kondenswasser bildet. Trubölbehälter sind auf jeden Fall durch einen Füllstandsmelder gegen Überlaufen zu sichern. Für die nachfolgende Filtration kann es hilfreich sein, wenn das Öl mit einer höheren Temperatur als der Umgebungstemperatur, und damit vergleichsweise geringerer Viskosität, gefiltert wird. Deshalb ist es im Einzelfall sinnvoll den Trubölbehälter zu isolieren, damit die Öltemperatur nach der Pressung bis zum Zeitpunkt der Filtration nicht zu sehr absinkt. Eine durch längerfristige Lagerung bei höheren Temperaturen beschleunigte Oxidation des Öls muss jedoch vermieden werden. Soll das Öl durch Sedimentation gereinigt werden, kann auf einen Trubölbehälter verzichtet werden. Das Öl wird in diesem Falle direkt von der Presse in das Sedimentationssystem geleitet.

7.2.3.5 Fest-Flüssig-Trennung – „Ölreinigung"

Die Fest-Flüssig-Trennung steht am Ende der Verfahrenskette der dezentralen Pflanzenölgewinnung und nimmt deshalb entscheidenden Einfluss auf die Produktqualität. Unter Fest-Flüssig-Trennung ist hierbei die Entfernung von festen Verunreinigungen (hauptsächlich Samenbestandteile) aus dem Öl zu verstehen („Ölreinigung").

Samenbestanteile enthalten Enzyme, die bei der Keimung von Ölsaaten den Abbau der Triglyceride ermöglichen. Ein hoher Anteil Samenbestandteile in Pflanzenölen birgt deshalb die Gefahr einer vorzeitigen Ölalterung. In technischen Verwendungsbereichen können Verunreinigungen im Öl außerdem zu Filterverstopfungen oder zu abrasivem Verschleiß an Werkstoffen führen.

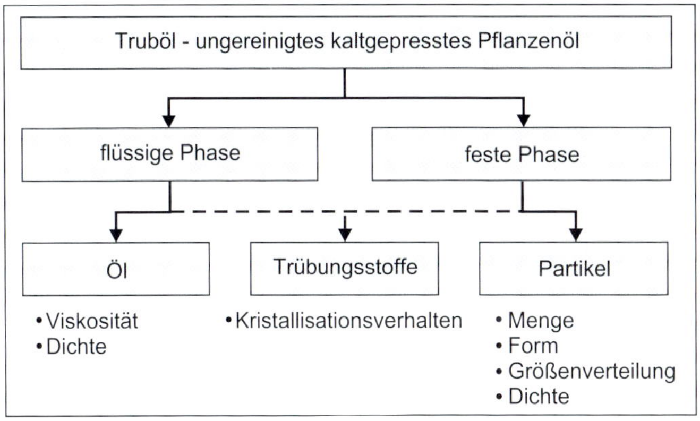

Abb. 7-8: Charakterisierung von Truböl

Ausgangspunkt für die Auswahl und die Auslegung von Verfahren zur Fest-Flüssig-Trennung sind die Eigenschaften des Truböls.

7.2.3.5.1 Eigenschaften des Truböls

Pflanzenöl, das direkt nach der Ölpressung ohne weiteren Verarbeitungsschritt vorliegt, wird als Truböl bezeichnet, zum Teil auch als Rohöl. Der Begriff Truböl ist auch weitergefasst für das Input-Öl in einem Reinigungsverfahren gebräuchlich, so dass ein Öl, das bereits ein Reinigungsverfahren durchlaufen hat, als Zwischenqualität vor der Sicherheitsfiltration, ebenfalls als Truböl bezeichnet wird.

Truböl ist ein zweiphasiges Stoffgemisch aus einer flüssigen Phase (Öl) und einer festen Phase (Partikel). Weder der festen noch der flüssigen Phase sind selten auftretende sogenannte Trübungsstoffe eindeutig zuzuordnen. Eine Möglichkeit der Charakterisierung von Truböl zeigt Abbildung 7-8.

Für die Fest-Flüssig-Trennung wichtige physikalische Kenngrößen der flüssigen Phase sind die kinematische Viskosität und die Dichte. Das Viskosität/Temperatur-Verhalten von kaltgepresstem Rapsöl ist in Abbildung 7-9 dargestellt; die zugehörigen Analysenwerte zeigt Tabelle 7-6. Die Dichte (DIN EN ISO 3675) von Rapsöl, gemessen bei 15 °C, beträgt im Durchschnitt 920,0 kg/m³ [7-16].

Die feste Phase (im Öl suspendierte Partikel) lässt sich durch ihre Menge, Form, Größenverteilung und Dichte beschreiben. Vor allem die Partikelkonzentration muss

Tab. 7-6: Viskosität/Temperatur-Verhalten nach DIN 51562-1 (Ubbelohde) von kaltgepresstem Rapsöl [7-17]

Temperatur °C	-4,2	0	10	20	30	40	50	60	70	80	90	100
Viskosität mm²/s	271,5	207,5	117,1	72,3	47,9	32,9	24,0	17,9	13,9	11,1	9,1	7,7

bei der Auslegung von Sedimentations- und Filtrationssystemen berücksichtigt werden.

Die Partikelmenge wird zumeist als Massenkonzentration angegeben, wobei unterschieden werden muss, ob die Partikelmenge ölfrei oder ölhaltig bestimmt wurde. In der Literatur sind Angaben zur Feststoffmenge von 1 bis 14,8 Gew.-% (ölhaltig) im Truböl direkt nach der Pressung zu finden [7-4]. Ein typischer Feststoffgehalt liegt bei etwa 2,3 Gew.-%. Presskopftemperatur, Düsendurchmesser und Drehzahl der Pressschnecke sowie Saatfeuchte und Saattemperatur nehmen Einfluss auf den Feststoffgehalt. Zunehmender Verschleiß der Pressgarnitur lässt die Feststoffmenge im Truböl am stärksten ansteigen [7-18]. Ein geringer Feststoffgehalt wird durch niedrige Drehzahl, kleinen Düsendurchmesser und hohe Presskopftemperatur sowie durch zunehmende Saatfeuchte und Saattemperatur erreicht.

In einem Ringversuch mit einer einheitlichen Rapscharge an 22 dezentralen Ölgewinnungsanlagen wurden die in Abbildung 7-10 dargestellten ölfreien Feststoffgehalte (Gesamtverschmutzung in Anlehnung an DIN 51419-A) in Abhängigkeit des Pressentyps ermittelt [7-19]. Die Ergebnisse zeigen deutlich die hohe Variabilität der Gesamtverschmutzung in Trubölen nach der Pressung. Die Partikelmenge im Truböl ist beeinflusst durch die eingesetzte Ölgewinnungstechnik (z. B. Lochzylinder-Schneckenpressen, Seiherstab-Schneckenpressen) sowie die Prozessparameter beim Pressen des Öls.

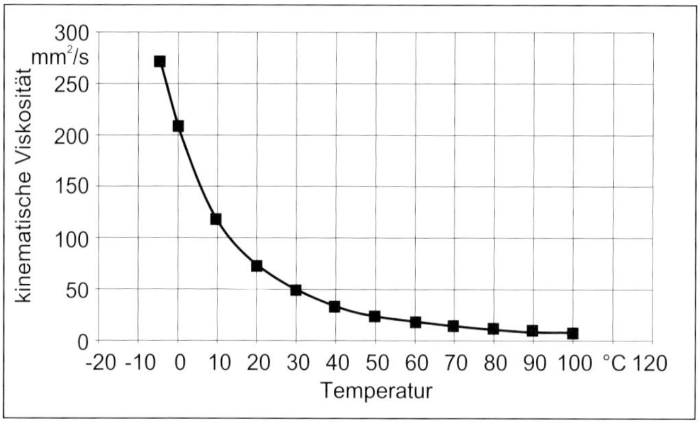

Abb. 7-9: Viskosität-/Temperaturverhalten nach DIN 51562-1 (Ubbelohde) von kaltgepresstem Rapsöl [7-17]

Untersuchungen der Dichte von Rapssamenbestandteilen im Pyknometer mit Xylol hatten zum Ergebnis, dass sich die Dichte von Rapskernfleisch mit 1,1062 g/cm³, von der Dichte von Raps-Samenschalen mit 1,3558 g/cm³ wesentlich unterscheidet. Partikel im Truböl können jedoch auch von Fremdbesatz in der Saat und möglicherweise von metallischem Abrieb stammen und weisen deshalb davon abweichende Dichten auf.

Neben „festen" Verunreinigungen können in Ölen, zum Teil erst nach längerer Lagerzeit, Trübungsstoffe sichtbar werden. Bei den Trübungsstoffen handelt es sich z. B. um höher schmelzende Glyceride, Beimengungen von Wachsen oder nachträglich ausgeschiedene Schleimstoffmengen. Bei längerer Lagerung können sich die Trübungsstoffe absetzen und bilden einen weißlichen Bodenbelag [7-20].

Für die Abscheidung der festen Phase (Partikel) von der flüssigen Phase (Öl) sind in der dezentralen Ölsaatenverarbeitung unterschiedliche Verfahren der Fest-Flüssig-Trennung gebräuchlich.

7.2.3.5.2 Verfahren der Fest-Flüssig-Trennung

An Trennverfahren für die Abscheidung von Verunreinigungen aus kaltgepressten Pflanzenölen sind folgende Anforderungen zu stellen:

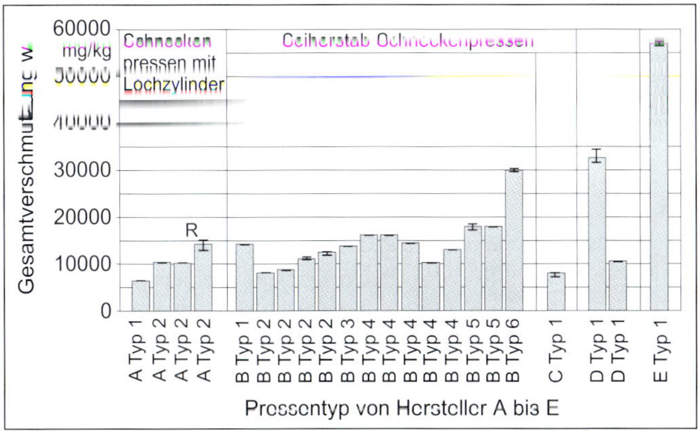

Abb. 7-10: Gesamtverschmutzung (in Anlehnung an DIN 51419-A) im ungereinigten Öl in Abhängigkeit vom Pressentyp [7-19]

- Das Trennverfahren muss die Einhaltung erforderlicher Grenzwerte für die Gesamtverschmutzung im Öl gewährleisten.
- Der Ölgehalt der abgetrennten Festphase soll möglichst gering sein.
- Die Durchsatzleistung des Trennverfahrens muss auf die Verarbeitungskapazität der Ölgewinnungsanlage abgestimmt sein.
- Eine Automatisierung des Reinigungsverfahrens soll möglich sein.
- Ein kontinuierliches Verfahren ist wünschenswert, um Zwischenlagerkapazität einzusparen.
- Die Kosten für Anschaffung und Wartung sollen gering sein.

Die Eigenschaften der zu reinigenden Ölsuspension und die Ansprüche an die Effektivität des Verfahrens der Fest-Flüssig-Trennung bestimmen die Auswahl des Trennverfahrens.

Die Verfahren der Fest-Flüssig-Trennung, die bei der Reinigung von Pflanzenölen eingesetzt werden, lassen sich in Sedimentations- und Filtrationsverfahren unterteilen [7-18, 7-21]. In dezentralen Ölgewinnungsanlagen sollte die Abscheidung der festen Rückstände im Öl zumindest in zwei Stufen, zuerst als Hauptreinigung (Grobklärung) und anschließend als Sicherheitsfiltration (Endfiltration) erfolgen. Bei der Hauptreinigung werden die Feststoffe bereits möglichst vollständig aus der flüssigen Phase entfernt. Die Sicherheitsfiltration hat die Aufgabe, Störungen bei der Hauptreinigung anzuzeigen und die angestrebte Reinheit der Charge sicherzustellen. Die Verfahren der Hauptreinigung sind Sedimentation oder Filtration, in seltenen Fällen auch Zentrifugation. Sedimentationsverfahren werden aufgrund des hohen Raumbedarfs nur bei Ölpressen mit Verarbeitungskapazitäten bis etwa 50 kg Ölsaat pro Stunde eingesetzt. Bei der Sicherheitsfiltration werden ausschließlich Filtrationsverfahren angewendet. Abbildung 7-11 zeigt die Systematik der Verfahren der Fest-Flüssig-Trennung und nennt Apparatebeispiele.

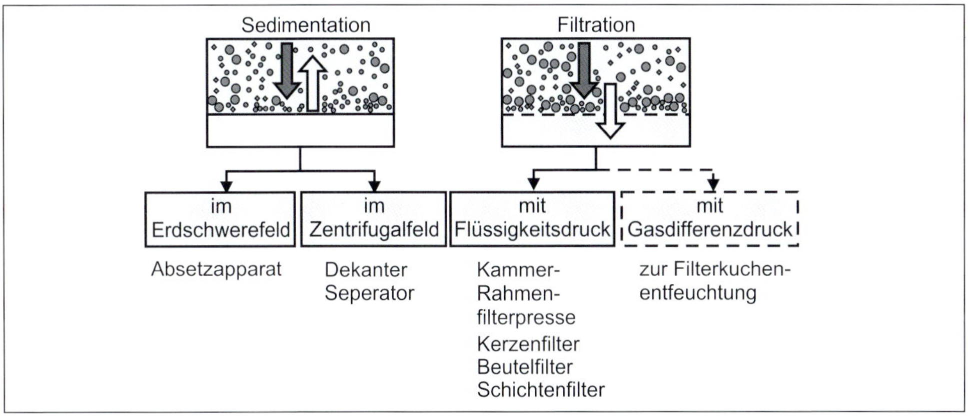

Abb. 7-11: Verfahren und Apparatebeispiele für die Fest-Flüssig-Trennung bei Pflanzenölen

7.2.3.5.2.1 Sedimentation

Sedimentationsverfahren nutzen für die Fest-Flüssig-Trennung den Dichteunterschied zwischen der Flüssigkeit und den Feststoffen. Das Sedimentationsverhalten wird unter anderem beeinflusst durch die Dichtedifferenz, die Partikelgröße und -form, die Viskosität der Flüssigkeit und die Wechselwirkungen zwischen Partikeln und flüssiger Phase. Dabei kann zwischen einer Sedimentation im Erdschwerefeld und einer Sedimentation im Zentrifugalfeld unterschieden werden.

Sedimentation im Erdschwerefeld
In dezentralen Ölsaatenverarbeitungsanlagen mit geringer Verarbeitungskapazität wird das Öl häufig durch eine Sedimentation im Erdschwerefeld gereinigt. Es werden diskontinuierliche (Batch-Verfahren) und kontinuierliche Sedimentationsverfahren unterschieden.

Bei der diskontinuierlichen Sedimentation werden einzelne Behälter mit zumeist mehreren hundert Litern Fassungsvermögen mit Truböl befüllt und die Partikel sedimentieren oft über einen Zeitraum von mehreren Wochen. Die geklärte Flüssigkeit wird häufig durch sogenannte Schwimmabsaugung wenige Zentimeter unter dem Flüssigkeitsspiegel entnommen, um Partikel mit geringerer Dichte als die der Flüssigkeit nicht mit zu entfernen. Die Entnahme des Sediments erfolgt manuell. Vor allem die Entfernung des Sediments bei Batch-Verfahren und die Reinigung der Sedimentationsbehälter ist arbeitsintensiv. Abbildung 7-12 zeigt schematisch das Verfahren der diskontinuierlichen Sedimentation.

Bei der kontinuierlichen Sedimentation erfolgen die Zugabe der Suspension, die Entnahme der geklärten Flüssigkeit und die Entfernung der aufkonzentrierten Feststoffe zeitgleich. Für die kontinuierliche Sedimentation von Pflanzenölen wurde am Technologie- und Förderzentrum (TFZ) ein vierstufiges Absetzverfahren entwickelt [7-18]. Abbildung 7-13 zeigt eine schematische Darstellung des Sedimentationssystems.

Hierbei durchströmt das Truböl vier Absetzbehälter, die über Rohrverbindungen miteinander kommunizieren. Der zweite, dritte und vierte Absetzbehälter wird jeweils vom Überlauf aus dem vorigen Behälter im unteren Bereich befüllt. Das Sedimentationssystem sollte in Abhängigkeit der Verarbeitungskapazität der Ölpresse hinsichtlich seines Behältervolumens auf eine Ölverweilzeit von etwa vier Tagen ausgelegt sein. Ist das Sedimentationssystem nach der Startphase gefüllt, tritt das Ölvolumen, das der von der Presse zugeführten Menge Truböl entspricht, in weitgehend gereinigter Qualität aus dem vierten Absetztank aus. Da dieses Öl noch einen relativ hohen Anteil Partikel (bis zu 250 mg/kg Gesamtverschmutzung) enthält, die durch die kontinuierliche Strömung im System nicht abgeschieden werden, müssen ein oder mehrere Filter mit definierter Porengröße (in der Regel etwa 1 µm) und ausreichendem Schmutzaufnahmevermögen, die die gewünschte Reinheit sicherstellen, nachgeschaltet werden. Die sedimentierten Trubstoffe sammeln

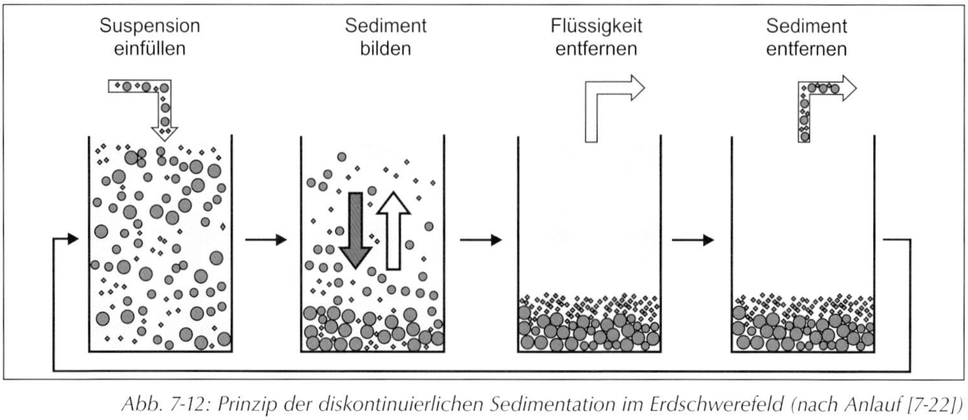

Abb. 7-12: Prinzip der diskontinuierlichen Sedimentation im Erdschwerefeld (nach Anlauf [7-22])

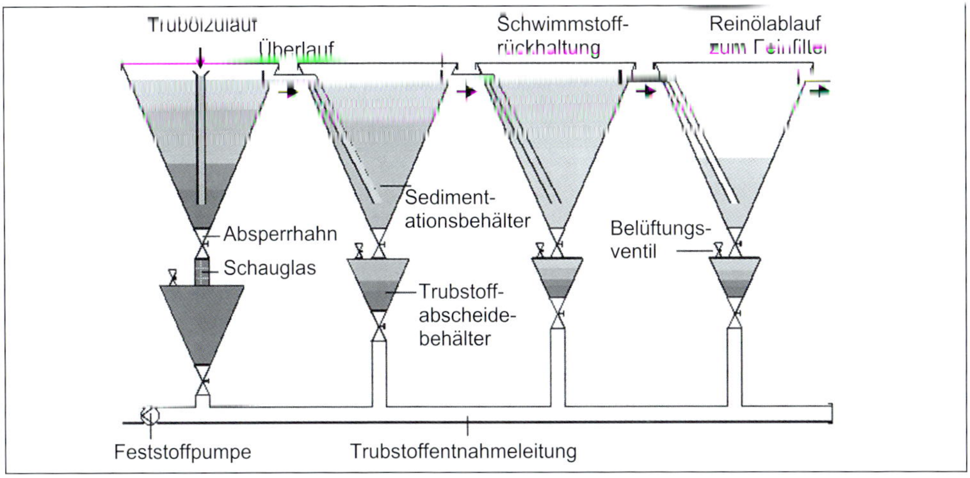

Abb. 7-13: Kontinuierliches vierstufiges Sedimentationssystem für Pflanzenöle

sich in den Abscheidebehältern an und können von dort mit Hilfe einer für höherviskose Schlämme geeigneten Pumpe oder mit Hilfe von Druckluft entnommen werden. Während der Trubstoffentnahme werden die Absetztanks über Absperrventile von den Trubstoffabscheidetrichtern getrennt.

Sedimentation im Zentrifugalfeld

Durch die auf die Partikel wirkende Zentrifugalkraft erhöht sich die Sinkgeschwindigkeit und damit verkürzt sich die Sedimentationsdauer. Eingesetzt werden Dekanter oder Separatoren; meist kommen sie jedoch in Kombination zum Einsatz. Die Auswahl der Apparate, die sowohl diskontinuierlich als auch kontinuierlich betrieben werden können, erfolgt in Abhängigkeit vom Feststoffgehalt und der Partikelgrößen. Abbildung 7-14 zeigt schematisch die Verfahren der Sedimentation im Zentrifugalfeld. Die Sedimentation im Zentrifugalfeld ist bei dezentralen Ölgewinnungsanlagen aufgrund der meist hohen Investitionskosten wenig verbreitet.

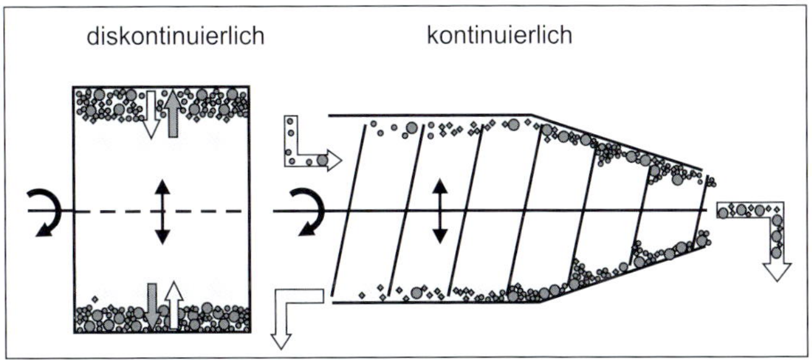

Abb. 7-14: Prinzip der diskontinuierlichen und kontinuierlichen Sedimentation im Zentrifugalfeld (nach Anlauf [7-22])

7.2.3.5.2.2 Filtration

Nach der Art der Feststoffabscheidung lassen sich Filtrationsverfahren in kuchenbildende Filtration, Querstromfiltration und Tiefenfiltration einteilen [7-22]. Die Querstromfiltration (cross-flow-Filtration) wird hauptsächlich zur Aufkonzentrierung von Suspensionen eingesetzt und hat bei der Reinigung von Pflanzenölen keine Bedeutung.

Kuchenbildende Filtration

Die Feststoffe in der Suspension werden bei der kuchenbildenden Filtration unter der Wirkung eines Druckgefälles an einem porösen Filtermaterial (z. B. Gewebe, Vliese, Metallmembranen) zurückgehalten. Sie bilden dabei Brücken und wachsen zu einem Filterkuchen an. Das Prinzip der kuchenbildenden Filtration zeigt Abbildung. 7-15.

Um ein schnelles Verstopfen des Filtermaterials zu vermeiden, wird der Porendurchmesser des Filtermittels größer gewählt als der Durchmesser der Partikel, die zurückgehal-

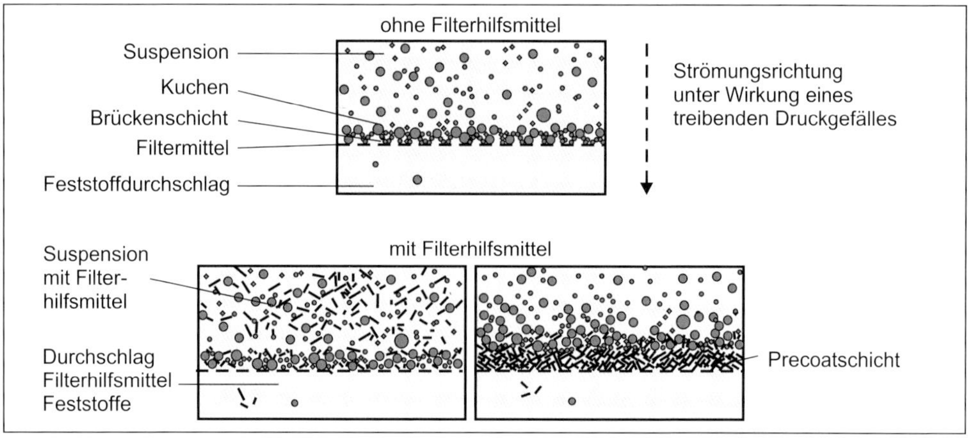

Abb. 7-15: Prinzip der kuchenbildenden Filtration (nach Anlauf [7-22])

ten werden sollen. Deshalb gelangen zu Beginn des Filtrationsvorganges so lange Partikel in das Filtrat, bis sich über dem Filtermittel stabile Brücken aus den Feststoffpartikeln gebildet haben.

Das Rückhaltevermögen eines Filtermittels wird häufig als absolute oder nominale Filterfeinheit angegeben. Die absolute Filterfeinheit nennt den Durchmesser der größten harten kugelförmigen Partikel, die das Filtermittel unter stationären Durchflussbedingungen passieren können. Die nominale Filterfeinheit gibt eine Partikelgröße an, die sich auf die Abscheidung von in der Regel 98 % der im Ausgangsmaterial vorhandenen Partikel bezieht.

Der Filterkuchen, der sich im Laufe des Filtrationsprozesses aufbaut, übernimmt die Funktion des Filtermittels. Zur Verbesserung der Brückenbildung können Filterhilfsmittel (z. B. Cellulose) eingesetzt werden. Sind die Filterapparate mit zu engmaschigen Filtermitteln bestückt, müssen drainagefördernde Filterhilfsmittel verwendet werden.

Soll eine kuchenbildende Filtration als Hauptreinigungsstufe durchgeführt werden, ist eine Vorreinigung durch Sedimentation in der Regel nicht sinnvoll. Durch eine Sedimentation werden überwiegend große (schwere) Partikel abgeschieden, die jedoch für einen guten Filterkuchenaufbau benötigt werden. Sind nur noch kleine Partikel für den Filterkuchenaufbau vorhanden, so entsteht ein dünner und sehr dichter Filterkuchen mit schlechten Drainage-Eigenschaften. Als Folge wird der Totraum im Filter für den Filterkuchenaufbau nicht ausgenutzt. Es kommt zu einem schnellen Druckanstieg am Filter, was zu kurzen Filtrationszyklen führt. Bei Anlagenkonzepten mit Sedimentation und nachgeschalteter Filtration als Hauptreinigungsstufe ist deshalb meistens der Einsatz von Filterhilfsmitteln für den Kuchenaufbau zwingend erforderlich.

Bei der Anschwemmfiltration wird vor dem eigentlichen Filtrationsvorgang eine Filterhilfsmittelschicht auf dem Filter angeschwemmt (Precoatschicht), siehe Abbildung 7-15. Die Anschwemmfiltration ist im Übergangsbereich zwischen kuchenbildender Filtration und Tiefenfiltration anzusiedeln.

Tiefenfiltration

Bei der Tiefenfiltration werden grobporige Filterhilfsmittelschichten eingesetzt, in deren Innerem sich die Feststoffe festsetzen sollen. Abbildung 7-16 zeigt eine schematische Darstellung der Tiefenfiltration. Die Tiefenfilterschichten können unter anderem aus einer Schüttung, z. B. Sand, aus einer Precoatschicht bei der Anschwemmfiltration, z. B. Kieselgur, oder aus maschinell gefertigter Pappe, z. B. aus Zellstoffen, bestehen. Da eine Regenerierung der Tiefenfilterschichten oft nicht möglich ist, müssen diese, wenn die innere Oberfläche belegt ist beziehungsweise die Druckdifferenz zu hoch wird, ausgetauscht werden [7-22].

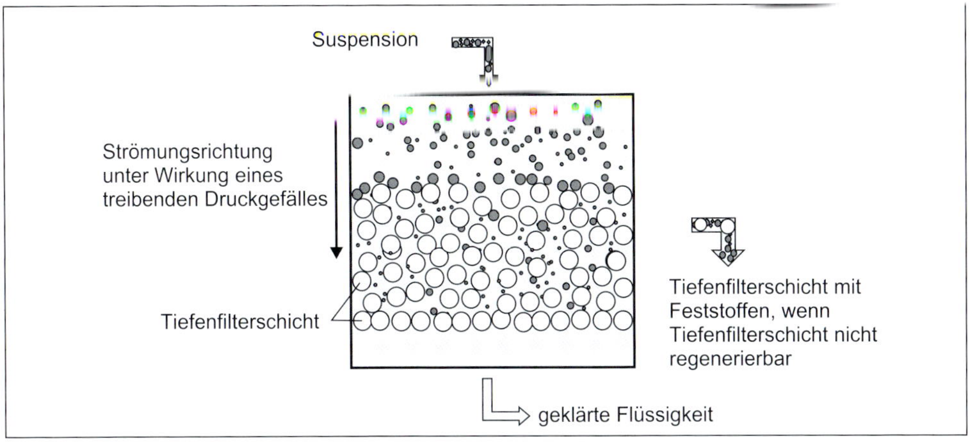

Abb. 7-16: Prinzip der Tiefenfiltration (nach Anlauf [7-22])

Filterapparate zur Reinigung von Pflanzenölen
Bei der Pflanzenölgewinnung in dezentralen Anlagen werden zur Hauptreinigung zumeist Kammer- oder Rahmenfilterpressen sowie Vertikal-Druckplatten- oder Vertikal-Druckkerzenfilter eingesetzt. Bei der Sicherheitsfiltration werden in der Regel Kerzenfilter oder Beutelfilter sowie Tiefenfilter beziehungsweise Tiefenschichtenfilter verwendet.

7.2.3.5.2.3 Filter zur Hauptreinigung

Kammer- und Rahmenfilterpressen
Kammer- und Rahmenfilterpressen bestehen aus parallel aufgehängten Filterplatten mit einem dazwischen eingespannten Filtermittel (Filtertücher). Das Filterplattenpaket wird zwischen einer festen und einer beweglichen Druckplatte meist hydraulisch zusammengespannt. Abbildung 7-17 zeigt den Aufbau und die Funktion einer Kammerfilterpresse.

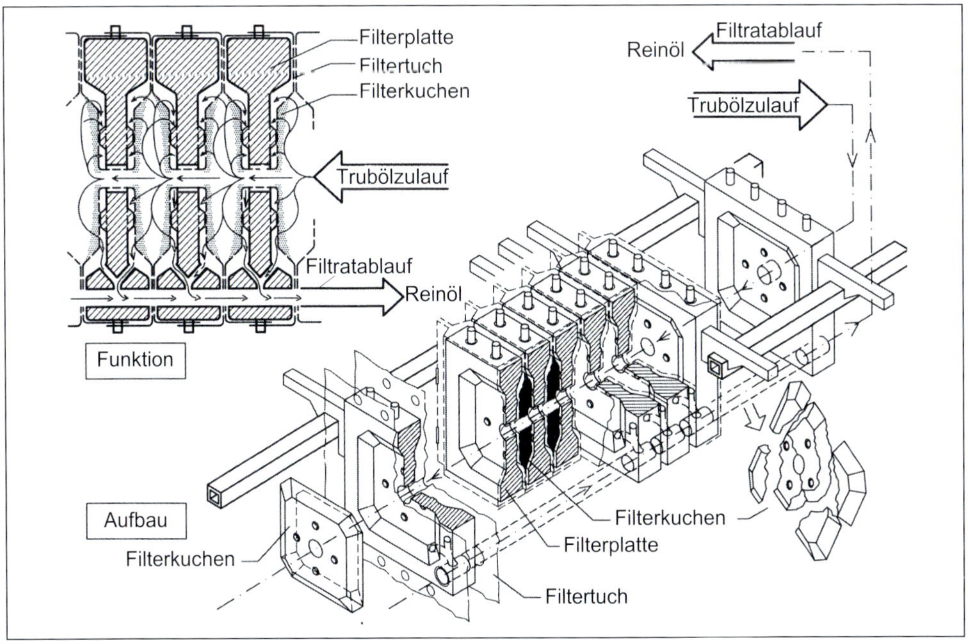

Abb. 7-17: Aufbau und Funktion einer Kammerfilterpresse

Bei Rahmenfilterpressen wird der Raum für die Kuchenbildung durch den Hohlraum zwischen dem eingesetzten Rahmen und den ebenen Filterplatten erzeugt. Bei Kammerfilterpressen entsteht der Hohlraum durch eine beidseitige Vertiefung im Plattenkörper; Rahmen müssen deshalb nicht eingesetzt werden.

Die Zuführung des ungereinigten Öls (Truböl) erfolgt von der Stirnseite durch eine in der Plattenmitte durchgängige Bohrung, die beim Zusammenspannen einen Kanal bildet. Die Oberflächen der Filterplatten sind genoppt, um einen Ablauf des Filtrats zu ermöglichen. Das Filtrat wird in einem weiteren durch Bohrungen gebildeten Kanal oder in einer Rinne abgeführt. Die Entnahme des Filterkuchens erfolgt automatisch oder manuell.

Vertikal-Druckplattenfilter und Vertikal-Druckkerzenfilter
In dezentralen Ölgewinnungsanlagen kommen häufig Vertikal-Druckplattenfilter und Vertikal-Druckkerzenfilter zum Einsatz. Diese Filter bestehen aus einem Filtergehäuse, in dem zahlreiche Filterplatten oder kerzenförmige Filterelemente vertikal angeordnet sind. Den Aufbau und die Funktion eines Vertikal-Druckkerzenfilters (Cricketfilter) zeigt Abbildung 7-18.

Die Filterelemente werden von außen nach innen vom Truböl durchströmt, bis sich ein Filterkuchen gebildet hat, der die Filtration ermöglicht. Ab diesem Zeitpunkt wird das Filtrat abgeleitet. Das Anschwemmen des Filterkuchens erfolgt druck- oder zeitgesteuert. Der Flüssigkeitsdruck wird über eine Pumpe erzeugt. Am Ende des Filtrationsvorgangs wird der Filterkuchen mit Hilfe von Druckluft (Gasdifferenzdruck) getrocknet und durch Vibrationen oder durch Druckluft im Gegenstrom von der Filterkerze entfernt. Der dadurch erzeugte Filterkuchen hat einen Restölgehalt, der dem des Presskuchens vergleichbar ist. Das beschriebene Verfahren ist voll automatisierbar. Die Steuerung des Anschwemmens des Filterkuchens erfordert vom Anlagenbetreiber jedoch ein großes Maß an Erfahrung.

Bei der Verrohrung der Anlage sind vor und nach den Apparaten zur Hauptreinigung Probenahmehähne, Schaugläser und Manometer vorzusehen, um den Filtrationsprozess überwachen und dokumentieren zu können.

7.2.3.5.2.4 Filter zur Endreinigung

Beim Betrieb von Endfiltern ist darauf zu achten, dass der Volumenstrom an Öl auf die zur Verfügung stehende Filterfläche abgestimmt wird, so dass das Druckgefälle am Filter zu Beginn der Filtration möglichst gering ist. Mit zunehmender Filterbeladung steigt das Druckgefälle an. Üblicherweise wird der Endfilter aus einem Zwischenbehälter, der das Öl aus der Hauptfiltration aufnimmt, mit einer regelbaren Pumpe gespeist. Dadurch können die Druckverhältnisse am Endfilter den Herstellerangaben entsprechend eingestellt werden.

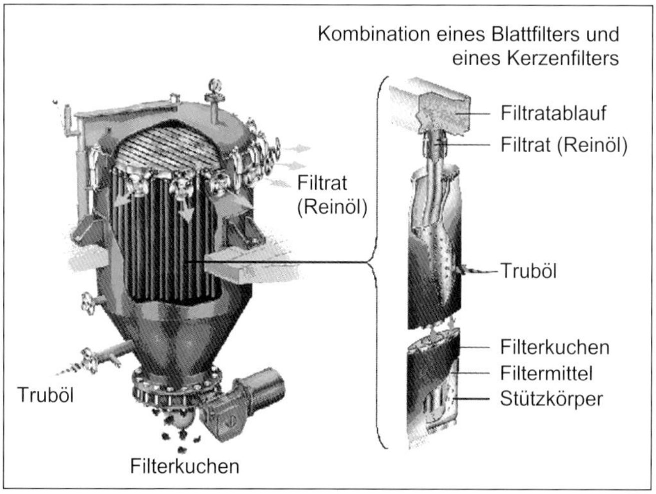

Abb. 7-18: Aufbau und Funktion eines Vertikal-Druckkerzenfilters „Cricketfilter" (nach Amafilter B.V., Alkmaar, Niederlande)

Beutelfilter
Beutelfilter sind technisch einfach aufgebaute Filter, die zur Abtrennung großer Mengen an groben Partikeln oder zur End-

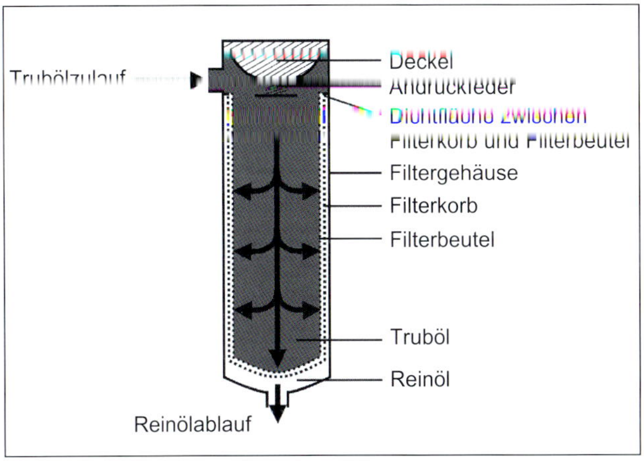

Abb. 7-19: Aufbau und Funktion eines Beutelfilters

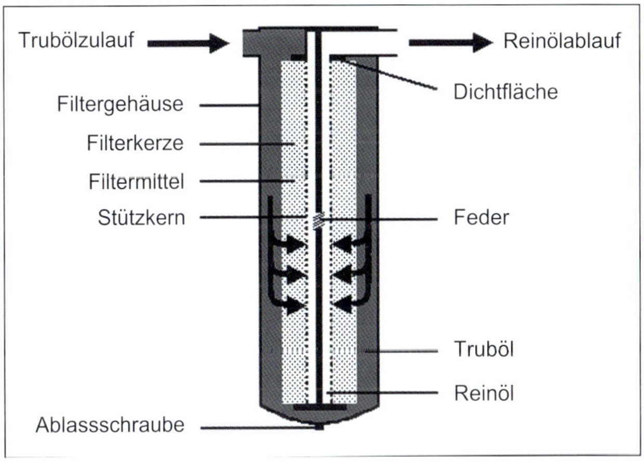

Abb. 7-20: Aufbau und Funktion eines Einzelkerzenfilters

filtration (Sicherheitsfiltration) bei sehr geringen Feststoffkonzentrationen eingesetzt werden. Abbildung 7-19 zeigt Aufbau und Funktion eines Beutelfilters. Beutelfilter arbeiten mit einem durch eine Pumpe erzeugten Flüssigkeitsdruck. Das Filtermittel der Beutelfilter besteht häufig aus Nadelvlies oder Mikrofaser. Es ist in Beutelform genäht oder verschweißt und wird in einen stützenden Filterkorb aus Drahtgewebe eingelegt. Der obere Rand des Filterbeutels ist gegen den Filterkorb abgedichtet. Das Truböl durchströmt den Filterbeutel von innen nach außen. Filtergehäuse für Beutelfilter werden in unterschiedlichen Bauformen angeboten.

Untersuchungen zur Eignung verschiedener Sicherheitsfilter für den Einsatz in der dezentralen Ölsaatenverarbeitung [7-18, 7-23, 7-24] haben gezeigt, dass in der Praxis bisher verwendete Beutelfilter oftmals als Endfilter für die Produktion von Rapsölkraftstoff nicht geeignet sind. Beutelfilter können jedoch in einer zweistufigen Endfiltration eingesetzt werden, wenn im Öl nach der Hauptreinigung noch eine relativ hohe Verschmutzung vorliegt, um eine Standzeitverlängerung des eigentlichen Endfilters zu ermöglichen.

Kerzenfilter

Einzel- oder Mehrfachkerzenfilter setzten sich aus einem Filtergehäuse und den eigentlichen Filterkerzen zusammen. Diese bestehen meist aus einem zylindrischen Stützkörper, der vom Filtermittel umgeben ist. Als Filtermittel kommen z. B. natürliche und synthetische Fasern zum Einsatz. Aufbau und Funktion eines Einzelkerzenfilters zeigt Abbildung 7-20. Die Filterkerze wird von außen nach innen vom Truböl durchströmt. Die Filterkerze ist an ihrem oberen Ende zum Filtergehäuse hin abgedichtet.

Tiefenschichtenfilter

Tiefenschichtenfilter sind ähnlich aufgebaut wie Kerzenfilter. Anstelle der Filterkerze befinden sich im Filtergehäuse die Tiefenschichtenfiltermodule. Die Schichten selbst bestehen häufig aus gepresster Cellulose; sie werden von außen nach innen vom Öl durchströmt. Aufbau und Funktion eines Tiefenschichtenfilters ist in Abbildung 7-21 dargestellt.

Vor und nach den Apparaten zur Endfiltration sind wiederum Probenahmehähne und Drucksensoren oder Manometer einzubauen, um den Filtrationsprozess überwachen und dokumentieren zu können.

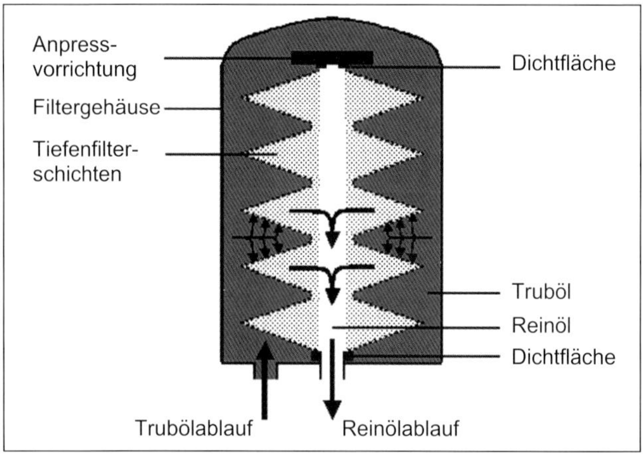

Abb. 7-21: Aufbau und Funktion eines Tiefenschichtenfilters

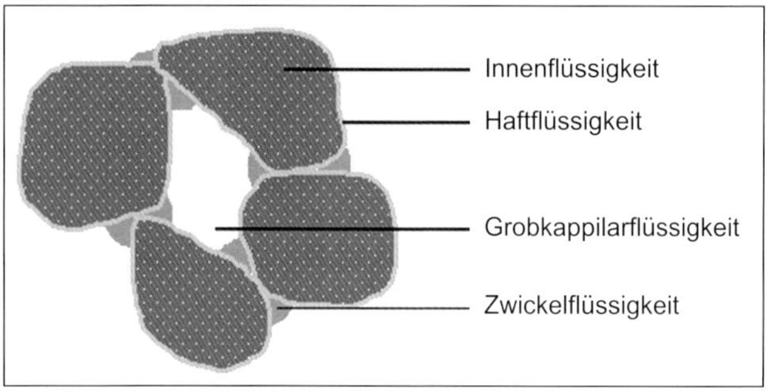

Abb. 7-22: Flüssigkeitsverteilung in einem Filterkuchen (nach Anlauf [7-22])

7.2.3.5.3 Entfeuchtung des Filterkuchens

Um aus dem Filterkuchen, der bei der Filtration mit Vertikal-Druckplatten- oder Vertikal-Druckkerzenfilter sowie Rahmen- und Kammerfilterpressen entsteht, möglichst viel Öl auszutreiben, wird häufig ein Gasdruckgefälle, z. B. durch Beaufschlagung mit Druckluft, angelegt. Der Entfeuchtung des Filterkuchens sind jedoch Grenzen gesetzt, wie Abbildung 7-22 veranschaulicht.

Lässt sich die Grobkapillarflüssigkeit noch relativ leicht aus dem Filterkuchen austreiben, so ist die Reduktion der Zwickelflüssigkeit nur mit hohem Aufwand zu erreichen. Die Haft- und die Innenflüssigkeit können nahezu nicht vermindert werden. Der Restölgehalt im Filterkuchen lässt sich deshalb nicht beliebig verringern.

7.2.3.6 Verfahren zur Reduzierung unerwünschter Fettbegleitstoffe

Falls künftig niedrigere Grenzwerte für die Gehalte der Elemente Phosphor, Calcium und Magnesium, aufgrund der Anforderungen moderner Abgasnachbehandlungssysteme in pflanzenöltauglichen Motoren, in der Norm für Rapsölkraftstoff erforderlich werden, können diese Grenzwerte mit der jetzt praxisüblichen Verfahrenstechnik in dezentralen Ölmühlen nicht mehr eingehalten werden. Deshalb werden derzeit von verschiedenen Anbietern Verfahren für dezentrale Ölmühlen entwickelt und erprobt, die entweder über Entschleimung, einem Verfahrensschritt aus der Raffination (siehe Kapitel 6.3.1), oder über andere Nachbehandlungsverfahren den Gehalt dieser unerwünschten Fettbegleitstoffe reduzieren sollen.

7.2.3.7 Pumpen

Die Förderpumpen für Rapsöl müssen entsprechend dem Temperatur/Viskositäts-Verhalten von Rapsöl ausgelegt werden (siehe hierzu Abb. 7-9 und Tab. 7-6). Außerdem muss darauf geachtet werden, dass die in der Pumpe verwendeten Materialien pflanzenölbeständig und nicht katalytisch wirksam sind. Deshalb sind z. B. kupferhaltige Legierungen wie Messing oder Bronze zu vermeiden [7-25]. Für die Einstellung des Fördervolumens und des Drucks ist eine stufenlose Regelung der Pumpendrehzahl empfehlenswert.

7.2.3.8 Reinöllager

Vor der Errichtung des Reinöllagers empfiehlt es sich, mit den zuständigen Behörden Kontakt aufzunehmen. Beim Betrieb von Lageranlagen und Abfüllplätzen für Rapsölkraftstoff sind die bundes- und landesrechtlichen Vorgaben zu beachten. Dazu zählen Baurecht, Wasserrecht, Gewerberecht und Umweltrecht. In der Regel gilt: Für auftretende Umweltschäden haftet der Betreiber! Das Reinöllager sollte zumindest aus drei verschiedenen Lagertanks bestehen, von denen jeder mindestens das Volumen einer vierzehntägigen Ölproduktion aufnehmen kann. Ein Lagertank wird befüllt mit Rapsölkraftstoff aus der laufenden Produktion, ein zweiter Lagertank enthält Rapsölkraftstoff aus der vorangegangenen Produktion. Der Inhalt wird zu einem späteren Zeitpunkt nach Vorliegen der Kraftstoffanalyse zur Abgabe freigegeben. Ein dritter Lagertank bevorratet Rapsölkraftstoff zur Abgabe an die Kunden. Der Inhalt wurde aufgrund der bereits vorliegenden Kraftstoffanalyse freigegeben.

Die Lagerung von Rapsöl sollte möglichst dunkel und kühl erfolgen. Deshalb haben sich in der Praxis Erdtanks bewährt. Falls die Lagertanks oberirdisch aufgestellt werden müssen, sollte dies idealerweise in einer Halle geschehen, geschützt vor Sonneneinstrahlung und großen Temperaturschwankungen. Der Einfluss üblicher Tankmaterialien auf die Ölalterung ist gegenüber dem Einfluss der Lagertemperatur als gering einzustufen. In der Praxis haben sich Stahl- und Edelstahltanks bewährt. Der Reinöltank muss dicht verschließbar sein um Wassereintritt zu verhindern. Außerdem sollte ein Mannloch vorhanden sein, um eine einfache Reinigung des Tanks zu ermöglichen.
Die Lagertanks sollten mit einer Füllstandsanzeige und einer Füllstandsüberwachung ausgestattet sein. Die Tankbelüftung sollte vorbeugend mit einem Feuchtigkeit abscheidenden Filter bestückt sein. Die Bildung von Kondenswasser im Lagertank muss unbedingt vermieden werden.

In der Praxis werden für die Lagerung und den Handel mit Kleinmengen an Rapsölkraftstoff häufig in Abb. 7-23 gezeigte Kombinations-IBC (Intermediate Bulk Container) verwendet. Diese oft als „Gitterboxen“ bezeichneten Kombinations-IBC bestehen aus einer Palette und einem Außengestell aus verzinkten Rohren mit einem Innenbehälter, meist aus dem lichtdurchlässigen Kunststoff HDPE (High Density Polyethylen). Diese Gebinde haben häufig den Nachteil, dass sie nicht auf einfache Weise vollständig entleerbar und, in Ermangelung einer Befüllöffnung mit großem Durchmesser, nur schwierig zu reinigen und zu trocknen sind. Zudem ist kein Lichtschutz gegeben. Besseren Produktschutz und Vorteile bei der Entleerung und Reinigung bieten hingegen IBC mit kubischem oder zylindrischem Tank aus Edelstahl mit Trichterboden.

7.2.3.9 Presskuchenlager

Das Presskuchenlager sollte das Produktionsvolumen von zumindest einem Monat bevorraten können, um Nachfrageschwankungen ausgleichen zu können. Presskuchen weist direkt am Auswurf der Ölpresse Temperaturen um die 70 °C auf. Bevor der Presskuchen ins Lager gelangt, muss die Temperatur auf ein Niveau unter 30 °C gesenkt werden. Außerdem ist zu beachten, dass der warme Presskuchen noch große Mengen Wasserdampf abgibt. Die Fördereinrichtungen, wie z. B. offene Trogschnecken oder Förderbänder, sollten deshalb die Abkühlung und das Trocknen des Presskuchens ermöglichen. Für eine längerfristige Presskuchenlagerung ist eine Belüftung, beziehungsweise Kühlung des Lagers erforderlich.

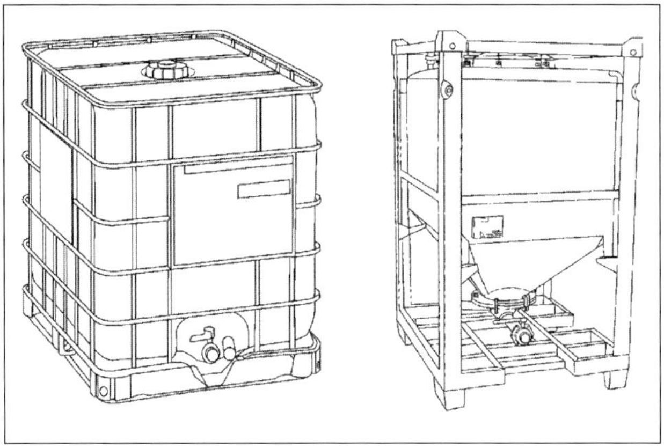

Abb. 7-23: Kombinations-IBC (Intermediate Bulk Container) und IBC aus Metall mit kubischem Tank aus Edelstahl mit Trichterboden

7.2.3.10 Abgabestellen für Rapsölkraftstoff

Auch bei der Errichtung von Abgabestellen müssen behördliche Anforderungen, wie bei der Errichtung des Reinöllagers berücksichtigt werden. Wird Pflanzenöl über Zapfsäulen als Kraftstoff verkauft, so muss für die Kraftstoffzapfsäulen eine Bauartzulassung der Physikalisch-Technischen Bundesanstalt zur Eichung für Pflanzenöl bestehen. Die Eichung erfolgt dann am Aufstellungsort mit einer Gültigkeit von zwei Jahren. Eine Abgabe von Rapsölkraftstoff nach Gewicht über eine geeignete geeichte Handelswaage der Klasse III oder nach Volumen über geeichte Flüssigkeitsmaße ist auch möglich. Nähere Auskünfte erteilen die Eichbehörden der Länder.

7.3 Erzeugung von Rapsölkraftstoff in dezentralen Anlagen

Da die meisten der dezentralen Ölmühlen zur Produktion von Rapsölkraftstoff errichtet werden, soll im Folgenden schwerpunktmäßig darauf eingegangen werden. Beginnend beim Rapsanbau, über die Ernte, Reinigung, Trocknung und Lagerung der Saat, bis hin zur Ölpressung, Ölreinigung, Öllagerung und Ölabgabe wird Einfluss auf die Qualität von Rapsölkraftstoff genommen. Tabelle 7-7 fasst die Einflussfaktoren auf die Rapsölkraftstoffqualität zusammen. Im Folgenden werden die einzelnen Aspekte näher beleuchtet und die Aussagen mit Untersuchungsergebnissen aus verschiedenen Forschungsvorhaben untermauert.

7.3.1 Sortenwahl und Rapsanbau

Der Rapsanbau sollte nach guter fachlicher Praxis und gemäß den gesetzlichen Bestimmungen an geeigneten Standorten mit standortangepassten Sorten erfolgen. Winterrapssorten unterscheiden sich in ihrem Einfluss auf die Qualität von Rapsölkraftstoff nicht [7-17, 7-26], sofern die Fettsäureverteilung in etwa identisch ist. Höhere Anteile an Linol- und Linolensäure wirken sich ungünstig auf die Oxidationsstabilität von Rapsölkraftstoff aus. Hingegen wird die Oxidationsanfälligkeit durch höhere An-

Tab. 7-7: Einflussfaktoren auf die Kennwerte von Rapsölkraftstoff

Kennwerte von Rapsölkraftstoff	Rapssaat											
	Sorte	Staubanteil	Bruchkorn	Ausreifung	Auswuchs	Besatz	Trocknung	Lagerung	Ölpressung	Ölreinigung	Öllagerung	Ölabgabe
Dichte	rapsölspezifisch – nicht beeinflussbar											
Flammpunkt	rapsölspezifisch – nicht beeinflussbar											
Kin. Viskosität	rapsölspezifisch – nicht beeinflussbar											
Heizwert	rapsölspezifisch – nicht beeinflussbar											
Zündwilligkeit	rapsölspezifisch – nicht beeinflussbar											
Koksrückstand	(✓)[1]											
Iodzahl	(✓)[1]											
Schwefelgehalt				✓			✓	✓				
Gesamtverschmutzung									✓	✓	✓	✓
Säurezahl	(✓)		✓	✓	✓	✓	✓	✓				
Oxidationsstabilität	(✓)[1]		✓	✓	✓	✓	✓	✓			✓	
Phosphorgehalt			✓	✓	✓	✓			✓			
Calciumgehalt			✓	✓	✓	✓			✓			
Magnesiumgehalt			✓	✓	✓	✓			✓			
Aschegehalt		✓										
Wassergehalt							✓				✓	✓

[1] *High-Oleic-Rapssorte im Vergleich zu herkömmlichen 00-Rapssorten*

teile an Ölsäure verringert. Sogenannte High Oleic-(Sommer-)rapssorten können deshalb bezüglich der Oxidationsstabilität der Öle Vorteile aufweisen [7-16, 7-24, 7-27, 7-28]. Es ist jedoch zu beachten, dass mit steigendem Anteil an Ölsäure das Temperatur/Viskositäts-Verhalten negativ beeinflusst wird. Das bedeutet, dass die Fließfähigkeit des Öls bei tiefen Temperaturen abnimmt. Die Säurezahl, die Iodzahl, die Oxidationsstabilität und die Elementgehalte im Öl können innerhalb einer Sorte zwischen den Erntejahren deutlich variieren. Die Oxidationsstabilität in Rapsöl nimmt in Untersuchungen bei Sommerrapssorten mit zunehmender Stickstoffgabe ab [7-16, 7-27]. Bei Winterrapssorten zeigte sich in Versuchen die Tendenz, dass sich eine zusätzliche Blattdüngung positiv auf die Ausreifung und somit auf den Gehalt an freien Fettsäuren auswirkt [7-16, 7-27]. Eine Saatdichte für Winterraps von 60 Körner/m² hatte in Untersuchungen positive Effekte auf die Säurezahl, im Vergleich zu einer Saatdichte von 100 Körner/m² [7-16, 7-27]. An Rapssorten zur Verarbeitung in dezentralen Ölmühlen ist außerdem die Anforderung zu stellen, dass sie hohe Ölgehalte und geringe Glucosinolatgehalte aufweisen. Niedrige Glucosinolatgehalte im Presskuchen ermöglichen seine Verwertung in der Tierfütterung.

Abbildung 7-24 zeigt die Oxidationsstabilität (110 °C) von Rapsölen, die in Versuchen aus verschiedenen Winterraps- und Sommerrapssorten zweier Standorte (LfL: Landesanstalt für Landwirtschaft, Bayern, TLL: Thüringer Landesanstalt für Landwirtschaft) und zweier Erntejahre gewonnen wurden. Die Werte für die Oxidationsstabilität liegen gemäß der Vornorm DIN V 51605 [7-29] alle über dem geforderten Grenzwert von 6 h. Öle, die aus Rapssorten der Ernte 2005 gewonnen wurden, zeichnen sich durch insgesamt höhere Oxidationsstabilitäten aus, als die aus der Ernte 2004. Die durchschnittliche Oxidationsstabilität (110 °C) aller Öle aus Winterrapssorten beträgt 8 h. Die Sorte Aviso schneidet bei diesen Untersuchungen, im Vergleich zu den anderen Winterrapssorten, tendenziell schlechter ab. Dies ist vermutlich auf die vergleichsweise höheren Anteile an Linol- und Linolensäure (C18:2 und C18:3) zurückzuführen. Die hoch ölsäurehaltige Sommerrapssorte Nex 160 zeigt eine sehr hohe Oxidationsstabilität von mehr als 12 h. Dies ist durch den erhöhten Anteil an Ölsäure (C18:1) begründet. [7-24]

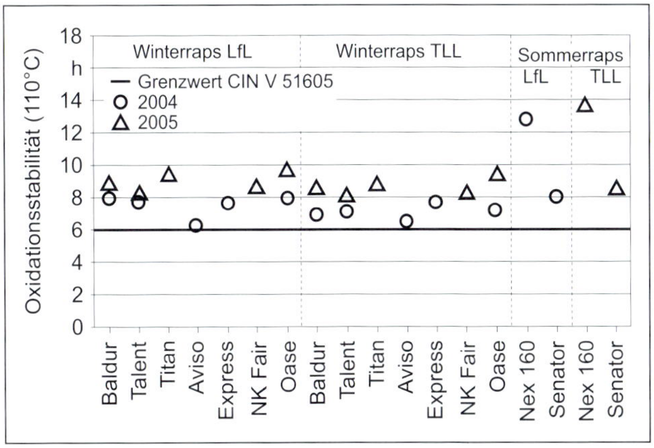

Abb. 7-24: Oxidationsstabilität (DIN EN 14112) der Ölproben verschiedener Rapssorten von unterschiedlichen Standorten der Erntejahre 2004 und 2005

Bei den Untersuchungen wurde außerdem festgestellt, dass die Rapsöle aus den beiden Sommerrapssorten im Vergleich zu den Ölen aus den Winterrapssorten tendenziell höhere Gehalte an Phosphor, Calcium und Magnesium aufweisen. In den Ölen aus den Rapssorten der Ernte 2004 wurden vergleichsweise höhere Werte für Calcium und Magnesium gemessen, als in den Ölen der Ernte 2005. Die Gehalte an Calcium und Magnesium in den Rapsölen aus verschiedenen Rapssorten zeigt Abbildung 7-25 [7-24].

7.3.2 Rapsernte

Der richtige Erntezeitpunkt der Rapssaat ist hinsichtlich des optimalen Ertrags und für eine beabsichtigte Weiterverarbeitung in dezentralen Ölmühlen von großer Bedeutung. Rapssaat muss zum Zeitpunkt der vollständigen Ausreifung (Vollreife BBCH-Code 89 [7-30]) geerntet und Auswuchs der Ölsaat vermieden werden (siehe Kapitel 5).

7.3.3 Transport der Rapssaat

Transportfahrzeuge und Transportmittel (Förderbänder, Elevatoren etc.) müssen vor Aufnahme der Rapssaat gereinigt werden und absolut trocken sein. Eine Verunreinigung und Befeuchtung der Saat wird somit vermieden. Während des Transports ist die Saat durch geeignete Maßnahmen, wie z. B. Abdecken mit einer Plane, vor Niederschlag, direkter Sonneneinstrahlung, Vogelkot und sonstigen Verunreinigungen zu schützen [7-31]. Durch den Einsatz geeigneter Fördertechniken und durch die richtige Betriebsweise kann der Anteil an Bruchkorn in der Saat auf geringem Niveau gehalten werden.

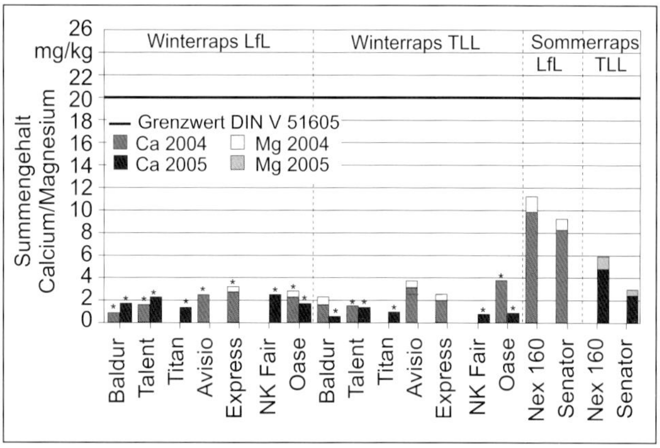

*Der Gehalt an Magnesium liegt unterhalb der Nachweisgrenze von 0,5 mg/kg

Abb. 7-25: Summengehalt an Calcium und Magnesium (DIN EN 14538) der Ölproben verschiedener Rapssorten von unterschiedlichen Standorten der Erntejahre 2004 und 2005

7.3.4 Rapssaatreinigung

Vor der Einlagerung ist ein Anteil an Besatz und Bruchkorn in der Rapssaat von deutlich unter 1 Gew.-% anzustreben. Auch der Anteil unreifer Körner muss minimiert werden. Saatpartien mit höherem Anteil an Besatz, Bruchkorn und unreifen Körnern müssen deshalb entsprechend gereinigt werden. Die Reinigung der Rapssaat erfolgt durch mechanische Siebung und Sichtung mittels Luft.

7.3.4.1 Besatz

Nach DGF-Einheitsmethoden ist Besatz definiert als fremde organische und anorganische Bestandteile sowie fremde Saat. Beschädigte, gequetschte oder geschimmelte Samen sind nach Definition kein Besatz [7-32]. Raps ist bei der Ernte aufgrund der kleinen Korndurchmesser schwierig von Besatz zu trennen. Im Erntegut ist daher ein erhöhter Anteil von Schoten- und Stengelbruchstücken sowie Samen von Ackerunkräutern zu finden, die zum großen Teil vergleichbare Körnerdurchmesser wie Raps aufweisen. Abbildung 7-26 zeigt verschiedene Besatzfraktionen die nach Reinigung der Rapssaat über Steigsichter, Obersieb und Untersieb abgetrennt werden können (siehe Kapitel 5.6.3).

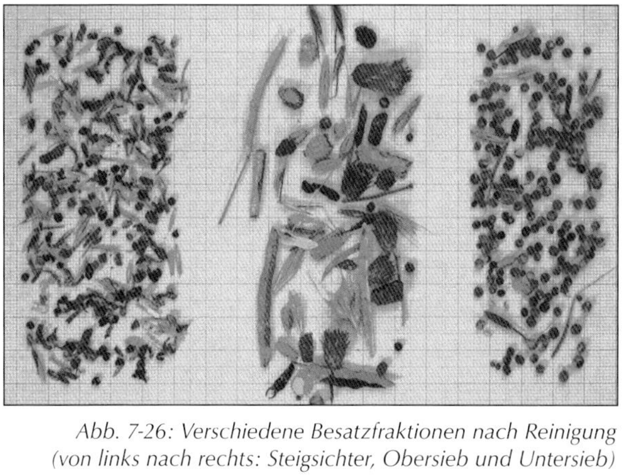

Abb. 7-26: Verschiedene Besatzfraktionen nach Reinigung (von links nach rechts: Steigsichter, Obersieb und Untersieb)

Rapskörner sind in ihren geschlossenen Schoten noch nicht mit Mikroorganismen infiziert. Dies erfolgt bei Dresch- und Trennvorgängen durch intensiven Kontakt mit feuchten Pflanzenteilen, wobei es auch zu einer geringfügigen Anfeuchtung der Körner kommen kann. Feuchte Besatzanteile können bis zu 100-mal mehr Mikroorganismen auf sich vereinigen als das Rapskorn [7-11, 7-33, 7-34, 7-35]. Beimengungen an Besatz stellen potenzielle Verderbherde dar. An diesen Stellen, begünstigt durch höhere Temperaturen, können bereits nach kurzer Zeit biochemische Umwandlungsprozesse und eine Umsetzung der Fette eintreten [7-36]. Es kommt zu unerwünschten Schimmelbildungen und enzymatischen Vorgängen in der Saat während der Lagerung. Dadurch können Masseverluste auftreten und der Gehalt an freien Fettsäuren in der Saat kann ansteigen [7-37]. Hefen und Pilze beeinflussen wesentlich die Länge der Lagerzeit, die Qualität des Lagergutes und folglich die Qualität des Rapsöls.

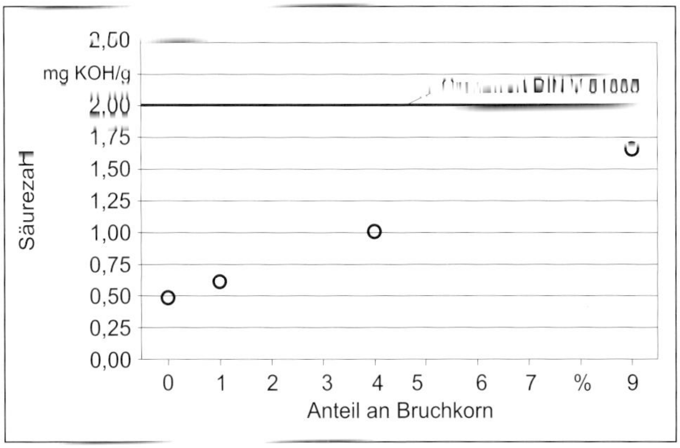

Abb. 7-27: Säurezahl (DIN EN ISO 660) der Ölproben aus Rapssaat mit verschiedenen Anteilen an Bruchkorn (verändert nach Dietl (2004) [7-28])

Sowohl die Säurezahl als auch die Oxidationsstabilität sowie die Elementgehalte im Rapsölkraftstoff werden durch Besatz in der Rapssaat ungünstig beeinflusst. Die in Untersuchungen festgestellten Änderungen sind zwar gering, können jedoch unter Umständen, z. B. bei der Verarbeitung vorgeschädigter Saat zu Grenzwertüberschreitungen führen [7-24].

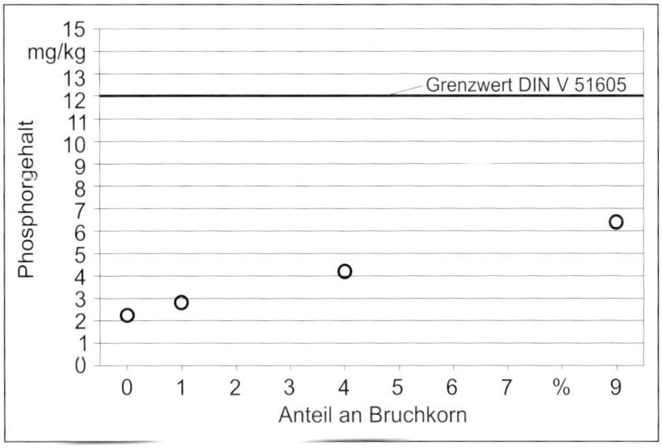

Abb. 7-28: Phosphorgehalt (DIN EN 14107) der Ölproben aus Rapssaat mit verschiedenen Anteilen an Bruchkorn (verändert nach Dietl (2004) [7-28])

7.3.4.2 Bruchkorn

Der Anteil an freien Fettsäuren in mechanisch beschädigten Rapskörnern ist vergleichsweise höher [7-38]. Bruchkorn in der Saat verursacht einen deutlichen Anstieg der Säurezahl sowie der Elementgehalte Phosphor, Calcium und Magnesium im Rapsöl. Die Oxidationsstabilität hingegen wird nur geringfügig gemindert. Ergebnisse aus Untersuchungen zum Einfluss des Bruchkornanteils auf die Säurezahl zeigt Abbildung 7-27. Die Auswirkung auf den Phosphorgehalt und den Summengehalt an Calcium und Magnesium ist in den Abbildung 7-28 und 7-29 dargestellt [7-28].

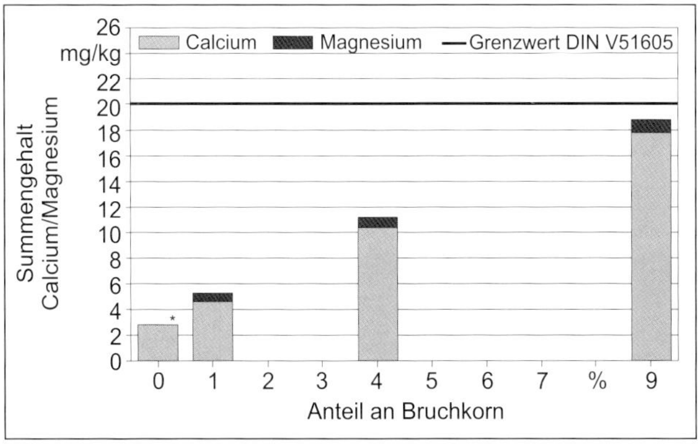

*Der Gehalt an Magnesium liegt unterhalb der Nachweisgrenze von 0,5 mg/kg

Abb. 7-29: Summengehalt an Calcium und Magnesium (DIN EN 14538) der Ölproben aus Rapssaat mit verschiedenen Anteilen an Bruchkorn (verändert nach Dietl (2004) [7-28])

7.3.5 Rapssaattrocknung

Für eine qualitätserhaltende Lagerung der Rapssaat ist ein Wassergehalt von < 7 Gew.-% erforderlich [7-33]. Für die Ölgewinnung ist ein Wassergehalt der Saat von 6,5 bis 7,5 Gew.-% anzustreben [7-39]. Ziel für die Lagerung sollte deshalb ein Wassergehalt von 7 Gew.-% sein. Die Trocknung der Rapssaat nimmt Einfluss auf die Ölqualität. Ein Wassergehalt über 10 Gew.-%, z. B. in einzelnen unreifen Rapskörnern, kann beispielsweise zu einem hydrolytischen Glucosinolat-Abbau führen (siehe auch Kapitel 5.4.3). Während intakte Glucosinolate bei der Verarbeitung auf Grund ihrer polaren Struktur im Kuchen verbleiben, sind die bei der Spaltung der Glucosinolate entstehenden schwefelhaltigen Isothiocyanate („Senföle") in Öl gut löslich und führen zu vergleichsweise höheren Schwefelgehalten im Rapsöl [7-24]. Eine möglichst schonende Trocknung ist anzustreben. Bei einem hohen anfänglichen Wassergehalt sollte der Rapssaat in einem Trocknungsdurchgang nicht mehr als 6 Gew.-% Wasser entzogen werden, um die Qualität der Rapssaat nicht negativ zu beeinflussen. Eine zu heiße Trocknung birgt die Gefahr, dass die Oxidationsstabilität reduziert und der Gehalt an freien Fettsäuren (Säurezahl) im Öl erhöht wird [7-38]. Falls erforderlich, sollte die Trocknung möglichst umgehend nach der Ernte erfolgen. Beim Betrieb, vor allem bei der Befüllung von Trocknern sollte beachtet werden, dass der Strömungswiderstand von Raps etwa 2,5 mal so hoch ist wie von Winterweizen [7-10].

7.3.6 Rapssaatlagerung

Vor der Einlagerung sollten die Saatpartien durch Sicht- und Geruchsprüfung sowie durch Bestimmung des Wassergehalts und des Anteils an Besatz auf ihre Qualität hin beurteilt werden, um bereits im Vorfeld die zu erwartende Ölqualität abschätzen zu können. Außerdem ermöglicht die Bestimmung des Anteils freier Fettsäuren in der Rapssaat eine Abschätzung der Säurezahl im Öl.

Unterschiedliche Rapssaatqualitäten sollten im Lager nicht vermischt, sondern getrennt eingelagert werden, um bei der Ölsaatenverarbeitung über die Rohstoffauswahl die Ölqualität beeinflussen zu können (siehe Kapitel 5.6).

7.3.7 Rapssaat zur Verarbeitung in dezentralen Ölmühlen

Eine für die Herstellung von Rapsölkraftstoff geeignete Rapssaat zeichnet sich, wie bereits dargestellt, durch eine gleichmäßige volle Ausreifung, keinen Auswuchs, einen geringen Anteil an Fremdbesatz und einen geringen Anteil an Bruchkorn aus. Eine zweite Reinigung der Saat nach der Entnahme aus dem Lager und vor der Verarbeitung ist empfehlenswert.

Vor der Ölpressung sollten die Saatpartien nochmals durch Sicht- und Geruchsprüfung auf ihre Qualität hin beurteilt werden. Dies trifft vor allem auf zugekaufte Rapssaat zu. Bei der Übernahme der Ware vom Transportfahrzeug ist es empfehlenswert eine Qualitätsprüfung vorzunehmen. Für die Entnahme repräsentativer Proben sind geeignete Probenahmegeräte, wie z. B. Stechheber, einzusetzen. Die Probenahme auf dem Transportfahrzeug muss an mehreren Stellen über die gesamte Schütthöhe erfolgen (siehe Kapitel 6.1.2).

Erntefrische Rapssaat sollte vor der Verarbeitung etwa zwei Monate gelagert werden, damit die Saat „zur Ruhe" kommt. Bei der Verarbeitung erntefrischer Saat können Probleme bei der Reinigung (Sedimentation und Filtration) auftreten, die zu einer erhöhten Gesamtverschmutzung führen.

7.3.8 Saatzuführung zur Ölpresse

In den Wintermonaten ist darauf zu achten, dass die (kalte) Saat aus dem Lager vor dem Einbringen in den (warmen) Pressenraum an die Temperatur im Pressenraum, z. B. durch moderate Saatanwärmung oder Zwischenlagerung in einem Tagesvorratsbehälter, angeglichen wird. Dadurch wird eine Kondensation von Wasser aus der feuchtwarmen Umgebungsluft im Pressenraum an der kalten Rapssaat unterbunden und damit ein erhöhter Wassergehalt im Rapsölkraftstoff vermieden.

Für die Verarbeitung von Rapssaat in dezentralen Ölmühlen im Kaltpressverfahren sollte, wenn überhaupt, die Saat nur moderat auf Umgebungstemperatur angewärmt werden. Hohe Saattemperaturen bei der Verarbeitung erhöhen zwar den Abpressgrad, begünstigen jedoch den Anstieg unerwünschter Fettbegleitstoffe im Öl die zu hohen Gehalten an Phosphor, Calcium und Magnesium im Öl führen.

Wärmeübertrager (Wärmetauscher, Rekuperatoren) zur Saatanwärmung müssen regelmäßig auf Dichtheit geprüft werden, damit es zu keiner Befeuchtung der Rapssaat durch die Übertragerflüssigkeit kommt. Die Anwärmung der Saat durch einen Warmluftstom, der durch die Abwärme der Ölpresse erzeugt und über eine Gebläse an der Saat vorbeigeführt wird, birgt die Gefahr, dass Wasserdampf an der Saat kondensiert. Wie in Abbildung 7-7, gezeigt, entweicht bei der Ölpressung aus der Saat eine erhebliche Menge Wasserdampf.

Der Magnetabscheider in der Saatzuführung ist in regelmäßigen Abständen zu kontrollieren und zu reinigen.

7.3.9 Ölpressung

Die Rapssaatverarbeitung sollte schonend erfolgen, um den Übergang unerwünschter Fettbegleitstoffe in das Öl möglichst zu unterbinden. Durch die Betriebsweise der Ölpresse wird der Gehalt an Phosphor, Calcium und Magnesium beeinflusst. Mit steigendem Energieeintrag (Wärme) in die Saat bei der Ölpressung (Saatvorwärmung, Reibung und Druck in der Ölpresse, Saat- und Ölverweilzeit in der Presse) nimmt der Gehalt dieser Elemente im Öl zu. Abbildung 7-30 zeigt den Anstieg des Phosphorgehalts in Rapsöl mit steigender Presskopftemperatur bei Versuchen mit einer Lochzylinder-Schneckenpresse [7-39]. Die Abhängigkeit des Phosphorgehalts vom gewählten Düsendurchmesser ist in Abbildung 7-31 dargestellt [7-39]. Die Rapssaatpressung kann über die der Ölpresse zugeführte Menge Saat, die Drehzahl der Pressschnecke und die Drücke bei der Ölpressung optimiert werden. Die Drücke können indirekt, beispielsweise durch die Änderung der Spaltmaße der Seiherstäbe oder die Wahl der Pressdüse, beeinflusst werden.

Innerhalb eines bestimmten Korridors besteht auch die Möglichkeit über die Presseneinstellungen den Gehalt und die Größenverteilung der Feststoffe im Öl zu regulieren [7-18].

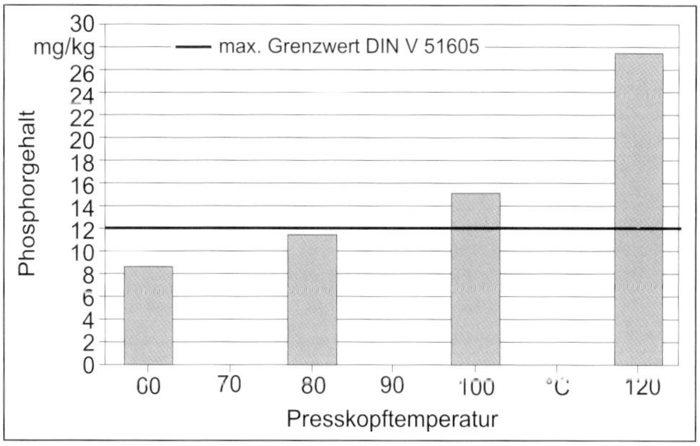

Abb. 7-30: Phosphorgehalt in Rapsöl in Abhängigkeit von der Presskopftemperatur (nach Widmann (1994) [7-39])

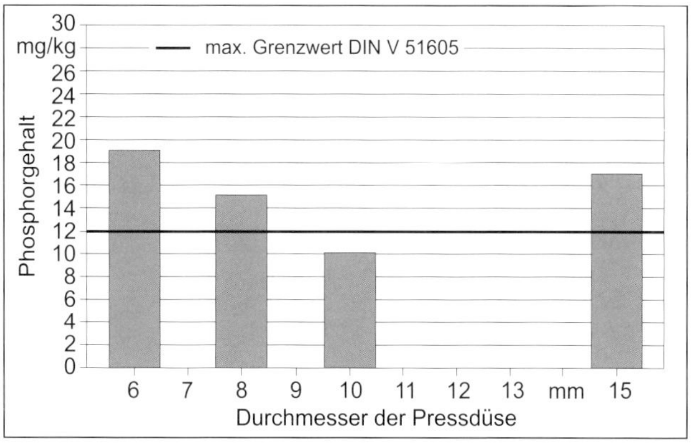

Abb. 7-31: Phosphorgehalt in Rapsöl in Abhängigkeit des Durchmessers der Pressdüse (nach Widmann (1994) [7-39])

Wird nach der Pressung in einer zweiten Pressung der Presskuchen weiter entölt, fallen bei der zweiten Pressung Ölqualitäten an, die in der Regel nicht als Kraftstoff geeignet sind.

Die Betriebsbedingungen der Ölpresse lassen sich unter anderem durch den erzielten Abpressgrad beschreiben. Der Abpressgrad APG wird bezogen auf die Trockenmasse TM und ist nach Widmann (1994) [7-39] definiert als prozentualer Anteil des gewonnenen Öles am Ölgehalt der Saat. Der Abpressgrad wird gemäß Schumann[1] nach folgender Formel berechnet:

$$\text{APG (TM)} = 100 \cdot \frac{\text{Ölgehalt (TM)}_{\text{Saat}} - \text{Ölgehalt (TM)}_{\text{Presskuchen}}}{\text{Ölgehalt (TM)}_{\text{Saat}} \cdot \left(1 - \frac{\text{Ölgehalt (TM)}_{\text{Presskuchen}}}{100}\right)}$$

Von Gurgel [7-40] und Schumann[1] wurde als weitere Größe für die Beschreibung der Ölausbeute der sogenannte Kaltgepresste Rohölanteil KRA definiert. Der Kaltgepresste Rohölanteil bezieht sich im Gegensatz zum Abpressgrad auf 91 % Trockenmasse, beziehungsweise auf die Frischmasse der eingesetzten Ölsaat:

$$\text{KRA (91\% TM)} = 100 \cdot \frac{\text{Masse Öl}}{\text{Masse Saat}}$$

Bei der dezentralen Ölsaatenverarbeitung werden Abpressgrade, bezogen auf die Trockenmasse, von durchschnittlich 80 Gew.-% erzielt.

7.3.10 Fest-Flüssig-Trennung – „Ölreinigung"

Die im Öl nach der Pressung enthaltenen Feststoffe sollten über mindestens zwei Reinigungsstufen, nämlich Hauptreinigung (Grobklärung) und Sicherheitsfiltration (Endfiltration), weitgehend entfernt werden. Als Möglichkeiten der Fest-Flüssig-Trennung bieten sich Sedimentations- und Filtrationsverfahren an. Bei der Hauptreinigung sollte eine Gesamtverschmutzung im Rapsölkraftstoff deutlich unter dem Grenzwert der Vornorm DIN V 51605 [7-29] von 24 mg/kg angestrebt werden.

7.3.10.1 Sedimentation

Sedimentationsverfahren als Hauptreinigungsstufe sind aufgrund der erforderlichen räumlichen Kapazitäten in der Regel nur für Ölpressen mit Saatdurchsätzen bis etwa 50 kg Saat pro Stunde sinnvoll. Die Sedimentationsgeschwindigkeit der Partikel ist abhängig von der Größe, der Form und der Dichte der Partikel sowie der Viskosität des Öles, die wiederum von der Temperatur des Öles abhängig ist. In unbeheizten Lagerräumen kann sich deshalb über das Winterhalbjahr die für die Reinigung erforderliche Sedimentationszeit vervielfachen. Eine Mindestsedimentationszeit für die Hauptreinigung von Rapsölkraftstoff lässt sich nicht pauschal angeben, da die Sedimentationszeit im Wesentlichen vom Volumen und der Form der Sedimentationsbehälter sowie der Viskosität des Öls bestimmt wird. Das durch kontinuierliche Sedimentationsverfahren geklärte Öl weist in der Regel noch Werte für die Gesamtverschmutzung auf, die ein Vielfaches über dem Grenzwert liegen. Aus diesen Ölen müssen, am besten über zwei Filtrationsstufen, verbliebene Partikel entfernt werden. Die Reinigung von Rapsöl durch Sedimentation im Batch-Verfahren erfordert vom Anlagenbetreiber große Sorgfalt beim Dekantieren. Beim Dekantieren ist darauf zu achten, dass das Sediment nicht aufgewirbelt wird. Eine anschließende Filtration ist zwingend erforderlich. Das Sediment muss regelmäßig aus den Sedimentationsbehältern entfernt werden, da ansonsten die Gefahr besteht, dass das Öl beschleunigt altert.

7.3.10.2 Filtration

Die Hauptreinigung von Rapsöl durch Filtration (z. B. Kammerfilterpresse, Vertikal-Druckplattenfilter oder Vertikal-Druckkerzenfilter) erfolgt nach dem Prinzip der kuchenbildenden Filtration. Wie bereits erläutert, baut sich im Laufe des Filtrationsprozesses ein Filter-

[1] *Dr. Wolfgang Schumann, ehemals Landesforschungsanstalt für Landwirtschaft und Fischerei Mecklenburg-Vorpommern*

kuchen auf, der die Funktion des Filtermittels übernimmt. Erst wenn der Filterkuchen eine ausreichende Rückhaltung der Partikel gewährleistet, wird das gefilterte Öl zur zweiten Reinigungsstufe abgeführt. Die Steuerung der Filtration erfordert vom Anlagenbetreiber viel Erfahrung und Sorgfalt. Zur Verbesserung der Brückenbildung können Filterhilfsmittel (z. B. aus Cellulose „Filtracel") eingesetzt werden [7-18]. Die zugesetzten Filtermittel dürfen jedoch keine unerwünschten Stoffe an das Öl abgeben und sollten als Beimengung im Futtermittel unbedenklich sein. Da der Filterkuchen ein für Öl durchlässiges, für Partikel jedoch undurchlässiges Haufwerk sein soll, sind für den Aufbau des Filterkuchens sowohl große, mittelgroße als auch kleine Partikel notwendig. Ein zu hoher Anteil mittelgroßer und kleiner Partikel hat ein schnelles Zusetzen der Poren der Filtermittel (Filtertücher) und kurze Filtrationszyklen zur Folge. Deshalb ist es nicht sinnvoll aus einem Rapsöl, das durch Filtration geklärt werden soll zuvor durch Sedimentation große Partikel zu separieren. Die eingesetzten Filtermittel (Filtertücher) müssen regelmäßig gereinigt und auf Unversehrtheit geprüft werden. Nach der Reinigung mit phosphatidhaltigen Reinigungsmitteln ist es erforderlich, dass Reinigungsmittelreste gründlich von den Tüchern abgespült und die Tücher sorgfältig getrocknet werden.

Bei der Endfiltration oder Sicherheitsfiltration ist darauf zu achten, dass der Volumenstrom mit der erwarteten Partikelfracht auf die zur Verfügung stehende Filterfläche abgestimmt wird, so dass das Druckgefälle am Filter zu Beginn der Filtration möglichst gering ist. Ein geringer Volumenstrom bei niedrigem Druck bringt die besten Filtrationsergebnisse. Mit zunehmender Filterbeladung steigt das Druckgefälle an. Spätestens bei Erreichen der vom Hersteller angegebenen maximalen Druckdifferenz müssen die Filterelemente ausgewechselt werden.

Für die Endfiltration von Rapsölkraftstoff haben sich in bisherigen Untersuchungen [7-18, 7-23, 7-24] Filterkerzen aus gewickelter Baumwolle vom Typ CW 001 A10 SC der Firma Amafilter bewährt. Auch die Kerzenfilter EP 001-10-U-X4N und ES 001-0-U-X0 des Herstellers Amafilter zeigten ein sehr gutes Rückhaltevermögen. Das Schmutzaufnahmevermögen letztgenannter Kerzenfilter ist jedoch als eher gering einzustufen, so dass diese Kerzenfilter aus ökonomischen Überlegungen nur in Ölmühlen mit gut funktionierender Hauptreinigung eingesetzt werden sollten. Mit SUPRAdisc Tiefenfiltermodulen des Anbieters Pall Seitz-Schenk ließen sich bei den Tests zur Filtration von Rapsölkraftstoff ebenfalls sehr gute Erfolge erzielen. Diverse Beutelfilter hingegen haben sich als Endfilter für die Produktion von Rapsölkraftstoff nur bedingt oder nicht geeignet erwiesen. Beutelfilter können sinnvoll eingesetzt werden um Störungen des Hauptfilters durch Differenzdruckanstieg anzuzeigen oder um Standzeiten eines nachgeschalteten Kerzen- oder Tiefenschichtenfilters zu erhöhen.

Aus ökonomischer Sicht muss ein Kompromiss gefunden werden zwischen Rückhaltevermögen des Endfilters und den Beschaffungskosten für den Filter sowie der Standzeit des Filters. Angaben der Hersteller zu Filterstandzeiten von Endfiltern bei der Filtration von Rapsölkraftstoff sind lediglich Richtwerte, da die Filterstandzeiten stets von der Partikelfracht (Anzahl und Größenverteilung) im zu filternden Öl abhängig sind.

Neben „festen" Verunreinigungen können in Ölen, zum Teil erst nach längerer Lagerzeit, sogenannte Trübungsstoffe sichtbar werden. Bei längerer Lagerung können sich die Trübungsstoffe absetzen und bilden beispielsweise einen weißlichen Bodenbelag. Treten Trübungsstoffe auf, müssen diese Rapsölchargen nochmals, gegebenenfalls unter Zusatz von Filterhilfsmitteln, gefiltert werden.

Eine zu hohe Gesamtverschmutzung im Rapsölkraftstoff zählt zu den häufigsten Reklamationsursachen. Deshalb wird die Filtration von Rapsölkraftstoff bei jedem Umschlag empfohlen.

7.3.11 Öllagerung

Bei der Lagerung von Rapsölkraftstoff muss darauf geachtet werden, die Oxidation, Hydrolyse, Polymerisation und den enzymatischen Abbau des Öls zu vermeiden. Rapsölkraftstoff sollte deshalb möglichst bei konstant niedrigen Temperaturen zwischen 5 und 10 °C sowie dunkel, z. B. in einem Erdtank, gelagert werden. Der Zutritt von Wasser durch Niederschläge oder Kondensation muss vermieden und der Kontakt mit (Luft-)Sauerstoff sollte, z. B. durch geringe Kontaktflächen, minimiert werden. Rapsölkraftstoff, der gelagert werden soll, sollte außerdem einen möglichst geringen Anteil an Verunreinigungen aufweisen, damit ein enzymatischer Abbau und eine Schmutzanreicherung durch Sedimentation am Boden des Lagertanks unterbunden werden. Bei sehr guten Lagerungsbedingungen kann ein qualitativ hochwertiges Rapsöl bis zu zwölf Monate sicher gelagert werden. Bei ungünstigen Bedingungen, z. B. bei Lagerungen im Freien unter Einfluss wechselnder Sonneneinstrahlung und Temperaturen, kann die Oxidationsstabilität bereits nach drei Monaten unter die Anforderungen der Vornorm DIN V 51605 [7-29] absinken.

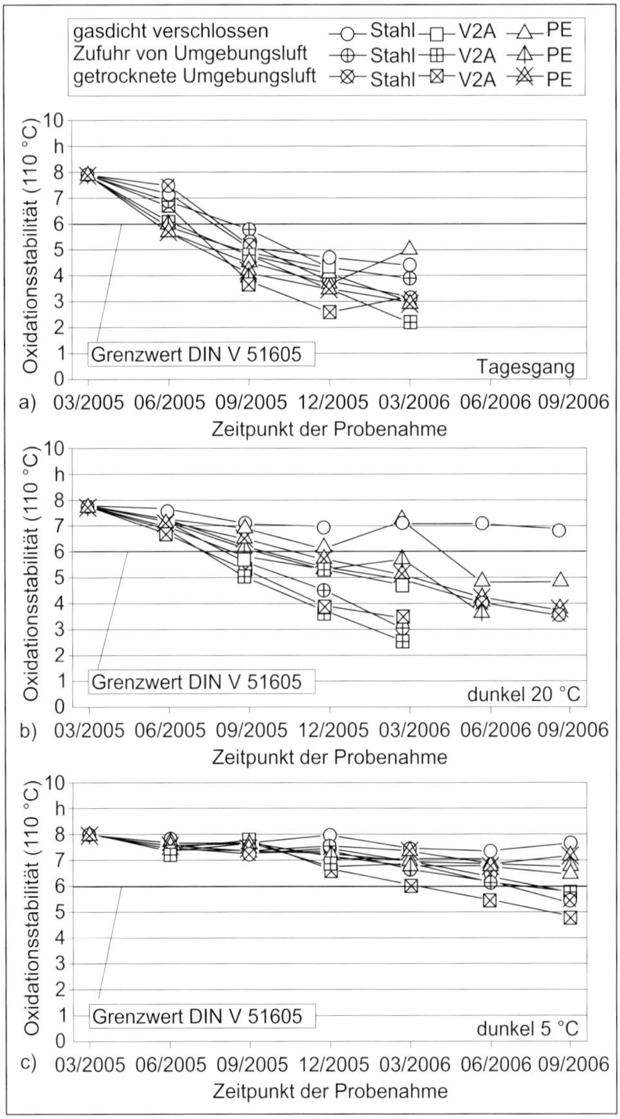

Abb. 7-32: Oxidationsstabilität (DIN EN 14112) von Rapsölkraftstoffproben aus Winterraps unter dem Einfluss unterschiedlicher Lagerungsbedingungen bei ungeschützter Lagerung im Freien (a), bei lichtgeschützter Lagerung und einer Temperatur von 20 °C (b) und bei lichtgeschützter Lagerung und einer Temperatur von 5 °C (c)

Die Lagerfähigkeit von Rapsölkraftstoff wurde in umfangreichen Lagerungsversuchen über einen Zeitraum von 18 Monaten untersucht [7-24]. Variiert wurde die Kraftstoffqualität und -zusammensetzung, das Tankmaterial (Stahl, Edelstahl „V2A“, Polyethylen „PE“), die Lagerungsbedingungen (lichtgeschützt bei 5 °C, lichtgeschützt bei 20 °C und Lagerung ungeschützt im Freien „Tagesgang“) sowie der Gasaustausch (gasdicht verschlossen, Umgebungsluft und getrocknete Umgebungsluft). Die Abbildung 7-32a bis 7-32c zeigen, wie sich die Oxidationsstabilität von Rapsölkraftstoff aus Winterraps bei verschiedenen Lagerungsbedingungen ändert. Negativ beeinflusst wird die Oxidationsstabilität vor allem durch hohe Temperaturen. Aber auch Lichteinstrahlung verringert die Oxidationsstabilität. Rapsölkraftstoff aus High-Oleic-Sommerraps weist aufgrund des spezifischen Fettsäuremusters eine gegenüber Winterrapssorten erhöhte Oxidationsstabilität auf. Dadurch ergeben sich bei ungünstigen Lagerungsbedingungen, wie Abbildung 7-33a im Vergleich zu Abbildung 7-32a zeigt, gewisse Vorteile. Setzt bei oxidationsstabilem High-Oleic-Rapsöl jedoch aufgrund ungünstiger Lagerungsbedingungen die Autoxidation ein, beginnt eine Kettenreaktion, die auch bei diesen Ölen zu einer schnellen Abnahme der Oxidationsstabilität führt. Bei günstigen Lagerungsbedingungen, dargestellt in Abbildung 7-33b, bleibt die hohe Oxidationsstabilität über einen langen Zeitraum erhalten.

Rapsölkraftstoff aus Winterraps vergällt mit RME hat, vermutlich aufgrund des Anteils an Antioxidantien im RME, zum Teil günstigere Lagereigenschaften hinsichtlich der Oxidationsstabilität als ein nicht vergällter Kraftstoff. Einfache Maßnahmen zur Entfeuchtung des Luftüberstands im Tank sollten ergriffen werden. Hingegen erscheint ein gasdichter Abschluss des Tankinhalts oder das Überlagern des Rapsölkraftstoffs mit Stickstoff in den meisten Fällen als unverhältnismäßig.

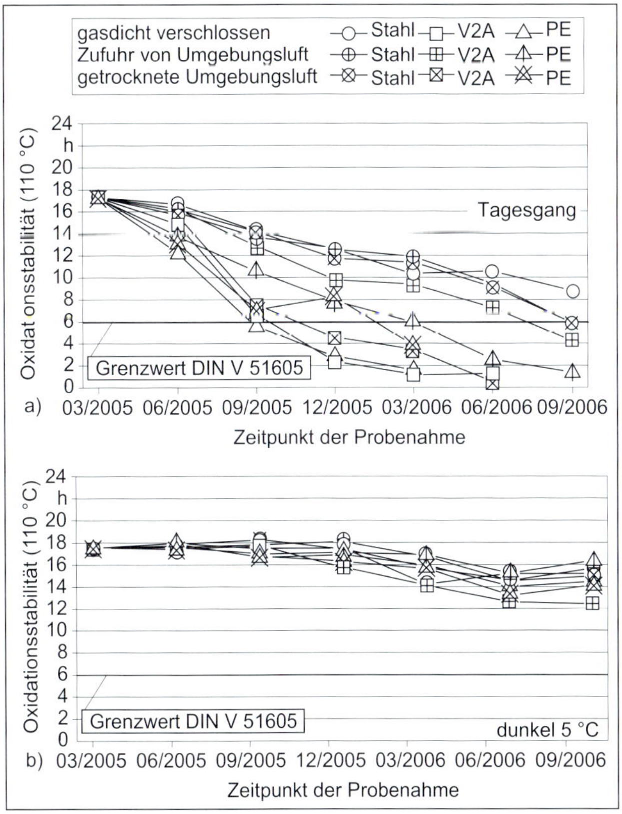

Abb. 7-33: Oxidationsstabilität (DIN EN 14112) von Rapsölkraftstoffproben aus High-Oleic-Sommerraps unter dem Einfluss unterschiedlicher Lagerungsbedingungen bei ungeschützter Lagerung im Freien (a) und bei lichtgeschützter Lagerung und einer Temperatur von 5 °C (b)

Als Materialien für die Lagerbehälter eignen sich Stahl oder Edelstahl sowie unter Einschränkungen Kunststoffe, wie High-Density-Polyethylen (HDPE). Katalytisch wirkende Metalle, wie z. B. Kupfer [7-25], auch als Bestandteil in Legierungen, sind unbedingt zu vermeiden. Behälter aus lichtdurchlässigen Kunststoffen sollten nur in dunkler Umgebung aufgestellt werden. Die Lagerbehälter müssen dicht verschließbar sein, um einen Wasserzutritt auszuschließen. Bei der Tankbefüllung und während der Lagerung ist die Bildung von Kondenswasser, hervorgerufen z. B. durch große Temperaturunterschiede zwischen der Luft im Tank und dem Tankinhalt, zu vermeiden. Gegebenenfalls ist die Tankbelüftung mit einem Wasser abscheidenden Filter auszustatten. Erdtanks sind oberirdischen Tanks auf Grund der Temperaturkonstanz vorzuziehen. Lagertanks müssen regelmäßig gereinigt werden. Nur absolut trockene Lagertanks dürfen wieder mit Rapsölkraftstoff befüllt werden.

Wie bereits in Kapitel 7.2.3.8 erwähnt, ist es ratsam, bei der Rapsölkraftstoffproduktion mindestens drei verschiedene Lagertanks einzusetzen. Ein Lagertank nimmt Rapsölkraftstoff aus der laufenden Produktion auf, ein zweiter Lagertank enthält Rapsölkraftstoff aus der vorangegangenen Produktion, dessen Inhalt zu einem späteren Zeitpunkt nach Vorliegen der Kraftstoffanalyse zur Abgabe freigegeben wird und ein dritter Lagertank bevorratet Rapsölkraftstoff zur Abgabe an die Kunden, dessen Inhalt aufgrund der bereits vorliegenden Kraftstoffanalyse freigegeben wurde.

Beim Betrieb von Lageranlagen und Abfüllplätzen für Rapsölkraftstoff sind die bundes- und landesrechtlichen Vorgaben, Baurecht, Wasserrecht, Gewerberecht und Umweltrecht. Für auftretende Umweltschäden haftet in der Regel der Betreiber.

7.3.12 Transport von Rapsölkraftstoff

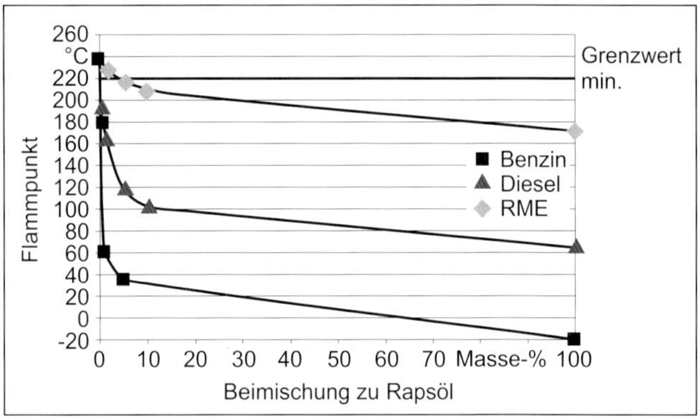

Abb. 7-34: Flammpunkt (DIN EN 22719) von Mischungen von Rapsölkraftstoff mit Benzin, Dieselkraftstoff und Rapsölmethylester [7-27].

Beim Transport von Rapsölkraftstoff, z. B. in Tankfahrzeugen, ist darauf zu achten, dass es zu keiner Vermischung mit anderen Kraftstoffen (Ottokraftstoff, Dieselkraftstoff oder Biodiesel) oder Lebens- und Futtermitteln kommt. Werden mit dem Fahrzeug unterschiedliche Produkte transportiert, ist vor der Befüllung das Reinigungsprotokoll des Fahrzeugs zu kontrollieren. Abbildung 7-34 zeigt, dass bereits bei einer Zumischung von 0,5 Gew.-% Otto- oder Dieselkraftstoff der Grenzwert für den Flammpunkt von Rapsölkraftstoff nach der Vornorm DIN V 51605 [7-29] unterschritten wird. Per Definition darf Rapsölkraftstoff gemäß der Vornorm DIN V 51605 [7-29] keine Anteile an Otto- oder Dieselkraftstoff enthalten. Mischungen von Rapsölkraftstoff mit Otto- oder Dieselkraftstoff müssen gegebenenfalls als Gefahrgut behandelt werden.

7.3.13 Abgabe von Rapsölkraftstoff

Abgabestellen für Rapsölkraftstoff müssen regelmäßig gewartet und auf ihre Funktion überprüft werden. Die gesetzlich vorgegebenen Eichintervalle müssen eingehalten werden. Der Verkauf von Rapsölkraftstoff darf nur mit Hilfe gültig geeichter Messgeräte erfolgen. Eine regelmäßige Überprüfung der Rapsölkraftstoffqualität an der Abgabestelle ist erforderlich. Vor der Abgabe von Rapsölkraftstoff an Kunden ist auf die Sauberkeit der Abfüllstelle (z. B. Zapfpistole) zu achten. Wurde über einen längeren Zeitraum an der Zapfstelle kein Rapsölkraftstoff abgegeben, sollte vor der Abgabe an den Kunden ein entsprechendes Volumen Rapsölkraftstoff verworfen werden.

Wird Rapsölkraftstoff in vom Kunden bereit gehaltene Lagergebinde abgefüllt, sollte geprüft werden, ob die Lagerbehälter sauber und trocken sind oder ob sich noch Restmengen im Lagertank befinden. Sind die Gebinde nicht sauber und trocken oder noch teilweise gefüllt und der Kunde wünscht dennoch die Befüllung der Behälter, sollte dies, z. B. auf dem Lieferschein, notiert werden. Dieser Vermerk sollte sowohl vom Kraftstoffhersteller als auch vom Kunden unterzeichnet werden. In diesem Falle empfiehlt es sich stets Rückstellmuster der ausgelieferten Ware zu erstellen.

7.4 Literatur

7-1 Kuratorium für Technik und Bauwesen in der Landwirtschaft e.V. (Hrsg.): Dezentrale Ölsaatenverarbeitung. KTBL-Arbeitspapier 267, Landwirtschaftsverlag GmbH, Münster-Hiltrup (1999)

7-2 Kuratorium für Technik und Bauwesen in der Landwirtschaft e.V. (Hrsg.): Dezentrale Ölsaatenverarbeitung. KTBL-Schrift 427, Landwirtschaftsverlag GmbH, Münster-Hiltrup (2005)

7-3 Bockisch, M. Nahrungsfette und -öle. Eugen Ulmer GmbH & Co., Stuttgart (1993)

7-4 Widmann, B.A.: Gewinnung und Reinigung von Pflanzenölen in dezentralen Anlagen – Einflussfaktoren auf die Produktqualität und den Produktionsprozess. „Gelbes Heft 51". Bayerisches Staatsministerium für Ernährung, Landwirtschaft und Forsten, München, Eigenverlag (1994)

7-5 Anon.: Allgemeine Verwaltungsvorschrift zum Wasserhaushaltsgesetz über die Einstufung wassergefährdender Stoffe in Wassergefährdungsklassen (Verwaltungsvorschrift wassergefährdende Stoffe - VwVwS) vom 17. Mai 1999 (BAnz. vom 29.5.1999 Nr. 98a) (1999)

7-6 Uhl, A., Haas, R., Remmele, E.: Befragung von Betreibern dezentraler Ölsaatenverarbeitungsanlagen. Berichte aus dem TFZ Nr. 15, Technologie- und Förderzentrum, Straubing (2007)

7-7 Stotz, K., Remmele, E.: Daten und Fakten zur dezentralen Ölgewinnung in Deutschland. Berichte aus dem TFZ Nr. 3, Technologie- und Förderzentrum, Straubing (2005)

7-8 Widmann, B.: Hintergründe und Zielsetzung der dezentralen Ölsaatenverarbeitung. In: Kuratorium für Technik und Bauwesen in der Landwirtschaft (Hrsg.): Dezentrale Ölsaatenverarbeitung, Landwirtschaftsverlag GmbH, Münster-Hiltrup (1999), S. 7-15

7-9 Remmele, E.: Handbuch. Herstellung von Rapsölkraftstoff in dezentralen Ölgewinnungsanlagen. Fachagentur Nachwachsende Rohstoffe e.V., Gülzow (2007)

7-10 Bombien, M.: Trocknung und Lagerung. In: Christensen, O. und Friedt, W.: Winterraps. Das Handbuch für Profis. DLG-Verlag, Frankfurt am Main (2007) S. 213-220

7-11 Humpisch, G.: Getreide lagern – Belüften und Trocknen.: Agrimedia GmbH, Bergen/Dumme (2003)

7-12 Demmel, M. und Eckl, J.: Verfahrenstechnik Getreide/Mais. In: Munzert, M. und Frahm, J. (Schriftl.): Pflanzliche Erzeugung, BLV Buchverlag, München (2006) S. 105-138

7-13 Schein, C.: Zum kontinuierlichen Trennpressen biogener Feststoffe in Schneckengeometrien am Beispiel geschälter Rapssaat. Dissertation. Universität Duisburg-Essen, Fachbereich 12 – Maschinenwesen, Essen (2003)

7-14 Raß, M.: Zur Rheologie des Biogenen Feststoffs unter Kompression am Beispiel geschälter Rapssaat. Dissertation. Universität Duisburg-Essen, Fachbereich 12 – Maschinenwesen, Essen (2001)

7-15 Schneider, F. H. und Raß, M.: Trennpressen geschälter Rapssaat – Zielsetzung und verfahrenstechnische Probleme. Fett/Lipid (1997) 99:91-98

7-16 Remmele, E., Thuneke, K., Widmann, B.A., Wilharm, T., Schön, H.: Begleitforschung zur Standardisierung von Rapsöl als Kraftstoff für pflanzenöltaugliche Dieselmotoren in Fahrzeugen und BHKW. „Gelbes Heft" Nr. 69. Hrsg. und Druck: Bayerisches Staatsministerium für Landwirtschaft und Forsten, München (2000)

7-17 Widmann, B.A., Apfelbeck, R., Gessner, B.H., Pontius, P.: Verwendung von Rapsöl zu Motortreibstoff und als Heizölersatz in technischer und umweltbezogener Hinsicht. „Gelbes Heft 40" (Gesamtbericht). Bayerisches Staatsministerium für Ernährung, Landwirtschaft und Forsten, München, Eigenverlag (1992)

7-18 Remmele, E.: Reinigung kaltgepresster Pflanzenöle aus dezentralen Anlagen. „Gelbes Heft Nr. 75". Hrsg. und Druck: Bayerisches Staatsministerium für Landwirtschaft und Forsten, München (2002)

7-19 Widmann B.A.: Production of vegetable oils in decentraliced plants and aspects of quality management – investigations of plants in practice to optimise the process. In: Kopetz, H., Weber, T., Palz, W., Chartier, P., Ferrero, G.L. (Hrsg.): Biomass for Energy and Industry. Proceedings of the International Conference, Würzburg, Germany, 8. bis 11. Juni 1998. Rimpar, Deutschland: C.A.R.M.E.N. e.V. (1998), S. 124-127

7-20 Liu, H., Biliaderis, C.G., Przybylski, R., Eskin, N.A.M.: Physical behaviour and composition of low- and high-melting fractions of sediment in canola oil. Food Chemistry (1995) 53:35-41

7-21 Remmele, E.: Anlagentechnik der Reinigung und Lagerung. In: Kuratorium für Technik und Bauwesen in der Landwirtschaft (Hrsg.): Dezentrale Ölsaatenverarbeitung, Landwirtschaftsverlag GmbH, Münster (2005) S. 37-50

7-22 Anlauf, H.: Physikalische Prinzipien der Fest/Flüssig-Trennung. In: Hess, W.F. und Thier, B. (Hrsg.): Maschinen und Apparate zur Fest/Flüssig-Trennung. Vulkan Verlag, Essen (1991) S. 2-12

7-23 Gropp, A.: Prüfung der Eignung von Sicherheitsfiltern für dezentrale Ölgewinnungsanlagen. Diplomarbeit: Technische Universität München, Lehrstuhl für Landtechnik, Freising (2004)

7-24 Remmele, E., Stotz, K., Witzelsperger, J., Gassner, T.: Qualitätssicherung bei der dezentralen Pflanzenölerzeugung für den Nicht-Nahrungsbereich – Technologische Untersuchungen und Erarbeitung von Qualitätssicherungsmaßnahmen. Berichte aus dem TFZ Nr. 12, Abschlussbericht für Fachagentur Nachwachsende Rohstoffe e.V., FKZ 22012903, Technologie- und Förderzentrum, Straubing (2007)

7-25 Wilharm, T.: Pflanzenölkraftstoff: Qualitätssicherung anhand der Norm DIN V 51605. In: Nova Institut GmbH (Hrsg.): Tagungsband Erster Internationaler Kongress zu Pflanzenöl-Kraftstoffen, 6. bis 7. September 2007, Erfurt. Nova Institut, Hürth (2007) S. 125-132

7-26 Widmann, B.A.: Fundamental Research to Develop a Standard for Fuel Quality and Rape Seed Oils and Esters. In: Grassi, G., Grosse, G., Dos Santos, G. (Hrsg.): Biomass for Energy and Industry, 5th E.C. Conference 1989 in Lisabon, Portugal. Elsvier Science Publishers Ltd., Essex, England (1990) S. 1651-1655

7-27 Remmele, E.: Standardisierung von Rapsöl als Kraftstoff – Untersuchungen zu Kenngrößen, Prüfverfahren und Grenzwerten. Dissertation: Technische Universität München, Arbeitskreis Forschung und Lehre der Max-Eyth-Gesellschaft Agrartechnik im VDI Nr. 400, TU München, Lehrstuhl für Landtechnik, Freising (2002)

7-28 Dietl, G.: Einfluss der Rapssorte und der Rapssaatqualität auf Eigenschaften von Rapsölkraftstoff. Diplomarbeit: Technische Universität München, Lehrstuhl für Landtechnik, Freising (2004)

7-29 Deutsches Institut für Normung e.V.: (Vornorm) DIN V 51605. Kraftstoffe für pflanzenöltaugliche Motoren – Rapsölkraftstoff – Anforderungen und Prüfverfahren. Beuth Verlag GmbH, Berlin (2006)

7-30 Meier, U.: Entwicklungsstadien mono- und dikotyler Pflanzen – BBCH Monografie. 2. Auflage., Biologische Bundesanstalt für Land- und Forstwirtschaft (Hrsg.), Berlin und Braunschweig. http://www.bba.de/ (2001)

7-31 Deutscher Raiffeisenverband e.V. et al. (Hrsg.): Hygienische Maßnahmen für den Umgang mit Getreide und Ölsaaten. http://www.raiffeisen.de (2007)

7-32 Deutsche Gesellschaft für Fettwissenschaft e.V.: Deutsche Einheitsmethoden zur Untersuchung von Fetten, Fettprodukten, Tensiden und verwandten Stoffen, Band 1, 2. Auflage, Wissenschaftliche Verlagsgesellschaft mbH, Stuttgart (2004)

7-33 Humpisch, G.: Gesunderhaltung von Rapssaat. Raps (2002) 20:154-156

7-34 Skriegan, E.: Kaltlagerung von Körnerraps. Raps (1989) 7:78-87

7-35 Paetkau, T.F. und Lapp, H.M.: Heat and moisture are critical to rapeseed storage. Journal of Flour and Animal Feed Milling (1973) 155:38

7-36 Eimer, M.: Konservierung und Lagerung von Raps. Raps (1998) 16:118-121

7-37 Kollmann, I.: Lagerverluste und Qualitätsveränderungen bei Ölraps. Raps (1991) 9:92-95

7-38 Groß, K.-J.: Auswuchsraps 2002 – Konsequenzen für die Ölqualität. Raps (2002) 20:201

7-39 Widmann, B.A.: Verfahrenstechnische Maßnahmen zur Minderung des Phosphorgehaltes von Rapsöl bei der Gewinnung in dezentralen Anlagen. Dissertation: Arbeitskreis Forschung und Lehre der Max-Eyth-Gesellschaft Nr. 262, TU München, Institut für Landtechnik Freising-Weihenstephan (1994)

7-40 Gurgel, A.: Untersuchungen zur technisch-technologischen Gestaltung der Ernte und Verarbeitung von Leindotter. Dissertation: Universität Rostock, Institut für Nutztierwissenschaften und Technologie, Rostock (2000)

8 Verwendung der Öle als Speiseöl

Bertrand Matthäus

Die Verwendung von Fetten und Ölen ist schon sehr lange ein wichtiger Bestandteil der menschlichen Ernährung. Dabei stand anfangs die Nutzung als Energielieferant im Vordergrund und in der Regel wurden tierische Fette verwendet. Die Aufnahme von pflanzlichen Fetten und Ölen erfolgte vornehmlich über den Verzehr von fettreichen Samen und Früchten. Erst mit Beginn der Industrialisierung zum Ende des 18. Jahrhunderts wurden Fette und Öle zunehmend auch für die Herstellung anderer Lebensmittel eingesetzt.

Die Nutzung von Fetten und Ölen im Lebensmittelsektor war erst mit dem Wissen über die Zusammensetzung der Rohstoffe sowie die sich daraus ergebenden physikalischen, chemischen, strukturellen und funktionellen Eigenschaften möglich. Auch der sich rasant entwickelnde technologische Fortschritt führte zu einer steigenden Verwendung von Fetten und Ölen in den verschiedenen Bereichen der Lebensmittelherstellung. Es ist insbesondere die vielseitige Verwendbarkeit von Fetten und Ölen, die dazu führte, dass dieser Rohstoff heute bei der Zubereitung von sehr vielen verschiedenen Lebensmitteln eingesetzt wird und nicht mehr wegzudenken ist. Insbesondere ihre Eigenschaft, das Aroma und das Mundgefühl von Lebensmitteln zu verbessern, erklärt, warum Fette und Öle eine so herausragende Bedeutung bei der Lebensmittelherstellung haben. Hinzu kommt, dass die Gründe für die Nutzung von Fetten und Ölen in der Ernährung heute sehr viel vielschichtiger geworden sind. Sie werden nicht mehr nur zur bloßen Versorgung mit Nährstoffen verwendet, sondern sind ein wichtiger Bestandteil von Lebensmitteln, um diesen bestimmte Eigenschaften zu verleihen. Ein weiterer wichtiger Aspekt ist, dass heute auch aus Genuss gegessen wird, wozu Fette und Öle einen wichtigen Beitrag leisten können. Außerdem rückt auch die Verwendung von Pflanzenölen als wichtiger Bestandteil einer gesunden Ernährung immer mehr in den Vordergrund.

So soll in diesem Kapitel auf die verschiedenen technologischen aber auch ernährungsphysiologischen Eigenschaften von Fetten und Ölen als Lebensmittel eingegangen werden. Dabei wird der Fokus auf Speisefette und -öle gelegt und nicht die daraus weiterverarbeiteten Produkte wie Margarinen oder Mayonnaisen oder verschiedene Verfahren der Weiterverarbeitung wie Fetthärtung oder Fraktionierung diskutiert.

8.1 Aspekte für die Auswahl von Pflanzenölen

Die treibenden Faktoren für die Auswahl von Pflanzenölen für bestimmte Anwendungen sind vor allem ökonomische, technologische und produktspezifische Eigenschaften. Seit einiger Zeit rücken für Verbraucher aber auch ernährungsphysiologische Gesichtspunkte im Zusammenhang mit einer gesunden Ernährung immer mehr in den Fokus des Interesses.

Für die Hersteller von Lebensmitteln ist es wichtig, dass die Rohstoffe preiswert sind und die Verfügbarkeit sichergestellt ist. Hinzu kommt, dass Pflanzenöle für das entsprechende Einsatzgebiet auch geeignet sein müssen. So müssen sie über eine angemessene Oxidationsstabilität verfügen, wenn die Produkte nach der Herstellung gelagert werden sollen oder die thermische Stabilität muss ausreichend hoch sein, wenn die Öle während der Herstellung des Lebensmittels erhitzt werden. Außerdem ist es wichtig, dass die verwendeten Pflanzenöle das Endprodukt sensorisch nur so weit beeinflussen, wie dies gewünscht ist. Daher werden bei der industriellen Lebensmittelherstellung vor allem Fette und Öle eingesetzt, die nur schwach gefärbt sowie geruchs- und geschmacksneutral sind. Die Verwendung von nativen, kaltgepressten Pflanzenölen, die einen intensiven, arteigenen Geruch und Geschmack haben, ist nicht bei allen Lebensmitteln möglich, da sie den sensorischen Eindruck des Lebensmittels sehr stark dominieren können. Hier sind dann geschmacks-

und geruchsneutrale, raffinierte Öle besser geeignet, da sie den sensorischen Charakter des Endproduktes nicht verändern. Die Verwendung von nativen Ölen in der Säuglingsernährung ist nicht empfohlen. Das Forschungsinstitut für Kinderernährung in Dortmund leitet nach Abwägung der wissenschaftlich erkennbaren Vor- und Nachteile von raffinierten und nicht raffinierten Speiseölen ab, dass in der Säuglingsernährung aus Sicherheitsgründen, wegen des Allergenpotenzials bzw. möglicher Schadstoffe in nativen Ölen raffinierte Speiseöle bevorzugt werden sollten.

Zum Teil werden bei der Lebensmittelherstellung auch moderat desodorierte Öle eingesetzt, die durch Extraktion mittels Schneckenpresse gewonnen wurden, und bei denen auf eine Entschleimung und Bleichung verzichtet wurde. Diese Öle werden bei Temperaturen zwischen 120 °C und 190 °C mit Wasserdampf gedämpft. Bei nativen Speiseölen ist dieser Herstellungsschritt verboten, während nicht raffinierte Öle nur in einem Umfang mit Wasserdampf behandelt werden dürfen, wie es zur Verbesserung der Haltbarkeit notwendig ist. In der Praxis wird die Dämpfung allerdings eingesetzt, um flüchtige Aromastoffe aus dem Öl zu entfernen und dadurch den Geschmack zu verbessern. Werden bei der Herstellung solcher Öle allerdings zu niedrige Temperaturen bei der Dämpfung eingesetzt, so werden zunächst nur die arttypischen, positiven Aromakomponenten entfernt, wohingegen artfremde, als unangenehm empfundene Aromastoffe im Öl verbleiben (Abb. 8-1). Bei Temperaturen über 170 °C werden dann geschmacks- und geruchsneutrale Öle erhalten, die allerdings nicht mehr als kaltgepresste Öle bezeichnet werden dürfen, da diese Öle gemäß den Leitsätzen für Speisefette und -öle einen deutlichen artspezifischen Saat- oder Fruchtgeschmack aufweisen müssen. Solche Öle sind daher als raffinierte Öle zu bezeichnen, obwohl nur eine Dämpfung stattgefunden hat.

Außerdem muss der Verbraucher auf dem Etikett über eine solche Behandlung der Pflanzenöle mit Wasserdampf informiert werden. In der Praxis geschieht dies aber nicht immer, was eine Irreführung des Verbrauchers gemäß § 11 Abs. 1 Nr. 1 des Lebensmittel- und Futtermittelgesetzbuches darstellt, da eine Irreführung insbesondere dann vorliegt, wenn bei einem Lebensmittel zur Täuschung geeignete Bezeichnungen, Angaben, Aufmachungen, Darstellungen oder sonstige Aussagen über Eigenschaften, insbesondere über die Art der Herstellung oder Gewinnung verwendet werden.

Auch ohne das Aroma der zubereiteten Lebensmittel durch einen starken arteigenen Geschmack zu verändern, tragen Pflanzenöle sehr stark zum Geschmackserlebnis des Lebensmittels bei. Sie sind Träger zahlreicher Aromastoffe, die während der Zubereitung gebildet und dann im Öl gelöst und festgehalten werden.

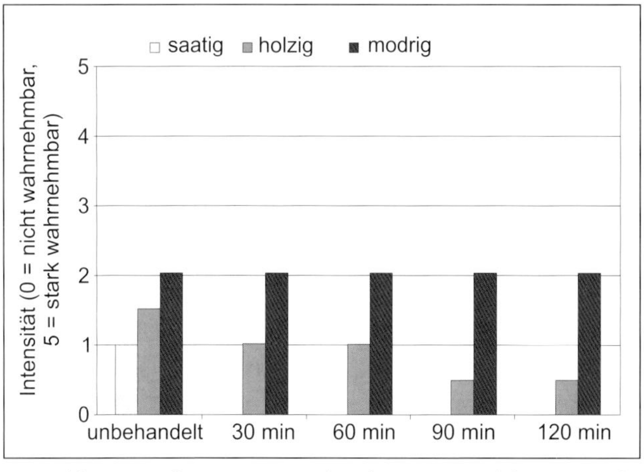

Abb. 8-1: Einfluss einer Dämpfung bei 120 °C auf die sensorische Beurteilung des Öles in Abhängigkeit verschiedener Dämpfungszeiten

Der größte Teil des in Deutschland produzierten Pflanzenöls geht als raffiniertes Öl in die Margarine- oder auch in die weiterverarbeitende Lebensmittelindustrie, wo es für die Herstellung von Backwaren, Süßwaren, Fischwaren, Nährmitteln oder Feinkost eingesetzt wird (Abb. 8-2). Der Anteil, der als Flaschenware in den Haushalt gelangt oder in Großbetrieben verwendet wird, ist mit etwa 10 % vergleichsweise niedrig. Neben den raffinierten Pflanzenölen, die etwa 98 % des Marktes der Pflanzenöle ausmachen, gibt es native, kaltge-

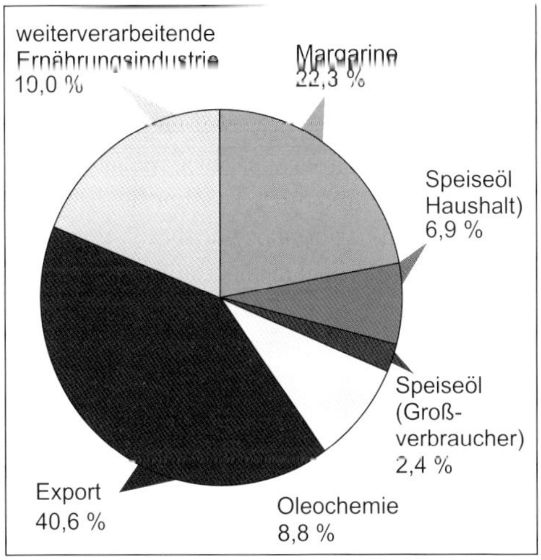

Abb. 8-2: Verwendung des in Deutschland produzierten Pflanzenöls [%]

presste Pflanzenöle, die als hochpreisige Spezialitäten vorrangig in der kalten Küche zur Zubereitung von Salaten Verwendung finden.

8.2 Eigenschaften von Fetten und Ölen

Ein Grund für die vielen verschiedenen Aspekte, die bei der Verwendung von Fetten und Ölen in der Ernährung oder zur Herstellung von Lebensmitteln eine Rolle spielen liegt in der Zusammensetzung, aus der sich sowohl technologische als auch ernährungsphysiologische Eigenschaften ergeben. Rohöle bestehen zu 95 % aus Triacylglyceriden, während der Anteil der Triacylglyceride nach der Raffination zwischen 97 % und 99 % liegt. Der Rest setzt sich aus so genannten Fettbegleitstoffen, wie Phytosterinen, Tocopherolen, freien Fettsäuren, Carotinoiden oder auch Phospholipiden (Abb. 8-3) zusammen. Diese Verbindungen rücken immer mehr in den Fokus des Interesses, da sie zum Teil wichtige ernährungsphysiologische Eigenschaften haben.

Triacylglyceride bestehen aus einem Glycerinmolekül und drei daran gebundenen Fettsäuren. In der Natur sind über 1000 verschiedene Fettsäuren bekannt, die sich in Kettenlänge, Grad der Ungesättigtheit und unterschiedlichen funktionellen Gruppen unterscheiden. In Pflanzenölen liegen diese Fettsäuren vornehmlich mit einer Kettenlänge von 16 oder 18 Kohlenstoffatomen vor, die einfach oder über Doppelbindungen miteinander verknüpft sind. Dadurch ist eine Vielzahl von verschiedenen Fettsäuren denkbar. Die wichtigsten in Pflanzenölen vorkommenden Fettsäuren sind Palmitinsäure (C16:0) und Stearinsäure (C18:0) als gesättigte Fettsauren, Ölsäure (C18:1) als einfach ungesättigte Fettsäure mit einer Doppelbindung, Linolsäure (C18:2) mit zwei Doppelbindungen und α-Linolensäure (C18:3) mit drei Doppelbindungen.

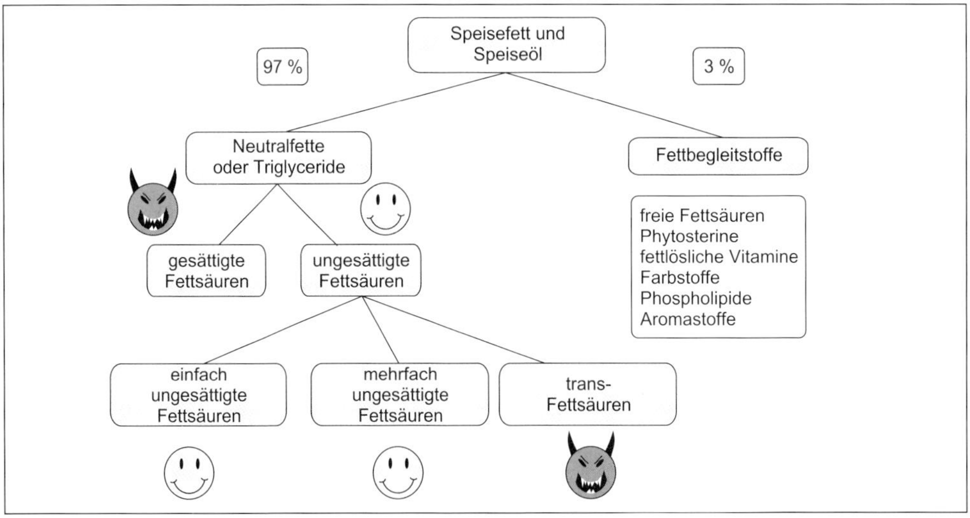

Abb. 8-3: Zusammensetzung von Fetten und Ölen

Hinzu kommt, dass die Fettsäuren im Triacylglycerid-Molekül in den unterschiedlichsten Kombinationen vorkommen können. Dadurch ergeben sich in Abhängigkeit von der Zusammensetzung der Fettsäuren eines Pflanzenöles ganz unterschiedliche physikalische, chemische und ernährungsphysiologische Eigenschaften, die dann technologisch oder ernährungsphysiologisch genutzt werden können.

Während sich gesättigte Fettsäuren durch einen hohen Schmelzpunkt und eine hohe Oxidationsstabilität auszeichnen, nehmen Schmelzpunkt und auch Oxidationsstabilität mit der Anzahl der Doppelbindungen ab (Abb. 8-4). Dadurch liegen Pflanzenöle, die in der Regel hohe Gehalte an einfach und mehrfach ungesättigten Fettsäuren aufweisen, in flüssiger Form vor und sind mit zunehmenden Gehalten an mehrfach ungesättigten Fettsäuren empfindlicher gegenüber der Oxidation mit Luftsauerstoff.

Pflanzenöle mit hohen Gehalten an Linol- und vor allem an α-Linolensäure sind sehr oxidationsempfindlich und haben nur eine geringe Lagerstabilität. Öle wie z. B. Distelöl mit etwa 75 % Linolsäure oder auch Leinöl mit mehr als 50 % α-Linolensäure müssen nach dem Öffnen der Flasche rasch aufgebraucht werden und sollten nur in der kalten Küche verwendet werden, da sie sehr temperaturempfindlich sind. Auf der anderen Seite sind gesättigte Fettsäuren ernährungsphysiologisch ungünstig, so dass insbesondere im Hinblick auf die technologische Verwendung der Pflanzenöle ein Kompromiss zwischen den technologischen Erfordernissen und dem ernährungsphysiologisch Wünschenswerten gefunden werden muss.

Eine generelle Einteilung der im Bereich der Lebensmittel verwendeten Fette und Öle richtet sich nach den Hauptfettsäuren. So gehören Kokosfett und Palmkernöle zu den laurischen Fetten, da sie durch hohe Gehalte an Laurinsäure (12:0) aber auch an Myristinsäure (14:0) sowie kürzerkettigen Fettsäuren wie C8 und C10 charakterisiert sind. Diese Fette enthalten nur niedrige Gehalte an ungesättigten Fettsäuren. In den meisten verwendeten Pflanzenölen ist dagegen vornehmlich Palmitinsäure (16:0) als gesättigte Fettsäure zu finden. Hier weisen insbesondere Palmöl (40 %) und Baumwollsamenöl (27 %) hohe Gehalte auf. Weitere wichtige Öle sind Olivenöl und Rapsöl (ölsäurereich), Sonnenblumenöl, Maiskeimöl, Erdnussöl (linolsäurereich) und Leinöl (linolensäurereich).

Durch Pflanzenzüchtung ist es inzwischen gelungen, eine ganze Reihe von ölsäurereichen Ölsaaten zu züchten, deren Öl sich insbesondere durch eine hohe Oxidations- und Hitzestabilität auszeichnet. Zu nennen ist hier neben Sonnenblumenöl mit 65 % (NuSun) bzw. 80 % (High-oleic Sonnenblumenöl) Ölsäure auch Rapsöl mit mehr als 75 %. Diese Öle werden zunehmend dort verwendet, wo bei der Zubereitung von Lebensmitteln mit höheren Temperaturen gearbeitet wird, wie z. B. beim Frittieren. Die Hitzestabilität dieser Öle ist vergleichbar mit herkömmlichen Frittiermedien wie Palmolein oder teilhydrierten Fetten und auch bei der Lagerung schneiden die hergestellten Lebensmittel hinsichtlich Oxidationsstabilität und sensorischer Beurteilung entsprechend gut ab (Abb. 8-5). Vor allem vor dem Hintergrund einer gesün-

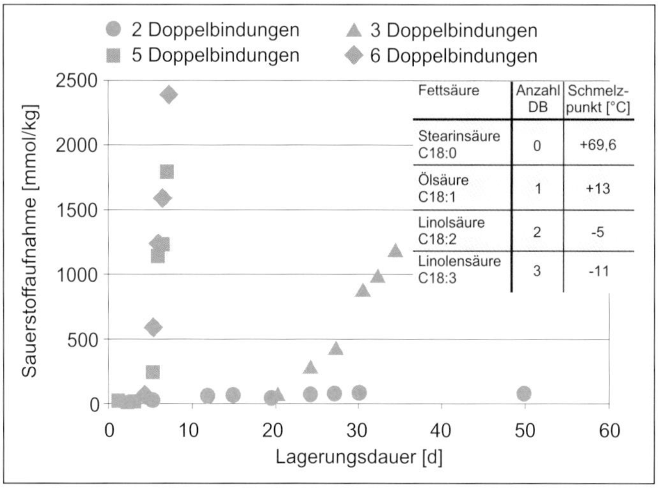

Abb. 8-4: Abhängigkeit des Schmelzpunktes und der Oxidationsstabilität von der Anzahl der Doppelbindungen (verändert nach: Cho (1987) [8-1]).

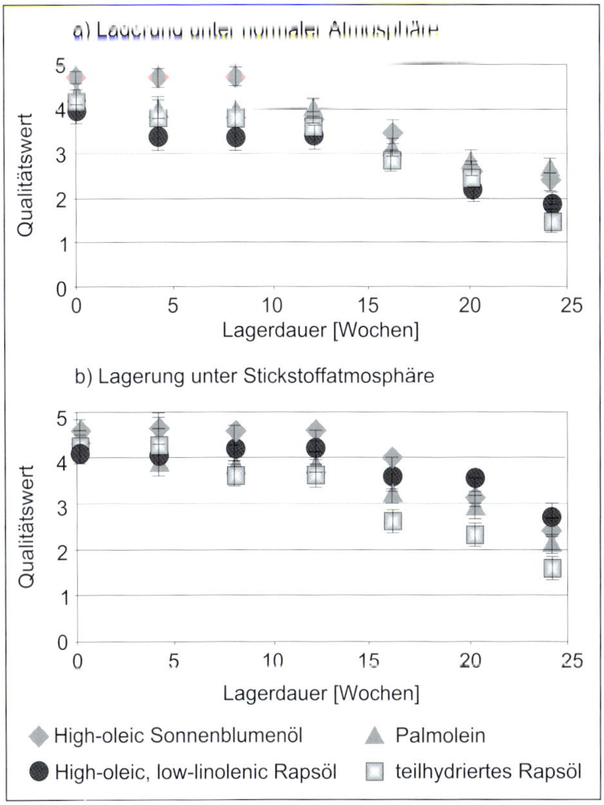

Abb. 8-5: Einfluss verschiedener Frittiermedien auf den Qualitätswert der sensorischen Bewertung von Kartoffelchips während der Lagerung unter normaler Atmosphäre und Stickstoffatmosphäre

deren Ernährung ist zu erwarten, dass diese hoch ölsäurereichen Öle zunehmend die üblicherweise verwendeten Frittiermedien ersetzen werden, die reich an gesättigten bzw. *trans*-Fettsäuren sind.

8.3 Ernährungsphysiologische Eigenschaften von Fetten und Ölen

Der Energiegehalt von Fetten und Ölen liegt mit 39 kJ/g fast doppelt so hoch wie bei Kohlenhydraten und Proteinen, so dass es sich hierbei um einen hervorragenden Energielieferanten handelt. In Zeiten einer Mangelernährung war die Versorgung mit Fetten und Ölen also schon deshalb wichtig, um den Energiebedarf der Menschen, der früher deutlich höher lag als heute, decken zu können.

Der durchschnittliche Fettverzehr liegt nach der nationalen Verzehrstudie [8-2] bei durchschnittlich 92 g/Tag bei weiblichen und etwa 117 g/Tag bei männlichen Erwachsenen. Demnach wird etwa 35 % der aufgenommenen Energie durch Fette gedeckt. Nach Auffassung der Deutschen Gesellschaft für Ernährung (DGE) sollten lediglich 25 bis 30 % der Gesamtenergieaufnahme durch Fette erfolgen. Zudem sollte der Anteil an den gesättigten Fettsäuren Laurin-, Myristin- und Palmitinsäure gesenkt werden, da es Anhaltspunkte dafür gibt, dass diese Fettsäuren das Verhältnis LDL/HDL (atherogener Index) im Blut erhöhen. Niedrige HDL- und hohe LDL-Cholesterin-Konzentrationen werden mit der Entstehung von Herz-Kreislauf-Erkrankungen in Verbindung gebracht. Stearinsäure scheint den Cholesterinspiegel nicht zu beeinflussen.

Während noch vor 15 Jahren Sonnenblumen- oder Distelöl mit hohen Gehalten an Linolsäure als ernährungsphysiologisch besonders günstig propagiert wurden, werden heute vor allem ölsäurereiche Öle wie Rapsöl oder Olivenöl besser bewertet. Hohe Anteile an einfach ungesättigten Fettsäuren in der Nahrung (z. B. Ölsäure) scheinen den Anteil an LDL-Cholesterin im Blut in ähnlicher Weise senken zu können wie mehrfach ungesättigte Fettsäuren; der Anteil an HDL-Cholesterin bleibt dabei aber nahezu unverändert.

Ein weiterer Vorteil einer ölsäurereichen Ernährung ist die geringere Oxidationsanfälligkeit dieser Fettsäure im Vergleich zu den höher ungesättigten Fettsäuren Linol- und α-Linolensäure. Da Monoensäuren verstärkt in LDL-Partikel eingebaut werden, sind diese weniger anfällig für oxidative Veränderungen, was sich positiv auf die durch oxidiertes LDL-Cholesterin begünstigte Entstehung von Arteriosklerose auswirkt. Die erhöhte Oxidationsneigung höher ungesättigter Fettsäuren führt dazu, dass Fresszellen oxidiertes LDL aufnehmen und sich in Form von Schaumzellen in den Arterien ablagern, wodurch die Grundlage für Arteriosklerose gelegt wird. Außerdem spielen die Oxidationsprodukte der mehrfach ungesättigten Fettsäuren auch bei Alterungsprozessen oder Tumorentstehungen eine Rolle, was ebenfalls durch die Aufnahme von Monoenfettsäuren wie Ölsäure günstig beeinflusst wird.

Die Zufuhr von mehrfach ungesättigten cis-Fettsäuren der Ω-6- und Ω-3-Reihen, die insbesondere aus Pflanzenölen aufgenommen werden können, ist essenziell für den Menschen, da diese Fettsäuren vom Körper nicht selbst synthetisiert werden können. Die DGE empfiehlt die Aufnahme von wenigstens 3 % der Energie als Ω-6-Fettsäuren (ca. 10 g Linolsäure/Tag) und 0,5 % der Energie als Omega-3-Fettsäuren (ca. 1,5 g α-Linolensäure/Tag). Höhere Mengen sind unerwünscht, da mehrfach ungesättigte Fettsäuren einer erheblich höheren Oxidationsrate (Ranzigwerden) unterliegen. Solche oxidativ veränderten mehrfach ungesättigten Fettsäuren können gesundheitsschädliche biochemische Prozesse in Gang setzen, welche die Bildung arteriosklerotischer Veränderungen in den Blutgefäßen fördern.

Im Körper werden durch die Verlängerung der Kohlenstoffketten der Fettsäure und die Einführung von Doppelbindungen aus Linol- und α-Linolensäure verschiedene Gewebshormone, so genannte Eikosanoide gebildet. Diese steuern als Prostazykline, Prostaglandine, Thromboxane oder Leukotriene bestimmte physiologische Vorgänge im Körper und sind als körpereigene Mediatoren bzw. Effektoren an zahlreichen Stoffwechselvorgängen beteiligt. Dabei werden aus Fettsäuren der Ω-6-Reihe, zu denen Linolsäure gehört, Substanzen gebildet, die gerinnungsfördernd, aber auch -hemmend, gefäßerweiternd und -verengend sowie entzündungsauslösend bzw. -fördernd wirken. Da hingegen wirken die aus Fettsäuren der Ω-3-Reihe (α-Linolensäure) gebildeten Eikosanoide entzündungshemmend, gerinnungshemmend sowie gefäßerweiternd und senken durch eine normalisierende Wirkung auf den Herzrhythmus das Risiko des Kammerflimmerns und dadurch das Risiko eines plötzlichen Herztodes.

Die Umwandlung der α-Linolensäure in langkettige Eikosanoide verläuft über die Zwischenprodukte Eicosapentaen- bzw. Docosahexaensäure, die als längerkettige Ω-3-Fettsäuren über den Verzehr von fettem Fisch direkt aufgenommen werden können, was deutlich effektiver ist als die Aufnahme von α-Linolensäure-reichen Pflanzenölen, wie Rapsöl oder Leinöl. Bereits die Aufnahme von 5,5 g dieser langkettigen Ω-3-Fettsäuren pro Monat reicht aus, um das Risiko eines plötzlichen Herztodes um mehr als 50 % zu reduzieren. Dies entspricht etwa 200 g fettem Fisch, wie Makrele, Lachs oder Sardinen. Dahingegen kann die mit Pflanzenölen aufgenommene α-Linolensäure nur zu maximal 10 % in die längerkettigen Ω-3-Fettsäuren Eicosapentaen- bzw. Docosahexaensäure umgewandelt werden. Diese Umwandlungsrate wird noch einmal halbiert, wenn die mit der Nahrung aufgenommenen Fettsäuren reich an Ω-6-Fettsäuren, also Linolsäure sind. Beide Fettsäuren konkurrieren um die gleichen Enzymsysteme. Daraus ergibt sich, dass es günstig ist, die Fettsäuren der Ω-6- bzw. Ω-3-Reihe in einem ausgewogenen Verhältnis aufzunehmen. Nach den heutigen Empfehlungen der Deutschen Gesellschaft für Ernährung sollte dieses Verhältnis zwischen 5:1 und 4:1 liegen [8-3]. Tatsächlich liegt es aber zurzeit noch bei 10:1 oder höher. Pflanzenöle, die in der Lage sind, hier korrigierend einzugreifen, sind Rapsöl oder auch Walnussöl (Tab. 8-1).

Die Doppelbindungen der Fettsäuren üblicherweise verwendeter Speisefette und -öle liegen in unverarbeiteten Produkten in cis-Konfiguration vor. In raffinierten Fetten und Ölen, aber vor allem in teil-

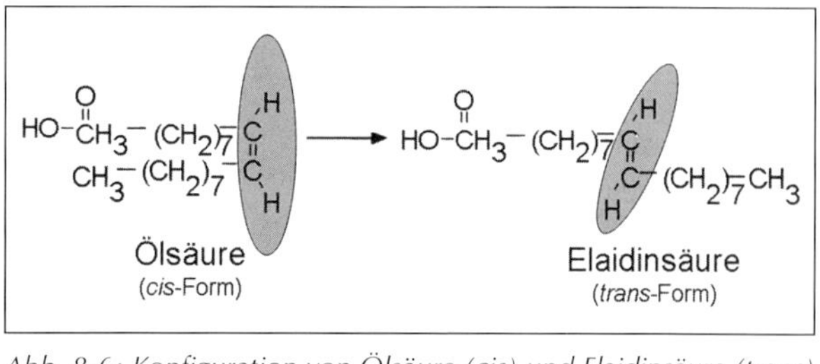

Abb. 8-6: Konfiguration von Ölsäure (cis) und Elaidinsäure (trans)

Tab. 8-1: Fettsäurezusammensetzung verschiedener Pflanzenöle

	gesättigte Fettsäuren (%)	Ölsäure (%)	Linolsäure (%)	Linolensäure (%)	Verhältnis Linolsäure/ Linolensäure
Leinöl	9,5	18	14	54	1:3,9
Rapsöl	6,6	58	20	10	2:1
Walnussöl	9,2	18	55	12,9	4,3:1
Sojaöl	14,5	18	53	8	6,6:1
Olivenöl	14	70	8	0,9	9,6:1
Palmöl	54	38	10	1	10:1
Traubenkernöl	10	13	76	1	76:1
Sonnenblumenöl	11	20	63	0,5	126:1
Distelöl	9,2	10	75	0,5	150:1
Erdnussöl	18	55	25	0,1	250:1
Arganöl	20	45	34	0,1	340:1

gehärteten Produkten, bei denen die Doppelbindungen zum Teil mit Wasserstoff abgesättigt worden sind, finden sich auch Fettsäuren mit Doppelbindungen in *trans*-Konfiguration (Abb. 8-6). Je nach Umfang der so genannten Hydrierung, die 1902 von W. Norman entwickelt worden ist, und Art des eingesetzten Katalysators kann der Gehalt an *trans*-Fettsäuren im Produkt über 50% liegen. Auch bei der katalytischen Hydrierung im Pansen von Wiederkäuern werden *trans*-Fettsäuren gebildet.

Die Aufnahme von *trans*-Fettsäuren wird ähnlich problematisch gesehen wie die Aufnahme von gesättigten Fettsäuren, da es eine starke Korrelation zwischen der Aufnahme von *trans*-Fettsäuren mit der Nahrung und dem Risiko für Herz-Kreislauf-Erkrankungen gibt [8-4, 8-5]. *Trans*-Fettsäuren führen zu einer Erhöhung des LDL- und des Triacylglycerid-Levels und erniedrigen den HDL-Level. Die amerikanische Food and Drug Administration und auch verschiedene andere Organisationen empfehlen daher, nicht mehr als 1 % *trans*-Fettsäuren aufzunehmen. Inwieweit *trans*-Fettsäuren aus der technologischen Verarbeitung bzw. aus tierischen Lebensmitteln gleich zu bewerten sind, ist zurzeit noch nicht eindeutig geklärt.

8.4 Anforderungen an Speisefette und -öle

Anforderungen, die an Speisefette und -öle gestellt werden, ergeben sich aus dem Verwendungszweck, den Unternehmenszielen, den Erwartungen des Verbrauchers und vor allem aber aus den gesetzlichen Rahmenbedingungen.

Hier ist es vor allem das Lebensmittel- und Futtermittelgesetzbuch (LFGB), das den Rahmen vorgibt, ergänzt durch die Lebensmittelbasis-Verordnung EG Nr. 178/2002 (Grundsätze und Anforderungen des Lebensmittelrechts), die Lebensmittelhygiene-Verordnung EG Nr. 852/2004 und das Produkthaftungsgesetz, aber auch verschiedene Lebensmittelstandards, wie dem Codex Alimentarius oder den Leitsätzen für Speisefette und -öle.

Mit der Verabschiedung der Lebensmittelbasis-Verordnung EG Nr. 178/2002 soll die Sicherheit der Lebensmittel auf allen Stufen der Lebensmittelkette u. a. durch eine stufenübergreifende Rückverfolgbarkeit und eine Erhöhung der Transparenz des Produktionsprozesses erreicht werden. Daneben sind auch Definitionen für Lebensmittel und Lebensmittelunternehmer zu finden. Die Lebensmittelhygiene-Verordnung EG Nr. 852/2004 dient der Optimierung der hygienischen Bedingungen bei der Erzeugung von Lebens- und Futtermitteln, um das Risiko der Kontamination mit Problemstoffen und Rückständen zu vermeiden.

Im Lebensmittel- und Futtermittelgesetzbuch sind eine ganze Reihe von grundlegenden Begriffen definiert, die den Verkehr mit Lebensmitteln beschreiben und regeln. Dabei ist es das oberste Ziel, den Verbraucher vor Gesundheitsschäden und Täuschungen zu schützen, die mit dem Kauf und dem Verzehr von Lebensmitteln verbunden sein können. Es gibt allerdings keine speziellen Regelungen für Fette und Öle. Lediglich in der Erukasäure-Verordnung wird der Gehalt an Erukasäure in Speiseölen, Speisefetten und ihren Mischungen, die als solche an den Verbraucher abgegeben werden, bzw. in Lebensmitteln, die unter Zusatz von Speiseöl, Speisefett oder ihren Mischungen hergestellt werden und einen Gesamtfettgehalt von mehr als 5 % haben, auf maximal 5 % Erukasäure, bezogen auf den Gesamtgehalt an Fettsäuren in der Fettphase, begrenzt.

In den Leitsätzen für Speisefette und -öle der Deutschen Lebensmittelbuchkommission [8-6] ist die Gute Herstellungspraxis für Speisefette und -öle durch Vertreter aus Industrie, Wissenschaft, Lebensmittelüberwachung und Verbraucherschutz dargelegt und definiert worden. Es handelt sich dabei um ein geeignetes Kriterium zur Feststellung der Verkehrsauffassung über die Beschaffenheit und Kennzeichnung eines Lebensmittels, auch wenn sie keine Rechtsnorm sind. Dennoch sind Abweichungen von den Leitsätzen ein Indiz dafür, dass ein Etikett zur Bestimmung der Verkehrsbezeichnung zur Täuschung geeignet ist.

Dabei wird zurzeit zwischen nativen Ölen, nicht raffinierten Ölen und raffinierten Ölen unterschieden. So dürfen native Öle nur aus nicht vorgewärmter Rohware durch Pressen ohne Wärmezufuhr oder durch andere schonende mechanische Verfahren gewonnen werden. Als weitere Behandlungsschritte sind Waschen, Filtrieren oder Zentrifugieren der Öle erlaubt, während Schritte der Raffination, wie Entsäuern, Bleichen oder Desodorieren, ausdrücklich ausgeschlossen sind. Die Bezeichnung kaltgepresst oder aus erster Pressung beschreibt eine höhere Qualität der nativen Öle und kann als Hinweis auf eine besondere Herstellungsweise angefügt werden, wenn die Speiseöle mit besonderer Sorgfalt bei der Auswahl der Rohstoffe durch Pressen ohne Wärmezufuhr unter möglichst schonenden Bedingungen gewonnen wurden. Auch nicht raffinierte, also z. B. dampfbehandelte Öle oder Öle aus gerösteter Saat dürfen die Bezeichnung kaltgepresst tragen, wenn sie entsprechend hergestellt worden sind. Diese nicht raffinierten Öle dürfen ebenfalls nicht entsäuert, gebleicht oder desodoriert werden und sind durch Ausschmelzen oder schonende mechanische Verfahren zu gewinnen. Eine Wasserdampfwäsche ist allerdings zur Verbesserung der Haltbarkeit erlaubt.

In der Regel werden die Bezeichnungen kaltgepresst, nativ, aber auch aus erster Pressung vom Verbraucher synonym verstanden und auch verwendet. Auf dem Markt sind aber auch Produkte mit der Bezeichnung aus erster Pressung anzutreffen, bei denen das Öl zwar mittels Pressung aus der Saat gewonnen wurde, die dann aber anschließend einer Raffination unterworfen wurden. Hier liegt eine Irreführung des Verbrauchers vor, da hier die Bezeichnung kaltgepresst oder aus erster Pressung nicht erlaubt ist. Es handelt sich um raffinierte Öle, die keinen arttypischen Saat- oder Fruchtgeschmack mehr aufweisen, der aber für native bzw. nicht raffinierte Öle ein wichtiges Beschaffenheitsmerkmal darstellt.

Raffinierte Öle sind gemäß den Leitsätzen entschleimt, entsäuert und desodoriert und können zudem gebleicht und feinfiltriert sein.

Neben den Angaben zur Herstellung werden in den Leitsätzen auch verschiedene Beschaffenheitsmerkmale definiert, von denen die sensorische Beschaffenheit das wichtigste Merkmal von Speisefetten und -ölen ist. Abweichende sensorische Befunde können durch verschiedene chemische Kenngrößen wie Säurezahl, Peroxidzahl oder auch Anteil an bei 105 °C flüchtigen Bestandteilen objektiviert werden.

8.5 Sensorische Beurteilung von Pflanzenölen

Bei der Beurteilung der Qualität von Speiseölen steht vor allem der sensorische Eindruck im Vordergrund. Er stellt auch in den Leitsätzen für Speisefette und -öle das wichtigste Kriterium für die Bewertung dieses Produktes dar, da die äußere Beschaffenheit und der sensorische Eindruck in unmittelbarem Zusammenhang mit dem Genusswert des Lebensmittels stehen und daher letztendlich für den Erfolg oder Misserfolg des Produktes verantwortlich sind. Außerdem kann der Verbraucher über den sensorischen Eindruck am ehesten sein Urteil über die Qualität des Produktes abgeben, da viele der anderen Parameter nicht unmittelbar von ihm zu erfassen sind. Weisen Pflanzenöle einen Fehlgeschmack oder -geruch auf, so sind sie für die Verwendung als Lebensmittel nicht mehr geeignet.

Während raffinierte Speiseöle neutral im Geschmack und Geruch sein sollten, weisen native, kaltgepresste Pflanzenöle einen deutlich arteigenen Geschmack und Geruch auf. Typisch für natives Rapsspeiseöl sind saatige und nussige Aromakomponenten, die zu den arteigenen Attributen gehören, während Attribute wie ranzig, strohig, röstig, verbrannt, modrig oder stichig zu den typischen Fehlaromen gehören, die während einer fehlerhaften Lagerung der Saat bzw. Herstellung oder Lagerung des Öles entstehen. Die Attribute holzig und adstringierend gehören ebenfalls zu den arteigenen Attributen, da sie nicht auf einen Herstellungsfehler zurückzuführen sind. Es sind allerdings keine positiven Eigenschaften von nativen Rapsspeiseölen. Das Auftreten dieser beiden Attribute wird nicht beanstandet.

Frische Traubenkernöle haben einen weinartigen und fruchtigen Geruch und Geschmack, der auch an Rosinen bzw. Brot erinnern kann. Werden Traubenkernöle allerdings unsachgemäß hergestellt, z. B. durch Verarbeitung von Kernen, die nach dem Mosten nicht schnell genug und schonend getrocknet wurden, oder lagern Traubenkernöle nach der Pressung zu lange auf den Trubstoffen, so kommt es durch enzymatischen oder mikrobiellen Abbau zur Bildung von Ethanol, Essigsäure und Essigester, die das Öl ungenießbar machen und hinsichtlich Geruch und Geschmack an Klebstoff erinnern.

Native Sonnenblumenöle aus vollständigen Saaten haben einen sehr starken Geschmack, wobei die Attribute holzig, adstringierend und bitter deutlich dominierend sind. Die Attribute saatig und fruchtig treten in diesen Ölen klar in den Hintergrund. Dahingegen sind native Sonnenblumenöle aus geschälter Saat deutlich milder und haben einen klaren Sonnenblumen-saatigen, nussigen und zum Teil fruchtigen Geschmack. Auch hier treten die Attribute holzig und adstringierend auf, aber nur noch schwach wahrnehmbar. Manchmal sind Öle aus ungeschälter Sonnenblumensaat auch scharf.

Im Gegensatz zu nativen Rapsölen weisen frische Leinöle einen nussigen, brotigen oder malzigen Geruch und Geschmack auf, der eine leichte Bitternote zeigt. Während der Lagerung verstärkt sich dieser bittere Eindruck sehr rasch. Abhängig von der Verarbeitung und der Lagerungsdauer kann das Öl auch sehr stark bitter und kratzend werden (Abb. 8-7). Verantwortlich ist ein Cyclolinopeptid E, das während der Lagerung sehr rasch an einer Aminosäure oxidiert wird und dann den bitteren Geschmack hervorruft. Durch eine Kühllagerung ist es möglich, die Entwicklung der Bitterintensität deutlich zu verlangsamen (Abb. 8-7).

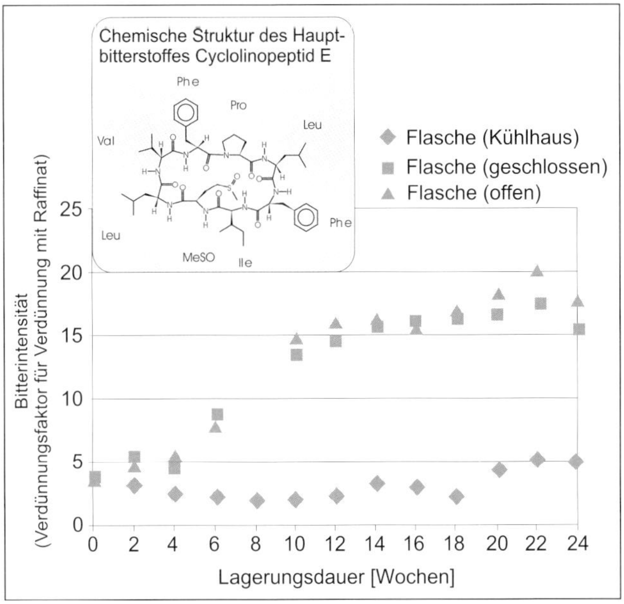

Abb. 8-7: Einfluss der Lagerung auf den bitteren Geschmack von Leinöl

8.6 Veränderungen von Fetten und Ölen während der Verarbeitung

Während der Weiterverarbeitung der rohen Fette und Öle führen insbesondere die Raffination und hier vor allem die Desodorierung zu Veränderungen in der Zusammensetzung. Auf der einen Seite werden durch die Verwendung von Temperaturen zwischen 200 °C und 260 °C während der Desodorierung flüchtige Aromakomponenten vollständig entfernt, so dass die raffinierten Öle in der Regel neutral schmecken. Auf der anderen Seite führen die hohen Temperaturen aber auch zum Abbau oder zur Entfernung vorhandener Verbindungen und zur Bildung neuer Artefakte.

Insbesondere sekundäre Pflanzeninhaltsstoffe wie Tocopherole, Phytosterine, Carotinoide oder auch phenolische Verbindungen werden zerstört oder mit dem Wasserdampf aus dem Öl ausgetragen. Dabei wird der Gehalt an Tocopherolen um 10 % bis 30 % reduziert, Phytosterine bis zu 40 % entfernt und phenolische Verbindungen bzw. Carotinoide zu 100 % abgebaut oder ausgetragen. Insbesondere Tocopherole und Phytosterine, aber auch phenolische Verbindungen, werden in den Brüden der Desodorierung gefunden und können hieraus isoliert und als Wertstoffe eingesetzt werden.

Infolge der hohen Temperaturen beim Desodorieren kommt es auch zur Bildung neuer Verbindungen. Da diese Verbindungen aber nicht erst während der hohen Temperaturen der Desodorierung entstehen, sondern bereits bei milderen Temperaturen während der Dämpfung gebildet werden, ist es möglich, diese für den Nachweis einer Wärmebehandlung des Öles zu verwenden. Sollte sich allerdings aus einem der Parameter ein Verdacht auf eine Wasserdampfwäsche ergeben, so ist es dringend angeraten, dies durch die Bestimmung eines weiteren Parameters zu bestätigen, um falsche positive Aussagen zu vermeiden.

Für den Nachweis einer Desodorierung oder auch Wasserdampfwäsche kommt die Bestimmung von trans-Fettsäuren, oligomeren Triglyceriden, Stigmasta-3,5-dien oder auch von Chlorophyllabbauprodukten in Frage. Alle vier Parameter zeigen eine mehr oder weniger gute Korrelation mit der verwendeten Temperatur.

So kommt es beispielsweise während der Desodorierung in Abhängigkeit von den Bedingungen zur Bildung von *trans*-Fettsäuren mit Gehalten zwischen 0,5 % und 1,8 %, wohingegen die Gehalte in nativen Ölen unter 0,2 % liegen. Aber auch in schonend gedämpften Ölen können bereits leicht erhöhte Gehalte an *trans*-Fettsäuren gefunden werden (Abb. 8-8). Insbesondere in Ölen mit hohen Gehalten an Phytosterinen führt die Abspaltung von Wasser aus Sitosterin zur Bildung von Stigmasta-3,5-dien, so dass Gehalte über 0,05 % Hinweise auf eine Erhitzung der Öle geben können. Auch hier führt in der Regel bereits eine schonend durchgeführte Dämpfung zu erhöhten Gehalten an Stigmasta-3,5-dien. Allerdings werden auch immer wieder gedämpfte Öle mit niedrigen Gehalten an Stigmasta-3,5-dien gefunden. Mit steigender Temperatur steigt auch der Gehalt an oligomeren Triglyceriden im Öl an. Ein Gehalt von über 0,1 g oligomere Triglyceride je 100 g gibt zumindest Hinweise auf den Einsatz höherer Temperaturen bei der Herstellung des Öles. Allerdings ist die Bildung stark von der Fettsäurezusammensetzung des Öles abhängig. Zu bedenken ist, dass der Gehalt an oligomeren Triglyceriden auch während der Lagerung ansteigen kann.

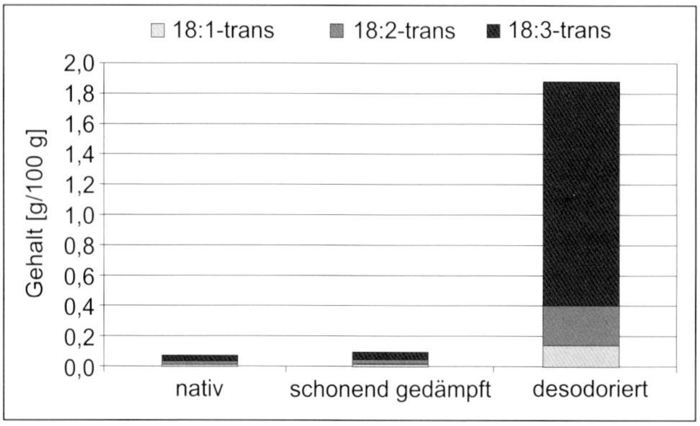

Abb. 8-8: Einfluss der Ölgewinnungsmethode auf den Gehalt an trans-Fettsäuren

Chlorophyll ist ein ubiquitär in allen Pflanzen vorkommender Inhaltsstoff. Während des Kaltpressens werden aus Chlorophyll a aufgrund von Temperatur und pH-Wert die Abbauprodukte Pheophytin a und a' sowie Pyropheophytin a gebildet. In frischem nativen Rapsspeiseöl liegen diese Verbindungen in einem Verhältnis von etwa 75:15:10 vor. Während der Lagerung, aber insbesondere während der Behandlung mit heißem Wasserdampf, verschieben sich diese Verhältnisse zugunsten von Pyropheophytin a. In einem gedämpften Rapsspeiseöl ist dann kaum noch Pheophytin a bzw. a' zu finden und der Anteil an Pyropheophytin a liegt bei etwa 80 %, so dass das Verhältnis der einzelnen Chlorophyllabbauprodukte Hinweise auf die Verarbeitung des Rapsöles geben kann. In raffinierten Rapsölen sind diese Abbauprodukte nicht mehr zu finden. Wird ein natives Rapsspeiseöl in einer Klarglasflasche dem direkten Sonnenlicht ausgesetzt, so sind nach wenigen Tagen keine Chlorophyllabbauprodukte mehr im Öl nachzuweisen.

8.7 3-Monochlor-1,2-Propandiol-Fettsäureester (3-MCPD-FE) in raffinierten Ölen

Eine Verbindungsklasse, die zum ersten Mal 2006 in raffinierten Pflanzenölen gefunden wurde, sind 3-Monochlor-1,2-Propandiol-Fettsäureester. Die Bildungswege sind nicht vollständig geklärt, aber erste Ergebnisse deuteten darauf hin, dass 3-MCPD-FE im letzten Schritt der Raffination, der Desodorierung, gebildet werden. Für die Bildung spielt das Vorhandensein von Chlorid-Ionen und entsprechenden Vorstufen wie Triglyceriden, Mono- und Diglyceriden, Phospholipiden oder Glycerin sowie Temperatur und Zeit eine wichtige Rolle. In verschiedenen Speisefetten und -ölen sowie daraus hergestellten Produkten wurden bislang mittlere Gehalte zwischen 0,1 mg/kg für native Pflanzenöle und tierische Fette und 8 mg/kg für Frittierfette gefunden. Belastet sind insbesondere raffinierte Öle, Margarinen und Frittierfette. Aber auch in anderen Produkten wie Nuss-Nougat-Creme oder Säuglingsnahrung wurden 3-MCPD-FE gefunden. Neben 3-MCPD-FE werden vor allem in raffinierten Palmölen auch Glycidolfettsäureester gefunden, die eine Vorstufe der 3-MCPD-FE darstellen. Diese werden bei der Bestimmung gemäß der Methode DGF-C-III 18 (09) mit erfasst und dann als Summe aus 3-MCPD-FE und 3-MCPD bildenden Substanzen angegeben.

In einer ersten Stellungnahme zur toxikologischen Bewertung von 3-MCPD-FE geht das Bundesinstitut für Risikobewertung (BfR) davon aus, dass die Verbindung im menschlichen Körper zu 100 % zu freiem 3-MCPD gespalten wird und somit die Bewertung für freies 3-MCPD übernommen werden muss. Die European Food Safety Authority (EFSA) hat diese Annahme in ihrer Stellungnahme ebenfalls unterstützt.

Die Aufnahme von freiem 3-MCPD mit der Nahrung wird als kritisch angesehen, da in Langzeitstudien an Ratten gezeigt werden konnte, dass diese Verbindung zu Nierenschäden führt. Bei höheren Dosierungen wurden auch gutartige Tumore gefunden. Eine erbgutschädigende Wirkung konnte für 3-MCPD aber nicht nachgewiesen werden, so dass davon ausgegangen wird, dass bei niedrigeren Dosierungen keine Tumore gebildet werden.

Diese Befunde führten dazu, dass für freies 3-MCPD in Sojasoßen und hydrolysiertem Sojaprotein in der VO (EG) 1881/2006 ein Grenzwert von maximal 20 µg/kg definiert wurde. Außerdem hat der Wissenschaftliche Lebensmittelausschuss der EU-Kommission (SCF) bzw. das gemeinsame Komitee der FAO/WHO (JECFA) eine tolerierbare tägliche Aufnahmemenge (TDI) von 2 µg freies 3-MCPD/kg Körpergewicht (KG) festgelegt. Eine toxikologische Bewertung für Glycidolfettsäureester liegt nicht vor. Allerdings wird auch hier zurzeit davon ausgegangen, dass die Substanz zu 100 % zu Glycidol metabolisiert wird und somit die Bewertung als Glycidol möglich ist. Glycidol wird als wahrscheinlich krebserregend eingestuft.

Problematisch ist, dass dieser TDI-Wert von 2 µg pro Kilogramm Körpergewicht und Tag durch 3-MCPD aus Fettsäureestern insbesondere bei Babynahrung, für deren Herstellung auch raffinierte Fette eingesetzt werden, deutlich überschritten werden kann. Allerdings sollte berücksichtigt werden, dass das BfR in seiner Bewertung ein Worst-Case-Szenario angenommen hat, so dass das BfR nicht von einer akuten Gesundheitsgefahr ausgeht. Es sieht aber unmittelbaren Handlungsbedarf für die weitere Untersuchung der Ursachen und die Suche nach alternativen Techniken bei der Herstellung von raffinierten Fetten mit dem Ziel, die Gehalte an 3-MCPD-FE insbesondere in Säuglingsnahrung zu reduzieren.

8.8 Verwendung von Ölen als Frittiermedien

Der Verzehr von frittierten Lebensmitteln erfreut sich in Deutschland großer Beliebtheit, wofür insbesondere das hervorragende Aroma und die angenehme Textur des Frittiergutes verantwortlich sind. Frittieren ist in erster Linie ein Dehydrierungsprozess, bei dem Wasser und wasserlösliche Inhaltsstoffe aus dem Frittiergut in das Frittierfett übergehen bzw. als Wasserdampf das Fett wieder verlassen. Dabei bildet sich eine dünne Dampfschicht zwischen Fett und Lebensmittel aus, die als Isolator dient. Aufgrund dessen wird die Oberfläche des Frittierguts „gekühlt" und ein Verkohlen oder Anbrennen verhindert, so lange Wasser das Lebensmittel verlässt. Gleichzeitig dringt Fett in die durch den Wasserverlust frei gewordenen Hohlräume ein und der innere Teil des Frittierguts wird gegart.

An der Oberfläche des Frittierguts kommt es während des Frittiervorgangs aufgrund des Wasserverlustes und der Wärmezufuhr zur Maillard-Reaktion zwischen Aminosäuren und Zuckern, die zur Braunfärbung des Lebensmittels führt (siehe Kapitel 5.5). Das Lebensmittel erhält dadurch sein angenehmes Aroma.

Die Feuchtigkeit aus dem Frittiergut, Sauerstoff sowie die hohen Temperaturen führen mit fortschreitender Frittierdauer zu einem drastischen Abbau der Triacylglyceride. Dabei kommt es zur Autoxidation, Isomerisierung, Polymerisation und insbesondere bei Palmölprodukten zur Hydrolyse, in deren Verlauf freie Fettsäuren, Mono- und Diacylglyceride sowie Glycerin, aber auch oxidierte Mono-, Di- sowie Polymere entstehen. Des weiteren werden nicht polare Di- und Polymere, sowie vor allem flüchtige Verbindungen gebildet. Eine Vielzahl dieser beim Abbau des Frittierfettes entstehenden Verbindungen ist erwünscht und trägt beträchtlich zum typischen und angenehmen Frittieraroma bei. Andererseits entstehen aber durch Abbaureaktionen auch Verbindungen, die dazu führen, dass das Frittierfett und damit das Produkt ungenießbar wird. Während des Frittierens machen sich diese Veränderungen durch eine verstärkte Rauchentwicklung, Farbvertiefung, zunehmendes Schäumen, zunehmende Viskosität sowie insbesondere durch kratzige und ranzige Aromakomponenten bemerkbar. Infolge der Bildung oberflächenaktiver Substanzen nimmt die Dauer des direkten Kontaktes zwischen Frittiergut und Frittierfett zu, so dass die Produkte schneller gebräunt werden.

Aufgrund der geringen Temperatur von maximal 100 °C im Lebensmittel während des Frittiervorgangs sowie der vergleichsweise kurzen Verweildauer des Frittierguts im Frittierfett ist der Abbau temperaturlabiler Vitamine geringer als bei anderen Zubereitungsarten. Die größten Verluste an Vitaminen treten bei der Vorbereitung der Lebensmittel für das Frittieren auf [8-7].

Die während des Frittierens entstehenden Abbauprodukte der Triglyceride können toxisch wirken. Als genusstauglich eingestufte Frittierfette enthalten solche Substanzen, die in hohen Dosen bei Ratten toxische Effekte hervorrufen, aber nur in sehr kleinen Mengen, so dass sie bei normaler Ernährung keine Bedeutung haben. Toxische Abbauprodukte wie Benzol und Acrolein werden beim Frittieren unter haushaltsüblichen Temperaturen zwischen 160 °C und 180 °C nur in sehr niedrigen Konzentrationen gebildet.

In Abhängigkeit von der Ölsorte kommt es während des Frittierens zur Bildung von 4-Hydroxy-2-trans-nonenal (4-HNE). Es handelt sich dabei um ein Abbauprodukt der Oxidation von Linolsäure. Diese Verbindung wird schon sein mehr als 40 Jahren als Markersubstanz für den oxidativen Stress von Zellen verwendet. Aufgrund der Molekülstruktur ist die Verbindung sehr reaktiv und reagiert bevorzugt mit Thiol- und Aminogruppen von Proteinen. Dies kann die Protein- und DNA-Synthese negativ beeinflussen und im Extremfall zum Zelltod führen. Insbesondere in Sojaöl mit höheren Gehalten an Linolsäure werden in den ersten Stunden des Frittierens Gehalte an 4-HNE zwischen 20 mg/kg und 40 mg/kg gefunden. Mit fortschreitender Frittierdauer nimmt der Gehalt an 4-HNE dann wieder ab, so dass in Proben aus dem Handel nur noch etwa 2 mg/kg gefunden wurden. In Abhängigkeit von der Frittiertemperatur wird der Abbau beschleunigt, d. h., bei höheren Temperaturen kommt es zwar zu Beginn des Frittierens zu einem stärkeren Anstieg des Gehaltes an 4-HNE, aber der Abbau erfolgt ebenfalls schneller. Trotz einer entsprechenden toxikologischen Wirkung von 4-HNE in der Zelle liegen über die toxikologische Bewertung von 4-HNE, das mit der Nahrung aufgenommen wird, bisher keine Erkenntnisse vor.

Ein Anstieg der Viskosität, Veränderungen der Farbe und des Geruchs sowie die Bildung von Rauch bei einem unbrauchbaren Frittierfett gehen einem nachweisbaren biologischen Effekt voraus, so dass die Verwendung von toxikologisch bedenklichen Frittierfetten nahezu auszuschließen ist.

In der Bundesrepublik Deutschland gibt es für die Beurteilung von Frittierfetten keine gesetzlichen Regelungen. Es gibt Empfehlungen, die im Rahmen von vier Symposien der Deutschen Gesellschaft für Fettwissenschaften e. V. (DGF) erarbeitet wurden. Diese sind in eine Stellungnahme des Arbeitskreises Lebensmittelchemischer Sachverständiger (ALS) [8-8] übernommen worden. Danach ist die sensorische Prüfung das wichtigste Mittel zur Beurteilung der Verzehrfähigkeit von Frittierfetten. Dieser Befund kann durch verschiedene chemische Kennzahlen objektiviert werden. Hierbei ist insbesondere der Gehalt an oligomeren Triglyceriden (max. 12 %) und der Gehalt an polaren Anteilen (max. 24 %) von Bedeutung, während die Aussagekraft des Gehaltes an freien Fettsäuren (max. 2 %) bzw. des Rauchpunktes (min. 170 °C) eher gering ist. Bei Überschreitung dieser Kennzahlen sind Frittierfette nicht mehr zum menschlichen Verzehr geeignet und zu beanstanden.

Bei der häuslichen Zubereitung von Frittierprodukten, aber auch bei der Zubereitung im Gastronomiebereich, bietet insbesondere die Reinigung der Friteuse sowie die Reinigung des Fettes von Bestandteilen des Frittiergutes durch Filtration eine gute Möglichkeit, die Lebensdauer der verwendeten Fette und Öle zu verlängern. Auch sollte darauf geachtet werden, dass eine Frittiertemperatur von 175 °C nicht überschritten wird. Zum einen gilt, je höher die Frittiertemperatur eingestellt ist, desto schneller kommt es zum Abbau der Frittierfette, und zum anderen ist die Bildung von Acrylamid in kohlenhydratreichen Produkten wie Kartoffeln oder Chips bei niedrigeren Temperaturen geringer [8-9]. Im häuslichen Bereich sollten Frittierfette häufig gewechselt werden, da in den gebrauchten Frittierfetten bei der Lagerung zwischen den Zubereitungen Autoxidationsreaktionen ablaufen, die zur Bildung von Aromakomponenten führen und somit das Fett ungenießbar machen. Bei kontinuierlich arbeitenden Friteusen wird das mit dem Frittiergut ausgetragene Öl immer wieder ergänzt, wodurch es zu einem ständigen Austausch von gebrauchtem durch frisches Fett kommt.

8.9 Literatur

8-1 Cho, S.Y., Miyashita, K., Miyazawa, T., Fujimoto, K., Kaneda, T.: Autoxidation of ethyl eicosapentaenoate and docosahexaenoate. J. Amer. Oil Chem Soc. (1987) 64: 876-879

8-2 Nationale Verzehrsstudie II. Ergebnisbericht Teil 2, Max Rubner-Institut, Bundesforschungsinstitut für Ernährung und Lebensmittel, Karlruhe (2008)

8-3 DACH-Referenzwerte für die Nährstoffzufuhr (2000), Umschau/Braus, Frankfurt

8-4 Stender, S., Dyerberg, J., Holmer, G., Ovesen, L., Sandström B.: The influence of trans fatty acids on health: A report from The Danish Nutrition Council. Clinical Science (1995) 88: 375-392

8-5 Precht, D. und Molkentin, J.: Trans fatty acids: Implications for health, analytical methods, incidence in edible fats and intake. Die Nahrung (1995) 39: 343-374

8-6 Leitsätze für Speisefette und Speiseöle vom 17.4.1997 (BAnz. Nr. 239a vom 20.12.1997, GMBl. Nr. 45, S. 864 vom 19.12.1997), geändert am 2.10.2001 (BAnz. Nr. 199 vom 24.10.2001, GMBl Nr. 38, S. 754 ff vom 30.10.2001).

8-7 Oguntona, T.E. und Bender A.E.: Loss of thiamin from potatoes, J. Food. Technol. (1976) 11:347

8-8 Beurteilung von Frittierfetten: Bundesgesundheitsblatt (1991) 34:69

8-9 Matthäus, B., Vosmann, K., Haase, N.U.: Pommes frites: Einflussmöglichkeiten auf den Acrylamidgehalt, Ernährung im Fokus (2003) 3: 235-239.

9 Verwendung von Rapsöl als Kraftstoff

Edgar Remmele

Steigende Mineralölpreise, die Abhängigkeit von Erdölimporten und das Bestreben, den CO_2-Ausstoß zu reduzieren, sind Argumente, die Produktion und die Nutzung von Biokraftstoffen zu forcieren. Aufgrund günstiger steuerlicher Rahmenbedingungen und vergleichsweise niedriger Rohstoffkosten für Rapssaat sowie hoher Mineralölpreise etablierte sich in den vergangenen Jahren in Deutschland ein bis in das Jahr 2007 stetig wachsender Markt für Biokraftstoffe aus Ölsaaten. Insgesamt wurden im Jahr 2007 7,3 % des Kraftstoffverbrauchs im Straßenverkehr durch biogene Kraftstoffe ersetzt [9-1]. Neben 3,2 Mio. t Biodiesel wurden 0,76 Mio. t Pflanzenöl als Kraftstoff eingesetzt [9-1]. Die Nachfrage nach Biodiesel und Rapsölkraftstoff als Reinkraftstoff ging jedoch ab dem Jahr 2008 deutlich zurück.

Neben der Nutzung als Kraftstoff werden Pflanzenöle auch noch zur Erzeugung von Wärme und Strom in Blockheizkraftwerken verwendet.

Die Qualitätsanforderungen an Fettsäure-Methylester („Biodiesel") sind in der DIN EN 14214 niedergelegt. Als Qualitätsanforderungen für Rapsöl zur Umesterung zu Biodiesel liegen keine einheitlichen Standards vor. Die Biodieselhersteller haben in der Regel hausinterne Spezifikationen für Mindestanforderungen an die Oxidationsstabilität, die Säurezahl und die Phosphor-, Calcium-, Magnesium- und Schwefelgehalte. Im Folgenden wird deshalb auf die Spezifikationen von Rapsöl zur Umesterung nicht näher eingegangen, dafür jedoch die Qualitätsanforderungen für Rapsöl als Kraftstoff für pflanzenöltaugliche Motoren näher beleuchtet.

9.1 Pflanzenöltaugliche Motoren

9.1.1 Umrüstung von Seriendieselmotoren

Rapsölkraftstoff unterscheidet sich in wesentlichen Eigenschaften, vor allem hinsichtlich Viskosität, Zündwilligkeit und Siedeverhalten, von Dieselkraftstoff. Ein zuverlässiger Einsatz in konventionellen Dieselmotoren ist darum aufgrund der zum Teil unzureichenden Pumpfähigkeit, der ungenügenden Zerstäubungs- und Verdampfungseigenschaften, der unvollständigen Verbrennung und der verstärkten Rückstandsbildung nicht dauerhaft möglich. Eine Anpassung der Motorentechnik an die Anforderungen des Pflanzenöls ist deshalb erforderlich. Grundsätzlich gibt es zwei technische Varianten der Umrüstung:

Mit dem „Ein-Tank-System" oder „Ein-Kraftstoff-System" wird der Motor in allen Betriebszuständen ausschließlich mit Pflanzenöl betrieben. Insbesondere für die kritischen Betriebsphasen (Start, Teillast, Winterbetrieb) bieten die verschiedenen Hersteller unterschiedliche Lösungen an. Dies sind beispielsweise Kraftstoffvorwärmung, elektrische Motorvorwärmung oder beheizte Einspritzdüsen. Daneben können aber auch eine Reihe weiterer Maßnahmen, wie die Anpassung des Einspritzzeitpunkts und Einspritzdrucks oder eine Änderung der Einspritzdüsen bzw. des Einspritzwinkels erforderlich sein. Das Umrüsten auf ein Ein-Tank-System kostet je nach Motor und Umrüstkonzept meist zwischen ca. 3000 und 7000 Euro.

Beim „Zwei-Tank-System" oder „Zwei-Kraftstoff-System" befindet sich im Haupttank Rapsölkraftstoff, in einem (meist kleineren) Zusatztank Dieselkraftstoff. Der Kraftstoff im Zusatztank wird nur für den Startvorgang und die Warmlaufphase bzw. für ungünstige Betriebszustände (Teillast) benötigt. Nach Erreichen der Betriebstemperatur wird entweder manuell oder automatisch auf den Betrieb mit Rapsölkraftstoff aus dem Haupttank umgestellt. Bei Schwachlastbetrieb und vor dem Abstellen des Motors erfolgt der Betrieb wieder mit Dieselkraftstoff, wodurch das Kraftstoffsystem gespült wird und für den nächsten Startvorgang bereit ist. Die Umschaltung erfolgt auch hier je nach Ausführung manuell oder automatisch, im letzteren Fall meist mit einem Nachlaufen des Motors nach dem Abstellen. Eine Zwei-Tank-System-Lösung ist in der Regel kostengünstiger als ein Ein-Tank-System.

9.1.2 Seriengefertigter pflanzenöltauglicher Motor

Die Firma Deutz AG entwickelte zusammen mit den Traktorenherstellern Same Deutz-Fahr Deutschland GmbH und AGCO Fendt GmbH einen pflanzenöltauglichen Motor, der erstmalig auf der Messe Agritechnica 2007 in Hannover vorgestellt wurde. Erste Traktoren, ausgestattet mit diesem Motor, sind seit Jahresmitte 2008 erhältlich.

9.1.2.1 Deutz Natural Fuel Engine

Der Deutz Natural Fuel Engine [9-2], wie in Abbildung 9-1 dargestellt, ist eine Weiterentwicklung der Deutz Motorbaureihen TCD 2012 und TCD 2013 mit Deutz Common-Rail für den Betrieb mit Rapsölkraftstoff durch den Motorhersteller. Diese Motoren sind von der Deutz AG für den Einsatz von 100 % Rapsölkraftstoff nach DIN V 51605 [9-23] und 100 % FAME (Biodiesel) nach DIN EN 14214 [9-4] freigegeben und besitzen die volle Gewährleistung.

Das Deutz Fuel Management ist mit kennfeldgesteuerter Kraftstoffregelung voll in das Motormanagement integriert. Es handelt sich dabei um ein elektronisch gesteuertes Zwei-Tank-System mit automatischer Umschaltung von Diesel- auf Rapsölbetrieb. Laut Herstellerangaben sind im Vergleich zum Dieselbetrieb keine spürbaren Leistungseinbußen zu verzeichnen. Der Motorstart und der Niedriglastbetrieb erfolgt mit Dieselkraftstoff. Über die CAN-Bus-Verbindung erkennt das System den Betriebszustand des Motors und stellt den dafür vorgesehenen Kraftstoff bereit. Das System gewährleistet kurze Spülzeiten ohne Vermischung der Kraftstoffe im Dieseltank. Die Rapsöltemperatur wird durch einen Wärmetauscher auf ca. 60 bis 65 °C eingeregelt. Bei jedem Startvorgang und Filterwechsel erfolgt eine automatische Entlüftung.

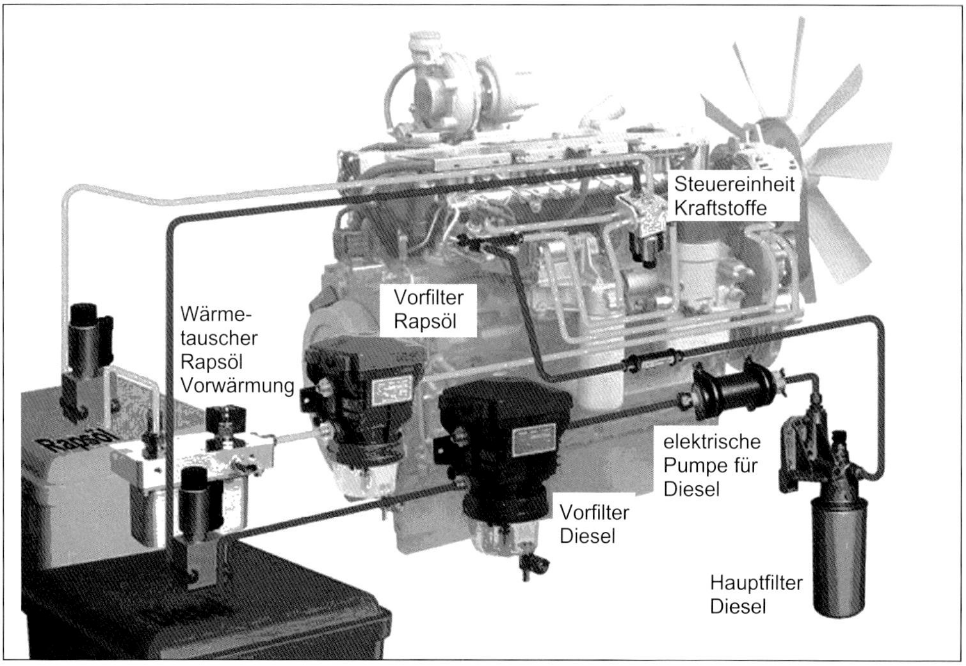

Abb. 9-1: Kraftstoffsystem des DEUTZ Natural Fuel Engine

Der Motor wird in den Traktoren Agrotron Natural Power von Same Deutz-Fahr, basierend auf der Agrotron-M-Baureihe (131 bis 184 PS) und Fendt 820 Vario Greentec (Nennleistung 190 PS) eingebaut. Die Traktoren sind für den Betrieb mit Rapsölkraftstoff nach DIN V 51605 freigegeben, mit dem laut Herstellerangaben auch die Abgasgrenzwerte der Stufe IIIA eingehalten werden.

9.1.2.2 John Deere 6930 Premium greenpower

Der Traktorenhersteller John Deere Werke Mannheim hat mit finanzieller Förderung des Bundesministeriums für Ernährung, Landwirtschaft und Verbraucherschutz federführend das Vorhaben „Rapsölbefeuerte T3-Dieselmotoren für landwirtschaftliche Maschinen" bearbeitet. Der rapsölkraftstofftaugliche Traktor John Deere 6930 Premium greenpower wird derzeit als Konzeptstudie im von der EU geförderten Vorhaben „2nd Generation Vegetable Oil" im Feldversuch getestet. Ob, und falls ja, ab wann der Traktor zum Verkauf angeboten wird, ist noch nicht entschieden.

Um pflanzenöltaugliche Motoren jedoch mit hoher Betriebssicherheit und unter Einhaltung der gesetzlichen Anforderungen an das Emissionsverhalten betreiben zu können, ist es erforderlich, dass Rapsölkraftstoff bestimmte Mindestanforderungen erfüllt. Diese Qualitätskriterien sind seit Juli 2006 in der Vornorm DIN V 51605 [9-3] festgelegt. Außerdem ist in Deutschland eine Steuerbegünstigung bei der Energiesteuer für Rapsöl als Biokraftstoff an die Einhaltung der DIN V 51605 gekoppelt [9-5]. Für die technisch und wirtschaftlich erfolgreiche Produktion von Rapsölkraftstoff in dezentralen Ölmühlen muss deshalb das Augenmerk vermehrt auf die Qualitätssicherung gelegt werden.

9.2 Qualitätssicherung für Rapsölkraftstoff in dezentralen Ölmühlen

Die Qualitätssicherung für Rapsölkraftstoff muss sich als Minimalziel an den Anforderungen der Vornorm DIN V 51605 ausrichten. Für den Betreiber einer Ölmühle ist es jedoch ratsam, innerbetrieblich höhere Qualitätsstandards als Ziel für die Kraftstoffproduktion festzulegen. Dadurch verringert sich die Gefahr, dass Kraftstoffchargen nicht mehr verkauft werden können, weil sie beispielsweise durch die Lagerung bis zum Zeitpunkt des Verkaufs an Qualität eingebüßt haben und deshalb Überschreitungen von Grenzwerten festgestellt werden. Zudem sind bei der Vorgabe der innerbetrieblichen Standards die Messfehler der in der Norm vorgegebenen Prüfverfahren zu berücksichtigen. Wie bereits gezeigt, sind die Qualitätsparameter Dichte, Flammpunkt, Kinematische Viskosität, Heizwert und Zündwilligkeit bei der Kraftstoffproduktion nicht und die Kennwerte Koksrückstand und Iodzahl nur bedingt beeinflussbar.

Die in Abbildung 9-5 gezeigten Grenzwerte sollten als innerbetriebliche Zielvorgabe für die Kraftstoffqualität mindestens eingehalten werden. Wird bei der Produktion die hier vorgeschlagene Kraftstoffqualität sichergestellt, kann der Kraftstoffhersteller mit 95 %iger Wahrscheinlichkeit davon ausgehen, dass bei einer Überprüfung der Qualität durch Dritte bei gegebenem Messfehler der Prüfverfahren die Anforderungen der DIN V 51605 eingehalten werden.

9.2.1 Maßnahmen zur Qualitätssicherung

Maßnahmen zur Qualitätssicherung sollen, begleitend zum Produktionsprozess, dazu dienen, dass das entstehende Endprodukt den vorgegebenen Anforderungen mit hoher Wahrscheinlichkeit entspricht. Die Maßnahmen zur Qualitätssicherung bei der Herstellung von Rapsölkraftstoff umfassen deshalb, Kontrolle und Dokumentation:

- des Rapsanbaus,
- der Ernte der Rapssaat,
- des Transports der Rapssaat,
- der Rapssaat bei der Ernte, nach der Reinigung, vor der Trocknung und vor der Einlagerung (Rapssorte, Ausreifung, Anteil Bruchkorn, Anteil Besatz, Anteil Auswuchs, Anteil freier Fettsäuren (FFA-Gehalt)),
- der Rapssaatreinigung,
- der Rapssaattrocknung,
- des Zustands des Lagers,
- der Rapssaatlagerung (Temperaturen, Belüf-

tung/Kühlung, Verunreinigungen),
- der Rapssaat bei der Auslagerung und vor der Verarbeitung,
- der Saatreinigung vor der Ölsaatenverarbeitung und des Zustands des Magnetabscheiders,
- des Zustands (Funktion, Verschleiß, Sauberkeit) der Ölpresse,
- der Prozessparameter bei der Ölpressung,
- des Zustands der Apparate zur Hauptreinigung (Sedimentationsbehälter, Filterapparate, Filtermittel, Filterhilfsmittel),
- der Prozessparameter bei der Hauptreinigung,
- des Zustands der Apparate zur Endfiltration,
- der Prozessparameter bei der Endfiltration,
- der Vergällung (falls erforderlich),
- des Zustands der Lagertanks für Rapsölkraftstoff,
- der Lagerbedingungen für Rapsölkraftstoff,
- Beprobung produzierter Rapsölkraftstoffchargen und Herstellung von Mustern zur Analyse und von Rückstellmustern,
- der Rapsölkraftstoffanalysen,
- des Zustands der Auslieferungsfahrzeuge,
- des Zustands der Abfüllstelle,
- der Rückstellmuster,
- der Massenströme von Rapssaat und Rapsölkraftstoff zur Nachweisführung beim zuständigen Hauptzollamt und bei der Bundesanstalt für Landwirtschaft und Ernährung.

9.2.2 EDV-gestützter Maßnahmenkatalog zum Qualitätsmanagement bei der Herstellung von Rapsölkraftstoff

Für den Aufbau eines einzelbetrieblichen Qualitätsmanagements für die Herstellung von Rapsölkraftstoff in dezentralen Ölmühlen steht auf Basis der Software Microsoft Office Excel ein EDV-gestützter Maßnahmenkatalog zur Verfügung. Darin sind auf Formularblättern Maßnahmen zum Erreichen der erforderlichen Produktqualität für Rapsölkraftstoff nach der Vornorm DIN V 51605 zusammengestellt. Außerdem werden Formulare zur Dokumentation der Verfahrensschritte vorgeschlagen.

Abbildung 9-2 zeigt die Startseite der EDV-Anwendung. Der Maßnahmenkatalog ist in zwölf Teilbereiche untergliedert: Ernte der Rapssaat, Transport der Ernteware, Reinigung, Trocknung und Kühlung der Rapssaat, Rapssaatlagerung nach der Ernte,

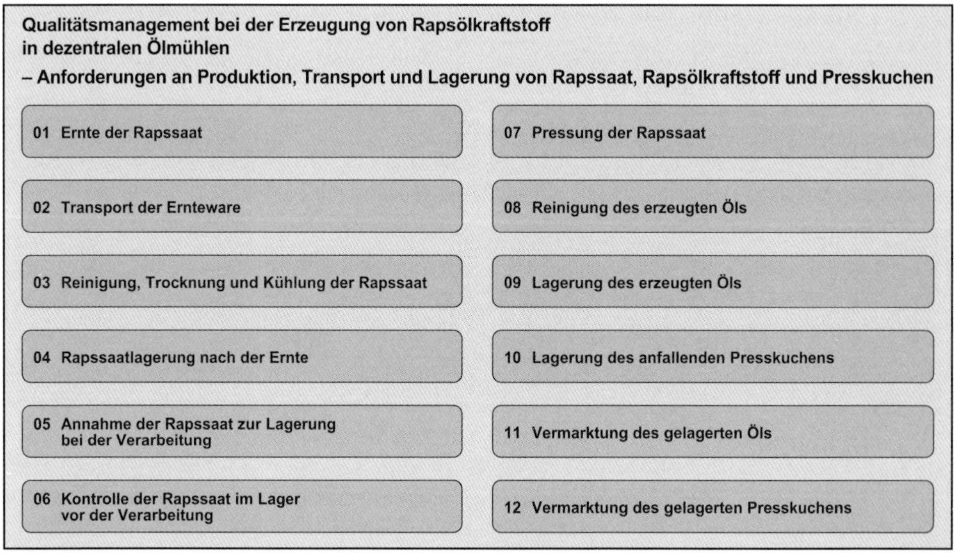

Abb. 9-2: Maßnahmenkatalog auf Basis von Microsoft Excel für ein Qualitätsmanagement in dezentralen Ölmühlen bei der Produktion von Rapsölkraftstoff nach der Vornorm DIN V 51605 – Startseite

Annahme der Rapssaat zur Lagerung bei der Verarbeitung, Kontrolle der Rapssaat im Lager vor der Verarbeitung, Pressung der Rapssaat, Reinigung des erzeugten Öls, Lagerung des erzeugten Öls, Lagerung des anfallenden Presskuchens, Vermarktung des gelagerten Öls und Vermarktung des gelagerten Presskuchens. Die genannten Teilbereiche enthalten Tabellenblätter und Formulare, die sowohl direkt in der EDV-Anwendung ausgefüllt als auch ausgedruckt und von Hand bearbeitet werden können. Abbildung 9-3 zeigt beispielhaft das Formularblatt „Rapssaatlagerung" aus dem EDV-gestützten Maßnahmenkatalog zum Qualitätsmanagement bei der Herstellung von Rapsölkraftstoff.

Für Ölmühlenbetreiber besteht die Möglichkeit, anhand dieser Vorlagen ein eigenes Qualitätsmanagement aufzubauen. Es ist jedoch zu beachten, dass betriebsindividuell z. B. Zuständigkeiten, Kommunikationswege, Prüfverfahren (sofern nicht schon festgelegt), Schulungsmaßnahmen für die zuständigen Personen usw. ergänzt werden müssen. Die Datei kann von den Internetseiten des Technologie- und Förderzentrums (TFZ) unter www.tfz.bayern.de heruntergeladen werden.

9.2.3 Beprobung und Dokumentation der Rapsölkraftstoffqualität

Wird bei der Abgabe von Rapsölkraftstoff durch den Ölmühlenbetreiber z. B. auf dem Lieferschein oder der Rechnung Bezug auf die Vornorm DIN V 51605 genommen, so haftet der Rapsölkraftstoffhersteller für die Einhaltung der beschriebenen Qualität (Produkthaftungsgesetz). Außerdem ist eine Steuerentlastung bei der Energiesteuer für Rapsöl als Biokraftstoff an die Einhaltung der Vornorm DIN V 51605 gekoppelt. Deshalb muss es ein Anliegen des Rapsölkraftstoffherstellers sein, dass zur eigenen Absicherung die Rapsölkraftstoffqualität regelmäßig, typischerweise chargenbezogen, repräsentativ beprobt und

„Navigation" | Formblatt „Lagerdokumentation, Teil 1/2" | Annahme der Rapssaat zur Lagerung bei der Verarbeitung (05)

Rapssaatlagerung nach der Ernte (04)

Allgemeines zur Einlagerung der Rapssaat

Herkunft der Rapssaat	Hausacker	
Sorte	Talent	
Rapssaatmenge	9,0 t	
Besatz der Rapssaat	0,9	Masse-%
Feuchte der Rapssaat	7,0	Masse-%
Temperatur der Rapssaat	11,0	°C
Die Rapssaat ist lagerfähig?	☑ Ja	☐ Nein
Eine Bearbeitung ist nötig?	☐ Ja	☑ Nein
(vgl. „Reinigung, Trocknung und Kühlung der Rapssaat")		
Datum der Einlagerung	02.08.06	
Uhrzeit	14:00	
Durchführung	Name, Vorname	

Lagerform:	Hochsilo	Material:	Stahl + Holz	Lagervolumen:	30,0 m^3
Lagerbezeichnung:	Hochsilo 1				
Standort des Lagers:	Lagerhalle / Position 1 nach Lageplan				
Die Rapssaat befindet sich im Lager ohne Schüttkegel?			☑ Ja	☐ Nein	

Generell wird empfohlen, die Rapssaatlagerung, alle durchgeführten Maßnahmen und damit verbundenen Informationen lückenlos zu dokumentieren. Dies kann z.B. anhand eines Formblattes erfolgen, wie es unter der folgenden Internetadresse heruntergeladen werden kann:
http//:www.lfl.bayern.de/iem/qualitaetssicherung/16090/linkurl_0_0_0_54.pdf
Auf diese Weise kann im Rahmen der Rückverfolgbarkeit von Rohstoff- bzw. Produktströmen die Einhaltung geforderter Produktionsstandards belegt und u.U. später vorgehaltenes Fehlverhalten widerlegt werden.

Über die auf dem genannten Formblatt vorgeschlagene Dokumentation hinaus sollte für die Lagerung von Rapssaat folgendes berücksichtigt werden:

Kontrolle der Rapssaattemperatur		
Saattemperatur-Grenzwert für Lagerung	≤ 12	°C
ermittelte Saattemperatur	13,0	°C
Datum	06.08.06	
Uhrzeit	10:00	
Durchführung	Name, Vorname	
Die Rapssaat ist lagerfähig?	☐ Ja	☑ Nein
Eine Kühlung ist nötig?	☑ Ja	☐ Nein

Kontrolle der Rapssaatfeuchte		
Saatfeuchte-Grenzwert für Lagerung	≤ 7	Masse-%
ermittelte Saatfeuchte	8,5	Masse-%
Datum	06.08.06	
Uhrzeit	10:00	
Durchführung	Name, Vorname	
Die Rapssaat ist lagerfähig?	☐ Ja	☑ Nein
Eine Trocknung ist nötig?	☑ Ja	☐ Nein

Sicht- und Geruchsprüfung	
frei von Auswuchs	
☑ Ja	☐ Nein
frei von Verunreinigungen aller Art	
☑ Ja	☐ Nein
saatiger Geruch, nicht muffig	
☑ Ja	☐ Nein

Eine Befeuchtung der Rapssaat durch Wasser aller Art ist während der gesamten Lagerdauer ausgeschlossen? ☑ Ja ☐ Nein

Auslagerung der Rapssaat	
Datum der Auslagerung	31.10.06
Lagerdauer	90 Tage
Durchführung	Name, Vorname
Empfänger der Rapssaat	Name, Vorname

Notizen:

Datum: ____________

Unterschrift: ____________

Abb. 9-3: Formularblatt „Rapssaatlagerung" aus dem EDV-gestützten Maßnahmenkatalog für ein Qualitätsmanagement in dezentralen Ölmühlen bei der Produktion von Rapsölkraftstoff nach der Vornorm DIN V 51605

durch Laboranalysen überwacht und dokumentiert wird. Für die Lagerhaltung von Rapsölkraftstoff sollten mindestens drei Lagertanks vorgehalten werden (siehe Kapitel 7.2.3).

Das Ziel der Probenahme von Rapsölkraftstoff für einen Qualitätsnachweis ist es, eine Teilmenge aus der Kraftstoffgesamtmenge zu entnehmen, die repräsentativ für die Gesamtmenge ist. Mit der Prüfung dieser Probe auf die erforderlichen Kennwerte kann die Gesamtkraftstoffmenge beurteilt werden. Im laufenden Produktionsprozess kann eine Probenahme aber auch zu dem Zweck erfolgen, dass nur eine Teilmenge der Gesamtmenge beurteilt werden soll. Dadurch lassen sich beispielsweise Erkenntnisse über die Zusammensetzung des Sediments (Bodensatzes) in einem Lagerbehälter oder über die Funktion der Filtrationsanlage gewinnen. Außerdem kann durch gezielte Probenahme Ursachenforschung betrieben werden, wenn es zu Überschreitungen der Grenzwerte nach DIN V 51605 kommt. Wichtig ist deshalb, neben der richtigen Entnahme einer Probe, die Probe auch mit den nötigen Informationen zu versehen, nämlich wann, von wem, wie und was entnommen wurde.

Die DIN EN ISO 3170 „Flüssige Mineralölerzeugnisse – Manuelle Probenahme“ und die beiden Normen DIN 51750 „Prüfung von Mineralölen – Probenahme“ Teil 1 „Allgemeines“ und Teil 2 „Flüssige Stoffe“ bilden auch die Grundlage für die Probenahme von Rapsölkraftstoff. Sie beschreiben den Ablauf der Entnahme von Ölproben. Dabei kann sich der Kraftstoff in ruhendem (z. B. in einem Tank) oder strömendem Zustand (z. B. in einer Kraftstoffleitung) befinden. Folgende Probenarten werden in Anlehnung an DIN 51750-1 unterschieden:

- Einzelprobe wird an einer örtlich abgegrenzten Stelle entnommen. Unterschieden wird nach der Schicht, aus der die Probe entnommen wird in:
  - Oberflächenprobe (0-5 cm unter der Oberfläche),
  - Obenprobe (15 cm unter der Oberfläche),
  - Oberschichtprobe (Mitte des oberen Drittels der Gesamthöhe),
  - Mittelschichtprobe (50 % unter der Gesamthöhe der Oberfläche),
  - Unterschichtprobe (Mitte des unteren Drittels der Gesamthöhe),
  - Bodenprobe (aus dem untersten Bereich),
  - Auslaufprobe (Auslaufstutzen oder Zapfeinrichtung),
  - Allschichtenprobe/Durchzugsprobe (alle Schichten über die Gesamthöhe),
  - Hauptstromprobe (Mischung aus Proben aus dem Auslauf),
  - Nebenstromprobe (Abzweig eines Nebenstroms, aus einer Leitung),
- Sammelprobe (Probenmischung),
- Durchschnittsprobe (Probenmischung aus proportionalen Teilen).

Soll aus einer Zapfeinrichtung, z. B. an einer Tankstelle, eine Probe entnommen werden, wird der Kraftstoff über die Zapfeinrichtung – falls möglich – unmittelbar in das Aufnahmegefäß geleitet. Ein ausreichender Vorlauf, mindestens 10 Liter, ist vor der eigentlichen Probenahme zu verwerfen. Dadurch wird eine Verfälschung der Probe durch Rückstände in der Zapfanlage vermieden.

Die Probenahme soll von einer erfahrenen Person durchgeführt werden, die dem Probenzweck entsprechend entscheidet, wie die Probe zu entnehmen ist. Für die repräsentative Probenahme ist es wichtig, geeignete Probenahmegeräte zu verwenden. Zum Einsatz können offene Stechheber, Verschlussstechheber, Tauchflaschen, Tauchbomben oder Schöpfer kommen. Mangelnde Sorgfalt bei der Probenahme wird meist erst über das Analysenprotokoll aufgedeckt und verursacht unnötige Kosten.

Für die interne Qualitätskontrolle ist es ausreichend, von jeder Probe ein Rückstellmuster mit gleichem Volumen anzulegen. Soll die Kraftstoffqualität gegenüber einem Kunden abgesichert werden, müssen drei Rückstellmuster angelegt werden. Eine Probe verbleibt beim Kunden, eine Probe verbleibt beim Rapsölkraftstoffproduzenten und die dritte Probe wird im Reklamations- oder Streitfalle an ein Prüflabor zur Analyse gegeben. Alle Ölproben sind zu versiegeln und von beiden Vertragspartnern zu unterzeichnen.

Jede entnommene Probe ist ausführlich zu beschriften. Folgende Angaben sind für die Dokumentation wichtig: Probennummer, Adresse des Rapsölkraftstoffproduzenten, gegebenenfalls Adresse des Kunden, Ort und Stelle der Probenahme, Art der Probenahme, Ort, Datum, Zeit und Unterschriften. Abbildung 9-4 zeigt ein Formular für die Beschriftung beziehungsweise Dokumentation von Rapsölkraftstoffproben.

Als Probengefäße haben sich Weithalsflaschen aus HDPE (High-Density Polyethylen) mit einem Volumen von 2 Liter für Vollanalysen nach der Vornorm DIN V 51605 und 1 Liter für Teilanalysen bewährt. Falls die Cetanzahl im Prüfmotor bestimmt werden soll, sind gegebenenfalls noch größere Probenvolumen erforderlich. Die Probengefäße sollten dicht verschließbar sein und vollständig befüllt werden. Da HDPE aber nicht völlig wasserundurchlässig ist, sollten Proben, die eine exakte Bestimmung des Wassergehaltes erfordern, in Braunglasflaschen abgefüllt werden. Gegebenenfalls sollten die Flaschen mit einem Originalverschluss versehen sein oder entsprechend versiegelt werden. Gebrauchte Getränkeflaschen oder Ähnliches sind als Probenflaschen

Anschrift des Probenehmers: ....
....
....
....

Probe-Nr.: ....

aus Lieferung von: ....

entnommen aus (Behälter und Nr.): ....

Produktionszeitpunkt: ....

Art der Probenahme:

☐ Oberflächenprobe	☐ Allschichtenprobe
☐ Obenprobe	☐ Hauptstromprobe
☐ Oberschichtprobe	☐ Nebenstromprobe
☐ Mittelschichtprobe	☐ Sammelprobe
☐ Unterschichtprobe	☐ Durchschnittsprobe
☐ Bodenprobe	....
☐ Auslaufprobe	....

Erzeugnis/Sorte: ....

Menge (Volumen und Anzahl Proben): ....

Probenahmegerät: ....

Probenahmeort: ....

Genaue Bezeichnung der Probenahmestelle: ....
....

Datum: .... Uhrzeit: ....

Unterschrift Probenehmer: .... Unterschrift Kunde: ....

Abb. 9-4: Musterformular für die Dokumentation von Rapsölkraftstoffproben

völlig ungeeignet. Die Lagerung von Proben und Rückstellmustern sollte dunkel und kühl (ungefähr 5 °C), z. B. in einem Kühlschrank, erfolgen um Alterungsprozesse zu minimieren.

Zumindest einmal pro Jahr sollte die Qualität von Rapsölkraftstoff über eine Vollanalyse aller Parameter der Vornorm DIN V 51605 dokumentiert werden. Für den Nachweis der Kraftstoffqualität gegenüber der Biokraftstoffquotenstelle beziehungsweise den Hauptzollämtern sind die Vorgaben des Bundesministeriums für Finanzen zu beachten. In den entsprechenden Erlassen wird geregelt, wie oft ein Nachweis zu führen ist und welche Parameter dokumentiert werden müssen. Für die laufende innerbetriebliche Qualitätsüberprüfung empfiehlt es sich aus Kostengründen, nur die aus der Betriebserfahrung heraus bekannten, häufigen Schwankungen unterliegenden Parameter zu untersuchen. Dies sind in der Regel die Gehalte an Phosphor, Calcium und Magnesium, die Säurezahl, die Oxidationsstabilität, der Wassergehalt und die Gesamtverschmutzung.

Ablehnungsgrenzwerte für Rapsölkraftstoff nach DIN V 51605

überprüfte Firma:

Probenbehälternummer:

Stand März 2007

Nr	Eigenschaft	Prüfverfahren	Bem.	Einheit	Grenzwert		Ablehnungs-Grenzwert		Prüf-ergebnis
					min	max	min	max	
1	Visuelle Begutachtung		*(a)*						
2	Dichte bei 15°C	a) DIN EN ISO 3675	*(b)*	kg/m³	900,0		899,3		
				kg/m³		930,0		930,7	
		b) DIN EN ISO 12185		kg/m³	900,0		899,7		
				kg/m³		930,0		930,3	
3	Flammpunkt Pensky Martens	DIN EN ISO 2719		°C	220		211		
4	Viskosität bei 40°C	DIN EN ISO 3104		mm²/s		36,0		36,4	
5	Heizwert	DIN 51900-1, -2, -3		kJ/kg	36000		35764		
6	Zündwilligkeit		*(c)*				--		
7	Koksrückstand	DIN EN ISO 10370	*(d)*	%(*m/m*)		0,40		0,48	
8	Iodzahl	DIN EN 14111		g(Iod)/100g	95		92		
						125		128	
9	Schwefelgehalt	a) DIN EN ISO 20846		mg/kg		10		11,8	
		b) DIN EN ISO 20884		mg/kg		10		11,3	
10	Gesamtverschmutzung	DIN EN 12662		mg/kg		24		32	
11	Säurezahl	DIN EN 14104		mg KOH/g		2,0		2,06	
12	Oxidationsstabilität, 110°C	DIN EN 14112		Stunden	6,0		4,9		
13	Phosphor-Gehalt	DIN EN 14107	*(e)*	mg/kg		12		13,4	
14	Gehalt an Erdalkali (Summe Ca + Mg)	DIN EN 14538	*(e)*	mg/kg		20		22,5	
15	Asche-Gehalt (Oxid-Asche)	DIN EN ISO 6245		%(*m/m*)		0,01		0,013	
16	Wassergehalt	EN ISO 12937		mg/kg		0,075		0,086	

Anmerkungen

a Die Probe muss bei visueller Begutachtung frei sein von sichtbaren Verunreinigungen, Sedimenten, und freiem Wasser. Dazu gibt es keinen numerischen Grenzwert. Anzugeben ist daher „pass / fail" oder „ok / nicht ok".

b Bezüglich der Temperaturumrechnung aus 15 °C aus bei anderen Temperaturen bestimmten Werten siehe Abschnitt 5.6.4 von DIN V 51605.

c Die Anwendbarkeit der vorhandenen Verfahren zur Bestimmung der Zündwilligkeit wird z.Z. noch geprüft; es liegen daher z.Z. noch keine vollständig abgesicherten Präzisionsdaten vor. Siehe hierzu auch Abschnitt 5.5 von DIN V 51605.

d Die Prüfung ist am gesamten Probenteil und *nicht* am 10% Destillationsrückstand vorzunehmen ...

e Abweichend von den Vorgaben in DIN EN 14107 (Phosphor) bzw. DIN EN 14538 (Erdalkali) ist die Bestimmung mit einer 1:5 Verdünnung des Probenteils vorzunehmen. Dies ist entsprechend in den Berechnungen und Ergebnisabgaben zu berücksichtigen.

Abb. 9-5: Ablehnungsgrenzwerte für Rapsölkraftstoff nach DIN UA 632.2 – Stand März 2007

Es ist empfehlenswert, die Analysen von erfahrenen Labors, z. B. von einem akkreditierten Labor für Pflanzenölkraftstoff, untersuchen zu lassen. Akkreditierte Prüflabors können im Internet unter der Adresse des Deutschen Akkreditierungsrats (www.dar.bam.de) in der Datenbank „Akkreditierte Stellen" mit dem Suchbegriff „Pflanzenöl" im Sachgebiet „B37" recherchiert werden. Das Bundesministerium für Finanzen stellt an zertifizierende Labore die Anforderung, dass diese jährlich an mindestens einem Ringversuch teilnehmen und die Ergebnisse gegenüber der zuständigen Stelle offen legen. Nähere Informationen erteilt die Biokraftstoffquotenstelle.

Vom Normungsausschuss DIN UA 632.2 „Rapsölkraftstoff" wurden, unter Berücksichtigung der Messfehler der Prüfverfahren für Rapsölkraftstoff, die in Abbildung 9-5 zusammengestellten Ablehnungsgrenzwerte für Rapsölkraftstoff festgelegt. Eine Rapsölkraftstoffcharge kann erst dann mit 95 %iger Wahrscheinlichkeit abgelehnt werden, wenn ein oder mehrere Parameter bei der Analyse der Rapsölkraftstoffprobe außerhalb dieser Ablehnungsgrenzwerte liegen.

9.3 Eigenschaften von Rapsölkraftstoff

9.3.1 Vornorm DIN V 51605 Rapsölkraftstoff

Ein verlässlicher Betrieb von Verbrennungsmotoren ist nur möglich, wenn wichtige Eigenschaften und Inhaltsstoffe des Kraftstoffs definiert sind. Diese müssen in ihrer Schwankungsbreite bestimmte Grenzen einhalten, andernfalls kann keine Garantie und Gewährleistung für einen sicheren Motorenbetrieb oder die Einhaltung bestimmter Emissionsgrenzwerte gegeben werden. Definierte Kraftstoffqualitäten sind außerdem für die Beurteilung des Betriebsverhaltens und die Weiterentwicklung von Motoren erforderlich. Die Beschreibung der Kraftstoffqualität durch die Verwendung einheitlicher Kennwerte (Kenngrößen, Eigenschaften) und Prüfverfahren ermöglicht gegebenenfalls eine Optimierung des Kraftstoffs. Die vergleichende Untersuchung des Emissionsverhaltens von Motoren ist darüber hinaus nur möglich, wenn einheitliche Kraftstoffqualitäten („Referenzkraftstoffe") verwendet werden. Schlussendlich ist eine definierte Kraftstoffqualität Grundlage für den Handel mit Kraftstoff.

Unter Federführung des Technologie- und Förderzentrums (TFZ) wurde im Jahr 1996 begonnen, die erforderliche Qualität von Rapsölkraftstoff für den Einsatz in pflanzenöltauglichen Motoren zu definieren und abschließend in dem „Qualitätsstandard für Rapsöl als Kraftstoff (RK-Qualitätsstandard) 05/2000" [9-6, 9-7] zusammenzufassen.

Im Herbst 2003 wurde beim Deutschen Institut für Normung e.V. der Unterausschuss 632.2 „Prüfung von Rapsöl als Kraftstoff für pflanzenöltaugliche Motoren" im Normenausschuss Materialprüfung eingerichtet. Die Zielsetzung des Unterausschusses war zunächst die Erarbeitung einer Vornorm für Rapsölkraftstoff für den Einsatz in pflanzenöltauglichen Motoren. Im Normungsausschuss vertreten sind Dieselmotoren- und Landmaschinenhersteller, Hersteller und Umrüster pflanzenöltauglicher Motoren, Rapsölkraftstoffproduzenten (industrielle und dezentrale Ölmühlen), Rapsölkraftstoffhändler, Schmierstoffhersteller, Analytiklabors, Behörden und Verbände sowie Forschungseinrichtungen.

Als Grundlage für die Normungsarbeiten diente der RK-Qualitätsstandard. Viele seit der Veröffentlichung des RK-Qualitätsstandards gewonnenen Erkenntnisse zur Rapsölkraftstoffqualität sowie deren Auswirkung auf das Betriebs- und das Emissionsverhalten sind in das Vorhaben eingeflossen. Die Mindestanforderungen für Rapsölkraftstoff werden zunächst in einer nationalen Norm festgeschrieben. Die nationalen Arbeiten können jedoch bei Bedarf als Basis für ein künftiges europäisches Verfahren dienen. Die nationalen Normungsgremien der europäischen Staaten wurden über das Vorhaben informiert. Der Normungsausschuss sprach sich dafür aus, sich auf eine Rohstoffquelle „Rapsöl" und nicht auf „Pflanzenöle" als Normungsgegenstand zu beschränken, da für die Vielzahl weiterer Pflanzenöle in Reinform oder in Mischungen bisher zu wenige Erfahrungen für den Einsatz in pflanzenöltauglichen Motoren vorliegen. Der Anwendungsbereich der in der Vornorm definierten Kraftstoffqualität beschränkt sich auf den Einsatz in pflanzenöltauglichen Motoren. Das bedeutet, dass für den Einsatz von Rapsölkraftstoff in nicht adaptierten Motoren, auch als Mischkomponente mit anderen Kraftstoffen, keine Aussagen getroffen werden.

Der Entwurf der Vornorm DIN V 51605 „Kraftstoffe für pflanzenöltaugliche Motoren – Rapsölkraftstoff – Anforderungen" wurde im Juni 2005 veröffentlicht (Abb. 9-5). Bis zum 30.09.2005 bestand die Möglichkeit den Norm-Entwurf zu kommentieren. Anschließend wurden die Einsprüche behandelt und gegebenenfalls in die Vornorm eingearbeitet. Zum 01.07.2006 wurde schließlich die Vornorm DIN V 51605 „Kraftstoffe für pflanzenöltaugliche Motoren – Rapsölkraftstoff – Anforderungen und Prüfverfahren" [9-2] veröffentlicht.

Damit wird der „Qualitätsstandard für Rapsöl als Kraftstoff (RK-Qualitätsstandard) 05/2000" von der Vornorm DIN V 51605 abgelöst. Die Vornorm DIN V 51605 „Kraftstoffe für pflanzenöltaugliche Motoren – Rapsölkraftstoff – Anforderungen und Prüfverfahren", kann beim Beuth-Verlag GmbH, Berlin, oder im Internet unter www.beuth.de bezogen werden.

Die Mitglieder des Unterausschusses 632.2 „Prüfung von Rapsöl als Kraftstoff für pflanzenöltaugliche Motoren" arbeiten derzeit daran, die Vornorm zügig zu einer Norm weiter zu entwickeln. Es ist davon auszugehen, dass künftig die Grenzwerte für die Gehalte an Phosphor, Calcium und Magnesium abgesenkt werden. Daneben beschäftigt sich eine Arbeitgruppe im Unterausschuss DIN UA 632.2 des Deutschen Instituts für Normung damit, die Normung von weiteren Pflanzenölen für die Verwendung als Kraftstoff zu prüfen.

Folgende Festlegungen werden unter anderem in der Vornorm getroffen: Die Herstellung von Rapsölkraftstoff kann sowohl durch mechanische Extraktion ohne als auch mit Lösungsmittelextraktion erfolgen. Das bedeutet, dass sowohl so genanntes kaltgepresstes Rapsöl als auch durch Lösungsmit-

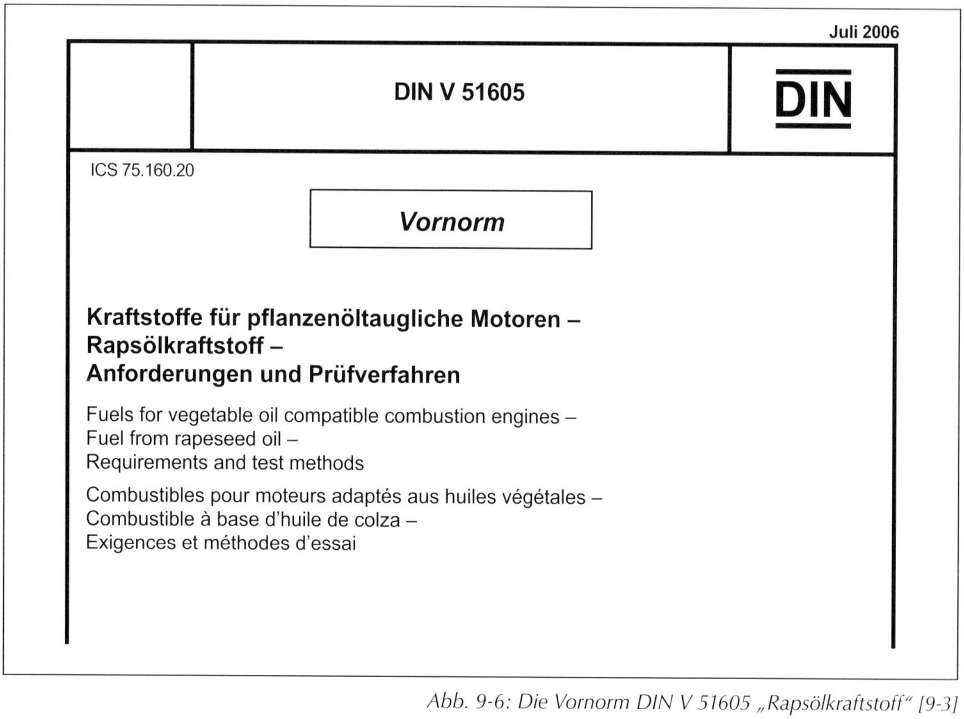

Juli 2006

DIN V 51605

DIN

ICS 75.160.20

Vornorm

Kraftstoffe für pflanzenöltaugliche Motoren –
Rapsölkraftstoff –
Anforderungen und Prüfverfahren

Fuels for vegetable oil compatible combustion engines –
Fuel from rapeseed oil –
Requirements and test methods

Combustibles pour moteurs adaptés aus huiles végétales –
Combustible à base d'huile de colza –
Exigences et méthodes d'essai

Abb. 9-6: Die Vornorm DIN V 51605 „Rapsölkraftstoff" [9-3]

telextraktion gewonnenes und raffiniertes Rapsöl als Rapsölkraftstoff Verwendung finden kann, falls die Anforderungen der Vornorm eingehalten werden. Dabei darf Rapsölkraftstoff gemäß Definition keine vorausgegangene Nutzung erfahren haben, wodurch z. B. gebrauchte Frittieröle oder Hydrauliköle und Schmierstoffe auf Basis von Rapsöl als Rohstoffquelle ausgeschlossen werden. Falls bei der Herstellung von Rapsölkraftstoff aus Rapssaat von Stilllegungsflächen eine Vergällung erforderlich wird, darf dem Rapsölkraftstoff maximal 2,9 Gew.-% Rapsölmethylester (Anforderungen für Rapsölmethylester nach DIN EN 14214) zugemischt werden. Eine Vergällung mit Dieselkraftstoff ist nicht zulässig, da ansonsten nach der Mischungsregel eine Einstufung von Rapsölkraftstoff in eine Wassergefährdungsklasse vorgenommen werden müsste.

Eine Additivierung von Rapsölkraftstoff wird durch die Vornorm nicht ausgeschlossen, jedoch dürfen die zugesetzten Additive die Einstufung von Rapsölkraftstoff als „nicht wassergefährdend" nicht beeinträchtigen. Das Kälteverhalten von Rapsölkraftstoff („Wintertauglichkeit") wird in der Vornorm nicht mit einem Grenzwert festgelegt, da Maßnahmen zur Adaption von Seriendieselmotoren an Rapsölkraftstoff, die hauptsächlich das Temperatur/Viskositäts-Verhalten betreffen, auch die Wintertauglichkeit beeinflussen. In der Vornorm DIN V 51605 wurden Änderungen bei den Grenzwerten der Kenngrößen Gesamtverschmutzung, Oxidationsstabilität, Schwefelgehalt und Phosphorgehalt im Vergleich zum „RK-Qualitätsstandard 05/2000" vollzogen. Eine visuelle Begutachtung sowie ein Summenparameter für den Calcium- und Magnesiumgehalt wurden berücksichtigt.

Neben den qualitätsbestimmenden Kennwerten und den dazugehörigen Grenzwerten sind in der Vornorm DIN V 51605 auch die Prüfverfahren für die einzelnen Parameter festgelegt. Bei der Interpretation von Kraftstoffanalysen, insbesondere bei der Beurteilung ob eine Qualität normkonform oder nicht normkonform ist, muss beachtet werden, dass jedes Prüfverfahren einen gewissen Messfehler aufweist. Die Messgenauigkeit der Prüfverfahren wird durch die Wiederholbarkeit „r" und die Vergleichbarkeit „R" beschrieben. Jedes genormte Prüfverfahren enthält, bezogen auf den Anwendungsbereich des Prüfverfahrens, Angaben zur Wiederholbarkeit und Vergleichbarkeit der Ergebnisse.

Die Wiederholbarkeit „r" ist das Maß für die Übereinstimmung zwischen unabhängigen Ergebnissen, die bei einer üblichen und korrekten Durchführung desselben Prüfverfahrens an identischen Proben in kurzen Zeitintervallen unter den gleichen Prüfbedingungen, wie z. B. gleicher Bearbeiter und gleiche Apparatur, ermittelt wurden. Die Vergleichbarkeit „R" ist das Maß für die Übereinstimmung zwischen einzelnen Prüfergebnissen, die bei einer üblichen und korrekten Durchführung desselben Prüfverfahrens an identischen Proben, aber unter unterschiedlichen Prüfbedingungen, wie z. B. verschiedene Bearbeiter, verschiedene Geräte oder verschiedene Laboratorien, ermittelt wurden [9-8]. Aus den Angaben zur Vergleichbarkeit „R" der Prüfverfahren lassen sich sowohl die Ablehnungsgrenzwerte als auch innerbetriebliche Grenzwerte für die Produktion berechnen. Für die Berechnung wird ein 95%iges Sicherheitsniveau unterstellt.

Zur Rechtsverbindlichkeit von DIN-Normen trifft das Deutsche Institut für Normung e.V. [9-9] folgende Aussagen: „DIN-Normen bilden einen Maßstab für einwandfreies technisches Verhalten, und sind im Rahmen der Rechtsordnung von Bedeutung. DIN-Normen stehen jedermann zur Anwendung frei. Das heißt, man kann sie anwenden, muss es aber nicht. DIN-Normen werden verbindlich durch Bezugnahme, z. B. in einem Vertrag zwischen privaten Parteien oder in Gesetzen und Verordnungen. Der Vorteil der einzelvertraglich vereinbarten Verbindlichkeit von Normen liegt darin, dass sich Rechtsstreitigkeiten von vornherein vermeiden lassen, weil die Normen eindeutige Festlegungen sind. Die Bezugnahme in Gesetzen und Verordnungen entlastet den Staat und die Bürger von rechtlichen Detailregelungen. Auch in den Fällen, in denen DIN-Normen von Vertragsparteien nicht zum Inhalt eines Vertrages gemacht worden sind, dienen DIN-Normen im Streitfall als Entscheidungshilfe, wenn

Ablehnungsgrenzwert	=	Grenzwert des Kennwertes ± 0,59 · R	
Innerbetrieblicher Grenzwert für die Produktion	=	Grenzwert des Kennwertes ± 0,59 · R	
Für den Kennwert Gesamtverschmutzung,			
mit dem Grenzwert max. = 24 mg/kg und			
der Vergleichbarkeit R = 13,2 mg/kg,			
ergeben sich demnach folgende alternative Grenzwerte:			
Ablehnungsgrenzwert		= 24 mg/kg + 0,59 · 13,2 mg/kg	= 32 mg/kg
Innerbetrieblicher Grenzwert für die Produktion		= 24 mg/kg – 0,59 · 13,2 mg/kg	= 16 mg/kg
Für den Kennwert Oxidationsstabilität			
mit dem Grenzwert min. = 6 h und			
der Vergleichbarkeit R = 1,79 h			
berechnen sich folgende Grenzwerte:			
Ablehnungsgrenzwert		= 6 h – 0,59 · 1,79 h	= 4,9 h
Innerbetrieblicher Grenzwert für die Produktion		= 6 h + 0,59 · 1,79 h	= 7,1 h

Abb. 9-7: Wesentliche Kennwerte der DIN V 51605

es im Kauf- und Werkvertragsrecht um Sachmängel geht. Hier spricht der Beweis des ersten Anscheins für den Anwender der Norm in dem Sinne, dass er die im Verkehr erforderliche Sorgfalt beachtet hat. DIN-Normen sind jedoch keine Lehrbücher. Deshalb muss jemand, der sie anwendet, soviel Sachverstand haben, dass er die Verantwortung für sein Handeln selbst übernehmen kann."

Im Folgenden wird die Bedeutung der in der Vornorm DIN V 51605 aufgeführten Qualitätsparameter [9-7] näher erläutert.

9.3.1.1 Aschegehalt (Oxidasche)

Der Aschegehalt, oder Oxidaschegehalt, beschreibt den Anteil anorganischer Feststoffe im Kraftstoff. Hohe Aschegehalte können z. B. durch Eintrag von Staub in den Kraftstoff verursacht werden. Mit zunehmendem Aschegehalt steigt die Gefahr, dass Abrasion in der Einspritzpumpe, in den Einspritzdüsen und im Brennraum auftritt. Außerdem können Abgasnachbehandlungssysteme wie Oxidationskatalysatoren und Rußpartikelfilter in ihrer Funktion beeinträchtigt werden. Der Aschegehalt wird bestimmt durch Entzünden und Abbrennen einer Probe, bis Asche und Kohlenstoff zurückbleiben. Der Rückstand wird in einem Muffelofen verascht, gekühlt und gewogen.

9.3.1.2 Calciumgehalt

Der Calciumgehalt in Rapsöl wird hauptsächlich durch die Saatqualität und die Prozessführung bei der Ölsaatenverarbeitung beeinflusst. Calcium kann die Funktionalität von Oxidationskatalysatoren beeinflussen und verstopft als Aschebildner den Rußpartikelfilter.

9.3.1.3 Cetanzahl

Die Cetanzahl ist ein Maß für die Zündwilligkeit von Dieselkraftstoff. Die Messung der Cetanzahl erfolgt in einem genormten Einzylinder-Prüfmotor (CFR- oder BASF-Prüfmotor) unter jeweils konstantem Zündverzug zwischen Kraftstoffeinspritzung und Verbrennungsbeginn. Der CFR-Motor und der BASF-Motor unterscheiden sich in der Art und Weise, wie der Zündverzug konstant gehalten wird. Ermittelt wird zunächst die Motoreinstellung für den zu messenden (Diesel-) Kraftstoff, bei welcher der vorgegebene Zündverzug erreicht wird. Zum Vergleich wird ein Kraftstoffgemisch aus Cetan ($C_{16}H_{34}$) und (α-Methyl-Naphtalin ($C_{11}H_{10}$) herangezogen, das diese entsprechende Motoreinstellung erfordert. Für den Vergleichskraftstoff Cetan ist die Cetanzahl 100 definiert, für (α-Methyl-Naphtalin, die Cetanzahl 0. Eine Mischung aus x % Cetan und (100 - x) % (α-Methyl-Naphtalin entspricht einer Cetanzahl x des Dieselkraftstoffs.

Für die Ermittlung der Zündwilligkeit von Pflanzenölkraftstoff steht kein geeigneter Prüfmotor beziehungsweise keine geeignete Prüfvorschrift zur Verfügung. Eine annähernde Bestimmung der Cetanzahl im BASF- oder CFR-Prüfmotor kann z. B. durch vorheriges Verdünnen des Rapsölkraftstoffs mit dünnflüssigen Mineralölprodukten erreicht werden. Birkner [9-10] weist darauf hin, dass eine Cetanzahlmessung von Rapsöl im Prüfdieselmotor, abweichend vom genormten Prüfverfahren, nur durch Ansaugluftvorwärmung und Kraftstoffvorwärmung möglich ist und hierbei große Schwankungen bei den Messergebnissen festzustellen sind. Dies spiegelt jedoch nicht die Verbrennung von Rapsölkraftstoff in einem Pflanzenölmotor wider. Hemmerlein et al. [9-11] stellen fest, dass die Messergebnisse für die Cetanzahl von Rapsöl deutlich niedriger sind als die für Dieselkraftstoff. Untersuchungen hätten jedoch gezeigt, dass im realen Motorbetrieb Zündverzug und Verbrennungsverlauf ähnlich seien. Ein alternatives Prüfverfahren zur Bestimmung des Zündverzugs und der abgeleiteten Cetanzahl (ACZ) in einer Verbrennungskammer mit konstantem Volumen [9-12] erscheint für die Anwendung bei Pflanzenöle viel versprechend [9-13].

Kraftstoffe mit geringer Zündwilligkeit (Cetanzahl) bewirken einen höheren Zündverzug, was ein schlechteres Kaltstartverhalten, höhere Druckspitzen und damit höhere Abgas- und Geräuschemissionen zur Folge haben kann. Untersuchungen für Dieselkraftstoff zeigen, dass mit steigender Cetanzahl die NO_x-Emissionen zurückgehen.

9.3.1.4 Dichte

Die gemessene Dichte dient zur Ermittlung der Masse eines Kraftstoffvolumens bei einer bestimmten Temperatur. Mit zunehmendem Kohlenstoffgehalt, also zunehmender Kettenlänge, und steigender Anzahl Doppelbindungen nimmt die Dichte zu. Der Handel mit Kraftstoff wird zumeist volumenbezogen abgewickelt. Anhand der Dichte lassen sich Pflanzenöle voneinander unterscheiden und zum Teil Zumischungen von anderen Kraftstoffen zu Rapsölkraftstoff feststellen.

9.3.1.5 Flammpunkt

Der Flammpunkt ist die gemessene Temperatur bei der sich in einem geschlossenen Gefäß Dämpfe entwickeln, die zu einem durch Fremdzündung entflammbaren Dampf-Luft-Gemisch führen. Der Flammpunkt hat vor allem Bedeutung bei der Einstufung von Flüssigkeiten in Gefahrenklassen. Entsprechend der Gefahrenklasse müssen Sicherheitsvorkehrungen für die Lagerung und den Transport getroffen werden. Bereits geringfügige Mischungen verschiedener Kraftstoffe, z. B. durch den Transport, haben Abweichungen vom charakteristischen Flammpunkt zur Folge.

9.3.1.6 Gesamtverschmutzung

Die Gesamtverschmutzung ist der Massenanteil ungelöster Fremdstoffe (Partikel) im Kraftstoff. Die Bestimmung erfolgt durch Filtration der Probe über eine Membran mit einer mittleren Porenweite von 0,8 µm. Der Rückstand wird mit einem Lösungsmittel gewaschen, anschließend getrocknet und gewogen. Hohe Fremdstoffgehalte führen zu Filterverstopfung und/oder Verstopfung von Einspritzdüsen und verursachen möglicherweise Abrasion an Einspritzpumpe und -düsen sowie Ablagerungen im Verbrennungsraum. Das Prüfverfahren DIN EN 12662 weist eine unzureichende Wiederholbarkeit und Vergleichbarkeit bei der Analyse von Rapsölkraftstoff auf.

9.3.1.7 Heizwert

Der Heizwert (früher auch unterer Heizwert genannt) gibt die Energie an, die bei der vollständigen Verbrennung eines Stoffes pro Volumen oder Masse freigesetzt wird, wenn die Verbrennungsprodukte auf die Bezugstemperatur zurückgekühlt werden, ohne jedoch die Energie aus der Kondensation des Wasserdampfs zu berücksichtigen. Der Brennwert (früher auch oberer Heizwert genannt) hingegen bezieht zusätzlich die bei der Kondensation des Wasserdampfs abgegebene Energie ein. Der Heizwert errechnet sich aus dem Brennwert abzüglich der Verdampfungswärme des Wassers. Die Messung des Heizwerts erfolgt im Bombenkaloriemeter. Für die Beschreibung von Kraftstoffen wird der für die motorische Verbrennung relevante Heizwert herangezogen.

9.3.1.8 Iodzahl

Die Iodzahl ist ein Maß für die Anzahl an Doppelbindungen der Fettsäuremoleküle. Der Kennwert gibt an, wie viel Gramm Iod von 100 g Öl oder Fettsäuren gebunden werden. Die Bestimmung der Iodzahl erfolgt durch Titration. Je niedriger die Iodzahl ist, desto höher ist der Sättigungsgrad der Moleküle. Die Iodzahl ist ein charakteristisches Merkmal für unterschiedliche Pflanzenöle. Sie gibt Aufschluss über die Neigung zu Ablagerungen im Brennraum und an Einspritzdüsen bei der motorischen Verbrennung. Außerdem erhöht ein zunehmender Anteil ungesättigter Fettsäuren die Gefahr der Polymerisation des Motorenöls, wenn der Kraftstoff in das Motorenöl eingetragen wird. Von der Iodzahl lässt sich auch die Gefahr des oxidativen Verderbs (z. B. „Verharzung") während der Lagerung ableiten.

9.3.1.9 Koksrückstand

Durch das Verschwelen der letzten 10 % des Destillationsrückstands wird der Koksrückstand von Dieselkraftstoff und FAME ermittelt. Da bei der Destillation von Pflanzenölen Crack-Prozesse einsetzen, kann die Bestimmung des Koksrückstands nicht an den letzten 10 % des Destillationsrückstands durchgeführt werden. Bei Pflanzenöl erfolgt die Bestimmung des Koksrückstands daher an der Gesamtprobe. Die Koksrückstandsbestimmung simuliert die Verbrennung von Kraftstoff an einer Oberfläche ohne Sauerstoff.

Der Koksrückstand besteht aus organischen und anorganischen Bestandteilen und ist ein Maß für die Verkokungsneigung des Kraftstoffs an den Einspritzdüsen und die Rückstandsbildung im Verbrennungsraum. Kraftstoffadditive, wie z. B. Zündbeschleuniger, können den Koksrückstand erhöhen und zu Fehlinterpretationen führen.

9.3.1.10 Magnesiumgehalt

Der Magnesiumgehalt wird, wie der Calciumgehalt, in Rapsöl hauptsächlich durch die Saatqualität und die Prozessführung bei der Ölsaatenverarbeitung beeinflusst. Magnesium kann die Funktionalität von Oxidationskatalysatoren beeinflussen und verstopft als Aschebildner den Rußpartikelfilter. Magnesium liegt in der Regel in deutlich geringeren Konzentrationen im Rapsöl vor als Calcium und Phosphor.

9.3.1.11 Oxidationsstabilität

Bei der Lagerung von Kraftstoffen können Oxidations- und Polymerisationsvorgänge einsetzen, die zur Bildung unlöslicher Verbindungen führen und dadurch Filterverstopfung hervorrufen können. Außerdem können zwischen dem gealterten Kraftstoff und dem Motorenöl Wechselwirkungen auftreten, wenn unverbrannter Kraftstoff in das Motorenöl eingetragen wird. Die Oxidationsstabilität von Dieselkraftstoff wird gemessen, indem über 16 Stunden bei einer Temperatur von 95 °C in einem offenen Gefäß der Kraftstoff mit 3 l/h Sauerstoff belüftet wird. Anschließend wird der Anteil löslicher und unlöslicher Harzstoffe bestimmt.

Die Oxidationsstabilität von Rapsöl wird bestimmt, indem bei konstanter Temperatur in einem geschlossenen Gefäß ein gereinigter Luftstrom durch die Kraftstoffprobe geleitet wird. Die frei werdenden flüchtigen Zersetzungsprodukte werden in ein Gefäß mit entmineralisiertem oder destilliertem Wasser überführt, in dem die Leitfähigkeit gemessen wird. Der Messwert für die Oxidationsstabilität ist das Ende der Induktionsperiode, nach der es zu einem schnellen Anstieg der Leitfähigkeit durch die Zersetzungsprodukte kommt. Die Oxidationsstabilität ist ein Kennwert, der den Alterungszustand und gleichzeitig die Lagerfähigkeit von Rapsölkraftstoff beschreibt.

9.3.1.12 Phosphorgehalt

Phosphor liegt in Pflanzenölen in Form von Phospholipiden vor. Mit steigendem Anteil an Phospholipiden verringert sich die Oxidationsstabilität. Außerdem neigen Phospholipide zur Hydratisierung (Quellung in Wasser) und können dadurch z. B. Filterverstopfung hervorrufen. Phosphor senkt die Verbrennungstemperatur, kann im Brennraum zu Ablagerungen führen und möglicherweise eine Änderung des Emissionsverhaltens hervorrufen. Oxidationskatalysatoren weisen zudem eine hohe Empfindlichkeit gegenüber Phosphorverbindungen hinsichtlich ihrer Umsetzrate beziehungsweise Dauerfunktion auf. Auf der katalytisch aktiven Oberfläche bildet sich ein Phosphorniederschlag. Aschen aus der Verbrennung phosphorhaltiger Verbindungen können den Rußpartikelfilter verstopfen.

9.3.1.13 Säurezahl

Die Säurezahl ist ein Maß für den Gehalt an freien Fettsäuren im Pflanzenöl und beschreibt die Menge Kalilauge, die für die Neutralisation der freien Fettsäuren erforderlich ist. Die Säurezahl ist stark vom Raffinationsgrad und vom Alterungsgrad eines Öles abhängig. Durch Wasser im Öl sowie Mikroorganismen und Enzyme kann eine hydrolytische Spaltung der Triglyceride auftreten und zu einem Anstieg der Säurezahl führen. Saure Verbindungen im Kraftstoff führen zu Korrosion, Verschleiß und Rückstandsbildung im Motor. Freie Fettsäuren können außerdem mit basischen Komponenten des Motorenöls reagieren.

9.3.1.14 Schwefelgehalt

Rapsöl weist einen von Natur aus geringen Schwefelgehalt auf, der jedoch durch die Saatlagerung beeinflusst werden kann. Bei der Kraftstoffverbrennung werden mehr als 95 % des Schwefels zu SO_2 umgesetzt. Der verbleibende Schwefel wird an Partikel angelagert. Im Oxidationskatalysator steigt in Abhängigkeit vom Katalysatortyp und von der Katalysatortemperatur der Anteil des Schwefels, der zu SO_3 umgesetzt wird. Aus SO_3 und Wasserdampf bilden sich Schwefelsäuretröpfchen, die sich am Ruß anlagern und zur Erhöhung der Gesamtpartikelmasse führen. Schwefelverbindungen können sich an die katalytisch aktive Schicht des Katalysators anlagern und bewirken dadurch eine irreversible Verminderung der Umsetzrate. Katalysatorkonzepte zur Verminderung der Partikelemissionen erfordern deshalb neue Katalysatortechniken oder extrem niedrige Schwefelgehalte im Kraftstoff. Schwefel im Kraftstoff kann außerdem zur Versauerung des Motorenöls beitragen. Der Schwefelgehalt hat auch Auswirkungen auf die Langlebigkeit des Motors. Die bei der Verbrennung entstehenden sauren Verbindungen führen zu korrosivem Verschleiß. Dem wirken entsprechende Motorenöladditive entgegen, die zur Neutralisierung saurer Reaktionsprodukte eingesetzt werden.

9.3.1.15 Viskosität

Die Viskosität des Kraftstoffs nimmt Einfluss auf das Förderverhalten und die Zerstäubung des Kraftstoffs an den Einspritzdüsen (Tröpfchenspektrum und Geometrie des Einspritzstrahls). Die Viskosität ist in hohem Maße temperatur- und druckabhängig. Dies ist besonders bei den vorherrschenden hohen Drücken in modernen Einspritzsystemen zu berücksichtigen. Hohe Viskositäten führen durch das verschlechterte Fließ-, Pump- und Zerstäubungsverhalten zu Kaltstartproblemen. Zu geringe Viskositäten erschweren den Heißstart, führen zu Leistungsverlust bei hohen Temperaturen und zu Pumpenverschleiß. Es wird unterschieden zwischen dynamischer Viskosität und kinematischer Viskosität. Bei Kraftstoffen wird die kinematische Viskosität ermittelt. Die kinematische Viskosität ist der Quotient aus der dynamischen Viskosität und der Dichte der Flüssigkeit. Mit dem Viskosimeter nach Ubbelohde wird z. B. die Zeit gemessen, die eine Probemenge bei einer bestimmten Temperatur benötigt, um durch eine definierte Kapillare zu fließen.

9.3.1.16 Visuelle Begutachtung

Durch Sichtprüfung soll festgestellt werden, ob Verunreinigungen wie Feststoffe, Schlieren etc. oder auch freies Wasser in der Kraftstoffprobe auftreten. Wäre dies der Fall, entspräche die Probe definitiv nicht der DIN V 51605 und somit ließen sich weitere Kosten für die Analyse der anderen Kenngrößen von Rapsölkraftstoff einsparen.

9.3.1.17 Wassergehalt

Der Wassergehalt im Pflanzenöl wird hauptsächlich durch die Ölsaatenverarbeitung und die Öllagerung beeinflusst. Bei niedrigen Temperaturen führt Wasser durch Kristallbildung möglicherweise zu Filterverstopfung. In modernen Einspritzsystemen kann durch die vorherrschenden hohen Drücke freies Wasser auftreten, das im Einspritzsystem zu Schäden führen kann. An der Grenzschicht zwischen freiem Wasser und Kraftstoff können Mikroorganismen wachsen, die zur Filterverstopfung führen können. Mikroorganismen beschleunigen außerdem die Ölalterung. Wasser ist außerdem die Voraussetzung für das Auftreten hydrolytischer Spaltung. Größere Wassermengen im Kraftstoff können Korrosion verursachen z. B. an der Chromatschicht von verchromten Messingkomponenten. Dabei kann die Messinglegierung angegriffen werden. Diese wirkt wiederum katalytisch auf Polymerisierungsvorgänge bei Pflanzenöl. Generell ist Wasser bei der motorischen Verbrennung nicht von Nachteil. Bei der Verbrennung von Kraftstoff/Wasser-Emulsionen sinkt die Verbrennungstemperatur, was eine Senkung der NOx-Emissionen zur Folge hat. Die Wassergehaltsbestimmung erfolgt z. B. durch Titrieren mit Karl-Fischer-Reagenz.

9.3.2 Ökologische Eigenschaften

Rapsölkraftstoff ist ein Kraftstoff auf Basis eines nachwachsenden Rohstoffs und kann deshalb zum Klimaschutz (Reduzierung des CO_2-Ausstoßes) beitragen. Rapsölkraftstoff verursacht mit 83 Euro/t CO_2^e die geringsten Kohlenstoffdioxidäquivalent-Vermeidungskosten aller biogenen Kraftstoffe, mit Ausnahme von Ethanol aus Zuckerrohr [9-14]. Kohlenstoffdioxidäquivalente sind eingesparte Treibhausgasemissionen, bezogen auf den Referenzwert CO_2, unter Berücksichtigung weiterer klimarelevanter Gase, die z. B. beim Anbau von Raps und der Produktion von Rapsölkraftstoff entstehen. Bei Produktionskosten in Höhe von 0,51 Euro/l Kraftstoffäquivalent wird der Break-even-Point bereits bei einem Rohölpreis von 75 bis 80 US-$ erreicht. Rapsölkraftstoff ist deshalb heute schon an der Schwelle zur Wirtschaftlichkeit. Die Energie- und Ökobilanzen [9-15, 9-156, 9-17, 9-18, 9-19, 9-20, 9-21] von Rapsölkraftstoff und dem um die Rapsflächen konkurrierenden Biodiesel kommen zu unterschiedlichen Ergebnissen hinsichtlich der Vorzüglichkeit, abhängig von den zugrunde gelegten Szenarien und der gewählten Gewichtung der Bewertungsfaktoren. Den Studien gemeinsam ist jedoch eine positive Energie- und Ökobilanz im Vergleich zu Dieselkraftstoff. Die Energiebilanz mit einem Verhältnis von 0,22 TJ Primärenergie/TJ Brennstoffenergie [9-15] ist für Rapsölkraftstoff im Vergleich zu anderen Biokraftstoffen äußerst günstig.

Der Bruttokraftstoffertrag beträgt derzeit etwa 1400 Liter Kraftstoffäquivalent pro Hektar Fläche. Aufgrund des züchterischen und produktionstechnischen Fortschritts wird im Jahr 2015 von einem Bruttokraftstoffertrag von etwa 1600 Liter Kraftstoffäquivalent pro Hektar Fläche ausgegangen [9-14]. Die Flächeneffizienz stellt sich noch günstiger dar, wenn berücksichtigt wird, dass das Rapsstroh und der Pressrückstand auch energetisch, z. B. in Biogasanlagen zur Erzeugung von Strom und Wärme genutzt werden können, dass Presskuchen als Futtermittel eingesetzt werden kann oder dass Rapsstroh und Pressrückstand einen wertvollen Beitrag für die Humus- und Nährstoffbilanz liefern.

Hervorzuheben sind die sehr guten umweltbezogenen Eigenschaften von Rapsölkraftstoff im Hinblick auf den Boden- und Gewässerschutz: Rapsöl ist nach der Einstufung gemäß der Verwaltungsvorschrift wassergefährdende Stoffe VwVwS [9-22] im Katalog wassergefährdender Stoffe (Kennnummer 760 Triglyceride technisch unbehandelt ...) als „nicht wassergefährdend" (früher: WGK = 0) eingestuft. Dahinter verbergen sich geringe Gefährdungsmerkmale von Rapsöl bezüglich der akuten oralen oder dermalen Toxizität bei Säugern, der aquatischen Toxizität, der biologischen Abbaubarkeit, des Bioakkumulationspotenzials sowie die Erfüllung zusätzlicher Anforderungen z. B. hinsichtlich einer geringen Wasserlöslichkeit. Rapsölkraftstoff ist daher prädestiniert für den Einsatz in umweltsensiblen Bereichen, wie z. B. in der Land- und Forstwirtschaft, der Schifffahrt sowie zur dezentralen Strom- und Wärmeerzeugung in Wasserschutzgebieten oder in Schutzhütten im Alpenraum. Für den Nutzer von Rapsölkraftstoff ist zudem ein hoher Anwenderschutz gegeben. Nach der Verordnung über brennbare Flüssigkeiten VbF [9-123] (seit 01.01.2003 aufgehoben und ersetzt durch die BetrSichV – Betriebssicherheitsverordnung [9-24]) ist Rapsöl nicht in eine Gefahrenklasse eingestuft. Die Sicherheitsvorkehrungen vor allem für den Transport aber zum Teil auch bei der Lagerung von Rapsölkraftstoff gestalten sich deshalb in manchen Fällen weniger aufwändig.

9.4 Literatur

9-1 Bundesministerium für Umwelt, Naturschutz und Reaktorsicherheit BMU (Hrsg.): Entwicklung der erneuerbaren Energien in Deutschland im Jahr 2007 - Stand März 2008, BMU, Berlin (2007)

9-2 Neuhaus, M.: Deutz Natural Fuel Engine. www.biokraftstoff-portal.de/ (20.05.2008)

9-3 Deutsches Institut für Normung e.V.: (Vornorm) DIN V 51605. Kraftstoffe für pflanzenöltaugliche Motoren – Rapsölkraftstoff – Anforderungen und Prüfverfahren. Beuth Verlag GmbH, Berlin (2006)

9-4 Deutsches Institut für Normung e.V.: DIN EN 14214. Kraftstoffe für Kraftfahrzeuge – Fettsäure-Methylester (FAME) für Dieselmotoren – Anforderungen und Prüfverfahren. Beuth Verlag GmbH, Berlin (2003)

9-5 Anon.: Gesetz zur Einführung einer Biokraftstoffquote durch Änderung des Bundes-Immisionsschutzgestzes und zur Änderung energie- und stromsteuerrechtlicher Vorschriften (Biokraftstoffquotengesetz – BioKraftQuG) vom 18. Dezember 2006 (BGBl. I, Nr. 62, S. 3180) (2006)

9-6 Remmele, E., Thuneke, K., Widmann, B.A., Wilharm, T., Schön, H.: Begleitforschung zur Standardisierung von Rapsöl als Kraftstoff für pflanzenöltaugliche Dieselmotoren in Fahrzeugen und BHKW. „Gelbes Heft" Nr. 69. Hrsg. und Druck: Bayerisches Staatsministerium für Landwirtschaft und Forsten, München (2000)

9-7 Remmele, E.: Standardisierung von Rapsöl als Kraftstoff – Untersuchungen zu Kenngrößen, Prüfverfahren und Grenzwerten. Dissertation: Technische Universität München. Arbeitskreis Forschung und Lehre der Max-Eyth-Gesellschaft Agrartechnik im VDI Nr. 400, TU München, Lehrstuhl für Landtechnik, Freising (2002)

9-8 Deutsches Institut für Normung e.V.: E DIN EN ISO 4259: Mineralölerzeugnisse – Bestimmung und Anwendung für die Präzision von Prüfverfahren (ISO/DIS 4259:2004). Beuth Verlag GmbH, Berlin (2004)

9-9 Deutsches Institut für Normung e.V.: Recht und Normung. (2007) www.din.de

9-10 Birkner, M.: Untersuchung der Eignung von Pflanzenölen als Kraftstoff für Dieselmotoren und Vorstellung eines neuen Pflanzenöl-Motor-Konzeptes. Dissertation: Universität Kaiserslautern, Fachbereich Maschinenwesen, Kaiserslautern, Eigenverlag (1995)

9-11 Hemmerlein, N., Korte, V., Richter, H.: Rapsöl als Kraftstoff für Dieselmotoren. In: Scharmer, K. (Hrsg.): Biokraftstoffe für Dieselmotoren – Stand der Technik, Erfahrungen aus Versuchs- und Demonstrationsprogrammen, Zukunftsaussichten für Dieselkraftstoffe aus Pflanzenöl. Symposium Nr. 13982/68.263 Technische Akademie Esslingen, Eigenverlag, Ostfildern (1991)

9-12 Deutsches Institut für Normung e.V.: DIN EN 15195. Flüssige Mineralölerzeugnisse – Bestimmung des Zündverzugs und der abgeleiteten Cetanzahl (ACZ) von Kraftstoffen aus Mitteldestillaten in einer Verbrennungskammer mit konstantem Volumen. Beuth Verlag GmbH, Berlin (2007)

9-13 Attenberger, A. und Remmele, E.: Entwicklung einer Prüfmethode zur Bestimmung der Cetanzahl von Rapsölkraftstoff. Berichte aus dem TFZ Nr. 6. Technologie- und Förderzentrum im Kompetenzzentrum für Nachwachsende Rohstoffe, Straubing (2003)

9-14 Schmitz, N., Henke, J., Klepper, G.: Biokraftstoffe eine vergleichende Analyse. Fachagentur Nachwachsende Rohstoffe e. V. (Hrsg.), Gülzow (2006)

9-15 Friedrich, A. et al.: Ökologische Bilanz von Rapsöl beziehungsweise Rapsölmethylester als Ersatz von Dieselkraftstoff (Ökobilanz Rapsöl), Texte 4/93. Umweltbundesamt, Berlin (1993)

9-16 Hartmann, H. und Kaltschmitt, M.: Biomasse als erneuerbarer Energieträger, Schriftenreihe „Nachwachsende Rohstoffe" Band 3, 2. Auflage – vollständige Neubearbeitung. Landwirtschaftsverlag Münster (2002)

9-17 Kaltschmitt, M. und Hartmann, H. (Hrsg.): Energie aus Biomasse – Grundlagen, Techniken und Verfahren. Springer Verlag, Berlin (2001)

9-18 Kraus, K., Niklas, G., Tappe, M.: Aktuelle Bewertung des Einsatzes von Rapsöl/RME im Vergleich zu Dieselkraftstoff. Texte Nr. 79/1999, Umweltbundesamt, Berlin (1999)

9-19 Reinhardt, G. und Gärtner, S.O.: Ökologischer Vergleich von RME und Rapsöl. Fachagentur Nachwachsende Rohstoffe e. V. (FNR) FKZ 01 NR 045. IFEU – Institut für Energie- und Umweltforschung GmbH, Heidelberg (2001)

9-20 Tzscheutschler, P., Dreier, T., Wagner, U.: Ganzheitliche Systemanalyse für die Erzeugung und Anwendung von Biodiesel und Naturdiesel im Verkehrssektor. Lehrstuhl für Energiewirtschaft und Anwendungstechnik der TU München, Schriftenreihe „Gelbes Heft" Nr. 72., Bayerisches Staatsministerium für Landwirtschaft und Forsten, München (2001)

9-21 Kalies, M., Schröder, G., Bohnenschäfer, W., Fröhlich, N., Müller, M., Reichmuth, M.: Schlüsseldaten Klimagasemissionen – Welchen Beitrag kann die Biomasse zum Klima-

schutz leisten? Endbericht für die Union zur Förderung von Öl- und Proteinpflanzen e.V., Institut für Energetik und Umwelt gGmbH, Leipzig (2007)

9-22 *Anon.: Allgemeine Verwaltungsvorschrift zum Wasserhaushaltsgesetz über die Einstufung wassergefährdender Stoffe in Wassergefährdungsklassen (Verwaltungsvorschrift wassergefährdende Stoffe – VwVwS) vom 17. Mai 1999 (BAnz. vom 29.5.1999 Nr. 98a) (1999)*

9-23 *Anon.: Verordnung über Anlagen zur Lagerung, Abfüllung und Beförderung brennbarer Flüssigkeiten zu Lande. Verordnung über brennbare Flüssigkeiten – VbF. Fassung vom 13. Dezember 1996 (BGBl. I S 1938, ber. 1997 S. 447) (1996)*

9-24 *Anon.: Verordnung über Sicherheit und Gesundheitsschutz bei der Bereitstellung von Arbeitsmitteln und deren Benutzung bei der Arbeit, über Sicherheit beim Betrieb überwachungsbedürftiger Anlagen und über die Organisation des betrieblichen Arbeitsschutzes (BetrSichV – Betriebssicherheitsverordnung) vom 27. September 2002 (BGBl. I Nr. 70 vom 2.10.2002 S. 3777) (2002)*

10 Stoffliche Nutzung von Pflanzenölen im Non-Food-Bereich

Mark Rüsch gen. Klaas

10.1 Einleitung

Der Markt für Pflanzenöle befindet sich zurzeit im Umbruch. Die starke Ausweitung des Ölpflanzenanbaus sowohl in Deutschland als auch weltweit ist in erster Linie eine Folge der zunehmenden Nutzung von Pflanzenölen als Rohstoffbasis für Flüssigkraftstoffe und andere Formen der Energiegewinnung. Staatliche Zwänge zur Verwendung von biogenen Kraftstoffen schaffen eine preisunelastische Nachfrage in diesem Sektor mit starken Auswirkungen auf alle anderen Märkte. Da der Markt nur für Heizöl-EL („Diesel" u. Ä.) allein in Deutschland ca. 46 Mio. Jahrestonnen (jato) groß ist, führen schon kleine prozentuale Substitutionen dieser fossilen Energieträger durch auf Pflanzenölen basierende Alternativen zu starken Verwerfungen sowohl im Bereich der Lebensmittelmärkte als auch im Bereich der stofflichen Nutzung von Pflanzenölen im Non-Food-Bereich. Nicht nur die EU, sondern auch die USA, China, Indien, Malaysia und Thailand – um nur die wichtigsten Länder zu nennen – haben mehr oder minder ambitionierte staatliche Programme zur energetischen Nutzung von Pflanzenölen und anderen landwirtschaftlichen Rohstoffen. Schätzungen laufen auf eine mittelfristig mindestens 30%ige weltweite Preissteigerung bei Agrarrohstoffen hinaus [10-1].

Preissteigerungen bei Pflanzenölen machen diese natürlich weniger attraktiv für die stoffliche Nutzung im Non-Food-Bereich. Dabei ist grundsätzlich festzuhalten, dass die stoffliche Nutzung von Pflanzenölen genauso zur Vermeidung von Kohlendioxidemissionen und zur Schonung fossiler Ressourcen beiträgt wie die energetische und damit auch die gleiche klimapolitische Unterstützung verdient hätte.

Diese Verwerfungen machen es schwierig, ein aktuelles Bild der stofflichen Nutzung von Pflanzenölen im Non-Food-Bereich und der sich daraus ergebenden Möglichkeiten für mitteleuropäische Ölmühlen zu zeichnen.

Schon immer war die chemische Industrie bei der Wahl ihrer Rohstoffbasis ein „Trittbrettfahrer" der Energieerzeugung. Dies galt schon zu Zeiten des Steinkohleteers und gilt genauso heute bei der Verwendung von in der Kraftstofferzeugung unbeliebten Rohölfraktionen. Bislang hat die chemische Industrie jedoch die Verwendung von nachwachsenden Rohstoffen als strategische Zukunftsaufgabe nur zögernd angenommen. Wenn in Zukunft große Mengen flüssiger Energieträger aus nachwachsenden Rohstoffen erzeugt werden, wird die chemische Industrie sicher auch diese – und besonders ihre Koppel- und Nebenprodukte – nutzen. Biodiesel, Bioethanol und biogene Kraftstoffe der zweiten Generation können die Rohstoffbasis der chemischen Industrie ergänzen. In Ansätzen lassen sich diese Veränderungen, z. B. beim Glycerin, schon beobachten. Insgesamt schreckt die hohe Nachfrage nach Agrarprodukten industrielle Verwender im Moment jedoch eher ab und bringt sogar Firmen, die nachwachsende Rohstoffe seit Langem nutzen, in Schwierigkeiten.

Veränderungen dieser Art schaffen auch immer Möglichkeiten für Neu- und Quereinsteiger. Internationale Konzerne mit dem Know-how der Verarbeitung von Agrarrohstoffen wie beispielsweise Cargill oder ADM können sich in den Markt der chemischen Produkte vorwärts integrieren. Sowohl wegen des Zugangs zu Agrarrohstoffen als auch aufgrund der unterschiedlichen Denkweise, die nachwachsende Rohstoffe im Gegensatz zu petrochemischen verlangen, sind diese Firmen dazu in einer besseren Position als die Unternehmen der klassischen chemischen Industrie.

Die heutige (petro-)chemische Industrie basiert im Wesentlichen auf dem Steamcracker-Prozess:

Dabei wird ein kohlenwasserstoffhaltiger Rohstoff bei ca. 900 °C in Gegenwart von Wasserdampf in die wichtigsten Bausteine der Petrochemie (Ethylen, Propylen, Butadien, BTX) aufgespalten. Aus diesen wenigen Bausteinen werden dann mehr als 90 % aller chemischen Produkte mithilfe teils vielstufiger Syntheseverfahren wieder aufgebaut.

Die erfolgreiche Nutzung nachwachsender Rohstoffe funktioniert dagegen anders: Hier kommt es darauf an, den richtigen Rohstoff zu finden, der auf möglichst kurzem Weg zu den Produkten führt. Nachwachsende Rohstoffe sind dann erfolgreich, wenn die Syntheseleistung der Natur genutzt wird! Beispiele dafür findet man gerade in der Oleochemie. Vorschläge, nachwachsende Rohstoffe, also etwa Pflanzen-. öle, z. B. als Steamcracker-Rohstoff zu nutzen, sind aus dieser Sicht nicht zielführend, auch wenn sie aus der Sicht der klassischen chemischen Industrie den Charme haben, dass sich dann an der nachfolgenden Synthesechemie gar nichts ändern muss.

Hier eröffnen sich Chancen für die Agroindustrie, wenn diese die richtige Grundstrategie der möglichst kurzen Wege – wie bei der Herstellung von Lebensmitteln aus Agrarrohstoffen – wählt, aber vor den chemischen Prozessen, dort wo sie nötig sind, nicht zurückschreckt. Dies gilt in entsprechender Weise auch für Ölmühlen, die sich zu Produzenten von Non-Produkten weiterentwickeln möchten.

Unabhängig von den momentanen Veränderungen ist der Markt für Non-Food-Produkte aus Fetten und Ölen ein langfristig gewachsener und von erheblicher Bedeutung. Etwa 13 Mio. jato Fette und Öle werden zu Non-Food-Produkten verarbeitet (ohne die energetische Nutzung). Zusammen mit der energetischen Nutzung beträgt der Anteil des Non-Food-Sektors bei den Pflanzenölen immerhin 19 % (ca. 23 Mio. t von 122 Mio. t) [10-2].

Im Folgenden sollen die einzelnen Produktbereiche beschrieben und ihre Potenziale eingeschätzt werden.

10.2 Oleochemische Grundprodukte

Aus Pflanzenölen werden vier oleochemische Basischemikalien – drei davon sind eigentlich Klassen oleochemischer Basischemikalien – hergestellt:

a) Fettsäuren
b) Fettsäuremethylester
c) Fettalkohole
d) Glycerin (als Koppelprodukt von a) und b))

Fettsäuren werden nach dem Stand der Technik durch katalytische Druckwasserhydrolyse von Triglyceriden hergestellt; als Koppelprodukt entsteht Glycerin. Ganz ähnlich erfolgt die Umsetzung von Triglyceriden mit Methanol zu Fettsäuremethylestern und Glycerin. Diese Reaktion ist durch die Nutzung von Fettsäuremethylester als Biodiesel die mengenmäßig bedeutendste oleochemische Grundreaktion geworden, wurde aber bereits lange vorher industriell betrieben (Abb. 10-1).

Sowohl Fettsäuren als auch Fettsäuremethylester werden für die weitere stoffliche Nutzung fraktioniert, d. h., nach der Kettenlänge aufgetrennt. Fettsäuren bzw. Fettsäuremethylester einheitlicher Kettenlänge sind von C8 (so genanntes Kokosvorlauffett) bis C22 (aus dem erucasäurereichen Rapsöl) verfügbar. Weitaus schwieriger ist die Trennung nach der Anzahl der Doppelbindungen. Es ist problemlos möglich, die Doppelbindungen so zu hydrieren, dass man aus allen ungesättigten Fettsäuren die gesättigten erhält. Dagegen ist die selektive Teilhydrierung, z. B. gezielt von C18:2 zu C18:1, nach wie vor ein ungelöstes Problem. Daraus ergibt sich zwangsläufig, dass gesättigte Fettsäuren und Fettsäuremethylester preiswert und in großen Mengen als Reinstoff verfügbar sind. Dagegen sind ungesättigte Fettsäuren und Fettsäuremethylester in der Regel nur in der Rein-

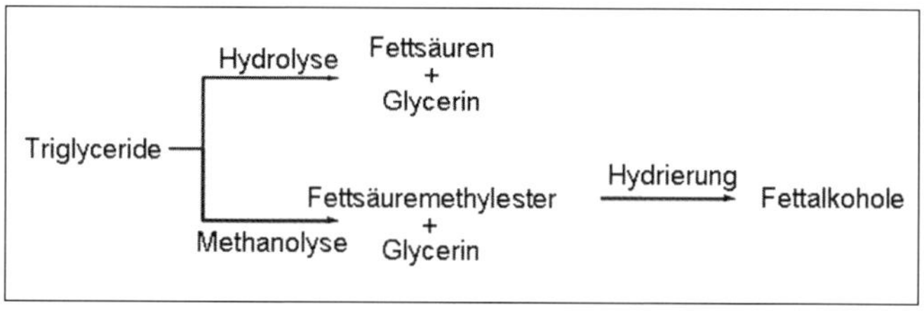

Abb. 10-1: Grundprodukte der Oleochemie

heit preiswert verfügbar, in der sie im Fettsäuremuster der Pflanzenöle auftreten. So ist 99 %ige Ölsäure um etwa den Faktor 200- bis 300-mal teurer als 80 %ige.

Die Möglichkeiten der Fettsäurefraktionierung haben auch Rückwirkungen auf die Wünsche der Oleochemie an die Pflanzenzüchter. So ist es für viele Anwendungen wünschenswert, besonders hochölsäurereiche Sorten zu haben, da der Ölsäuregehalt im Öl gleichzeitig die Obergrenze für die Reinheit der Ölsäure bzw. des Ölsäuremethylesters ist. Ganz anders bei der Erucasäure: Durch Fraktionierung lässt sich leicht eine reine C22-Fraktion herstellen, deren Gehalt an Erucasäure aufgrund des C22:0/C22:1-Verhältnisses im Pflanzenöl bei > 95 % liegt. Hier bringt die Pflanzenzucht aus der Sicht der Oleochemie nur eine marginale Qualitätsverbesserung (wenngleich ökonomisch die Erhöhung des Erucasäuregehaltes durchaus sinnvoll sein kann). 95 %ige Erucasäure ist also paradoxerweise deutlich billiger als 95%ige Ölsäure. Für alle Folgereaktionen, die Reinstoffe benötigen, muss man sich daher bei der Planung immer frühzeitig genau darüber Klarheit verschaffen, welche Reinheitsgrade zu welchem Preis verfügbar sind.

Für dezentrale Ölmühlen, die in der Lage sind, auch kleinere Chargen besonderer Pflanzensaaten sortenrein zu pressen, gibt es im Bereich der Herstellung spezieller Öle durchaus Marktnischen. Diese Möglichkeiten können jedoch nur genutzt werden, wenn die Anlagentechnik von Beginn an möglichst flexibel und modular ausgelegt wird. Anlagen, die einzig dafür konzipiert sind, mit möglichst hoher Ausbeute Rapsöl für die Biodieselproduktion zu pressen, müssen für andere Öle zumindest hinsichtlich der Steuerung modifiziert oder ergänzt werden.

Durch Hydrierung der Fettsäuremethylester erhält man Fettalkohole und als Koppelprodukt Methanol. Die Bedingungen der Hydrierung der Ester- zu einer Hydroxylgruppe (200 bis 250 °C und 250 bis 300 bar Wasserstoffdruck) sind drastischer als die der Hydrierung der C=C-Bindungen. Daher erhält man bei dieser Reaktion mit den üblichen Kupferchromit-Katalysatoren auch aus ungesättigten Fettsäuren gesättigte Fettalkohole. Bei Verwendung besonderer Zinkchromit-Katalysatoren ist jedoch auch ein weitgehender Erhalt der C=C-Bindungen und somit die Produktion ungesättigter Fettalkohole möglich. Sie machen jedoch nur einen ganz kleinen Teil der weltweiten Produktion an Fettalkoholen aus.

Von ganz besonderer Bedeutung ist die Herstellung von Fettalkoholen auf der Basis von Kokos- und Palmkernöl, die beide mittelkettige Fettsäuren enthalten. Die daraus gewonnenen Fettalkohole im so genannten lauric range (um C12) sind die Grundlage für zahlreiche oberflächenaktive Substanzen in Wasch- und Reinigungsmitteln.

Da es sich bei der Reaktion wie gesagt um die Hydrierung einer Ester- zu einer Alkoholfunktion handelt, könnte man auch die Triglyceride direkt hydrieren. Aufgrund technischer Schwierigkeiten und dem Wunsch, Fettsäuremethylesterfraktionen zu hydrieren, hat sich diese Vorgehensweise nicht durchgesetzt.

Fettalkohole können auch auf petrochemischer Basis aus Ethylen im so genannten Alfol-Prozess hergestellt werden. Es überrascht nicht, dass in Zeiten stark steigender Erdölpreise der Anteil der Fettalkohole auf Basis von Pflanzenölen stetig zunimmt [10-5]. Die Produktionskapazitäten für Fettsäuren liegen bei ca. 7 Mio. jato, die für Fettalkohole bei ca. 2,5 Mio. jato. Zuwächse in diesem Bereich sind in den letzten Jahren insbesondere in Südostasien erfolgt, da die dortigen Produzenten tropischer Ölsaaten diese immer weiter verarbeiten [10-6, 10-7].

Die vierte Basischemikalie der Oleochemie ist das Glycerin. Es fällt sowohl bei der Produktion der Fettsäuren als auch der Fettsäuremethylester als Koppelprodukt in einer Menge von ca. 10 % des jeweiligen Zielproduktes an. Solange die Oleochemie Fettsäuren und Methylester nur für die stoffliche Nutzung produzierte, war der Absatz des Koppelproduktes Glycerin kein Problem. Bis in die 1990er Jahre gab es sogar Syntheseglycerin. Die schnell anwachsende Produktion von Fettsäuremethylestern als Biodiesel hat die Situation jedoch grundlegend geändert. Allein in Europa kamen dadurch 2007 ca. 700000 t Glycerin zusätzlich auf einen Markt, der vor dem Biodieselboom gerade 240000 jato groß war [10-8].

Der dadurch verursachte Preisverfall um fast 3/4 hat dazu geführt, dass zum einen ein Teil des Glycerins heute in Biogasanlagen eingesetzt wird und zum anderen das Glycerin andere Polyole aus den Anwendungen verdrängt. Letzteres ist jedoch nicht in allen Fällen möglich und so sind Verfahren in der Entwicklung, 1,2-Propandiol, 1,3-Propandiol sowie Epichlorhydrin aus Glycerin herzustellen [10-9]. Andere lohnenswerte Ziele wären die selektive Herstellung von Dihydroxyaceton aus Glycerin sowie die Nutzbarmachung des Glycerinformals [10-10] (Abb. 10-2). Ein besonderer Markt ist der für das so genannte Pharmaglycerin. Die pharmagerechte Aufarbeitung von Glycerin, z. B. aus der Biodieselproduktion, verlangt besonderes Equipment, Knowhow und Sorgfalt.

Generell muss die Zukunft der Produktion oleochemischer Grundchemikalien in Europa eher kritisch betrachtet werden [10-6, 10-7]. Zudem ist es kein Markt für mittelständische Betriebe. Die Größen konkurrenzfähiger Anlagen liegen typischerweise zwischen 10000 und 100000 jato und die der Investitionskosten typischerweise zwischen 10 und 120 Mio. Euro. Dass jedoch auch kleinere Produzenten im Spezialitätenmarkt erfolgreich operieren können, wenn sie über das entsprechende Wissen verfügen, zeigt beispielhaft die Prignitzer Chemie GmbH in Wittenberge [10-11].

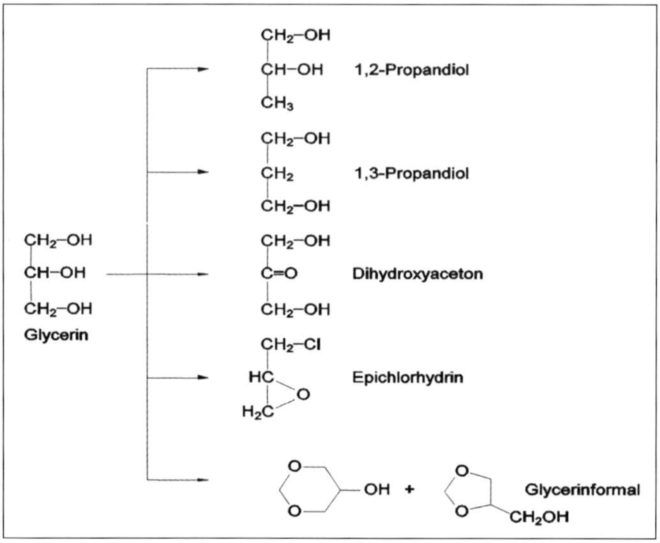

Abb. 10-2: Zukünftige Folgeprodukte des Glycerins

10.3 Grenzflächenaktive Verbindungen, Wasch- und Reinigungsmittel, Emulgatoren

Folgeprodukte von Fetten und Ölen finden ihre wichtigsten Non-Food-Anwendungen im Bereich der grenzflächenaktiven Verbindungen. Es gibt kaum ein Wasch- und Reinigungsmittel, das nicht eine oder mehrere grenzflächenaktive Verbindungen auf Basis von Fetten und Ölen enthält. Praktisch die gesamte Weltproduktion an Kokos- und Palmkernöl geht in diesen Bereich, da diese Öle die besonders geeigneten mittelkettigen Fettsäuren, die so genannten „laurics" im Kettenlängenbereich um C12 herum, enthalten. Heimische Pflanzenöle wie z. B. das Rapsöl sind hier von untergeordneter Bedeutung.

Die ältesten, bekanntesten und weltweit gesehen immer noch bedeutendsten grenzflächenaktiven Verbindungen sind die Seifen. Der Begriff „Seife" kann verschiedene Bedeutungen haben: Zum einen bezeichnet man damit allgemein die Salze von Fettsäuren („Nickel-Seifen" als Hydrierkatalysatoren; „Lithium-Seifen" als Schmierstoffkomponenten); im engeren Sinn meint man damit im Bereich der Wasch- und Reinigungsmittel die Natrium- und Kaliumsalze der Fettsäuren und zusätzlich wiederum die stückigen Endprodukte daraus (Kernseifen, Feinseifen).

Seifen werden zumeist durch Verseifung von Fetten und Ölen mit Natron- bzw. Kalilauge hergestellt, wobei wiederum als Koppelprodukt Glycerin entsteht (Abb. 10-3). Alternativ dazu erhält man

Seifen auch durch die Neutralisation freier Fettsäuren mit Kalium- oder Natriumcarbonat (Soda). Natriumseifen sind – natürlich in Abhängigkeit von der Kettenlänge und dem C=C-Bindungsgehalt der verwendeten Fettsäuren – fest, Kaliumseifen sind dagegen die typischen Schmierseifen.

Der Verseifungsprozess, der je nach Größe der Produktion diskontinuierlich in Rührkesseln oder kontinuierlich in Mixer-Settler-Kolonnen oder Schlaufenreaktoren betrieben werden kann, ist durch zwei Besonderheiten gekennzeichnet: Zum einen beginnt die Reaktion aufgrund der schlech ten gegenseitigen Löslichkeit der Fette und der Laugen ineinander sehr langsam, wird aber dann durch die entstehenden Seifen, die als Phasenvermittler dienen, beschleunigt. Die erste, langsame Phase kann man bei diskontinuierlicher Arbeitsweise am einfachsten dadurch abkürzen, dass man zu Beginn ein wenig Seife aus einem vorangegangenen Ansatz zugibt. Die zweite, kennzeichnende Besonderheit des Verseifungsprozesses ist das so genannte Aussalzen. Nachdem die Seife entstanden ist, muss man sie, da sie einigermaßen wasserlöslich ist, aus der Lauge ausfällen. Dies geschieht durch Zusatz von Natriumchlorid (Kochsalz). Der Vorgang des Aussalzens ist für die Qualität der Seife wichtig, denn hier entscheidet sich, wie viel Wasser, Salz und Lauge das Endprodukt enthält.

Die Struktur von Seifen mit ihrem langen, unpolaren Kohlenwasserstoffrest und der polaren Carboxylatgruppe mit dem Natrium- oder Kaliumkation als Gegenion macht sie zu archetypischen Aniontensiden. Als Salze von starken Basen mit schwachen Säuren sind Seifen grundsätzlich alkalisch, d. h., ein Haut-pH-Wert von ca. 5.5 kann bei ihnen nur mit Schwierigkeiten eingestellt werden. Obwohl nur ein kleiner Teil der Bevölkerung auf den hohen pH-Wert der Seifen empfindlich reagiert und die Seifen anderen Hautreinigungsmitteln in der eigentlich wichtigeren Frage der Rückfettung teilweise sogar überlegen sind, haben sie deshalb einen schlechten Ruf bekommen und werden im Kosmetikbereich immer mehr durch seifenfreie Hausreinigungsmittel, so genannte Syndets ersetzt. Auch in den Waschmitteln der Industrieländer finden sich Seifen nur noch in kleinen Mengen als Entschäumer. Dagegen sind in vielen Entwicklungsländern Seifen immer noch die Arbeitspferde sowohl für die Hautreinigung als auch für die Wäsche von Textilien.

Damit Seifen ihren Dienst auch in kaltem oder handwarmem Wasser versehen können, sollten sie immer einen Anteil mittelkettiger Fettsäuren (typischerweise 40% der Fettsäuren) enthalten. Besonders feste und oxidationsstabile Produkte erhält man, wenn man ansonsten vorwiegend gesättigte Fettsäuren verwendet. Eine gute und preiswerte Rohstoffbasis ist also z. B. ein Gemisch aus 40% Kokosfett und 60% Rindertalg. Die Seifen, die man direkt nach dem Aussalzen und Trocknen erhält, nennt man Kernseifen. Fein- oder Toilettenseifen erhält man durch die Zugabe von Zusatzstoffen wie Feuchthaltemitteln, Stabilisatoren und insbesondere Parfümölen.

Neben der industriellen Großproduktion sind Seifen auch populäre Produkte von Kleinmanufakturen, die man auf jedem Grün-, Bauern- oder Handwerkertraditionsmarkt erstehen kann. Dies ist eigentlich erstaunlich, denn die Produktion formschöner und funktioneller Seifen ist nicht einfach und die Qualität dieser Produkte ist oft schlecht. Oft handelt es sich um Produkte auf der Basis von Ölen, die als besonders wertvoll gelten, z. B. Olivenölseife. Entweder enthalten diese Produkte aber nur wenig dieser Öle und ansonsten die oben angegebenen geeigneten Fette, oder sie sind wenig funktionell und oft auch unansehnlich. Selbstverständlich unterliegen Seifen, die als Hautreinigungsmittel verkauft werden, allen Bestimmungen, die auch für andere Kosmetika

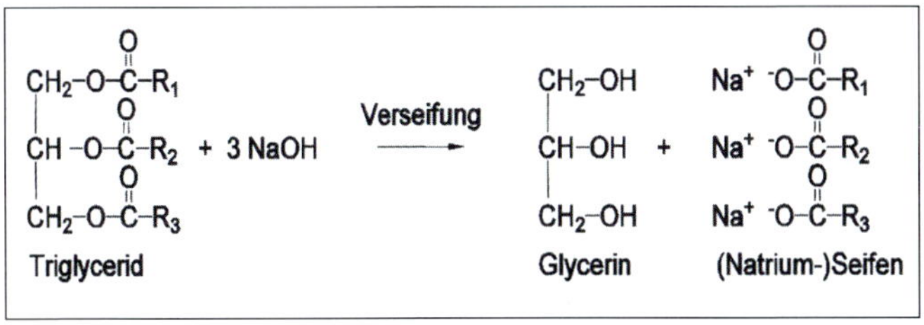

Abb. 10-3: Verseifungsreaktion

gelten (Anmeldepflicht, Kennzeichnung, Sicherheitsbetrachtung); nach den Beobachtungen des Verfassers halten jedoch die wenigsten Seifenmanufakturen diese Regeln ein oder kennen sie auch nur. Da aber von diesen Produkten insbesondere in mikrobieller Hinsicht kaum eine Gefahr für den Verbraucher ausgehen kann, reagieren die zuständigen Behörden offenbar gelassen.

Selbstverständlich kann auf diese Weise eine Ölmühle eine kleine Produktion an z. B. „Rapsölseife" als Werbe-Item entweder selbst herstellen oder in Lohnfertigung herstellen lassen. Geld ist damit nicht zu verdienen.

Über die Seifen hinaus gibt es noch zahlreiche weitere Aniontenside auf der Basis von Fetten und Ölen, bei denen die anionische Funktion eine Sulfat- (-O-SO_2-O-) oder Sulfonatgruppe (-SO_2-O-) ist. Beispielhaft seien hier die Fettalkoholsulfate und Fettsäuremethylestersulfonate beschrieben. Fettalkoholsulfate werden durch die Umsetzung von Schwefelsäure mit Fettalkoholen (meist mit der Kettenlänge um C12 herum) bis zur Stufe des Schwefelsäurehalbesters hergestellt. Das zweite Proton der Schwefelsäure wird anschließend mit Natronlauge neutralisiert (Abb. 10-4). Fettalkoholsulfate sind weniger härteempfindlich als Seifen und finden sich in zahlreichen Wasch- und Reinigungsmitteln. Verfahrenstechnisch besteht

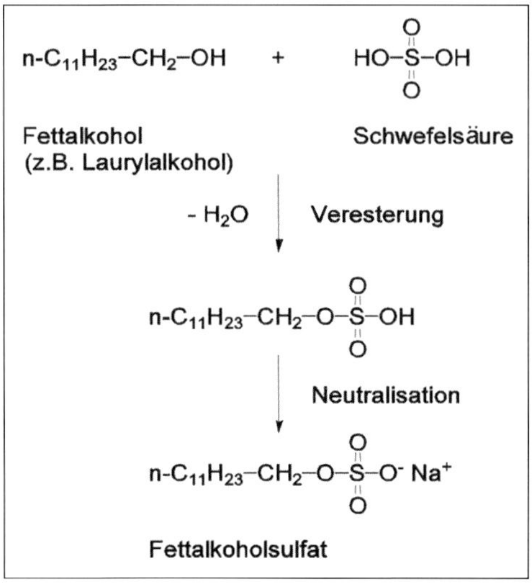

Abb. 10-4: Herstellung eines Fettalkoholsulfates

der Anspruch darin, ein möglichst helles Produkt zu erzielen.

Fettsäuremethylestersulfonate (kurz MES) sind zurzeit noch weniger bedeutend; an ihnen lässt sich jedoch exemplarisch die Reaktion der chemischen Industrie auf Entwicklungen im Treibstoffmarkt aufzeigen [10-15]. Fettsäuremethylester müssen zur Verwendung als Biodiesel eine gewisse Anzahl – nicht zu viel und nicht zu wenig – an Doppelbindungen haben. Rapsmethylester ist nahezu ideal, aber nur begrenzt verfügbar und demzufolge teuer. Größer ist das Wachstumspotenzial tropischer Pflanzenöle, vor allem des Palmöls. Seine Methylester enthalten jedoch für die Verwendung als Biodiesel in Mitteleuropa zu viele gesättigte Bestandteile. Diese können vorzugsweise nach der Umesterung der Öle zu den Methylestern entfernt werden. Wird also mehr Palmöl als Rohstoffbasis für Biodiesel verwendet, gibt es plötzlich beachtliche Mengen an gesättigten Fettsäuremethylestern als Koppelprodukt. Aus diesem Grund erhält die lang bekannte, aber unbedeutende Herstellung von Fettsäuremethylestersulfonaten durch Sulfonierung gesättigter Fettsäuremethylester neue Aufmerksamkeit. Zurzeit werden mehrere neue Anlagen projektiert (Abb. 10-5).

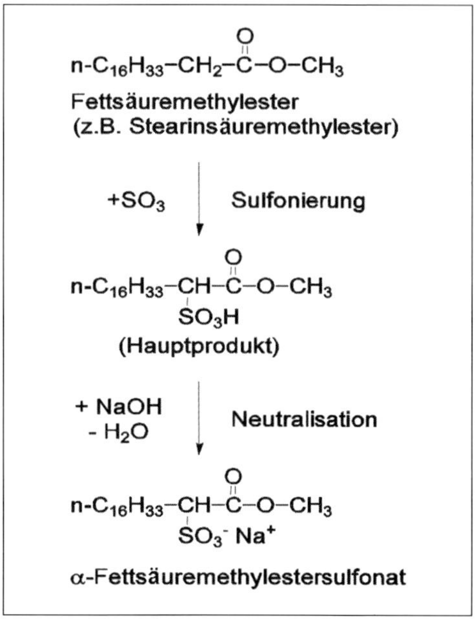

Abb. 10-5: Herstellung von Fettsäuremethylestersulfonaten

Nichtionische Tenside entstehen typischerweise durch die Umsetzung von Hydroxylgruppen an Fettstoffen (z. B. Fettalkoholen) mit mehreren Moläquivalenten Ethylen- oder (seltener) Propylenoxid. Die dabei entstehende (-CH_2-CH_2-O)n-H-Gruppierung bildet dann das nichtionische, polare Molekülende. Durch Anpassung der Kettenlänge der Fettstoffe können in einer Art Baukasten die Eigenschaften dieser Fettalkoholethoxylate (und anderer nach diesem Prinzip hergestellter nichtionischer Tenside) fein abgestimmt werden. In den Endprodukten der Wasch- und Reinigungsmittelindustrie werden nichtionische Tenside selten allein, sondern in Kombination mit anionischen Tensiden verwendet (Abb. 10-6).

Kationische Tenside erhält man u. a. über Fettamine als Zwischenprodukte. Fettamine werden durch reduktive Aminierung von Fettsäuren hergestellt. Bei kationischen Tensiden ist die Alkylkette über eine funktionelle Gruppe, z. B. ein quartäres Ammoniumsalz R_4N^+, positiv geladen und wird durch ein Anion, meist Cl-, kompensiert. Kationische Tenside sind die typischen Inhaltsstoffe von Weichspülern und Haarspülungen. Manche kationischen Tenside haben auch eine antimikrobielle Wirkung und werden wie z. B. das so genannte Benzalkoniumchlorid (Didodecylbenzylmethylammoniumchlorid) zur mikrobiellen Stabilisierung von Augentropfen eingesetzt.

Emulgatoren dienen zur Stabilisierung von Emulsionen und anderen Dispersionen. Die oben beschriebenen Fettalkoholethoxylate sind Beispiele für Emulgatoren im Non-Food-Bereich. Typischer sind jedoch Mono- und Diglyceride (Partialglyceride) und ihre Derivate. Partialglyceride werden durch Umesterung von Triglyceriden mit zusätzlichem Glycerin hergestellt (Abb. 10-7).

Unterschiedliche Produkte erhält man zunächst durch die Wahl der Triglyceride und durch unterschiedliche Mono- und Diglyceridgehalte. Stark angereicherte Fraktionen können durch Dünnschichtdestillation gewonnen werden; aufgrund der hohen Siedepunkte muss hier die Destillationstechnologie an ihre Grenzen gehen. Partialglyceride können durch Zusätze von Seifen oder durch Einesterung biogener Säuren wie Essigsäure, Weinsäure, Milchsäure oder Zitronensäure weiter modifiziert werden. Die so erhältlichen Produkte dienen als spezielle Emulgatoren in der

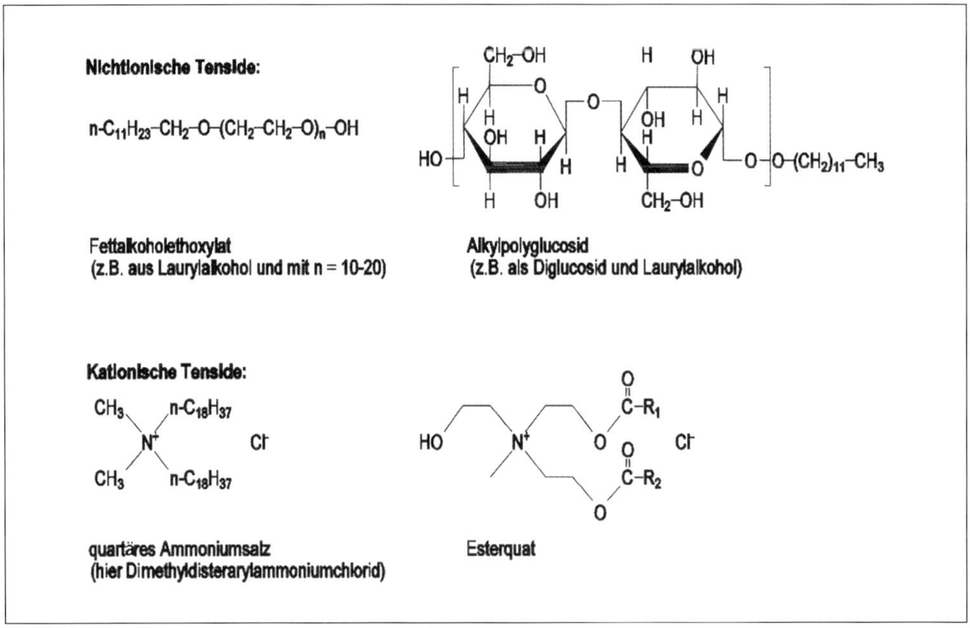

Abb. 10-6: Beispiele nichtionischer und kationischer Tenside

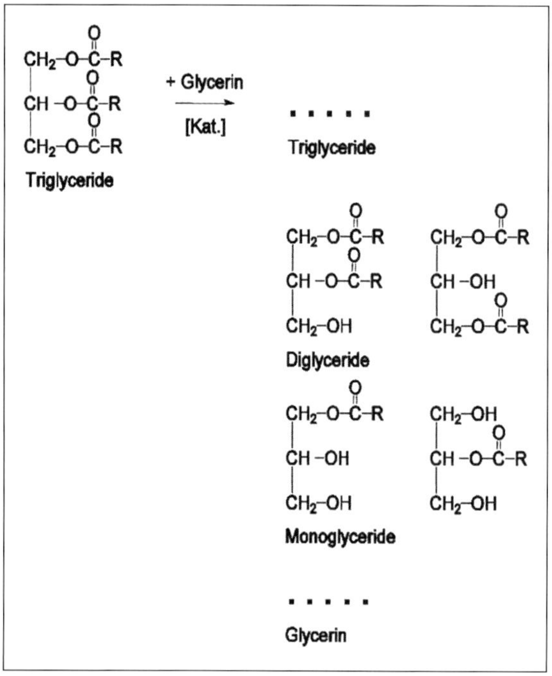

Abb. 10-7: Partialglyceride

Lebensmitteltechnik [10-16]. Für den Non-Food-Bereich können die freien Hydroxylgruppen all dieser Produkte nochmals ethoxyliert und so die Vielfalt noch weiter gesteigert werden.

10.4 Öle und ihre Derivate in kosmetischen Produkten

Die oben genannten Emulgatoren und auch andere grenzflächenaktive Verbindungen sind auch typische Inhaltsstoffe von kosmetischen Produkten. Öle und ihre Derivate sind aber auch für andere Zwecke wertgebende Bestandteile von Kosmetika. Hautpflegeprodukte wie Cremes sollen u. a. das menschliche Hautoberflächenfett, das durch häufige, tensidintensive Reinigung und das Tragen von Textilien beansprucht wird, ergänzen. Dazu enthält die Fettphase oft Öle pflanzlicher Herkunft. Alternativ werden jedoch auch Silikon- oder Paraffinöle verwendet, die man im natürlichen Hautoberflächenfett natürlich nicht findet. Im Bereich der kosmetischen Produkte ist die Wertschöpfung erheblich; Kilogrammverbraucherpreise im Bereich von mehreren 100 Euro sind keine Seltenheit. In solchen Fällen spielen die Rohstoffkosten nur eine untergeordnete Rolle, so dass auch ungewöhnliche Öle mit besonderen Eigenschaften und/oder besonderem Werbeeffekt wie Mandelöl, Macadamianussöl, Aprikosenöl, Nerzöl oder – momentan sehr angesagt – Arganöl verwendet werden können. Häufig wird als preiswerte Pflanzenölkomponente Sojaöl genutzt. Dagegen findet man auf Rapsöl basierende Kosmetik nur in Ausnahmefällen. Kruse [10-18] zeigt ein schönes Beispiel für eine dezentrale Ölmühle, die sich mit einer Kosmetikserie und anderen Produkten für Endverbraucher ein zweites Standbein geschaffen hat. Das kosmetisch wertvolle – da reich an natürlichen Antioxidantien und mit nahezu idealer Fettsäureverteilung – kaltgepresste Rapsöl hat den Nachteil des ausgeprägten, kaum zu überdeckenden Eigengeruchs. So müssen in jedem Einzelfall der Werbeffekt der Pflanzenöle, ihr Preis und ihre tatsächlichen kosmetischen Eigenschaften gegeneinander abgewogen werden. Spezielle Öle wie die o. a. können in den wenigsten Fällen in konventionellen, z. B. für Rapssaat ausgelegten Ölmühlen hergestellt werden. Zum einen sind die zu verarbeitenden Chargen selbst für dezentrale Anlagen zu klein. Zum anderen werden oft auch Techniken, die über die einfache Pressung und standardmäßige Lösemittelextraktion hinausgehen, angewendet (z. B. für Sanddorntresteröl [10-19]).

Neben Triglyceriden enthält das Hautoberflächenfett auch Wachse. Bei lipiden Wachsen handelt es sich um Ester langkettiger Fettsäuren mit langkettigen Fettalkoholen. Man beachte, dass in anderen Zusammenhängen der Begriff Wachs auch für andere Verbindungen ähnlicher physikalischer Eigenschaften (Paraffinwachs, Montanwachs usw.) verwendet wird.

Lipide Wachse können natürlicher Herkunft sein wie z. B. Bienenwachs, Wollwachs, Carnaubawachs oder Jojobawachs (die Bezeichnung Jojobaöl ist grob falsch). Auch der früher begehrte Walrat gehört in diese Substanzklasse. Da Fettsäuren und Fettalkohole unterschiedlicher Kettenlänge und mit unterschiedlich vielen C=C-Bindungen großtechnisch zur Verfügung stehen, können daraus durch Veresterung auch synthetische Wachse (z. B. so genanntes Oleyloleat) oder Ersatzprodukte für natürliche Wachse („Walratersatz") hergestellt werden.

Neben oberflächenaktiven Verbindungen, Ölen und Wachsen finden in kosmetischen Produkten auch noch viele andere Verbindungen oleochemischer Herkunft Verwendung. Oft handelt es sich um Ester (z. B. Fettsäureisopropylester, Trimethylolpropanfettsäureester). Viele dieser Produkte können nur mit beachtlichem Aufwand und entsprechendem Know-how synthetisiert werden. Ölmühlen, die besondere Öle herstellen, sollten jedoch immer – am besten in Kooperationen – alle Möglichkeiten genau betrachten, die sich für Folgeprodukte aus besonderen Ölen ergeben können.

10.5 Schmierstoffe und Hydrauliköle

Auch Schmierstoffe und Hydrauliköle können aus Pflanzenölen, in Mitteleuropa vorwiegend aus Rapsöl, hergestellt werden. Vom Gesamtschmierstoffmarkt in Deutschland mit 1,1 Mio. jato entfallen allerdings weniger als 50000 jato auf solche Produkte [10-22]. Zwar ist das zukünftige Marktpotenzial bioabbaubarer Schmierstoffe sehr günstig einzuschätzen, doch darf daraus nicht ohne Weiteres auf eine Steigerung der Verwendung von Fetten und Ölen gefolgert werden. Es ist nämlich auch durchaus möglich und üblich, bioabbaubare Schmierstoffe und Hydrauliköle auf Basis von Erdöl herzustellen. Bioabbaubarkeit ist keine Frage der Rohstoffherkunft, sondern ausschließlich eine Folge der chemischen Struktur! Hier wie in anderen Bereichen ist die populäre Gleichung „nachwachsend = biologisch abbaubar" und umgekehrt immer genau auf den Prüfstand zu stellen. Grundzüge einer Ökobilanz biogener Schmierstoffe schildert Oertel [10-23].

Wichtige Produktsegmente für biologisch abbaubare Schmierstoffe sind insbesondere so genannte Verlustschmierstoffe (d. h., der Schmierstoff endet nach der Verwendung zwangsläufig in der Umwelt) wie Sägekettenöle, Weichenschmierfette und die Verlustschmierung bei landwirtschaftlichen Maschinen. Bei den anteilsmäßig großen Märkten wie z. B. den Motorenölen blieb der Durchbruch trotz der breit angelegten Bemühungen einer US-amerikanischen Gruppe aus [10-24].

Auch im Bereich der Schmiermittel gibt es einige langjährig etablierte Komponenten aus nachwachsenden Rohstoffen. Genannt seien hier nur die Lithiumseifen der hydrierten Ricinolsäure (oder der Hydroxystearinsäure), die als Schmierfette eingesetzt werden. Der Schmierstoffbereich ist auch das wesentliche Einsatzgebiet für die verbliebenen kleinen Mengen erucasäurereichen Rapsöls.

Grundöle für rapsölbasierende Schmierstoffe können durchaus auch von Ölmühlen zusammengestellt werden. Das eigentliche Know-how bei der Herstellung von Schmierstoffen liegt jedoch bei den Additiven, also z. B. den Viskositätsverbesserern, den Korrosionsinhibitoren, den Komplexbildnern usw. Hier ist die Zusammenarbeit mit einem Schmierstoffhersteller auch bei einfachen Produkten zwingend erforderlich.

10.6 Lacke und Anstrichstoffe, Druckfarben

Nicht erst seit den Zeiten der in „Ölfarben" gemalten Mona Lisa sind Lacke und Farben ein traditionelles Anwendungsgebiet von Ölen. Die in Deutschland hergestellten gut 2 Mio. jato Lacke und Farben enthalten etwa 90000 t Pflanzenöle, vor allem als Bindemittelkomponente in den so genannten Alkydharzen [10-26]. Dieser Markt stagniert und in den wachsenden Markt der Acryllacke haben Pflanzenöle noch keinen Eingang gefunden. Brückenschläge durch die gezielte Einführung von Acrylatgruppen in Pflanzenöle sind der Gegenstand aktueller Forschungsprojekte.

Naturgemäß finden für Lacke und Druckfarben die hoch ungesättigten, trocknenden Öle wie Leinöl, Distelöl, Sojaöl und auch Hanföl Anwendung. Dazu kommen Spezialitäten wie das Tungöl (auch chinesisches Holzöl) mit konjugierten Doppelbindungen und demzufolge besonderen Trocknungseigenschaften. Eine besondere Derivatisierung der Öle erfolgt für diese Einsatzzwecke nicht. Die Öle werden im einfachsten Fall in Anteilen von typischerweise 30 bis 60 % direkt mit Glycerin und aromatischen mehrwertigen Säuren wie Phthalsäure zu den Bindemitteln der Alkydharze „verkocht" (Abb. 10-8). Auch in konventionellen Druckfarben werden teilweise hoch ungesättigte Öle – vor allem Lein- und Sojaöl – eingesetzt. Die Menge liegt europaweit bei etwa 40 000 jato. Auch hier handelt es sich um reife Märkte mit nur geringem Wachstumspotenzial.

Dezentrale kleinere Ölmühlen, die in der Lage sind, in Kombination mit Vertragsanbau Öle für Lacke und Farben in guter Qualität zu liefern, können durchaus Zugang zum Markt finden. Dazu sollten sie jedoch in der Regel in der Lage sein, auch die Raffination der Öle durchzuführen (oder durchführen zu lassen), da für Lacke und Farben raffinierte Öle benötigt werden. Die Messung der anwendungstechnischen Grundeigenschaften für den Lackbereich wie Viskosität und Trocknungszeit unter Standardbedingungen sind so einfach, dass sie auch in einfach ausgestatteten Laboren einer Ölmühle durchgeführt werden können.

10.7 Sonstiges

In so genanntem Rapsasphalt [10-28; 10-29], einer Bitumenmischung für die Reparatur von Straßen, wird ca. 5 % Rapsöl verarbeitet, was zu einer Verbesserung der Eigenschaften wie Trocknungszeit und Endfestigkeit führt. Nach einer zunehmenden Nachfrage nach diesem Produkt in den Jahren 2001 bis 2004 stagniert der Markt nun offenbar bei ca. 3 000 jato, obwohl das reine Volumen dieser Märkte weitaus höher liegt. Auch hier sind steigende Rapsölpreise bedingt durch die energetische Nutzung der Grund. An diesem Beispiel ist ein Vergleich der CO_2-Bilanzen besonders lehrreich: Während die energetische Nutzung von Rapsöl bestenfalls nur zu einer Verminderung der CO_2-Emissionen um die Menge führt, die beim Verbrennen der äquivalenten fossilen Energieträger entstanden wäre, führt die Verwendung von Rapsasphalt zu einer dauerhaften CO_2-Senkung von ca. 4,6 t/t Rapsasphalt, denn hier wird pflanzenstämmiges Material quasi mineralisiert.

Im Linoleum werden bedeutende Mengen Leinöl verarbeitet.

Epoxidierte Pflanzenöle [10-30] werden als PVC-Stabilisatoren eingesetzt. Standardverfahren zur Epoxidierung ist die Umsetzung von ungesättigten Pflanzenölen, meist Soja- seltener Leinöl, mit in situ hergestellter Persäure. Ringöffnungsprodukte dieser Epoxide mit Wasser, Alkoholen und Aminen dienen als Ausgangsmaterialien für auf Pflanzenöl basierende Polyurethane (Abb. 10-9). Der Markt für epoxidierte Pflanzenöle liegt bei ca. 250 000 jato. Der Umgang mit Persäuren ist jedoch

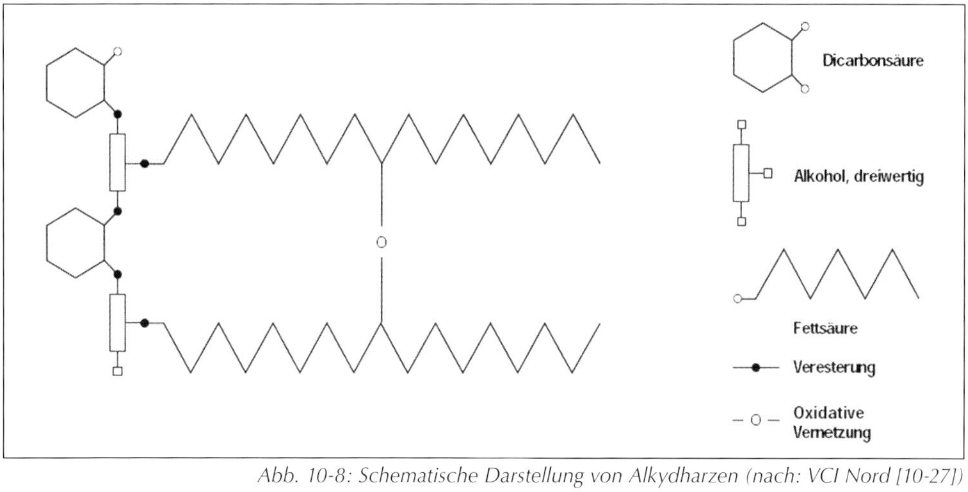

Abb. 10-8: Schematische Darstellung von Alkydharzen (nach: VCI Nord [10-27])

sicherheitstechnisch anspruchsvoll und wird deshalb nur von wenigen Firmen durchgeführt.

Einen ähnlich hohen Schwierigkeitsgrad weist die Ozonolyse auf. Die oxidative Spaltung von Ölsäure durch Ozonolyse liefert Azelainsäure (Nonandisäure) und Pelargonsäure (Nonansäure) (Abb. 10-10). Beide Produkte sind auf der Basis petrochemischer Rohstoffe nur schwer herzustellen und dienen als Ausgangsmaterialien für Schmierstoffe und Polymere (Nylon 6,9).

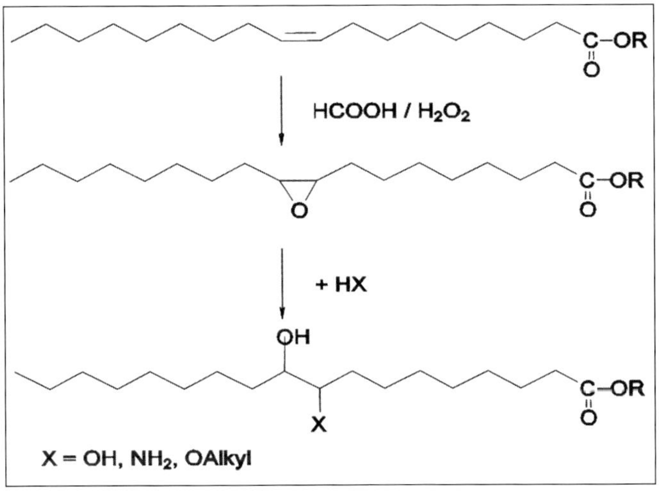

Abb. 10-9: Epoxidation und Epoxidringöffnung

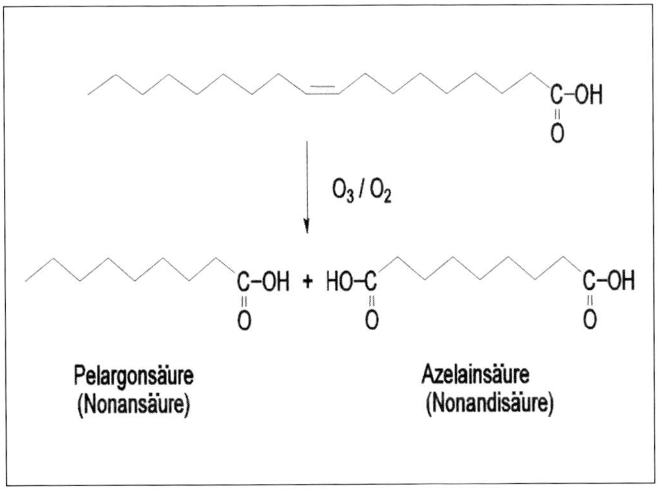

Abb. 10-10: Ozonolyse

10.8 Literatur

10-1 Schumacher, K.: Developments on the markets for oilseeds, oils and fats. Oleochemicals under changing global conditions. DGF-Meeting, Hamburg (2007)

10-2 Gunstone, F.: Update on food and non-food use of oils and fats. AOCS Inform (2007) 18: 573-574.

10-3 Onken, U. und Behr, A.: Chemische Prozeßkunde - Lehrbuch der Technischen Chemie. Band 3. Georg Thieme Verlag, Stuttgart (1996)

10-4 Westfechtel, A.: Oleochemie - Chemie aus der Natur. In: CARMEN e.V.: Jahrbuch 2004/2005 Nachwachsende Rohstoffe – Wirtschaftsfaktor Biomasse. CARMEN e.V., Straubing (2004), S. 357-368

10-5 Anon.: Natural versus Synthetic: Oleochemical and Petrochemical Makers Square Off. Chem. Eng. News (2007) January 29, S. 18

10-6 Rupilius, W. und Ahmad, S.: Palm oil and palm kernel oil as raw materials for basic oleochemicals and biodiesel. Eur. J. Lipid. Sci. Technol. (2007) 109:433-439

10-7 Rupilius, W. und Ahmad, S.: The changing world of oleochemicals. Am. Palm Oil Coucil. www.americanpalmoil.com/publications (2007)

10-8 Widmer, A. und Müller A.: Glycerin überschwemmt Europa. Chem. Rundschau (2003) 10:4-6

10-9 Klumpe, M.: Epicerol(tm) - Innovative Production Process of Epichlorohydrin Based on Glycerin from the Biodiesel Feedstock. Oleochemicals under changing global conditions. DGF-Meeting, Hamburg (2007)

10-10 Rüsch gen. Klaas, M., Schneider J., Zawerucha, J.: Selective Esterification of Glycerol Formal. 98th Am. Oil Chem. Soc. Annual Meeting and Expo, Quebec (2007)

10-11 Anon.: Mit Spezialitäten Platz an der Sonne. Chem. Rundschau (2003), 10: 6

10-12 Falbe, J. (Hrsg.): Surfactants in Consumer Products. Springer Verlag, New York (1987)

10-13 Kosswig, K. und Stache, H.: Die Tenside. Hanser Verlag. München (1993)

10-14 Umbach, W.: Kosmetik und Hygiene. 3. Auflage, Wiley-VCH, Weinheim (2004)

10-15 Adami. C.: MES Production and Applications. Oleochemicals under changing global conditions. DGF-Meeting, Hamburg (2007)

10-16 Aebi H.: Kosmetika, Riechstoffe und Lebensmittelzusatzstoffe. Thieme Verlag, Stuttgart (1978)

10-17 Schrader K. und Domsch, A.: Cosmetology – Theory and Practice. Verlag für chemische Industrie, Augsburg (2005)

10-18 Kruse, H. Rapsölkosmetika. www.rappoel-kruse.de (2007)

10-19 Rüsch gen. Klaas, M. und Meurer, P.: A palmitoleic acid ester concentrate from seabuckthorn pomace. Eur. J. Lipid Sci. Technol. (2004), 106: 412-416

10-20 Mang, T. und Dresel, W. (Hrsg.): Lubricants and Lubrication. 2. Auflage. Wiley-VCH, Weinheim (2007)

10-21 Erhan, S.Z. und Perez, J. M.: Biobased Industrial Fluids and Lubricants. AOCS Press, Champain IL (2002)

10-22 Lenz V. und Weber M.: Schmier- und Verfahrensstoffe. In: FNR (Hrsg.): Marktanalyse Nachwachsende Rohstoffe. Fachagentur Nachwachsende Rohstoffe, Gülzow (2006) S. 239-261

10-23 Oertel, D.: Industrielle stoffliche Nutzung nachwachsender Rohstoffe – Sachstandsbericht zum Monitoring „Nachwachsende Rohstoffe". TAB-Arbeitsbericht Nr. 114, Berlin (2007), S. 66 ff

10-24 Agro Management Group Inc.: www.agromgt.com (05.05.2009)

10-25 Stoye, D. und Freitag, W. (Hrsg.): Paints, Coatings and Solvents. 2. Auflage, Wiley-VCH, Weinheim (1998)

10-26 Reinecke, R.-D. und Armansperg, M. Graf von: Farben und Lacke. In: Fachagentur Nachwachsende Rohstoffe (Hrsg.): Marktanalyse Nachwachsende Rohstoffe, Gülzow (2006) S. 309-332

10-27 Verband der chemischen Industrie e.V.: Von der Schildlaus zu UV-Lack. www.vci-nord.de/fileadmin/Chemienord/Bilder/unterrichtshilfen/pdf/UV-Lack.pdf (1997)

10-28 Schmidt, B.: Rapsasphalt. In: CARMEN e.V.: Jahrbuch 2004/2005 Nachwachsende Rohstoffe – Wirtschaftsfaktor Biomasse. CARMEN e.V., Straubing (2004) S. 369-372

10-29 Schmidt, B.: Rapsasphalt – Marktsituation. In: CARMEN e.V.: Jahrbuch 2006/2007 Nachwachsende Rohstoffe – Wirtschaftsfaktor Biomasse. CARMEN e.V., Straubing (2006) S. 365-366.

10-30 Rüsch gen. Klaas, M. und Warwel, S.: New Oxidation methods for unsaturated fatty acids, esters and triglycerides. In: Knothe, G. und Derksen, J.T.P. (Hrsg.): Recent Developments in the Synthesis of Fatty Acid Derivatives. AOCS Press, Champaign IL (1999) S. 157-181.

11 Verwendung von Extraktionsschroten und Presskuchen

Friedrich Schöne

11.1 Erzeugung von Fleisch, Milch und Eiern – nicht ohne Extraktionsschrote/Expeller als Eiweißfuttermittel

Eine immense Menge an (Nutz-)Pflanzen ist für die Versorgung der global 1,5 Milliarden Rinder und der Milliarde Schweine erforderlich [11-1] – nicht gezählt sind Geflügel, Schafe, Ziegen und weitere Nutztiere. Die Futtermenge übersteigt die Menge an Lebensmitteln um ein Mehrfaches. Gras und weitere Grobfuttermittel, frisch oder als Heu beziehungsweise Silage konserviert, repräsentieren das Gros des Futterstockes, genutzt durch den Wiederkäuer mit seinem Vormagensystem und der Cellulosefermentation durch die Pansenmikroben.

Hohe Tierleistungen werden erst durch Konzentrate, auch Kraftfuttermittel, möglich – in erster Linie Futtergetreide und als wichtigste Eiweißfuttermittel die Extraktionsschrote und Presskuchen aus den Ölmühlen. Extraktionsschrote, die als Koppelprodukt bei der Ölgewinnung durch Pressen oder Extrahieren mit Lösungsmittel anfallen, kennzeichnet ein geringer Restfettgehalt. Kuchen (auch Expeller), hier des Rapses, die durch das weniger ergiebige mechanische Abpressen gewonnen werden, weisen im Vergleich zum Extraktionsschrot höhere Fettgehalte auf (Tab. 11-1). Schweine und Geflügel fressen ausschließlich Konzentratfutter. Wiederkäuer mit dem unter unseren Intensivbedingungen hohen Leistungsanspruch benötigen auf Trockenmassebasis 1/4 bis 1/2 der Ration als Konzentrate.

Eine solche Fütterung für hohe Tierleistungen erlaubt es, die vom Verbraucher nachgefragte immense Menge an Fleisch, Milch und Eiern mit „einer so gering wie möglichen" Zahl an Nutztieren zu erzeugen, wodurch je Mengeneinheit tierisches Erzeugnis die Futtermenge und der Exkrement-

Tab. 11-1: Sojaextraktionsschrot und Rapsfuttermittel im Vergleich, Werte je Kilogramm Trockenmasse [11-2, 11-3, 11-4, 11-5, 11-6, 11-7]

		Sojaextraktionsschrot	Rapsextraktionsschrot	Rapskuchen
Fettgehalt	%	1–3	1–5[1]	12–15
Rohprotein	g	510	392	360
Rohfaser	g	67	131	119
Neutrale Detergenzfaser, NDF	g	200	302	270
Lignin	g	28	90	82
Stärke	g	69	0	0
Zucker	g	108	95	80
Lysin	g	30	22	19
Methionin + Cystin	g	15	19	16
Threonin	g	21	18	16
Phosphor	g	7	12	9
verdaul. Phosphor[2]	g	2,5	4,0	5,0[3]
NEL	MJ	8,6	7,3	8,3
ME Rind	MJ	13,8	12,0	13,5
ME Schwein[4]	MJ	14,6	11,1	13,2
Glucosinolate	mmol	nicht enthalten	8	20

NEL = Nettoenergie-Laktation; MJ = Megajoule; ME= Umsetzbare Energie (engl. metabolisable energy).

[1] nach Zugabe Rohlecithin; [2] Schwein; [3] vorläufig; [4] Bei einer Bruttoenergie, auch Brennwert (Berechnung nach 11-6), für die Extraktionsschrote von übereinstimmend etwa 20 MJ/kg T und für den Rapskuchen von 22 MJ/kg T setzt das Schwein beim Sojaextraktionsschrot davon 72 % um; beim Rapsextraktionsschrot sind es dagegen nur 56 % und beim Rapskuchen nur 60 % Umsetzbarkeit der Energie. Methodisch ist der umsetzbare (auch verfügbare) Teil eines Nährstoffes oder der Energie die Differenz aus der aufgenommenen und der vor allem über Kot und Urin (beim Wiederkäuer auch über Gärgase) ausgeschiedenen Menge.

anfall (Gülle) minimiert wird. Intensivproduktion mit Nutztieren beinhaltet demnach bezogen auf eine erzeugte Menge Fleisch, Milch oder Eier die niedrigsten Futterkosten und die geringsten Umweltauswirkungen. Neben der Sicherheit von Lebensmitteln und Futtermitteln als integralem Teil der EU-Gesetzgebung [11-8], bestehen drei Grundforderungen an Lebensmittel liefernde Tiere (Tab. 11-2, linke Seite). Von diesen wiederum leiten sich Anforderungen an die Futtermittelqualität ab (Tab. 11-2, rechte Seite).

Die Wirtschaftlichkeit hängt ab von der Tiergesundheit und dem Leistungsniveau, aber auch von der Qualität des Produktes. Ein hochwertiges Futter trifft den Nährstoffbedarf für eine definiert hohe Tierleistung „auf den Punkt", bei Minimierung der aufgewandten Futtermenge pro Einheit Erzeugnis. Futterqualität drückt sich im Verhältnis Futtermenge zu in der Zeiteinheit erzeugter Menge an Milch (kg) aus oder in der Zunahme der Körpermasse (g Lebendmasse, LM) pro Tier und Tag. Im Hinblick auf optimale Nährstoffprofile für die erwartete Tierleistung muss eine oftmals „einseitige" Getreide-Extraktionsschrot-Ration an erster Stelle ausreichend Energie und Eiweiß enthalten, aber auch passende Mineralstoffe (Mengen- und Spurenelemente) und Vitamine über die entsprechenden Prämixe. Bestimmte Aminosäuren (AS), die Schweine und Geflügel nicht zu bilden in der Lage sind (die lebensnotwendigen, auch essenziellen Aminosäuren), spielen im Unterschied beim Wiederkäuer nicht die Rolle. Die Pansenmikroben zerlegen selbst das hochwertigste Futterprotein bis zum Ammoniak und bilden dann mit den Kohlenstoffgerüsten der kurzkettigen Fettsäuren vor allem aus dem Kohlenhydratabbau (Essig-, Propion- und Buttersäure) die Aminosäuren und das (für das Wirtstier hochwertige) Mikrobenprotein. Der mikrobielle Ab- bzw. Umbau des Futterproteins ist aber nicht vollständig: Je nach Futtermittel passiert ein kleinerer oder größerer Teil, das „Durchflussprotein", unabgebaut den Pansen und wird dann im Labmagen und im Dünndarm zusammen mit dem Mikrobenprotein verdaut.

Die in der Futtermitteltabelle ausgewiesene oder im Labor ermittelte Zusammensetzung bildet aber nur einen Teil der Futterqualität ab. Entscheidend für hohe Leistungen ist die adäquate Futteraufnahme, auf die neben den Nährstoffen, einschließlich der Faser, die antinutritiven Bestandteile wirken. Letztere, auch antinutritive Faktoren (ANF) genannt, werden im Folgenden besonders am Beispiel der Glucosinolate der Rapsfuttermittel näher beschrieben.

Sojaextraktionsschrot ist in den USA, der EU und im Weltmaßstab das mit Abstand bedeutendste Eiweißfuttermittel [11-1]. Rapsextraktionsschrot hat in den vergangenen beiden Dekaden, vor allem wegen der Qualitätsverbesserung durch die

Tab. 11-2: Anforderungen an das Nutztier und das Futter

Tier[1]	**Futter**[1]
Gesundheit – frei sein von Krankheit, – nicht beeinflusste Blut-, Milch-, Harn- und Organ-Parameter	– Minimierung antinutritiver Bestandteile unterhalb definierter Schwellenwerte in den Futterrationen
Hohe Tierleistung (= Ertrag) – 30 bis 40 kg Milch pro Kuh und Tag, – 750 bis 800 g Tageszunahme pro Schwein, – niedriges Verhältnis Futter: Ertrag (Futteraufwand) für gute Wirtschaftlichkeit und die Minimierung des N- und P-Outputs über Kot und Harn pro Einheit Ertrag (Milch, Zunahme, Eier)	– Nährstoffe, Energie adäquater Gehalt adäquate Verfügbarkeit – Hohe Akzeptanz/Futteraufnahme
Produktqualität – hohe sensorische und jeweils passende technologische Merkmale, – lebensnotwendige Nährstoffe in Milch, Fleisch und Eiern und deren Konzentration	– Optimierung besonders der Energie, des Proteins, des Fettes und der Mikronährstoffe

[1] Nicht gesondert aufgeführt und nichtsdestotrotz Grundlage jeglicher Qualitätsanforderungen ist die Sicherheit der Lebensmittel und Futtermittel mit den per Gesetz zulässigen Höchstwerten für potenziell gefährliche Substanzen bzw. Mikroben.

00-Sorten, den zweiten Platz erobert, vor Sonnenblumen-, Baumwoll- und Erdnussextraktionsschrot. Im Folgenden wird deshalb speziell auf die Soja- und Rapsfuttermittel eingegangen. Eiweißträger, die nicht aus dem Ölsaatenbereich stammen, repräsentieren die heimischen Körnerleguminosen – Ackerbohne, Erbse und Süßlupine – und, mit wachsender Bedeutung, die Trockenschlempen als Koppelprodukte der Ethanolgewinnung („Biosprit") aus Mais, Weizen und Roggen. Diese Schlempefuttermittel, vor allem aus Mais und Weizen, laut Futtermittelpositivliste [11-9] immer mit dem im wässrigen Extrakt rückgeführten Eiweiß getrocknet, sind trotz des niedrigen Lysinanteils für die Rinder durchaus akzeptabel und somit ein Konkurrenzprodukt etwa zum Rapsextraktionsschrot.

Der deutsche Jahresverbrauch ausgewählter Eiweißfuttermittel [11-10] zeigt zwischen 1998 und 2007 einen Anstieg der Futtermittel aus Ölsaaten von 11 % (Abb. 11-1) mit einer Erhöhung des Sojaextraktionsschrots um ebenfalls 11 % und der Rapsfuttermittel um 48 % zulasten des Verbrauches an Sonnenblumenextraktionsschrot (Abnahme des Jahresverbrauches um mehr als 80 % – 2007 verglichen mit 1998). Auf der Verliererseite unter den Eiweißträgern aus dem Nichtölsaatensektor finden sich das Maisglutenfutter (Verringerung auf 28 %, Abb. 11-1), aber auch die Hülsenfrüchte (nicht gezeigt), repräsentiert vor allem durch die Futtererbsen, deren Verbrauch im betrachteten Zeitraum von 680 000 auf 280 000 t sank, also auf etwa 40 %.

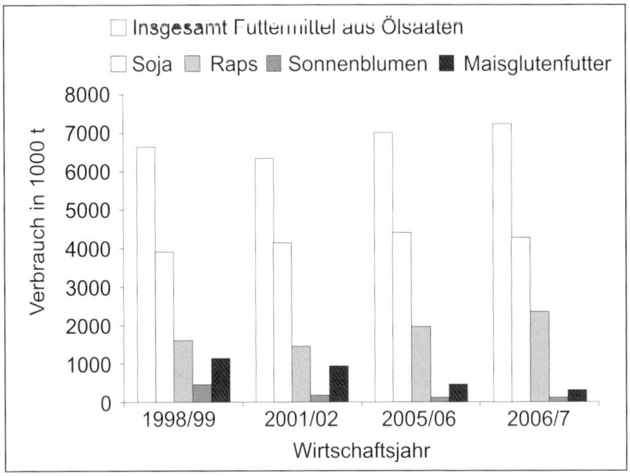

Abb. 11-1: Verbrauch an Futtermitteln aus Ölsaaten, besonders Extraktionsschroten, und an Maisglutenfutter (= getrockneter Rückstand der Maisstärkegewinnung) pro Jahr in Deutschland zu Anfang, in der Mitte und am Ende des vergangenen Jahrzehnts [11-10]. Das gesamte Jahresaufkommen an Futter betrug in dem Zeitraum unverändert 70 Mio. t Getreideeinheiten mit 37 (1998/99) bis 40 (2005/07) Mio. t Kraftfutter.

Trotz der laut Abbildung in jüngster Vergangenheit immensen Steigerung des Verbrauches der Rapsfuttermittel als der wichtigsten Eiweißträger aus heimischer Erzeugung, sind die aus der Ära des glucosinolatreichen Rapses stammenden Vorbehalte vieler Landwirte und Tierärzte gegen Raps in der Fütterung noch immer nicht ausgeräumt. Und selbst in der Rinderfütterung stehen Rapsextraktionsschrote und Rapskuchen unter Druck, drängt doch hier die genannte Schlempe aus der Getreideverarbeitung zu Bioethanol auf den Eiweißfuttermittelmarkt – mit 500 000 t in 2005/06, das ist eine Verzehnfachung im Vergleich zu den Vorjahren.

11.2 Futterwert der Haupteiweißfuttermittel auf Soja- und Rapsbasis

Durch den Ölentzug aus der Saat werden im Extraktionsschrot bzw. im Kuchen erwünschte Bestandteile, besonders Rohprotein, aber auch unerwünschte, wie Rohfaser und Lignin, angereichert. Abbildung 11-2 zeigt dies am Beispiel des Rapses für die Saat und die Futtermittel mit einem jeweils unterstellten Wassergehalt von 10 %.

Die Extraktionsschrote sind für eine Ölsaat in der Zusammensetzung und im Futterwert weitgehend konstant, wogegen die Presskuchen je nach Presseneinstellung im Fettgehalt und damit im energetischen Futterwert stark schwanken können: 1 g Fett enthält mit 9 kcal (37 MJ) mehr als doppelt so viel Energie wie Eiweiß und Kohlenhydrate mit je 4 kcal/g (17 MJ).

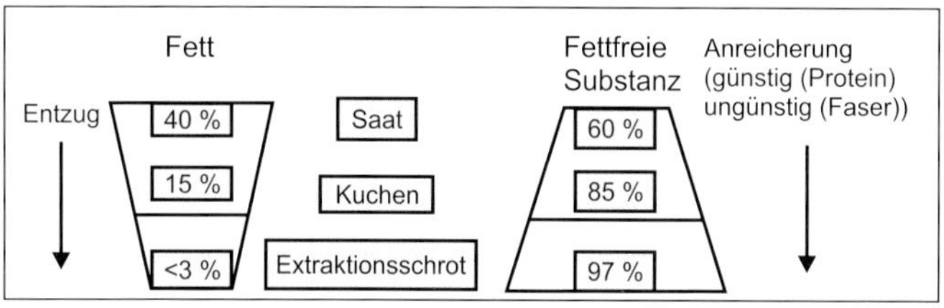

Abb. 11-2: Grundlegende Konzentrationsänderungen bei der Ölgewinnung aus Rapssaat. Die Angaben beziehen sich auf lufttrockene Substanz mit 90 % Trockenmasse. In der fettfreien Substanz ist der geringe Wasseranteil inbegriffen.

11.2.1 Inhaltsstoffe, Verdaulichkeit, verfügbare Energie, Proteinqualität und Akzeptanz für die unterschiedlichen Nutztiere

Sojaextraktionsschrot ist besonders eiweißreich; Rapsextraktionsschrot enthält dazu im Vergleich ein Viertel weniger Rohprotein (Tab. 11-1). Die Aminosäurengehalte bzw. die Proteinbewertung im Hinblick auf die verschiedenen Nutztiere werden im nachfolgenden Unterkapitel diskutiert.

Im Fettgehalt unterscheiden sich Raps- und Sojaextraktionsschrote kaum. Wird in der Ölmühle das bei der Ölraffination anfallende Rohlecithin dem Extraktionsschrot wieder zugesetzt, kann der Rohfettgehalt auf bis zu 5 % in der Trockenmasse ansteigen. Der Fettgehalt des Rapskuchens, hergestellt in den zahlreichen dezentralen Anlagen, liegt je nach Effizienz des (Kalt-)Pressverfahrens zwischen 100 bis annähernd 200 g/kg Trockenmasse. Erfolgt die Ölgewinnung aus der Rapssaat wie in einzelnen Ölmühlen nach dem Heißpressverfahren – also durch zweimaliges Pressen bei jeweils vorgeschalteter Konditionierung des Pressgutes – entstehen Expeller, die im Restölgehalt zwischen Rapsextraktionsschrot und -kuchen einzuordnen wären.

Jedoch ist nach den bisherigen Befunden [11-7] der Fettgehalt der Expeller mit 8 bis 10 % nur wenige Prozente unter dem des Kuchens. Dementsprechend führen die Positivliste für Futtermittel [11-9] und die Futtermitteltabellen ausschließlich Rapskuchen auf, jedoch mit bis zu vier [11-3] Fettgehaltsbereichen. Eine Differenzierung zwischen Kuchen und Expellern findet nach diesen beiden Quellen also nicht statt. Fettreichere Kuchen tendieren entsprechend dem geringeren Ölentzug zu niedrigeren Konzentrationen an Eiweiß und Rohfaser (Abb. 11-2, Tab. 11-1).

Der gegenüber Sojaextraktionsschrot doppelt so hohe Rohfasergehalt des Rapsextraktionsschrotes ist auf seinen relativ hohen Anteil an Schalen zurückzuführen. Deren Rohfaser besteht hauptsächlich aus Lignin (etwa 80 g/kg Rapsextraktionsschrot). Besser als die Rohfaser charakterisiert die neutrale Detergenzfaser (NDF) den Gesamtanteil Gerüstsubstanzen. Diese NDF teilt sich für den Raps auf jeweils ein Drittel Zellulose, Hemizellulose und Lignin auf, wogegen die Soja-NDF bei verschwindend geringem Ligninanteil zu jeweils der Hälfte aus Zellulose und Hemizellulose (v. a. Arabinoxylanen) besteht [11-7].

Rapssamen und demzufolge auch die Rapsfuttermittel sind im Unterschied zu Getreide und Körnerleguminosen praktisch stärkefrei. Verschiedene Ein- und Mehrfachzucker wurden aber in Rapsextraktionsschrot und Rapskuchen nachgewiesen, deren Gehalte jedoch nicht die des Sojaextraktionsschrotes erreichen.

Die niedrigere umsetzbare Energie (engl. metabolisable energy, ME) des Rapsextraktionsschrotes im Vergleich zu Sojaschrot und Getreide ist Folge der geringeren Verdaulichkeit der organischen Masse, mit dem bereits angeführten hohen Faseranteil. Im Verdauungsversuch mit Schweinen wurde der Beweis für die „Unverdaulichkeit“ des Lignins geführt, indem sich die aufgenommene Rapsligninmenge im Kot wiederfand [11-5].

Der Schalen- und Ligninanteil des Rapskuchens unterscheidet sich nur wenig vom Extraktionsschrot. Jedoch steuert im Kuchen das Fett als Energieträger der Verdünnung der ME durch Faser bzw. Lignin gegen, und ein Rapskuchen mit 15 % Rohfett nähert sich dem energetischen Futterwert der Wintergerste.

11.2.1.1 Proteinqualität und -bewertung für Schweine und Wiederkäuer

Von den acht lebensnotwendigen, auch essenziellen, Aminosäuren sind nur drei für die Fütterung von Schweinen und Geflügel – wie übrigens auch für unsere Ernährung – bedeutsam: das Lysin als die die Qualität des Getreideeiweißes begrenzende Aminosäure und die schwefelhaltigen Aminosäuren Methionin + Cystin, limitierend in den Leguminosen. Unter manchen Bedingungen können ebenfalls Threonin und Tryptophan die Tierleistung limitieren, so dass diese beiden Aminosäuren ebenfalls in den Rationsberechnungen Berücksichtigung finden.

Über die absoluten Mengen eines gegebenen Futtermittels an Eiweiß, Lysin, Methionin + Cystin, Threonin und Tryptophan hinaus wird die Eiweißqualität für Schweine und das Geflügel besser durch den Bezug der Aminosäuren auf 100 g Eiweiß charakterisiert. (In der älteren Literatur findet sich auch die Angabe: Gramm der betreffenden Aminosäure, bezogen auf 16 g N, dies entspricht einem mittleren N-Gehalt der Pflanzeneiweiße von 16 %). Der Vergleich des Soja-, Raps- und Getreideproteins hinsichtlich des Gehaltes dieser in Schweinefutter erst-, zweit- und gegebenenfalls dritt- und viertlimitierenden Aminosäuren zeigt die Überlegenheit der beiden Extraktionsschrote (Abb. 11-3). Getreide ist demnach für hohe Tierleistungen mit Soja- oder Rapsextraktionsschrot zu kombinieren, wie das mittels hofeigener Mischer oder in den Mischfutterwerken geschieht.

Um dann den Ansprüchen an die Qualität des Futterproteins zu genügen – in Abbildung 11-3 repräsentiert diese das ideale Protein, ermittelt in Versuchen an intensiv wachsenden Schweinen mit sehr hohem Muskel- und geringem Fettansatz – sind noch Zusätze von Lysinpräparaten in Höhe von 1 bis 2 g Lysin/kg Futter notwendig. In dem idealen Futterprotein soll das Verhältnis von Lysin zu Methionin + Cystin 1:0,6 betragen, die Relation des Lysins zum Threonin ebenfalls 1:0,6 und die des Lysins zum Tryptophan 1:0,2. Das Eiweißfutter Rapsextraktionsschrot liegt mit einem hohen Anteil an Lysin, aber auch an den schwefelhaltigen Aminosäuren Methionin + Cystin und Threonin über den Schwellen des idealen Proteins; Tryptophan ist etwas knapp vertreten.

In Übereinstimmung mit der Energieverdaulichkeit müssen die Aminosäuren des Schweinefutters hoch verdaulich sein. Für die Aminosäuren ist aber die Verdaulichkeit als Differenz zwischen der Aufnahme über das Futter und der Ausscheidung via Kot ein zu grobes Maß. Im Dickdarm entsteht sehr viel Bakterienprotein mit einem vom Futterprotein verschiedenen Aminosäurenprofil, weshalb der klassische Verdauungsversuch für das Futterprotein keine Aminosäuren-Verdaulichkeit liefern kann. Somit werden in Versuchsanstalten, z. B. dem Institut für Tierernährung der Universität Hohenheim, standardisiert gefütterte Schweine am Dünndarmende fistuliert, und es wird die Aminosäuren-Verdaulichkeit aus der Differenz zwischen den Aminosäuren des Futters und denen des Verdauungsbreies im Dünndarm (Chymus), der über eine repräsentative Zeit gesammelt wird, bestimmt. Die Aminosäurenverdaulichkeiten im Dünndarm, auch praecaecale Verdaulichkeiten

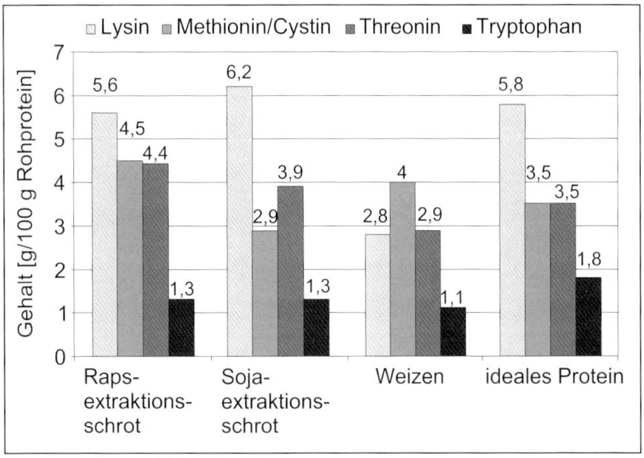

Abb. 11-3: Proteinqualitäten der Haupteiweißfuttermittel aus Ölsaaten für Schweine im Vergleich mit Weizen und mit dem für eine hohe Wachstumsintensität idealen Futterprotein (Zahlen für die Berechnungen aus [11-4]). Die Verfügbarkeit der Aminosäuren (als Verdaulichkeit bis Dünndarmende) findet sich in Tab. 11-3.

(von Caecum lat. für Blinddarm, als Schnittstelle zwischen Dünn- und Dickdarm), sind in den letzten Jahren für verschiedene Futtermittel, unter anderem Raps- und Sojaextraktionsschrot, publiziert worden (Tab. 11-3). Die gegenüber dem Rapslysin höhere Verdaulichkeit des Soja- und Weizenlysins und weiterer limitierender Aminosäuren (ausgenommen die schwefelhaltigen) beruht auf den Unterschieden im Fasergehalt (Tab. 11-1). Mehr Faser, wie im Raps, bedeutet eine höhere Darmfüllung und mehr Kot, wodurch Aminosäuren verstärkt aus dem Dünndarm und überhaupt dem Verdauungstrakt ausgeschleust werden.

Kennwerte des Proteinwertes in den Futtermitteltabellen für Schweine [11-2; 11-4; 11-11]
- Rohprotein
- Rohproteinverdaulichkeit und verdauliches Rohprotein (veraltet)
- Gehalt an Lysin, Methionin + Cystin, Threonin und Tryptophan
- praecaecale Verdaulichkeiten dieser Aminosäure bzw. Gehalt an praecaecal verdaulichem Lysin, Methionin + Cystin, Threonin und Tryptophan

Entsprechend den Ausführungen in Abschnitt 11.1 wird der Wiederkäuer zum großen Teil über das im Pansen gebildete Mikrobenprotein versorgt. Dessen Zusammensetzung ist von der des Futtereiweißes unabhängig, also weitgehend konstant und nach den enthaltenen Aminosäuren (bis auf den Mindergehalt an Methionin) wertvoll. Für Hochleistungskühe scheint die Mikrobenproteinmenge nicht auszureichen und ab 30 bis 40 kg Milch/Tag ist ein höherer Anteil im Pansen unabgebautes (engl. undegradable protein, UDP) und damit erst im Dünndarm zu verdauendes Futterprotein erforderlich als die für das Getreide- und Grobfutterprotein üblichen 15-25 %. Der Wiederkäuer benötigt als wertvolle Eiweiß- und Aminosäurenquelle besonders Extraktionsschrote mit ihrem durch die Toastung – ein Prozessschritt in der Extraktion – auf 30 % und mehr erhöhten Anteil UDP (Tab. 11-4). Presskuchen besitzen entsprechend der geringen Temperaturentwicklung während der Verarbeitung lediglich 10-15 % UDP [11-12]. Im Anteil an nutzbarem Protein (nXP) unterscheiden sich Kuchen und Extraktionsschrot nur wenig, trägt doch das Fett des Rapskuchens zur Bildung des Mikrobenproteins und damit zum nXP bei.

Tab. 11-3: Proteinwert von Sojaextraktionsschrot, Rapsextraktionsschrot und Weizen im Vergleich bei Schwein und Geflügel; für Rapskuchen sind im Vergleich zu Rapsextraktionsschrot etwas niedrigere Gehalte der Aminosäuren anzusetzen. Gehalte je Kilogramm Futtermittel mit 88 % Trockenmasse [11-11] nach DLG-Datenbank-Futtermittel, 2008.
Die Angabe des verdaulichen Rohproteins [11-5] gilt als veraltet, weil eine präzise Leistungsvorhersage nicht möglich ist.

	Sojaextraktionsschrot	Rapsextraktionsschrot	Weizen
Rohprotein [g]	441	344	121
Aminosäuren			
Lysin [g]	26,5	19,9	3,8
Verdaulichkeit[1] [%]	87	73	88
verdauliches Lysin[1] [g]	23,0	14,5	3,3
Methionin + Cystin [g]	12,5	13,8	4,8
Verdaulichkeit[1] [%]	83	77	90
verd. Methionin + Cystin[1] [g]	10,4	10,6	4,3
Threonin [g]	17,1	15,3	3,9
Verdaulichkeit[1] [%]	80	69	90
verd. Threonin[1] [g]	13,7	10,5	3,5
Tryptophan [g]	5,6	4,1	1,5
Verdaulichkeit[1] [%]	86	68	88
verd. Tryptophan[1] [%]	4,8	2,8	1,3

1) Standardisierte praecaecale Verdaulichkeit

Tab. 11-4: Proteinwert für Wiederkäuer von Sojaextraktionsschrot, Rapsextraktionsschrot und Rapskuchen und Weizen im Vergleich (88 % Trockenmasse [11-3, 11-4], UDP für Rapskuchen nach [11-12]

	Rapsextraktions-schrot	Rapskuchen	Sojaextraktions-schrot	Weizen
Rohprotein (XP) [g]	351	315	449	121
Nutzbares Rohprotein, nXP[1)] [g]	213	169	258	151
Ruminale N-Bilanz, RNB[2)] [g]	+22	+24	+31	-4
Im Pansen nicht abbaubares Protein, UDP [g]	30	15	30	20

[1)] nXP = Proteinmenge, die im Dünndarm zur Verfügung steht und sich aus dem im Pansen gebildeten Mikrobenprotein und dem im Pansen nicht abgebauten Futterprotein (engl. undegradable protein (UDP)) zusammensetzt.
[2)] RNB = Beitrag des Rohproteins zum nutzbaren Rohprotein (Basis N)

Noch deutlicher wird der Beitrag der Nährstoffe bzw. der verfügbaren Energie zur Mikrobenmasse im Pansen für den Weizen, wo das nXP den Proteingehalt des Futtermittels übersteigt.

Kennwerte des Proteinwertes in den Futtermitteltabellen für Wiederkäuer [11-3, 11-4]

- Rohprotein (XP)
- im Pansen nicht abbaubares Protein (UDP, engl. undegradable protein), auch Durchflussprotein
- nutzbares Protein (nXP): das ist das im Dünndarm verfügbare Eiweiß, abhängig vom N des Futtermittels aber auch von den Nährstoffen als Lieferant der C-Skelette der von den Mikroben gebildeten Aminosäuren

$$nXP\ (g/kg) = [11{,}93 - (6{,}82 \times \frac{UDP}{XP})] \times ME \times 1{,}03\ UDP\ [11\text{-}6]$$

- Ruminale-Stickstoff-Bilanz (RNB): Beitrag des Futter N zum N des nXP

$$RNB = \frac{XP - nXP}{6{,}25}$$

Am Markt sind auch so genannte „geschützte" Rapsextraktionsschrote bzw. -kuchen (Proteinkonzentrate mit UDP von teils über 60 %) verfügbar. Hier wurde ein zusätzlicher Toastungsprozess eingeschaltet, teils unter Zugabe von Zuckerverbindungen, um Maillard-Reaktionen zu forcieren (siehe Kapitel 5.5). Die Röstung vermindert die Proteinlöslichkeit bzw. die Aminosäurenfreisetzung im Pansen um Größenordnungen. Es stellt sich jedoch die Frage, inwieweit das Futterprotein so stark denaturiert wurde, dass der „Proteinschutz" über den Pansen hinaus bis in den Labmagen und Dünndarm reicht und dort die erwünschte Eiweißspaltung durch die Proteasen und damit auch die Aminosäurenresorption durch die Dünndarmschleimhaut beeinträchtigt wird.

11.2.1.2 Mineralstoff- besonders Phosphorstatus

Pflanzen beziehungsweise Futtermittel sind im Allgemeinen calcium- und natriumarm, so dass die beiden Mengenelemente, dazu noch Magnesium und Phosphor sowie die Spurenelemente Eisen, Kupfer, Zink, Mangan, Selen und Jod, zusammen mit den futterstabilen Vitaminzubereitungen, über Mineral-Vitamin-Prämixe zugeführt werden. Der Gehalt des Getreides an Phosphor ist hoch; der der Extraktionsschrote und hier besonders des Rapsextraktionsschrotes liegt jedoch noch darüber (Tab. 11-1). Phosphor liegt aber überwiegend als Phytat vor und ist dem Tier erst nach der Phytatspaltung durch das Enzym Phytase zugänglich. Pflanzen enthalten ebenfalls Phytasen, die in der lebenden Zelle vom Substrat getrennt sind, im Verdauungsbrei aber (nach Aufhebung der Trennung) wirksam werden, Phytat spalten und so die

Verdaulichkeit des Pflanzenphosphors verbessern. Mikroben bilden ebenfalls Phytasen und tragen so zur Phosphorversorgung besonders des Wiederkäuers bei. In den Extraktionsschroten dürfte infolge der Wasserdampf- und Hitzeeinwirkung während der Toastung die pflanzeneigene Phytase inaktiviert sein. Der Phosphor in Extraktionsschroten ist dadurch für Schweine und Geflügel nur noch zu einem Drittel verdaulich, das ist die Hälfte der Phosphorverdaulichkeit von Weizen und Gerste und mutmaßlich auch von Presskuchen. In Betrieben mit hoher Viehdichte reduziert der Einsatz biotechnologisch produzierter Phytasen im Schweine- und Geflügelfutter die Ausscheidung bzw. die Phosphoreinträge über die Gülle in den Boden. Der Zusatz mineralischen Phosphors kann in der Größenordnung von mindestens einem Fünftel vermindert werden (Futterphosphat zählt auch vor dem Hintergrund des Fütterungsverbotes für Tier- und Knochenmehle zu den teuersten Futterzusätzen). Für den Wiederkäuer erübrigt sich infolge der phytatspaltenden Aktivität der Pansenmikroben ein Phytaseeinsatz.

11.2.1.3 Antinutritive Faktoren (ANF)

Sie können je nach Art der Verbindung die Aufnahme, die Verdauung und/oder die Verwertung der Nährstoffe besonders durch Schweine und Geflügel beeinträchtigen. Wiederkäuer vertragen mehr der ANF, weil die Pansenmikroben die Verbindungen abbauen und damit in der Regel entgiften. Bestimmte Proteine der Sojabohne inaktivieren im Dünndarm Eiweiß spaltende Enzyme (Proteasen), worauf die Bauchspeicheldrüse als wichtiger Verdauungsenzymbildner mit einer Funktionssteigerung bzw. Organvergrößerung antwortet. Ein solcher Verdauungshemmer ist der nach seinem Entdecker benannte KUNITZ-Trypsin-Inhibitor. Die Proteasehemmstoffe werden aufgrund ihrer Proteinnatur durch die Toastung zerstört, die Proteinverdauung wird normalisiert, ergo der Futterwert optimiert. Den Toastungserfolg überprüft man mittels Aktivitätsbestimmung des Enzyms Urease – eine indirekte aber präzise, schnelle und dazu preiswerte Methode. Die direkte Analyse der Proteasehemmstoffe wäre sehr aufwändig und der Nachweis der Ureaseinaktivierung etwa durch Wasserdampf und Hitze zeigt die gleichzeitige Inaktivierung der Proteasehemmer und damit eine korrekte Sojatoastung an.

Raps enthält als ANF Senfölverbindungen, auch als Glucosinolate bezeichnet. Früher waren die Glucosinolatkonzentrationen so hoch, dass die Futteraufnahme, die Leistung und teilweise sogar die (Schilddrüsen-)Gesundheit der Nutztiere beeinträchtigt wurden. Der hier und heute angebaute Doppelnullraps besitzt nur noch ein Fünftel des Glucosinolatgehaltes der alten Rapssorten und die Vorbehalte vieler Tierhalter gegen Rapsfuttermittel in der Fütterung noch aus der Ära des glucosinolatreichen Rapses können heute nicht mehr gelten.

Trotz 00-Qualität müssen aber die Glucosinolatkonzentrationen der Futtermittel besonders bei den dafür empfindlichen Schweinen und dem Geflügel beachtet werden. Dabei steht die erste 0 bei den 00-Qualitäten für Erucasäurefreiheit, die für Rapsöl den Durchbruch als Speiseöl gebracht hat. Die zweite 0 steht für einen niedrigen Glucosinolatgehalt, über dessen zulässige Höhe die Auffassungen unterschiedlich sind: So betragen die Höchstgehalte für das Saatgut in der EU 25 µmol/g, in Kanada nur 12 µmol/g Saatgut. Die deutschen Pflanzenzüchter und das Bundessortenamt akzeptieren maximal 18 µmol/g Saatgut.

Die Glucosinolatgehalte, die in einem aktuellen Untersuchungsprojekt der Union zur Förderung von Öl- und Proteinpflanzen (UFOP) ermittelt wurden [11-6], waren mit im Durchschnitt 8 mmol/kg im Rapsextraktionsschrot auf einem wünschenswert niedrigen Niveau. Die Extremwerte schwankten jedoch von 1 bis 34 mmol/kg. Hohe Werte werden teilweise in Importschroten gemessen.

Die Glucosinolatkonzentrationen sind im Rapskuchen höher (Tab. 11-1, Abb. 11-4), weil sie entsprechend dem Ölentzug aus der Saat angereichert werden [11-13]. Enthält die Saat 12 bis 15 mmol Glucosinolate/kg, werden im Kuchen 20 mmol/kg und mehr analysiert. Trotz des noch stärkeren Fettentzuges ist im Extraktionsschrot der Glucosinolatgehalt nicht höher, sondern niedriger als im Kuchen. Ursache ist die Desolventisierung/Toastung. Die

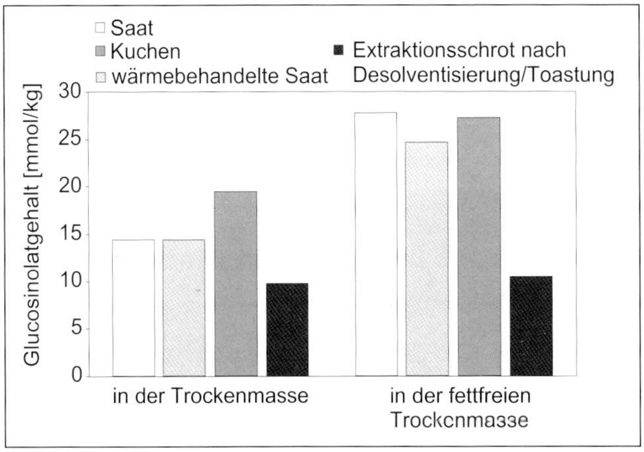

Abb. 11-4: Gehalt an Glucosinolaten über die Verarbeitungsstufen einer großen Ölmühle. Auf jeder Stufe wurden unter Berücksichtigung der Verweildauer drei Chargen beprobt [11-13]

Feuchtigkeit aktiviert das neben den Glucosinolaten im Schrot vorhandene Enzym Myrosinase, welches die antinutritiven Verbindungen spaltet. Die nachfolgende Hitze bei der Trocknung zerstört ebenfalls Glucosinolate, jedoch auch das Enzym. Wählt man als Bezug für den Glucosinolatgehalt die fettfreie Substanz (Abb. 11-4, rechts), wird der Verarbeitungseinfluss noch besser charakterisiert. Danach unterscheidet sich der Glucosinolatgehalt der fettfreien Substanz von Saat und Presskuchen nicht, während er sich im Extraktionsschrot im Vergleich zum Kuchen um bis zu zwei Drittel verringert.

Umrechnung Rapsglucosinolate von molarer Angabe in g/kg
Die Notwendigkeit der molaren Angabe resultiert daraus, dass Raps acht Glucosinolate mit Molgewichten von 411 bis 517 mol enthält. Kalkuliert man – ungeachtet der Exaktheit der molaren Angabe – die Glucosinolate der Rapsfuttermittel mit einem mittleren gewichteten Molgewicht von 465, so entspricht der dominierende Bereich von 10-20 mmol Glucosinolaten/kg etwa 4-9 g/kg.

Als weitere, jedoch nur für die Legehenne antinutritive, Verbindung ist das Sinapin anzuführen, das in Anteilen von 1,5 bis 2 % im Rapsextraktionsschrot vorkommt [11-7]. Die Esterverbindung, bestehend aus Sinapinsäure und Cholin, wird durch die Dickdarmbakterien zu Trimethylamin (TMAH) abgebaut, das stark fischig riecht und schmeckt. TMAH wird nach dem Übertritt vom Dickdarm ins Blut in der Leber durch eine Oxidase entgiftet. Reicht die TMAH-Oxidase nicht aus – besonders Hennen, die braunschalige Eier legen (auch Braunleger), bilden nicht genügend des Leberenzyms – gelangt vermehrt TMAH in die Eier. Diese riechen und schmecken dann fischig.

11.2.1.4 Pflanzenöle und Presskuchen im Futter und Qualität (Fettsäurenprofil) des Milch-, Ei- sowie Schlachttierfettes

Pflanzenölhaltiges Futter verändert das Fett der Milch, der Schlachttiere, des Eies und damit der entsprechenden Produkte, z. B. Butter, Käse, Wurst oder Mayonnaise. Entsprechend dem Fettsäurenprofil etwa des Soja- oder Rapsöles reichern sich die mehrfach ungesättigten Fettsäuren (engl. polyunsaturated fatty acids, PUFA) im Tier bzw. in den tierischen Lebensmitteln an. Das Wiederkäuerfett (Milchfett bzw. Butter, Rindertalg) wird in geringerem Maß über das Futterfett geprägt als das Schweine- oder Eifett. Im Pansen hydrieren Mikroben einen großen Teil der ungesättigten Fettsäuren des Futters besonders zu Stearin- und Ölsäure. Die vermehrte Pansenhydrierung zu Ölsäure mit anschließender Dünndarmresorption hemmt vor allem die körpereigene Synthese der Palmitinsäure für das Milchfett, was man für die Erzeugung einer weicheren und daher besonderen Butter durch pflanzenölhaltige Futtermittel ausnutzt. Die an einfach ungesättigten Fettsäuren, Hauptvertreter Ölsäure, reichere und an den gesättigten Fettsäuren, Hauptvertreter Palmitinsäure, ärmere Butter steht nach der amtlichen Schnittfestigkeitsmessung mit der besseren Streichfähigkeit qualitativ höher als Normalbutter (Tab. 11-5) und ist im Hinblick auf den Blutfett- bzw. Cholesterinstatus des Konsumenten günstiger einzuschätzen [11-15]. Der Milcherzeuger garantiert vertraglich die Verabreichung von mindestens 350 g Rapsöl in der Regel über die entsprechenden Mengen

Tab. 11-5: Pflanzenöl im Futter für Milchkühe und Fettsäuren (FS) des Fettes von Rohmilch bzw. Butter sowie Butterstreichfähigkeit als Schnittfestigkeit, Mittelwerte[1] [11-14]

	ohne Pflanzenöl	mit Pflanzenöl[2]
Milchfett		
Gesättigte FS [%]	72,7	65,9
Einfach ungesättigte FS [%]	23,4	30,3
Mehrfach ungesättigte FS [%]	3,8	3,8
Butterfett		
Gesättigte FS [%]	71,1	62,7
Einfach ungesättigte FS [%]	26,4	34,5
Mehrfach ungesättigte FS [%]	2,5	2,8
Schnittfestigkeit [3] [N]	0,74	0,33

[1] Anzahl der untersuchten Proben und Standardabweichung in der zitierten Originalarbeit; die Unterschiede zwischen den beiden Milchfett- bzw. Buttersorten sind mit Ausnahme der Milchfettkonzentration der mehrfach ungesättigten Fettsäuren hochsignifikant; [2] als Rapskuchen mit mindestens 17 % Rohfett; [3] amtl. Prüfmethode nach § 64 LFGB

an Rapskuchen je Kuh und Tag. Der Einsatz von Rapskuchen ist im Vergleich zu Rapssamenschrot oder Rapsöl wirtschaftlicher; der Ölpressenbetreiber muss aber dem Milchkuhhalter – damit dieser das gewünschte Milchfett erreicht – Mindestkonzentrationen Restöl im Kuchen garantieren, bei Tagesgaben von 2 kg Kuchen (90 % Trockenmasse) pro Kuh mindestens 17 % Rohfett, bei 2,5 bis 3 kg mindestens 12 bis 14 % Fett. Die Molkerei überprüft mittels Kapillargaschromatograph das Fettsäurenmuster in der Anlieferung der Rohmilch, aber auch in der Butter. Am Ende der Qualitätskette steht das aufgrund der Streichfähigkeit und des Gesundheitswerts bessere Verkaufsprodukt mit dem höheren Preis, der dann den höheren Preis der „besonderen" Milch und gegebenenfalls auch des Rapskuchens rechtfertigt.

Die Milch mit dem besonderen Fett ist auch reicher an trans-isomeren Fettsäuren, die in der Ernährung kritisch gesehen werden [11-16] (siehe Kapitel 8.3). Jedoch dominieren beim Wiederkäuer die konjugierten Linolsäuren (CLA) und deren Vorstufe, die Vaccensäure, die besonders in der Milchdrüse zu CLA hydriert wird. Konjugierte Linolsäuren haben sich an Ratten als krebshemmend erwiesen. Weitere positive Wirkungen, z. B. gegen Verfettung, Arteriosklerose und Diabetes II, werden diskutiert [11-16].

Trotz guter, in Untersuchungen an Schweinen und Geflügel vielfach belegter Möglichkeiten, das Fettsäurenprofil von Fleisch, Speck und Eiern im Sinne einer günstigen Ernährung zu modifizieren [11-17; 11-18], konnten sich mit Raps- oder Leinöl erzeugte Eier oder entsprechende Wurstwaren, die reich an PUFA und hierbei insbesondere an Omega-3-Fettsäuren sind, bisher am Markt nicht etablieren. Zu der unbefriedigenden Situation trägt auch der Zielkonflikt im Hinblick auf die erwünschte Fettzusammensetzung bei: Für die „gesündere" Ernährung wird man sich ein „Mehr" an ungesättigten Fettsäuren, besonders den Omega-3-Fettsäuren, wünschen [11-15]. Andererseits oxidieren Fette, die reich an ungesättigten Fettsäuren sind, leichter und die unter Verwendung solcher weicheren Schlachttierfette hergestellten Dauerwaren (Schinkenspeck und Rohwürste) neigen demnach stärker zur Ranzigkeit und sind weniger lagerstabil. Der Grenzwert des Schweinefettes für Dauerwaren liegt bei einem PUFA-Anteil von 15 % [11-19]. Mit 20 g Rapsöl/kg Futter (über 15 % fettreichen Rapskuchen in der Futtermischung) überschritten fleischbetonte Schweine (Kreuzungen heimischer Herkünfte mit der Rasse Pietrain) diese Grenze, hatten demnach einen für die Dauerwarenproduktion zu weichen Speck [11-17]. Dagegen waren fettere Tiere eben dieser heimischen Herkunft (aus der Landrasse und der Rasse Edelschwein) deutlich unter dem PUFA-Grenzwert und erfüllten somit auch die Vorgaben für Dauerwaren, dies aufgrund der höheren Eigensynthese eines an gesättigten Fettsäuren und an Ölsäure reicheren Körperfettes. Dauerwaren (gereifte Rohwürste, meist Salami, oder gereifter Schinken) repräsentieren nur einen kleinen Teil des Aufkommens an Schweinefleisch [11-20] und der stabilere Speck sollte im Rahmen spezieller Programme mit bestimmten Schweineherkünften und den entsprechenden PUFA-Begrenzungen im Futter erzeugt werden. Das meiste Schweinefleisch wird als Frischfleisch und für frische Verarbeitungswaren (Koch-, Brüh- oder frische Rohwürste wie Knackwurst, Mettwurst und stückige Pökelwaren wie Koch- und frischer Rohschinken) verwendet. Für Frischeprodukte ist das im Hinblick auf die Konsumentengesundheit an den PUFA reichere Fett erstrebenswert.

11.2.2 Rapsfuttermittelvergleich mit Sojaextraktionsschrot Beispielrationen und Einsatz-empfehlungen

Sojaextraktionsschrot, immer unter der Voraussetzung der Toastung, gilt durch die hervorragende Zusammensetzung, mehr noch aber durch die hohe Akzeptanz im Futtertrog, und die damit so gut wie nicht existierenden Einsatzbegrenzungen als „Universaleiweißfuttermittel". Rapsextraktionsschrot und Rapskuchen haben sich unter Berücksichtigung des niedrigeren Energie- und Eiweißgehaltes in der Rinderfütterung weitgehend etabliert (Abb. 11-1). Bei Schweinen und beim Mastgeflügel (Broiler und Puten) bestehen aber durch die Glucosinolate des Rapses Akzeptanzprobleme und damit strikte Einsatzbegrenzungen. Für Legehennen kommt noch die Sinapinproblematik hinzu und damit das Risiko von „Riecheiern", besonders bei Braunlegern [11-7].

Im Ergebnis von Schweinemastversuchen mit Rapsextraktionsschrot (Tab. 11-6), aber auch mit Rapskuchen, werden Glucosinolatkonzentrationen von 1 bis 2 mmol/kg Alleinfutter noch vertragen, ohne dass sich die Futteraufnahme bzw. die Leistung vermindert. Bis zu 1,5 mmol Glucosinolaten/kg Futter vergrößerte sich, unter der Voraussetzung einer Jodverabreichung über dem Bedarf, auch die Schilddrüse der Tiere nicht. Ähnliche Grenzwerte der Glucosinolatverträglichkeit besitzen Absetzferkel und Zuchtsauen. In Fütterungsversuchen mit Rapsfuttermitteln war die Jodkonzentration in Schilddrüsen von Schlachtschweinen und in Sauenmilch erniedrigt, wogegen sie im Harn und zum Teil auch im Blut anstieg [11-23, 11-26]. Entsprechend diesem beim Verzehr von Glucosinolaten nachgewiesenen höheren Jodverlust resultiert ein Jodmehrbedarf des Organismus. Deshalb ist bei Rapsfütterung ein höheres Angebot an diesem Spurenelement notwendig. Wird dies berücksichtigt, beeinflussen Rapsfuttermittel in den am Ende dieses Abschnittes angegebenen Höchstanteilen im Alleinfutter das Gewicht bzw. die Funktion der Schilddrüse nicht. Die erforderliche Jodmenge beträgt 0,2 bis 0,3 mg/kg Alleinfutter für Mastschweine und 1 mg/kg für laktierende Sauen. In beiden Fällen entspricht diese Menge etwa dem Zweifachen des Normalbedarfes [11-27, 11-11].

Nach einer aktuellen Übersicht zu Rapsfuttermitteln beim Geflügel [11-18] tolerierten Broiler Glucosinolate in der Größenordnung von 3-5 mmol/kg Futter.

Die Glucosinolattoleranz des Wiederkäuers ist, wie bereits angeführt, mit Sicherheit höher als die des Schweines. Eine Obergrenze des Glucosinolatgehaltes der Futterration wurde bisher aber nicht definiert. Für Milchkühe mit hohen Leistungen scheint es ein Akzeptanzproblem für hohe Rapsextraktionsschrotmengen nicht zu geben (Tab. 11-7). In dem Versuch wurde im Kraftfutter für Hochleistungskühe in der ersten Laktationshälfte Sojaextraktionsschrot völlig gegen Rapsextraktionsschrot ausgetauscht. Mastrinder hielten auch bei Glucosinolatanteilen von 5 mmol/kg Futtertrockenmasse im Vergleich zu einer Kontrollgruppe ohne Rapsfuttermitteleinsatz den Futterverzehr und ein hohes Zunahmeniveau aufrecht [11-28, 11-29]. Zum Erfolg der Rapsfuttermittel trägt neben der Akzeptanz vermutlich auch ihr Methioninreichtum bei, da deren Ergänzungswirkung zum bereits erwähnt methioninarmen Mikrobenprotein besser ist als die des Sojaextraktionsschrotes mit seinem nicht sehr hohen Methioningehalt.

Für die mit Raps gefütterte Milchkuh sollte in der Ration aber eine vorläufige Grenze bei 3 mmol Glucosinolaten pro Kilogramm Trockenmasse gezogen werden, da sich in verschiedenen Versuchen mit Rapsfuttermitteln eine Erniedrigung der Milchjodkonzentration zeigte [11-30, 11-31]. Zudem ist bei höheren Glucosinolatanteilen im Futter eine Beeinträchtigung der Schilddrüsenfunktion nicht völlig auszuschließen, was für die Milchkuh mit ihrer möglichst lange anhaltenden Fortpflanzungstätigkeit und daran gekoppelten Milchbildung sicher von größerer Bedeutung ist

Tab. 11-6: Schweinemastversuche mit Rapsextraktionsschrot (RES) oder Rapskuchen (RK) – im ersten zitierten Versuch [11-21] rationierte Fütterung, in den weiteren Versuchen [11-22 bis 11-26] Futtervorlage zur freien Aufnahme (ad libitum), bei 11-21 und 11-25 unterschiedlicher Rapsanteil in Mastabschnitt I II

Literaturquelle Anzahl Schweine je Gruppe	Geprüfter Anteil Rapsfuttermittel (%)	Futteraufnahme (kg/Tag)	Lebend massezunahme (g/Tag)	Futteraufwand (kg/kg Zunahme)	Muskelfleischanteil (%)	Schilddrüsenmasse g/100 kg Körpermasse
Burgstaller und Lang (1989) [11-21] n = 12	10 mmol Glucosinolate/kg RES					
	0 RES	2,09	748	2,79	58,0	nicht erfasst
	15 und 8 RES[1]	2,05	741	2,77	57,0	nicht erfasst
	30 und 15 RES[1]	2,07	701	2,96	59,0	nicht erfasst
Weiss u. a. (2004) [11-22] n = 47	10 mmol Glucosinolate/kg RES					
	0 RES	2,23	797	2,84	56,0	9,1
	10 RES	2,29	821	2,80	57,0	9,4
	15 RES	2,23	813	2,79	57,0	8,6
Schöne u. a. (2002) [11-23] n = 20 (Börge)	21 mmol Glucosinolate/kg RK					
	0 RK	2,40	779	3,08	55,0	7,9
	7,5 RK	2,34	786	2,99	56,0	8,8
	15 RK	2,26	718[2]	3,17[2]	54,0	12,9[2]
Meyer u. a. (2006) [11-24] n = 26	16 mmol Glucosinolate/kg RK					
	0 RK	2,23	858	2,62	kein Unterschied Schlachtkörperindex	nicht erfasst
	10 RK	2,19	863	2,56		nicht erfasst
Weber und Schöne (2007) [11-25] n = 160	20,4 mmol Glucosinolate/kg RK; 10,5 mmol/kg behandelter RK					
	0 RK	2,50	893	2,83	55,5	7,4
	5 und 7,5 RK	2,42	869	2,81	55,8	10,0[1]
	7,5 und 12,5 RK	2,30	835	2,73	55,1	11,4[1]
	7,5 und 12,5 RK[3]	2,32	876	2,68	55,9	9,9[1]

[1] Signifikanz im Vergleich zur Kontrollgruppe; [2] Signifikanz im Vergleich zur Gruppe mit 7,5 % Rapskuchen im Alleinfutter, für die Schilddrüsenmasse auch im Vergleich zur Kontrolle; [3] druckhydrothermisch behandelt

als für das (kurzlebige) Masttier. Mastbullen, -schweinen, -puten oder Broilern würde man eine gewisse Funktionseinschränkung der Schilddrüse zubilligen, so lange das Wachstum dadurch noch nicht beeinträchtigt ist.

Tab. 11-7: Raps- und Sojaextraktionsschrot in totalen Mischrationen bei Milchkühen im Vergleich [11-28]*

Extraktionsschrot	Soja	Raps
Anteil in der Gesamtration, g/kg Trockenmasse (TM)	160	170
Futteraufnahme [kg TM/Tag]	22,5	23,5
Milchmenge [kg/Tag]	40,0	40,5
Milcheiweißgehalt [%]	3,34	3,34
Milchfettgehalt [%]	3,79	3,85

** 35 Milchkühe vom 65. bis 156. Laktationstag, nach 56 Versuchstagen zwischen den Gruppen Wechsel der Rationen. Beide Rationen wurden auf 162 g nXP, 140 g Rohfaser und 7,1 MJ NEL je Kilogramm Trockenmasse standardisiert.*

Tab. 11-8 enthält Empfehlungen zum Einsatz von Rapsextraktionsschrot bzw. Rapskuchen, zum einen als Höchstanteile bezogen auf die Trockenmasse der Gesamtration, zum anderen als Maximum der je Tag aufzunehmenden Menge. Die Empfehlungen für Zuchtsauen, Ferkel und Kälber, aber auch für Mutterschafe sind vorläufig, da bisher längerfristig angelegte Fütterungsversuche fehlen. Die höheren Glucosinolatgehalte des Rapskuchens begründen die teilweise niedrigeren Einsatzgrenzen im Vergleich zum Rapsextraktionsschrot. Außer dem Glucosinolatgehalt sind als weitere Kriterien für die Einsatzbegrenzungen der niedrige Energiegehalt des Rapsextraktionsschrotes, das Restöl des Rapskuchens mit den ungesättigten Fettsäuren und, wie bereits erwähnt, für Legehennen das Sinapin zu nennen.

11.2.3 Beeinflussung des Futterwertes durch Pflanzenzüchtung und Verarbeitung

Ziel ist die Verbesserung der Verdaulichkeit und Verfügbarkeit der Nährstoffe bzw. der Energie der Futtermittel aus Ölsaaten. Das betrifft zum einen die Verminderung der ANF, wie der beschriebenen Proteasehemmer der Sojabohne, durch das Toasten oder der Rapsglucosinolate durch die Pflanzenzüchtung aber auch im Toastungsprozess. Zum anderen betrifft dies die Verminderung der Schalen bzw. des Fasergehaltes durch Schälen von Ölsaaten vor dem Ölentzug. Speziell für die Rapssaat ist die Pflanzenzüchtungsforschung auf Schalenarmut zu nennen, oder, ebenfalls noch im Forschungsstadium, die Abschwächung der negativen Fasereffekte auf Schweine und Geflügel durch dem Futter zugesetzte Enzyme, die Zellulose, Beta-Glucane, Arabinoxylane und weitere Nicht-Stärke-Polysaccharide (NSP) zu noch über den Dünndarm verwertbaren Zuckerverbindungen abbauen.

Tab. 11-8: Einsatzempfehlungen von Rapsextraktionsschrot (15 mmol Glucosinolate/kg) und Rapskuchen (20 mmol Glucosinolate/kg); auch geringe Anteile Rapsfuttermittel im Futter erfordern die Ergänzung der Ration mit zusätzlichem Jod.
Innerhalb des Bereiches von 0 – 5 % Rapsfuttermittel wurde nicht differenziert, und so erfolgte auch bei den Empfehlungen von maximal 5 % keine Abstufung für den Rapskuchen.

	Rapsextraktionsschrot		Rapskuchen	
	Höchstanteil* [%]	Höchstmenge [g/Tag]	Höchstanteil* [%]	Höchstmenge [g/Tag]
Schwein				
Mastschwein	10	150 – 250	7	100 – 200
Zuchtsau[1)]	5	50 – 200	5	50 – 200
Absetzferkel	5	10 – 70	5	10 – 70
Geflügel				
Broiler[2)]	10	< 1 – 10	7,5	< 1 – 7,5
Legehennen[2) 3)]	5	5 – 7	5	5 – 7
Puten	5/7,5	10 – 30	0/5	0 – 20
Wiederkäuer				
Kalb	5	50 – 100	5	50 – 100
Milchkuh	15	2000 – 3500	10	1500 – 2500
Mastrind	15	900 – 1800	10	600 – 1200
Mutterschaf	10	100 – 200	10	100 – 200

** der Trockenmasse der Ration*

1) nur in Hochträchtigkeit und Laktation (in den ersten zwei Trächtigkeitsdritteln sind keine Proteinträger im Sauenfutter erforderlich); 2) Mittel aus den Angaben bei Jeroch et al. [11-18]; 3) Bei „Braunlegern" ohne TMA-Oxidaseaktivität dürfen keine Rapsfuttermittel eingesetzt werden. Jedoch hat die Arbeitsgruppe um Richter [11-32] auch unter rapsgefütterten „Weißlegern" einen geringen Anteil „Riecheier" nachgewiesen.

11.2.3.1 Toasten und Eiweißqualität

Für die Ölmühlenbetreiber sind bei der Steuerung der Desolventisierung/Toastung die Vorgaben für den Resthexangehalt im Toastgut bzw. Extraktionsschrot maßgebend. Die Glucosinolatinaktivierung (Abb. 11-4) ist eine willkommene Begleiterscheinung. Trotzdem wirken Feuchtigkeit und Hitze auf die Extraktionsschrotqualität ambivalent, da die Dampfeinwirkung zur Lösungsmittelentfernung und die Temperatur sowie die Dauer der Trocknung ebenfalls die Aminosäurenverfügbarkeit, sprich Eiweißqualität, beeinflussen.

Zwei Chargen von je zehn Rapsextraktionsschroten, die eine stärker getoastet (Indikator niedriger Glucosinolatgehalt), die andere schwächer getoastet (Indikator höherer Glucosinolatgehalt), wurden über den Gehalt an Protein und Lysin hinaus auf das verfügbare Lysin analysiert [11-33]: Analysenprinzip ist, dass nur freies Lysin bei Zusatz der Testreagenz Methylharnstoff zu Homoarginin reagiert – und nicht das durch Bindung mit Kohlenhydraten in der Maillard-Reaktion blockierte und damit auch für das Tier unwirksame Lysin. Die Konzentration des reaktiven also für das Tier wirksamen Lysins war in dem stärker getoasteten Rapsextraktionsschrot signifikant um 15% niedriger als nach der schwächeren Toastung (Tab. 11-9). Zusätzlich wurden die für den Wiederkäuer relevanten Kriterien der Eiweißqualität bestimmt (Methode bei [11-34]). Im Vergleich mit dem schwächer getoasteten Rapsextraktionsschrot (Indikator höherer Glucosinolatgehalt) lag im stärker getoasteten Rapsextraktionsschrot das nXP um 11% und das UDP um 20% höher. Rapsextraktionsschrot mit verarbeitungsbedingt niedrigerem Glucosinolatgehalt sollte entweder bevorzugt an Wiederkäuer verfüttert werden oder es ist, bezogen auf den Lysinanteil ein Zuschlag der Aminosäure von 15% vorzunehmen.

Die Schwierigkeit, in den einzelnen Ölmühlen Rapsfuttermittelqualitäten im Hinblick auf die Eignung für das Schwein oder den Wiederkäuer zu bestimmen, besteht im Definieren und Steuern der jeweiligen Bedingungen der Desolventisierung/Toastung. Nach hiesigen Angaben (persönl. Mitt.: Wittmann, Ölmühle Neuss; E.W. Münch, Verden; K.J. Groß, Berlin) wirkt im Desolventizer der Stripdampf bei 103 bis 108 °C über 50 bis 70 Minuten ein. Jedoch wurden in eigenen Untersuchungen im Trockenschrank bei 130 °C Temperatureinstellung und 45 Minuten Verweildauer bis zu 121 °C Guttemperatur gemessen. Auch weitere Autoren [11-35, 11-36] gehen von Guttemperaturen von mehr als den gewünschten 108 °C, und dadurch verminderter Lysinverfügbarkeit, sprich Eiweißqualität für Schwein und Geflügel, aus.

11.2.3.2 Verminderung des Gehaltes oder der Auswirkungen der Faser

In der Pflanzenzüchtung sind gelbschalige Rapssorten mit dünneren Schalen und damit weniger Faser in der Prüfung, jedoch mit bisher nicht eindeutig belegtem Vorteil in der Tierernährung [11-37].

Die Schälung und damit die Steigerung der dem Nutztier zur Verfügung stehenden Energie ist bei Soja mit dem von vornherein niedrigeren Gehalt und der höheren Verdaulichkeit der Faser weniger bedeutsam (Tab. 11-1). Ungeachtet dessen existiert ein kleines Marktsegment von so genanntem High-Protein(HP-)Sojaextraktionsschrot, hergestellt aus geschälten Sojabohnen. Gravierende Qualitätsverbesserungen im Vergleich zu ungeschälter Ware gibt es für die Extraktionsschrote aus geschälter und teilgeschälter Sonnenblumen-, Baumwoll- und Rapssaat, für letztere leider bisher ohne Anwendung in den Ölmühlen. Im Versuch senkte das Schälen der Rapssaat vor dem Pressen den Schalenanteil, der in der Saat 15-20 % ausmacht, bis um vier Fünftel, wodurch sich neben der verfügbaren Energie (ME Schwein und Geflügel) auch der Eiweißanteil des Rapsextraktionsschrotes erhöhte [11-38]. An Broilern und Hennen erhöhte das Schälen der Rapssaat die ME von Rapskuchen und Rapsextraktionsschroten in sechs ausgewerteten Untersuchungen im Bereich von 10 bis 31% [11-7].

Enzyme, die Nicht-Stärke-Polysaccharide (NSP) aufspalten, haben sich in unseren Breiten als Zusätze zu Schweine- und Geflügelrationen mit Weizen, Roggen, teils sogar mit Gerste, als Alternative zu dem meist importierten NSP-ärmeren und damit auch ohne Enzymzusatz energiereicheren

Tab. 11-9: Proteinqualität von Rapsextraktionsschroten aus zwei Ölmühlen [11-33][1)] jeweils zehn Proben, Mittelwert und Standardabweichung, mit Ausnahme des Rohproteins Signifikanz der Unterschiede in Students' t-Test

ToastenGlucosinolate [mmol/kg]	Stärker 2,3	Schwächer 14,2
Rohprotein [g/kg T]	394 ± 12	387 ± 9
Lysin [g/kg T]	20,3 ± 0,8	22,2 ± 0,8
Lysin [g/kg RP]	5,15 ± 0,13	5,74 ± 0,16
Verfügbares Lysin [%]	75,1 ± 3,2	79,6 ± 2,0
Verfügbares Lysin [g/kg T]	15,2 ± 0,8	17,7 ± 0,7
Verfügbares Lysin [g/kg RP]	3,86 ± 0,18	4,56 ± 0,16
Nutzbares Protein, nXP[2)] [g/kg T]	331 ± 16	298 ± 6
Unabbaubares Protein, UDP[2)] [g/kg T]	230 ± 20	192 ± 10

1) Der Glucosinolatgehalt der zu verarbeitenden Rapssaaten stimmte mit im Mittel 14,5–15,2 mmol/kg zwischen den beiden Ölmühlen überein.
2) nXP = Proteinmenge, die im Dünndarm zur Verfügung steht und sich aus dem im Pansen gebildeten Mikrobenprotein und dem im Pansen nicht abgebauten Futterprotein (engl. undegradable protein (UDP)) zusammensetzt.

Mais, etabliert. Zellulose, Beta-Glucane und Arabinoxylane repräsentieren aber nur einen Teil der Nicht-Stärke-Polysaccharide des Rapsextraktionsschrotes. Ebenfalls vor dem Hintergrund der niedrigen Einsatzlimits der Rapsfuttermittel bei Schweinen und Geflügel (Tab. 11-8) sollten NSP-spaltende Enzyme, wie Zellulasen, Beta-Glucanasen und Xylanasen, die den Anteil der im Dünndarm verdaulichen Einfach- und Mehrfachzucker erhöhen, nur Futtermischungen zugesetzt werden, die reich an den genannten heimischen Getreidearten bzw. den entsprechenden Müllereinebenprodukten (Kleien, Nachmehle) sind.

11.3 Lagerungsstabilität, insbesondere des Kuchens

Ähnlich den Ölsaaten sind Extraktionsschrote und Kuchen mit >90% Trockensubstanz (TM) oder <10% Feuchte problemlos lagerfähig. Einen Sonderfall stellen die Presskuchen als fettreiche Futtermittel dar, aufgrund des Risikos des Fettverderbs durch Oxidation. Nach bisherigen Erfahrungen ist Rapskuchen bei Einhaltung der Höchstfeuchtevorgaben über mindestens ein Vierteljahr lagerfähig – Kriterium: Nicht-Ranzigkeit in Geruch und Geschmack. Jedoch war in einem Versuch mit Rapskuchen nach dieser Zeit der Vitamin-E-Gehalt geringer als aufgrund des Ölgehalts des Kuchens zu erwarten war (Vitamin E ist fettlöslich und das Öl ist Träger des Vitamins). Das deutet auf die Oxidation des Fettes im Futtermittel bzw. den Verbrauch des Vitamins als Antioxidans hin [11-39].

Im Modellversuch wurde geschroteter Rapssamen – mit seinem hohen Fettgehalt noch empfindlicher als Rapskuchen – über 112 Tage Lagerung getestet [11-40]. Eine Saatzerkleinerung erhöhte die Peroxidzahl während des Vierteljahres Lagerung nur wenig (Abb. 11-5a). Hervorragend lagerfähig war auch Rapssamenschrot, dem man 3% Mineralfutter entsprechend den im Alleinfutter üblichen Anteilen zugefügt hatte. Höhere Mineralfutteranteile, typisch für Vormischungen aus den Mischfutterwerken für das Mischen mit dem im Landwirtschaftsbetrieb selbst erzeugten Getreide, führten zu einem Anstieg der Peroxidzahl verbunden mit einer Abnahme der Konzentration des Vitamin E (Abb. 11-5b). Die Antioxidanswirkung des Vitamins, sprich der Oxidationsschutz des Öles, kommt zustande, indem Vitamin E aufgrund seiner hohen Affinität zu reaktiven Sauerstoffverbindungen selbst – anstatt der ungesättigten Fettsäuren des Fettes – oxidiert und damit verbraucht wird. Propionsäure, die häufig zur Getreidekonservierung angewandt wird, bremste die Fettveränderungen

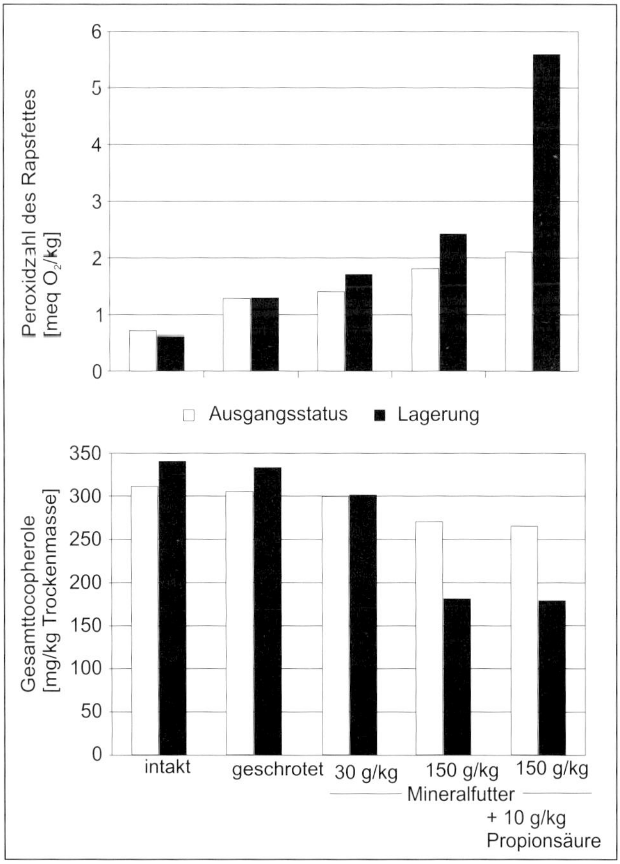

Abb. 11-5: Ausgewählte Behandlungen im Lagerungsversuch mit Rapssaat über 112 Tage mit ihrem Einfluss auf die Peroxidzahl und den Gesamtgehalt des Vitamin E als Gesamttocopherole [11-40]

und die Abnahme des Vitamin-E-Verbrauchs nicht. Eine bei 150 g Mineralfutteranteil plus 10 g Propionsäure/kg Rapssamenschrot verhältnismäßig hohe Peroxidzahl deutet sogar auf eine prooxidative Wirkung des Säurezusatzes hin.

11.4 Futtermittel aus weniger bedeutenden, teils nicht einsatzwürdigen Ölsaaten

Extraktionsschrote aus Sonnenblumen-, Saflor-, Baumwoll- und Leinsaat sowie Palmkernen und Erdnüssen (Tab. 11-10) und die Presskuchen der Sonnenblumen-, Saflor- und Leinsamen (Tab. 11-11) sind zugelassene Futtermittel. Mit Ausnahme von Leinkuchen und Lein- sowie Erdnussextraktionsschrot rechtfertigen die hohen Faseranteile den Einsatz allenfalls im Rinder-, in der Regel aber nicht im Schweine- und Geflügelfutter. Die drei bisher nicht in die Liste zugelassener Einzelfuttermittel (Positivliste) [11-9] aufgenommenen Pressrückstände aus der Verarbeitung nachwachsender Rohstoffe wurden und werden in Verdauungs- und Akzeptanzversuchen geprüft. Die Futtermittelverordnung führte Leindotter sogar als unerwünschten Stoff auf; Ende 2008 wurde dieses „Quasi-Verbot" aufgehoben [11-44].

Crambe, im Gehalt an Protein und im Aminosäurenmuster dem Raps vergleichbar, besitzt einen ähnlich hohen Glucosinolatgehalt wie die alten Rapssorten, scheint aber noch faserreicher als Raps zu sein (Tab. 11-11). Die Akzeptanz und der Einsatz beschränkter Mengen an Crambe dürften demnach nur für den Wiederkäuer gegeben sein.

Leindotter ist im Glucosinolatgehalt ähnlich niedrig wie 00-Raps, die Leindotterglucosinolate unterscheiden sich jedoch von denen des Rapses. Leindotterpresskuchen schnitt in langfristigen Fütterungsversuchen an Schweinen und Rindern schlecht ab [11-45]. Das Futtermittel verminderte bei einem 10 %igen Anteil im Mischfutter die Gewichtszunahme von Mastschweinen signifikant. Entscheidendes Kriterium und Argument gegen eine Fütterung von Leindotterpresskuchen sind die verschlechterten sensorischen Qualitäten des Fleisches.

Tab. 11-10: Futterwertrelevante Bestandteile und verfügbare Energie nicht so häufig eingesetzter Extraktionsschrote (Werte je Kilogramm Trockenmasse, ohne gesicherte Datenbasis in Klammern [11-2, 11-3, 11-4, 11-41])

Extraktionsschrot aus	Sonnenblume (teilgeschälte Saat)	Saflor (teilgeschälte Saat)	Baumwollsaat (teilgeschält)	Palmkern	Lein	Erdnuss (enthülste Saat)
Fettgehalt [g]	24	14	21	21	27	14
Rohprotein [g]	379	361	412	188	385	568
nXP [g]	193	184	243	185	231	279
Rohfaser [g]	223	251	186	199	103	57
Lignin [g]	83	k. A.	186	134	62[2)]	k. A.
Lysin [g]	13,3	k. A.	(15)	4,1	14,2	15,2
Methionin + Cystin [g]	15,2	k. A.	11,8	4,6	13,9	9,4
Threonin [g]	14,0	k. A.	12,4	5,1	14,2	12,8
Tryptophan [g]	4,6	k. A.	4,7	1,2	6,2	k. A.
Phosphor [g]	10,7	k. A.	11,0	k. A.	9,7	k. A.
Nettoenergie Laktation [MJ]	6,60	5,40	6,52	6,78	7,34	8,60
Umsetzbare Energie Rind [MJ]	11,18	9,35	10,96	11,20	12,04	13,76
Umsetzbare Energie Schwein [MJ]	11,84	k. A.	(9,24)[1)]	(8,18)[1)]	11,71	15,73

1) aufgrund des niedrigen Energiegehaltes für Schweine und Geflügel nicht geeignet
2) Ergebnisse der Thüringer Landesanstalt für Landwirtschaft (TLL)
nXP = Nutzbares Protein: Proteinmenge, die im Dünndarm zur Verfügung steht und sich aus dem im Pansen gebildeten Mikrobenprotein und dem im Pansen nicht abgebauten Futterprotein („Durchflussprotein", undegraded protein – UDP) zusammensetzt.

Tab. 11-11: Futterwertrelevante Bestandteile von Presskuchen aus der Verarbeitung von Ölsaaten (Basis: 90 % Trockenmasse). Die Angaben sind auf 135 g Rohfett/kg entsprechend 150 g/kg Trockenmasse standardisiert. Einbeziehung von Rapskuchen in den Vergleich.

Zugelassene Einzelfuttermittel	Roh-protein [g]	Rohfaser [g]	Akzeptanzmindernde bzw. die Tiergesundheit beeinträchtigende Bestandteile (keine oder geringe negative Wirkungen)	Für den Einsatz (nach erfolgter Zulassung) bevorzugte Nutztier-arten bzw. -gruppen
Lein	280	85	(Cyanogene Glycoside)	Wiederkäuer, Pferd, Schwein
Raps, 00-Qualität	320	100	Glucosinolate	Wiederkäuer[4], Schwein[4]
Saflor[1]	220	260	Phenole	Wiederkäuer
Sonnenblume (aus ungeschälter Saat)	190	320	(Phenole)	Wiederkäuer
Sonnenblume (aus teilgeschälter Saat)·	290	215	(Phenole)	Wiederkäuer, trächtige Zuchtsau
Baumwollsaat (aus teilgeschälter Saat)	351	158	Gossypol	Wiederkäuer
Leindotter [4] [11-44]	350	145	Glucosinolate, Proteasehemmer und vermutlich weitere Antinutritiva	(Wiederkäuer, Schwein)
	Als Einzelfuttermittel bisher nicht zugelassen [11-9]			
Crambe[2]	240	220	Glucosinolate	(Wiederkäuer)
Iberischer Drachenkopf[3]	15	165	nicht bekannt	(Wiederkäuer)

Für die nicht mit Index versehenen Futtermittel sind die Angaben aus den DLG-Futtermitteltabellen [11-3, 11-4] entnommen.
[1] berechnet aus Gehaltsangaben der Saat; [2] Literaturübersicht bei [11-42]; [3] Löhnert et al.[11-43]; [4] Böhme et al. [11-45]

In Saat und Presskuchen des iberischen Drachenkopfes konnten bisher antinutritive Bestandteile wie Glucosinolate nicht gefunden werden. In Untersuchungen an Schweinen und sogar Schafen zeigte sich eine sehr niedrige Verdaulichkeit [11-43] bei nicht wesentlich beeinträchtigter Akzeptanz.

11.5 Wirtschaftlichkeit der Extraktionsschrote/Expeller in der Fütterung und mögliche Nutzungsalternativen als Energieträger und Düngemittel

11.5.1 Preiswürdigkeit von Rapsextraktionsschrot als (partieller) Ersatz von Sojaextraktionsschrot

Die ökonomische Bewertung erfolgt bezogen auf eine Tierart und Nutzungsrichtung am besten über entsprechende Futtermischungsvergleiche. In Tabelle 11-12 wurden Alleinfutter für Schweine mit und ohne Rapsextraktionsschrot nach gleicher Energie- und Nährstoffausstattung sowie auf der Basis der verdaulichen Aminosäuren kalkuliert*). Für die Anfangs- und die Endmast wurde entsprechend der hohen Leistungsanforderungen ein hohes Energieniveau gewählt. Für die Endmast kam noch das niedrigere Energieniveau von 13,0 MJ ME/kg Futter hinzu, da viele Betriebe unter der Voraussetzung einer ausreichenden Futteraufnahme der Schweine mit einem energieärmeren Futter der Verfettung vorbeugen. Die Komponentenauswahl entspricht den Möglichkeiten des selbst mischenden Tierhalters. Mischfutterhersteller haben eine breitere Palette von Einzelkomponenten zur Verfügung und können weitere, noch kostengünstigere Rezepturen nutzen.

Die Mischungsberechnungen verdeutlichen, dass der relativ niedrige Energiegehalt des Rapsextraktionsschrotes zu einem höheren Einsatz von Öl als energiereicher, allerdings auch teuerster Komponente zwingt. Dadurch verteuern sich die Mischungen beim angegebenen Preisniveau, das besonders für das Öl derzeit (Herbst 2008) einen Rekord erreicht hat. Berechnet man den Preis für

*) *Für die Mischungskalkulationen sei Herrn Dr. Fred Otto, Kraftfutterwerk Gotha GmbH, gedankt.*

Rapsextraktionsschrot, der zu Kostengleichheit mit der Getreide-Soja-Mischung führt, so liegt dieser in der Anfangsmastmischung und der Endmastmischung mit dem höheren Energiegehalt (13,4 MJ ME/kg) unter dem Getreidepreisniveau. Wird allerdings in der Endmast eine niedrigere Energiestufe von 13,0 MJ angestrebt, so dürfte Rapsextraktionsschrot erheblich mehr als Getreide kosten. Der Preis dürfte sogar etwa 50 % über dem gegenwärtigen Preisniveau für Rapsextraktionsschrote liegen (Tab. 11-12).

Noch höher ist der Futtervergleichspreis des Rapsextraktionsschrotes für den Wiederkäuer (Tab.11-13), bei dem aufgrund der Faserverdauung im Pansen das Energieproblem in weitaus geringerem Umfang besteht als für das Schwein. Die Rationsbeispiele gelten für ein Leistungsniveau von 30 kg Milch/Tag. Bei höherer Milchleistung wäre mehr energiereicheres Getreide (Weizen) und ein Fetteinsatz notwendig, mit dem Ergebnis einer Verminderung des Vergleichspreises für Rapsextraktionsschrot (Tab. 11-13, Fußnote 3). Vorteilhaft wäre hier Rapskuchen selbst dann noch, wenn, wie

Tab. 11-12: Schweinemastmischungen unterschiedlichen Energieniveaus ohne und mit 10 % Rapsextraktionsschrot und der sich daraus ergebende Futtervergleichspreis für das Futtermittel

Umsetzbare Energie, ME		Anfangsmast 13,4 MJ/kg		Endmast 13,0 MJ/kg		Endmast 13,4 MJ/kg	
Rapsextraktionsschrot	Preise*) in	ohne	mit 10 %	ohne	mit 10 %	ohne	mit 10 %
Komponenten in %	Euro/dt						
Sojaextraktionsschrot [11-44]	33	16,80	10,20	12,10	5,50	11,20	3,10
Rapsextraktionsschrot	19	–	10,00	–	10,00	–	10,00
Gerste	17	30,00	30,00	30,00	30,00	51,80	30,60
Weizen	18	48,60	43,90	54,30	49,60	34,10	53,40
Rapsöl	100	1,20	2,60	0,70	2,10	–	–
Lysin	150	0,31	0,34	0,24	0,28	0,23	0,32
Methionin	420	0,01	–	–	–	–	–
Threonin	160	0,02	0,01	–	–	–	–
Mineralstoffe1)	18 bzw. 12 1)	2,56	2,55	2,16	2,12	2,17	2,18
Vitaminprämix	167	0,50	0,50	0,50	0,50	0,50	0,50
Inhaltsstoffe in %							
Rohprotein		17,00	17,00	15,50	15,50	15,00	15,00
Lysin		0,99	0,99	0,83	0,85	0,81	0,84
verd. Lysin		0,88	0,88	0,73	0,73	0,71	0,72
Methinin + Cystin		0,59	0,63	0,54	0,59	0,53	0,58
verd. Meth.+Cyst.		0,51	0,54	0,47	0,51	0,45	0,50
Threonin		0,59	0,61	0,51	0,54	0,51	0,51
verd. Threonin		0,50	0,50	0,43	0,43	0,42	0,41
verd. Phosphor		0,26	0,26	0,22	0,23	0,22	0,23
Rohstoffkosten der Mischung		22,44	22,70	21,03	21,33	20,14	19,29
bei Kostengleichheit dürfte Rapsextraktionsschrot ... Euro/dt kosten		–	16,00	–	16,00	–	27,50

1) Mischung aus Futterkalk, Viehsalz und Monocalciumphosphat. Niedrigerer Anteil des Phosphats in der Endmast bedingt niedrigeren Preis der Mineralstoffe

**) August 2008, ohne MwSt., Getreide und Extraktionsschrote franko Mischfutterwerk, Öl ab Ölmühle*

in der Ration in Tabelle 11-13 kalkuliert, aufgrund der höheren verfügbaren Energie (Tab. 11-1), der Preis ein Siebentel höher als der Preis des Rapsextraktionsschrotes ist [11-46].

Die Preiswürdigkeit von Rapsextraktionsschrot ist nach diesen Kalkulationen um so eher gegeben, je niedriger die angestrebte verfügbare Energie der Konzentratmischungen ist. Außerdem ist diese in starkem Maße von den Fett- bzw. Ölpreisen abhängig, wie die Mischungsbeispiele verdeutlichen.

11.5.2 Nutzungsvarianten für Presskuchen und Extraktionsschrote im Vergleich mit der Fütterung

Für Presskuchen sind neben der Fütterung die Kompostierung, die Verbrennung oder die Vergärung denkbare weitere Nutzungsvarianten (Abb. 11-6). Bei etabliertem Futtermittelmarkt ist aber nur die beschriebene Fütterung, besonders der Rapsprodukte, von Bedeutung. Die für den Düngerwert angerechneten 5 kg N, 2,5 kg P_2O_5 und 1,5 kg K_2O/dt Rapsextraktionsschrot bzw. Rapskuchen kann man nicht direkt wie Handelsdünger mit 5 bis 7 Euro/dt bewerten, weil noch die Ausbringungskosten abzuziehen sind. Überhaupt wären Extraktionsschrot und Kuchen als organischer Dünger einzuordnen. Hier besteht aber kaum ein zusätzlicher Bedarf, da Gülle und weitere in der Landwirtschaft anfallende Wirtschaftsdünger verwertet werden müssen. Die Kosten für die Erfassung, Lagerung und Ausbringung saldieren sich in der Größenordnung etwa mit dem Düngewert, was in der innerbetrieblichen Kalkulation einen Wert von 0 bedeutet. Berucksichtigt man noch die übliche Entsorgungsgebühr für Biomüll zur Kompostierung, so stellt unter den gegenwärtigen Bedingungen am Markt auch die Kompostierung der Extraktionsschrote und Presskuchen keine wirtschaftliche Lösung dar.

Die Verbrennung von Extraktionsschroten und Presskuchen erfolgte bisher ausschließlich zu Forschungszwecken. Sie können in Holzhackschnit-

Tab. 11-13: Modellrationen[1] mit Sojaextraktionsschrot, Rapsextraktionsschrot und Rapskuchen (650 kg Lebendmasse, 30 kg Milch mit 4 % Fett und 3,4 % Eiweiß, Fütterungsberatung TLL)

	Sojaextraktions-schrot	Ersatz Hälfte Sojaextraktionsschrot	Totaler Ersatz Sojaextraktionsschrot	
		Rapsextraktions-schrot	Rapsextraktions-schrot[3]	Rapskuchen[4] 12 % Fett
Grassilage [kg/Tag]	19	19	19	19
Maissilage [kg/Tag]	19	19	19	19
Gerste [kg/Tag]	6	5,8	5,5	5,5
Sojaextraktionsschrot [kg/Tag]	1,8	0,9	–	–
Rapsextraktionsschrot [kg/Tag]	–	1,1	2,3	–
Rapskuchen	–	–	–	2,3
Aufnahme Trockenmasse [kg/Tag]	19,6	19,6	19,6	19,6
NEL [MJ/kg T]	6,8	6,8	6,7	6,8
nXP [g/kg T]	156	153	152	147
RNB [g/Tag]	+1	+6	+1	-6
Konzentratpreis [Euro/dt[2]]	20,64	19,23	17,59	18,47[4]
Bei Kostengleichheit dürfte Rapsextraktionsschrot[5] ... Euro/dt kosten	–	29,-	29,-	24,-[5]

[1] ohne Mineralfutter; [2] Preise August 2008, ohne MwSt, Getreide und Extraktionsschrote franko Mischfutterwerk, Öl ab Ölmühle, Sojaextraktionsschrot (44 % Rohprotein) 33 €/dt, Rapsextraktionsschrot 19 €/dt, Gerste 17 €/dt, Rapsöl 100 €/dt; [3] Mit Energieausgleich über 100 g Rapsöl/Tag würde sich das Konzentrat auf 18,63 €/dt verteuern und der Vergleichspreis für Rapsextraktionsschrot 26 €/dt betragen; [4] Kalkulation des Rapskuchenpreises mit 22 €/dt Rapskuchen als Mittel aus Soja- (33 €/dt) und Getreidepreis (17,50 €/dt) = 25 €/dt minus 3 € für Energiedefizit des Rapskuchens [11-46]; [5] für die Ration in der letzten Spalte Rapskuchen

	Presskuchen			
	Stoffliche Nutzung		Energetische Nutzung	
	Verbrennung	Kompostierung	Verbrennung	Vergärung
Einsatzziel	Nährstoff- und Energiequelle für Nutztiere	Nährstoffquelle für Nutzpflanzen	CO_2-neutrale Energiegewinnung	
Produkte	als Einzelfuttermittel Bestandteil von Rationen bzw, von Mischfutter	Dünger	Wärme, Asche mit Nährstoffen (P und K)	Strom und Wärme, Reststoffe für Düngung (N, P, K)
Wertschöpfung	hoch	gering	mittel	gering
Probleme	ungünstige Inhaltsstoffe, zu wenig dem Tier verfügbare Energie	zu geringe Kompostnachfrage, N-Emissionen, Nährstoffverluste	NO_x Emmissonen (nur als Zuschlagstoff geeignet)	Wirtschaftlichkeit der Biogaserzeugung
Ölfrüchte	Raps, Lein, Sonnenblume, Saflor, Leindotter	alle nicht verfütterbaren (Crambe. Iberischer Drachenkopf)		
Möglicher Preis	13-18 Euro/dt	3-1 Euro/dt	0-8 Euro/dt	5-7[1)] Euro/dt

Abb. 11-6: Verwertungsvarianten der Presskuchen des Rapses und der weiteren Ölsaaten aus dezentralen Anlagen [11-46] aktualisiert. [1)] bei Mitvergärung in bestehenden Biogasanlagen (bei 10 Cent/KWh, niedriger Wert bei 30 % Wirkungsgrad, hoher Wert bei 34 % Wirkungsgrad)

zelfeuerungen als Zuschlagstoff verbrannt werden. Nach Thüringer Ergebnissen sind für Presskuchen Anteile von vorerst bis zu einem Drittel am Brenngut möglich [11-46]. Der Heizwert von Extraktionsschrot wird mit 18,1 MJ/kg angegeben. Fett erhöht den Brenn- und Heizwert, so dass Kuchen auf jeden Fall einen höheren Heizwert besitzt als das entsprechende Extraktionsschrot. Die Bewertung als Brennstoff muss sich am Heizölmarkt aber auch am Markt für Festbrennstoffe orientieren. Die Extraktionsschrot- und Presskuchenpreise würden entsprechend der enormen Variation der Konkurrenzprodukte ebenfalls enorm variieren. So kostet gehacktes Durchforstungsholz mehr als 5 bis 7 Euro/dt, während der Preis von zerkleinertem Baurestholz gegen Null geht, da hier die Bereitstellungskosten durch eine Entsorgungsgebühr kompensiert werden.

Untersuchungen zur anaeroben Fermentation von Rapspresskuchen im kontinuierlichen Verfahren belegen eine Biogasbildung von 460 l/kg Presskuchen und bestätigen die theoretisch aus dem Futterwert ermittelte Biogasbildung von 460 bis 570 l/kg Trockenmasse [11-46]. Unter den Gärsubstraten für Biogasanlagen können nach dem am 1.1.2009 in Kraft gesetzten Erneuerbare Energien Gesetz (EEG, [11-47]) die Extraktionsschrote und Kuchen nicht mehr wie bisher mit Materialien wie Speiseresten und Abscheiderfetten konkurrieren. Rapskuchen, Rapsextraktionsschrot und auch Glyzerin aus der Verarbeitung von Pflanzenölen werden laut EEG zu rein pflanzlichen Nebenprodukten, die keinen Bonus für nachwachsende Rohstoffe (NawaRo-Bonus) von 7 Ct/kWh für die Standard-Biogaserträge (kWh/t Frischmasseeinsatz) erhalten.

Vor jedem Einsatz ist zu klären, ob die Genehmigung der Biogasanlage diesen abdeckt. Die Einsatzmengen sind im Einsatzstofftagebuch exakt zu erfassen und durch einen Umweltgutachter zu attestieren. Inwieweit zusätzliche abfallrechtliche Fragen zum Tragen kommen, ist bisher noch nicht eindeutig geklärt. Zurzeit ist kein Fall der ständigen Verwendung von Extraktionsschroten und Presskuchen in Vergärungsanlagen bekannt. Bis Ende 2008 war ein Einsatz aufgrund des alten EEG nicht möglich und heute ist wegen der Preise am Futtermittelmarkt die Wirtschaftlichkeit nicht gegeben.

Die Vergütungsregelungen des novellierten EEG machen selbst unter Einbeziehung einer hohen Grundvergütung (bei geringerer und mittlerer Anlagenleistung) und des Güllebonus den Einsatz von Presskuchen und Extraktionsschrot unrentabel. So ergäbe sich bei Mitvergärung der entsprechenden Rapsprodukte in bestehenden landwirtschaftlichen Biogasanlagen (Leistung bis 500 kW) unter ausschließlicher Beachtung der Grundvergütung und des Güllebonus ein größenbedingter Grenzpreisbereich von 62,13 bis 68,52 Euro/t Rapspresskuchen (15 % Restöl) und 55,60 bis 61,31 Euro/t Rapsextraktionsschrot. Der anteilige Düngewert des Presskuchenrückstandes aus der Mitvergärung ist hier wieder entsprechend einer Kompensation durch die zu subtrahierenden Kosten für Dunglagerung und -ausbringung nicht eingerechnet. Ein positives Ergebnis wäre somit nur erreichbar, wenn der Marktpreis unterhalb der oben genannten Grenzpreise läge. Das ist weit unter Getreidepreisniveau und damit eine realitätsferne Annahme.

11.6 Zusammenfassung und Schlussfolgerungen

Extraktionsschrote und Kuchen aus der Verarbeitung der Ölsaaten machen als eiweißreiche Konzentrate die Rationen für Schweine, Geflügel und Rinder vollwertig für die Erzeugung eines Maximums an Milch, Fleisch und Eiern bei einer Minimierung des Futtereinsatzes je Erzeugniseinheit. Soja- und Rapsfuttermittel dominieren. Der Anstieg bei Raps im letzten Jahrzehnt resultiert aus dem Übergang von den glucosinolatreichen zu den 00-Sorten mit ihrer verbesserten Akzeptanz im Futtertrog und der nur noch geringen Belastung der Schilddrüse. Ausgehend vom Eiweißfuttermittelmarkt beschreibt der Beitrag in der Hauptsache Soja- und Rapsextraktionsschrot. Unter den Inhaltsstoffen wird besonders auf Lysin sowie die weiteren in Getreiderationen limitierenden Aminosäuren und die ANF eingegangen.

Die Rapsglucosinolate werden vom Wiederkäuer besser akzeptiert als von Schweinen und Geflügel, weshalb sich zwischen den Tierarten die empfohlenen Einsatzhöhen im Futter unterscheiden. Extraktionsschrote und Kuchen aus Raps, Sonnenblume, Saflor und Baumwollsaat sind reich an Faser bestehend aus Zellulose, Hemizellulose und dem unverdaulichen Faseranteil, dem Lignin. Die Faser vermindert die Verdaulichkeit der Nährstoffe und damit die dem Nutztier verfügbare Energie. Bei der Verarbeitung der Sonnenblumen- und Baumwollsaat sowie des Saflors steigert die übliche (Teil-)entschälung der Saat die Futtermittelqualität. Im Versuch erhöhte die Rapsschälung die Nährstoffverdaulichkeit und die für Schweine und Geflügel verfügbare Energie, was für die breitere Anwendung auch der Rapsschälung spricht. Stärkeres Toasten inaktiviert zusätzlich Glucosinolate, vermindert jedoch ebenfalls den Gehalt und die Verfügbarkeit des Lysins. Für eine hohe Futtereiweißqualität bei Schweinen und Geflügel sollte nach wie vor auf die Verminderung des Glucosinolatgehaltes durch Pflanzenzüchtung, also den Einsatz von 00-Rapssaatgut, gesetzt werden.

Die höchste Wertschöpfung realisieren Ölsaatenrückstände auf dem Futtermittelmarkt, denn als Pflanzennährstoffträger (Dünger bzw. Kompost) oder als Energieträger (Brennstoff bzw. Gärsubstrat für Biogas) konkurrieren viele im Preisvergleich mit den Extraktionsschroten günstigere Materialien.

11.7 Literatur

11-1 Food and Agriculture Organisation of the United Nations – FAO: http://faostat.fao.org/site/573/default.aspx (2006)

11-2 Deutsche Landwirtschaftsgesellschaft - DLG: DLG-Futterwerttabellen – Schweine. 6. Auflage, DLG-Verlags GmbH, Frankfurt/Main (1991)

11-3 Deutsche Landwirtschaftsgesellschaft – DLG: DLG-Futterwerttabellen – Wiederkäuer. 7. Auflage, DLG-Verlags GmbH, Frankfurt/Main (1997)

11-4 Deutsche Landwirtschaftsgesellschaft – DLG: Kleiner Helfer für die Berechnung von Futterrationen - Wiederkäuer und Schweine. 11. Auflage. DLG-Verlags GmbH, Frankfurt/Main (2005)

11-5 Schöne, F., Kirchheim, U., Schumann, W., Lüdke, H.: Apparent digestibility of high-fat rapeseed press cake in growing pigs and effects on feed intake, growth and weight of thyroid and liver. Anim. Feed Sci. Technol. (1996) 62: 97-110

11-6 Schumann, W.: Untersuchungen zum Glucosinolatgehalt von in Deutschland erzeugten und verarbeiteten Rapssaaten und Rapsfuttermitteln. Union zur Förderung von Öl- und Proteinpflanzen e. V., Berlin, UFOP-Schriften (2005) 27: 40 und 44

11-7 Jeroch, H., Schöne, F., Jankowski, J.: Inhaltsstoffe von Rapsfuttermitteln und Futterwert für das Geflügel. Arch. Geflügelk. (2008) 72: 8-18

11-8 Europäische Union – EU: Lebensmittel-, Bedarfsgegenstände- und Futtermittelgesetzbuch – LFGB. BGBL vom 26.11.2004, geänderte Fassung vom 16.06.2005

11-9 Potthast, V. u. a.: Positivliste für Einzelfuttermittel Futtermittel-Ausgangserzeugnisse. Bundesministerium für Ernährung, Landwirtschaft und Verbraucherschutz, Normenkommission für Einzelfuttermittel im Zentralausschuss der Deutschen Landwirtschaft, Bonn (2005)

11-10 Bundesministerium für Ernährung, Landwirtschaft und Verbraucherschutz – BMEVL: Statistisches Jahrbuch über Ernährung, Landwirtschaft und Forsten der Bundesrepublik Deutschland. Landwirtschaftsverlag GmbH, Münster Hiltrup (2007) S. 114-122

11-11 Gesellschaft für Ernährungsphysiologie – GfE: Empfehlungen zur Energie- und Nährstoffversorgung von Schweinen. Tabellenzusammenstellung. DLG-Verlags GmbH, Frankfurt/Main (2006), S. 219-220

11-12 Steingaß, H., Essig-Kozó, C., Südekum, K.H.: Ruminaler Abbau der Trockenmasse und des Rohproteins von Rapskuchen. Abstract 120, VDLUFA-Kongress, Jena (2008)

11-13 Schöne, F., Hartung, H., Bargholz, J., Lüdke, H.: Veränderungen von Raps und Lein – Saat, Presskuchen, Extraktionsschrot – während der Verarbeitung. 112. VDLUFA-Kongress, Stuttgart-Hohenheim. VDLUFA-Schriftenreihe 55/V (2000) S. 92-94.

11-14 Schöne, F., Hummert, K., Hartung, H., Meixner, B., Kirchheim, U., Kinast, C., Greiling, A., Breitschuh, G.: Qualitätskette zur Erzeugung eines ernährungsphysiologisch hochwertigen Milchfettes und der entsprechenden Butter. Züchtungskunde (2000) 72: 359-370

11-15 Jahreis, G., Schöne, F.: Rapsöl – ein physiologisch besonders wertvolles unter den Ölen. In: Öl- und Proteinpflanzen. Tagungsband OIL 2005, UFOP- Schriften (2006) 29: 7

11-16 Jahreis, G., Kraft, J., Tischendorf, F., Schöne, F., Loeffelholz, C.: Conjugated linoleic acids: Physiological effects in animal and man with spezial regard to body composition. Eur. J. Lipid Sci. Technol. (2000) 102: 695-703.

11-17 Schöne, F., Tischendorf, F., Kirchheim, U., Reichardt, W., Bargholz, J.: Effects of high fat rapeseed press cake on growth, carcass, meat quality and body fat composition of leaner and fatter pig crossbreeds. Animal Science (2002) 74: 285-297

11-18 Jeroch, H., Jankowski, J., Schöne, F.: Rapsfuttermittel in der Broiler- und Legehennenfütterung. Arch. Geflügelk. (2008) 72: 49-55

11-19 Enser, M., Fisher, A.V., Wood, J.D.: The effect of fatty acid conmposition on the suitable of pig backfat for the production of bacon. Lecture at the 29. Europ. Fleischforscherkongress Salsomaggiore (Parma), Session D (1983), S. 479

11-20 Deutscher Fleischerverband - DFV: Das Fleischerhandwerk im Internet - Pro-Kopf-Verzehr 2001 Wurst und sonstige Fleischerzeugnisse. Presse: grafiken.htm (2007)

11-21 Burgstaller, G. und Lang, K.: 00-Rapsextraktionsschrot im Austausch gegen Sojaextraktionsschrot in der Futterration für Mastschweine. Das Wirtschaftseigene Futter (1989) 35: 137-148

11-22 Weiß, J., Quanz, G., Schöne, F.: Einfluss steigender Anteile von Rapsextraktionsschrot in Futtermischungen für Mastschweine auf Mastleistung, Schlachtkörperqualität sowie Thiocyanat-, Jod- und Schilddrüsenhormonstatus. In: Rodehutscord M. (Hrsg.): Proc. 8. Tagung Schweine- und Geflügelernährung,

Halle-Wittenberg (2004), S. 188-190

11-23 Schöne, F., Tischendorf, F., Leiterer, M., Hartung, H., Bargholz, J.: Effects of rapeseed-press cake glucosinolates and iodine on the performance, the thyroid gland and the liver vitamin A status of pigs. Arch. Anim. Nutr. (2001) 55: 333-350

11-24 Meyer, A., Schön, A., Brade, W., Köhler, P.: Einsatz von Rapskuchen in der Schweinemast. In: Rodehutscord M. (Hrsg.): Proc. 9. Tagung Schweine- und Geflügelernährung, Halle-Wittenberg (2006), S. 147-149

11-25 Weber, M., Stenzel, P., Schöne, F., Kleine Klausing, H.: Zum Einfluss von Rapskuchen (unbehandelt und thermisch behandelt) auf Leistung und Schilddrüsenstatus von Mastschweinen. In: Rodehutscord M. (Hrsg.): Proc. 9. Tagung Schweine- und Geflügel ernährung, Halle-Wittenberg (2006), S. 259-261.

11-26 Schöne, F., Leiterer, M., Hartung, H., Jahreis, G., Tischendorf, F.: Rapeseed glucosinolates and iodine in sows affects the milk iodine concentration and the iodine status of piglets. British Journal of Nutrition (2001) 85. 659- 670

11-27 National Research Council – NRC. Nutrient Requirement of Swine. Editor 10th ed. Washington D.C., USA, National Academy Press. (1998) S. 115-116

11-28 Rodehutscord, M. und Kluth, H.: Ölsaaten und deren Verarbeitungsprodukte als Futtermittel für Wiederkäuer. Öl- und Faserpflanzen. UFOP-Schriften (2002) 20: 101-110

11-29 Schwarz, F.J. und Kirchgeßner, M.: Verfütterung von Samen verschiedener Leguminosen (Ackerbohne, Erbse, Lupine) und Rapsextraktionsschrot aus 0- und 00-Sorten in der Bullenmast. Züchtungskunde (1989) 61: 71- 82

11-30 Papas, A., Ingalls, J.R., Campbell, L.D.: Studies on the effects of rapeseed meal on thyroid status of cattle, glucosinolate and iodine content of milk and other parameters. J. Nutr. (1979) 109: 1129-1139

11-31 Emanuelson, M., Ahlin, K.A., Wiktorsson, H.: Long-term feeding of rapeseed meal and full-fat rapeseed of double low cultivars to dairy cows. Livestock Production Science (1993) 33: 199-214

11-32 Richter, G., Lemser, A., Bargholz, J.: Rapssamen und Rapsextraktionsschrot als Komponenten in der Legehennenfütterung. Arch. Anim. Nutr. (1996) 49: 229-241

11-33 Schöne, F., Schumann, W., Schubert, R., Hartung, H., Steingass, H.: Stronger toasted rapeseed meals contain less glucosinolates, however, the in vitro protein quality is changed. Proceedings of the 12th International Rapeseed Congress, Vol. V. Science Press USA Inc., Monmouth Junction, USA (2007) S. 292-293

11-34 Steingaß, H., Nibbe, D., Südekum, K.H., Lebzien, P., Spiekers, H.: Schätzung des nXP-Gehaltes mit Hilfe des modifizierten Hohenheimer Futterwerttests. Abstracts 113. VDLUFA-Kongress, Berlin (2001), S. 114.

11-35 Newkirk, R.W., Classen, H.L., Scott, T.A., Edney, M.J.: The digestibility and content of amino acids in toasted and non-toasted canola meals. Can. J. Anim. Sci. (2003) 83: 131-139

11-36 Mailer, R., McFadden, A., Rolands, J.: The influence of processing conditions on the nutrive value of canola meal. Proceedings of the 12th International Rapeseed Congress, Vol. V. Science Press USA Inc., Monmouth Junction, USA (2007) S. 131-134.

11-37 UFOP: Berichte vom 12. Internationalen Weltrapskongress vom 26.-30. März 2008 in Wuhan. UFOP-Jahresbericht 2006/2007, Union zur Förderung von Öl- und Proteinpflanzen e. V. (2007), S. 56-57

11-38 Kracht, W., Jeroch, H., Keller, T., Matzke, W., Dänicke, S., Kluge, H., Keller, K., Böttcher, W., Hennig, U., Schumann, W., Matthäus, B., Köhler, T., Deicke, H.D.: Futterwert von Extraktionsschrot aus geschälter Rapssaat für Mastschweine, Ferkel, Broiler und Legehennen und von Rapsschalen für Schafe. UFOP-Schriften (1998) 10. 9-74

11-39 Jahreis, G., Steinhart, H., Pfalzgraf, A., Flachowsky, G., Schöne, F.: Zur Wirkung von Rapsölfütterung an Milchkühe auf das Fettsäurenspektrum des Butterfettes. Z. Ernährungswiss. (1996) 35: 185-190

11-40 Schöne, F., Matthey, M., Matthäus, B.: Tocopherolgehalt von Lein und Raps und Fettoxidation in Abhängigkeit von Lagerung sowie Behandlung. Proc. 51st International Congress and Expo of the German Society for Fat Science (DGF), Bremen (1996)

11-41 Degussa: AMINO Dat(3.0. (2006)

11-42 Kampf, D.: Ernährungsphysiologische Untersuchungen und Qualität von Fleisch und Fett beim Einsatz von Nebenprodukten aus Crambe abyssinia bei wachsenden Schweinen. Dissertation: Biologisch Pharmazeutische Fakultät, Friedrich-Schiller-Universität, Jena (2000)

11-43 Löhnert, H.J., Ochrimnko, W., Lüdke, H., Graf, T., Schöne, F.: Prüfung von Presskuchen *aus Iberischem Drachenkopf (Lallemantia iberica) an Schweinen und Schafen. UFOP-Schriften (2003) 20: 179-185*

11-44 Sechsunddreißigste Verordnung der Futtermittelverordnung vom 15. Dezember 2008 (BGBL. I Nr. 59 S. 2483-2485)

11-45 Böhme, H., Aulrich, K., Schumann, W., Fischer, K.: Untersuchungen über die Eignung von Leindotterpresskuchen als Futtermittel. 1. Mitteilung: Futterwert und Einsatzgrenzen bei der Fütterung von Schweinen. Fett/Lipid (1997) 99: 254-259

11-46 Schöne, F. und Reinhold, G.: Verwendungsmöglichkeiten der Presskuchen. In: KTBL-Schrift Dezentrale Ölsaatenverarbeitung - warum und wie? KTBL-Schrift 427, Kuratorium für Technik und Bauwesen in der Landwirtschaft e.V. Darmstadt (2005), S. 85-100

11-47 Gesetz für den Vorrang Erneuerbarer Energien (Erneuerbare Energien Gesetz – EEG) vom 25. Oktober 2008 (BGBL. I S. 2074)

12 Qualitätsmanagement

Sylvia Wegner-Hambloch

12.1 Managementsysteme und Qualitätsnormen für die Pflanzenölindustrie

Die Herstellung von Pflanzenölen ist komplex. Ölmühlen stehen aufgrund gesetzlicher Vorschriften, vernetzter Warenströme, wissenschaftlicher Erkenntnisse, neuer Einsatzbereiche, staatlicher Subventionen und auch der öffentlichen Meinung ständig vor neuen Aufgaben. Neben den grundlegenden gesetzlichen Anforderungen haben die Hersteller daher auf freiwilliger Basis wirtschaftsinterne oder betriebsbezogene Qualitätsanforderungen und Leitlinien formuliert, denen ihre Produkte zu entsprechen haben. Besondere Bedeutung kommt dabei den Managementsystemen für Qualität zu, die eine unverzichtbare Basis für die Herstellung sicherer Produkte bilden.

12.1.1 Qualität und Normenbegriffe

Unterschieden wird in der folgenden Beschreibung nicht nach der Art des Endproduktes (Lebensmittel, Futtermittel oder Biodiesel), sondern nach den freiwillig anzuwendenden allgemeinen Qualitätsnormen (ISO 9001, ISO 22000, DIN EN 14214), nach Handelsnormen (IFS, BRC, GMP, QS) oder speziell für ein Produkt geltenden Normen (AGQM). Internationale Normen werden von der International Standard Organisation (ISO) in Genf herausgegeben. Die Normungsvorgaben werden von einem Gremium aus Behörden, Industrie, Forschungsinstituten und Beteiligten aufgestellt. Normen, die nur in Deutschland oder Europa gelten, haben die Bezeichnung DIN EN.

Handelsnormen werden von der betreffenden Handelsorganisation herausgegeben und stellen die Forderungen auf, die der Handel seinen Lieferanten vorschreibt. Dabei darf nicht unerwähnt bleiben, dass ein Produktstandard des Handels, wie IFS oder BRC, Forderungen an das Produkt oder seine eigene Marke beschreibt, die der Standardeigner, hier der Handel, für seinen Lieferanten oder Lohnhersteller formuliert hat. Eine spezielle Norm erstellte die freiwillige Arbeitsgemeinschaft Qualitätsmanagement Biodiesel e.V. (AGQM), die Forderungen an ihre Mitglieder aufstellt, damit das Produkt Biodiesel dem selbst gegebenen Standard entspricht.

Managementsysteme, wie z. B. die der ISO 9001, können nach einer Norm erstellt werden und das Unternehmen erhält aufgrund eines Zertifizierungsaudits ein Zertifikat. Handelsnormen, wie z. B. IFS (International Food Standard) oder BRC (British Retail Consortium Standard Global Food), fordern die Umsetzung von Anforderungen, die in umfangreichen Fragelisten niedergelegt sind. In fast allen Fällen wird das Unternehmen jährlich von einer dritten Stelle (Zertifizierungsgesellschaft) durch ein Audit überwacht. Da das Audit (meist) freiwillig ist, kann ein Auditzeitpunkt, der in den Unternehmensablauf passt, gewählt und immer in jährlichen Abständen vereinbart werden. Zusätzlich können durch die Auditoren, je nach Standardforderung, unangemeldete Audits oder aber auch Stichproben und Analysen der Produkte durchgeführt werden.

12.1.2 Managementsysteme der Internationalen Standard Organisation (ISO)

12.1.2.1 ISO 9001

Das Regelwerk ISO 9001 [12-1], kann für alle Bereiche in der Ölmühle von Futtermittelherstellern über Lebensmittelerzeuger und Hersteller von Biodiesel eingesetzt werden. Dieser Standard kann in allen Herstellungs- und Dienstleistungsunternehmen angewandt werden.

Die Zielsetzung der Norm kann mit den acht Grundsätzen des Qualitätsmanagements beschrieben werden (Deutsche Gesellschaft zur Zertifizierung von Managementsystemen, DQS): Kundenorientierung,

Führung, Einbeziehung der Personen, prozessorientierter Ansatz, systemorientierter Managementansatz, ständige Verbesserung, sachbezogener Ansatz zur Entscheidungsfindung und Lieferantenbeziehungen zum gegenseitigem Nutzen.

Die acht Grundsätze der Norm ISO 9001:
a) Kundenorientierung
b) Führung
c) Einbeziehung der Personen
d) Prozessorientierter Ansatz
e) Systemorientierter Managementansatz
f) Ständige Verbesserung
g) Sachbezogener Ansatz zur Entscheidungsfindung
h) Lieferantenbeziehungen zum gegenseitigen Nutzen

Ein Qualitätsmanagement besteht aus der Gesamtheit aller qualitätsbezogenen Tätigkeiten und Zielsetzungen. Es ist Aufgabe der Betriebsführung, betrifft aber auch alle anderen Hierarchieebenen. Die nicht branchenspezifischen Rahmenbedingungen für ein Qualitätsmanagementsystem (QM-System) müssen dabei dem Betrieb entsprechend mit Inhalt gefüllt werden. So wird das Vertrauen der Handelsunternehmen in die Produktsicherheit, -qualität und -legalität gestärkt. Höhere Produktsicherheit und geringere Produkthaftungsrisiken sind die Folge. Durch die Installierung des QM-Systems wird eine systematische Analyse und Verwirklichung von sicheren und effizienteren Prozessabläufen im Sinne der Lebensmittelsicherheit verfolgt. Prozesse werden gelenkt, um Risiken bezüglich der Hygiene und der Gesundheitsgefährdung des Verbrauchers rechtzeitig zu entdecken, diese zu beherrschen und wirksame Präventivmaßnahmen festzulegen. Ein System mit Vorgaben aus dem Prozessmodell der ISO 9001 garantiert ein vollständiges QM-System: Kenntnis über die Verbraucheranforderungen und -wünsche ermitteln, Verbraucherzufriedenheit bewerten und Verbesserungsmaßnahmen im nachfolgenden Verbesserungsprozess durchführen. Die in der Norm aufgeführten Forderungen erfolgen zu den Themen: Anforderungen an Dokumente und Aufzeichnungen, Qualitätsmanagementhandbuch, Verpflichtungen der Leitung, Qualitätspolitik, Qualitätsziele, Verantwortung, Befugnis und Kommunikation, Managementbewertung, Ressourcen, kundenbezogene Prozesse, Ermittlung und Bewertung der Anforderungen in Bezug auf das Produkt, Entwicklung, Beschaffung, Lieferantenbewertung, Produktion, Validierung der Prozesse, Kennzeichnung und Rückverfolgbarkeit, Produkterhaltung (= Lagerung und Transport), Lenkung von Überwachungs- und Messmitteln, Überwachung und Messung (Kundenzufriedenheit, internes Audit, Prozesse, Produkt), Lenkung fehlerhafter Produkte, Datenanalyse, Verbesserung, Korrekturmaßnahmen. In einer Ölmühle zur Lebensmittelproduktion werden zusätzlich Werkzeuge zur Vorbeugung von Gesundheitsgefährdungen angewandt und nach der gesetzlichen Vorgabe im Managementsystem dokumentiert (HACCP-System, wobei HACCP für Hazard Analysis of Critical Control Point steht).

Ein in Anlehnung an die ISO 9001 geschriebener Leitfaden ist die ISO 15161, ein Leitfaden zur Anwendung der ISO 9001 für die Lebensmittel- und Getränkeindustrie, um die nicht branchenspezifische ISO 9001 richtig anzuwenden.

12.1.2.2 ISO 22000

Im September 2005 ist die neue Norm für Lebensmittelsicherheit ISO 22000 [12-2] herausgebracht worden. Inhaltlich stellt sie eine zusammenführende Beschreibung von ISO 9001 und geltenden Standards der „Guten Hygienepraxis“ bzw. der „Guten Herstellungspraxis“ des Codex Alimentarius [12-4] dar. Mit der Norm werden in einem einzigen Managementsystem die Kernelemente interaktive Kommunikation, Systemmanagement, Präventivprogramme und HACCP-Grundsätze festgelegt:

Kernelemente der ISO 22000
– interaktive Kommunikation
– Systemmanagement
– Präventivprogramme
– HACCP-Grundsätze

Zielgruppe für ein solches Managementsystem für Lebensmittelsicherheit sind, unabhängig von der Art und Größe des Betriebs, Unternehmen, die sich in der Herstellungs-, Verarbeitungs-, Transport- und Handelskette befinden und Lebensmittelsicherheit gewährleisten müssen. Die Norm ist nicht auf Herstellbetriebe festgelegt, es können sich auch reine Warenhäuser oder Dienstleister zertifizieren lassen. Die ISO 22000 beinhaltet folgende Anforderungen:

Anforderungen an die ISO 22000
- Planung, Einführung, Aufrechterhaltung und Aktualisierung eines Managementsystems mit der Zielsetzung der Erhöhung der Produktsicherheit (Verbraucher) und der Gewährleistung der Rückverfolgbarkeit (Industrie),
- Darstellung der Übereinstimmung mit anwendbaren Forderungen zur Lebensmittelsicherheit,
- Einhaltung von Kundenanforderungen und Bewertung der Kundenzufriedenheit,
- Effektive Kommunikation mit Lieferanten, Kunden und interessierten Gruppen in der Lebensmittelkette,
- Sicherstellung und Umsetzung der formulierten Lebensmittelsicherheitspolitik,
- Informationspflicht über den Nachweis der Rechtskonformität gegenüber betroffenen Kreisen.

Ein neuer aufwändiger Teil des Managementsystems sind die Präventivprogramme (prerequisite programs), die sowohl Teil der „Guten Hygienepraxis" sind (Präventivprogramme oder PRPs) als auch die üblichen Vorgehensweisen der Reinigung, Desinfektion, Personalhygiene und Schädlingsbekämpfung (operationale Präventivprogramme oder o-PRPs) umfassen [12-3].

Präventivprogramme beziehen sich auf die Planung, die Anforderung, die Verifizierung und die Dokumentation der Infrastruktur- und der Umgebungshygiene, also auf nicht direkt messbare Anforderungen. Die operationalen Präventivprogramme betrachten die schon immer bekannten biologischen, chemischen und physikalischen Gefahren oder Kontaminationen des Lebensmittels, die bei genauer Inspektion der Infrastruktur und Umgebung aufgeführt und für die Maßnahmen ergriffen werden. Es handelt sich nicht um irgendwelche neuen Anforderungen, sondern um das, was unter „Gute Praxis" oder dem üblichen handwerklich korrekten Arbeiten verstanden wird. Operationale Präventivprogramme umfassen die messbaren Anforderungen, wie Werte oder Einstellungen für Thermometer, Metalldetektor, Siebe und ihre Toleranzen. Für den Pflanzenölhersteller muss dann herausgefunden werden, was aus den aufgeführten Themen zutrifft. Das sollte nachweisbar schriftlich mit aktuellen Dokumenten (Lagepläne, Zulassung, Erlaubnisbescheinigung, Hygieneanweisung, Analysenzertifikat, Unbedenklichkeitsbescheinigung, Verträge, behördlichen Regelungen etc.) geregelt sein. Im gleichnamigen Kasten sind einige Präventivprogramme zur Lebensmittelsicherheit dargestellt. Sind die Präventivprogramme geregelt, so wird erst dann die HACCP-Studie für die Teilschritte der Herstellung erstellt, wenn entweder per Entscheidungsbaum (HACCP-Analyse nach Codex Alimentarius) oder per Risikobetrachtung (z. B. FMEA) entschieden wird, ob es einen kritischen Lenkungspunkt CCP (critical control point) an dieser Stelle gibt. FMEA ist die Abkürzung für Fehlermöglichkeits- und Einflussanalyse, eine analytische Methode, um potenzielle Schwachstellen im Rahmen einer vorsorgenden Fehlerverhütung des Qualitätsmanagements zu finden.

Präventivprogramme zur Lebensmittelsicherheit
1. die Ausführung und Anordnung von Gebäuden, Einrichtungen und Versorgungseinrichtungen für Energie (z. B. Gas, Öl, Fernwärme) und Versorgungsgüter (z. B. Wasser, Luft, Dampf und Eis),
2. die Anordnung der Arbeitsplätze und Personaleinrichtungen,
3. die Versorgungs- und die Entsorgungseinrichtungen (Abfall und Abwasser),
4. die Eignung der Ausrüstung und dessen Zugänglichkeit für Reinigung, Wartung und Instandhaltung,
5. der Einkauf (z. B. Rohstoffe, Zutaten, Chemikalien und Verpackungsmaterialien) und die Bereitstellung der Versorgungsgüter,
6. die Entsorgung (z. B. von Abfällen und Abwasser),
7. Handhabung von Produkten (z. B. Lagerung und Transport),
8. die Verhinderung einer Kreuzkontamination,
9. die Reinigung und Desinfektion,
10. die Schädlingsbekämpfung,
11. die Personalhygiene.

Die folgende Aufzählung stellt einen abgekürzten Projektplan zur Umsetzung der ISO 22000 dar. Die kursiv gedruckten Worte in Klammern entsprechen dem Projektplan einer klassischen HACCP-Studie. Nur die unterstrichenen Zeilen sind in der ISO 22000 neu gegenüber dem klassischen HACCP-Projektplan des Codex Alimentarius:

1. Lebensmittelsicherheitsgruppe/Lebensmittelsicherheitsteam bilden, Teamleiter ernennen, gegebenenfalls Mitglieder schulen (*HACCP-Team zusammenstellen*)
2. Produkteigenschaften, Beschreibung der Prozessstufen und Maßnahmen zur Beherrschung ermitteln (*Produkt beschreiben*)
3. Bestimmungsgemässen Gebrauch der Produkte vorgeben (*bestimmungsgemässen Gebrauch feststellen*)
4. Flussdiagramme erstellen (*und Verifizierung vor Ort*)
5. Gefahrenanalyse, Gefahrenidentifizierung und Bestimmung von annehmbaren Maßnahmen, Gefahrenbewertung, Identifizierung und Bewertung von Maßnahmen zur Beherrschung, (*HACCP Grundsatz 1: Auflistung aller möglichen Gefahren, die mit jedem Schritt verbunden sind, Gefahrenanalyse durchführen und Maßnahmen betrachten, um festgestellte Gefahren zu lenken*)
6. <u>Festlegung der PRPs und o-PRPs</u>
7. Festlegung des HACCP-Plans:
8. Identifizierung der CCPs (*Grundsatz 2: Ermitteln der CCPs*)
9. Festlegung von Grenzwerten für die CCPs (*Grundsatz 3: Festlegung der Grenzwerte für jeden CCP*)
10. System zur Überwachung der CCPs (*Grundsatz 4: Festlegen eines Systems der Überwachung für jeden CCP*)
11. Maßnahmen bei Überwachungsergebnissen, die außerhalb der Grenzwerte liegen (Grundsatz 5: Festlegen von Korrekturmaßnahmen)
12. Planung einer Verifizierung (*Grundsatz 6: Festlegen von Verifizierungsverfahren*)
13. Dokumentationsanforderungen, Aktualisierung von vorläufigen Informationen und Dokumenten, die Anforderungen hinsichtlich der PRPs und des HACCP-Plans festlegen (*Grundsatz 7: Festlegen von Dokumentation und Aufbewahrung der Aufzeichnungen*)

Zurzeit kann noch nicht abgesehen werden, inwieweit sich der neue Standard neben etablierten Standards wie IFS oder BRC in der Lebensmittelherstellung behaupten wird, große, international tätige Lebensmittelkonzerne haben sich jedoch zur ISO 22000 bekannt [12-4].

12.1.3 Spezifikationen für Biodiesel

Seit November 2003 gibt es die europäische Norm EN 14214 – in Deutschland entsprechend DIN EN 14214. Sie ist in Bezug auf Biodiesel die technische Grundlage der novellierten Kraftstoff-Qualitäts- und Kennzeichnungsverordnung (10. BImSchV). Biodiesel darf als Kraftstoff nur entsprechend der Grenzwerte der DIN EN 14214 angeboten werden und wird an den Zapfstellen der Tankstellen durch einen Aufkleber nach der aktuellen Norm gekennzeichnet. In der Spezifikation sind z. B. die Analyseparameter, die Analysemethode und die Grenzwerte aufgeführt. Als Analyseparameter gelten die Dichte, die Viskosität, der Flammpunkt, die Wintertauglichkeit (der Punkt, an dem Biodiesel gefriert), der Schwefelgehalt oder die Cetanzahl.

12.1.4 Managementsysteme für Qualität und Hygiene des Lebensmitteleinzelhandels

Der Ursprung der Handelsstandards sind die „Global Food Safety Initiative“ (GFSI), die im Mai 2000 durch den in Paris ansässigen internationalen Wirtschaftsverband CIES (The Food Business Forum), seinen Mitgliedern aus dem internationalen Lebensmitteleinzelhandel und Lieferantenfirmen aus 48 Ländern ins Leben gerufen wurde. Erklärtes Ziel der Initiative war, handelsseitig „ganz konkrete internationale Sicherheitsstandards zu schaffen für Unternehmen, die den Einzelhandel mit Eigenmarken und Frischwaren beliefern“. Im Leitfaden werden drei Schlüsselkriterien der Lebensmittelsicherheit als inhaltliche Vorgaben für anzuerkennende Standards definiert:

- Managementsystem nach IS0 9001
- Gute Praxis
- HACCP nach Codex Alimentarius.

Die GFSI (GFSI Guidance Document, Version 5, Ausgabe September 2007) hat folgende vier Standards anerkannt: IFS, BRC, SQF und Dutch HACCP Code [12-4, 12-5, 12-6].

Die Handelsstandards sind meist nur in den jeweiligen Ländern bekannt. Hersteller, die international tätig sind, müssen sich einem international bekannten Regelwerk unterziehen oder eben alle geforderten Normen zertifizieren lassen. So wird der Handel in Großbritannien meist BRC (British Retail Consortium Standard Global Food) fordern, der in Deutschland, Italien oder Frankreich eher IFS Food (International Food Standard). Anerkennungen der Handelsstandards untereinander sind selten, manchmal werden sogar die Zertifizierungsgesellschaften nicht anerkannt.

Die gesetzlichen und die freiwilligen Forderungen spielen auch in den Handelsstandards eine Rolle. Grundsätzlich wird die Erfüllung aller gesetzlichen Forderungen für ein Bestehen eines Zertifizierungsaudits nach einem der folgenden Standards, die an die ISO 9001 angelehnt sind, verlangt. Inwieweit der Standard darüber hinaus noch weitere Forderungen stellt, gibt der Zweck seiner Anwendung vor. In den folgenden Kapiteln wird beispielhaft nur IFS etwas ausführlicher vorgestellt.

12.1.4.1 International Food Standard (IFS)

Der IFS wird von Lebensmittelunternehmen umgesetzt, die Eigenmarkenprodukte herstellen und liefern [12-7]. Da der Handel bei der Ausweitung seines Eigenmarkensortiments in der rechtlichen Pflicht ist, die Produkthaftung zu übernehmen, gehört z. B. die Absicherung, dass der Hersteller sichere Lebensmittel produziert, dazu. Das geschieht üblicherweise durch Lieferantenaudits. Mit der Schaffung eines horizontalen Standards für eine Produktionsstätte eines Lieferanten von Eigenmarken wollen sich die Handelsunternehmen selbst von Lieferantenaudits entlasten, Auditkosten verlagern sowie Auditforderungen, und damit die Aussagekraft von Zertifikaten, angleichen und anheben. Sie wollen aber auch die Zulieferbetriebe hinsichtlich ihrer Organisation und Sicherheitsvorkehrungen transparent machen.

Im Januar 2003 veröffentlichten die Mitgliedsunternehmen des Hauptverband des Deutschen Einzelhandels (HDE) und der Fédération des Entreprises du Commerce et de la Distribution (FCD) das Regelwerk zur Beurteilung von Eigenmarkenlieferanten. Mit der Einigung des Lebensmittelhandels auf ein gemeinsames Regelwerk verfolgen insbesondere die Handelsketten die Absicht, die Auditierung ihrer Eigenmarkenhersteller zu standardisieren und dem Hersteller nach einem Audit zu bescheinigen, dass er ein sicheres Erzeugnis liefert, das sowohl der Spezifikation als auch den Rechtsvorschriften genügt.

Die HDE Trade Services GmbH wurde mit der Betreuung des IFS beauftragt und dort werden u. a. auch die Standards in gedruckter Form verkauft, die Anforderungen an die Auditoren und Zertifizierungsstellen geregelt und im Auditportal im Internet alle bestandenen Audits erfasst. Zurzeit gilt der im August 2007 herausgebrachte IFS Version 5.

Die Wahl der Organisation zur Durchführung von Audits nach dem IFS-Standard und die Vertragsvereinbarung dazu trifft der Hersteller. Er muss für die Zertifizierung nach IFS eine entsprechende Auditierungsorganisation beauftragen, die entsprechende Auditoren beschäftigt.

IFS 5 weist folgenden Anforderungskatalog auf:
1. Verantwortlichkeit des Managements
2. Anforderung an das Qualitätsmanagementsystem
3. Ressourcenmanagement
4. Herstellungsprozess
5. Messungen, Analysen und Verbesserungen

Der Auditor auditiert nach dem IFS-Standard mit 251 Anforderungen. Sie sind in die fünf Kategorien Verantwortlichkeit des Managements, Anforderung an das Qualitätsmanagementsystem, Ressourcenmanagement, Herstellungsprozess und Messungen,

Analysen und Verbesserungen untergliedert. Alle 251 Kriterien gelten als Mindestanforderungen für die internationale Lebensmittelindustrie. Von diesen Anforderungen sind darüber hinaus zehn Anforderungen grundlegend und führen bei einer nicht umfassenden Beachtung zum Nichtbestehen des Audits.

Anforderungen des IFS-Standards:
1. Verantwortung der Geschäftsleitung: Engagement und Überprüfung der Qualitäts- und Produktionssysteme zur Optimierung der Ergebnisse
2. Anforderungen an das Qualitätsmanagementsystem: HACCP System, HACCP Team, HACCP Analyse, Qualitätsmanagementhandbuchs, Aufzeichnungen, Dokumentation
3. Ressourcenmanagement: Personal, Personalhygiene, medizinische Kontrolluntersuchungen, Sozialeinrichtungen
4. Herstellungsprozess: Spezifikationen, Betriebsgelände, Schädlingsbekämpfung, Rückverfolgbarkeit, GVO, Allergene
5. Messungen, Analysen und Verbesserungen: Temperatur-, Zeit- und Mengenmessungen, Produktkontamination, Rückruf

Während des Audits werden die 251 Anforderungen des umfangreichen Fragenkatalogs abgearbeitet. Die Ergebnisse werden verschiedenen Erfüllungsgraden von A, volle Übereinstimmung, bis D, nicht erfüllt, zugeordnet und mit Punkten bewertet. Eine erhebliche Abweichung kann bei besonderer Schwere mit „Major" oder bei zehn Anforderungen mit k.o. bewertet werden. Ein K.o. führt immer zum Nichtbestehen, die zehn K.o.-Forderungen sind in Tab. 12-1 aufgeführt.

Für den umfangreichen Auditbericht bestehen konkrete Vorgaben bezüglich der Struktur, des Umfangs, des Inhaltes und der Bewertungen der jeweils erreichten Punktzahlen.

Für die Erreichung des Zertifikats müssen mehr als 75 % der Anforderungen in der Betriebsinspektion und der Dokumentenprüfung erfüllt werden; der Auditor bewertet die Ergebnisse der Anforderungen. Der Bewertungsumfang und die typische Dauer betragen 1,5 Tage mit einem weiteren halben Tag für den Evaluierungsbericht, so dass normalerweise mit zwei Tagen zu rechnen ist.

Beim Abschlussgespräch nach dem Audit werden das vorläufige Ergebnis mitgeteilt und die Abweichungen vorgetragen. Meist wird die schriftliche Zusammenfassung der Nichtkonformitäten aus dem EDV-Programm gleich als Maßnahmenplan übergeben. Erst nach dem Audit und nachdem die Korrekturmaßnahmen durch den Auditor in einem Zeitraum von maximal 14 Tagen akzeptiert worden sind, wird der Auditbericht durch die Zertifizierungsstelle erstellt. Die Sprache des Auditberichts ist im Allgemeinen die des Produktionslandes, außer der Hersteller wünscht explizit eine andere Sprache. Die Prüfung der Wirksamkeit der Korrekturmaßnahmen kann das Ergebnis des Bewertungsberichtes nicht beeinflussen. Anhand der erreichten Punktzahl am Audittag kann ein

Tab. 12-1: Zehn K.-o.-Anforderungen, die immer zum Nichtbestehen eines Audits führen

Anforderungsnummer	Anforderung
1.2.4	Verantwortung der Unternehmensleitung (bisher Version IFS4 2.2.2)
2.1.3.8	Monitoring CCP (bisher Version IFS4 1.2.3.7.5)
3.2.1.2	Personalhygiene (Neu in Version IFS5)
4.2.2	Spezifikationen für Rohstoffe, Zusatzstoffe (Neu in Version IFS5)
4.2.3	Spezifikationen für Fertigwaren (Neu in Version IFS5)
4.9.1	Fremdkörperdetektion (Neu in Version IFS5)
4.16.1	Rückverfolgbarkeit inklusive GVO und Allergene (bisher Version IFS4 4.18.1)
5.1.1	Interne Audits (Neu in Version IFS5)
5.9.2	Ereignis-/Krisenmanagment, Produktrücknahme/-rückruf (Neu in Version IFS5)
5.11.2	Korrekturmaßnahmen (bisher Version IFS4 5.11.1)

Zertifikat auf Basisniveau (mehr als 75 % der zu erreichenden Punkte) oder auf Höherem Niveau (mindestens 95 % der zu erreichenden Punkte oder mehr) erteilt werden. Es wird jeweils jährlich auditiert, bzw. bei Saisonprodukten entsprechend zur Produktionszeit.

12.1.4.2 British Retail Consortium – Global Standard Food (BRC)

Ähnlich wie der IFS gilt der schon viel früher entwickelte vergleichbare Standard BRC für alle Lebensmittelunternehmen, die Eigenmarkenprodukte des britischen Handels herstellen [12-10]. Meist sind jedoch Unternehmen aus der Lebensmittelindustrie, die nach Großbritannien liefern, angesprochen. Derzeit (2009) gilt der BRC5 in der Ausgabe vom 1. Januar 2008.

Die Entstehung des Standards hat im Jahr 1996 begonnen, als der Verband britischer Handelsorganisationen „British Retail Consortium" einen Standard entwickelte, der den Einzelhändler bei der Erfüllung seiner gesetzlichen Forderungen an die Lebensmittelsicherheit unterstützt. Das Ziel des „BRC Global Standard – Food" sollte eine Verminderung der Mehrfachauditierung beim Lieferanten (Handelsmarkenhersteller) durch die Handelskette selbst oder durch Dritte sein. Dabei zeigte sich, dass dieser Standard mit einer einheitlichen Auditcheckliste nicht nur Vorteile für den Hersteller hatte, sondern auch auf internationales Interesse stieß.

Die erste Ausgabe des „BRC Global Standard – Food" unter dem Titel „BRC Technical Standard and Protocol for Companies Supplying Retailer Branded Food Products" erschien im Oktober 1998. Seit Januar 2008 gibt es die fünfte Version unter dem Titel „BRC Global Standard – Food" und seit Juli 2008 wird dieser Lebensmittelstandard für das Zertifizierungsaudit verwendet und soll auch hier besprochen werden.

Nach dem Erfolg des BRC Global Standard – Food (kurz: BRC-Standard) wurde die Zusammenarbeit mit den englischen Handelsketten fortgeführt und zwei weitere Standards entwickelt. Es gibt zurzeit einen BRC-Standard für Verpackungsmaterialien (BRC/IOP Packaging Standard), einen für nicht genetisch-modifizierte Lebensmittelzusatzstoffe (BRC/FDF IP Standard) und einen für Konsumgüter.

Außerhalb Englands spricht der BRC-Standard Unternehmen an, die Einzelhandelsmarkenprodukte herstellen oder nach England liefern und die dortigen Forderungen des Handels an Produktsicherheit, -qualität und -legalität erfüllen müssen. Die Einführung des BRC-Standards vermittelt dem LEH höhere Produktsicherheit und geringere Produkthaftungsrisiken. Der Standard schließt den Großhandel sowie Import- oder reine Vertriebs- und Lagerungsunternehmen aus.

Der BRC Standard fordert genauso wie der IFS-Standard die Umsetzung des HACCP-Systems, des dokumentierten und effizienten Managementsystems für Lebensmittelsicherheit, und in Ansätzen für Qualität, sowie der Kontrolle der Standards, der Produkte, der Prozesse und des Personals im Umfeld der Betriebsstätte.

Die Wahl der Organisation zur Durchführung von Audits nach BRC-Standard und die Vertragsvereinbarung dazu trifft der Hersteller. Er muss für die Zertifizierung nach BRC eine Auditierungsorganisation beauftragen, die entsprechende Auditoren beschäftigt.

Für die Erreichung des Zertifikats müssen mindestens alle Anforderungen in der Betriebsinspektion und der Dokumentenprüfung erfüllt werden, der Auditor bewertet die Ergebnisse der Anforderungen. Nichtkonformitäten gegenüber grundlegenden Anforderungen können von „critical against fundamental requirements" bis „major against fundamental requirements", kritisch „critical", geringfügig „minor" oder bedeutend „major" reichen.

Der Bewertungsumfang und die typische Dauer betragen 1,5 Tage mit einem weiteren halben Tag für den Evaluierungsbericht, so dass normalerweise mit zwei Tagen zu rechnen ist.

Beim Abschlussgespräch nach dem Audit werden die Abweichungen und Empfehlungen vorgetragen und eine schriftliche Zusammenfassung der Nichtkonformitäten wird übergeben. Es erfolgt jedoch keine Stellungnahme zum voraussichtlichen Ergebnis. Erst nach dem Audit und nachdem gegebenenfalls Korrekturmaßnahmen durch den Hersteller in einem Zeitraum von maximal 28 Tagen erfolgt sind, wird der Auditbericht durch die Zertifizierungsstelle erstellt. Die Sprache des Auditberichts ist im Allgemeinen Englisch, außer der Hersteller wünscht explizit eine andere Sprache. Die Prüfung der Wirksamkeit der Korrekturmaßnahmen kann das Ergebnis des Bewertungsberichtes beeinflussen.

Beurteilungen der Nichtkonformitäten im BRC-Standard

- grundlegend kritisch oder grundlegend bedeutend
- kritisch
- bedeutend
- geringfügig

Bei der Ergebnisermittlung nach der BRC-Standard-Auditcheckliste gibt es die vier abgestuften Beurteilungen grundlegend (kritisch oder bedeutend), kritisch, bedeutend und geringfügig.

Die Beurteilung „grundlegend" oder „kritisch" in einem Prüfpunkt bedeutet bei einer Erstzertifizierung keine Erteilung der Zertifizierung. Bei einer bestehenden Zertifizierung wird diese ausgesetzt oder aufgehoben. Es muss eine komplette Neuevaluierung durchgeführt werden. Wird eine kritische grundlegende oder eine kritische Nichtkonformität festgestellt, setzt das Unternehmen mit bestehendem Zertifikat die Produktion aus, informiert seine Kunden und ergreift umgehend Korrekturmaßnahmen. Zehn Fundamentals oder grundlegende Forderungen sind in der Frageliste aufgeführt (siehe gleichnamigen Kasten).

Wird ein Prüfpunkt mit „bedeutend" beurteilt, so ist immer eine Berichtigung innerhalb von 28 Tagen für die Erteilung des Zertifikats notwendig. Die Zertifizierungsstelle stattet dem Unternehmen gegebenenfalls einen weiteren Besuch zur Prüfung der Korrekturmaßnahmen ab.

Fundamentals oder grundlegende Forderungen des BRC-Standards

1.0	Verpflichtung der Unternehmensleitung und ständige Verbesserung
2.0	HACCP-System
3.5	Internes Audit
3.8	Korrektur- und Vorbeugemaßnahmen
3.9	Rückverfolgbarkeit
4.3.1	Layout, Produktfluss und Trennung
4.9	Ordnung, Sauberkeit und Hygiene
5.2	Handhabung der Anforderungen für spezifische Materialien - Allergene oder Materialien, deren Identität gewahrt bleiben muss
6.1	Lenkung von Vorgängen
7.1	Schulung – Bereiche der Rohstoffbehandlung, Zubereitung, Verarbeitung, Verpackung und Lagerung

Eine nicht umfassende Erfüllung der Forderung wird mit „geringfügig" bewertet. Es kann erst ein Zertifikat erteilt werden, wenn die Nichtkonformität bearbeitet und Korrekturmaßnahmen durchgeführt worden sind. Zur Verifizierung können Belege oder Fotos ausreichend sein, die entweder gleich oder beim nächsten Audit durch die Zertifizierungsgesellschaft verifiziert werden.

Das Unternehmen kann innerhalb von 28 Tagen nach dem Audit seine Korrekturmaßnahmen der Zertifizierungsstelle mitteilen. Eine Wirksamkeitsüberprüfung kann, wie oben geschildert, durch die Zertifizierungsstelle erforderlich sein. Erst wenn alle Maßnahmen erfolgt sind, wird das Zertifikat erteilt. Im Ergebnisbericht wird die Klassifizierung angegeben. Zudem enthält er, wenn Abweichungen während des Audits festgestellt wurden, den Korrekturmaßnahmenkatalog.

Die Zertifizierungsorganisation vergibt Zertifikate für die Erfüllung der Anforderungen in den vier verschiedenen Kategorien A, B, C oder D. Das Bewertungssystem beruht auf der Anzahl und der Schwere der Abweichungen. Spezifische Anforderungen sind „fundamental" (grundlegend) und werden mit einem speziellen Status versehen. Die Nichterfüllung der zehn grundlegenden Anforderungen (siehe Kasten) führt zu einer Verzögerung der Zertifizierung (weil nochmals auditiert werden muss) oder zu einer Rücknahme des Zertifikats.

Die Bewertungshäufigkeit (erste Bewertung, fortgesetzte Bewertung oder Überwachungsbesuche) wird nach der Klassifizierung (A, B, C oder D) festgelegt. Eine A- oder B-Klassifizierung mit nur geringfügigen bzw. maximal zwei bedeutenden Nichtkonformitäten hat eine jährliche Audithäufigkeit zur Folge. Die Klassifizierung C mit mehr als einer kritischen oder mehr als zwei bedeutenden Nichtkonformitäten führt zu einer halbjährlichen Auditierung, während die D-Klassifizierung mit einer grundlegenden Nichtkonformität kein Zertifikat bedeutet.

Nach dem Audit wird in jedem Fall, auch bei Nichterteilung des Zertifikats, der Auditbericht als Eigentum an den Hersteller weitergeleitet. Der Bericht erfolgt in englischer Sprache und enthält die Bewertungen, die Fehler und den Plan der Korrekturmaßnahmen. Jede Handelskette entscheidet selbst, ob sie den Auditbericht der unabhängigen Zertifizierungsstelle anerkennt.

12.1.5 Standards in der Futtermittelindustrie

Meist muss der Lebensmittelhersteller, will er seine Neben- oder Beiprodukte an den zertifizierten Futtermittelhersteller oder an den zertifizierten Landwirt abgeben, eine entsprechende Zertifizierung nach IFIS (Europäisch), QS (Deutschland) oder nach GMP-PDV (Niederlande) vorweisen. Es gibt gegenseitige Anerkennungen, die jedoch noch nicht umfassend umgesetzt wurden. Der relativ neue Standard IFIS soll zwar QS bzw. GMP ersetzen, jedoch muss der Abnehmer der Futtermittel diesen auch akzeptieren.

12.1.5.1 Qualität und Sicherheit (QS) – Standard für Futtermittel

Im Oktober 2001 entwickelten Verbände und Unternehmen der Landwirtschaft, der Fleischwarenindustrie und des Handels ein vertikales Konzept zur Qualitäts- und Herkunftssicherung von Fleisch- und Wurstwaren. Unter „QS-Qualität und Sicherheit für Lebensmittel vom Erzeuger bis zum Verbraucher" wird das Konzept umgesetzt [12-8]. Die Kennzeichnung mit dem QS-Zeichen soll das CMA-Zeichen ablösen. Ziel ist die Dokumentation und Prüfung in der gesamten Erzeugerkette vom Viehfutter bis zum Supermarkt. Für jede Marktstufe wurde ein Kriterienkatalog entwickelt. Er enthält Forderungen zu deren Einhaltung und Umsetzung sich die Systemteilnehmer verpflichten und die sie gegenüber einer Zertifizierungsgesellschaft nachweisen müssen. Die Kontrollen werden von unabhängigen Zertifizierungsgesellschaften auf den jeweiligen Stufen (Futtermittel, Landwirtschaft, Schlachtung und Zerlegung, Fleischwarenindustrie, Kühltransport und Lebensmitteleinzelhandel) durchgeführt. Nach erfolgreicher Auditierung der gesamten Fleischproduktionskette und dem Abschluss der Systemverträge mit der QS GmbH kann das QS-Prüfsiegel verwendet werden.

Die QS-Systematik, die als stufenübergreifendes Qualitätssicherungssystem für Fleisch- und Fleischwaren ausgerichtet war, wurde mittlerweile um den Geflügelsektor und, zusammen mit EurepGap, auch für den Bereich Obst und Gemüse erweitert. Hierbei wird die ganze Kette vom Feld bis zur Ladentheke erfasst. Bei erfolgreicher Auditierung soll auch das QS-Prüfzeichen erteilt werden.

EurepGap ist ein Referenzsystem und steht für die weltweite Partnerschaft einer sicheren und nachhaltigen Landwirtschaft. Die Richtlinien für die so genannte Gute Agrarpraxis (GAP) bei der Produktion im Garten- und Gemüsebau (Früchte, Gemüse, Salate, Kartoffeln und Pflanzgut) sind Minimalforderungen, die für die führenden Einzelhandelsketten Europas akzeptabel sind. Alle Produzenten müssen darlegen können, dass sie die sie betreffenden Vorschriften des nationalen und internationalen Rechts einhalten.

Wie oben schon erwähnt, sind Mischfutterhersteller und Landwirte im QS-System verpflichtet, Einzelfuttermittel (Futtermittelausgangserzeugnisse) nur von QS-Herstellern zu beziehen. Neben der Registrierung sind für die Anerkennung u. a. auch Untersuchungen der Einzelfuttermittel verpflichtend. Die Erstanmeldung erfolgt mit einem schriftlichen Antrag. Liegt eine Zertifizierung nach ISO 9001 und GMP (Good Manufacturing Practice-Standard) vor, so kann eine Anerkennung der Zertifizierung erfolgen.

Raps wird in der Positivliste unter Gruppe 2, Ölsaaten und Ölfrüchte, sowie sonstige Öl liefernde Pflanzen, deren Erzeugnisse und Nebenerzeugnisse, geführt. Dementsprechend sind aufgeführt: Rapssaat (2.11.01), Rapsschalen (2.11.02), Rapskuchen (2.11.03), Rapsextraktionsschrot (2.11.04) und Rapsextraktionsschrot, teilextrahiert (2.11.05). Rapskuchen und die beiden Rapsextraktionsschrote können formaldehyd- bzw. xylose- oder hydrothermisch behandelt sein oder als glucosinolatarm (Rapssaat, Rapskuchen) bezeichnet werden, wenn es den Anforderungen des Art. 4 Abs. 2 der Verordnung (EG) Nr. 658/96, entspricht.

Der QS-Kontrollplan umfasst für Einzelfuttermittel eine Empfehlung im QS-Leitfaden Futtermittelwirtschaft (Artikel 7) und führt im Rahmen der Eigenkontrolle einen Kontrollplan für Ölmühlen in Abhängigkeit von der Jahresproduktionsmenge in Tonnen auf. Es werden die Anzahl Proben und die Untersuchungen entsprechend der vorgegebenen Analysenmethode vorgegeben.

Der Prüfumfang für QS-Einzelfuttermittel aus Ölsaaten umfasst Untersuchungen auf:

- Mykotoxine (Aflatoxin B1, Vomitoxin DON, Zearalenon),
- Umwelttoxine (Dioxin, PCB),
- pathogene Mikroorganismen (Salmonellen),
- Schwermetalle (Arsen, Cadmium, Quecksilber, Blei),
- tierische Bestandteile gemäß Verfütterungsverbotsverordnung,
- Pflanzenbehandlungsmittel laut FMVO und den QS-Vorgaben (Pflanzenschutzmittel, Schädlingsbekämpfungsmittel, Wachstumsregulatoren, Lager- und Vorratsschutzmittel),
- polyzyklische aromatische Kohlenwasserstoffe (PAK's) und
- Extraktionsmittel.

Weiterhin enthält der Leitfaden Vorgaben für die Trocknung mit direkter Befeuerung. Dort muss das Einzelfuttermittel auf Dioxin untersucht werden und die Anzahl der Untersuchungen ist in den jeweiligen Prüfplänen festzuschreiben.

12.1.5.2 GMP-Standard für Futtermittel

Der Good Manufacturing Practice Standard (GMP-Standard) für Tierfutter ist bereits Anfang der neunziger Jahre durch den niederländischen Marktverband Tierfutter (PDV) entwickelt worden und für Unternehmen der niederländischen Futtermittelindustrie verbindlich. Er stellt eine Kombination der Anforderungen an ein QM-System entsprechend der ISO 9001 mit Hygienemaßnahmen für Produktion, Handel und Transport von Futtermitteln dar. Ende der neunziger Jahre wurde der GMP-Standard zur Sicherung der Qualität auf der Basis eines präventiven Ansatzes mit HACCP für die Risikokontrolle ergänzt und erhielt den Namen „GMP+". Gleichzeitig wurde ein Frühwarnsystem (Early Warning System = EWS) installiert, über das mögliche Gefahren kommuniziert und eliminiert werden sollen, die trotz aller Präventivmaßnahmen auftreten können.

Jedes Unternehmen muss nachweisen können, dass die Sicherheit seiner Produkte durch ein (zertifiziertes) Qualitätssystem gewährleistet wird und Mängel bezüglich der Produktsicherheit melden (Frühwarnung), so dass Probleme in einem frühen Stadium bemerkt und beseitigt werden können. GMP+ ist kein bloßes QM-System; es umfasst auch Prozessmanagement und Produktkontrolle. Außerdem entspricht der Ansatz der Risikoanalyse im GMP+ den in der Verordnung (EU) Nr. 178/2002 niedergelegten Prinzipien.

Die an den besagten Qualitätskontrollprogrammen teilnehmenden Tierhalterbetriebe dürfen ausschließlich bei GMP-zertifizierten Lieferanten Futter kaufen. Fast alle niederländischen Lieferanten von Misch- und Einfachfuttermitteln für Tierhalter sind bereits GMP-zertifiziert, und auch in Deutschland und Belgien arbeiten immer mehr Futterlieferanten gemäß dem GMP-Standard. Ein ausländischer Lieferant von Futteringredienzien muss sich vertraglich verpflichten, dem GMP-zertifizierten Käufer ein Zertifikat, das er ein ähnliches Qualitätssystem wie ISO 9001 oder HACCP eingeführt hat, vorzulegen. In Deutschland handelte es sich dabei früher um das Zertifikat QC, dann um GMP, Element 13, und nun um den GMP-B2-Standard, wobei, wie unter IFIS erläutert, auch nach IFIS zertifiziert werden kann.

Der B2-Standard bzw. IFIS ist für diejenigen Unternehmen relevant, die Futtermittel oder Futtermittelrohstoffe, also Einzelfuttermittel aus der Lebensmittelindustrie als Nebenprodukt, in die Niederlande exportieren. Er basiert auf den Grundsätzen des HACCP-Systems und legt darüber hinaus allgemeine Hygienemaßnahmen fest. Seine Umsetzung und Wirksamkeit ist durch eine Zertifizierung nachzuweisen. Seit Juli 2002 werden nur noch diejenigen Unternehmen als Lieferanten anerkannt, die beim niederländischen Marktverband Tierfutter „Productschap Diervoeder" in ein öffentliches Register eingetragen sind und ein Zertifikat nach dem GMP-PDV-Standard vorweisen können. Der GMP-PDV-Standard ist heute im Element B2 des GMP-Standards aufgegangen und sollte bis 2009 als IFIS-Standard zertifiziert werden.

12.1.5.3 IFIS für Futtermittel

Nach der formellen Gründung der International Feed Safety Alliance (IFSA) wurde im September 2005 der Standard für Einzelfuttermittel erstellt (IFIS) [12-11]. IFSA ist ein Gemeinschaftsprojekt der Standardinhaber aus Deutschland (QS), den Niederlanden (PDV), Belgien (Ovocom), Großbritannien (AIC) und dem europäischen Dachverband der Futtermittelhersteller (FEFAC). Ziel war die Harmonisierung der Qualitätssicherung bei Einzelfuttermitteln und die Förderung von Verbraucherschutz und Tiergesundheit. Durch diesen Standard, der weltweit angewendet werden kann, sollten Mehrfachauditierungen nach verschiedenen nationalen Standards überflüssig werden, so dass eine Vielzahl von Unternehmen erhebliche Kosten einsparen könnten. IFIS sollte zudem die internationale Warenverfügbarkeit erleichtern.

Die Sicherheit von Einzelfuttermitteln, die entweder direkt an Tiere verfüttert werden oder über die Mischfutterindustrie in die Futter- und Lebensmittelkette gelangen, soll hierdurch erhöht werden. Der IFSA-Standard zielt ausschließlich auf die Hersteller von industriell produzierten Futtermittelausgangserzeugnissen, wie z. B. die Nebenprodukte der Ölsaaten verarbeitenden Industrie. Einzelfuttermittel (feed ingredients) sind Rapsschrot oder andere pflanzliche Nebenprodukte der Ölproduktion.

Die ersten Unternehmen konnten sich ab Januar 2006 nach IFIS (IFSA Feed Ingredient Standard) auditieren lassen. Neben den besonderen Anforderungen an die Auditoren bestehen einige wesentlichen Unterschiede zu den obigen Systemen wie QS oder PDV: Es gibt einen Auditorenwechsel nach drei Jahren, es erfolgen laut Prüfsystematik jährliche Audits und ein unangemeldetes Überwachungsaudit innerhalb von drei Jahren und es gibt genaue Vorgaben für die Auditdauer und die Ausnahmemöglichkeiten, z. B. für kleine Hersteller.

Zur Einführung des IFIS wurden vier verschiedene Kategorien für Hersteller von Einzelfuttermitteln inner- und außerhalb der Länder Belgien, Deutschland, Niederlande und Großbritannien sowie Inhaber oder Nichtinhaber einer der vier Standards QS/PDV/Ovocom/AIC gebildet. Der Übergang zu IFIS ist in Abhängigkeit von den Unternehmenskategorien unterschiedlich gestaltet.

Wesentliche Besonderheiten von IFIS sind seine länderspezifischen Forderungen, (Country Notes), da er durch das Zusammenfügen der bestehenden Standards (GMP+, UFAS/FEMAS/QS und GMP-Ovocom) zustande gekommen ist. Dabei ist es nicht gelungen, alle Anforderungen, die in den einzelnen Systemen an Einzelfuttermittelhersteller gestellt werden, in den IFIS zu integrieren. Deshalb wurden die Country Notes erstellt, die ergänzende Anforderungen enthalten. IFIS-Unternehmen müssen also auch die jeweiligen Zusatzanforderungen erfüllen, wenn sie ihre Einzelfuttermittel an Teilnehmer an eines der genannten Systeme liefern. Dessen ungeachtet muss das Unternehmen immer den gesetzlichen Bestimmungen im eigenen Land und dem Land genügen, in dem es das Erzeugnis in Verkehr bringt. Im GMP-PDV-System sind derzeit keine „Country Notes" festgelegt.

Zusätzlich zum IFIS wird eine Reihe so genannter Sector Guidance Notes erstellt. Diese enthalten Anforderungen in Bezug auf die Verwendung des IFIS in einer spezifischen Branche, z. B. der Ölmühle, in der Futtermittel-Ausgangserzeugnisse hergestellt werden.

12.2 Konformitätsbescheinigungen zu gesetzlichen Forderungen im Rahmen eines Audits

12.2.1 HACCP

HACCP steht für Hazard Analysis of Critical Control Points, zu Deutsch Gefahrenanalyse kritischer Kontrollpunkte, und ist ein vorbeugendes System bei der Herstellung von Lebensmitteln und Futtermitteln in Bezug auf die Gewährung der Sicherheit für den Endverbraucher. Betrachtet werden dabei Gefahren durch schädigende Mikroorganismen oder ihre Gifte, z. B. Salmonellen oder Aflatoxine, Kontaminationen von z. B. Glas oder Metall oder chemische Gefahren durch z. B. Lösemittel oder Schmiermittel. Das Konzept wurde im Jahr 1959 entwickelt, als ein amerikanischer Lebensmittelhersteller eine weltraumgeeignete Astronautennahrung herstellen sollte, die sicher sein musste. 1971 wurde in den USA dann das HACCP-Konzept veröffentlicht. Der von den Vereinten Nationen herausgegebene Codex Alimentarius empfiehlt seit 1993 ebenfalls die Anwendung des HACCP-Konzeptes, was seit 2006 über Artikel 5, Basishygieneverordnung (EG) Nr. 852/2004, für Lebensmittelhersteller in Europa gesetzlich vorgeschrieben ist.

Das HACCP-Konzept fordert:

a) Ermittlung von Gefahren, die vermieden, ausgeschaltet oder auf ein akzeptables Maß reduziert werden müssen, d. h. alle im Verantwortungsbereich eines Unternehmens vorhandenen Gefahren für die Sicherheit der Lebensmittel, z. B. Mikroorganismen, Kontaminationen mit Chemikalien oder Metall und Glas, sind zu analysieren,
b) Bestimmung der kritischen Kontrollpunkte, für die eine Kontrolle notwendig ist, d. h. die für die Überwachung der Lebensmittel kritischen Punkte, z. B. Thermometer, Siebe, zu ermitteln,
c) Festlegung von Grenzwerten für diese kritischen Kontrollpunkte, d. h. Eingreifgrenzen für die kritischen Lenkungspunkte festlegen,
d) Festlegung und Durchführung effizienter Verfahren zur Überwachung der kritischen Kontrollpunkte, z. B. regelmäßige Kontrolle und Kalibration von Thermometern
e) Festlegung von Korrekturmaßnahmen für den Fall, dass die Überwachung zeigt, dass ein kritischer Kontrollpunkt nicht unter Kontrolle ist, d. h., dass bei Abweichungen, wenn z. B. die Temperatur zu niedrig ist, nacherhitzt wird,
f) Festlegung von regelmäßig durchgeführten Verifizierungsverfahren, d. h überprüfen, ob das System zur Sicherstellung der Lebensmittelsicherheit geeignet ist, durch Analysen, Audits oder über Beanstandungen und
g) Erstellung von Dokumenten und Aufzeichnungen, d. h. alle Maßnahmen dokumentieren.

Nicht zu vergessen sind bei der Umsetzung des HACCP-Konzeptes, dass die Vorbeugemaßnahmen als Grundlage dienen, die aber nicht das HACCP-Konzept umfassen. Es gibt Vorbeugemaßnahmen, die Teil der „Guten Hygienepraxis" in der Branche sind, also „Gutes Handwerk", Erfahrung oder Wissen, und nicht unbedingt mit Zahlen überprüft werden können. Und es gibt Betriebs-Vorbeugemaßnahmen, welche die Reinigung, Desinfektion, Personalhygiene und Schädlingsbekämpfung umfassen, die mit Verantwortlichkeiten, Terminen, Zahlen und Überprüfungen belegt werden können, die auch operationale Präventivprogramme (oPRP) genannt werden.

Beim Export von Lebensmitteln werden deutsche Hersteller mit Forderungen ihrer Kunden konfrontiert, einen anerkannten Nachweis für die Funktionsfähigkeit ihres HACCP-Konzepts zu erbringen; zum Teil wird ausdrücklich eine HACCP-Zertifizierung gefordert. Aus diesem Grund wird für exportierende Unternehmen eine Konformitätsbescheinigung des HACCP-Konzeptes bzw. ein Zertifikat von diversen Zertifizierungsgesellschaften angeboten. Dabei handelt es sich um ein Audit, in dem die Grundsätze des Codex Alimentarius und die Forderungen des Artikels 5 der Europäischen Hygieneverordnung Nr. 852/2004 oder die LMHV gefordert werden.

12.2.2 Verordnungen zur Zulassung, Kennzeichnung und Rückverfolgbarkeit von GV-Lebens- und -Futtermitteln

Drei Rechtsvorschriften bestimmen den EU-Rahmen für genetisch veränderte Organismen (GVO): die Richtlinie für die absichtliche Freisetzung von GVO in die Umwelt (RL 2001/18/EG), die an die Stelle der RL 90/220/EWG tritt, die neue Verordnung über GV-Lebens- und -Futtermittel (VO (EG) Nr. 1829/2003) und die neue Verordnung über die Rückverfolgbarkeit und Kennzeichnung von GVO und die Rückverfolgbarkeit von Lebensmitteln und Futtermitteln aus GVO (VO (EG) Nr. 1830/2003).

Der Anwendungsbereich der Verordnung über genetisch veränderte Lebens- und Futtermittel umfasst Lebensmittel und Futtermittel, die gentechnisch veränderte Organismen (GVO) enthalten oder daraus bestehen, sowie Lebens- und Futtermittel, die „aus" einem GVO, nicht dagegen solche, die lediglich „mit" einem GVO hergestellt sind. Da zurzeit für die Lebensmittelölherstellung in Deutschland GVO-Raps nicht in Frage kommt, wird hier nicht weiter auf diese Zertifizierung eingegangen.

Die Rückverfolgbarkeit hat Art. 18 der Basis VO 178/2002 als Grundlage. Der Einstieg in die Prozesskennzeichnung führt dazu, dass die Einhaltung der rechtlichen Vorgaben nicht mehr allein durch Nachweis am Produkt überprüft werden kann. Klare vertragliche Vereinbarungen bleiben in jedem Falle unverzichtbar und es sollte regelmäßig beim Lieferanten nachgefragt werden.

Mit dem BRC/FDF-IP-Standard wird zurzeit ein bekannter technischer Standard zur Konformitätsbescheinigung der gesetzlichen und darüber hinausgehender freiwilliger Forderungen zur Anwendung von Nicht-GV-Lebensmitteln in Zutaten und im Produkt eingesetzt. Der BRC (British Retail Consortium) und die FDF (Food and Drink Federation) haben diesen Standard zur Identifizierung von Zutaten, z. B. Nicht-GV-Soja und -Mais, basierend auf Risiko Assessment und Risk Management entwickelt. Das Rückverfolgbarkeitssystem soll Pflanzen und ihre Herstellprodukte über die gesamte Verarbeitungs- und Herstellungskette identifizieren und dokumentieren. Diese Rückverfolgbarkeit ist z. B. in der Futtermittelindustrie wichtig, wenn gv-freies Futter eingesetzt werden soll. Gesetzlich muss zwar ein tierisches Produkt wie Milch, Fleisch, Eier von Tieren, die mit GV-Futter gefüttert wurden, nicht gekennzeichnet werden. Aber wird nachweislich ohne GV-Futter gefüttert, dann darf eine Auslobung „ohne Gentechnik" erfolgen. Einen analytischen Nachweis über das Lebensmittel hinsichtlich der Frage, ob die Tiere GV-Futter erhalten haben, gibt es nicht. Daher muss die Produktion bis zum Landwirt zurückverfolgt werden. Das Futter wird gekennzeichnet bzw. es können auch analytisch gv-Zutaten, wie z. B. GV-Soja identifiziert werden. Lebensmittelrechtlich müssen in Europa alle GV-Lebensmittel und -Futtermittel gekennzeichnet werden. So ist z. B. eine Kennzeichnung der Zutat von GV-Lecithin für Futtermittel oder Lebensmittel rechtlich notwendig, jedoch kann die Kontrolle nur über die Rückverfolgbarkeit durch Konformitätsbescheinigungen und Analysenzertifikate in der Herstellkette vom Acker bis zur Zutat erfolgen.

12.3 Sicherheit und Qualität: Was ist darunter zu verstehen?

12.3.1 Forderungen an den Hersteller von Pflanzenölen

Das Thema Lebensmittel- und Futtermittelsicherheit ist ein besonderes Thema. Durch lebensmittelbedingte Gesundheitsrisiken ist es nicht erst seit den letzten Lebensmittelskandalen zu einem Thema in der öffentlichen Diskussion geworden. Auch vorher wurde über Nematoden in Fischen, die Dioxinkrise, Pestizidkontaminationen von Lebensmitteln oder über Infektionsgefahren durch bakteriell verunreinigte Produkte berichtet. Die „BSE-Krise" und jüngst der „Gammelfleisch-Skandal" zeigten aber besonders eindrucksvoll, welche Unterschiede zwischen einer wissenschaftlichen Bewertung von lebensmittelabhängigen Gesundheitsrisiken, der Risikowahrnehmung der Verbraucher und der Einschätzung durch Politik oder Lebensmittelhersteller bestehen können. Schon die Nachrichten darüber haben einen Schock bei den Verbrauchern ausgelöst. Hinzu gekommen sind die ständigen Meldungen in den Medien über Missstände in der Lebensmittelproduktion, die einen weiteren Grund für eine Verbraucherskepsis gegenüber der Lebensmittelwirtschaft beitrugen. Für den Verbraucher wird es anscheinend immer schwerer zu entscheiden, welche Lebensmittel er unbeschwert kaufen und essen kann und welche nicht. Um dem Wunsch der Verbraucher nach mehr Sicherheit und Qualität zu entsprechen, wurden von den Herstellern Qualitätssicherungsprogramme und von der EU-Kommission umfangreiche Programme und Aktionen begonnen, welche die Sicherheit und Qualität der Lebensmittel garantieren sollen.

Rapsöl findet in der Lebensmittelindustrie weite Verbreitung, wird aber auch in der pharmazeutischen oder kosmetischen Industrie sowie als Fettkomponente in der Futtermittelindustrie oder in der chemischen Industrie eingesetzt. Die Rapssaat kann entweder geschält und dann mechanisch kaltgepresst werden oder aber sie wird im Ganzen mechanisch kaltgepresst (siehe Kapitel 7.3.9). Neben dem Rapskernöl oder Rapsöl entsteht als Nebenprodukt Rapspresskuchen mit einem Ölgehalt von etwa zehn bis zwanzig Prozent. Wird dieser einer zweiten Pressung unterzogen, entstehen auch noch hochwertige Öle, die sich als Zutat für Futtermittel oder aber als Schmierstoff eignen.

Wird der Presskuchen extrahiert, so entsteht ein Rapsextraktionsschrot, der einen entsprechend geringeren Ölgehalt aufweist. Die anfallenden Rapspresskuchen eignen sich in Form von Pellets nicht nur als Futtermittel in der Tierhaltung, sondern auch als Rohstoff für Biogasanlagen, als Düngemittel oder in geeigneten Öfen als hochwertiger Brennstoff mit einem höheren Heizwert als Holzpellets. Nicht unerwähnt bleiben sollte die Verwendung von Rapsöl als Kraftstoff, Schmieröl und als Rohprodukt für die Biodieselherstellung, wobei dafür andere gesetzliche, aber dieselben Forderungen an das Managementsystem für Qualität gelten.

Für Lebensmittel- und Futtermittelhersteller gelten gesetzliche Anforderungen an die Durchführung der Risikoanalyse und der HACCP-Studie, an die Anwendung des Vorsorgeprinzips, die Sicherung von Transparenz, Zuständigkeiten, Rückverfolgbarkeit und Verantwortung für Lebensmittel und Futtermittel. Diese Betrachtungsweise ist nichts anderes als die der empfohlenen prozessorientierten Organisation von Managementsystemen. Der Einsatz von Rapsöl in der pharmazeutischen Industrie und bei der Herstellung von Kosmetika unterliegt anderen Vorgaben (Good Manufacturing Practice) und soll hier nicht weiter betrachtet werden. Es soll die Frage, wie sich die Hersteller von Pflanzenölen mit den lebensmittel- und futtermittelrechtlichen Anforderungen befassen, mit der Beschreibung der freiwilligen Ausrichtung der Betriebsabläufe nach den Normen für Qualität und Lebensmittelsicherheit beantwortet werden. Diese Normen lassen sich aber auch als Grundlage für die Herstellung von Rapsölen für die pharmazeutische oder Kosmetikindustrie benutzen.

Der Inverkehrbringer von Lebensmitteln oder Futtermitteln ist für die gesundheitliche Unbedenklichkeit uneingeschränkt verantwortlich. Zur Grundlage für die Erzeugung hochwertiger Lebensmittel gehört auch ein verantwortungsbewusster Einsatz von Futtermitteln. Das sind alles Forderungen, die u. a. auch in den freiwillig einzurichtenden entsprechenden Normen eine Rolle spielen und dort abgedeckt werden. International gibt es eine Vielzahl von Zertifizierungsnormen und -zeichen. Deutschland ist ein import- und exportabhängiger Markt und wird deshalb mit sehr vielen Managementsystemen für Qualität und Hygiene, die im Ausland vergeben oder gefordert sind, konfrontiert. Eine Harmonisierung ist vermutlich noch lange nicht in Sicht. Dabei interessieren nur Grundsätze, die gelten, ganz gleich, ob ein Lebensmittel bei uns oder im Ausland produziert wird. Noch bestehende Unterschiede sind überwindbar und erklären sich aus der Tatsache, dass die meisten Managementsysteme für Qualität und Hygiene in einem staatlich ungeregelten Bereich entstanden sind. Es können durchaus unterschiedliche nationale Normen existieren, und die Marktbeteiligten werden durchaus von verschiedenen Institutionen kontrolliert.

Dennoch hat eine Zertifizierung nach einem dieser Qualitäts- und Hygienenormen, neben den derzeit schon bestehenden Vorteilen, noch einen weiteren Nutzen: Die Umsetzung der Forderungen mancher Normen half schon vor Inkrafttreten der gemeinschaftsrechtlichen Forderungen ungemein bei der Vorbereitung auf die neuen EU-Verordnungen bzw. das neue deutsche Lebensmittel- und Futtermittelgesetzbuch (LFGB). So wurde von der „Mutter aller Qualitätsmanagementsysteme", der ISO 9001 „Managementsystem für Qualität" schon immer die Gewährleistung der Rückverfolgbarkeit verlangt. Jedes Unternehmen muss dabei lückenlos Lieferanten und Abnehmer benennen können, und zwar so detailliert wie möglich, weil bei begründetem Verdacht die Unbedenklichkeit jeder Teillieferung nachgewiesen werden muss. Kennzeichnend für die zurzeit von Kunden geforderten Qualitäts- und Hygienenormen ist immer ein Qualitätsmanagementsystem in Anlehnung an die ISO 9001 und ein Eigenkontrollsystem (HACCP) in Anlehnung an den Codex Alimentarius, die Aufzeichnung von Daten und die Einhaltung festgelegter Produktions- und Hygienekriterien. Wie bei allen anderen zertifizierten Normen wird jeder Betrieb in regelmäßigen Abständen, meist jährlich, neutral von einer Zertifizierungsstelle kontrolliert.

12.3.2 Gesetzliche Forderungen zu Lebensmittel- und Futtermittelsicherheit

Mit der Basis-Verordnung (EG) Nr. 178/2002 ist eine Neuausrichtung der Lebensmittelpolitik und der Lebensmittelgesetzgebung eingeleitet worden. Das Prozessmodell „vom Erzeuger bis zum Verbraucher" gilt nun für alle Produktions-, Verarbeitungs- und Vertriebsstufen der Lebensmittelkette und umfasst damit ausdrücklich sowohl Futtermittel als auch Lebensmittel und deren Vorstufen. Dieses Prozessmodell und die Basis-Verordnung haben schon im Vorfeld mit den Schlagworten „Stufenkontrolle, Verantwortlichkeiten und Rückverfolgbarkeit" für Aufregung in der Lebensmittelwirtschaft gesorgt. Aber nicht genug damit: Neben der Rückverfolgbarkeit und der Lebensmittelsicherheit nach der europäischen Lebensmittelhygieneverordnung Nr. 852/2004 ist auch die Transparenz für den Verbraucher in den verschiedenen Stufen, die das Lebensmittel bei der Herstellung durchläuft, in das Blickfeld gerückt. Außerdem haftet nach dem neuen Gemeinschaftsrecht jeder Produzent von Futter- und Lebensmitteln für seine Produkte auf seiner Stufe. Entsprechend dem Lebensmittelrecht ist eine europäische Futtermittelhygieneverordnung Nr. 183/2005 gültig, die gerade den Lebensmittelhersteller betrifft, der Nebenprodukte der Lebensmittelherstellung als Futtermittel abgibt.

Die Umsetzung aller dieser gesetzlichen Forderungen führt zur Betrachtung der Risiken auf allen Stufen und in jedem Teilbereich der Herstellung, um eine rechtliche Auseinandersetzung wegen Risiken und Gesundheitsgefährdungen des Verbrauchers zu vermeiden. Wie kann der Hersteller besser eine gerichtsfeste Organisation aufbauen als mit einem Managementsystem für Qualität und Sicherheit nach einem internationalen Standard?

12.3.3 Gesetzliche Forderungen zu Biodiesel

Zusammen mit der DIN EN 14214 ist die EU-Richtlinie 2003/30/EG zur Förderung der Verwendung von Biokraftstoffen oder anderen erneuerbaren Kraftstoffen im Verkehrssektor in die Verordnung über die Beschaffenheit und die Auszeichnung der Qualitäten von Kraftstoffen (10. BImSchV) aufgenommen worden. Mit dieser Biodiesel-Kraftstoffqualitätsverordnung wird im Sinne des Verbraucherschutzes sichergestellt, dass der Tankstellenbetreiber die in der Norm festgelegte Mindestqualität gegenüber seinem Kunden einhält. Biodiesel wird nach dieser Verordnung auch durch die zuständigen Länderdienststellen kontrolliert.

12.4 Umsetzung internationaler Standards und Kosten

Qualitätsorientierte Unternehmen der Lebensmittel- und Futtermittelindustrie richten sich nach internationalen Standards. Stellt eine Ölmühle Rapsöl für den Lebensmittel-, Futtermittel-, Energie- und Landwirtschaftsbereich her, so wird sie ein ISO-9001-Managementsystem unterhalten. Zusätzlich kann sie für den Lebensmittelbereich ein ISO-22000-Managementsystem integrieren. Vermutlich fordert der Handel IFS vom Ölmühlenbetreiber, da die Ölmühle ein Handelsprodukt herstellt, und der Futtermittelhersteller QS. Die Systeme können in einem integrierten Managementsystem [12-5] untergebracht werden, wobei sich eine Referenzierungstabelle der Anforderungen in den diversen Standards empfiehlt. Am besten ist aber ein Gespräch, ob nicht eine Anerkennung der Standards möglich ist.

12.4.1 HACCP

Als Lebensmittel- und Futtermittelhersteller hat er grundsätzlich entsprechend dem Hygienerecht [12-6, 12-7] das HACCP-Konzept schriftlich zu notieren, jährlich zu kontrollieren und entsprechend Schulungen umzusetzen. Das macht ein Ölmühlenbetreiber mehr oder weniger ausführlich. Die zuständige Behörde überprüft das System. Eine Zertifizierung des HACCP-Konzeptes kann je nach Größe des Betriebes ein bis zwei Tage Audit durch eine Zertifizierungsgesellschaft bedeuten. Jede Zertifizierungsgesellschaft hat ihre Tagessätze, die meist über 1000 Euro pro Tag betragen. Dazu kommen Reisekosten und die Zertifikatsgebühr. Diesen Betrag muss der Unternehmer jährlich einplanen.

12.4.2 ISO 9001, ISO 22000, IFS, BRC [12-10] oder IFIS, QS, GMP

Meist fordert der Kunde, der entweder der Lebensmittelhandel, der Futtermittelhersteller oder der Tierhalter sein kann, einen bestimmten Standard, den er selbst wegen der Teilnahme an einem bestimmten System (IFS [12-11], QS [12-8], GMP oder IFIS) benötigt. Der Grund für die Umsetzung eines bestimmten Standards kann aber auch eine freiwillige Umsetzung sein, z. B. bei ISO 9001 oder ISO 22000. Freiwillige Umsetzungen haben oft mehr Zeitvorlauf und werden zudem meist mit eigenen Mitarbeitern durchgeführt. Die anderen Umsetzungen sind zwar auch freiwillig, aber gehen meist mit der schriftlichen Forderung des Kunden einher, dass er entweder zum Ende des Quartals zertifizierte Ware erhält oder das Zertifikat, oder die Kundenbeziehung beendet. Diese schnelle Erstellung des Managementsystems für Qualität und Hygiene ist dann schon mal kostspieliger, lässt sich aber in etwa abschätzen.

Will der Unternehmer nicht nur das HACCP-Konzept zertifizieren lassen, sondern ISO 9001 oder IFS, dann kann der Auditumfang je nach Größe des Unternehmens auch mehrere Tage betragen. Die große Kostenfrage stellt sich aber meist im Vorfeld, wenn der Unternehmer in seinem Betrieb noch keinen Standard umgesetzt hat. Da empfiehlt sich entweder eine(n) Mitarbeiter(in) zu schulen oder, was zwar wieder Kosten verursacht, aber oft effektiver und schneller einen Standard umsetzt, eine(n) Berater(in) zu beauftragen. Entweder fragt der Unternehmer bei der Zertifizierungsgesellschaft an – dort sind seriöse Berater bekannt – oder er wendet sich an seinen Verband.

Eine Beratung zum HACCP-Konzept bis hin zur ISO 9001 oder bis zu IFS sollte mit mindestens fünfzehn Beratungstagen veranschlagt werden, je nach Größe des Unternehmens und der verschiedenen hergestellten Materialien mehr oder je nach Mithilfe kompetenter Mitarbeiter weniger Tage, aber selten weniger als zehn Tage. Die Dauer der Einführung ist mit mindestens drei Monaten einzuplanen, da das System im Unternehmen umgesetzt und alle Mitarbeiter dazu geschult werden müssen.

Auch bei diesen Standards erfolgt eine jährliche Auditierung, die bei IFS und ISO 9001 in einem kleinen Unternehmen etwa zwei Tage betragen kann. Die Auditdauer richtet sich nach den Vorgaben des Standardgebers. Alle Angaben dazu können im IFS-Standard nachgelesen werden. Die Angaben für die ISO 9001 gibt der Akkreditierungsstelle vor und Zertifizierungsgesellschaften müssen sich daran halten.

12.5 Biodiesel und seine Qualitätsnorm

12.5.1 Forderung an den Hersteller von Biodiesel

Rapsöl kann als Biodiesel eingesetzt werden. Dieser Brennstoff ist zurzeit günstiger als der fossile Energieträger Öl. Um Biodiesel herzustellen, ist eine so genannte „Umesterung" des Rapsöls notwendig. Die Umesterung erfolgt derart, dass das Glycerin durch drei Methanolmoleküle ersetzt wird. Das Ergebnis ist Glycerin und ein Biodiesel, der in seinen Fließ- und Verbrennungseigenschaften den konventionellen mineralischen Dieselkraftstoffen sehr nahe kommt und bis -20 °C flüssig bleibt. Biodiesel wird als Kraftstoff entsprechend der Spezifikation DIN EN 14214:2003 angeboten.

Mit der Entwicklung der Norm wurde auf europäischer Ebene die Mindestanforderung für die Qualität von Biodiesel einvernehmlich zwischen Motorenhersteller und Biodieselindustrie festgelegt. Die DIN EN 14214 und die EU-Richtlinie 2003/30/EG sind danach in die Verordnung über die Beschaffenheit und die Auszeichnung der Qualitäten von Kraftstoffen (10. BImSchV) aufgenommen worden.

Biodiesel kann nur in den dafür freigegebenen Fahrzeugen als Kraftstoff verwendet werden. Es werden z. B. spezielle Fluorkautschukmaterialien verbaut. Bei allen anderen Fahrzeugen können Gummi- oder Kunststoffmaterialien, wie z. B. Kraftstoffschläuche, durch Aufquellen zerstört werden. Auch eine Umstellung von Mineralöldieselfahrzeugen auf Biodieselbetrieb kann nicht unproblematisch sein. Es wird empfohlen, den Kraftstofffilter in der Umstellungsphase häufiger zu wechseln.

12.5.2 Herstellung von Glycerin

Das bei der Umesterung von Rapsöl zu Biodiesel entstandene Glycerin (Propan-1,2,3-triol, Lebensmittelzusatzstoff E 422) ist ein dreiwertiger Alkohol. Glycerin ist bei Raumtemperatur eine farb- und geruchlose, viskose (zähflüssige) und hygroskopische Flüssigkeit, die süßlich schmeckt. Seine Viskosität und der süße Geschmack führten auch zu seinem Namen, der von griechisch glykýs = süß und lat. cera = Wachs stammt. Glycerin wird in der Herstellung von Lebensmitteln, Tabak, Arzneimitteln, Chemikalien und Bedarfsgegenständen z. B. als Feuchthaltemittel eingesetzt. Beispiele sind Hautcremes, Kunststoffe, Farbstoffe, Zahnpasta, Frostschutzmittel, Schmierstoffe, Sprengstoff und Weichmacher.

12.5.3 Forderung der Arbeitsgemeinschaft Qualitätsmanagement Biodiesel an die Hersteller von Pflanzenölen

Die wichtigsten Hersteller und Vermarkter von Biodiesel haben sich zur Arbeitsgemeinschaft Qualitätsmanagement Biodiesel e.V. (AGQM) zusammengeschlossen [12-12]. Die Mitglieder sichern durch strenge Anforderungen eines einheitlichen kontrollierten Qualitätsmanagementsystems eine hohe und dauerhaft gleich bleibende Kraftstoffqualität. Wie bei der ISO 9001 ist die Kundenzufriedenheit mit einem hochwertigen, qualitätskontrollierten Biodiesel ein wesentlicher Faktor der Arbeitsgemeinschaft. Dazu wird bei der Herstellung, bei der Lagerung und beim Transport die Qualität des Biodiesels bis zur Zapfanlage der Tankstelle über Stichproben, Rückverfolgbarkeits- und Dokumentationskontrollen überwacht. Die Tankstellen verpflichten sich vertraglich, nur diesen qualitätsüberwachten Biodiesel zu verkaufen, wobei die Normkonformität auch per Kontrollzeichen an der Zapfsäule kenntlich gemacht wird. Die Anforderungen liegen über denen der DIN EN 14214, wobei die betriebliche Qualitätssicherung ein Muss ist. Die AGQM erstellt außerdem die Informationen zum richtigen Umgang mit Biodiesel, schult und berät die Mitarbeiter im Unternehmen in der Qualitätssicherung des Produktes und organisiert analytische Ringversuche.

Ziele der AGQM sind:
- Sicherstellung der Mindestqualitätsansprüche entsprechend der Parameter,
- Sicherstellung der Biodieselversorgung für Großverbraucher und Tankstellen mit Qualitätsbiodiesel,
- Präsentation des Qualitätsproduktes Biodiesel zur Vertrauensbildung bei Verbrauchern und Fahrzeugherstellern.

12.6 Fazit

Produkte, die den Anforderungen entsprechen und sicher sind, sind heute mehr denn je gefragt. Was tun Unternehmen, um diesem Verbraucherwunsch nachzukommen?

Bei den meisten Ölmühlen gibt es mindestens ein internes, freiwilliges Managementsystem für Qualität nach internationalen Standards, das über die gesetzlichen Bestimmungen hinausgeht. Was den Lebensmittel- und Futtermittelbereich betrifft, so werden aktuelle und zukünftige Fragen zu Lebensmittelsicherheit und Ernährung immer auf der Grundlage einer Betrachtung der gesamten Lebensmittelkette vom Futtermittel bis zum Endverbraucher erarbeitet. In Anbetracht der Zunahme der Herstellungskapazitäten für Biodiesel ist auch dort eine systematische Erfassung und Kontrolle der Qualität vom Hersteller bis zum Endverbraucher erarbeitet worden.

Zusammenfassend lässt sich sagen: Hinter der Risikodiskussion um Rückverfolgbarkeit, Qualitätskriterien von Biodiesel oder Düngemitteln, Gentechnik in Landwirtschaft und Ernährung steht die wesentlich allgemeinere Diskussion darüber, welchen Standard der Kunde demnächst vom Biodiesel-, Dünger-, Lebensmittel- oder Futtermittelhersteller fordern wird und ob der Hersteller weiterhin den Forderungen seiner Kunden nach den diversen, oft auch unterschiedlichen und kostspieligen Umsetzung der Standards nachkommt.

Literatur

12-1 Deutsches Institut für Normung e.V. DIN EN ISO 9001: Qualitätsmanagementsysteme – Anforderungen. Ausgabe: 2008-12 Beuth Verlag GmbH, Berlin (2008)

12-2 Deutsches Institut für Normung e.V. DIN EN ISO 22000: Managementsysteme für die Lebensmittelsicherheit – Anforderungen an Organisationen in der Lebensmittelkette. Ausgabe: 2005-11, Beuth Verlag GmbH, Berlin (2005)

12-3 Deutsches Institut für Normung e.V. Norm-Entwurf DIN EN 15593: Verpackung – Hygienemanagement bei der Herstellung von Lebensmittelverpackungen - Anforderungen. Ausgabe: 2006-11, Beuth Verlag GmbH, Berlin (2006)

12-4 Recommended International Code of Practice – General Principles of Food Hygiene. CAC/RCP 1-1969, überarbeitete Fassung 4-2003, www.codexalimentarius.net

12-5 Deutsche Gesellschaft zur Zertifizierung von Managementsystemen. DQS GmbH: August-Schanz-Str. 21, 60433 Frankfurt/Main, www.dqs.de

12-6 Global Food Safety Initiative (GFSI): www.ciesnet.com/2-wwedo/2.2-programmes/2.2.foodsafety.gfsi.asp

12-7 International Food Standard: HDE Trade Services GmbH, Am Weidendamm 1 A, 10117 Berlin, www.food-care.info

12-8 QS-System – Ihr Prüfsystem für Lebensmittel, www.q-s.info

12-9 Normenkommission für Einzelfuttermittel im Zentralausschuss der deutschen Landwirtschaft: Positivliste für Einzelfuttermittel (Futtermittelausgangserzeugnisse). www.futtermittel.net

12-10 British Retail Consortium: BRC Global Standard – Food. www.brc.org.uk

12-11 IFSA-Standard IFIS: www.ifsa-info.net

12-12 Arbeitsgemeinschaft Qualitätsmanagement Biodiesel e.V. (AGQM): www.agqm-biodiesel.de.

13 Betriebswirtschaftliche Betrachtung der dezentralen Ölsaatenverarbeitung

Torsten Graf, Gerd Reinhold und Rene Richter

13.1 Problemstellung

Dezentrale Anlagen der Ölsaatenverarbeitung sind Ölmühlen, die aus einem begrenzten regionalen Territorium ihre Ölsaaten beziehen. Die Verarbeitungskapazität der Anlagen beläuft sich in Größenordnungen von etwa 0,5 bis 12,5 t (20 t) Saat je Tag und entspricht einer Jahreskapazität von ca. 125 bis 3000 t (5000 t) [13-1]. Die dezentrale Verarbeitungstechnologie ist durch geringe Transportaufwendungen und die teilweise Weiternutzung vorhandener Gebäudesubstanz ebenso wie durch direkte Bezugs- und Lieferbeziehungen gekennzeichnet oder findet oft direkt beim Rohstofferzeuger statt.

Im Unterschied zur Pflanzenölerzeugung in den industriellen zentralen Großölmühlen erfolgt die Ölsaatenverarbeitung in dezentralen Anlagen mit einem weitaus geringeren technisch-technologischen Aufwand. Dies betrifft sowohl die Verfahrensabschnitte Saatvorbehandlung und Ölgewinnung als auch die Ölraffination und Nachbehandlung der Koppelprodukte. Der Verfahrensablauf der Verarbeitung ist aus ökonomischen und ökologischen Gründen auf nur wenige Prozessstufen begrenzt. Beispielsweise beschränkt sich die Ölreinigung auf die Abtrennung der Trubstoffe, während auf eine aufwändige Raffination des Rohöls normalerweise verzichtet wird. Der Ölmüller muss den Prozess so steuern, dass trotz der vergleichsweise einfachen technischen Ausstattung eine für den jeweiligen Anwendungsbereich optimale Produktqualität erreicht wird. Der Abpressgrad beläuft sich auf 70 bis 82 % des in der Ölsaat enthaltenen Öls. In der technischen Realisierung haben sich Seiherschnecken- und Spindelpressen im Kaltpressverfahren bewährt (siehe Kapitel 7.2.3). Mit diesen Pressen besteht die Möglichkeit, Treibstoff für Pflanzenölmotoren oder, nach Umesterung, auch Biodiesel als Kraftstoff für konventionelle Dieselmotoren herzustellen.

Die Produktionsform der dezentralen Ölsaatenverarbeitung eignet sich auch für die Bedienung regionaler Märkte, z. B. für hochwertige Speiseöle, Verlustschmierstoffe und Trennmittel sowie Grundöle für Schmierstoffe etc. in Verbindung mit der Bereitstellung und Direktvermarktung eines hochwertigen Eiweißfuttermittels [13-2].

Durch die Besteuerung der Biokraftstoffe im Rahmen des Energiesteuergesetzes hat sich die Situation seit August 2006 hinsichtlich des Absatzes der Treibstoffe und der Auslastung der Anlagen gravierend verändert. Seit 2009 werden Pflanzenöl mit 18 ct/l und Biodiesel mit 21 ct/l besteuert, was zu einer weiteren Verteuerung der auf Pflanzenöl basierenden Kraftstoffe führt (Tab. 13-1). Derzeit beträgt der Steuersatz für Biodiesel 21 ct/l und steigt bis 2012 auf 45 ct/l. Des Weiteren haben sich die Preise der Produkte auf den Märkten für den hauptsächlichen Rohstoff Rapssaat und für das Nebenprodukt Rapspresskuchen (Abb. 13-1), entsprechend der aktuell steigenden Agrarpreise, angepasst.

Tab. 13-1: Entwicklung der Steuersätze und Rückerstattungsbeiträge für Biodiesel und Rapsöl

Jahr	Steuersatz			Rückerstattung Landwirtschaft		
	Biodiesel [Cent/l]		Rapsöl [Cent/l]	Biodiesel [Cent/l]		Rapsöl [Cent/l]
2009	21	18,3*	18	21	18,3*	18
2010	27	24,5*	26	27	24,5*	26
2011	33	30,4*	33	33	30,4*	33
ab 2012	45	42,2*	45	45	42,2*	45

* *Gesetzentwurf 2009*

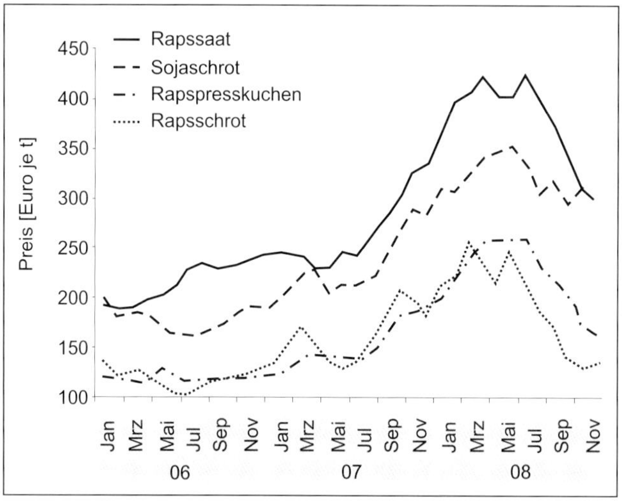

Abb. 13-1: Preisentwicklung Erzeugerpreis Rapssaat, Sojaschrot, Rapspresskuchen und Rapsschrot von 2006 bis 2008

Unter anderem durch die geringeren Erntemengen von Eiweißträgern weltweit und die höhere Nachfrage nach Eiweißfuttermitteln vor allem im asiatischen Raum verdoppelten sich die Rapssaatpreise seit 2005. Der Preis für Rapspresskuchen, lange Zeit um 120 Euro/t, stieg erst im vergangenen Jahr bis auf 250 Euro/t, wodurch ein teilweiser Ausgleich der gestiegenen Rohstoff- und Energiekosten zustande kommen kann.

Durch die gestiegenen Biokraftstoffpreise infolge der Energiesteuer an der Tankstelle kommt es als Erstes zu Absatzeinbußen im Speditionsbereich. Nur die Land- und Forstwirtschaft, welche die Energiesteuer auf Biokraftstoffe zurückerstattet bekommt, können Rapsölkraftstoffe derzeit ökonomisch dem Diesel vorziehen [13-5].

Mit der Novelle des EEG 2009 sind neue Rahmenbedingungen auch für die Pflanzenölnutzung in Blockheizkraftwerken (BHKW) zur gekoppelten Erzeugung von Strom und Wärme zu beachten [13-6]. Der Einsatz von Pflanzenöl in BHKW-Anlagen ist nur noch bis zu einer Leistung von 150 kWh möglich. Der leicht höhere Grundvergütungssatz (11,67 ct/kWh) und der NawaRo-Bonus (6 ct/kWh) reichen allerdings nicht für einen wirtschaftlichen Betrieb. Auch bei Kleinanlagen kann aufgrund der hohen spezifischen Investitionen kein sinnvoller Einsatz von regional produziertem Pflanzenöl in Blockheizkraftwerken neben dem mobilen Bereich gesehen werden.

Sollten die Rohstoff- und Energiepreise weiter auf hohem Niveau bleiben oder steigen und die Preise für fossilen Diesel sich nicht entsprechend verteuern, wird eine kostendeckende Rapsölproduktion bei nicht vollständiger Auslastung der dezentralen Ölgewinnungsanlagen kaum mehr möglich sein.

Aufgrund der genannten Gründe ist es notwendig, eine Neubewertung der betriebswirtschaftlichen Aspekte vorzunehmen. Diese betriebswirtschaftliche Analyse der dezentralen Ölsaatenverarbeitung soll am Beispiel zeigen, unter welchen Bedingungen (Investitionsumfang, Auslastung, Marktpreis für Rapsöl und Rapspresskuchen) die Aufarbeitung und Verwertung von Ölsaaten weiterhin rentabel und möglich ist. Die Erzeugung und Verarbeitung der Rohstoffe sowie der Absatz der Endprodukte Öl und Presskuchen soll unter Berücksichtigung erforderlicher territorialer Kreisläufe, einschließlich der Optimierung von Transportwegen und Handelsspannen, dargestellt und wichtige Einflussfaktoren bewertet werden.

13.2 Rentabilitätsfragen der Ölsaatenverarbeitung

13.2.1 Rahmenbedingungen

Die Bewertung der Rentabilität von dezentralen Anlagen zur Ölsaatenverarbeitung basiert auf Kalkulationen ausgewählter Verarbeitungsanlagen. Diese wurden auf Grundlage der Datenerhebungen des KTBL von Praxisanlagen modellhaft erstellt und auf Grundlage eigener Erhebungen verifiziert [13-3].

Im Rahmen der betriebswirtschaftlichen Bewertung der dezentralen Anlagen sind neben den Investitions- und Betriebskosten für die Ölsaatenverarbeitung die Nutzungs- und Wertschöp-

Tab. 13-2: Einsatzfelder von Pflanzenöl und Presskuchen

Einsatzfelder	Wert (netto) ohne MwSt., ohne Energiesteuer
Pflanzenöl als Treibstoff (mobil und stationär)	0,70 – 0,85 Euro/l
Pflanzenöl als Speiseöl	0,90 – 1,19 Euro/l
Pflanzenöl für den chemisch-technischen Bereich	0,60 – 0,70 Euro/l
Presskuchen als Futtermittel	140 – 200 Euro/t
Thermische Nutzung des Presskuchens	0 – 7,5 Euro/dt
Presskuchen als organischer Dünger	2,60 – 6,1 Euro/dt
Presskuchen als Cofermentat der Biogaserzeugung	5,0 – 7,0 Euro/dt

fungskonzepte der Endprodukte von entscheidender Bedeutung. Der überwiegende Teil der Betreiber dezentraler Ölmühlen in Deutschland konzentriert sich auf die Verarbeitung der Ölsaat Raps. Für kaltgepresstes Rapsöl und das Koppelprodukt Rapskuchen bestehen vielfältige Verwendungsmöglichkeiten (Tab. 13-2). Basis bildet ein für die Rapssaat hoher Marktpreis von 360 Euro/t. Anhand der angegebenen Spannen der möglichen Nettoerlöse wird deutlich, dass Marktentwicklungen und Absatzchancen die Rentabilität entscheidend bestimmen. Diese hängen für die Ölsaat Raps und deren Endprodukte u. a. von den Entwicklungen am Weltmarkt für Eiweißprodukte und vom Euro- und Dollarkurs ab.

Im Zeitraum 2006 bis 2008 stiegen die Preise für Rapssaat von 180 Euro/t auf über 375 Euro/t (Abb. 13-1). Die Rapsanbaufläche Deutschlands ist in den letzten Jahren fruchtfolgetechnisch an ihre Grenzen gekommen. Durch die veränderte Situation an den Agrarmärkten, hinsichtlich der Preisrelation zwischen Getreide und Rapssaat, und der daraus abgeleiteten Prognose hatte Raps 2007 nicht mehr die relative Vorzüglichkeit gegenüber dem Winterweizen [13-4]. Unter anderem durch die gestiegenen Getreidepreise kam es im Jahr 2008 erstmals wieder zu etwas geringeren Rapsanteilen in Deutschland. Die Anbaufläche in Deutschland sank von 2007 zu 2008 von 1,533 Mio. ha auf prognostizierte 1,370 Mio. ha. Es ist davon auszugehen, dass der zukünftige Anbau von Winterraps in Deutschland sich in dieser Größenordnung etabliert.

Die seit Mitte 2007 deutlich gestiegenen Rapspreise sind auf eine erhöhte Nachfrage und eine Verknappung von Ölsaaten weltweit zurückzuführen. Dasselbe gilt für den Markt von Eiweißfuttermitteln. Auch dort bestand eine verstärkte Nachfrage, was sich auch auf den internationalen Ölsaatenmarkt auswirkte. Die Relation zwischen Rapsöl- und Rapskuchenpreis hat sich im Jahr 2007 wieder zugunsten der Gesamterlösstruktur der Ölsaatenverarbeitung verändert (Abb. 13-2). Obwohl beide Preise steigen, ist der Rapskuchenpreis im Verhältnis stärker angestiegen als der Ölpreis. Im Jahr 2006 kostete das Rapsöl mehr als fünfmal so viel wie der Rapskuchen. Im Jahr 2007 stieg der Rapskuchenpreis so stark an, dass das Rapsöl nur noch 4,5-mal so viel wert war und somit der Kuchen stärker zum Gesamterlös beitragen konnte als im Jahr zuvor. Unter Berücksichtigung der weltweiten Nachfrage nach hochwertigen Eiweißfuttermitteln wird der Rapskuchen im Rahmen der regionalen Verwertungskreisläufe einen wesentlichen Bewertungsfaktor einnehmen.

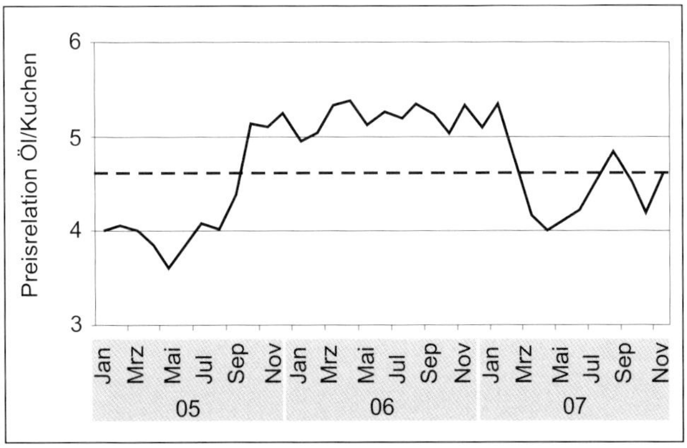

Abb. 13-2: Preisrelation zwischen Rapsöl und Rapskuchen im Vergleich der Jahre 2005 bis 2007

Tab. 13-3: Investitionskosten einer Pilotanlage zum Kaltpressen von Ölsaaten mit einer Kapazität bis zu 650 t/a (maximal 750 t/a), Preisbasis 2007/2008

Investition	Bewertung (Euro)	Prozentanteil
Ölpresse	23 250	14,7
Reinigungsanlage	10 060	6,4
Bauleistung fremd	6250	4,0
Montage fremd	21 500	13,6
Elektroinstallation	6950	4,4
Summe Anlagenteile	68 010	43,1
Saatannahme/Reinigung	7500	4,7
Fördereinrichtung	7500	4,7
Siloanlage (2 x 30 t)	25 000	15,8
Lagerhalle	23 000	14,5
Bodenzukauf	11 000	7,0
anteilige Erschließung	5500	3,5
Eigeninstallation	5500	3,5
Ölpumpe, etc.	5000	3,3
Summe baulicher Anlagen	90 160	56,9
Gesamt	158 170	100

13.3 Einflussmöglichkeiten

13.3.1 Investitionsumfang

Der Gesamtinvestitionsumfang für eine neu zu errichtende Anlage mit einer kalkulierten Kapazität von 650 t/Jahr beläuft sich auf ca. 150 000 bis 175 000 Euro (Tab. 13-3).

Neben den baulichen Anlagenteilen und den Lagereinrichtungen sind die Investitionskosten für die eigentliche Ölpresse eine wichtige Kalkulationsgröße. In Tabelle 13-4 werden Nettopreise von Ölpressen mit unterschiedlicher Leistung deutscher Hersteller und die spezifischen Investitionskosten in Euro pro Tonne und Jahr in Abhängigkeit von der Auslastung der Anlage aufgeführt.

Überraschend bei dieser Auswertung ist, dass ab einer Pressenleistung von ca. 100 kg/h keine wesentliche Senkung der spezifischen Investitionskosten (Euro/(t·a)) auftrat. Die Größenordungen der Investitionskosten lassen erkennen, dass bereits hier durch mögliche Synergieeffekte des dezentralen Konzeptes wie die Nutzung vorhandener Gebäude bzw. Siloanlagen mit Saatannahme, Reinigung, Aufbereitung und Lagerung beachtet wurden und somit der Investitionsaufwand um bis zu 50 % gegenüber einem kompletten Neubau gesenkt werden könnte (vgl. Tab. 13-3 und 13-4).

13.4 Betriebswirtschaftliche Aspekte

Die betriebswirtschaftliche Kalkulation erfolgt modellhaft am Beispiel einer dezentralen Anlage mit einer Jahreskapazität von ca. 750 t Rapssaat mittels eines eigens dafür erstellten Tabellenkalkulationsprogramms. Der Kalkulation wurden eine Einsatzzeit von 7500 h/a, ein Einstandspreis für die Rapssaat von 36 Euro/dt und ein Investitionsumfang von 160 000 Euro (Standardvariante) zugrunde gelegt. Die detaillierte Bewertung beinhaltet dabei in Tabelle 13-5 fest gelegten Parameter.

Ausgehend von diesem Standardmodell der Ölsaatenverarbeitung belegt die Auswertung, dass die Rohstoffkosten den entscheidenden und wichtigsten Kostenfaktor darstellen (Abb. 13-3). Mit knapp 90 % sind die Gesamtkosten einer Kaltpressanlage extrem stark von den Rohstoffkosten abhängig. Die Analyse der Verarbeitungskosten (ohne Rohstoffkosten) zeigte, dass die zu veranschlagenden Presskosten fast zu 45 % kapitalbedingt sind (Abb. 13-4). Neben den Lohn- und Verwaltungskosten (19 %) sind auch bei Neuanlagen

Tab. 13-4: Investitionskosten von Kaltölpressen (Angaben deutscher Hersteller)

Pressenleistung (kg/h)	15	35	50	100	300	500	750
mittlerer Nettopreis (Euro)	4000	7000	12000	17000	42000	65000	125000
Spezifische Investition (Euro/t Rapssaat und Jahr) bei unterschiedlichen Betriebsstunden							
4000	67	50	60	43	35	33	42
6000	44	33	40	28	23	22	28

Tab. 13-5: Parameter für die betriebswirtschaftliche Kalkulation einer beispielhaften Ölmühle für 750 t Rapssaat

Ölgehalt der Ölsaat (Raps)	42 %
Dichte des Pflanzenöls	0,92 kg/l
Abpressgrad	80 %
Anlagenverfügbarkeit	22 h/d
Arbeitskräftebedarf	1,5 AKh/d
Personalkostensatz	8,22 €/h (+ 50 % Lohnnebenkosten)
Energieverbrauch	14 kWh/h
Energiepreis	0,10 Euro/kWh
Instandhaltungs-/Wartungskosten	1,5 % v. A. + 0,250 Euro/h

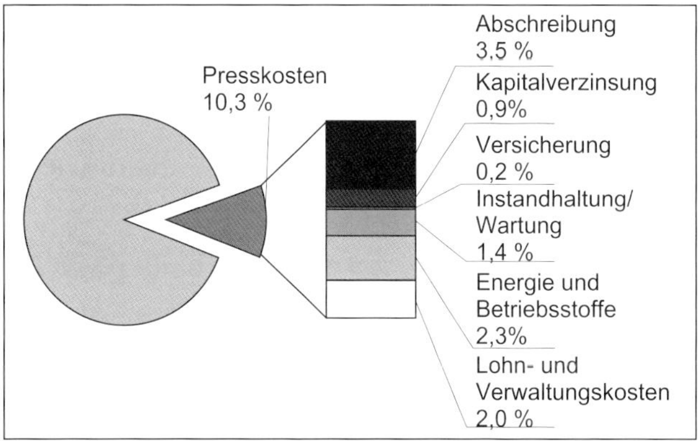

Abb. 13-3: Kostengliederung einer dezentralen Ölsaatenverarbeitungsanlage (7500 h/a, 36 €/dt Saatpreis, 160 000 Euro Investitionsvolumen)

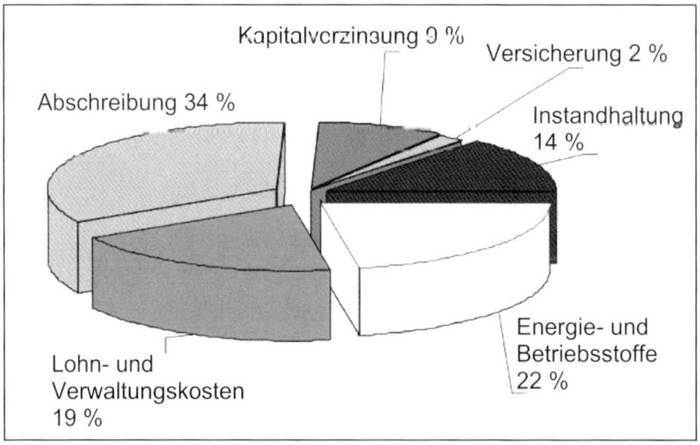

Abb. 13-4: Verarbeitungskosten einer dezentralen Ölsaatenverarbeitungsanlage (7500 h/a, 36 €/dt Saatpreis, 160 000 Euro Investitionsvolumen)

Aufwendungen für die Instandhaltung und Wartung in Höhe von ca. 14 % anzusetzen.

Mit perspektivisch deutlich steigenden Energiepreisen, hier 22 % der Verarbeitungskosten, werden zukünftig die Energie- und Betriebsstoffkosten einen erheblichen Einfluss auf die Kostenstruktur haben und einen noch höheren Stellenwert bekommen.

Für die Beschreibung weiterer betriebswirtschaftlicher Aspekte ist es sinnvoll, Varianten der Ölsaatenverarbeitung über verschiedene wirtschaftliche Szenarien praxisbezogen an den Presskosten und dem erforderlichen Ölmindestpreis darzustellen.

Dazu sollen folgende Varianten herangezogen werden:

1. Die Einsatzzeit beträgt 3000, 5000 oder 7000 h/a (3000 h/a entsprechen einer gering ausgelasteten Anlage, die nur saisonal betrieben wird).
2. Der Rohstoffpreis für Raps variiert in Schritten von 32, 36 und 40 Euro/dt entsprechend der Marktentwicklung und den Prognosen im Bereich der Ölsaaten.
3. Die Ölkuchenerlöse liegen im Bereich von 16 bis 22 Euro/dt.
4. Der Investitionsumfang ist gestaffelt vom kompletten Neubau ohne Förderung für 160 000 Euro bis hin zur Nutzung von Altbausubstanzen und der Abschöpfung investiver Fördermöglichkeiten mit Kosteneinsparung von 12,5 % mit 140 000 Euro und einer Variante als Zukunftsprognose mit einer Kostensteigerung von 12,5 %.

Die Auswertung der Szenarien (Abb. 13-5) zeigt, dass die Rohstoffkosten, das Anlagenkonzept und die Auslastung der Ölpresse entscheidend für die Presskosten und die Gestaltung des notwendigen Mindestölpreises frei Ölmühle sind. Erst ab einer Auslastung der Ölsaatenverarbeitungsanlage von mindestens 5000 h/a ergeben sich Bedingungen für eine rentable Wirtschaftlichkeit bei derzeitigen Erlösen für Öl und Kuchen. Die aktuellen Schwankungen bei den Rohstoffpreisen und möglichen Erlösen für Ölkuchen als Futtermittel erfordern Ölmindestpreise frei Ölmühle ohne Mehrwertsteuer in der Spanne von 0,62 bis 0,82 Euro/l und sind wesentliche Einflussgrößen für die Gestaltung des tatsächlich erzielbaren Ölpreises. Die eigentlichen Presskosten werden aber nicht beeinflusst.

Nicht zu unterschätzen sind weiterhin die möglichen Synergieeffekte bei der Nutzung vorhandener baulicher Anlagen und der damit verbundenen Senkung des Investitionsaufwandes. Dagegen wird von den Betreibern oft die Wirkung investiver Zuschüsse auf die Wirtschaftlichkeit von dezentralen Ölsaatenverarbeitungsanlagen überschätzt. Der positive Effekt dieser Hilfen, ob „verlorener Zuschuss“ oder „zinsverbilligtes Darlehen“ ist vor allem in der Anlaufphase der Anlagen zu sehen, in der die volle Einsatzzeit noch nicht erreicht ist bzw. die Markterschließung noch andauert. In der Abbildung 13-5 sind die Presskosten und der daraus resultierende Ölmindestpreis der untersuchten Anlage in Abhängigkeit von wichtigen Einflussgrößen dargestellt.

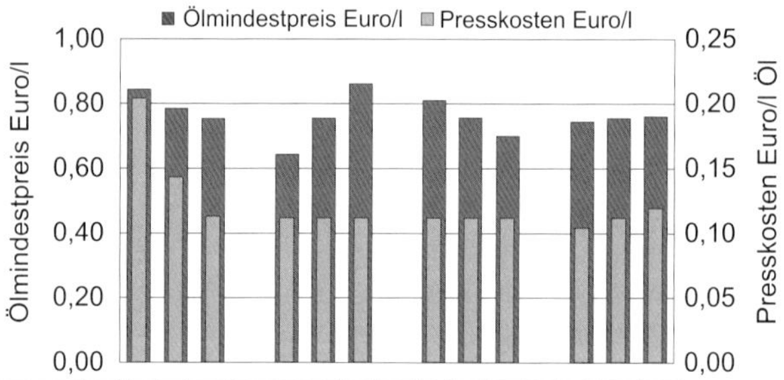

Einsatzzeit	10^3 h/a	3	5	7,5									
Ölsaatpreis	€/dt				32	36	40						
Presskuchenpreis	€/dt							16	19	22			
Investumfang	T/€										140	160	180

Abb. 13-5: Presskosten und Ölmindestpreis in Abhängigkeit von unterschiedlichen Einflussgrößen (frei Ölmühle, ohne MwSt.) (feste Größen falls keine Einflussgröße: 7500 h/a, 36 Euro/dt Raps, 19 Euro/dt Kuchen, 160 000 € Invest)

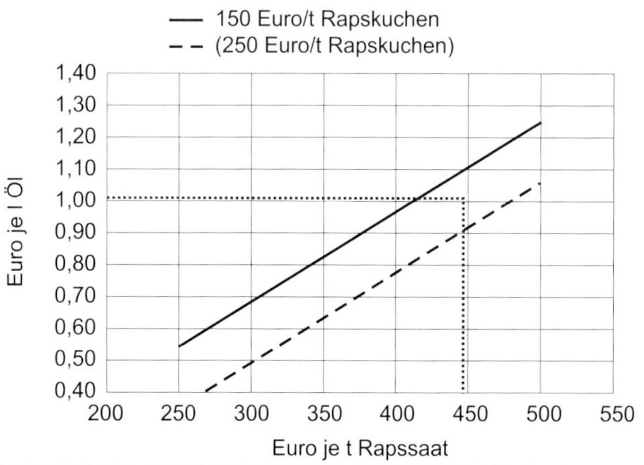

Abb. 13-6: Rapsölkosten in Abhängigkeit von Rapssaat- und Rapskuchenpreisniveau

Die Presskosten je Liter Öl sinken entsprechend der Anlagenkonfiguration und der Auslastung. Die Auslastung hat hier den größten Einfluss auf die Presskosten je Liter Öl. Für die untersuchte Anlage ergeben sich hier Presskosten im Bereich von mindestens 0,12 bis 0,21 Euro/l Öl. Um eine Anlage zu kalkulieren, sollte ein Ölmindestpreis (frei Ölmühle) zwischen 0,75 und 0,80 Euro/l angesetzt werden. Der Ölmindestpreis wird besonders stark von den Preisen für Rapssaat und Rapspresskuchen beeinflusst, aber auch erheblich von der Auslastung der Anlage. Kann die Anlage voll ausgelastet bei mittleren prognostizierten Preisen betrieben werden, ist ein Ölmindestpreis von 0,76 Euro/l nötig, um kostendeckend arbeiten zu können.

Eine alleinige Kostendeckung über die Ölvermarktung wird nur in Marktnischen mit Spezialprodukten auf sehr hohem Preisniveau möglich sein, beispielsweise ökologisch produziertes Speiseöl mit bis zu 3 Euro/l. Besonders bei der Kraftstoffproduktion sollte der produzierte Ölkuchen im Gesamtprozess eine hohe Wertschöpfung sichern (Abb. 13-6), was sich letztlich nur in der Verwertung als Futtermittel erreichen lässt (Tab. 13-2).

Bei den festgelegten Preisen für Rapssaat und Presskuchen entsteht ein Ölmindestpreis von 0,75 Euro/l. Ausgehend von dem in Abbildung 13-6 dargestellten Diagramm lässt sich einerseits für einen bekannten Saatpreis und Ölerlös der nötige Kuchenerlös ableiten und andererseits auch aus dem Saatpreis und dem Kuchenerlös der Mindestölpreis bestimmen.

13.5 Zusammenfassung und Schlussfolgerungen

Die Rohstoffkosten bestimmen entscheidend die Wirtschaftlichkeit dezentraler Ölsaatenverarbeitungsanlagen, da der erzielbare Erlös u. a. durch die Einflussgrößen am Öl- und Futtermittelmarkt vorgegeben wird.

Verarbeitungsanlagen mit geringer Auslastung müssen in der Vermarktung deutlich höhere Ölmindestpreise (>0,80 Euro/l Öl) veranschlagen, um die entsprechend hohen Presskosten decken zu können. Hinsichtlich der Bewertung des anfallenden Ölkuchens ist immer die Verwertung im Bereich der Tierfütterung anzustreben. Hier ist die höchste Wertschöpfung im Vergleich zu anderen Einsatzfeldern (Verbrennung, Düngung) gewährleistet (siehe Kapitel 11.5.2). Absatz und Erlös stellen sich aufgrund der steigenden Preise für Eiweißfuttermittel unproblematisch dar.

Wesentliche Faktoren für die Presskosten einer dezentralen Anlage sind weiterhin die kapitalbedingten Kosten für Abschreibung und Zinsen von ca. 57 % sowie die Kosten für Energie und Betriebsstoffe. Die erzielbaren Erlöse werden durch Rahmenbedingungen (internationaler Sojamarkt, Futtermittelmarkt, Energiepreise) bedingt und sind damit weitestgehend unabhängig von der wirtschaftlichen Tätigkeit der Ölmühlenbetreiber. Ziel des Anlagenkonzeptes muss sein, über eine hohe Auslastung der Ölmühle (entsprechend hoher Absatz) und die maximale Nutzung kostendegressiver Faktoren (Personaleinsparung, Nutzung vorhandener Anlagen und Gebäude) eine effektive und wirtschaftlich rentable Ölsaatenverarbeitung anzustreben. Die Markterschließung für hochwertige Spezialöle kann zur wirtschaftlichen Verbesserung beitragen, ist aber nur begrenzt und regional umsetzbar (siehe Kapitel 10).

Entsprechend der vorliegenden Auswertung kann Rapsöl in dezentralen Ölsaatenverarbeitungsanlagen unter der aktuellen Marktsituation zu Preisen von 0,70 bis 0,82 Euro/l bereitgestellt werden. Zu beachten ist jedoch, dass bei der Modellkalkulation ein optimaler Personalaufwand (1,5 Akh/d) für eine technisch ausgereifte Anlage mit hoher Auslastung, ohne Gemein- und Transportkosten sowie Steuern zugrunde gelegt wurde. Dieses Niveau ist somit in etwa dem Durchschnittspreis frei Großmühle mit einem „Schlaglohn" (Presskosten) von ca. 0,10 bis 0,15 Euro/l durchaus konkurrenzfähig. Unter praktischen Bedingungen sind aber auch Werte für den Personalbedarf von 3 bis 4 Akh/d festzustellen. Allein dieser erhöhte Aufwand führt zu einer Belastung von über 2 cent/l Öl. Die deutlich höheren Presskosten dezentraler Anlagen können durch den höherwertigen Ölkuchen und den geringeren Transportaufwand jedoch nicht kompensiert werden.

Mit der Verbesserung der Auslastung wird die Wirtschaftlichkeit der dezentralen Ölsaatenverarbeitungsanlagen wesentlich erhöht. Dieser Trend besteht auch, wenn unter Ausnutzung vorhandener baulicher Anlagen die Kapazität, z. B. durch eine zusätzliche Ölpresse, weiter erhöht wird.

13.6. Literatur

13-1 Widmann, B.A.: Hintergründe und Zielsetzung der dezentralen Ölsaatenverarbeitung. Kuratorium für Technik und Bauwesen in der Landwirtschaft, Darmstadt, www.ktbl.de/pflanze/oelsaat

13-2 Widmann, B.A.: Gewinnung und Reinigung von Pflanzenölen in dezentralen Anlagen. Endbericht Nr. 51 (1994)

13-3 KTBL: Dezentrale Ölsaatenverarbeitung. KTBL-Arbeitspapier 267, Kuratorium für Technik und Bauwesen in der Landwirtschaft, Darmstadt (1999)

13-4 Degner, J., Gräfe, E., Müller, J.: Des Einen Freud – des Anderen Leid – Der Einfluss hoher Erzeugerpreise bei Druschfrüchten auf die Zweige der Veredelungsproduktion. Neue Landwirtschaft (2007) 12 S. 16-21

13-5 Graf, T., Reinhold, G., Grober, H., Breitschuh, G.: Konsequenzen aus dem Energiesteuergesetz (EnergieStG) und dem Biokraftstoffquotengesetz (BioKraftQuG) auf die Marktentwicklung für Rapssaat, Rapsöl und RME sowie für Rapskuchen und Rapsextraktionsschrot. 1. Auflage, Thüringer Landesanstalt für Landwirtschaft (2007)

13-6 Erneuerbare-Energie-Gesetz – EEG. Regierungsentwurf vom 05.12.2007

14 Der Einstieg in die dezentrale Produktion von Rapsöl

Petra Becker, Günter Hell

14.1 Professionelle Unterstützung ab dem ersten Planungsschritt

Bei der Planung einer dezentralen Ölmühle sind die Analyse der regionalen Märkte, die Abschätzung der Stoffströme und Auswahl der Anlagenkomponenten vonnöten. Einen regelmäßigen guten Überblick über die Märkte und Preise von Ölsaaten und Biokraftstoffen liefert die Union zur Förderung von Oel- und Proteinpflanzen UFOP (www.ufop.de). Tagespreise sind an den Warenterminbörsen Hannover (RMX) unter www.wtb-hannover.de und Paris unter www.matif.fr abrufbar.

Wird eine Ölmühle als Bestandteil eines landwirtschaftlichen Betriebes gebaut, so handelt es sich um einen landwirtschaftlichen Nebenbetrieb, sofern überwiegend eigene Saat verarbeitet wird. Wird Saat zugekauft, sollte der steuerliche Status mit einem Steuerberater abgeklärt werden.

Professionelle Hilfe ist bei der Planung einer dezentralen Ölmühle unerlässlich. Bei der technischen Planung helfen sowohl Pressenhersteller und Anlagenbauer als auch Ingenieurbüros. Listen mit Firmen bzw. Büros sind unter www.biokraftstoff-portal.de, Untermenü Adressen, zu finden. Auch die Website des Technologie- und Förderzentrums in Straubing (www.tfz.bayern.de) bietet Produzenten von Rapsölkraftstoff und Speiseöl wertvolle und sehr aktuelle praxisrelevante Informationen sowie Forschungsberichte zum Download. Für Ölmühleneinsteiger empfiehlt sich besonders das „Handbuch Herstellung von Rapsölkraftstoff in dezentralen Ölgewinnungsanlagen“, [14-1], das sowohl auf der Homepage des TFZ zum Download bereit steht, als auch bei der Fachagentur Nachwachsende Rohstoffe (www.fnr.de) kostenlos bezogen werden kann. Der Bundesverband Dezentraler Ölmühlen (BDOel e.V., www.bdoel.de) unterstützt dezentrale Ölmühlen vor allem bei der Qualitätssicherung und der Markterschließung und bietet laufend praxisorientierte Fortbildungsmaßnahmen an. Der Bundesverband Pflanzenöle e.V. engagiert sich u. a. für die Optimierung des Zusammenspiels zwischen den Ölerzeugern und einer dem Pflanzenölkraftstoff angepassten Motortechnologie (www.bv-pflanzenoele.de). Speiseölerzeuger erhalten verkaufsunterstützende Materialien und Informationen bei der der UFOP.

Eine dezentrale Ölmühle besteht im Wesentlichen aus folgenden Anlagenkomponenten: Saaterfassung, Saatfördereinrichtung, Saatlager, Saatzwischenbehälter, (Saatvorwärmung), Schneckenpresse, Presskuchenlager, Truböltank, Apparate zur Hauptreinigung (Sedimentationsanlage oder Filter), Sicherheitsfilter, End- oder Feinfilter und Reinöltank. Zentrale Komponente einer Ölmühle ist die Schneckenpresse (siehe Kapitel 7.2.3). Eine grundsätzliche Entscheidung bei der Planung der Ölmühle ist dahingehend zu treffen, ob die geplante Verarbeitungskapazität durch eine Ölpresse oder durch mehrere Ölpressen abgedeckt werden soll. Bei mehreren Ölpressen kann flexibler auf Nachfrageschwankungen, Wartungsarbeiten und Verarbeitung unterschiedlicher Ölsaaten eingegangen werden. Es sind die bundeslandspezifischen baurechtlichen Vorgaben für den Bau von Ölmühlen und Tankanlagen, für die Gebäudeumwidmung sowie Umweltauflagen und Brandschutzkonzepte zu berücksichtigen (www.ktbl.de).

14.2 Einstufung des Ölherstellungsbetriebs

Der Betrieb einer Ölmühle hängt von den Produkten ab, die in Verkehr gebracht werden: Stellt der Betrieb Kraftstoff her, dann gilt er als Mineralölherstellungsbetrieb, der einer Genehmigung durch die Zollbehörde bedarf. Wird der Rapskuchen als Futtermittel und das Öl als

Futteröl vertrieben, handelt es sich um einen Futtermittelherstellungsbetrieb, der sich bei der zuständigen Landesbehörde registrieren lassen muss und eine Futtermittelherstellernummer erhält. Informationen sind bei den amtlichen Futtermittelkontrolldiensten oder bei den Landwirtschaftskammern erhältlich. Wird zusätzlich Öl als Speiseöl vertrieben, handelt es sich um einen Lebensmittelherstellungsbetrieb. Auch in diesem Fall ist dies den entsprechenden Behörden der Lebensmittelüberwachung anzuzeigen (Verordnung (EG) Nr. 852/2004 Art. 6) [14-2].

14.3 Qualitätssicherung

Die Qualitätssicherung ist sowohl bei Rapsölkraftstoff als auch bei Speiseöl und Rapskuchen zu einer unabdingbaren Voraussetzung für eine erfolgreiche Marktteilnahme geworden. Ein Futtermittelherstellungsbetrieb ist in der Regel nur lieferfähig, wenn er nach den Richtlinien von QS (www.q-s.de) oder PDV (www.pdv.nl) zertifiziert ist. Bei der Speiseöl-Direktvermarktung reichen in der Regel die Einhaltung der lebensmittelrechtlichen Vorgaben aus. Bei der Belieferung des Lebensmitteleinzelhandels ist eine Zertifizierung nach IFS (www.food-care.info) unabdingbar (siehe Kapitel 12.1.4). Bei Pflanzenölkraftstoff hat die Nichteinhaltung der DIN V 51605 [14-3] automatisch die volle Besteuerung des Kraftstoffs zur Folge.

Die Qualität des Pflanzenöls ist von zahlreichen Einflussfaktoren abhängig, die nicht nur bei den Ölmühlen, sondern auch nach dem Verlassen der Ölmühle auf dem Transport und während der Lagerung beim Kunden einwirken können. Zahlreiche Informationen hierzu sind unter www.tfz.bayern.de zu finden. Grundsätzlich empfiehlt sich die Einrichtung von drei Tanks für Reinöl an der Ölmühle: ein Tank für das Öl aus der laufenden Produktion, ein zweiter Tank für das Öl aus der vorangegangenen Produktion, dessen Inhalt erst nach Vorliegen der Kraftstoffanalyse zum Verkauf freigegeben wird, und ein dritter Tank für das Öl zur Abgabe an die Kunden. Qualitätssicherungsmaßnahmen sollten sich daher nicht ausschließlich auf die Optimierung der Produktion in der Ölmühle beziehen, sondern auch Information und Schulung der Kunden über die Besonderheiten der Handhabung von Rapsöl einbeziehen. Informationsbroschüren über die rechtlichen Rahmenbedingungen und die Qualitätssicherung von Speiseöl produzierenden Ölmühlen stehen unter www.ufop.de zum Download bereit. Auf der Homepage der UFOP befinden sich außerdem zahlreiche Broschüren zum Thema Biodiesel und Rapsölkraftstoff, Rapskuchenverfütterung sowie wertvolle politische Informationen und Stellungnahmen.

Die Hauptverantwortung für die Sicherheit eines Lebensmittels liegt bei dem Lebensmittelunternehmen (VO (EG) 852/2004, Kapitel 1, Art. 1) [14-2]. Die Hauptverantwortung für die Futtermittelsicherheit liegt beim Futtermittelhersteller (VO (EG) 183/2005) [14-4]. Für die Rückverfolgbarkeit im Lebensmittel- wie im Futtermittelproduktionsbetrieb muss ein „Hazard Analysis Critical Control Point"-Konzept (HACCP-Konzept) eingerichtet werden. Rechtliche Grundlagen hierfür sind:

- für Lebensmittel:
  „Die Lebensmittelunternehmer haben ein oder mehrere ständige Verfahren, die auf den HACCP-Grundsätzen beruhen, einzurichten, durchzuführen und aufrechtzuerhalten".
  (VO (EG) 852/2004, Art. 5 (Gefahrenanalyse und kritische Kontrollpunkte)) [14-2]
- für Futtermittel:
  „Futtermittelunternehmer,..., müssen ein schriftliches Verfahren oder Verfahren, die auf den HACCP-Grundsätzen beruhen einrichten, durchführen und aufrechterhalten."
  (VO (EG) 183/2005, Art. 6 (System der Gefahrenanalyse und kritische Kontrollpunkte)) [14-4]

Die Grundsätze des HACCP-Konzeptes nach Codex Alimentarius sind: [14-5]

1. Identifizierung potenzieller gesundheitsrelevanter Gefahren
2. Identifizierung der kritischen Punkte
3. Festlegung von Grenzwerten
4. Einrichtung von Prüf- und Überwachungssystemen

5. Festlegung von Eingriffsmaßnahmen im Falle der Nichtbeherrschung
6. Festlegung von Funktionsprüfungen des Systems
7. Einrichtung einer Dokumentation

Die Risikoanalyse unterliegt als Bestandteil des HACCP-Konzeptes der rechtlichen Forderung in Art. 6 VO (EG) 178/2002 [14-6]. Grundlage ist die Auflistung der potenziellen Gefährdungen/Gefahren, deren Bewertung und die Entscheidung über die Risiken.

Die Rückverfolgbarkeit ist gemäß VO (EG) 178/2002, Art. 3 Nr. 15 folgendermaßen definiert [14-6]: „Rückverfolgbarkeit ist die Möglichkeit, ein Lebensmittel oder Futtermittel, ein der Lebensmittelgewinnung dienendes Tier oder einen Stoff, der dazu bestimmt ist oder von dem erwartet werden kann, dass er in einem Lebensmittel oder Futtermittel verarbeitet wird, durch alle Produktions-, Verarbeitungs- und Vertriebsstufen zu verfolgen."

Das HACCP-Konzept dient im Zweifelsfall der Beweisführung . Es ist dringend angeraten, eine entsprechende Dokumentation anzulegen. Nicht das komplette HACCP-Konzept wird durch die Verordnung zur Pflicht gemacht, sondern bestimmte Grundsätze des Konzeptes sind als Grundlage der Eigenkontrolle anzuwenden. Dabei soll das Konzept der Gefahrenidentifizierung und -bewertung dienen und zu deren Beherrschung beitragen.

14.4 Lagerung von Rapsölkraftstoff und Pflanzenöltankstellen

Die Einrichtung von Pflanzenöltankstellen ist für landwirtschaftliche Betriebe, Gemeinschaften von Landwirten sowie für Speditionen förderfähig. Die Förderrichtlinien und der Antrag sind unter www.fnr.de zu finden. Was die Lagerung von Pflanzenöl in der Ölmühle betrifft, sind folgende Eigenschaften von Rapsölkraftstoff und die daraus sich ergebenden potenziellen Gefahren für die Umwelt zu beachten:

- Rapsöl ist aufgrund seiner hohen biologischen Abbaubarkeit und seiner geringen aquatischen Toxizität in der Neufassung der Verwaltungsvorschrift wassergefährdende Stoffe VwVwS im Anhang 1 als nicht wassergefährdend eingestuft (Kenn-Nr. 760) [14-7].
- Durch den Eintritt von Rapsöl in das Grund- und Oberflächenwasser oder in die Kanalisation entsteht ein Ölfilm, der den Sauerstoffaustausch des umschlossenen Mediums behindert. Weiterhin werden für den biologischen Abbau des Pflanzenöls große Mengen Sauerstoff benötigt, welcher der Umgebung entzogen wird. Das kann vor allem beim Eintrag großer Mengen in kleine stehende Gewässer sowie in die Kanalisation zu Problemen führen.
- Des Weiteren kann der Kontakt von auf dem Wasser lebenden Insekten mit Rapsölkraftstoff zum Verkleben und damit zum Tod führen. Vögeln, die mit Rapsölkraftstoff in Berührung kommen, kann das Gefieder verkleben.

Aus diesen Gründen ist es für jeden Betreiber einer Rapsölkraftstofftankstelle oder Inhaber von sonstigen Pflanzenöllagern unverzichtbar, die rechtlichen Vorgaben einzuhalten sowie die technischen Sicherheitsvorkehrungen nicht zu vernachlässigen [14-8]. Derzeit ist die Einstufung von Pflanzenöl in die Wassergefährdungsklasse 1 im Rahmen der Novellierung des Umweltgesetzbuchs (vorerst ausgesetzt) im Gespräch. Informationen über den Stand der Diskussion erteilen der BDOel e.V. (www.bdoel.de), der Verband der Ölsaatenverarbeitenden Industrie in Deutschland (OVID) (www.ovid-verband.de), die Landesumweltministerien, das Umweltbundesamt oder die Wasserbehörden. Weitere Informationen zum Umgang mit Rapsöl sind auch in den Sicherheitsdatenblättern gemäß 91/155/EWG verschiedener Anbieter zu finden.

14.4.1 Rechtliche Rahmenbedingungen der Lagerung

In Abhängigkeit vom Lagervolumen und/oder von der Höhe des Lagerbehälters bzw. der Einhausung ist nach dem jeweiligen Landesbaurecht unter Umständen eine Baugenehmigung erforderlich. Besteht keine Genehmigungspflicht, gelten dennoch die allgemeinen Vorschriften des Bau-, Wasser- und

Umweltrechtes. Nach dem Wasserhaushaltsgesetz (WHG) [14-9] gilt nach § 1a Abs. 2 (Sorgfaltspflicht) und § 22 Abs.1, 2 und 3 (Haftung für Änderung der Beschaffenheit des Wassers), dass der Anlagenbetreiber für auftretende Umweltschäden haftbar gemacht wird. Im Falle der Fahrlässigkeit und der groben Fahrlässigkeit (z. B. im Falle der Verletzung der Sorgfaltspflicht) tritt die Haftpflichtversicherung nicht ein bzw. kann den Ölmüller regresspflichtig machen. Die Schadensersatzpflicht ist bei Schäden durch höhere Gewalt ebenfalls ausgeschlossen.

Weitere Haftungen, die nicht unmittelbar in der Verantwortung des Ölmühlenbetreibers oder des Händlers liegen, sollte man durch entsprechende AGB oder eigene Geschäftsbedingungen gegenüber seinen Kunden ausschließen. Die Geschäftsbedingungen sind entsprechend zu veröffentlichen (Lieferschein, Homepage etc.). Die zuständige IHK bzw. ein geeigneter Rechtsanwalt kann hier Auskunft geben.

14.4.2 Technische Vorkehrungen

Um also Umweltbeeinträchtigungen durch den Austritt von Rapsölkraftstoff und den damit verbundenen Kosten vorzubeugen, sollten die folgenden Hinweise Beachtung finden [14-10]:

1. Die Dichtflächen am Abfüllplatz sowie an den weiteren Orten zum Lagern, Abfüllen und Umschlagen sollten wasserundurchlässig sein (z. B. Betonfertigteile).
2. Das anfallende Schmutzwasser ist über einen Regenwasserablauf abzuleiten, der bei der Fahrzeugbetankung und im Havariefall zu verschließen ist.
3. Oberirdische, einwandige Lagertanks sollten von einer dem Lagervolumen entsprechenden Auffangwanne umgeben sein (z. B. Mauerwerk).
4. Unterirdische Lagertanks sollten doppelwandig ausgeführt sein.
5. Die Befüllung der Fahrzeugtanks sollte unter Aufsicht und unter Einsatz einer selbsttätig schließenden, pflanzenöltauglichen Zapfpistole oder mit einer Zapfpistole mit Volumenzählwerk und Mengenvorwahl erfolgen.

14.5 Rechtliche Rahmenbedingungen für die Erzeugung von Pflanzenöl

Öl erzeugende Unternehmen müssen folgende rechtliche Rahmenbedingungen beachten: Energiesteuergesetz und Biokraftstoffquotengesetz, Umsatzsteuergesetz, Eichgesetz und die Vorschriften für die Futtermittelhygiene und im Falle der Speiseölerzeugung das Lebensmittelgesetz. Die Gesetze sind unter www.biokraftstoff-portal.de und auf den Homepages der Interessenverbände und anderer Institutionen zu finden.

14.5.1 Unaufgeforderte Anmeldung zur Energiesteuer

Mit Einführung des Energiesteuergesetzes zum 1. August 2006 und des Biokraftstoffquotengesetzes zum 1. Januar 2007 ist es zu einigen Änderungen gekommen, die von den Ölmüllern, die Rapsölkraftstoff herstellen, beachtet werden müssen. Im Folgenden finden sich wichtige Hinweise im Zusammenhang mit den gesetzlichen Regelungen. Die Anmeldung zur Energiesteuer bzw. das Entrichten der Energiesteuer an das zuständige Hauptzollamt hat unaufgefordert zu erfolgen. Bei Fragen zur Energiesteueranmeldung sollte sich der Ölmüller umgehend an sein zuständiges Hauptzollamt wenden. Meldet sich ein Ölmüller nicht beim Hauptzollamt und wird festgestellt, dass Pflanzenöl als Kraft- oder Heizstoff verkauft wurde, kann es im schlimmsten Falle zu einer nachträglichen Steuererhebung und zu einer Anzeige wegen Steuerhinterziehung kommen. Die Adressen der zuständigen Hauptzollämter können unter www.zoll.de in Erfahrung gebracht werden. Auskunftsstelle für spezielle Fragestellungen hinsichtlich der Besteuerung von Biokraftstoffen ist das Hauptzollamt Frankfurt/Oder.

Die Energiesteuer muss vom Ölmüller mit Hilfe des Formulars zur Energiesteueranmeldung selbst berechnet werden. Als Berechnungsbasis dient das Ölvolumen in Liter.

14.5.2 Eindeutige Bezeichnung auf Rechnung und Lieferschein

Da Rapsöl sowohl als Energieerzeugnis als auch als Lebensmittel, Futtermittel oder für technische Zwecke verwendet werden kann, ist bei der Abgabe auf eine genaue Bezeichnung auf der Rechnung und auf dem Lieferschein erforderlich, wie z. B. „Rapsölkraftstoff nach DIN V 51605" energieversteuert, „Rapsöl als Bioheizstoff zur Verwendung in BHKW bzw. in Heizungsanlagen" und „Abgabe von Pflanzenöl zum unbestimmten Zweck, kein Energieerzeugnis".

14.5.3 Durchführung regelmäßiger Analysen des produzierten Rapsölkraftstoffes

Gemäß der Energiesteuer VO [14-11] bzw. eines Erlasses des Bundesfinanzministeriums müssen Ölmühlen die Einhaltung der Anforderungen der DIN V 51605 [14-3] regelmäßig durch Analysen nachweisen. Die Analysen weiterer Kennwerte der DIN V 51605 müssen dem Hauptzollamt nicht vorgelegt werden. Dabei ist auf den Zeitpunkt der Probenahme im entsprechenden Quartal bzw. Jahr zu achten und dieser mit dem Hauptzollamt abstimmen, da ansonsten das Analysezertifikat eventuell nicht anerkannt wird und es zu einer nachträglichen Besteuerung des im entsprechenden Zeitraum produzierten Rapsölkraftstoffes in Höhe von 47 ct/l kommen kann.

Der Ölmüller sollte sich beim beauftragten Analyselabor informieren, ob dieses für die Analyse von Pflanzenölkraftstoff akkreditiert ist und ob das Hauptzollamt die durchgeführten Analysen anerkennt. Der BDOel informiert in seinen Steuerseminaren regelmäßig über die aktuellen Entwicklungen bei der Biokraftstoffbesteuerung.

14.5.4 Umsatzsteuer auf Pflanzenöl

Pflanzenöl als Kraftstoff ist mit 7 % Umsatzsteuer zu berechnen, solange es genießbar ist. Für die Herleitung der Genießbarkeit ist nicht das Lebensmittelrecht maßgeblich. Sie muss beim Beginn der Beförderung, also beim Beladen des Transportfahrzeuges gegeben sein. Die Lagerung und der Transport haben so zu erfolgen, dass die Genießbarkeit vor dem Weiterverkauf nicht durch Kontamination mit mineralischen Kraftstoffen, deren Resten oder anderen die Genießbarkeit einschränkenden Stoffen verhindert wird. Dabei ist es nicht erforderlich, nach dem Lebensmittelrecht zugelassene Behälter und Abgabevorrichtungen zu nutzen. Die Genießbarkeit kann der Abgebende durch Dokumentation der regelmäßigen Reinigung der Behälter und Abgabevorrichtungen bestmöglich nachweisen. Die Abgabe von genießbarem Pflanzenöl zu einem Umsatzsteuersatz von 19 % ist nicht korrekt. Sie benachteiligt den Käufer, der nur 7 % Vorsteuer in Abzug bringen darf.

14.5.5 Eigenbedarf

Auch wer Rapsölkraftstoff ausschließlich zum Eigenbedarf herstellt, unterliegt der Energiesteuer und muss sich beim zuständigen Hauptzollamt einen Mineralölherstellungsbetrieb genehmigen lassen – und die Energiesteuer entsprechend abführen. Betriebe der Land- und Forstwirtschaft können am Ende des Jahres eine vollständige Steuerrückerstattung beantragen. In Zweifelsfragen zur Energiesteuer und zur Umsatzsteuer sollte man sich an den Steuerberater wenden.

14.5.6 Eichung

Bei der Einrichtung von Ölabgabestellen müssen gesetzliche Vorgaben dringend beachtet werden, denn das abgegebene Ölvolumen dient als Basis für die Energiesteuerberechnung, die vom Ölherstellungsbetrieb selbst errechnet werden muss. Im Handel kann Rapsölkraftstoff wahlweise volumetrisch oder gravimetrisch veräußert werden. Die hierzu notwendigen Geräte müssen geeicht sein – auch dann, wenn mit einzelnen Kunden Sondervereinbarungen existieren oder nur an einen definierten Personenkreis Öl abgegeben wird. Bei der volumetrischen Abgabe muss unterschieden werden, ob das Öl im ruhenden oder strömenden Zustand gemessen wird. Die ruhende Messung ist grundsätzlich billiger als die im strömenden Zustand. Die Eichbehörden der Länder haben zum Thema Abgabe von Pflanzenöl im Internet unter www.eichamt.de das Merkblatt „Informationen zum Verkauf von Pflanzenöl als alternativer Kraftstoff" veröffentlicht.

14.6 Eigenverantwortung des Ölherstellers

Abschließend sei noch einmal darauf hingewiesen, dass sich Pflanzenölerzeuger ihrer sehr großen Eigenverantwortung bewusst sein müssen, obwohl die Produktion von Pflanzenöl grundsätzlich nicht angemeldet werden muss. Das gilt sowohl für die Sorgfaltspflicht in der Produktion als auch bei der initiativen Beschaffung von Informationen vor allem in den Bereichen Lebensmittel- und Futtermittelrecht, Energiesteuer, Qualitätssicherung und Eichgesetz. Ölproduzenten werden nicht von den verantwortlichen Behörden zur Einreichung von Dokumenten und zur Einhaltung bestimmter Fristen aufgefordert, sondern müssen sich laufend über die geltenden Bestimmungen erkundigen. Die im Text genannten Behörden und Institutionen leisten hierzu wertvolle Unterstützung [Tab. 1].

14.7 Biomasse-Nachhaltigkeitsverordnung

Pflanzenöle müssen in Deutschland ab 2010 Nachhaltigkeitszertifikate vorweisen. Für Landwirte gilt diese Regelung erst ab der Ernte 2010. Ab dem 1. Januar 2010 müssen BHKW für flüssige Biomasse Nachweise über den nachhaltigen Anbau sowie Herstellung der Pflanzenöle bringen. Die geförderte Vergütung aus dem EEG ist an die Kriterien der Nachhaltigkeit gebunden. Um Marktverwerfungen zu vermeiden, hat der Bundestag eine Übergangsbestimmung eingefügt, so dass die Landwirtschaft für Ölpflanzen erst nach dem 1.7.2010 Nachhaltigkeitsnachweise vorlegen muss. Diese sind vor allem in den Cross-Compliance-Bedingungen verankert.

Für Biokraftstoffe wurde eine in wesentlichen Teilen gleich Regelung gefunden, die ebenfalls ab 2010 gültig ist. Diese ist von der EU-Kommission am 23. Juni 2009 notifiziert worden.

Weitere Informationen für Ölsaatenproduzenten und Ölmüller über die praktische Umsetzung der Verordnung erteilt die Bundesanstalt für Landwirtschaft und Ernährung (www.ble.de).

Tab. 14-1: Adressen von Verbänden, Forschungseinrichtungen, Ministerien und anderen Institutionen im Bereich Pflanzenölgewinnung

Institution	Strasse	Ort	Telefon	E-Mail-Adresse
BDOel e.V.	Hofgut Harschberg	66606 St. Wendel	06345/95 3377	info@bdoel.de
Biokraftstoffquotenstelle Hauptzollamt Frankfurt (Oder) Sachgebiet Biokraftstoffquote	Drachhausener Str. 72	03044 Cottbus	0355/8769-0	poststelle@hzacb.bfinv.de
Bundesanstalt für Landwirtschaft und Ernährung (BLE)	Deichmanns Aue 29	53179 Bonn	0228/996845-0	info@ble.de
Bundesministerium für Ernährung, Landwirtschaft und Verbraucherschutz (BMELV)	Rochusstr. 1 Wilhelmstr. 54	53107 Bonn 10117 Berlin	0228/99529-0 030/18529-0	poststelle@bmelv.bund.de
Bundesministerium der Finanzen	Wilhelmstraße 97 Am Propsthof 78a	10117 Berlin 53121 Bonn	03018/682-0 0228/99682-0	poststelle@bmf.bund.de
Bundesministerium für Umwelt, Naturschutz und Reaktorsicherheit Referat Öffentlichkeitsarbeit		11055 Berlin	030/18305-0	service@bmu.bund.de.
Bundesministerium für Wirtschaft und Technologie	Scharnhorststr. 34-37 Villemombler Str. 76	10115 Berlin 53123 Bonn	030/18 615-0 0228/99615-0	info@bmwi.bund.de
Bundesverband Pflanzenöle e.V. (BVP)	Quenteler Straße 19	34320 Söhrewald	05608/3524	info@bv-pflanzenoele.de
C.A.R.M.E.N. e.V.	Schulgasse 18	94315 Straubing	09421/960-300	contact@carmen-ev.de
Deutsches Institut für Normung e.V.	Burggrafenstraße 6	10787 Berlin	030/2601-0	–
Fachagentur Nachwachsende Rohstoffe e.V. (FNR)	Hofplatz 1	18276 Gülzow	03843/6930-0	info@fnr.de
Kreditanstalt für Wiederaufbau KfW	Palmengartenstraße 5-9	60325 Frankfurt am Main	069/7431-0	info@kfw.de
Landwirtschaftliche Rentenbank	Hochstraße 2	60313 Frankfurt am Main	069/2107-0	office@rentenbank.de
Max Rubner-Institut Bundesforschungsinstitut für Ernährung und Lebensmittel Abteilung für Lipidforschung	Piusallee 68/76	48147 Münster	0251/48167-0	Praesident@mri.bund.de
Pilot Pflanzenöltechnologie Magdeburg e.V.	Berliner Chaussee 66	39114 Magdeburg	0391/8189-162	info@ppm-magdeburg.de
Technologie- und Förderzentrum Straubing (TFZ) im Kompetenzzentrum für Nachwachsende Rohstoffe	Schulgasse 18	94315 Straubing		poststelle@tfz.bayern.de
Union zur Förderung von Öl- und Proteinpflanzen e.V. Haus der Land- und Ernährungswirtschaft	Claire-Waldoff-Str. 7	10117 Berlin	030/319042-02	info@ufop.de
Universität Rostock Fakultät Maschinenbau und Schiffstechnik Lehrstuhl für Kolbenmaschinen und Verbrennungsmotoren	Albert-Einstein-Str. 2	18051 Rostock	0381/4983235	webmaster.mbst@uni-rostock.de.
Verband der ölsaatenverarbeitenden Industrie in Deutschland (OVID)	Am Weidendamm 1A	10117 Berlin	030/72625900	info@ovid-verband.de

Es kann keine Gewährleistung für die Rechtssicherheit der in diesem Kapitel gemachten Empfehlungen übernommen werden. In keinem Fall ersetzen die Ausführungen den Kontakt zu den zuständigen Stellen, die im Text genannt sind. Im Falle der praktischen Umsetzung kann daher keine Haftung übernommen werden.

14.8 Literatur

14-1 Remmele, E.: Handbuch Herstellung von Rapsölkraftstoff in dezentralen Ölgewinnungsanlagen. Fachagentur Nachwachsende Rohstoffe (FNR) (Hrsg.), Media Cologne Kommunikationsmedien GmbH, Hürth, 1. Auflage (2007)

14-2 Verordnung (EG) Nr. 852/2004 über Lebensmittelhygiene vom 29. April 2004 in der Fassung der Berichtigung der Verordnung vom 25.Juni 2005

14-3 Deutsches Institut für Normung e.V.: (Vornorm) DIN V 51605. Kraftstoffe für pflanzenöltaugliche Motoren – Rapsölkraftstoff – Anforderungen und Prüfverfahren. Beuth Verlag GmbH, Berlin (2006)

14-4 Verordnung (EG) Nr. 183/2005 vom 12. Januar 2004 über die Vorschriften für die Futtermittelhygiene (ABl. EU Nr. L 35 vom 08.02.2005, S. 1)

14-5 BLL-Leitfaden HACCP-Konzept. 3. Auflage, Dezember 1995

14-6 Verordnung (EG) Nr. 178/2002 vom 28. Januar 2002 zur Festlegung der allgemeinen Grundsätze und Anforderungen des Lebensmittelrechts, zur Errichtung der Europäischen Behörde für Lebensmittelsicherheit und zur Festlegung von Verfahren zur Lebensmittelsicherheit (ABl. EU Nr. L 31 vom 1.2.2002, S. 1)

14-7 Bundesministerium der Justiz: Bundesanzeiger Nr. 142a – Allgemeine Verwaltungsvorschrift zur Änderung der Verwaltungsvorschrift wassergefährdender Stoffe vom 27. Juli 2005

14-8 Silbermann GmbH: Sicherheitsdatenblatt gemäß 91/155/EWG für Rapsöl vom 13.07.2004

14-9 Gesetz zur Ordnung des Wasserhaushalts (Wasserhaushaltsgesetz – WHG) vom 19. August 2002 (BGBl. I, S. 3245), zuletzt geändert durch Artikel 2 des Gesetzes vom 10. Mai 2007 (BGBl. I Nr. 19, S. 666) in Kraft getreten am 14. November 2007

14-10 Schümann, U. und Golisch, J.: Handlungsempfehlungen Rapsöl-Eigenverbrauchstankstellen. Universität Rostock

14-11 Energiesteuer-Durchführungsverordnung vom 31. Juli 2006 (BGBl. I S. 1753), geändert durch Artikel 2 der Verordnung vom 29. Januar 2007 (BGBl. I S. 60) Stand: Geändert durch Art. 2 V v. 29.1.2007 I 60

Autoren

Kapitel:	Autoren:	Adresse:	E-Mail:
1, 5, 8	Dr. Bertrand Matthäus	Max Rubner-Institut, Bundesforschungsinstitut für Ernährung und Lebensmittel, Piusallee 68/76, 48147 Münster	bertrand.matthaus@mri.bund.de
2	Alois Aigner	Bayerische Landesanstalt für Landwirtschaft, Vöttinger Straße 38, 85354 Freising	alois.aigner@LfL.bayern.de
3	Prof. Dr. Susanne Bickel	Heinrich-Heine-Universität Biologie, AG Fachdidaktik Universitätsstraße 1 40225 Düsseldorf	bickel@uni-duesseldorf.de
4	Dr. Karl-Josef Groß	OVID, Verband der ölsaatenverarbeitenden Industrie in Deutschland e.V., Am Weidendamm 1A, 10117 Berlin	info@ovid-verband.de
6	Dr. Ernst W. Münch	LipPro Consulting, Walsroder Straße 60, 27283 Verden	muench@lippro.de
7, 9	Dr. Edgar Remmele	Technologie- und Förderzentrum (TFZ), Schulgasse 18, 94315 Straubing	edgar.remmele@tfz.bayern.de
10	Prof. Dr. Mark Rüsch gen. Klaas	Hochschule Neubrandenburg – University of Applied Sciences, Angewandte Chemie – Chemie nachwachsender Rohstoffe, Brodaer Str. 2, 17033 Neubrandenburg	ruesch.gen.klaas@hs-nb.de
11	Dr. Friedrich Schöne	Thüringer Landesanstalt für Landwirtschaft (TLL), Naumburger Straße 98, 07743 Jena	friedrich.schoene@tll.thueringen.de
12	Dr. Sylvia Wegner-Hambloch	Glasbachweg 19-21, 79410 Badenweiler	wegner-hambloch@wegner-hambloch.de
13	Torsten Graf, Dr. Gerd Reinhold und Rene Richter	Thüringer Landesanstalt für Landwirtschaft (TLL), Thüringer Zentrum Nachwachsende Rohstoffe, Apoldaer Straße 4, 07778 Dornburg	torsten.graf@tll.thueringen.de
14	Petra Becker[1], Günter Hell[2]	1) BDOel e.V., Büro Rheinland-Pfalz, Schulstraße 13, 76857 Eußerthal 2) BDOel e.V., Hofgut Harschberg, 66606 St. Wendel	peanbecker@gmx.de hell-team@online.de

Bildquellenverzeichnis

Seite 14: Museum für Volkskunde, Spittal an der Drau; **S. 20** Verlagshaus Bong & Co. Berlin, Leipzig, Wien, Stuttgart; **S.32/33** Canola Council of Canada (2); **S.38/39/40** Canola Council of Canada(3); **S.41** Claas (1); **S.56** Jutta Krüger (1); **S. 60** Katja Mees (1); **S. 63** Quelle & Meyer (1); **S.64** Eva Schuster (1); **S. 69** Josef Ratingen (1); **S. 72** Phillip Gläsel (1); **S. 73** Phillip Gläsel (3); **S. 74** Walter Kaspar-Sickermann (1); **S. 74** HHU Düsseldorf (1); **S. 77** Walter Kaspar-Sickermann (1); **S. 97** Technologie & Förderzentrum Straubing (2); **S. 102** Canadian Grain Commission (1); **S. 121** Schmidt-Seeger (1); **S. 122** Bühler (1); **S. 125** Cimbria (1); **S. 126** Bühler (1); **S. 127** Schmidt-Seeger (2); **S. 127** Bühler (1); **S. 128** Schmidt-Seeger (1); **S. 129** Bauermeister (1); **S. 131** Bauermeister (1); **S. 134** Harburg-Freudenberger (2); **S. 139** Crown Iron (1); **S. 148** Körting (1); **S.158** Meyer, M. & M. Stettler (2006), SHL Zollikofen, Schweiz (1); **S. 202** Deutz AG (1); **S. 278** UFOP (1); **S. 279** UFOP (1)